U0160702

# 设计再出发——设计学科国际发展通报

VOL.1

陈正达
张春艳
徐捷
——编著

Editors
Chen Zhengda
Zhang Chunyan
Xu Jie

THE DESIGN TURN
THE REPORT
ON THE GLOBAL
DEVELOPMENT
DESIGN DISCIPLINES

中国美术学院出版社
CHINA ACADEMY OF ART PRESS

# 前言

Preface

# 设计再出发
# ——设计学科国际发展通报

在第四次工业革命的浪潮中，全球制造业正经历着前所未有的转型。智能制造、物联网、人工智能等技术的快速发展正在深刻地改变着人们的生产方式、商业模式以及生活方式。作为与之密切相关的设计学科，也正在经历着巨大的转变。面对这一挑战，我们需要深入研究全球设计的动态，了解行业的发展趋势和创新方向，以便更好地为产业发展提供支持和服务。

中国美术学院设计学科建设委员会于 2022 年通过科研大数据的分析以及对访谈进行归纳分析等定性方式从科研、教育的角度，对近年来设计的国际发展态势以数字化的方式进行调查。随着工业技术以及生产方式的革命，当代设计的研究方法也应充分利用大数据模型，运用复杂系统的思维为学界把握设计研究的问题，为学院进行设计教育改革提供科学的参考。

本次《设计学科国际发展通报》是我们第一次调查的成果。本分析结果不仅可以为国际同行提供关于设计发展的最新动态和趋势，还能够为相关学者的进一步研究提供基础数据。由于是通报工作的初步成果，其中的很多细节还需要深化，研究方式也需要进一步地探索。

未来，《设计学科国际发展通报》将每三年发布一次，逐步建成一个国际共享的设计发展信息平台。每一次的调查成果都将进一步利用分析方法和数据模型的迭代不断地更新和提升，以确保数据的准确性和完整性。我们希望通过这一平台，推动设计学科的国际化发展，促进设计师的跨文化交流和合作，提高设计创新的质量和水平。

最后，我们感谢所有参与调查和编制本通报的人员。也在此呼吁更多的同行加入我们的探索，为通报的工作提出宝贵建议，共同推动设计学科的发展。

中国美术学院设计学科建设委员会

2023 年 8 月

# THE DESIGN TURN
## THE REPORT ON THE GLOBAL DEVELOPMENT OF DESIGN DISCIPLINES

In the wave of the Fourth Industrial Revolution, an unprecedented transformation is taking place in the global manufacturing industry. The remarkable progress in technologies like intelligent manufacturing, the Internet of Things, and artificial intelligence (AI) has brought about fundamental changes in production approaches, business models and the way people live. Design discipline, being closely intertwined with this, is also experiencing profound shifts in various perspectives. In response to this challenge, it becomes crucial to undertake extensive and in-depth research into the dynamics of global design, understand industry trends, and identify innovation pathways. This knowledge and experience will equip us to provide improved support and services to the industrial development.

In 2022, the Design Disciplines Development Committee of the China Academy of Art conducted an thorough investigation on the international development trends of design in recent years. This examination encompassed both research and educational perspectives, using quantitative methods such as analysis of big data, as well as qualitative approaches including interviews and synthesis analysis. Given the revolution in industrial technology and production methods, researchers in contemporary design are presented with an opportune moment to harness the full potential of big data models and embrace a fresh perspective rooted in complex systems. This will empower the academic community to precisely address the issues of design research and offer scientific references for educational reforms within the academy.

*The Report on the Global Development of Design Disciplines* is the result of the initial investigation. Its analytical findings not only present up-to-date insights and trends in design development for international colleagues, but also establish a solid foundational of data for subsequent research conducted by relevant scholars in this field. While this report represents an initial milestone, there is still a need for further elaboration on various details, and the research methods could be subject to further refinement and exploration.

As part of our future roadmap, The Report on the Global Development of Design Disciplines will be released on a triennial basis, progressively establishing a globally accessible platform for sharing design development information. The outcomes will drive the continuous improvement of analytical methodologies and data models, ensuring the accuracy and comprehensiveness of the data. Through the establishment of this platform, our aim is to facilitate the international development of the design discipline, cultivate transcultural knowledge exchange and collaborations, and elevate the quality and standard of design innovation.

Lastly, we would like to extend our gratitude to all individuals who actively participated in the investigation and contributed to the compilation of this report. Furthermore, we also wholeheartedly encourage more friends and colleagues to join us in this endeavor, sharing your valuable insights and knowledge for the betterment of this report, and collectively contributing to the advancement of the design discipline. Your contributions will be invaluable in shaping the future of design education and practice.

*Design Disciplines Development Committee*
*China Academy of Art*
*August 2023*

# 各国及地区<br>设计领域<br>调研报告综述

## Introduction

# 一、
# 各国及地区设计领域调研报告综述

面对不断变化的**新兴技术**与**社会议题**对设计的挑战，以及设计自身不断扩大的影响力，这些都需要设计师对未来趋势拥有一定的把握能力。一些国家和地区的设计协会（委员会）发布“**设计报告**”，通过对当代设计现状进行定性的比较分析，形成一个基准框架，对未来**设计实践和教育**的趋势进行预测。由于发布的设计报告在研究内容和倾向性上各不相同，在此我们将根据报告研究领域的情况进行简要介绍。

## 1. 对设计领域进行宏观调研的文献

中国香港设计中心曾在 2011 年发布《香港设计指数初阶发展报告》，①通过人力资本、投资、产业架构、市场需求、社会文化环境、知识产权环境和一般营商环境反映中国香港设计界的活力、动力、竞争力和理想的社会和文化环境。在数据来源上，该报告优先考虑了设计行业劳动力研究（数据来自大学教育资助委员会和教育机构资历名册中设计相关专业毕业人数，中国香港标准行业分类中相关机构和从业人数空缺情况）、设计行业商业调查（数据来自中国香港特别行政区商务及经济发展局）、设计行业和非设计行业的设计投资情况以及公众对设计价值的了解与看法。同时，将中国香港的设计调研数据与邻近国家和地区相比较，如韩国、新加坡以及中国的台湾和珠江三角洲，结合有关亚太地区设计界的策略性资讯，对加强中国香港设计指数框架具有一定的参考意义。

新加坡设计学会在 2015 年发布了“设计 2025 大师计划”（Design 2025 Master-Plan），②该计划由 16 名来自设计行业、商界、学术界和政府的代表组成。他们根据新加坡设计历史提出了 5 条战略和 15 项设计发展建议，内容从将设计融入国家技能并带入社区建设，涵盖到扩大设计在企业和政府中的作用，加强设计公司的竞争力，以及发展新加坡的设计品牌。

①莫健伟，文文化化顾问有限公司. 香港设计指数初阶发展报告[M]. 香港：香港设计中心，2011.

② Design Masterplan Committee. Design 2025 Master Plan[M]. Singapore: DesignSingapore Council, 2015.

英国设计委员会曾经在2018年出版了《设计经济》(*Design Economy*)和《设计未来经济》(*Designing a Future Economy*),[①]用以展示设计和设计技能对英国经济的价值。《设计经济》的数据及结论是建立在2015年的设计研究之上的,报告中通过引用英国国家统计局(Office for National Statistics)代表企业研究中心(Enterprise Research Center)设计委员会的数据(包括年度商业调查和年度人口调查),以及BMG Research和BOP咨询公司针对1,000多家英国企业的设计使用情况,以及对7家公司的案例研究,深入研究了设计对区域和地方经济的影响,并对使用、参与和受益于设计的企业和人员类型进行了更深入的分析,以指导英国如何更好地利用设计来成功地适应变化,并在全球经济中占据领先地位。2021年,英国设计委员会又启动了为期三年的设计经济"Design Economy 2021"研究计划,探讨英国设计对当前和未来社会、环境和经济的影响,旨在提供迄今为止最全面的设计价值评估。该研究计划托管在交互式数字平台上,将成为政策制定者、商业领袖、公共部门专业人员、建筑师和设计师不断增长的资源。英国设计委员会还在2021年发布了《设计2020—2021影响报告》,[②]展示年度设计工作的直接影响。在整个2020—2021年间,设计委员会持续对设计的整体价值进行研究,并将设计置于政府议程的重要位置。除了这项研究,通过设计委员会计划,该团队和更广泛的专家网络解决了各种问题:从改善健康和福祉到实现可持续生活,再到提高人们的设计技能以改善结果。该报告还详细地介绍了设计委员会如何加强对包容性设计和多样性的关注,包括更新设计委员会详细的专家网络,以便更好地反映所服务的社区问题。

2018年,中国的许平、张馥玫、曹田等人发布了《转型·共振·深化:国内设计学科发展报告》,[③]报告将"转型、共振、深化"作为2016年度学科发展报告的基本主题。"转型"意味着设计学科思维的调整;"共振"意味着设计主体与外在环境之间的积极互动与同步增强;"深耕"则意味着设计学术在外部推动与内在努力的相互激荡之下所呈现的回应方式。此报告对视觉传达设计专业的"转型再定位"、工业设计专业的"分化与融合"、动漫与数字设计专业的"探索与前进"以及设计史论与教育研究的"内省中深耕"均做了年度发展综述,通过对"不同学科"进行分析,从而对2016年度设计学科的整体发展提供了见解,并做了反思。

美国平面设计协会(AIGA)是美国平面设计领域具有代表性的专业设计组织。2021年,该设计协会发布了设计POV研究计划(The AIGA Design Point of View Research Initiative)。[④]这份综合报告汇集并分析了来自设计界的调查和行业二次研究的数据,以确定设计行业的流行趋势,更好地预测该行业未来的变化,提供对设计领域的见解以及"成为设计师的意义"。报告研究的重点领域包括面向未

---

① Sally Benton, Stephen Miller, Sophie Reid. Design Economy2018[M]. Designcouncil, 2018.https://www.designcouncil.org.uk/our-work/design-economy/.

② https://www.designcouncil.org.uk/our-work/design-economy/.

③ https://www.aiga.org/aiga-design-pov-reports.

④曹意强主编. 学科世界与世界学科——艺术学科发展通报[M]. 北京:商务印书馆,2022.

来设计最新技术趋势的方法、设计对于品牌的价值，以及如何帮助设计师持续适应行业变化等内容。

北京大学艺术学院曹芳芳等人在2022年发表了《设计学白皮书：中国设计学科发展研究（2012—2022）》，[①]对中国设计学科建设的历史、现状、挑战、机遇、未来发展等方面进行了定性的比较分析，调研与梳理了中国目前设计学科发展的历程与概况，总结其特色与问题，并对下一阶段如何建设设计学科提出了策略性建议。研究认为，设计学科的内涵与外延越来越复杂，知识生产与学科建制在互动的基础之上呈现出各自的特色，并在学科基础理论创新、学术领域拓展、技术与方法研究进展等方面形成了分化。通过对中国设计学科发展现状的梳理，总结出未来设计教育的主流方向，即学科交叉。其数据来源于全国重点设计研究生教育高校及设计学科发展历程的调研和梳理。最终总结出在2012—2022年这十年间，在国内学科评估排名靠前的重点高校设计学科的建设特点，并为未来建立有中国主体性的设计学科提供了一定的建议。

## 2. 关于具体设计领域调研的文献

一些机构和个人在具体设计领域发布的“设计白皮书”，为相应的设计指明了发展方向。2002年11月，美国绿色建筑委员会（USGBC）的会议标志着人们提高了对可持续设计和建筑的关注。2003年，美国发布了关于绿色建筑的可持续发展白皮书。[②]该可持续发展白皮书有四个主要内容：第一是对绿色建筑的历史的简要概述；第二是介绍该刊读者对可持续发展的兴趣和参与程度进行调查的结果；第三是基于对数十位技术专家、院士、研究人员和该领域权威人士的采访，对趋势、问题和已发表的研究进行分析；第四是以“行动计划”的形式提出9项具体建议。

2006年，代表欧洲联盟成员国的全民设计和电子无障碍网络专家机构发布了《白皮书：促进欧洲人人享有设计和电子无障碍》（*White Paper: Promoting Design for All and E-Accessibility in Europe*）。[③]其中，Design for All（DfA）是开发和使用更通用和系统的方法来解决可访问性问题的设计方法，是一种定义明确的知识体系，可以理解为无障碍设计、包容性设计，在建筑、工业设计和新媒体设计中均有运用。白皮书先介绍了欧洲信息社会与信息技术的发展背景，进而概述了目前欧洲电子无障碍网络（European Design for All E-Accessibility Network）的相关政策及其研发活动，并对其作用和目前的困境做了进一步分析，从而对其未来发展提出了相应的建议。

---

①曹芳芳，蔡淑娟，祝帅。设计学白皮书：中国设计学科发展研究（2012—2022）[J]. 服装设计师，2022（12）：48—57.

② Cassidy R. White Paper on Sustainability[J]. Building Design and Construction, 2003, 10: 132.

③ Klironomos I, Antona M, Basdekis I, et al. White paper: Promoting design for all and e-accessibility in Europe[J]. Universal Access in the Information Society, 2006, 5: 105—119.

2007 年，由中南林业科技大学的刘文金撰写的《中国家具设计白皮书》[1]对中国家具的历史与现状进行了分析，并在此基础上进行了深刻的反思。研究认为，虽然中国家具拥有辉煌的历史，但目前的中国家具设计与世界设计强国之间仍存在较大的差距。因此，文章对未来如何发展具有中国特色的家具设计之路进行了展望，并提出了相应的建议。

为了响应政府目前发展数字经济产业的号召，在 2022 年世界设计之都大会数字设计高峰论坛上，中国工业设计研究院发布了《数字设计新机遇——2022 中国数字设计发展白皮书》，[2]对数字设计的含义与范畴从国际共识与中国的实际情况两个方面进行研究分析，并结合具体案例对目前数字设计在各领域的应用进行了探讨，从而展望了未来数字设计的发展趋势。

美国室内设计协会（ASID）每年发布一份室内设计白皮书，其 2022 年发布的 ASID 2022 趋势报告是建立在该协会 2021 年《展望》和《室内设计状况报告》的调查结果之上得出的。同时，其将研究重点聚焦在人口、社会、生活方式、工作方法、新技术和自然环境中。报告中提出了以下几个要点：一是疫情、人口迁移和移民对室内设计的影响；二是诸如新兴技术、创新材料以及人口发展导致的个人所有生活阶段的变化对设计的影响。该报告提供了一个展望未来一年设计发展的视角，同时也为设计师的实践提供了所需的材料参考。

上述提及的不同国家和地区所发布的设计白皮书，大多具有以下特点：首先，整体调研基于不同的国家或地区背景，其数据资料也大多来自相关权威数据库与统计局，调研方法多为统计分析法与文献调查法，通过对相关统计报表与文献的分析来得出调研结果，个别使用访谈调查法和问卷调查法。其次，调研对象集中于企业、机构和知名学者等。本文提到的白皮书大多是针对具体领域或者具有产业导向性的设计，发布的最终目标也大多是为了通过设计促进国家经济的发展、相关设计行业与企业的深入合作，较少针对设计学科发展以及设计教育改革提出具有建设性的意见的。目前中国已有针对数字设计、家具设计等领域的白皮书，而针对中国整体设计学科发展情况的分析与建议仍需要进一步研究。因此，本报告从全球设计领域科研发展态势、国际一流设计类院校、重要设计竞赛样本分析、典型设计展览分析等多方面分析目前设计学科的整体发展态势，从研究体量上来说是一种突破。另外，运用问卷与访谈的调研方法也是从另一个维度探讨设计学科的现状，同时也对具体设计子领域的热门关键词进行了深入的研究，这些应该可以为中国设计学科与设计教育改革提出具有建设性的建议。

---

①刘文金．中国家具设计白皮书 [J]. 家具与室内装饰 ,2007(1):11—14.

②中国工业设计研究院（CIDI）斐轩．数字设计新机遇——2022 中国数字设计发展白皮书 [R]. 中国工业设计（上海）研究院股份有限公司，2022.

## 二、
## 章节分布与概览

本报告结合已有成果和资源，并将出现的问题纳入视野，建立相对较为完整的结构，对整个设计领域进行深入考察，对 **设计教育** 、**设计研究** 以及 **设计实践** 进行挖掘。纵观设计报告，深耕庞大的数据资料，采用科学的数据模型，建立清晰的叙事体系，力图最大化地展现全球设计学科发展的学术现状。调研全球设计院校数据与信息的初衷是对标和借鉴国外领先设计院校的学科设置，梳理热门关键词，旨在更全面地展示设计学科下不同方向的发展潜能和方向。

本报告共分为 8 章。第 1 章是全球设计领域科研发展分析，基于爱思唯尔（Elsevier）旗下全球最大的摘要及引文数据库 Scopus 以及科研分析平台 SciVal 等主要数据来源，运用文献计量学方法，从“科研表现概览、学科特色、研究内容、聚焦子领域”四个方面展现全球设计领域近十年（2011—2021）的学术研究进展，旨在为设计领域的工作者提供基于科学出版物相关特征的数据观察。其中，为与中国教育部原设计学专业相衔接的第四节子领域的分类是“有关中国设计的国际学术产出”“有关设计理论、设计方法等基础领域”“有关视觉传达、平面设计等视觉领域”“有关产品、交通等工业领域”“有关服装、纺织等时尚领域”“有关数字媒体、艺术与科技等创新领域”以及“有关未来设计新兴议题”。检索方式是通过采用既定的领域关键词在已有的设计领域文集中通过文献检索式获取的（具体检索关键词详见附录二），选定关键词的筛选依据兼具客观性和代表性。其选定依据是基于当前全球领先设计类院校的主流学科分类与方向名称进行总结，并考量中国本土设计学科的发展前景，汇集总结成七个子领域进行分类检索的。

第 2 章国际一流设计类院校的学科调研是在对全球设计领域学术产出、学科交叉特色、研究内容等部分检索关键词利用发文量数据进行定量分析的基础上洞察、剖析国际领先设计类院校的学科分类的。此调研是基于对 QS 世界大学排名（QS World University Rankings）、泰晤士高等教育世界大学排名（Times Higher Education World University Rankings）等多个公开的设计类院校及专业排名交叉对比后，选取 24 所国际一流设计类院校，对其官方网站中提供的院校数据进行调查研究而得的。通过对这些院校的学科建设、培养目标、课程结构等数据的总结，着重了解其课程与知识体系的逻辑关系，探讨国际一流院校设计学科的专业培养模式，反映其院校设计教育的整体面貌。

第 3 章是调研国际 24 所主流设计类院校的排名系统，试图从当下常见的十数种排名系统中评价并总结出主要的评判维度，梳理出高等教育机构评价机制的主要内容与偏重，厘清当下各个排名系统的针对性，为客观理解设计类院校的专门排名系统提供一定的借鉴作用。

第 4 章、第 5 章和第 6 章分别从重要设计竞赛样本、典型设计展览、全球活跃设计组织三方面进行梳理和分析，主要是通过梳理设计相关学术活动与学术组织的发展现状以及设计奖项的历史脉络、评审架构、专业覆盖与相关议题，厘清当前设计展览的发展历史、类型与热门议题，分析设计组织的愿景、价值、学术活动以及成员学术背景，展示设计竞赛、展览及组织的活动在设计教育发展和学科研究创新中起到的方向引领和文化价值提升作用，并提供了日后可开展学术合作的潜在方向与科研目标。

第 7 章以问卷及采访的方式补充官方渠道书面信息的缺失，通过问卷可以掌握国际院校设计相关专业的留学生心中关于理想设计院校的地图，同时还可以佐证第 2 章至第 6 章中有关设计类院校课程设置以及国际设计展赛的细节。并且，深度采访反映了受访者真实的学习体验与实际感受，与前文定量的数据分析形成了相互的印证与补充，从而可以帮助我们更加深刻地理解国际领先设计类院校的教学理念和观念，对比国内外设计学科的教育差异，以及把握国际设计类院校的发展现状及趋势。

第 8 章是热门关键词分析，根据爱思唯尔旗下数据库数据模型的构建汇总了 2017—2021 年间七个设计子领域研究里全球发文量最高的五个研究方向。这五个研究方向是七个设计子领域里发文热度最高和变化趋势最快的前五个方向。在每个研究方向均提供了 3—4 个关键词，为每个子领域下五个研究主题中近五年最具有显著度变化趋势的关键词。在每个热门关键词的综述中对此关键词的定义、相关研究、学术协会、理论转化、学科专业交叉结构、课程专业等进行解读。从关键词的起源和发展开始，探索拥有不同专业和学术背景的学者从本专业视角对关键词的研究，并共同架构和开发出设计的多维发展方向，罗列每个研究方向的代表学者、代表文献及所持观点。

在研究方法上，本报告利用定量分析、采用文献计量学方法进行数据分析与统计，并利用个案研究法搜集和选定研究目标进行信息分析。调查问卷法通过有目的的、有计划的和系统的方式来进行资料收集，并对这些资料进行分析、比较和归纳。在第 8 章通过文献分析法将选定的关键词进行词源演变和脉络的历史背景分析，通过相关文献分门别类地归纳研究方向，并整理文献综述。在每个章节的总结部分，本报告采用定性分析法，运用归纳、演绎、分析及抽象等方法总结出共同的特性，并给予纲领性的意见。

# 目录
Contents

3

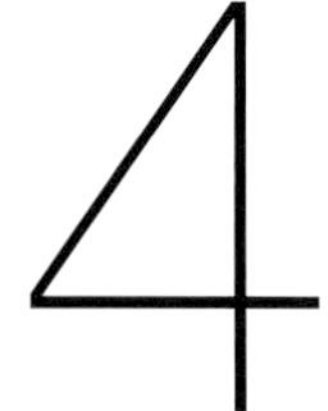

# 439 附录

Appendix

# 1 全球设计领域科研发展态势分析报告

# Global Analytical Report on the Design Research Development

· 全球设计领域的科研概览
Global Design Research Overviews

· 全球设计领域的学科交叉特色
Transdisciplinary Aspects of Global Design

· 全球设计领域的研究内容初探
Themes for Research in the Field of Global Design

· 聚焦七个设计研究子领域
Seven Design Research Subfields

本报告以爱思唯尔旗下全球最大的文献摘要与引文数据库 Scopus 及科研分析平台 SciVal 为主要数据来源，运用文献计量学方法，从“科研概览”“学科特色”“研究内容”“聚焦子领域”四个方面展现全球设计领域近十年间（2011—2021）的学术研究进展，旨在为设计学科工作者提供基于科学出版物相关特征的数据观察。

# 导览

**Part 1**

第 1 节从科研文献出发，展示全球设计领域过去十年间（2011—2021）的科研发展概况。报告从“学术产出与学术影响力”“设计领域学术产出主要贡献国家”“设计领域重要期刊及会议”三个方面对设计领域的学术整体表现、学术力量的国家分布、重要学术平台提供重要的数据观察。

**Part 2**

第 2 节从学科分类的角度，关注设计学作为一个独立学科领域所体现的多学科属性和跨学科交叉的学术研究特色。具体来说，报告从设计领域文献的学科分布、设计领域文献的参考和施引文献的学科分布来展现设计学研究的学科融通和开放性特色。此外，报告还将近五年间（2017—2021）的设计领域文献划分为社科类研究和非社科类研究，进而观察两大类的设计学研究在研究主题上的交叉重合程度，从而展现设计学研究在细分研究方向上体现出的跨学科交叉性。

**Part 3**

第 3 节则聚焦近五年间（2017—2021）设计领域研究的主要内容和未来可能的延伸方向。报告一方面依据设计领域文献的关键词数据生成的关键词云图和作者关键词共现网络图展示设计领域的研究焦点和研究内容聚类，另一方面通过引入“研究主题”的分析方法，把设计学研究放置于全球科研议题的透镜之下，从而发现设计学研究可能的热点延伸方向。

**Part 4**

第 4 节的分析则从全球设计领域下沉到七个细分子领域。报告从“子领域的学术产出和学术影响力”“子领域学术领先机构”和“子领域主要研究内容”三个方面展示各个子领域科研的总体表现和发展趋势，为子领域的科研表现概况观察提供较为系统的比对数据。

## 关键数据（2011—2021）

**28,614** 是全球设计领域发表的文献数量

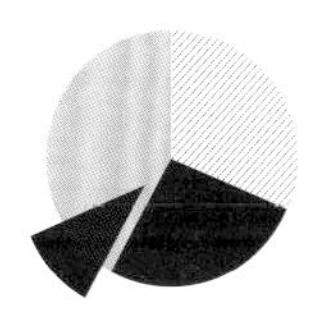

**54%、32%** 的设计文献分别来自学术期刊和会议论文集

**26%** 的设计文献是以开放获取（OA）形式发表的

**1.1** 是设计文献的归一化引文影响力（FWCI）值

**美国** 是设计文献发表数量最多的国家

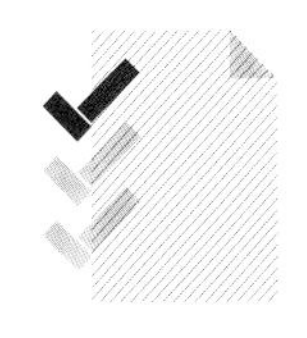

**计算机科学、工程、艺术和人文、社会科学** 是全球设计领域发文最集中的学科领域

**参与式设计、人机交互（HCI）、协同设计** 是全球设计领域学术产出前 10 的研究主题中学术影响力（FWCI=3.4）最高的研究主题

**增强现实、教育、在线学习**

是全球设计领域发文量不少于 20 篇的研究主题中，发文年均复合增长率（CAGR =41%）最快的研究主题

# 文献集合说明

**数据平台：** Scopus, SciVal（详细介绍参见附录四）

**文献类型：** 所有类型（含期刊论文、综述、会议论文、图书等）

**分析时段：** 2011—2021 年出版的文献

**检索时间：** 2022 年 10 月

**分析领域：** 设计相关研究

**设计领域文献集合构建说明：**

· **主要文集：**

本分析报告采用的设计领域文献集合主要是来源于 SciVal 平台提供的教育部（MOE）一级学科分类中的“设计学”（学科分类代码为 1305）文集（下文使用“SciVal MOE1305 文集”指代）。学科分类是爱思唯尔数据科研分析团队利用机器学习技术对 Scopus 数据库收录的文献与教育部一级学科目录进行的文章级别的匹配。

科研分析团队在对 SciVal MOE1305 文集进行噪声文章清理后针对机器学习识别的文集在发文机构和重要期刊发文上的缺漏，进行了以下两个方面的文集补充：

· **补充文集 1：**

**66 所设计类院校的设计发文**

由于清理后的 SciVal MOE1305 文集主要体现为综合类院校的设计发文，为了在发文机构层面更全面地展现设计领域的发文情况，爱思唯尔科研分析团队对以下三个来源的设计类院校的设计相关发文进行了获取：2022 QS 世界大学排名公布中关于在艺术 & 设计专业大学榜单的设计类院校，[①]且该设计类院校在 Scopus 有归属机构标识（AF-ID），共 31 所；中国美术学院提供的全球知名设计类院校，共 12 所；Scopus 收录的文章总数大于 50 篇的设计类院校，共 23 所。

在 Scopus 检索的以上 66 所设计类院校在 2011—2021 年的发文中，“作者关键词”或“索引关键词”中含有“design”或“designer”的文章作为 SciVal MOE1305 设计类院校设计发文的补充文集（66 所设计类院校的列表详见附录一）。

· **补充文集 2：**

**22 种设计领域高影响力期刊的全部文章**

针对 SciVal MOE1305 文集对设计领域重要期刊的文章获取不全的问题，爱思唯尔科研分析团队对设计领域内高影响力期刊的文章进行全部获取。补充的高影响力设计领域期刊有以下三个来源：1. 根据 SciVal MOE1305 清理后的文集中发文量居前的设计类期刊；[②] 2. 根据子领域“有关服装、纺织等时尚领域”相关的关键词在 Scopus 的文献检索结果，选取发文数量排在前列且 CiteScore2021 大于“1”的服装设计类期刊；[③] 3. 根据 Scopus 收录的期刊列表，选取归属于艺术人文领域且 CiteScore 2021 大于“1”的设计类期刊（补充的 22 种设计领域高影响力期刊列表详见附录一）。

综上所述，本分析报告采用的设计文集由机器学习识别的设计文献为主体，并涵盖了全球知名设计类院校的设计研究文献和设计领域重要期刊的全部文献。

---

① 2022 QS 世界大学排名中关于艺术 & 设计专业的大学排名榜单网址：https//www.topuniversities.com/university-rankings/university-subject-rankings/2022/art-design.

② 其中 10 种设计期刊与由代尔夫特理工大学调研发现的设计领域的核心期刊相重合。详见：Gemser, G., de Bont, C., Hekkert, P., & Friedman, K. (2012). Quality perceptions of design journals: The design scholars' perspective. Design Studies, 33(1), 4—23.

③ CiteScore 是爱思唯尔开发的类似期刊影响系数（Impact factor）的新一代指标影响力指标，计算方式为以 4 年区间为基准计算每个期刊的平均被引次数。CiteScore 大于“1”代表期刊 4 年间文章的总引用数大于 4 年间的总文章数。详见 https://www.elsevier.com/zh-tw/solutions/scopus/citescore.

# 1-1 全球设计领域的科研概览

## 一、学术产出与学术影响力

本小节将分析 2011—2021 年间全球设计领域内的学术产出和学术影响力的整体表现与变化趋势。**学术产出** 即科研文章的发表量，这里定义为在特定学科领域固定时间段内发表的包含期刊文章、会议论文集文章、综述文章、丛书等各类型出版物的所有文献的数量。学术产出是通过科研文献数量对学科领域的学术生产力进行的量化评估。而 **学术影响力** 则是从学科领域发表的所有科研文献的 **归一化引文影响力** 角度对学科领域产出成果的影响力的量化评估。这两者以不同的文献计量角度为学科领域的学术发展情况提供了数据观察。

# 1.
# 学术产出

## · 全球设计领域学术产出态势

2011—2021 年间，全球设计领域发表学术文献共计 28,614 篇。图 1.1.1 为其学术产出的变化趋势。

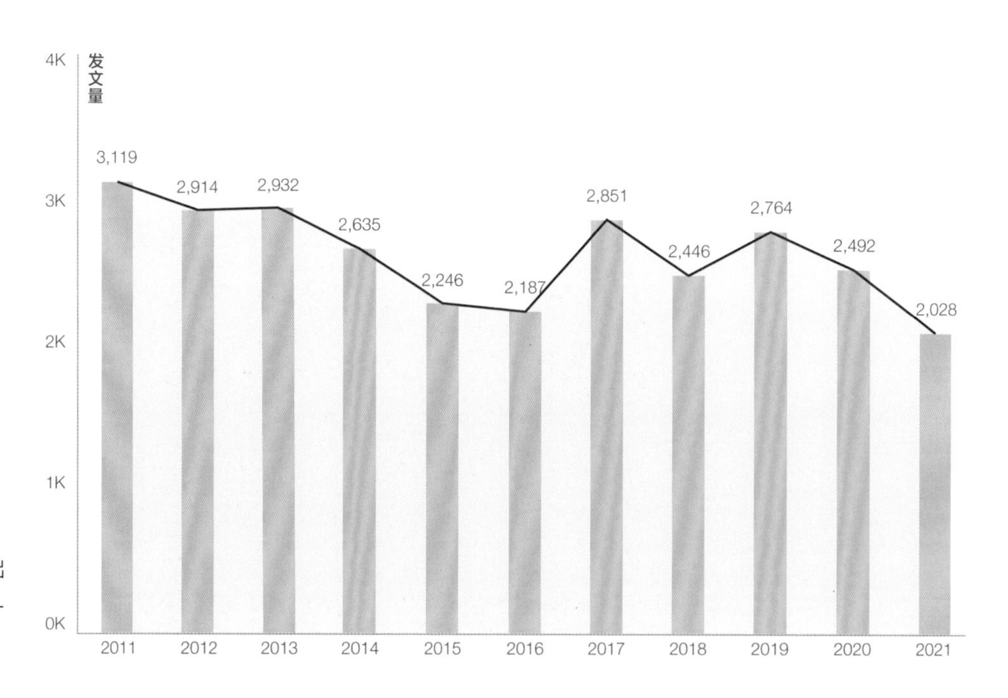


图 1.1.1 全球设计领域学术产出发文量逐年变化趋势，2011—2021 年

## · 学术产出的类型分布

图 1.1.2 展示了（2011—2021）十年间全球设计领域发表文献的类型和开放获取文献分布。从设计领域文献的来源出版物类型来看，54% 的设计领域文献来自学术期刊，32% 的文献则以会议论文集的形式发表，其他的来源出版物类型还包括丛书（10%）、专著（3%）以及商业期刊（1%）。和同期 Scopus 全学科学术产出的来源出版物类型分布相比，设计领域文献中会议论文以及丛书类产出的占比相对较高，这也体现了该领域的学术出版物类型的特色。一般来说，计算机学科领域的学术产出中以会议论文占比较高，而人文社科领域的专著、丛书占比稍高于其他学科。设计领域文献的来源出版物类型分布也在一定程度上体现了其计算机学科和人文社科兼具的学科交叉特色。

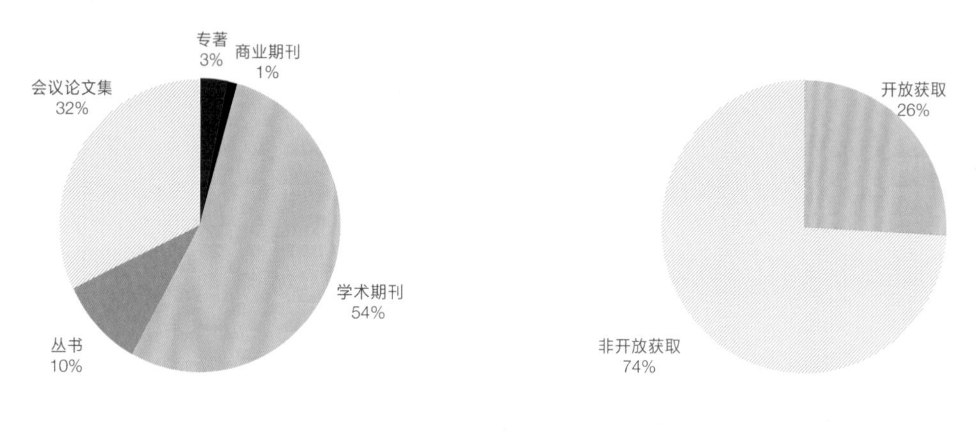


图 1.1.2 全球设计领域学术产出不同来源出版物类型的占比和开放获取文献占比，2011—2021 年

从设计领域文献的开放获取程度来看，26% 的设计领域文献是以开放获取（Open Access, OA）形式发表的。由于文献是否开放获取与期刊所属的学科领域存在一定的关系，考虑到设计研究领域覆盖了多个学科领域，从这个角度讨论设计领域文献的开放获取程度能提供进一步的信息。从设计文献占比最高的四大学科领域来看，属于艺术和人文学科的设计领域文献的开放获取占比最高，为 35%；其次是在计算机学科发表的设计领域文献，其开放获取文献占比为 28%；属于社会科学的设计领域文献的开放获取占比为 27%；而属于工程的设计领域文献的开放获取占比最低，为 23%。由此可见，在设计领域的主流研究中，发表在艺术和人文学科领域的设计学研究相对其他学科来说有更高的文献开放获取程度。此外，设计领域文献在艺术和人文、计算机科学、社会科学和工程四个主要学科领域的开放获取占比也高于同期全球该学科整体的开放获取文献占比，这说明设计学研究相较于这四个学科领域自身有更高的开放获取程度。

其中的客观原因可能有：设计学科是一个相对年轻的学科，设计类期刊出版年份较新，相较于传统出版的期刊在技术上更容易实现全部或部分文献的开放获取；此外，从设计文献的来源出版物类型分布来看，设计领域的学术会议论文有相对较高的占比，而学术会议一般相对期刊更倾向于为读者提供开放获取文献。这些都在一定程度上解释了设计领域为何与其所在的四个主流学科本身对比有较高的开放获取文献占比。除了客观因素外，开放获取还与作者的主观选择有一定的关系。虽然目前缺乏系统的调查引证，但是从设计研究在四个主流学科较高的开放获取文献占比来看，这可能也意味着在这些领域的设计学文献发文作者对于开放获取发表方式的普遍认可，这在一定程度上也促进了设计领域知识的开放和交流。

## 2.<br>学术影响力

本小节通过被引次数、篇均被引次数和归一化引文影响力值来衡量设计领域科研产出的学术影响力。文章的被引次数会因受不同学科、文献类型和发表年限的影响而产生差异。[①]因此，本报告在分析学术影响力时主要采用按领域权重归一化处理的一项指标，即**归一化引文影响力（Field-Weighted Citation Impact, FWCI）**。该指标计算的是出版物的实际被引次数和相同文献类型、相同出版年份和相同学科的出版物预计平均被引次数的比值，可以更好地规避不同学科领域、文献类型和发文年份对被引次数的影响（有关 FWCI 的具体算法，请参见附录三）。

2011—2021 年间，全球设计领域发表的 28,614 篇学术文献累计总被引次数达 260,115 次，平均每篇文献被引用 9.1 次。这十年间发表的设计领域文献的归一化引文影响力（FWCI）值为 1.1。这意味着设计领域文献的平均被引用次数比全球其他学科的学术文献出版物的平均被引次数高 10%，说明设计领域研究的平均学术影响力略高于全球全学科科研产出的平均水平。

---

① 例如，同一学科内，2010 年发表的文献和 2012 年发表的文献是不能直接比较被引次数的，因为 2010 年发表的文献 3 年来被引用的概率要比 2012 年高。而在同一年发表的文献中，综述类文献通常会高于研究论文的引用。

从图 1.1.3 FWCI 值的变化趋势来看，全球设计领域学术产出的 FWCI 值在近十年间总体平稳，基本在 0.98 与 1.24 之间波动，整体高于全球全学科文献的平均水平（FWCI=1）。由此可以看出设计领域学术产出的学术影响力变化不大，基本维持在全球平均水平之上。

图 1.1.3 全球设计领域学术产出的归一化引文影响力（FWCI）值变化趋势，2011—2021 年

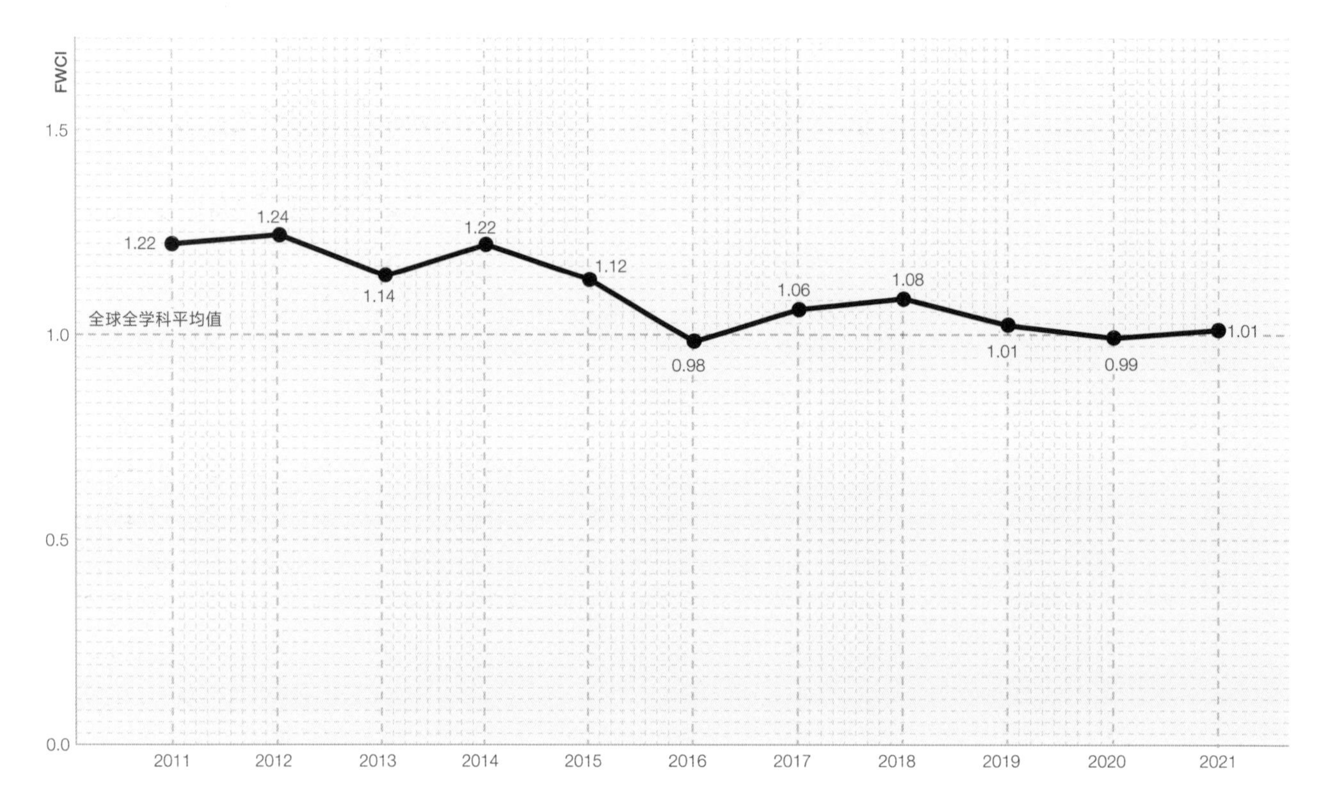

# 二、
# 设计领域学术产出主要贡献国家

本小节聚焦设计领域学术产出的主要贡献国家。分析一方面着眼于设计领域内发文量领先的国家，重点关注**发文量前五**国家的学术产出规模、学术影响力水平以及卓越学术成果产出情况，一方面从**发文活跃学者**入手，通过设计领域内主要科研人才的所属机构统计设计领域人才的国家分布情况。

## 1.
## 学术产出规模前五国家

**· 学术产出**

如图 1.1.4 所示，2011—2021 年间，全球设计领域累计发文量居前五的国家分别为：美国、中国、英国、澳大利亚和荷兰，这五个国家贡献了全球设计领域约 62% 的学术产出。其中，美国在设计领域累计发文 6,376 篇，约占全球设计领域学术文献总量的 22%；中国在设计领域共发文 4,328 篇，占全球设计文献的 15%（其中，中国大陆发文 3,271 篇，占中国发表的设计文献总量的 75.6%；中国台湾发文 660 篇，占比 15.2%；中国香港发文 382 篇，占比 8.8%；中国澳门发文 15 篇，占比 0.4%）；英国在设计领域的学术产出总量稍低于中国，为 4,183 篇；澳大利亚和荷兰的学术产出规模较为接近，分别为 1,472 篇和 1,289 篇。

从各国在全球设计领域文献占比的变化趋势来看，美国的设计领域文献产出规模在波动中相对呈略微下降趋势。英国的发文占比在近十年的前期呈上升趋势，但近两年来有所下降，这也对应于其近两年发文规模的缩减。而中国的设计领域发文由于在 2015 年经历了发文数量的较大缩减，[①]发文占比也有明显下降。此后，中国设计领域的发文量逐步回升，在全球设计领域的发文占比持续扩大，逐步接近美国的占比水平。2020 年，中国设计领域发文量超过英国，成为全球设计领域年发文量第二大国。澳大利亚和荷兰设计领域发文的全球占比则相对平稳，但其学术产出规模呈略微下降趋势。

**· 学术影响力**

图 1.1.5 展示了设计领域发文量前五国家的归一化引文影响力变化趋势。发文量前五国家中，荷兰的设计领域文献的学术影响力最高，FWCI 值为 1.6，是设计领域文献 FWCI 值（FWCI=1.1）的约 1.45 倍。学术影响力居荷兰之后的国家依次

① 主要是因为两本中国学者发文较多的期刊（*Advanced Materials Research* 和 *Applied Mechanics and Materials*）在 2014 年后因出版原因被 Scopus 停止收录。

为澳大利亚、美国和英国，这三个国家的设计领域文献 FWCI 值在 1.3—1.5 之间，均高于同期设计领域全部文献的平均水平（FWCI=1.1）。

中国的设计领域文献 FWCI 值在发文量前五国家中居末位，十年间的平均 FWCI 值为 0.6，说明中国的设计研究发文平均被引次数比全球全学科科研发文的平均被引频次低 40%，同时该值也低于同期设计领域文献的平均水平（FWCI=1.1）。虽然中国在设计领域的学术影响力仍落后于该领域全球的平均水平，但从 FWCI 值变化趋势来看，中国设计领域文献的 FWCI 值在过去十年间总体呈增长的趋势，说明中国在设计领域科研产出的学术影响力正在逐步提升。

**· 卓越科研产出**

卓越科研产出是提升科研主体学术影响力的关键因素。分析一个国家在设计领域的卓越科研产出情况有助于了解该国在该领域学术影响力的来源情况。本小节分析的卓越科研产出表现主要通过“前 10% 高被引文献数量”和“前 10% 高被引文献占比”这两个指标来衡量。前者是将全球同年度、同类型、同学科的文献按照被引次数降序排名，统计各国排名位居全球前 10% 的文章数量，衡量的是一个国家的卓越科研产出的绝对数量。后者则代表各国前 10% 高被引文献占该国全部设计领域文献的比例，衡量的是一个国家的卓越科研产出的相对规模。

由图 1.1.6 可见，在 2011—2021 年间，美国是被引文献产出数量最高的国家，领域内前 10% 的高被引文献数量达 1,409 篇，这与美国在设计领域总体学术产出最高相关。英国居美国之后，其高被引文献数量为 857 篇。虽然中国设计领域发文量略高于英国，位居全球第二，但在领域内全球前 10% 高被引文献数量上明显低于英国，仅为 374 篇，居前五国家中段。而从高被引文献产出的相对规模来看，美国、英国、澳大利亚和荷兰的高被引文献占比均在 20% 以上，明显高于全球平均水平。中国的高被引文献占比远低于其他四个国家，仅为 9%，也略低于全球平均水平。卓越科研产出占比较低也是中国设计领域总体学术影响力在发文量前五国家中最低的一个原因。

**· 美英澳荷四国设计领域学术产出前五机构**

2011—2021 年间，美英澳荷四国设计领域学术产出前五机构如下：

美国的设计领域文献产出数量前五的机构依次为：麻省理工学院（Massachusetts Institute of Technology）、佐治亚理工学院（Georgia Institute of Technology）、卡内基梅隆大学（Carnegie Mellon University）、宾夕法尼亚州立大学（Pennsylvania State University）和爱荷华州立大学（Iowa State University）。

英国的设计领域文献产出数量前五的机构依次为：皇家艺术学院（Royal College of Art）、伦敦艺术大学（University of the Arts London）、拉夫堡大学（Loughborough University）、伦敦大学学院（University College London）和兰卡斯特大学（Lancaster University）。

图 1.1.4 全球设计领域科研文献发文量前五国家的发文总量和逐年发文占比变化，2011—2021 年
（国家代码：USA- 美国，GBR- 英国，CHN- 中国，AUS- 澳大利亚， NLD- 荷兰）

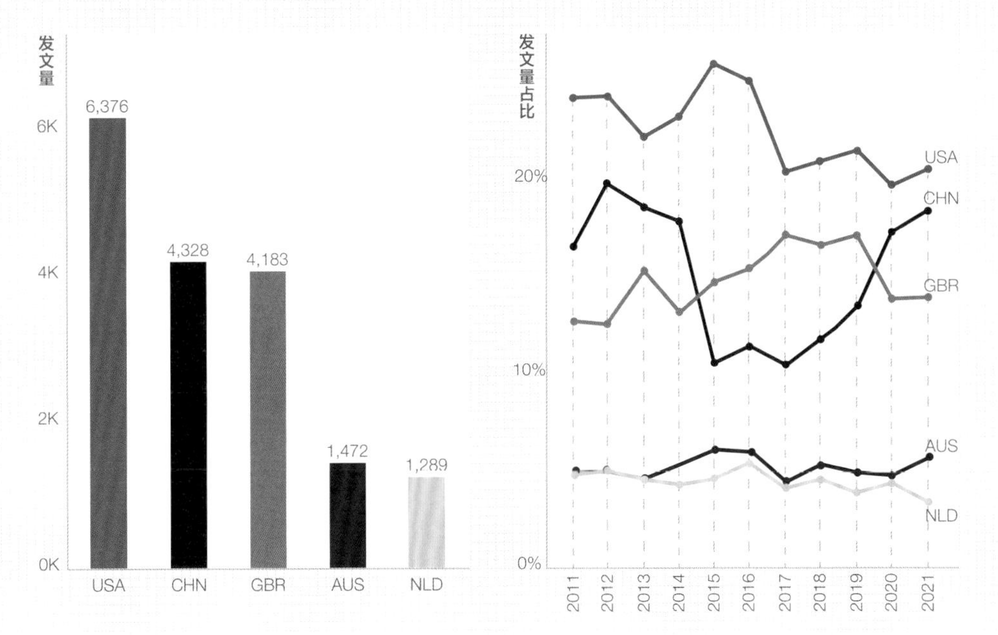


图 1.1.5 全球设计领域发文量前五国家设计领域文献的归一化引文影响力（FWCI）值变化趋势，2011—2021 年
（国家代码：USA- 美国，GBR- 英国，CHN- 中国，AUS- 澳大利亚， NLD- 荷兰）

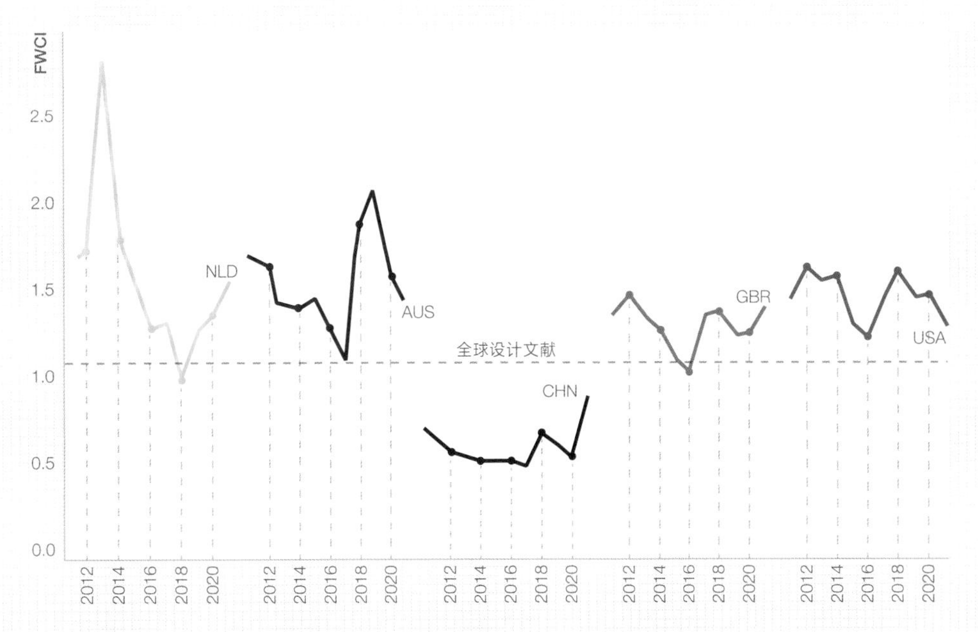


图 1.1.6 全球设计领域发文量前五国家的前 10% 高被引文献数量及占比，2011—2021 年
（横条长度代表各国在设计领域内发表的前 10% 高被引文献数量，圆圈内百分比数值代表各国在设计领域内前 10% 高被引文献占各国自己设计文献总数的比例）

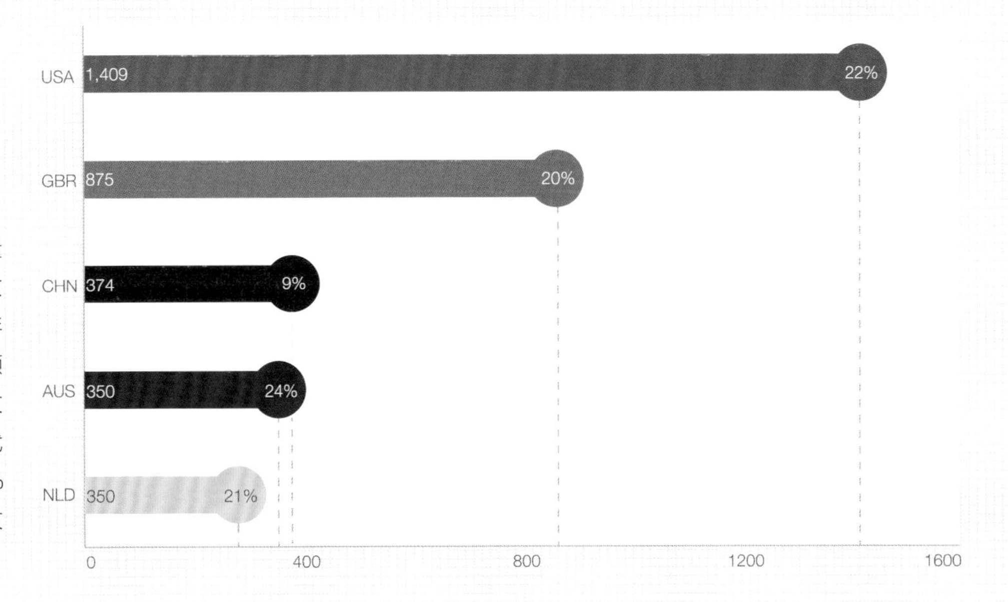

澳大利亚的设计领域文献产出数量前五的机构依次为：悉尼科技大学（University of Technology Sydney）、皇家墨尔本理工大学（Royal Melbourne Institute of Technology University）、悉尼大学（University of Sydney）、昆士兰科技大学（Queensland University of Technology）和斯威本科技大学（Swinburne University of Technology）。

荷兰的设计领域文献产出数量前五的机构依次为：代尔夫特理工大学（Delft University of Technology）、埃因霍芬理工大学（Eindhoven University of Technology）、特文特大学（University of Twente）、荷兰乌特勒支艺术学院（HKU University of the Arts Utrecht）和阿姆斯特丹自由大学（Vrije Universiteit Amsterdam）。

**· 美英澳荷四国设计领域学术产出前五学者**

在全球设计领域发文量前五国家中，美英澳荷四国设计领域学术产出前五学者的活跃领域及其在七个子领域中发文最多的子领域情况统计如表 1.1 所示。

表 1.1　美英澳荷四国设计领域学术产出前五学者及其活跃领域

| 学者姓名 | 所属机构 | 国家 | 发文量国家排名 | 擅长或活跃的领域 | 在七个子领域中发文最多的子领域 |
|---|---|---|---|---|---|
| 约翰 · 杰罗 · S.（John Gero S.） | 北卡罗来纳大学夏洛特分校（The University of North Carolina at Charlotte） | 美国 | 1 | 建筑设计、AI 设计 | 有关设计理论、设计方法等基础领域 |
| 莎娜 · 戴利 · R.（Shanna Daly R.） | 密歇根大学安娜堡分校（University of Michigan, Ann Arbor） | 美国 | 2 | 工程设计、过程设计 | 有关产品、交通等工业领域 |
| 克里斯汀 · 伍德 · L.（Kristin Wood L.） | 新加坡科技设计大学（Singapore University of Technology and Design）科罗拉多大学丹佛分校（University of Colorado Denver） | 新加坡 美国 | 3 | 工程设计 | 有关产品、交通等工业领域 |
| 朱莉 · 林赛 · S.（Julie Linsey S.） | 佐治亚理工学院机械工程系（The George W. Woodruff School of Mechanical Engineering） | 美国 | 4 | 工程设计、设计认知 | 有关设计理论、设计方法等基础领域 |
| 乔纳森 · 卡根（Jonathan Cagan） | 卡内基梅隆大学（Carnegie Mellon University） | 美国 | 5 | 设计理论和方法、产品设计 | 有关设计理论、设计方法等基础领域 |
| 克劳迪娅 · 埃克特（Claudia Eckert） | 开放大学（The Open University） | 英国 | 1 | 工程设计、设计理论 | 有关产品、交通等工业领域 |
| P. 约翰 · 克拉克森（P. John Clarkson） | 剑桥大学（University of Cambridge） | 英国 | 2 | 工程设计、医疗保健设计、包容性设计、流程管理、变革管理和汽车设计 | 有关产品、交通等工业领域 |

| 学者姓名 | 所属机构 | 国家 | 发文量国家排名 | 擅长或活跃的领域 | 在七个子领域中发文最多的子领域 |
| --- | --- | --- | --- | --- | --- |
| 彼得 · 柴尔兹<br>( Peter Childs ) | 帝国理工学院<br>( Imperial College London ) | 英国 | 3 | 创意创新设计、可持续能源和机器人技术 | 有关产品、交通等工业领域；有关设计理论、设计方法等基础领域 |
| 保罗 · 阿特金森<br>( Paul Atkinson ) | 谢菲尔德哈勒姆大学<br>( Sheffield Hallam University ) | 英国 | 4 | 工业设计、设计史、设计教育 | 有关设计理论、设计方法等基础领域；有关未来设计新兴议题 |
| 本 · 希克斯<br>( Ben Hicks ) | 布里斯托大学<br>( University of Bristol ) | 英国 | 5 | 产品、机器和制造系统设计 | 有关产品、交通等工业领域 |
| 顾宁<br>( Ning Gu ) | 南澳大学<br>( University of South Australia ) | 澳大利亚 | 1 | 建筑计算和设计认知、跨文化设计和交流 | 有关设计理论、设计方法等基础领域 |
| 迈克尔 · 奥斯特瓦尔德<br>( Michael Ostwald ) | 悉尼新南威尔士大学<br>( UNSW Sydney ) | 澳大利亚 | 2 | 建筑城市设计、计算设计、空间认知建筑设计 | 有关设计理论、设计方法等基础领域 |
| L · 科斯基宁<br>( Lipo Koskinen ) | 悉尼新南威尔士大学<br>( UNSW Sydney ) | 澳大利亚 | 3 | 设计研究、移动多媒体、社会互动设计和设计方法论 | 有关产品、交通等工业领域；有关设计理论、设计方法等基础领域 |
| 简 · 伯里<br>( Jane Burry ) | 斯威本科技大学<br>( Swinburne University of Technology ) | 澳大利亚 | 4 | 建筑设计、跨学科设计、计算设计 | 有关数字媒体、艺术与科技等创新领域 |
| 基斯 · 多斯特<br>( Kees Dorst ) | 悉尼科技大学<br>( University of Technology Sydney ) | 澳大利亚 | 5 | 设计思维、跨学科创新设计 | 有关设计理论、设计方法等基础领域 |
| 彼得 · 德斯梅特<br>( Pieter Desmet ) | 代尔夫特理工大学<br>( Delft University of Technology ) | 荷兰 | 1 | 工业设计、为情感和幸福感设计、测量用户体验、概念性设计 | 有关产品、交通等工业领域 |
| 佩特拉 · 巴德克－绍布<br>( Petra Badke-Schaub ) | 代尔夫特理工大学<br>( Delft University of Technology ) | 荷兰 | 2 | 设计方法论、设计研究方法论、团队协调、沟通与合作设计 | 有关产品、交通等工业领域；有关设计理论、设计方法等基础领域 |
| 罗恩 · 沃卡里<br>( Ron Wakkary ) | 西蒙菲莎大学<br>( Simon Fraser University )<br>埃因霍芬理工大学<br>( Eindhoven University of Technology ) | 加拿大<br>荷兰 | 3 | 工业设计、交互设计、设计与技术哲学 | 有关产品、交通等工业领域 |

| 学者姓名 | 所属机构 | 国家 | 发文量国家排名 | 擅长或活跃的领域 | 在七个子领域中发文最多的子领域 |
| --- | --- | --- | --- | --- | --- |
| 埃尔文 · 卡拉纳（Elvin Karana） | 代尔夫特理工大学（Delft University of Technology）埃因霍芬理工大学（Eindhoven University of Technology） | 荷兰 | 4 | 工业设计、材料创新与设计、材料经验、生物基本材料和生物技术产品设计 | 有关产品、交通等工业领域 |
| 保罗 · 赫克特（Paul Hekkert） | 代尔夫特理工大学（Delft University of Technology） | 荷兰 | 5 | 产品设计、设计美学 | 有关产品、交通等工业领域 |

## 2. 发文量前 100 学者的国家分布

2011—2021 年间，全球设计领域发文总量排名前 100 学者的国家主要来自 21 个国家，其中来自美国的学者人数最多，达 40 人。其次为欧洲学者，其中英国 14 人、丹麦 10 人、荷兰 8 人、意大利 5 人。其他国家发文量前 100 学者数量均在 1—4 人不等。由此可见，欧洲和美国是设计领域重要学术人才的主要来源地。

全球设计领域发文量前 100 学者中，来自中国的有 4 人。

全球设计领域发文量前 100 学者的所属国家中，来自美国、英国、丹麦、荷兰、意大利的学者各自的发文中，发文量最高的前三个子领域统计如表 1.2 所示。

表 1.2 全球设计领域发文量前五国家前 100 学者发文量最高的前三个子领域

| 学者所属国家 | 学者数量（人） | 学者在七个子领域中发文量最高的前三个子领域 |
| --- | --- | --- |
| 美国 | 40 | 基础、工业、新兴 |
| 英国 | 14 | 工业、基础、创新 |
| 丹麦 | 10 | 工业、基础、创新 |
| 荷兰 | 8 | 工业、基础、新兴 |
| 意大利 | 5 | 工业、基础、新兴 |

# 三、
# 设计领域重要期刊及会议

**学术期刊** 和 **学术会议** 是传播创新成果、引领学科发展、促进学术交流和凝聚学者群体的重要阵地。对设计学科领域内学术期刊和学术会议的梳理和分析有助于发现领域内学术成果的主要传播平台，同时发现高影响力学术期刊和学术会议也能为设计领域的 **学术生态** 建设和发展提供数据洞察。本小节聚焦近五年在设计领域 **发文量和影响力领先** 的学术期刊和学术会议。

## 1. 设计领域领先学术期刊

图 1.1.7 显示了 2017—2021 年间全球设计领域总被引次数排名前 30 的学术期刊中发文量最高的 10 种学术期刊。如图所示，*Design Journal* 是发文量最高的期刊，五年间共发表了 861 篇设计领域文献，文献总被引次数为 2,726 次，篇均被引次数达 3.2 次。其余期刊五年间总发文量均在 400 篇以下。在影响力方面，*Design Studies*、*She Ji*、*CoDesign* 以及 *Design Science* 的期刊影响力最高，CiteScore 百分位均达到 99，代表这些期刊的平均被引水平优于同学科领域其他 99% 的期刊。而在这些领域内高影响力期刊中不乏一些开放获取期刊，如 *She Ji* 和 *Design Science* 就是领域内发文量前 10 学术期刊中以完全开放获取方式发表文献的期刊。

*Design Journal* 创刊于 1998 年，是欧洲设计学会（*European Academy of Design, EAD*）的官方期刊，同时也是一本国际化的同行评审期刊。期刊每年出版六期，关注文化和商业背景下应用设计的相关问题。具体来说，期刊主要关注以下三种类型的高质量原创论文：（1）设计研究论文，如关于具体方法和结果的初级研究；（2）设计主张，如批判性设计、推测性设计和命题性设计等非商业性的、以实践为基础的探索，解决当代设计中的重大问题或通过设计解决的问题；（3）设计观点，由经验丰富的学者撰写的对重要的设计相关问题的观点的讨论。这些讨论可能是来自不同学科的主题，包括：设计实践、三维设计、产品和工业设计、视觉传达设计、交互设计、纺织品和服装设计、社会服务和系统设计、设计思维、设计领导力、创业精神、战略和创新、设计理论、方法和手段、设计文化、设计伦理、可持续设计、设计教育和教学方法等。总体而言，*Design Journal* 旨在推荐对设计知识和实践有新贡献的原创性文章，或者通过对现有作品的原创性解释和分析、

| 出版物名称 | 出版物中文名对照 | 类型 | 是否开放获取 | CiteSocre百分位 | 发文量 | 总被引次数 |
|---|---|---|---|---|---|---|
| *Design Journal* | 《设计期刊》 | 期刊 | 否 | 55 | 861 | 2726 |
| *International Journal of Clothing Science and Technology* | 《国际服装科技期刊》 | 期刊 | 否 | 56 | 332 | 1210 |
| *Design Studies* | 《设计研究》 | 期刊 | 否 | 99 | 218 | 2899 |
| *International Journal of Fashion Design, Technology and Education* | 《国际服装设计、技术和教育期刊》 | 期刊 | 否 | 98 | 190 | 1034 |
| *She Ji* | 《设计、经济与创新学报》 | 期刊 | 是 | 99 | 162 | 989 |
| *CoDesign* | 《协同设计》 | 期刊 | 否 | 99 | 126 | 1080 |
| *Fashion Practice* | 《时尚实践》 | 期刊 | 否 | 95 | 126 | 349 |
| *Design Science* | 《设计科学》 | 期刊 | 是 | 99 | 115 | 1230 |
| *Design and Culture* | 《设计与文化》 | 期刊 | 否 | 95 | 106 | 308 |
| *International Journal of Design* | 《国际设计期刊》 | 期刊 | 否 | 98 | 95 | 786 |

图 1.1.7 全球设计领域总被引次数前数 30 中发文量前 10 的期刊，2017—2021 年

为设计知识体系做出贡献的研究论文。该期刊在 Scopus ASJC 学科分类中被归类在艺术人文和计算机科学两个学科领域。①

*Design Studies* 创刊于 1979 年，是一本国际性的跨学科设计研究期刊。期刊每年出版六期，专注于发展对设计过程的理解，覆盖所有应用领域的设计活动，包括工程和产品设计、建筑和城市设计、计算机艺术和系统设计。*Design Studies* 出版与设计过程有关的所有领域的研究论文。这些论文或促进与设计过程有关的新知识的发展和应用，或协助设计过程的新发现和新发展。*Design Studies* 是一本将设计视为一门科学的期刊，试图通过科学论述来验证设计实践的方法，为分析、发展和讨论设计过程提供了一个从认知和方法论到价值和哲学的跨学科的论坛。该期刊在 Scopus ASJC 学科分类中被归类在艺术人文、社会科学、计算机科学以及工程四个学科领域。②

*She Ji* 创刊于 2015 年，是一本同行评审的跨学科设计期刊。该期刊是由同济大学设计创意学院娄永琪教授和肯 · 弗里德曼（Ken Friedman）教授为了应对全球设计学科的最新发展趋势和跨学科研究需求而创办的。期刊以季刊形式出版，专注于当今复杂的社会技术环境中的经济和创新、设计过程和设计思维，关注设计和创新在工业、商业、公共服务和政府中通过创造经济和社会价值而进一步推动社会创新的作用。该期刊出版的研究文章围绕三个核心主题：（1）探索在新经济背景下设计如何驱动产业、商业、社会、非营利服务机构以及政府的创新和可持续发展。相关议题如：设计驱动的社会和经济变革的创新；管理、咨询和公共

① https://www.scopus.com/sourceid/147203?origin=resultslist.
② https://www.scopus.com/sourceid/36450?origin=resultslist.

服务中的设计实践；替代经济和产业转型的设计；为可持续性而做的设计；为社会创新、组织变革和教育而做的设计；（2）设计驱动型创新如何处理复杂的社会技术系统问题，如复杂社会技术系统设计；四阶设计中的科学、技术和哲学问题；设计、计算和算法；设计与控制论；（3）设计哲学、设计历史、科学哲学和设计方法论研究，如设计和创新的文化和社会特性；设计的哲学；设计研究的科学、哲学；设计理论、方法和方法论；设计领域的研究方法和研究技能；等等。该期刊在 Scopus ASJC 学科分类中被归类在艺术人文、社会科学、经济 / 经济计量学和金融以及商业 / 管理和会计四个学科领域。①

*CoDesign* 创刊于 2005 年，是一本关注设计中的合作要素的学术期刊。期刊以季刊形式出版，刊登与设计中的合作有关的基础理论、原则、程序和技术的创新研究和学术成果。具体的研究主题包括: 协同设计理论; 协同设计方法、技术和工具; 研究协同设计的方法；协同设计的研究；支持设计中的合作的技术革新；管理或促成协同设计；设计问题的处理（例如弹性、包容性、竞争或不相匹配的利益相关者价值、冲突的期望或要求、对资源或权力不平等的争论等）。该期刊在 Scopus ASJC 学科分类中被归类在艺术人文、工程和计算机科学三个学科领域。②

*Design Science* 创刊于 2015 年，隶属于 *Design Science*，③是一个由设计科学家、从业者和教育工作者组成的国际性非政府非营利的设计协会所创办的期刊。该期刊是一本完全开放获取年刊，发表关于人造物和系统的创造以及关于它们是如何嵌入物理世界、虚拟世界、心理、经济和社会的原创性定量或定性研究。期刊由国际编辑委员会同行评审，旨在成为跨多个学科的基于科学的设计知识档案库，促进不同领域的交流与互动，并作为跨多个社区的桥梁，强调来自不同学科的学者的交流与互动。该期刊在 Scopus ASJC 学科分类中被归类在艺术人文、工程和数学三个学科领域。

## 2. 领域内主要学术会议

图 1.1.8 所示为 2017—2021 年间全球设计领域文献贡献量前 10 的会议论文集，从中可以看到设计领域主要的学术会议。其中，设计领域文献来源最多的是工程设计领域的学术会议：《国际工程设计会议论文集》（*Proceedings of the International Conference on Engineering Design, ICED*）（贡献了 257 篇设计领域文献）和《计算机学科领域的学术会议——国际会议论文系列》（*ACM International Conference Proceeding Series*）（贡献了 252 篇设计领域文献）。设计领域文献量前 10 的会议论文集中，来自计算机学科领域的学术会议论文集中当数

① https://www.scopus.com/sourceid/21100894523?origin=resultslist.

② https://www.scopus.com/sourceid/19700201037?origin=resultslist.

③设计学会成立于 2000 年，自成立以来，学会每两年在斯德哥尔摩、墨尔本、巴黎、斯坦福、哥本哈根、首尔、米兰和温哥华举行一次国际工程设计会议（International Conference on Engineering Design, ICED）。其他社会活动，包括举办一些工业和产品设计教育会议、设计创意国际会议、设计研究国际会议（ICoRD）、高级设计研究和教育国际会议（ICADRE）等。该协会与剑桥大学出版社合作出版《设计科学》杂志，以及广泛的会议论文和会议记录。设计学会官网为：https://www.designsociety.org/.

| 出版物名称 | 出版物名称中文对照 | 类型 | 是否开放获取 | CiteSocre百分位 | 发文量 | 总被引频次 |
|---|---|---|---|---|---|---|
| *Proceedings of the International Conference on Engineering Design, ICED* | 《国际工程设计会议论文集》 | 会议论文集 | 是 | 无 | 257 | 892 |
| *ACM International Conference Proceeding Series* | 《ACM国际会议论文系列》 | 会议论文集 | 否 | 50 | 252 | 680 |
| *Conference on Human Factors in Computing Systems Proceedings* | 《计算系统人为因素会议论文集》 | 会议论文集 | 否 | 92 | 158 | 2598 |
| *IOP Conference Series: Materials Science and Engineering* | 《IOP会议系列：材料科学与工程》 | 会议论文集 | 是 | 35 | 120 | 115 |
| *Journal of Physics: Conference Series* | 《物理学杂志：会议系列》 | 会议论文集 | 是 | 22 | 79 | 53 |
| *Procedia CIRP* | 《国际生产工程科学院(CIRP)会议论文集》 | 会议论文集 | 是 | 74 | 79 | 398 |
| *Proceedings of the Design Society: DESIGN Conference* | 《设计协会会议论文集》 | 会议论文集 | 是 | 无 | 73 | 191 |
| *Proceedings of International Design Conference, DESIGN* | 《国际设计学会论文集》 | 会议论文集 | 否 | 无 | 66 | 285 |
| *IOP Conference Series: Earth and Environmental Science* | 《IOP系列会议：地球与环境科学》 | 会议论文集 | 是 | 20 | 58 | 30 |
| *Proceedings of the 20th International Conference on Engineering and Product Design Education* | 《第20届工程与产品设计教育国际会议论文集》 | 会议论文集 | 否 | 无 | 46 | 28 |

图 1.1.8 全球设计领域文献贡献量居前 10 的会议论文集，2017—2021 年

《计算系统人为因素会议论文集》（*Conference on Human Factors in Computing Systems Proceedings*）的影响力最高，CiteScore 百分位达到 92，代表该会议论文集被引用的表现优于计算机领域其他 92% 的会议论文集和期刊。这在一定程度上说明，当前设计学研究和计算机科学的交叉地带有较为活跃且具有高学术影响力的学术产出。

此外，设计领域文献贡献量前 10 的会议论文集中还出现了来自物理学、地球和环境科学等非设计学研究传统学科领域的学术会议论文集，如《物理学杂志：会议系列》（*Journal of Physics: Conference Series*）以及《IOP 系列会议：地球与环境科学》（*IOP Conference Series: Earth and Environmental Science*）。这也体现出设计学科的跨学科交叉性。

设计领域文献贡献量前 10 的学术会议论文集中也有来自设计领域的学术会议论文集，如《设计学会论文集》（*Proceedings of the Design Society: DESIGN Conference*）和《国际设计学会论文集》（*Proceedings of International Design Conference, DESIGN*）。这两个会议与国际工程设计会议（The International Conference on Engineering Design, ICED）均是由设计学会（Design Society）认可的学术会议。该设计会议始于 1981 年，现已成为两年一次的国际活动。会议将各设计学科的研究人员联系起来，展示当前设计领域最先进的研究和想法。会议由全体会议和主题会议、研讨会、设计辩论会和社会活动等组成。

另外，从会议论文的开放获取程度来看，设计领域文献贡献量前 10 的会议论文中一半以上都是可以开放获取的，这也与会议论文通常有较高的开放获取文献占比的现象一致。

# 1-2 全球设计领域的学科交叉特色

## 一、设计研究的多学科属性

设计领域包括艺术设计、服装设计、工业设计、环艺设计等，是一项涵盖广泛学科的领域。尤其是近年来随着技术的发展，在设计中不断引入高科技，设计学的**交叉性**更为凸显。本小节利用 Scopus ASJC 全科学期刊分类系统（All Science Journal Classification）的学科分类方法，[①]对近五年间全球设计领域文献的学科分布进行分析，以揭示设计领域的**多学科属性**。

### 1. 设计领域研究的学科分布

图 1.2.1 展示了 2017—2021 年间设计领域发文量前 10 的 ASJC 学科以及学科发文量占比。在过去五年间全球发表的 12,581 篇设计领域文献中，涉及计算机科学和工程学科领域的文章最多，分别为 5,982 篇和 5,629 篇，占设计领域文献总量的 48% 和 45%。[②] 其中，在计算机科学这一学科领域内，设计研究在涉及计算机图形学和计算机辅助设计、计算机科学应用、软件设计、人机交互等二级学科子类的发文最为活跃。在工程学科领域内，设计研究在工业与制造工程、建筑、通用工程等二级学科子类的发文规模最大。

---

① ASJC 学科分类是定义在期刊层面上的，它由爱思唯尔组织的专家根据期刊文章的目的、范围和内容将期刊分为 27 个学科大类和 334 个子类。本报告使用的学科分类是 ASJC 27 学科大类（27 个学科大类列表详见附录三）。

② 一本期刊或一篇文章根据其发表期刊的学科属性可以同时被归属为多个 ASJC 学科，所以这里统计的各学科发文占比的总和是会超过 100% 的。

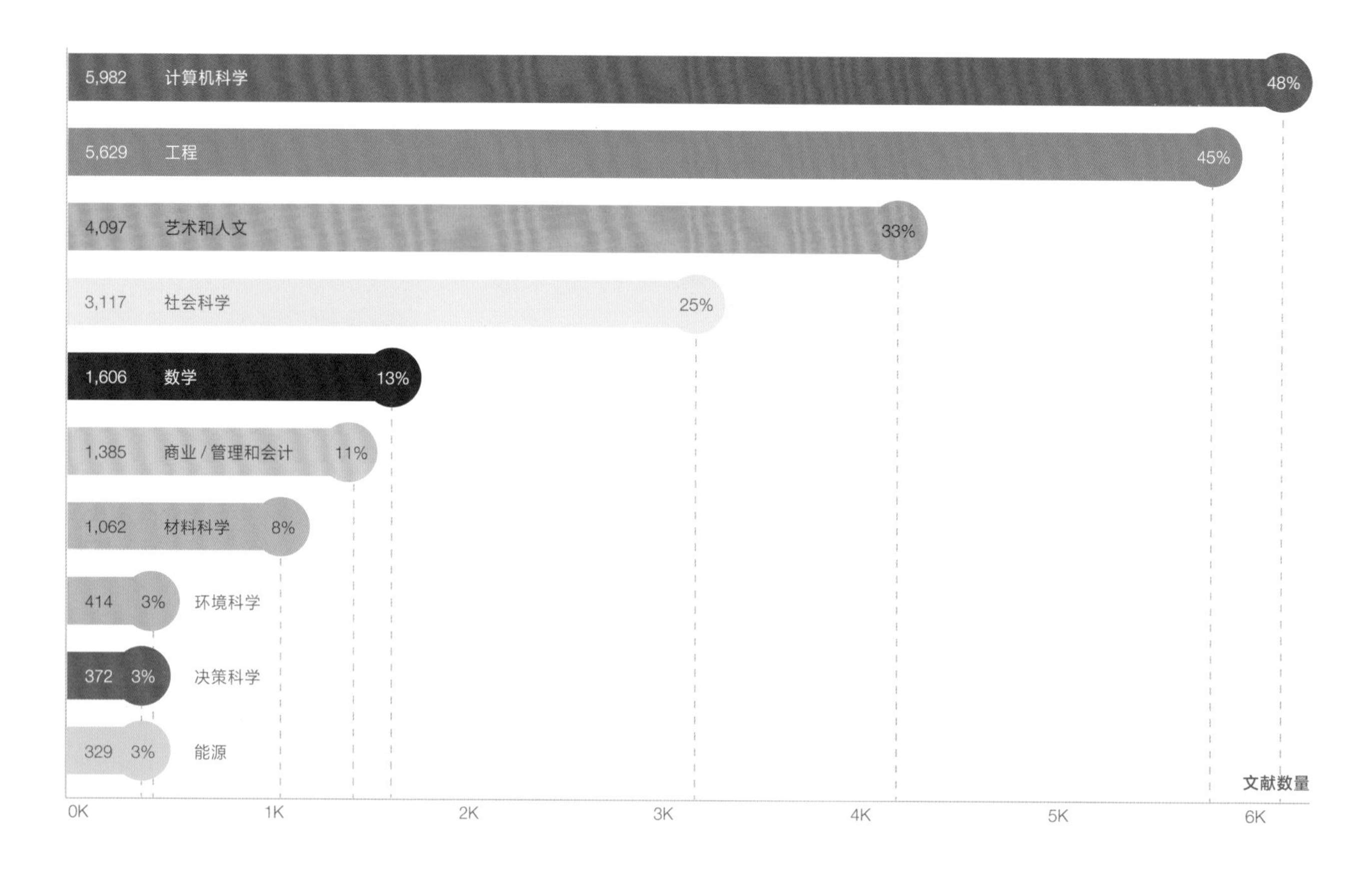


图 1.2.1 全球设计领域发文量前 10 的 ASJC 学科以及学科发文量占比，2017—2021 年（横条长度代表在各学科的设计领域发表文献的数量，圆圈内百分比数代表各学科设计领域文献数量占设计领域文献总量的比例，K=1000 篇）

此外，设计相关的研究在艺术和人文以及社会科学学科领域的发文量也达 3,000 篇以上，占比分别达到 33% 和 25%。其中，设计研究在视觉艺术、教育、文化研究等二级学科子类有较高的发文量。从发文量占比来看，计算机科学、工程、艺术和人文以及社会科学是设计领域文献所属的主要学科类别，这说明设计领域的主流研究呈现出很强的文理兼具的属性。

近年来，可持续发展带来的全球经济、社会、文化、能源等方面的挑战对设计学研究提出了新的要求，推动了设计学研究由主流学科类别向相关学科领域的拓展和延伸。例如，设计学研究在数学、商业 / 管理和会计以及材料科学等学科领域也形成了一定的研究规模，这些学科的发文量在 1,000—2,000 篇区间。此外，设计学研究还正在向一些与可持续发展目标相关的交叉性、应用性较强的学科领域拓展，例如环境科学、决策科学以及能源科学等学科。设计学研究在这些学科的发文量目前虽然相对较少，仅在 300—400 篇区间，但这些学科领域为设计研究在循环经济、可持续发展转型设计、绿色城市 / 建筑设计以及设计思维的系统开发和应用等议题上提供了可供借鉴的理论知识或拓展设计实践的边界，这些都进一步丰富了设计学研究的学科内涵。

设计领域文献的学科分布表明，设计领域研究横跨工程、技术、人文、社会学科等范畴，并向新兴交叉学科不断延伸、拓展，呈现出很强的多学科属性。

## 2. 设计研究的知识流动图谱

上一小节的分析是从设计领域文献的学科分布角度展示设计领域研究的多学科属性。本小节则从流入设计领域和从设计领域流出的知识成果的学科分布分析设计领域研究的学科交叉融通情况。具体来说，分析以文献引用为代表的知识流动概念，借助设计领域文章的参考文献及施引文献的学科分布，可以了解设计领域与各个学科领域之间的知识流动情况。通过被设计领域文章引用的文献的学科分布可以了解设计领域的研究吸收和融合了来自哪些学科领域的知识（即知识流入），而对设计领域文章的施引文献的学科分布分析则可以了解设计领域的研究向哪些学科领域贡献了知识成果（即知识流出），从而为设计领域与其他学科领域的知识融通情况提供数据观察。

由图 1.2.2 可见，设计领域的研究具有很强的跨学科知识流动性，其学术产出的引用与被引涉及众多学科。从设计领域研究的参考文献的学科分布来看，属于计算机科学的文献最多，其次为工程、社会科学、商业 / 管理和会计以及艺术和人文等学科（见图 1.2.2 中的“知识流入”），说明这些学科代表的知识领域是设计研究的最主要知识来源，这些学科领域也与设计主流研究所属的学科领域有较大的重叠。除了以上主流学科领域外，流入设计领域的学科知识还有医学、心理学、经济 / 经济计量学和金融等非设计学主流研究的学科，这说明设计领域的研究广泛地融合了许多非本学科领域且学科跨度较大的领域的知识。

从设计领域研究的施引文献的学科分布来看，属于工程、计算机科学、社会科学、商业/管理和会计以及数学等学科领域的文献数量最多（见图1.2.2中的“知识流出”），这说明设计领域研究主要向这些学科领域输出知识成果。这也与流入设计学领域的主要学科领域基本一致，说明设计学的科研成果也反哺了支撑其发展的主流学科领域。同时，作为一个实践性很强的研究领域，设计领域的科研文献还受到不少来自诸如自然科学（如物理学、化学等）、生命科学（如医学、生化/遗传和分子生物学等）等学科的关注，这说明设计领域的研究对更广泛的学科领域产生了影响。

从上面的分析以及上一小节关于设计领域研究的学科分布可知，设计领域的研究呈现出很强的文理兼具属性。为了进一步了解分属于不同学科属性的设计领域研究在知识交叉融通方面的表现情况，这里进一步根据设计领域文献的 ASJC 学科属性将设计文献划分为社科领域和非社科领域两大类，分别展现不同学科属性的设计研究参考文献和施引文献的学科分布情况。其中，划分为社科属性的 ASJC 学科包括：艺术和人文、商业 / 管理和会计、决策科学、经济 / 经济计量学和金融、心理学、社会科学；划分为非社科属性的 ASJC 学科包括：农业和生物科学、生化 / 遗传和分子生物学、化学工程、化学、计算机科学、地球与行星科学、能源、工程、环境科学、免疫和微生物学、材料科学、数学、医学、神经科学、护理学、药理学、毒理学和药剂学、物理学和天文学、兽医学、牙医学以及健康科学。

图 1.2.3 将设计领域文献划分为社科和非社科两大类，分别展示了 2017—2021 年间发表的设计领域文献的参考文献和施引文献的学科分布情况。从社科领域和非社科领域两类设计研究的参考文献和施引文献的学科分布来看，两大类的设计研究均体现出了较强的学科交叉融通的知识流动性。具体来说，虽然社科类

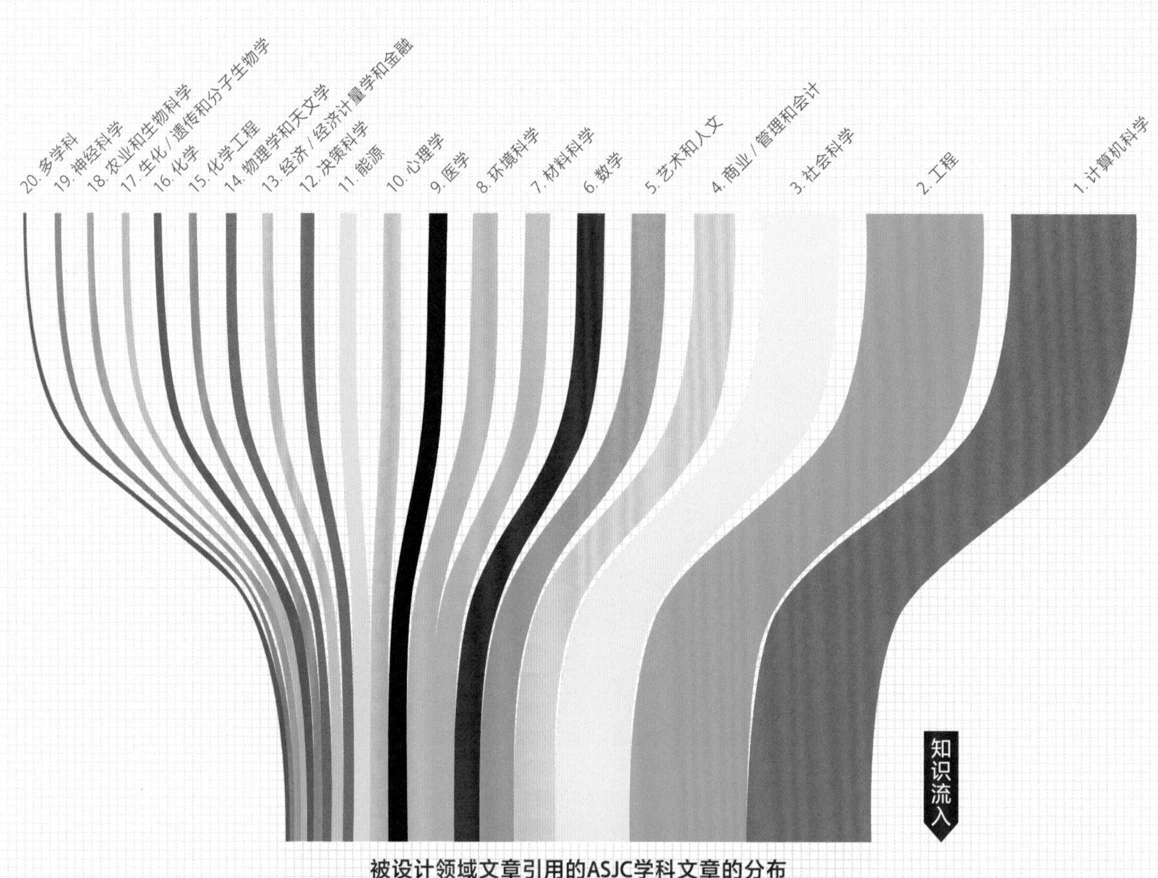


图 1.2.2 设计研究的学科知识流动图谱，2017—2021 年（带宽代表设计领域文献的参考文献和施引文献所属学科领域的文章数量。带宽越宽，代表该学科领域文章的数量越多）

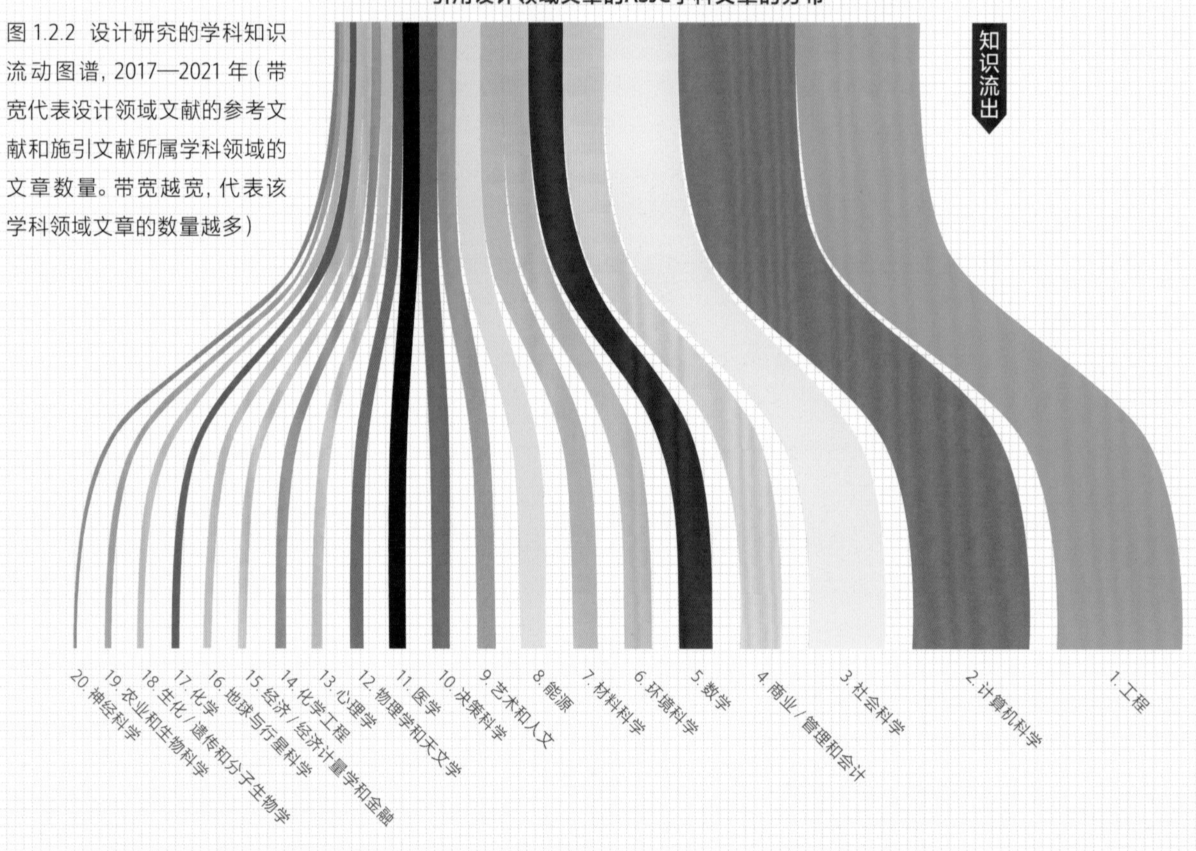

的设计研究引用最多的文献是来自社会科学领域，但是其也引用了许多来自计算机科学、工程、医学等非社科类学科领域的研究成果。同样的，社科类的设计文献也受到了非社科类学科领域的研究的引用，如计算机科学、工程、数学、能源等学科。类似的学科交叉引用也体现在非社科领域的设计研究上。非社科领域的设计文献不仅参考了不少来自社会科学、商业 / 管理和会计、艺术和人文等社科领域的文献，其研究成果也被以上社科类学科领域的研究所关注和引用。

综上可知，设计研究作为一个独立的研究领域，在其研究所带动的知识流动上体现出了很强的多学科融通和跨学科交叉特性。从知识流动的角度来看，流入量与流出量呈均衡态势，这说明设计学科的发展是良性的、健康的。

## 二、不同学科属性下的设计领域研究

通过上一小节的分析我们可以发现，设计领域研究不论是从其领域自身体现的学科属性，还是从其输入和输出的知识的学科属性来看，均呈现出很强的跨学科属性。设计领域研究的跨学科属性揭示了设计学研究议题有很大的学科交叉潜能。

本小节的设计领域学科特色分析尝试从细分研究主题层面入手，通过分析分属不同学科属性的设计领域研究在哪些细分研究主题上相互交叉、重叠，进一步展示设计领域研究的学科交叉情况。据此，本小节引入“**研究主题**”（Topic）的分析方法，对设计领域文献进行研究内容的聚类。[①]在研究主题的聚类算法下，通过对比不同学科属性的设计领域文献

① 爱思唯尔基于文章引用和施引关系，通过直接引用算法，将整个 Scopus 的文章聚类成 96,000 多个研究主题。因为每一个主题下的文章之间具有较强的研究内容关联，所以一个研究主题代表了一类文章共同关注的科研议题。

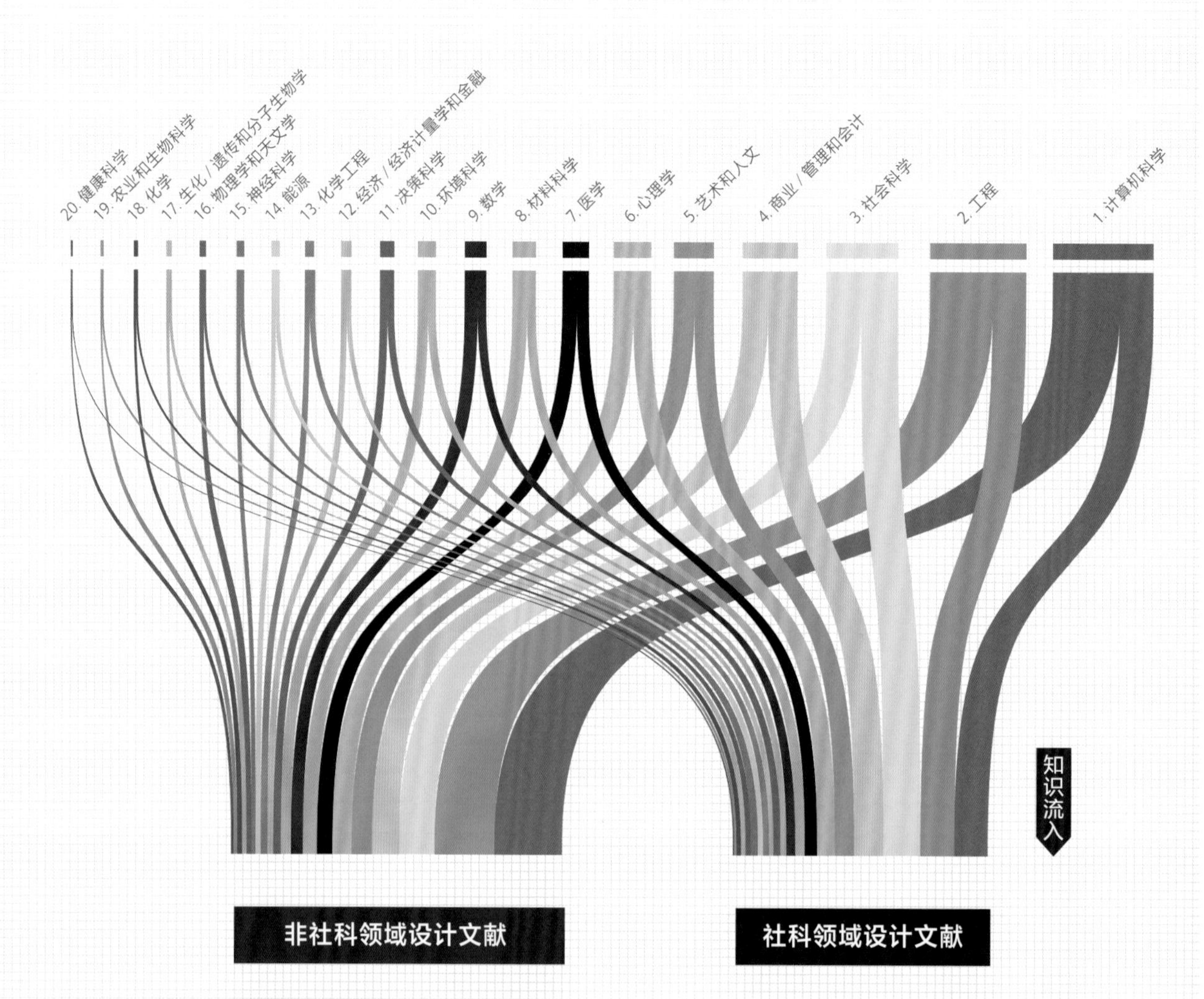


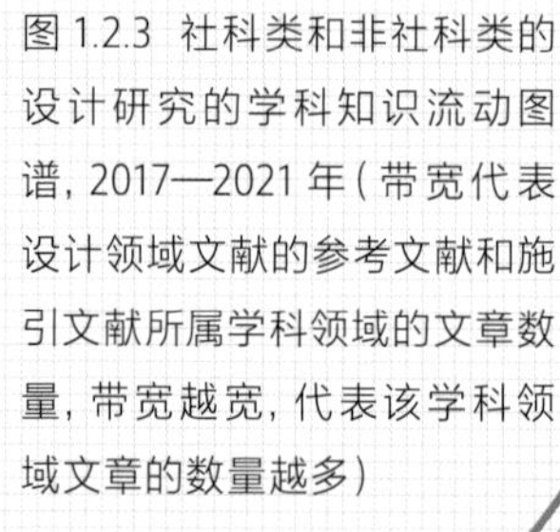

图 1.2.3 社科类和非社科类的设计研究的学科知识流动图谱，2017—2021 年（带宽代表设计领域文献的参考文献和施引文献所属学科领域的文章数量，带宽越宽，代表该学科领域文章的数量越多）

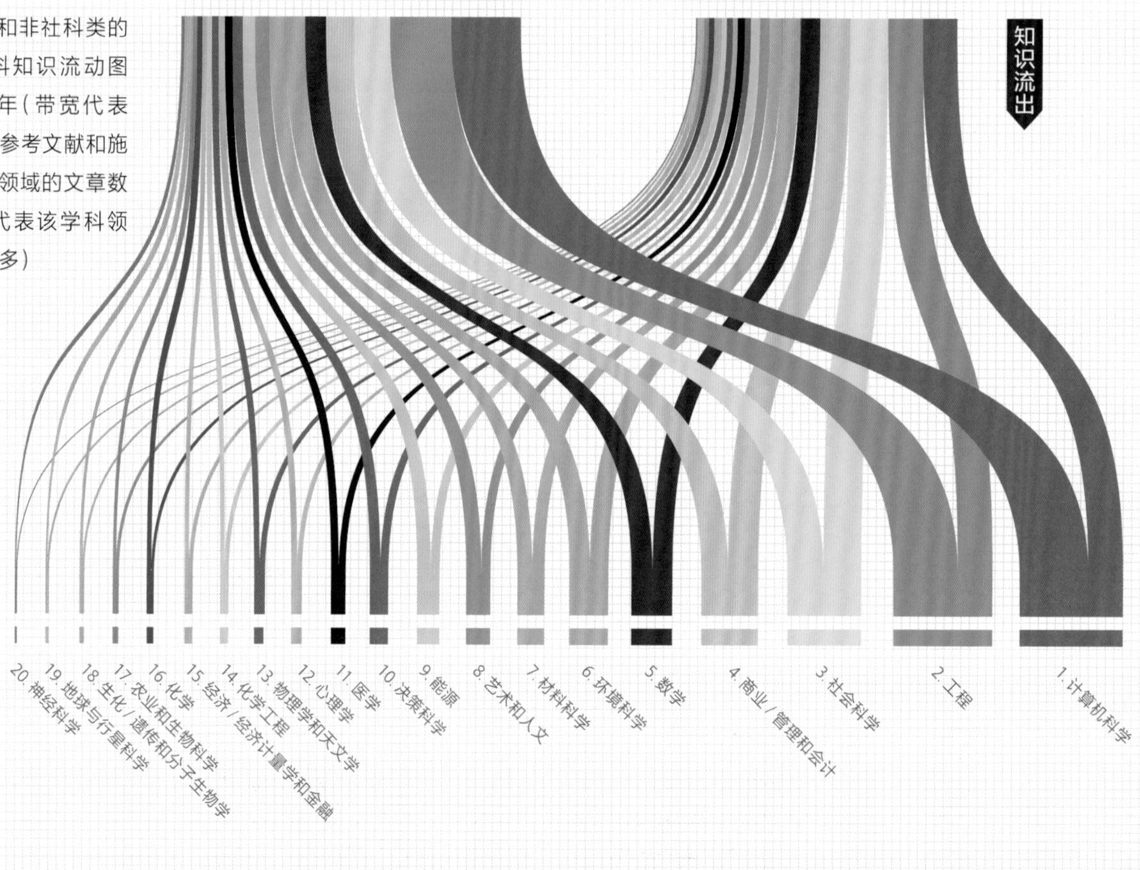

所聚焦的研究主题可以发现，这些不同学科属性下的设计领域研究所关注的研究主题的异同，进而定位出设计领域学科交叉性较强的研究主题。

本小节根据设计领域文献的 ASJC 学科属性将设计领域学术产出划分为**社科领域**和**非社科领域**两大类。其中，归属于社科范畴的 ASJC 学科包括：艺术和人文、 商业 / 管理和会计、决策科学、经济 / 经济计量学和金融、心理学、社会科学；非社科范畴的 ASJC 学科包括：农业和生物科学、生化 / 遗传和分子生物学、化学工程、化学、计算机科学、地球与行星科学、能源、工程、环境科学、免疫和微生物学、材料科学、数学、医学、神经科学、护理学、药理学、毒理学和药剂学、物理学和天文学、兽医学、牙医学以及健康科学。

## 1.
## 设计领域研究的学科交叉主题

如图 1.2.4 所示，设计在社科领域与非社科领域发文量前 10 的研究主题分布上有一定的重叠，但也有各自的特色。其中，设计领域研究在社科和非社科领域共同聚焦的研究主题有：T.2742 “绘图；设计教育；设计师”、[①]T.20387 “人机交互（HCI）；交互设计；虚构”、T.13074 “服装；身体测量；服装设计”、T.30426 “参与式设计；人机交互（HCI）；协同设计”、T.19266 “计算机辅助制造；语法；开源产品”。这说明设计领域研究在这五个研究主题上融合了广泛的社科和非社科领域的知识，体现出很强的跨学科交叉性。

另外，设计领域研究在社科领域和非社科领域也分别有各自聚焦的主题，社科领域的设计学研究更关注情感、文化、创新、价值共创等研究主题，而在非社

① 研究主题的命名是 SciVal 根据归属于该主题的所有文章的标题、摘要和作者等关键词中提取词组（如重要概念或关键词）后以数据驱动的方式生成的。具体来说，构成研究主题名称的三个词组本身融合了高频性和独特性的特点，即这三个词组不仅是该主题发文的高频词组，也具有足够的独特性，进而与其他研究主题有所区别。此外，研究主题命名还会对来自标题和摘要的词组有所区分，算法会给从标题中提取的词组以更高的权重，使得研究主题可以更好地与该主题下的文章标题保持一致。详见：https://service.elsevier.com/app/answers/detail/a_id/35058/supporthub/scival/.

科领域的设计学研究则更关注人体工程学、感性工学、建筑、信息系统和网页设计等研究主题。

**社科领域**

| 主题id | 主题名称 | 发文量排名 | 主题发文量 |
|---|---|---|---|
| 2742* | 绘图；设计教育；设计师 | 1 | 549 |
| 20387* | 人机交互（HCI）;交互设计；虚构 | 2 | 214 |
| 4060 | 情感；田野工作；文化地理学 | 3 | 108 |
| 13074* | 服装；身体测量；服装设计 | 4 | 105 |
| 30426* | 参与式设计；人机交互（HCI）；协同设计 | 5 | 104 |
| 28010 | 服装；快速时尚；纺织废料 | 6 | 82 |
| 19266* | 计算机辅助制造；语法；开源产品 | 7 | 66 |
| 5982 | 创新；可负担性；边界对象 | 8 | 63 |
| 1230 | 服务经济；产品服务系统；价值共创 | 9 | 60 |
| 25724 | 新产品开发；创新；品牌管理 | 10 | 55 |

**非社科领域**

| 主题id | 主题名称 | 发文量排名 | 主题发文量 |
|---|---|---|---|
| 2742* | 绘图；设计教育；设计师 | 1 | 1093 |
| 20387* | 人机交互（HCI）;交互设计；虚构 | 2 | 422 |
| 19266* | 计算机辅助制造；语法；开源产品 | 3 | 149 |
| 30426* | 参与式设计；人机交互（HCI）；协同设计 | 3 | 149 |
| 17201 | 人体工程学；3D打印机；塑料丝 | 5 | 136 |
| 10464 | 情感；语义差异；感性工学 | 6 | 130 |
| 13074* | 服装；身体测量；服装设计 | 7 | 116 |
| 1496 | 建筑业；设施管理；信息模型 | 8 | 112 |
| 8804 | 区块链；信息系统；设计科学研究 | 9 | 108 |
| 10986 | 人机交互（HCI）；网页设计；感性工学 | 10 | 107 |

图 1.2.4 设计领域研究在社科和非社科领域各自发文量前 10 的研究主题，2017—2021 年（* 代表在两个领域有重叠的研究主题）

# 1-3 全球设计领域的研究内容初探

## 一、设计领域研究的主要内容

本小节对设计领域的研究内容进行两个方面的探索：一方面，通过 SciVal 平台获取的设计领域文献高相关度的 关键词组（keyphrase）云图，展示设计领域研究的主要焦点；另一方面，利用设计领域文献的 作者关键词（Author Keyword）共现网络图 来对当前设计领域的学术研究知识结构展开探索。

## 1.
## 设计领域研究的关键词云图

关键词组（Keyphrase）①是 SciVal 使用爱思唯尔 Fingerprint Engine 结合文本挖掘和自然语言处理技术从文章集合中的标题、摘要和作者关键词中提取出来的重要词组概念。SciVal 基于逆文档频率（Inverse Document Frequency, IDF）算法赋予文集每个词组一个归一化的相关度。这种算法可以相对减少在文集中经常出现的词组的权重，增加较少出现的词组的权重，从而使得关键词能较为综合且均衡地展现文集的研究内容。

设计领域文献关键词云图由从该领域文集中提取的相关度前 50 的关键词绘制而成，展示了设计领域学术产出最主要的研究焦点。由图 1.3.1 可见，2017—2021 年间设计领域文献相关度最高的关键词除了该领域主题词“设计”（Design）和“设计师”（Designer）外，还有该领域的延伸主题词，如“设计教育”（Design Education）和“设计研究”（Design Research）等。此外，还包括以下几种类型的关键词：设计类型，如“产品设计”（Product Design）、“建筑设计”（Architectural Design）、“时尚”（Fashion）等；设计流程，如“设计流程”（Design Process）、“概念设计”（Conceptual Design）等；设计概念，如“生态设计”（Eco-design）、“协同设计”（Co-design）等；设计方法（论），如“设计思维”（Design Thinking）、“参与式设计”（Participatory Design）等。这说明过去五年设计领域的学术研究在这些关键词所代表的研究内容上的讨论程度最高。

图 1.3.1 设计领域文献关键词云图，2017—2021 年（关键词大小和颜色均代表相关性的大小。关键词越大，颜色越红，表示该关键词的相关度越高）

① 更多的 SciVal 关键词解释参见：https://service.elsevier.com/app/answers/detail/a_id/27763/supporthub/scival/kw/Fingerprint/.

## 2. 设计领域研究的作者关键词共现网络图

区别于 SciVal 关键词相关度算法的提取，作者关键词则由发表文献的作者本人提供。一方面作者关键词的用词为领域研究者惯用的学术词汇，另一方面作者关键词是研究者主观挑选出来用以代表一篇论文内容的核心概括。在文献计量学的关键词共现分析理论下，一个文集中作者关键词两两共同出现在同一篇文章中的次数越多，则代表这些关键词在研究内容上的关联越紧密。通过对作者关键词共现关系进行网络描绘，并以共现网络图为基础进行关键词聚类分析，可以帮助我们了解一个文集中作者关键词之间的亲疏关系，从而进一步对这些关键词所代表的领域研究内容的亲疏进行结构化整理。

图 1.3.2 展示了由设计领域在 2017—2021 年发表的文献中集合生成的作者关键词共现网络图。网络图中的每个节点代表一个作者关键词，节点越大，代表该关键词在文集中出现的频次越高。关键词两两共同出现在同一篇文章中的次数越多，则节点间连线越粗。同时关键词节点之间的距离越靠近，则代表不同关键词之间在研究内容上的关联越紧密。由网络图聚类结果可见，过去五年间设计领域发文从研究内容上可大致分为以以下 8 个主要关键词为中心的研究聚类（每个聚类的详细关键词见图 1.3.2 中网络图的树状呈现模式）：

聚类 1（红色聚类）：以“design, architecture, graphic design, fashion”等关键词为中心，关于各类设计类型的研究；

聚类 2（绿色聚类）：以“architectural design, additive manufacturing, sustainable design, parametric design, 3D printing”等关键词为中心，关于 3D 打印、数字制造技术在制造、建筑和城市设计应用的相关研究；

聚类 3（深蓝色聚类）：以“design process, product design, sustainability, innovation, conceptual design”等关键词为中心，围绕设计流程、设计方法和各种案例的研究；

聚类 4（黄色聚类）：以“design education, creativity, design thinking, design research, collaborative design, design practice”等关键词为中心，围绕设计教育、设计实践和认知等以设计为教育和研究对象的研究；

聚类 5（紫色聚类）：以“participatory design, co-design, prototyping, research through design, ideation”等关键词为中心，与各类设计概念相关的研究；

聚类 6（天蓝色聚类）：以“service design, virtual reality, circular economy, augmented reality, visualization, social innovation”等关键词为中心，围绕循环经济、服务设计、可视化等一些新兴业态或技术的设计研究；

聚类 7（橙色聚类）：以“user experience, interaction design, user-centered design, human-computer interaction”等关键词为中心，与人机交互、计算机技术相关的设计研究；

聚类 8（褐色聚类）：以“inclusive design, universal design, usability, empathy, human-centerd design”等关键词为中心，关于包容性设计的研究。

从聚类 1、3、5、8 相对靠近且中心的位置来看，这四个聚类在研究内容上相较其他聚类有更强的知识关联度。这说明，设计领域研究随着理论和实践的不断拓展、设计工具和技术的不断革新，设计理论、概念和方法研究已经突破了在设计类型上的划分。综合各聚类的性质和相对位置来看，当前设计领域研究形成了设计理论、概念和方法（聚类 1、3、5、8）的研究、数字技术催生的相关设计实践研究（聚类 2、6、7）和设计教育相关研究（聚类 4）三大内容板块。

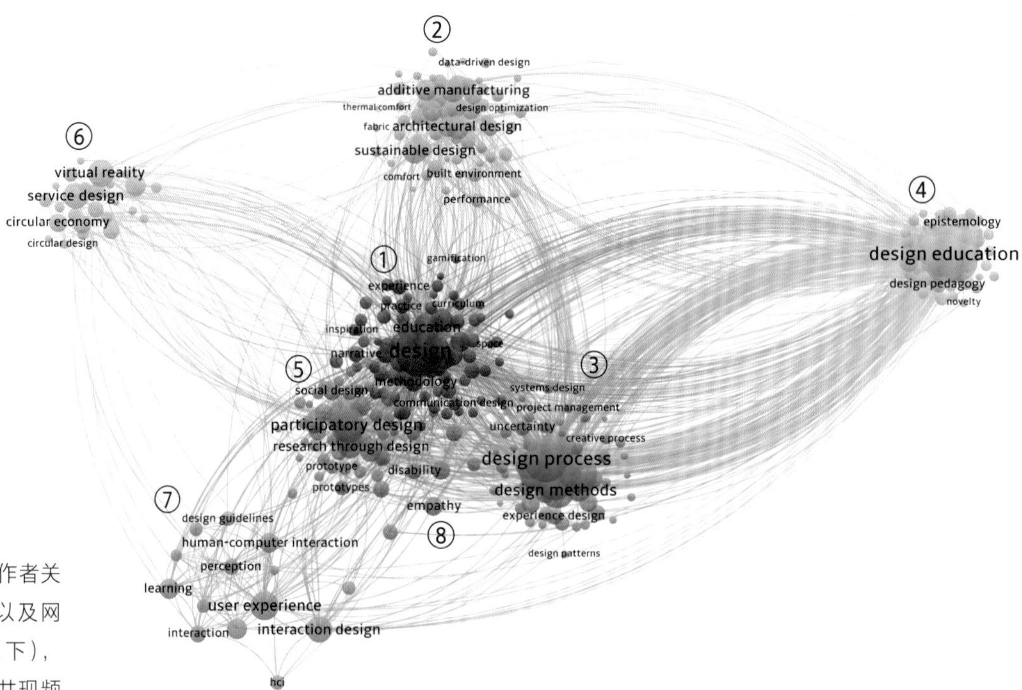


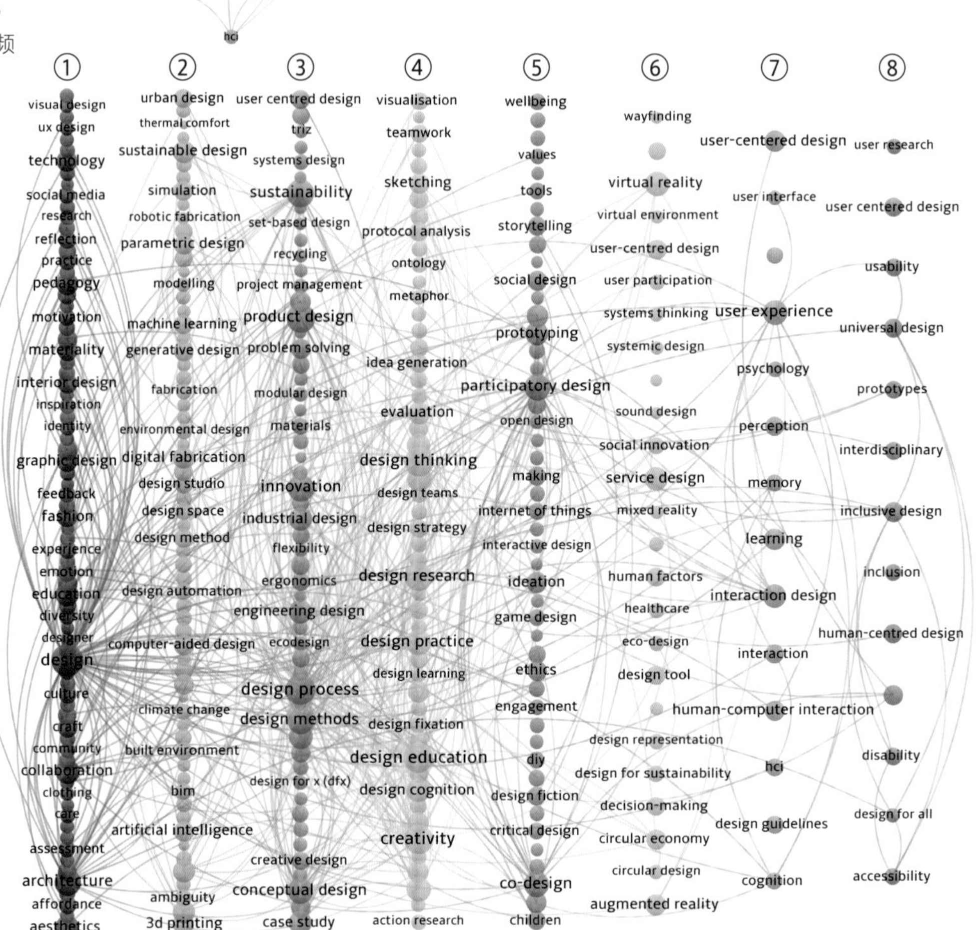


图 1.3.2 设计领域文献作者关键词共现网络图（上）以及网络图的树状呈现模式（下），2017—2021 年（只显示共现频次在 15 次及以上的关键词）

## 二、设计研究的延伸领域

上一小节关于设计研究内容的观察是基于设计领域文集的高频关键词体现的研究焦点以及由关键词共现关系而体现的研究内容的划分。这些观察和分析是将设计作为一个独立的学科，着重观察设计学科自身的 **研究焦点** 和 **研究内容** 的知识结构。鉴于设计是一个交叉性、开放性很强的学科，本小节尝试把观察设计领域研究内容的视角从本学科领域放大到全学科领域，透过研究主题的分析视角，探索设计领域研究是如何触达一些全球性的 **科研议题** 的，从而帮助大家探索设计领域研究未来可延伸的方向。

本小节采用研究主题的方法对设计研究所涉及的全球性科研议题进行观察。爱思唯尔数据工程师将 Scopus 全库文献根据文献之间引用关系的强弱程度聚类成 96,000 多个研究主题，每一个研究主题下的文章之间具有较强的研究内容关联。所以，一个研究主题代表了一类文章共同关注的科研议题，可被视为全球科学研究的一个内容聚类。在此基础上，分析还结合体现研究热度的指标—— **研究主题显著度**（Topic Prominence）一起进行。其数值的高低可以体现不同研究主题被全球学者关注的程度，或其热门程度和发展势头，[①]以辅

① 研究主题显著度是体现研究主题被全球学者的关注度、热门程度和发展势头的指标。显著度一般与研究资金、补助等呈现正相关关系，通过寻找显著度高的研究主题，可以指导科研人员及科研管理人员获得更大的基金资助机会（具体算法详见附录三）。

助判别设计领域研究所涉及的全球性科研议题中哪些是属于当前较热门的议题。

通过统计 2017—2021 年发表的设计领域文献在不同研究主题下的数量分布以及由此形成的相关文献计量指标，可以了解近五年设计领域研究主要涉及哪些全球性研究主题，以及设计领域研究所涉及的研究主题在世界范围内受到科研人员关注的程度（即研究主题显著度），以及设计领域研究在各主要的研究主题下发文的归一化引文影响力（FWCI）。对这些分析形成设计细分研究方向的观察，这不仅有利于了解在全球科研议题语境下的设计领域研究，还有助于发掘设计领域内值得关注的热点延伸方向。

## 1. 设计领域发文量前 10 的研究主题

图 1.3.3 展示了 2017—2021 年间全球设计领域发文量最具规模的 10 个研究主题。由图可知，设计领域在研究主题 T.2742 “绘图；设计教育；设计师” 下的文献数量最多，达 1,198 篇，占该研究主题下全球所有文献的 45%，说明设计领域是这个全球热门研究主题的主要学术产出来源。从文献的学术影响力来看，设计研究在主题 T.30426 “参与式设计；人机交互（HCI）；协同设计” 下的发文学术影响力是发文量前 10 主题中最高的，在该主题下的设计文献 FWCI 值达 3.4，说明设计研究在该研究主题下发文的平均被引次数比同期全球同类学术产出的平均被引次数高 240%。

此外，综合几个观察指标来看，设计领域研究在研究主题 T.8804 “区块链；信息系统；设计科学研究” 代表的细分研究方向上具有较大的延伸潜力。原因是，在该研究主题下的设计领域发文不仅具有较高的学术影响力（FWCI=2.0），而且该研究主题被全球科研工作者讨论的程度很高，该主题在 2022 年的主题显著度高达 98，即该研究主题的热门程度高于 98% 的其他研究主题。考虑到当前设计领域文献数量仅占该主题下全球文献的 7%，该主题代表的研究议题——将设计作为科学研究对象的“设计科学研究”与“数字智能”“信息系统”“区块链”的交叉研究——是设计领域正在形成的、并有进一步发展空间的细分研究方向。

| 主题id | 主题名称 | 主题显著度 | 设计文献数量 | 设计文献占该主题全球所有文献比例 | 设计文献FWCI |
| --- | --- | --- | --- | --- | --- |
| 2742 | 绘图；设计教育；设计师 | 97.88 | 1198 | 45% | 1.2 |
| 20387 | 人机交互（HCI）；交互设计；虚构 | 96.85 | 471 | 19% | 1.3 |
| 30426 | 参与式设计；人机交互（HCI）；协同设计 | 89.89 | 164 | 30% | 3.4 |
| 19266 | 计算机辅助制造；语法；开源产品 | 84.31 | 157 | 26% | 1.3 |
| 10464 | 情感；语义差异；感性理工学 | 91.43 | 140 | 12% | 0.6 |
| 17201 | 人体工程学；3D打印机；塑料丝材 | 95.81 | 138 | 8% | 1.2 |
| 8804 | 区块链；信息系统；设计科学研究 | 98.00 | 126 | 7% | 2.0 |
| 13074 | 服装；身体测量；服装设计 | 87.29 | 126 | 14% | 0.8 |
| 10986 | 人机交互（HCI）；网页设计；感性工学 | 94.18 | 115 | 10% | 0.6 |
| 4060 | 情感；田野工作；文化地理学 | 99.07 | 114 | 2% | 0.9 |

图 1.3.3 全球设计领域发文量前 10 的研究主题，2017—2021 年（研究主题显著度值满分是 100，分值越高说明该研究主题在全球范围内被讨论的程度越高。如当研究主题显著度是 99.99 时，表示该研究主题被全球讨论的程度高于 99.99% 的其他研究主题）

## 2.
## 设计领域发文量增长最快的前 10 个研究主题

图 1.3.4 展示了 2017—2021 年设计领域文献数量不少于 20 篇且发文量增长最快的前 10 个研究主题。从这些主题下的设计领域文献数量和发文占比来看，这些研究主题下的设计领域发文量相对较少、占比较低，说明这些研究主题所代表的细分研究方向虽然不是当前设计研究的主流方向，但是其活跃的发文增长在一定程度上说明了设计学与这些研究主题所代表的细分研究方向有进一步交叉拓展的空间。

从发文年均复合增长率（CAGR）来看，设计领域在研究主题 T.3559 “增强现实；教育；在线学习”的发文增长速度最快，CAGR 达 41%，且发文具有较高的学术影响力（FWCI=1.3），说明采用沉浸式技术进行设计实践和教育的研究在过去五年内增长迅速，并拥有一定的学术影响力。在设计领域发文增长最快的前 10 个研究主题中，研究主题 T.3868“客户体验；社区参与；服务场景”与 T.3401 “熔融沉积建模；机械性能；3D 打印机”的设计文献的学术影响力最高，FWCI 值分别为 1.7 和 1.8。这说明，设计在“服务环境”“空间用户体验”和“增材制造技术”等细分方向的研究不仅增长迅速，而且发文具有很高的学术影响力。

此外，在图 1.3.4 显示的 10 个研究主题中有 7 个主题的显著度均高于 99，代表这些研究主题被全球学者关注的程度高于 99% 的其他研究主题。这说明，当前设计领域发文增长强劲的研究主题绝大部分是具有很高科研热度的研究方向，是设计领域可能进一步开发和拓展的研究方向。

| 主题id | 主题名称 | 主题显著度 | 发文年均复合增长率（CAGR） | 设计文献数量 | 设计文献占该主题全球所有文献比例 | 设计文献FWCI |
|---|---|---|---|---|---|---|
| 3559 | 增强现实；教育；在线学习 | 99.62 | 41% | 37 | 1% | 1.3 |
| 95 | 技术接受模型；移动支付；数字化学习 | 99.96 | 32% | 22 | 0% | 1.2 |
| 3868 | 客户体验；社区参与；服务场景 | 99.43 | 26% | 22 | 1% | 1.7 |
| 16071 | 交互技术；信息系统；视觉分析 | 96.17 | 19% | 22 | 2% | 0.9 |
| 1410 | 绿色基础设施；国家公园；绿地 | 99.89 | 17% | 42 | 1% | 1.2 |
| 9402 | 交互技术；人机交互（HCI）；标牌 | 89.44 | 16% | 58 | 6% | 1.1 |
| 10464 | 感情；语义差异；感性工学 | 91.43 | 14% | 140 | 12% | 0.6 |
| 4060 | 感情；田野工作；文化地理学 | 99.07 | 14% | 114 | 2% | 0.9 |
| 3401 | 熔融沉积建模；机械性能；3D打印机 | 99.90 | 11% | 35 | 1% | 1.8 |
| 1995 | 网络志；消费文化；营销 | 99.08 | 11% | 54 | 2% | 1.0 |
| | | | 0% 20% 40% | 0 50 100 150 | 0% 5% 10% 15% | 0 1 2 |

图 1.3.4 全球设计领域文献数量不少于 20 篇的发文量增长最快的前 10 个研究主题，2017—2021 年

# 1-4 聚焦七个设计研究子领域

## 一、设计子领域研究概览

本小节主要聚焦七个设计子领域的科研表现情况，包括“有关中国设计的国际学术产出”“有关设计理论、设计方法等基础领域”“有关视觉传达、平面设计等视觉领域”“有关产品、交通等工业领域”“有关服装、纺织等时尚领域”“有关数字媒体、艺术与科技等创新领域”“有关未来设计新兴议题”。子领域科研表现分析基于的设计子领域的文献是通过采用所提供的领域关键词在已有的设计领域集中通过文献检索式获取的。每个子领域文献获取的关键词检索式请详见附录二。

本小节的内容以分析模块展开，每个分析模块分别展示七个子领域的科研表现数据。分析模块具体分为：设计子领域的学术产出和学术影响力、设计子领域研究领先的学术机构以及设计子领域的主要研究内容。

对七个设计子领域科研分析的主要发现有：从学术产出的变化趋势上看，关于“有关中国设计的国际学术产出”“有关视觉传达、平面设计等视觉领域”“有关服装、纺织等时尚领域”和“有关未来设计新兴议题”的子领域研究产出数量在近五年总体呈增长趋势，说明这几个子领域的学术研究规模在近五年有增长的趋势。从学术产出的影响力水平看，关于“有关服装、纺织等时尚领域”和“有关未来设计新兴议题”的子领域研究学术影响力在设计领域的均值以上，说明这两个子领域的研究成果的学术影响力整体较高。从子领域领先机构来看，荷兰的代尔夫特理工大学（Delft University of Technology）和埃因霍芬理工大学（Eindhoven University of Technology）、芬兰的阿尔托大学（Aalto University）、意大利的米兰理工大学（Polytechnic University of Milan）、英国的伦敦艺术大学（University of the Arts London）和皇家艺术学院（Royal College of Art）在多个子领域中在总发文量或在总被引频次方面均有较为卓越的表现，是设计领域内综合科研表现较为突出的院校。关于各机构发文活跃的子领域以及机构发文活跃的学者名单请详见表 1.4。

从子领域主要关注的研究内容来看，各个子领域发文虽有各自关注的研究主题，但绝大部分子领域在关于“设计教育”“人机交互”“交互设计”的研究主题上均有较高的发文量，说明这些研究主题是各子领域共同关注的热门研究议题。

表 1.4 综合科研表现突出的发文机构及机构发文量前五学者列表

| 机构名称 | 所属国家 | 机构在七个子领域中发文量前三的子领域 | 机构发文量前五的学者 |
|---|---|---|---|
| 代尔夫特理工大学 | 荷兰 | 基础、工业、新兴 | 彼得 M.A. 德斯梅特（Pieter M.A. Desmet）；佩特拉 · 巴德克 – 绍布（Petra Badke-Schaub）；埃尔文 · 卡拉纳（Elvin Karana）；保罗 P.M.（Paul P.M.）；彼得 · 简 · 施塔珀斯（Pieter Jan Stappers） |
| 埃因霍芬理工大学 | 荷兰 | 基础、工业、新兴 | 卡罗琳 · 胡梅尔斯（Caroline Hummels C.M.）；维姆 · 泽勒（Wim Zeiler）；贝里 · 埃根（Berry Eggen）；帕诺斯 · 马科普洛斯（Panos Markopoulos）；斯蒂芬 A.G. 温斯芬（Stephan A.G. Wensveen） |
| 阿尔托大学 | 芬兰 | 基础、工业、新兴 | 桑普萨 · 海萨洛（Sampsa Hyysalo）；劳里 · 科斯凯拉（Lauri Koskela）；图利 · 马特尔梅基（Tuuli Mattelmäki）；安蒂 · 欧拉斯维尔塔（Antti Oulasvirta）；卡佳 · 赫尔塔 – 奥托（Katja Hölttä-Otto） |
| 米兰理工大学 | 意大利 | 基础、工业、新兴 | 加埃塔诺 · 卡西尼（Gaetano Cascini）；莫妮卡 · 波德戈尼（Monica Bordegoni）；尼科洛 · 贝卡蒂尼（Niccolo Becattini）；费德里科 · 罗蒂尼（Federico Rotini）；瓦伦蒂娜 · 罗格诺利（Valentina Rognoli） |
| 伦敦艺术大学 | 英国 | 时尚、基础、工业 | 珍妮特 · 麦克唐纳（Janet McDonnell）；西尔维娅 · 格里马尔迪（Silvia Grimaldi）；亚当 · 索普（Adam Thorpe）；迪莉丝 · 威廉姆斯（Dilys Williams）；杰米 · 布拉塞特（Jamie Brassett） |
| 皇家艺术学院 | 英国 | 基础、工业、新兴 | 阿什利 · 霍尔（Ashley Hall）；巴林特 · 蒂博尔（Bálint Tibor S.）；莎伦 · 鲍利 L.（Sharon Baurley L.）；罗伯特 · 菲利普斯 D.（Robert Phillips D.）；乔 · 安妮 · 比查德（Jo-Anne Bichard） |

# 二、
# 设计子领域的学术产出和学术影响力

## 1. 有关中国设计的国际学术产出

2011—2021 年间，全球设计领域发表的文献中关于“有关中国设计的国际学术产出”的设计研究文献共有 571 篇。由于该子领域相关文献多为中国机构的发文，子领域年发文量的变化受中国机构的发文量影响较大，整体产出趋势与中国机构在设计领域的学术产出的趋势相似，均在 2015 年、2016 年经历了发文量的较大缩减。但“有关中国设计的国际学术产出”相关设计研究学术产出量在近五年逐步回升。

从学术影响力，即 FWCI 值的走势来看，近十年间关于“有关中国设计的国际学术产出” 的设计领域发文的 FWCI 值在 0.36 至 0.92 之间波动，文献平均 FWCI 值为 0.68，低于全球设计领域文献的均值（FWCI=1.10），但比中国在整个设计领域的平均 FWCI 值（0.62）略高。考虑到该子领域的发文多来自中国机构，这也说明中国不仅在该子领域，而且在整个设计学领域产出的学术影响力还有待提高。此外，十年间该子领域 FWCI 值呈现较大波动，可能是因为年发文量较低、受个别文献被引次数影响较大所致。

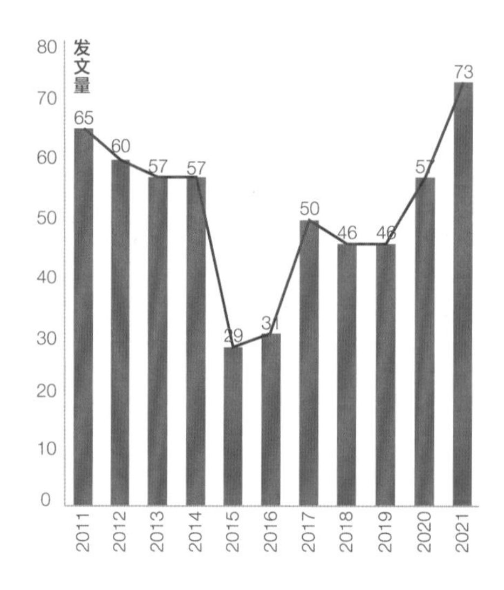


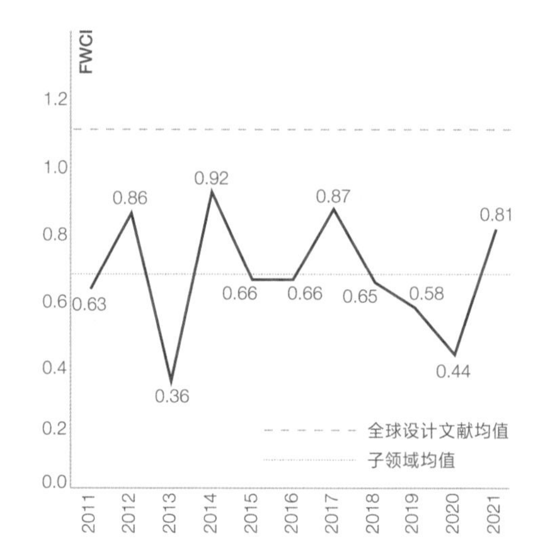


图 1.4.1 关于“有关中国设计的国际学术产出”子领域设计文献年发文量和学术影响力（FWCI）趋势，2011—2021 年

## 2.
## 有关设计理论、设计方法等基础领域

2011—2021 年间，全球设计领域内发表的关于“有关设计理论、设计方法等基础领域”子领域的文章共有 6,256 篇，在七个子领域中学术产出数量最多。从发文量变化趋势来看，该子领域学术产出在 2017 年有较大提升，从 2017 年前的年均 500 篇的产出水平增长为年均 600 篇以上的产出水平。该子领域研究文献的学术影响力（FWCI）整体波动呈下降趋势，十年间该子领域文献 FWCI 均值（1.05）略低于设计领域均值（FWCI=1.10）。

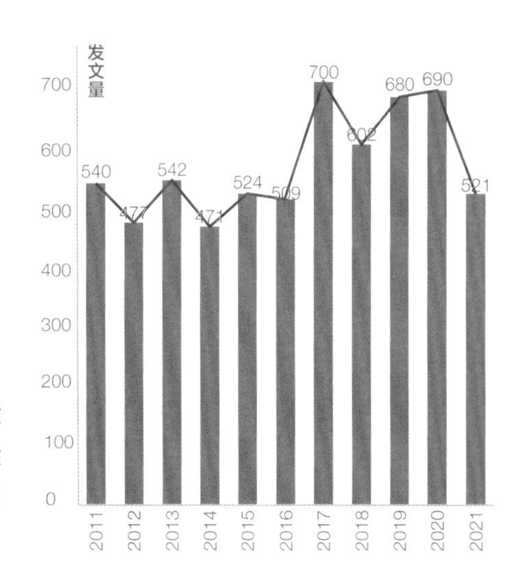


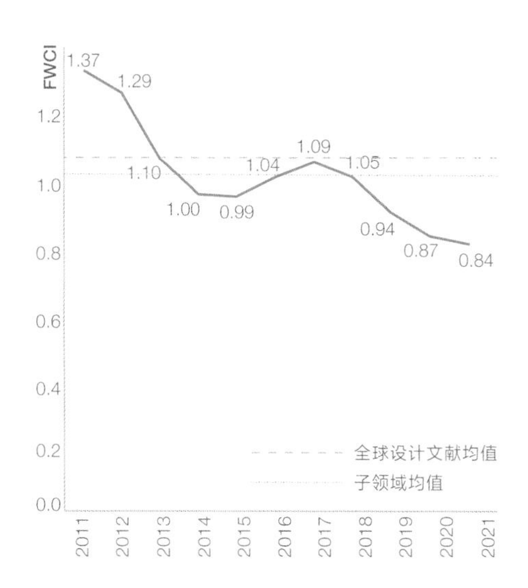


图 1.4.2 “有关设计理论、设计方法等基础领域”子领域设计文献年发文量和学术影响力（FWCI）趋势，2011—2021 年

## 3.
## 有关视觉传达、平面设计等视觉领域

2011—2021 年间，全球设计领域内发表的关于“有关视觉传达、平面设计等视觉领域”子领域的文章共有 745 篇。该子领域总体学术产出规模虽不大，但从发文量变化趋势来看，总体呈增长趋势。该子领域发文的学术影响力低于整个设计领域的平均水平，十年间该子领域文献 FWCI 值在 0.74 上下波动，FWCI 均值（0.84）低于整个设计领域均值（FWCI=1.10）。

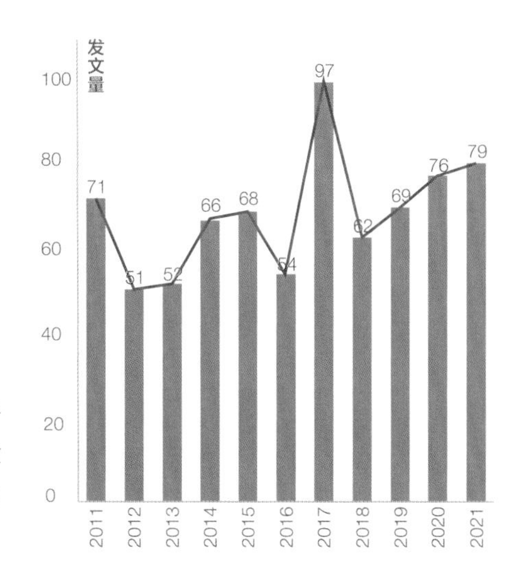

图 1.4.3 “有关视觉传达、平面设计等视觉领域”子领域设计文献年发文量和学术影响力（FWCI）趋势，2011—2021 年

## 4. 有关产品、交通等工业领域

2011—2021 年间，全球设计领域内发表的关于“有关产品、交通等工业领域”子领域的文章共有 6,063 篇，是所分析的七个设计子领域中学术产出规模第二大的子领域，累计发表的文献数量仅次于“有关设计理论、设计方法等基础领域”子领域。从发文量变化趋势来看，该子领域的产出在 2017 年后呈下降的趋势。同时，从该子领域十年间发文的学术影响力（FWCI）来看，也呈整体下降趋势，十年间该子领域文献 FWCI 均值（1.02）略低于整个设计领域均值（FWCI=1.10）。

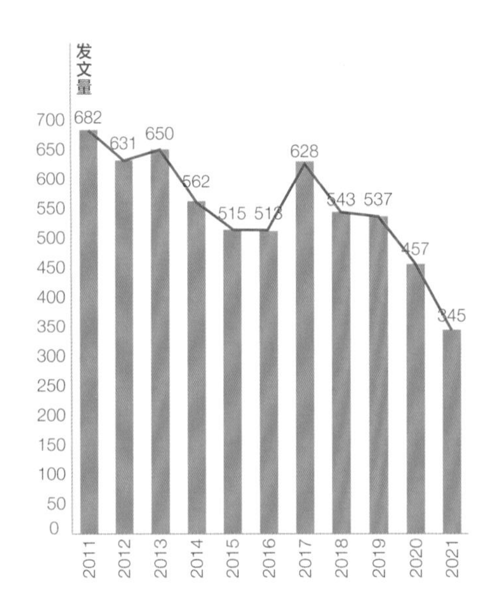


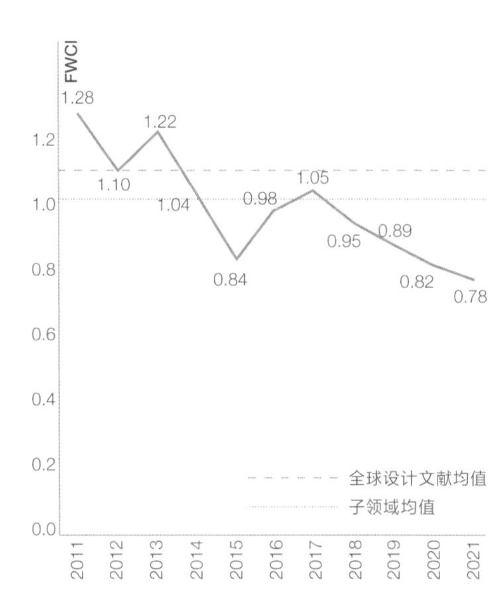


图 1.4.4 “有关产品、交通等工业领域”子领域设计文献年发文量和学术影响力（FWCI）趋势，2011—2021 年

## 5. 有关服装、纺织等时尚领域

2011—2021 年间，全球设计领域内发表的关于“有关服装、纺织等时尚领域”子领域的文章共有 2,092 篇，是设计领域学术产出规模第三大的子领域。从发文量变化趋势来看，十年间该子领域学术产出总体呈增长趋势，尤其自 2017 年之后，其年发文量上升至 200 篇以上。从该子领域十年间发文的学术影响力（FWCI 值在 0.81 与 1.75 之间波动），文献 FWCI 均值（1.20）高于整个设计领域均值（FWCI=1.10）。这说明“有关服装、纺织等时尚领域”相关设计子领域的发文总体有较高的学术影响力。

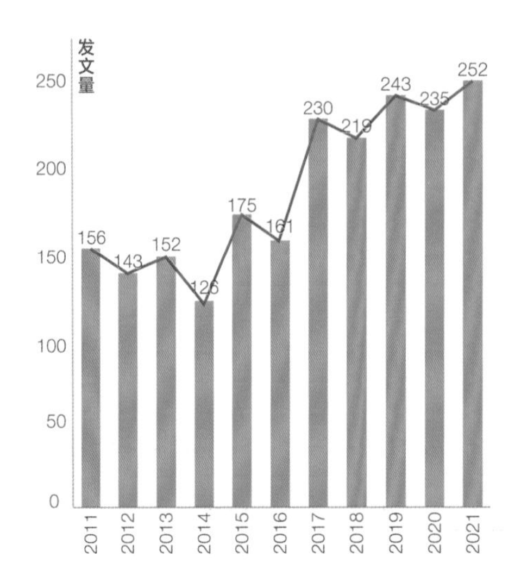


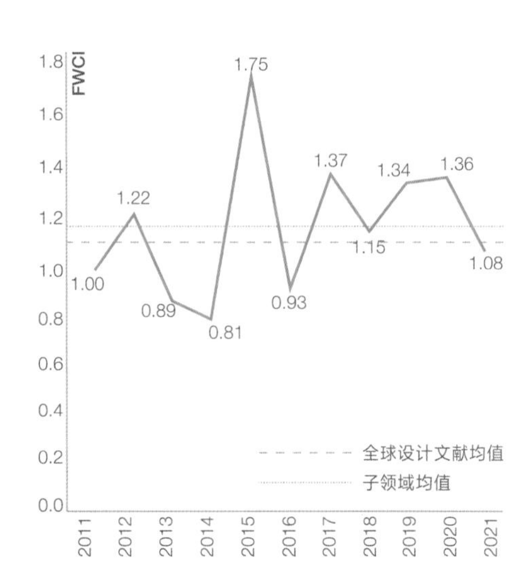


图 1.4.5 “有关服装、纺织等时尚领域”子领域设计文献年发文量和学术影响力（FWCI）趋势，2011—2021 年

# 6.
# 有关数字媒体、艺术与科技等创新领域

2011—2021 年间，全球设计领域内发表的关于“有关数字媒体、艺术与科技等创新领域”子领域的文章共有 903 篇，其年发文量在 80 篇上下波动，产出规模不大。该子领域发文的学术影响力（FWCI）均值为 0.91，略低于整个设计领域均值（FWCI=1.10）。从变化趋势来看，其子领域 FWCI 值在 0.75 与 1.27 之间波动，这可能是由于其整体产出规模不大、较易受个别文献被引次数的影响所致。

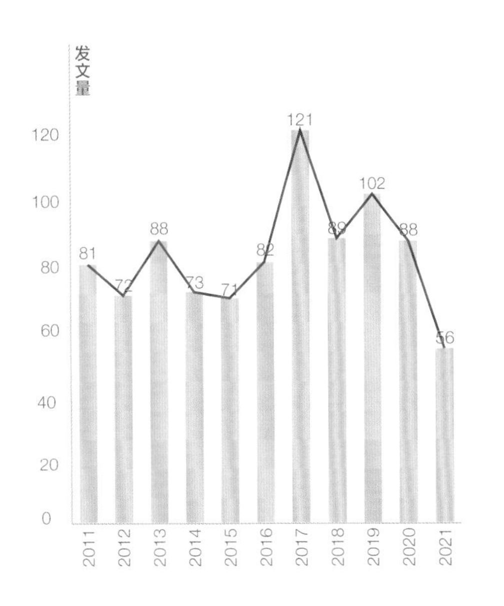


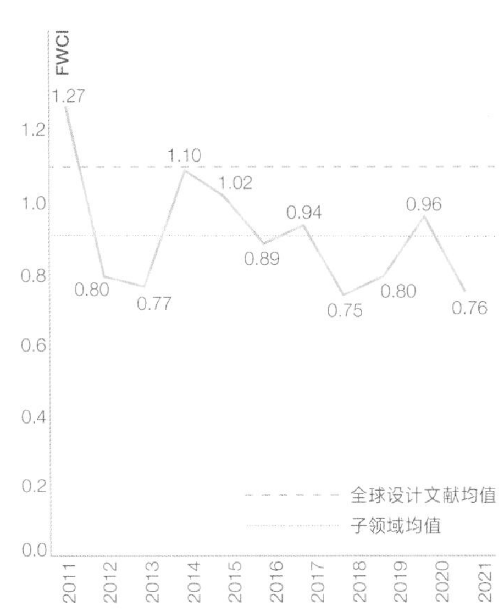


图 1.4.6 “有关数字媒体、艺术与科技等创新领域”子领域设计文献年发文量和学术影响力（FWCI）趋势，2011—2021 年

# 7.
# 有关未来设计新兴议题

2011—2021 年间，全球设计领域内发表的关于 “有关未来设计新兴议题”子领域的文章共有 1,626 篇。从发文量变化趋势来看，该子领域发文量总体呈增长趋势。该子领域发文的学术影响力（FWCI）值在 0.90 与 1.89 之间波动，FWCI 均值（1.33）高于整个设计领域均值 （FWCI=1.10），说明该子领域的研究成果有相对较高的学术影响力，在七个子领域中也属于较高水平。

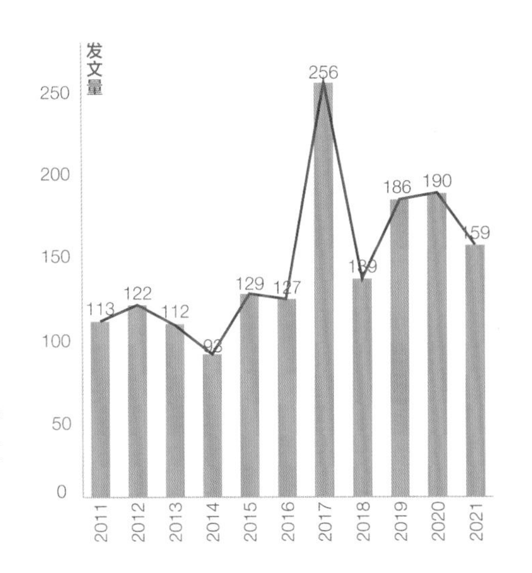


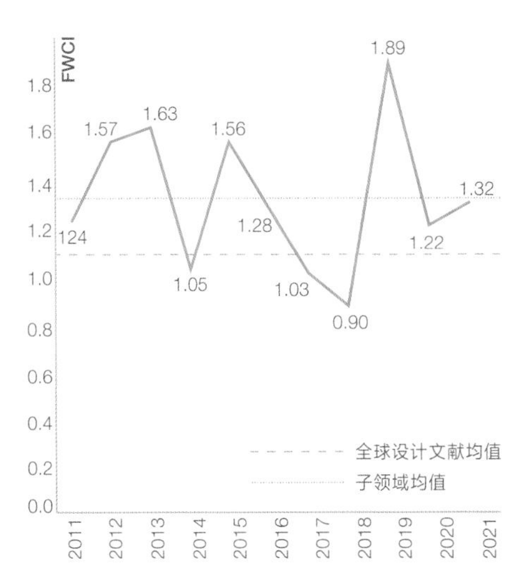


图 1.4.7 “有关未来设计新兴议题”子领域设计文献年发文量和学术影响力（FWCI）趋势，2011—2021 年

# 三、设计子领域研究领先的学术机构

## 1. 有关设计理论、设计方法等基础领域

“有关设计理论、设计方法等基础领域”子领域总发文量或发文总被引频次前 10 的机构中，来自荷兰的代尔夫特理工大学（Delft University of Technology）和埃因霍芬理工大学（Eindhoven University of Technology）、美国的卡内基梅隆大学（Carnegie Mellon University）、法国的国家科学研究中心（The French National Centre for Scientific Research, CNRS）均有上榜，是该子领域的领先机构。其中，荷兰的代尔夫特理工大学在发文量和被引频次上都排名第一。此外，来自中国的东华大学和生态纺织教育部重点实验室（江南大学）则在发文量上位居全球前 10。

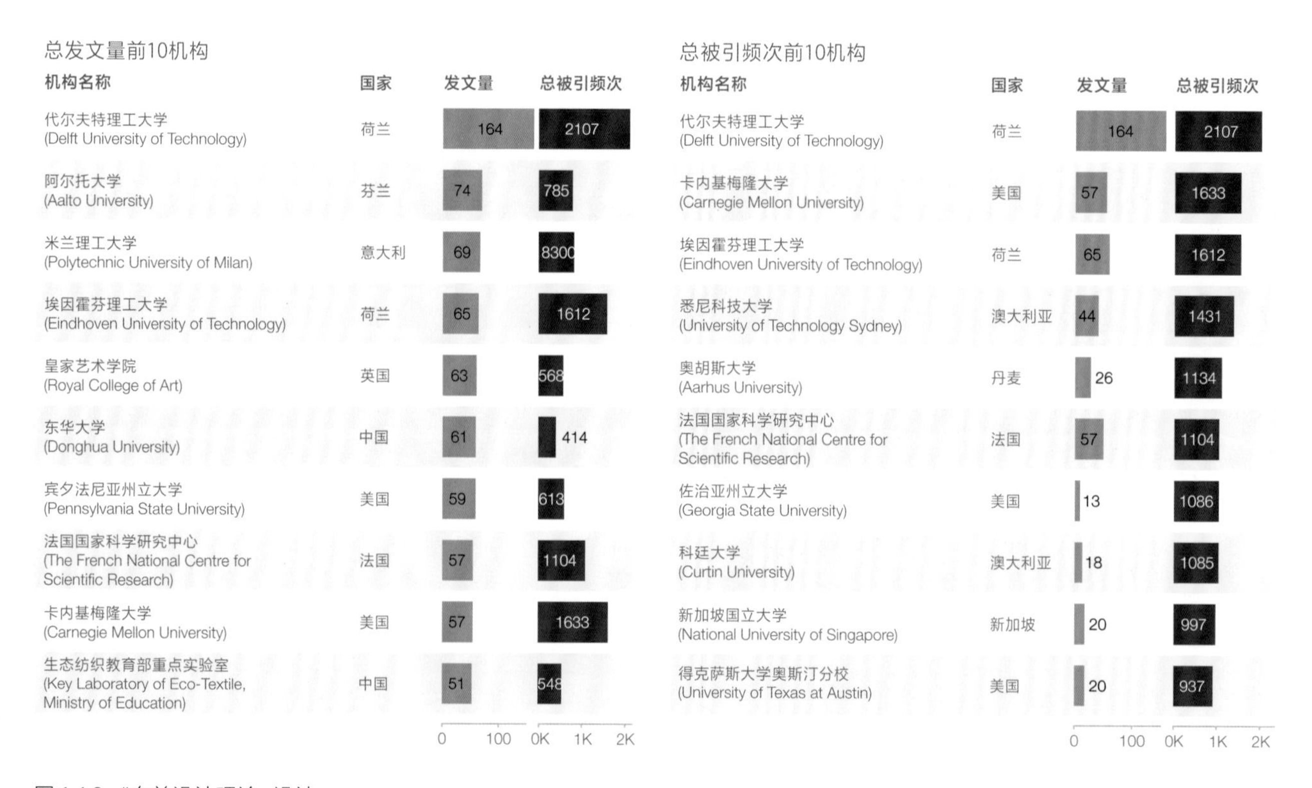


图 1.4.8 “有关设计理论、设计方法等基础领域”子领域总发文量与总被引频次前 10 的机构，2011—2021 年

## 2. 有关视觉传达、平面设计等视觉领域

“有关视觉传达、平面设计等视觉领域”子领域总发文量或发文总被引频次前 10 的机构中均有来自澳大利亚的悉尼科技大学（University of Technology Sydney），它是该子领域的科研领先院校。此外，除了综合性大学外，发文量位居全球前 10 的还有来自英国的伦敦艺术大学（University of the Arts London）和皇家艺术学院（Royal College of Art）。发文量前 10 的机构中还有来自中国台湾的云林科技大学。该子领域发文量和总被引频次前 10 的机构重合的不多，这可能是因为该子领域学术产出规模不大，所以若某机构有个别文献被引频次较高，即可提升其总被引频次排名。

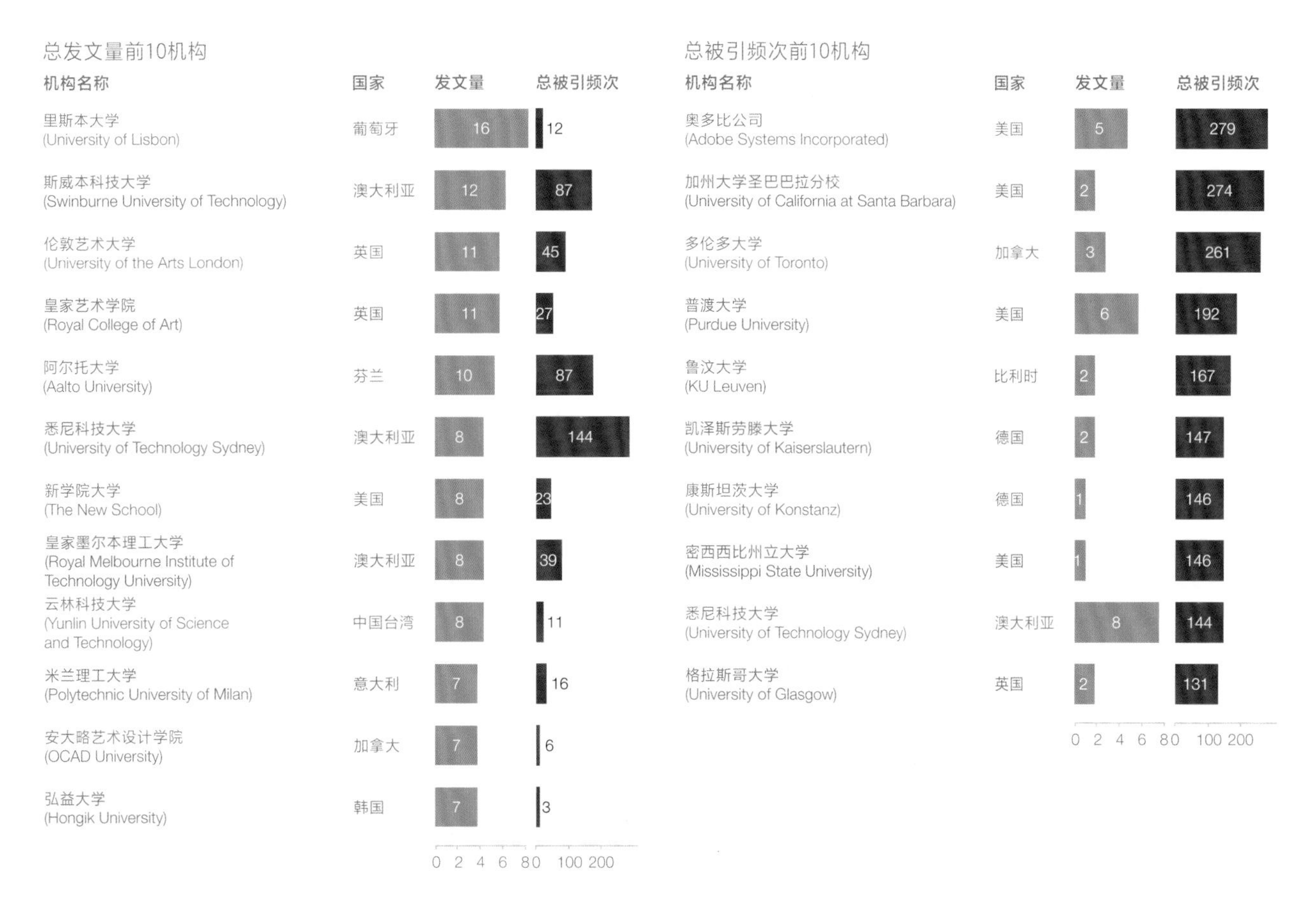


图 1.4.9 “有关视觉传达、平面设计等视觉领域”子领域总发文量与总被引频次前 10 的机构，2011—2021 年（其中，为并列名次的同时加入了表格）

# 3. 有关产品、交通等工业领域

“有关产品、交通等工业领域”子领域发文总量或发文总被引频次前 10 的机构中，有荷兰的代尔夫特理工大学和埃因霍芬理工大学、意大利米兰理工大学、丹麦技术大学（Technical University of Denmark）以及美国麻省理工学院（Massachusetts Institute of Technology），这些机构是该子领域的领先科研院校。该子领域下发文量和被引频次前三的机构较为一致。其中，最突出的是荷兰的代尔夫特理工大学，其在发文量和总被引频次上都位列全球第一，表明了该大学在该子领域的研究实力和影响力。此外，中国的浙江大学在该子领域的发文量也位居全球前 10（排名第七），但其总被引频次和一些欧美的领先院校仍有差距，说明其在该子领域学术产出的学术影响力有待提高。

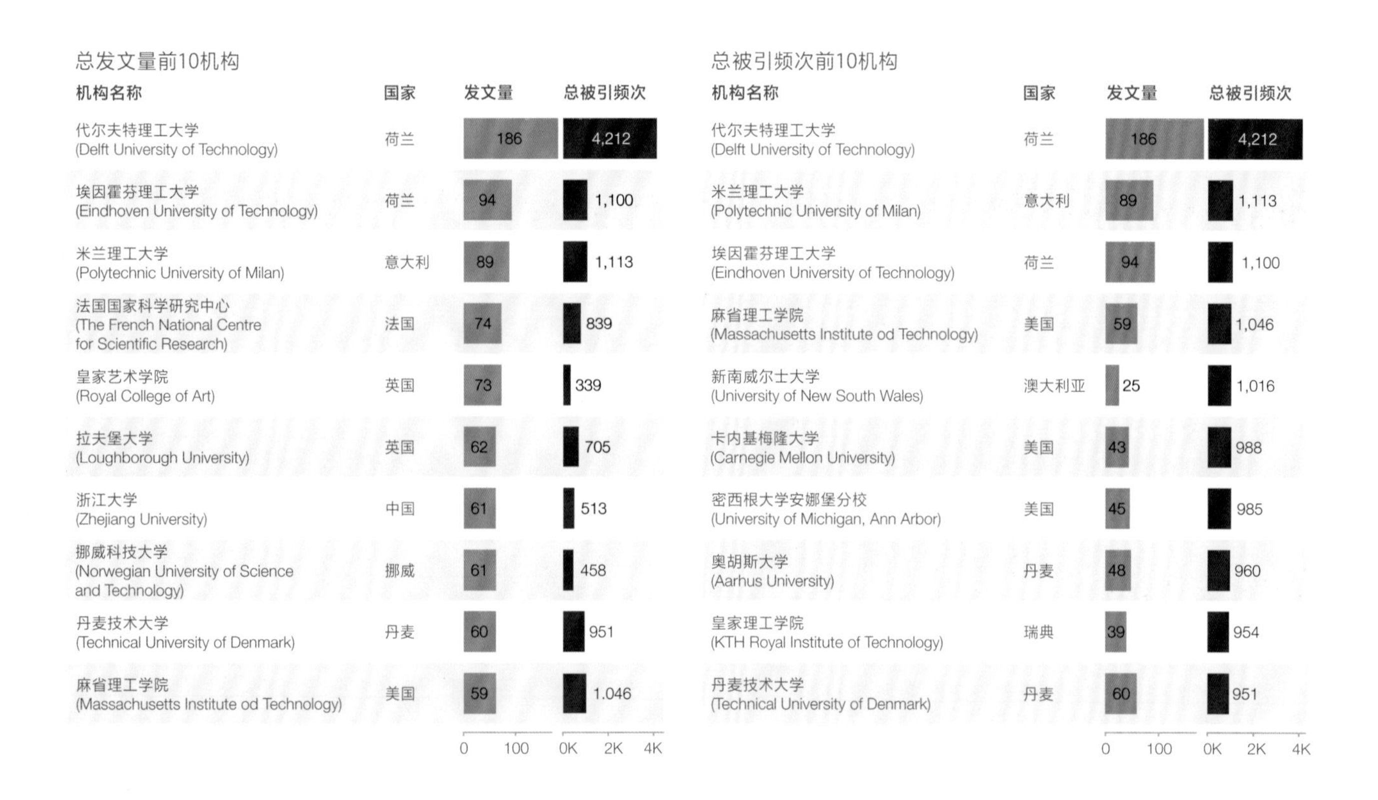

总发文量前10机构

| 机构名称 | 国家 | 发文量 | 总被引频次 |
|---|---|---|---|
| 代尔夫特理工大学 (Delft University of Technology) | 荷兰 | 186 | 4,212 |
| 埃因霍芬理工大学 (Eindhoven University of Technology) | 荷兰 | 94 | 1,100 |
| 米兰理工大学 (Polytechnic University of Milan) | 意大利 | 89 | 1,113 |
| 法国国家科学研究中心 (The French National Centre for Scientific Research) | 法国 | 74 | 839 |
| 皇家艺术学院 (Royal College of Art) | 英国 | 73 | 339 |
| 拉夫堡大学 (Loughborough University) | 英国 | 62 | 705 |
| 浙江大学 (Zhejiang University) | 中国 | 61 | 513 |
| 挪威科技大学 (Norwegian University of Science and Technology) | 挪威 | 61 | 458 |
| 丹麦技术大学 (Technical University of Denmark) | 丹麦 | 60 | 951 |
| 麻省理工学院 (Massachusetts Institute od Technology) | 美国 | 59 | 1.046 |

总被引频次前10机构

| 机构名称 | 国家 | 发文量 | 总被引频次 |
|---|---|---|---|
| 代尔夫特理工大学 (Delft University of Technology) | 荷兰 | 186 | 4,212 |
| 米兰理工大学 (Polytechnic University of Milan) | 意大利 | 89 | 1,113 |
| 埃因霍芬理工大学 (Eindhoven University of Technology) | 荷兰 | 94 | 1,100 |
| 麻省理工学院 (Massachusetts Institute od Technology) | 美国 | 59 | 1,046 |
| 新南威尔士大学 (University of New South Wales) | 澳大利亚 | 25 | 1,016 |
| 卡内基梅隆大学 (Carnegie Mellon University) | 美国 | 43 | 988 |
| 密西根大学安娜堡分校 (University of Michigan, Ann Arbor) | 美国 | 45 | 985 |
| 奥胡斯大学 (Aarhus University) | 丹麦 | 48 | 960 |
| 皇家理工学院 (KTH Royal Institute of Technology) | 瑞典 | 39 | 954 |
| 丹麦技术大学 (Technical University of Denmark) | 丹麦 | 60 | 951 |



图 1.4.10 “有关产品、交通等工业领域”子领域总发文量与总被引频次前 10 的机构，2011—2021 年（其中，为并列名次的同时加入了表格）

## 4.
## 有关服装、纺织等时尚领域

“有关服装、纺织等时尚领域”子领域总发文量全球居首位的机构是英国的伦敦艺术大学，其属于艺术类专业院校，发文总被引频次也处于领先地位，居全球第二。中国香港的香港理工大学（Hong Kong Polytechnic University）在该子领域发文总被引频次全球领先，其发文量表现也不俗，位居全球第三。说明这两所机构是该子领域的领先科研院校。在发文总量或发文总被引频次前 10 的机构中还有美国的爱荷华州立大学（Lowa State University）、康奈尔大学（Cornell University）、密苏里大学（University of Missouri）、明尼苏达大学双城分校（University of Minnesota Twin Cities），这些综合性大学也是该子领域的科研领先院校。此外，该子领域发文量前 10 的机构中，还有两所来自中国的高校，它们分别是北京服装学院和东华大学。这两家机构在纺织工业上具有传统优势，它们在发文量上分别居全球第二和第八，但发文总被引频次不高，说明其引文影响力还有待提升。

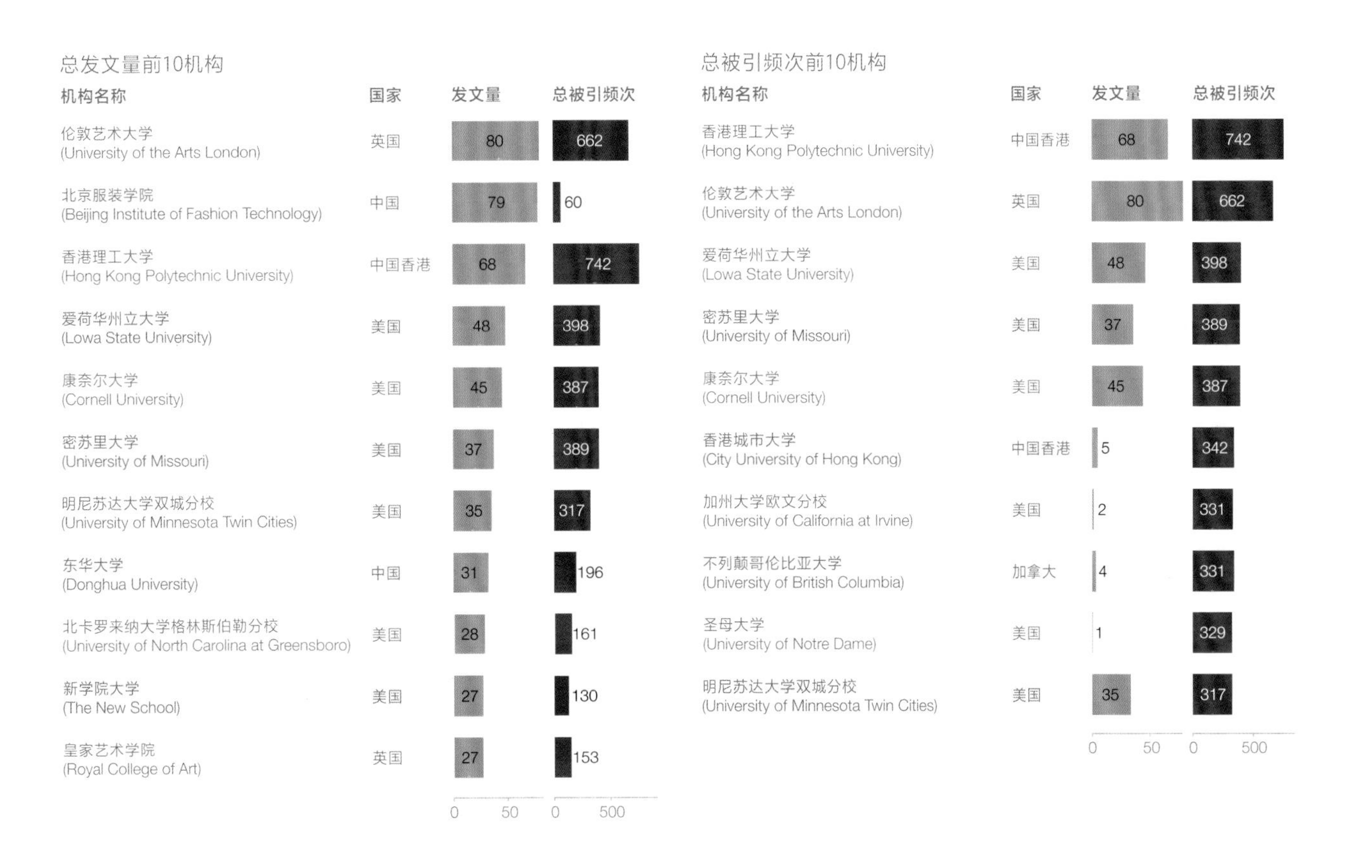


图 1.4.11 “有关服装、纺织等时尚领域”子领域总发文量与总被引频次前 10 的机构，2011—2021 年（其中，为并列名次的同时加入了表格）

## 5. 有关数字媒体、艺术与科技等创新领域

“有关数字媒体、艺术与科技等创新领域”子领域发文总量或发文总被引频次前 10 的机构中均有芬兰的阿尔托大学、英国的拉夫堡大学和哈德斯菲尔德大学（University of Huddersfield）、意大利的米兰理工大学。其中，阿尔托大学发文量位居全球第一，米兰理工大学总被引频次全球领先，是该子领域的科研领先院校。此外，来自中国台湾的成功大学虽然在该子领域发文量不高，只有 7 篇，但其总被引频次位居全球前 10，说明有一定的学术影响力。

总发文量前10机构

| 机构名称 | 国家 | 发文量 | 总被引频次 |
|---|---|---|---|
| 阿尔托大学 (Aalto University) | 芬兰 | 27 | 166 |
| 皇家艺术学院 (Royal College of Art) | 英国 | 14 | 18 |
| 拉夫堡大学 (Loughborough University) | 英国 | 14 | 163 |
| 伊斯坦布尔科技大学 (Istanbul Technical University) | 土耳其 | 14 | 39 |
| 哈德斯菲尔德大学 (University of Huddersfield) | 英国 | 13 | 162 |
| 米兰理工大学 (Polytechnic University of Milan) | 意大利 | 13 | 460 |
| 挪威科技大学 (Norwegian University of Science and Technology) | 挪威 | 12 | 68 |
| 兰卡斯特大学 (Lancaster University) | 英国 | 12 | 75 |
| 墨尔本大学 (University of Melbourne) | 澳大利亚 | 11 | 77 |
| 丹麦皇家学院 (Royal Danish Academy) | 丹麦 | 11 | 38 |

总被引频次前10机构

| 机构名称 | 国家 | 发文量 | 总被引频次 |
|---|---|---|---|
| 米兰理工大学 (Polytechnic University of Milan) | 意大利 | 13 | 460 |
| 伊利诺伊理工大学设计学院 (Trustee of IIT's Institute of Design) | 美国 | 1 | 363 |
| 代尔夫特理工大学 (Delft University of Technology) | 荷兰 | 7 | 234 |
| 瑞士联邦理工学院 (Swiss Federal Institute of Technology Zurich) | 瑞士 | 6 | 211 |
| 以色列理工学院 (Echnion-Israel Institute of Technology) | 以色列 | 6 | 183 |
| 雷丁大学 (University of Reading) | 英国 | 5 | 174 |
| 阿尔托大学 (Aalto University) | 芬兰 | 27 | 166 |
| 拉夫堡大学 (Loughborough University) | 英国 | 14 | 163 |
| 哈德斯菲尔德大学 (University of Huddersfield) | 英国 | 13 | 162 |
| 成功大学 (Cheng Kung University) | 中国台湾 | 7 | 154 |

图 1.4.12 “有关数字媒体、艺术与科技等创新领域”子领域总发文量与总被引频次前 10 的机构，2011—2021 年

## 6. 有关未来设计新兴议题

“有关未来设计新兴议题”子领域发文总量或发文总被引频次前 10 的机构中，荷兰的代尔夫特理工大学、意大利的米兰理工大学、芬兰的阿尔托大学、英国的拉夫堡大学均有上榜，这些机构是该子领域的科研领先院校。其中，代尔夫特理工大学在发文量和总被引频次上都居全球第一，在该子领域具有绝对的实力。

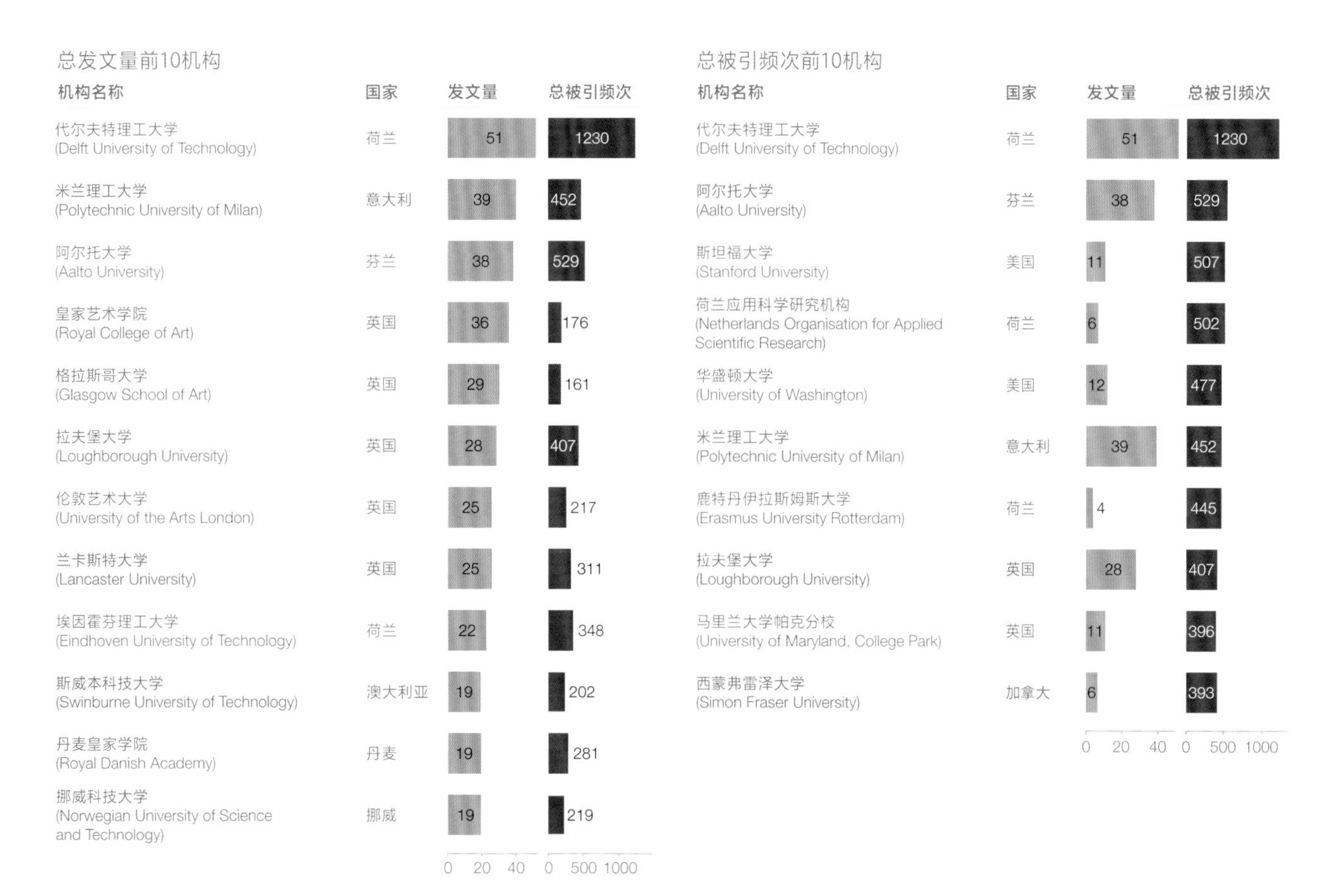


图 1.4.13 “有关未来设计新兴议题”子领域总发文量与总被引频次前 10 的机构，2011—2021 年（其中，为并列名次的同时加入了表格）

# 四、

# 设计子领域的主要研究内容

## 1.
## 有关中国设计的国际学术产出

### · 子领域研究关键词云图

由图 1.4.14 可知，2017—2021 年设计领域关于“有关中国设计的国际学术产出”的研究相关度最高的关键词有：“设计教育”（Design Education）、“服装”（Clothing）、“产品设计”（Product Design）、“设计思维”（Design Thinking）、“服务设计”（Service Design）等。除了以上设计领域普遍关注的研究焦点外，该子领域研究还呈现出关于跨文化、美学、中国传统、工艺品等能体现中国传统工艺美术特色的研究焦点，具体可见高频关键词“跨文化”（Cross-cultural）、“美学”（Aesthetics）、“中国传统”（Traditional Chinese）、“工艺品”（Handicrafts）等。

Contemporary
Chinese Culture Service System Manufacturing
Industrial Engineering Ergonomics Inclusive Design Creativity Innovation
Digital Design Designer Cross-cultural Interaction Design Country of Origin
Design Strategy
Sustainability Design Innovation Universal Design Elderly Clothing
Architectural Design Museums Human-Computer Interaction (HCI) Aesthetics
Urban Design Design Education Brands Product Design
Service Design Communication Design Students Design Thinking Art
Chinese Consumers Psychological Practice Design Process China
Costume Traditional Chinese User Experience Handicrafts
Design Fashion Design Cultural Product Design Practice
Visual Communication Consumer Behavior Challenges
Urban Planning Fashion

关键词相关性
0.2 1.0

图 1.4.14 关于“有关中国设计的国际学术产出”的设计文献关键词云图，2017—2021 年（关键词大小和颜色均代表相关性的大小。关键词越大，颜色越红，表示关键词的相关度越大）

### · 子领域发文量前 10 的研究主题

图 1.4.15 展示了 2017—2021 年间关于“有关中国设计的国际学术产出”的设计子领域研究发文量最高的前 10 个研究主题。其中，发文量最多的研究主题是 T.51709 “手工艺品；中国传统文化；产品设计” 和 T.10464 “感性工学；情感；语义差异”，均为 11 篇。前者是关于中国传统工艺美术设计的研究方向，极具中国特色，但该主题的全球显著度不高，表明其在全球范围内没有引起太多关注。而后者产出成果的学术影响力较低（FWCI=0.2），考虑到这些发文多出自中国机构，说明在该研究主题下关于中国设计的研究仍需提升学术影响力。在该子领域发文量前 10 的研究主题中，T.2742 “设计师；绘图；设计教育”的学术影响力最高（FWCI=3.2），其中 6 篇是以中国市场、中国消费者为对象的，关于产品设计、视觉传达的研究发文与同期的同类文章相比，受到了较高的引用。

图 1.4.15 关于“有关中国设计的国际学术产出”的设计研究发文量前 10 研究主题的发文量及学术影响力（FWCI），2017—2021 年

## 2. 有关设计理论、设计方法等基础领域

图 1.4.16 展示了 2017—2021 年间在关于“有关设计理论、设计方法等基础领域”的设计子领域研究发文量最高的 5 个研究主题。其中，研究主题 T.2742 “设计师；绘图；设计教育”是“有关设计理论、设计方法等基础领域”子领域发文量最高的研究主题。2017—2021 年间，在该主题下的子领域发文共有 439 篇，占该主题全球发文量的 16.5%。该研究主题也是整个设计领域发文量最多的主题，属于设计领域的主要研究方向。并且，该主题下的发文主要体现为以设计研究、批判性设计、设计教育、设计思维等为主的设计理论和设计方法等基础领域研究。

从研究主题近五年的显著度变化趋势来看，研究主题 T.2742 “设计师；绘图；设计教育” 和 T.20387 “人机交互（HCI）；交互设计；虚构”一直保持着很高的热度。而研究主题 T.38745 “以人为本的设计；设计思维；创新过程”的显著度在近年来有较大增幅，说明该研究主题在近年受到的科研关注的热度有较大提升，是该子领域值得关注的研究议题。

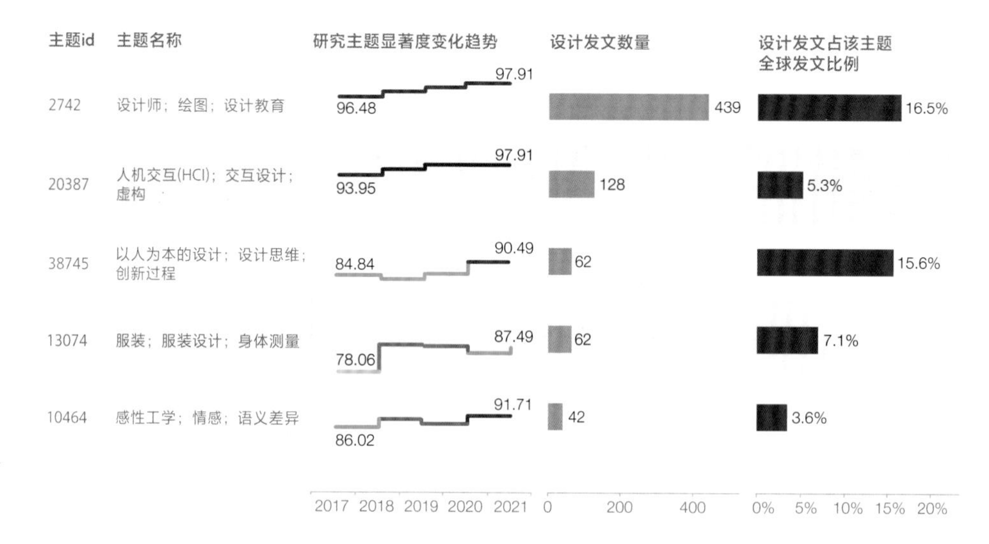


图 1.4.16 “有关设计理论、设计方法等基础领域”子领域发文量前 5 的研究主题，2017—2021 年

## 3. 有关视觉传达、平面设计等视觉领域发文量前 5 的研究主题

图 1.4.17 展示了 2017—2021 年间关于“有关视觉传达、平面设计等视觉领域”的设计子领域研究发文量前 5 的研究主题。其中，研究主题 T.2742“设计师；绘图；设计教育”也是“有关视觉传达、平面设计等视觉领域”子领域发文量最高的研究主题。2017—2021 年间，该子领域在该主题下的发文共有 32 篇，占该主题全球发文量的 1.2%。该子领域在该研究主题下的发文主要体现为以平面设计、设计流程、视觉传达设计、视觉交流等概念为主的研究，体现出视觉设计的子领域特色。

此外，研究主题 T.4060“情感；文化地理学；田野工作”的主题显著度持续走高，于 2021 年显著度增至 99 以上，说明该研究主题在全球范围内持续受到很高的科研关注，是该子领域值得关注的研究议题。

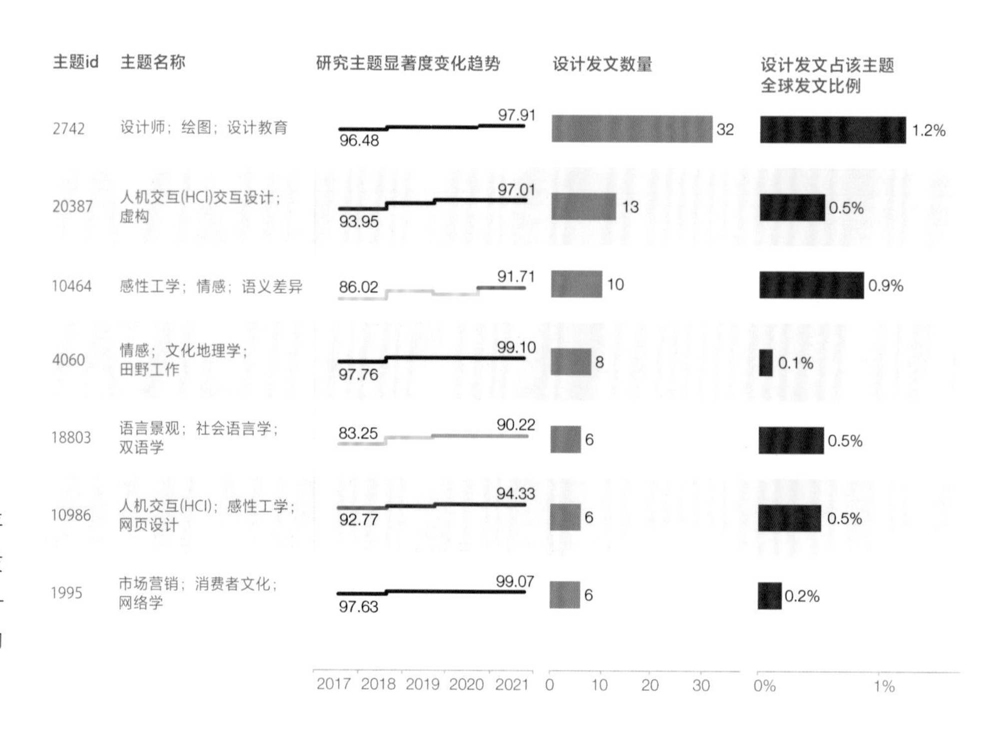


图 1.4.17 “有关视觉传达、平面设计等视觉领域”子领域发文量前 5 的研究主题，2017—2021 年（其中，为并列名次的同时加入了表格）

## 4. 有关产品、交通等工业领域发文量前 5 的研究主题

图 1.4.18 展示了 2017—2021 年间关于“有关产品、交通等工业领域”的设计子领域研究发文量前 5 的研究主题。其中，研究主题 T.2742“设计师；绘图；设计教育”也是“有关产品、交通等工业领域”子领域发文量最高的研究主题，发文量达 315 篇，占该主题全球发文量的 11.9%。工业设计研究子领域在该研究主题下的产出也体现了其自身特色，主要表现为以产品设计、交互设计、生态设计、设计教育等概念为主。

此外，还有关于人机交互、交互设计的研究，如研究主题 T.20387“人机交互（HCI）；交互设计；虚构”；关于可持续性生态设计的研究，如研究主题 T.11598“可持续性；生态设计；从摇篮到摇篮”；关于模块化设计的研究，如研究主题 T.2413“平台；模块化；设计结构矩阵”。这些主题的显著度也都持续在较高的水平，表明这些研究主题有持续的热度，工业设计类研究可考虑向这些研究主题延伸。

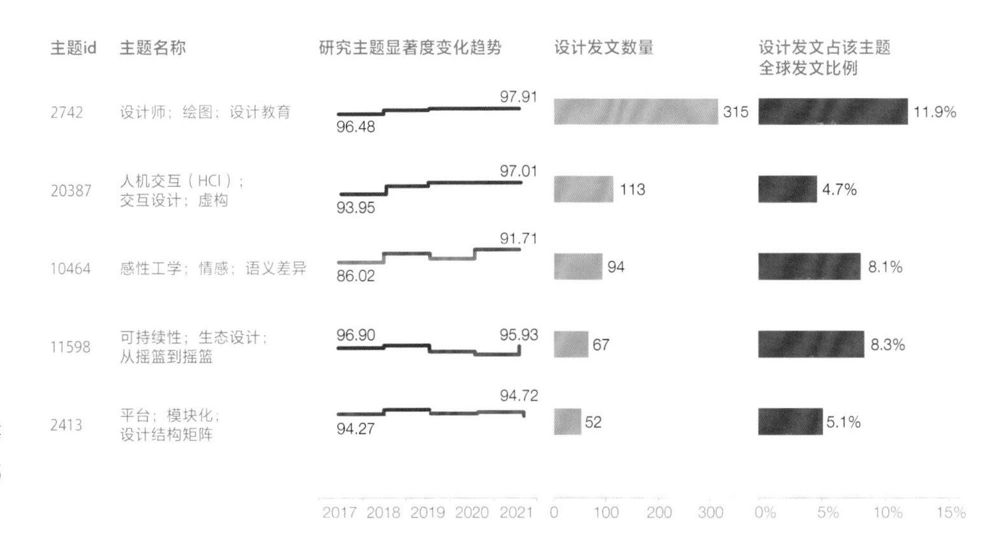


图 1.4.18 “有关产品、交通等工业领域”子领域发文量前 5 的研究主题，2017—2021 年

## 5. 有关服装、纺织等时尚领域发文量前 5 的研究主题

图 1.4.19 展示了 2017—2021 年间在关于“有关服装、纺织等时尚领域”的设计子领域研究发文量前 5 的研究主题。与其他子领域不同，2017—2021 年间，“有关服装、纺织等时尚领域”子领域发文量最高的研究主题是 T.28010“快速时尚；纺织废料；服装”，且具有该子领域特色，其五年间发文量为 75 篇。此外，该研究主题显著度增幅最明显，说明该研究主题在近五年受到的科研关注度上升最快。

此外，研究主题 T.2742“设计师；绘图；设计教育”、T.17201“3D 打印机；人体工程学；塑料丝材”、T.1995“市场营销；消费文化；网络学”的主题显著度持续在 95 以上，说明这些研究主题也持续受到很高的科研关注，是“有关服装、纺织等时尚领域”设计子领域未来可延伸发展的研究方向。

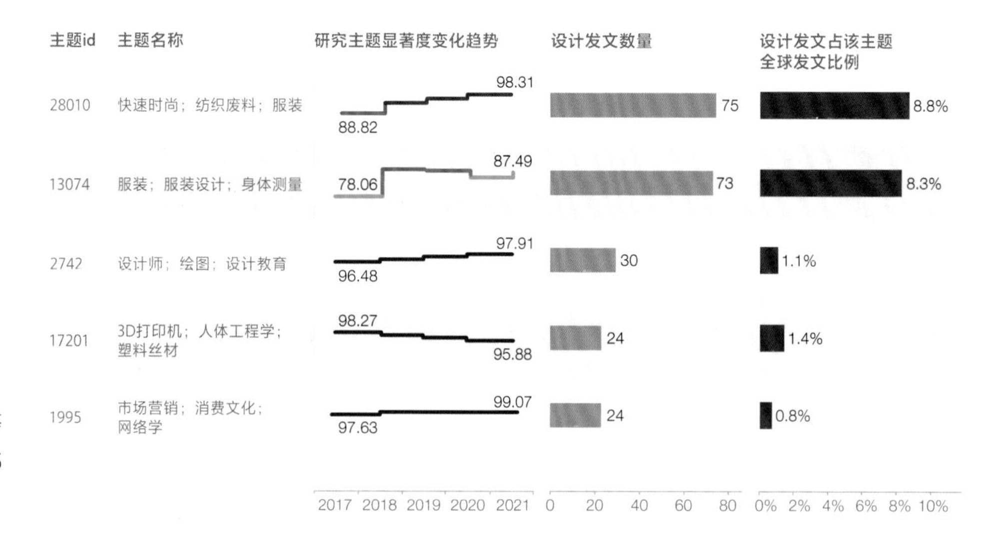


图 1.4.19 “有关服装、纺织等时尚领域”子领域发文量前 5 的研究主题，2017—2021 年

## 6. 有关数字媒体、艺术与科技等创新领域发文量前 5 的研究主题

图 1.4.20 展示了 2017—2021 年间在关于“有关数字媒体、艺术与科技等创新领域”子领域研究发文量前 5 的研究主题。其中，“有关数字媒体、艺术与科技等创新领域”子领域发文量最高的研究主题也是 T.2742“设计师；绘图；设计教育”，其五年间发文量为 57 篇。在该研究主题下的子领域发文主要以数码设计、概念设计、参数化设计和生态设计等为主，具有其自身特色。

此外，研究主题 T.1496“信息建模；设施管理；建筑业”、T.17201“3D 打印机；人体工程学；塑料丝材”和 T.8592“精益建设；规划师；价值流图”的主题显著度持续在 95 以上，说明这些研究主题持续受到很高的科研关注，是“有关数字媒体、艺术与科技等创新领域”子领域值得继续拓展的研究方向。这些研究主题体现出与工程、建筑等方面的交叉性，也说明创新设计研究在这些领域具有一定的发展前景。

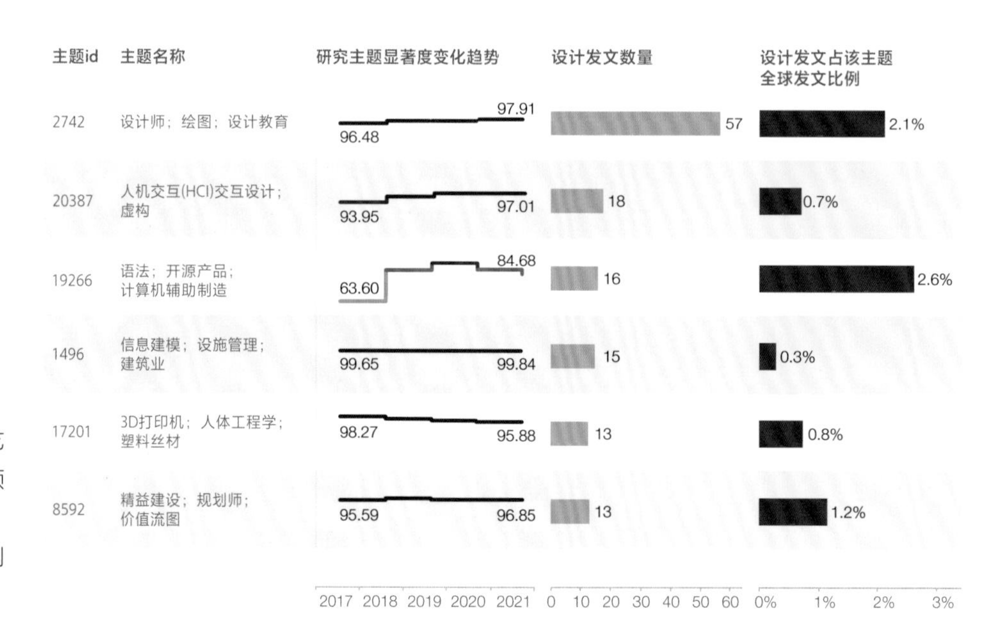


图 1.4.20 “有关数字媒体、艺术与科技等创新领域”子领域发文量前 5 的研究主题，2017—2021 年（其中，为并列名次的同时加入了表格）

## 7.
## 有关未来设计等新兴议题的研究发文量前 5 的研究主题

图 1.4.21 展示了 2017—2021 年间在关于“有关未来设计新兴议题”的设计子领域研究发文量前 5 的研究主题。子领域发文量最高的研究主题是 T.2742“设计师；绘图；设计教育”，其五年间发文量为 62 篇。在该研究主题下的子领域发文主要体现为以协同设计、生态设计、设计教育、设计思维、混合现实、协同设计等概念为主的研究。

此外，研究主题 T.11598“可持续性；生态设计；从摇篮到摇篮”和 T.5982“边界对象；可负担性；创新”的主题显著度持续在 95 以上，说明这些研究主题持续受到很高的科研关注。而关于人机交互的协同、交互设计研究显著度增长也较为明显，说明这也是该子领域进一步发展的研究方向。

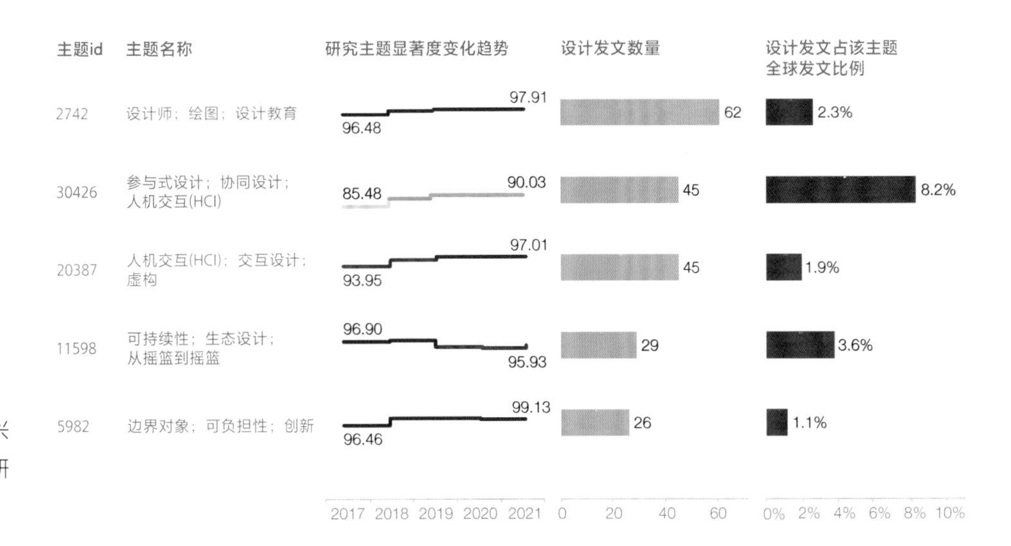


图 1.4.21 “有关未来设计新兴议题”子领域发文量前 5 的研究主题，2017—2021 年

# 五、子领域研究的关键词图谱

## 1. 有关中国设计的国际学术产出

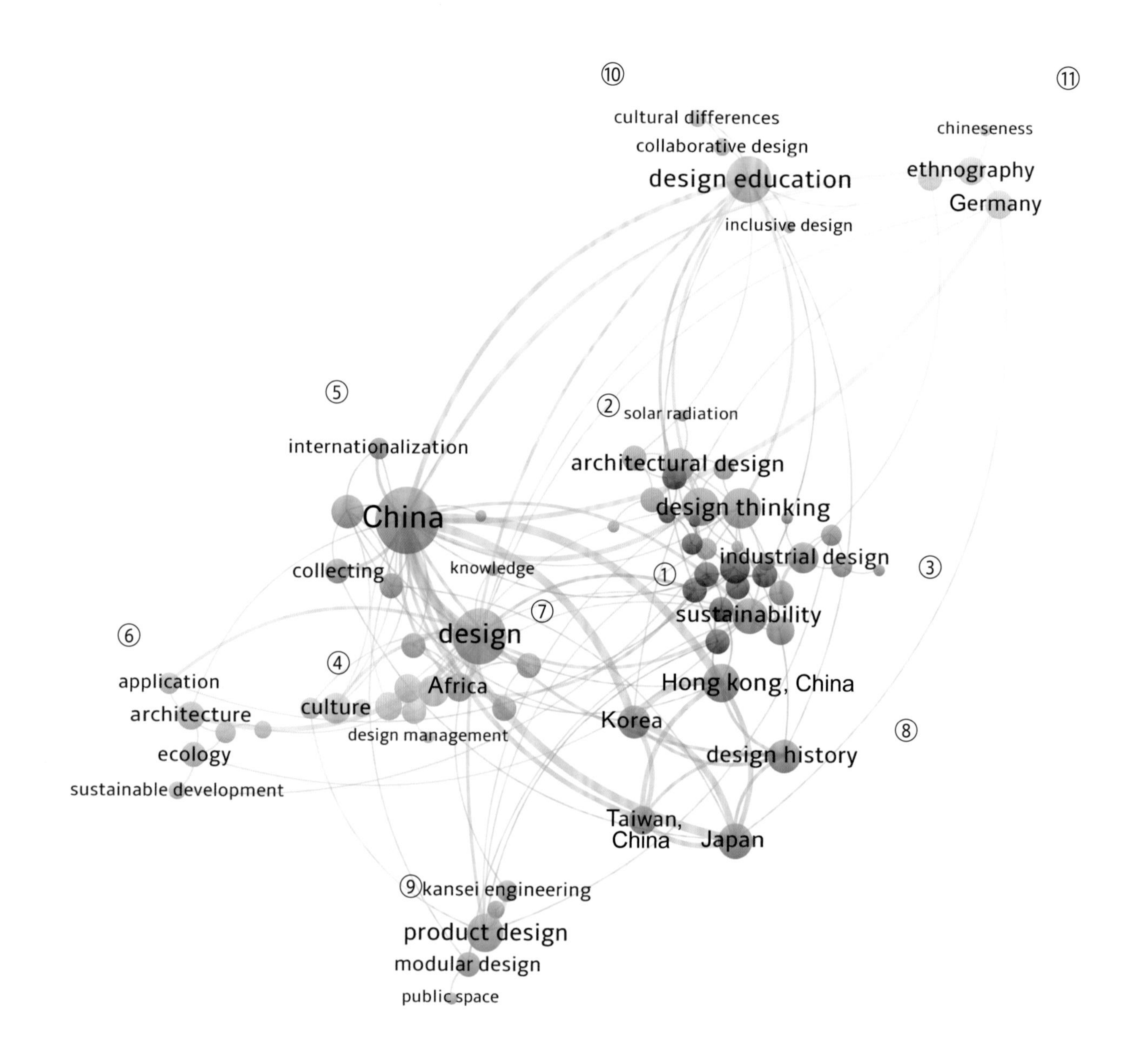


图 1.4.22 关于"有关中国设计的国际学术产出"的设计研究文献的作者关键词共现网络图（左）以及网络图的树状呈现模式（右），2017—2021 年（只显示共现频次在 3 次及以上的关键词）

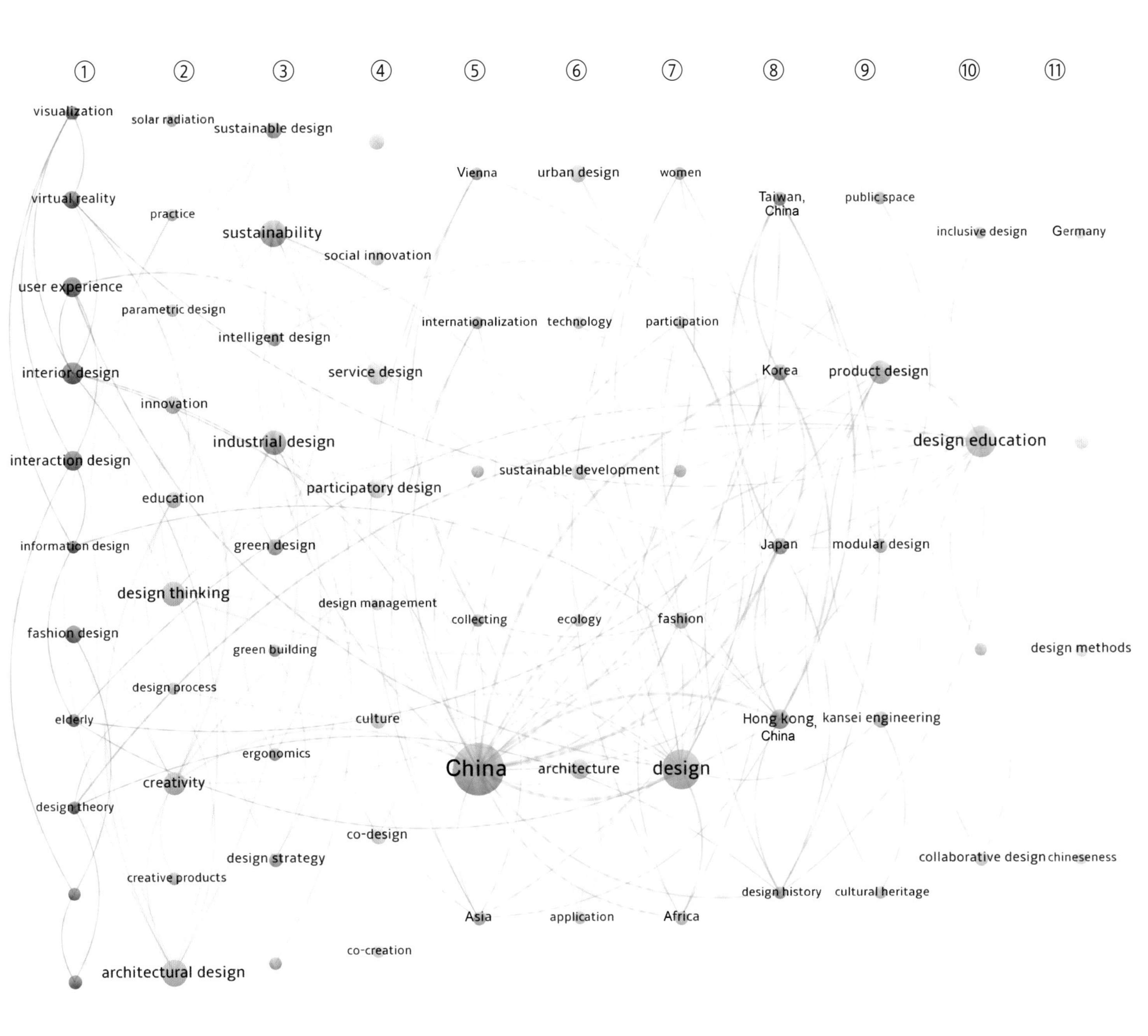
①
②
③
④
⑤
⑥
⑦
⑧
⑨
⑩
⑪
visualization
solar radiation
sustainable design
Vienna
urban design
women
virtual reality
Taiwan, China
public space
practice
sustainability
inclusive design
Germany
social innovation
user experience
parametric design
internationalization
technology
participation
intelligent design
interior design
service design
Korea
product design
innovation
industrial design
design education
interaction design
sustainable development
participatory design
education
information design
green design
Japan
modular design
design thinking
design management
collecting
ecology
fashion
fashion design
green building
design methods
design process
elderly
culture
Hong kong, China
kansei engineering
ergonomics
China
architecture
design
creativity
design theory
co-design
design strategy
collaborative design
chineseness
creative products
design history
cultural heritage
Asia
application
Africa
co-creation
architectural design

## 2.
## 有关设计理论、设计方法等基础领域

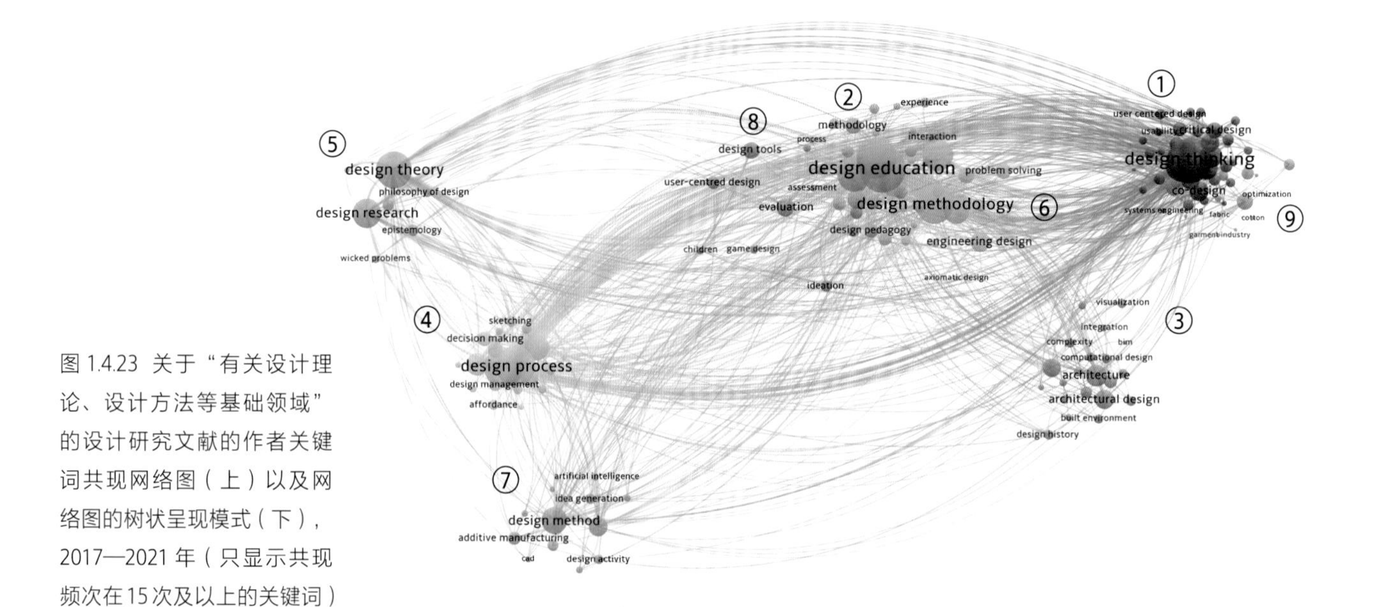

图 1.4.23 关于“有关设计理论、设计方法等基础领域”的设计研究文献的作者关键词共现网络图（上）以及网络图的树状呈现模式（下），2017—2021 年（只显示共现频次在 15 次及以上的关键词）

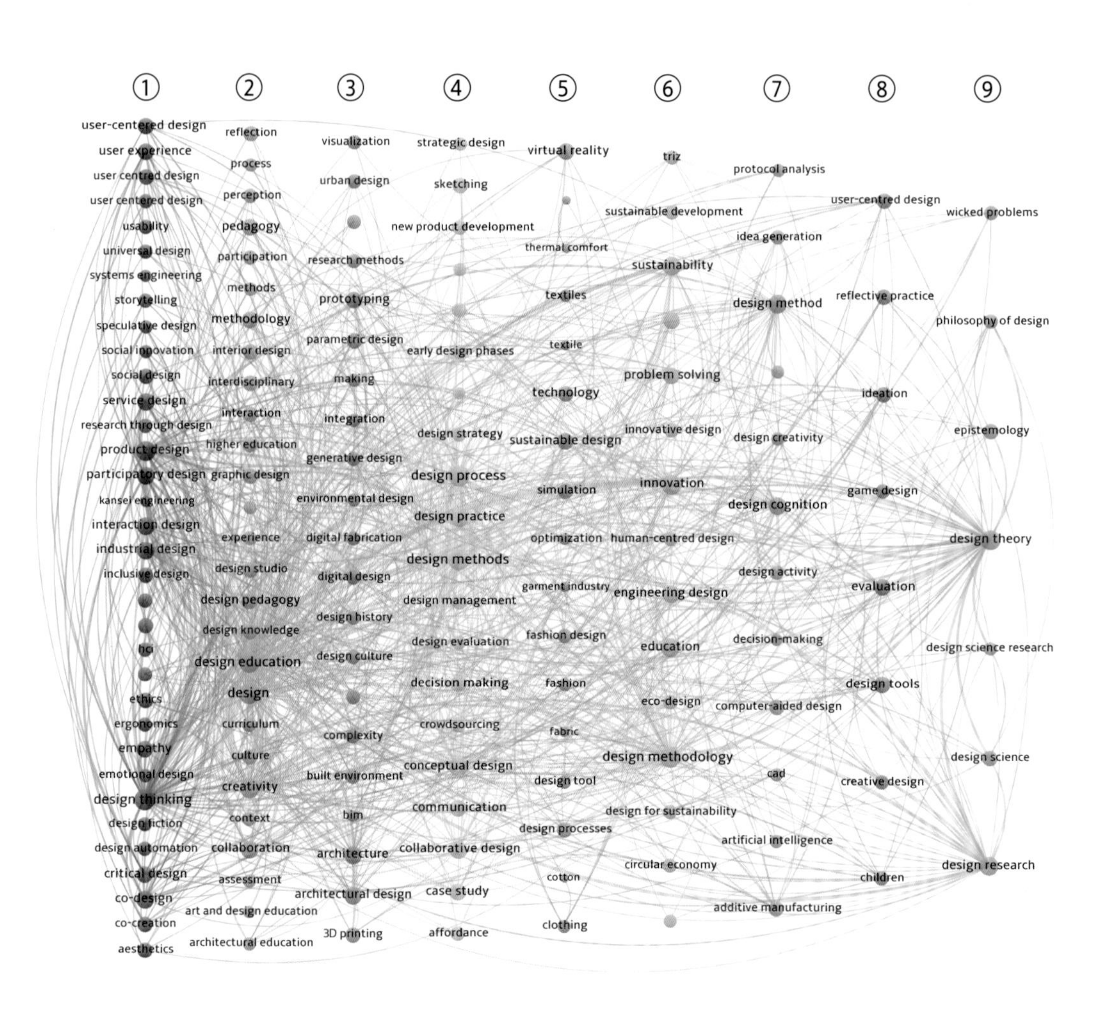

# 3.
# 有关视觉传达、平面设计等视觉领域

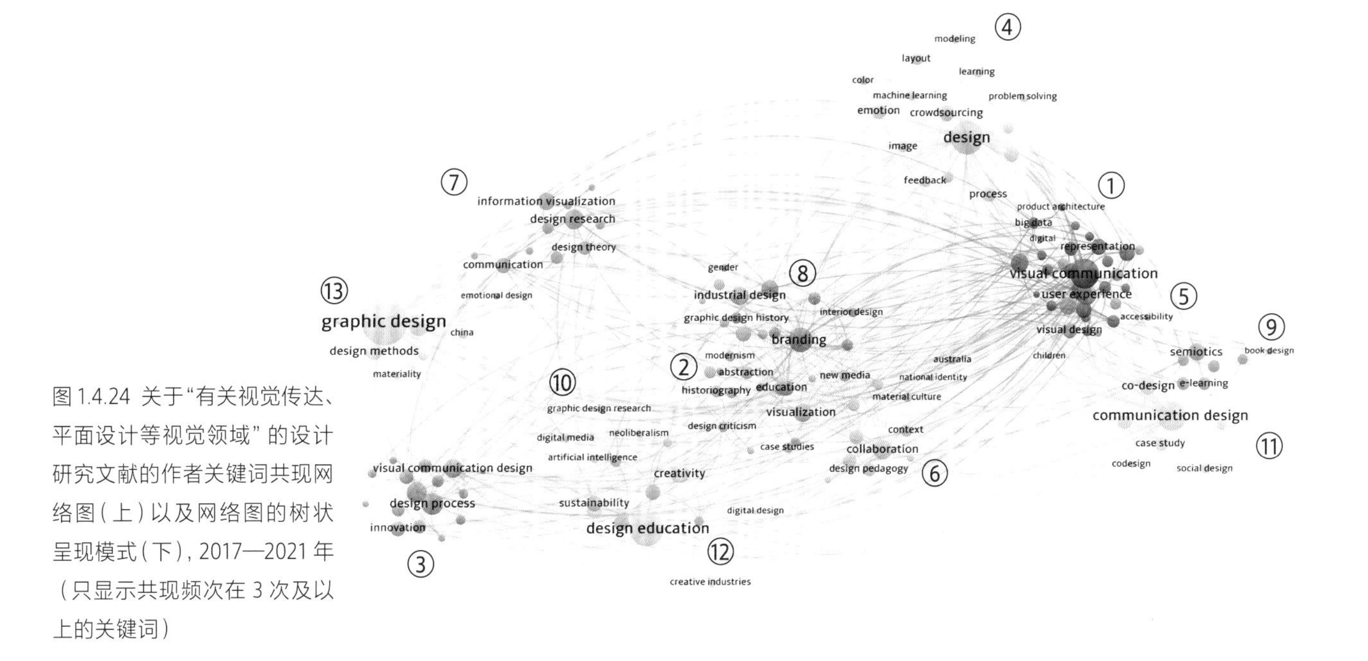


图 1.4.24 关于“有关视觉传达、平面设计等视觉领域”的设计研究文献的作者关键词共现网络图（上）以及网络图的树状呈现模式（下），2017—2021 年（只显示共现频次在 3 次及以上的关键词）

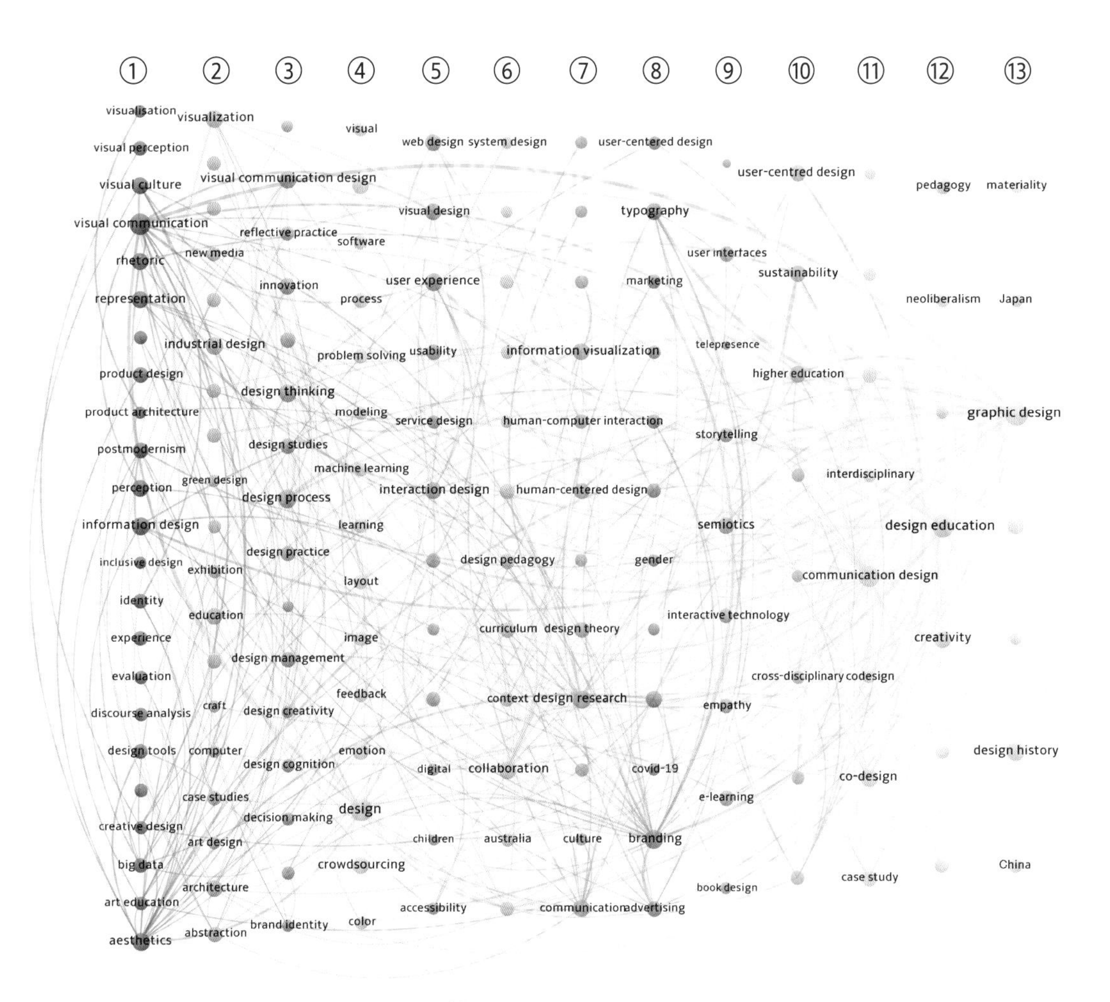

## 4.
## 有关产品、交通等工业领域

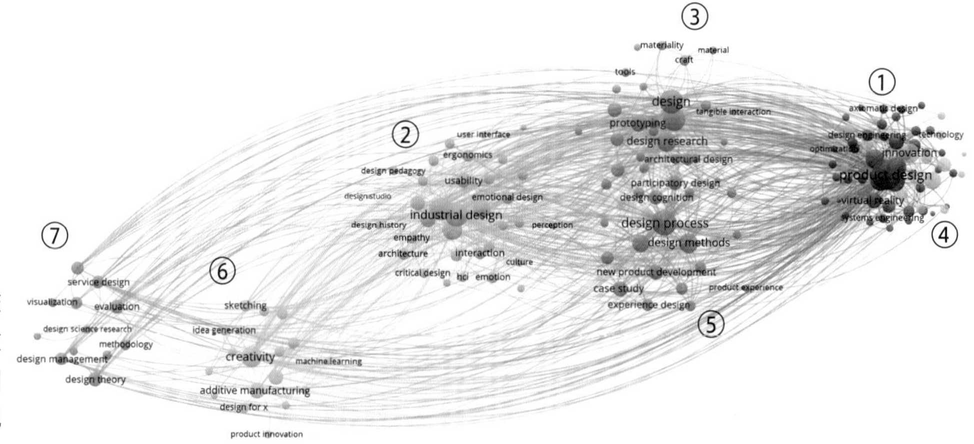


图 1.4.25 关于“有关产品、交通等工业领域”的设计研究文献的作者关键词共现网络图（上）以及网络图的树状呈现模式（下），2017—2021 年（只显示共现频次在 14 次及以上的关键词）

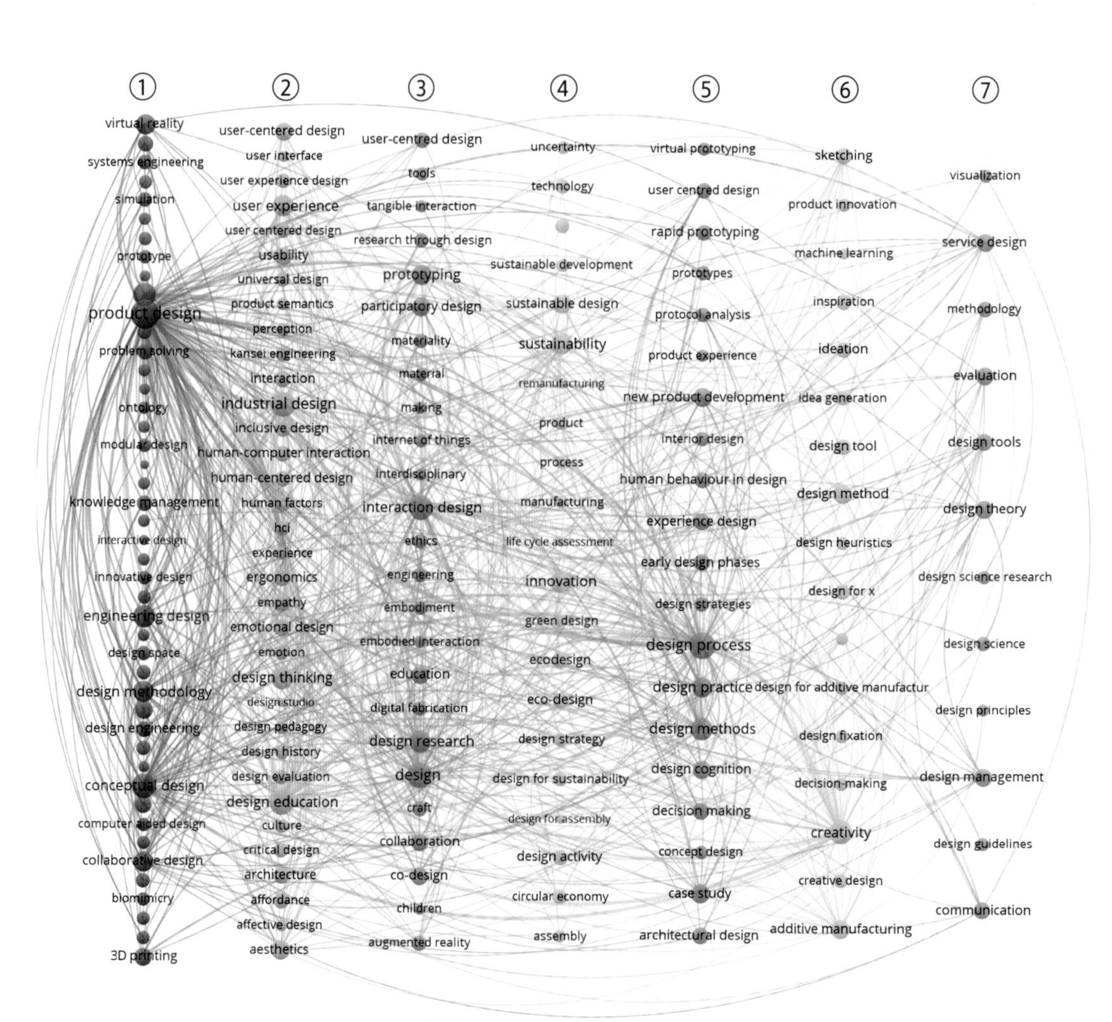

# 5.
# 有关服装、纺织等时尚领域

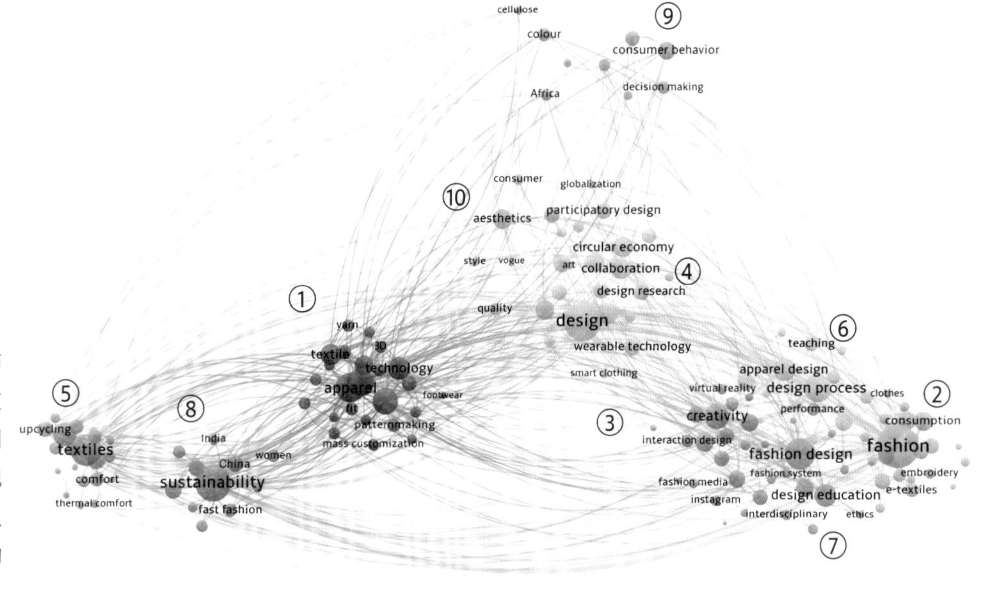


图 1.4.26 关于“有关服装、纺织等时尚领域”的设计研究文献的作者关键词共现网络图（上）以及网络图的树状呈现模式（下），2017—2021 年（只显示共现频次在 6 次及以上的关键词）

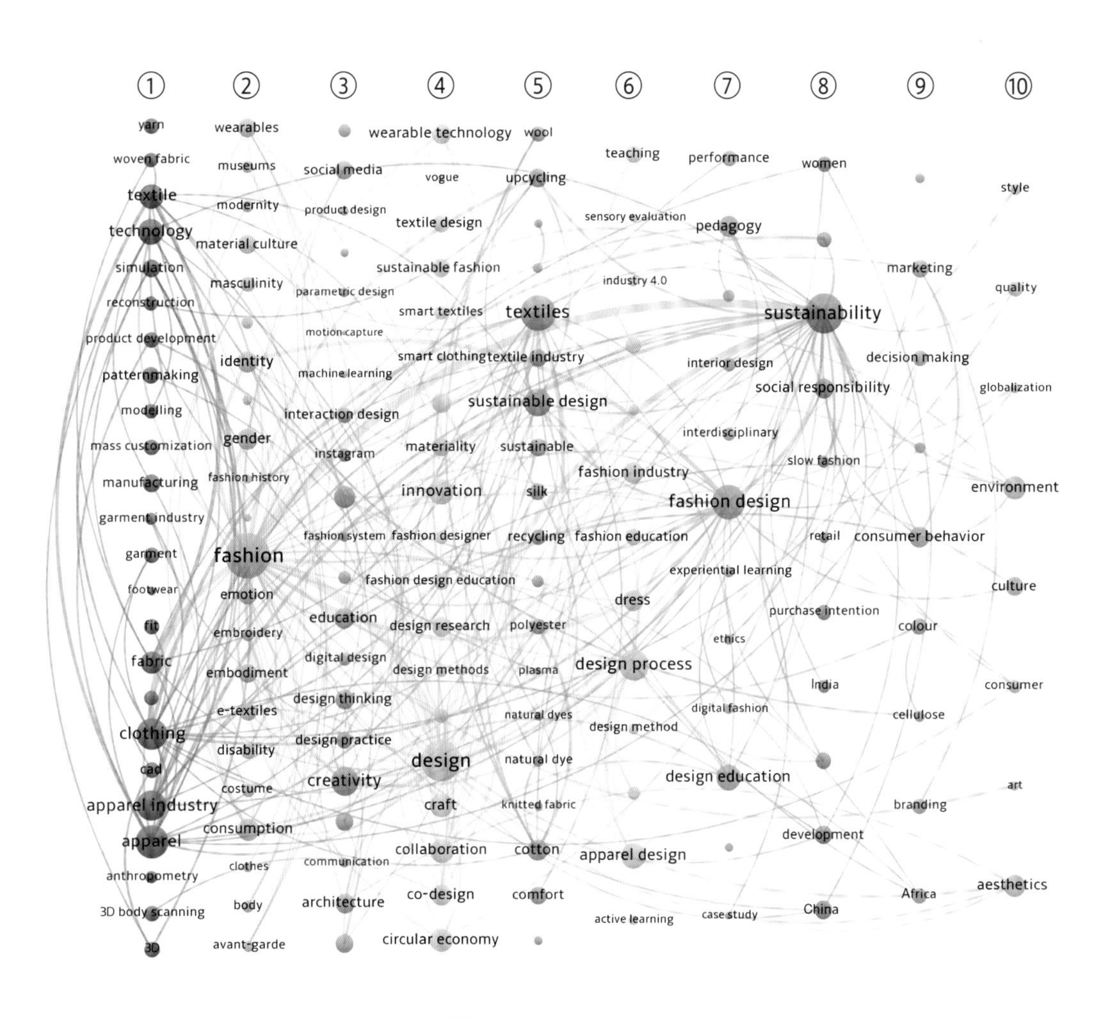

# 6.
# 有关数字媒体、艺术与科技等创新领域

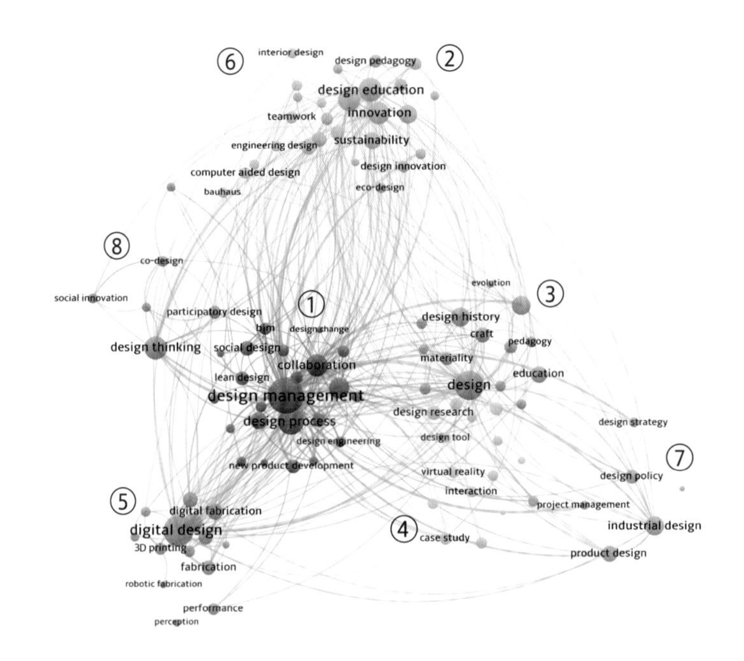


图 1.4.27 关于“有关数字媒体、艺术与科技等创新领域”的设计研究文献的作者关键词共现网络图（上）以及网络图的树状呈现模式（下），2017—2021 年（只显示共现频次在 4 次及以上的关键词）

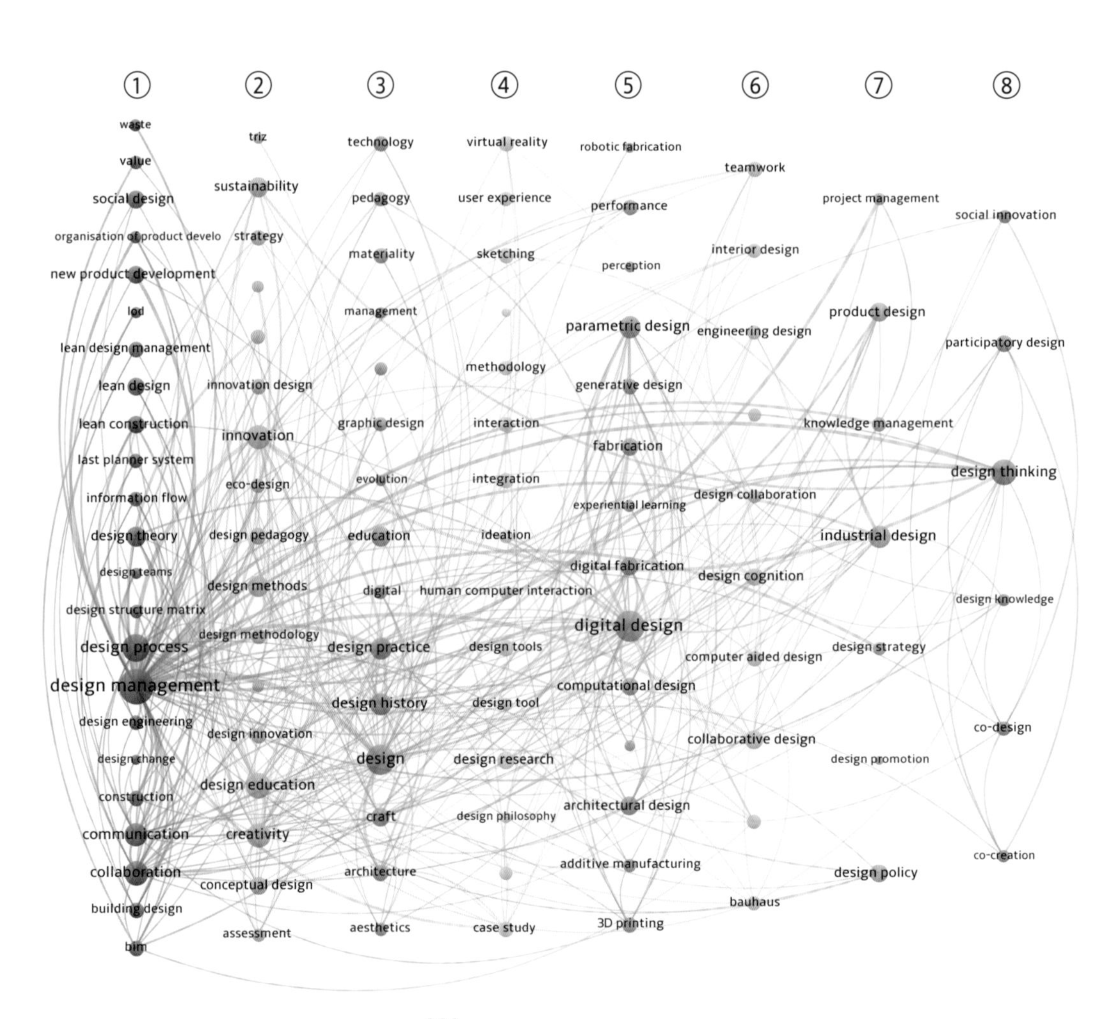

# 7.
# 有关未来设计新兴议题

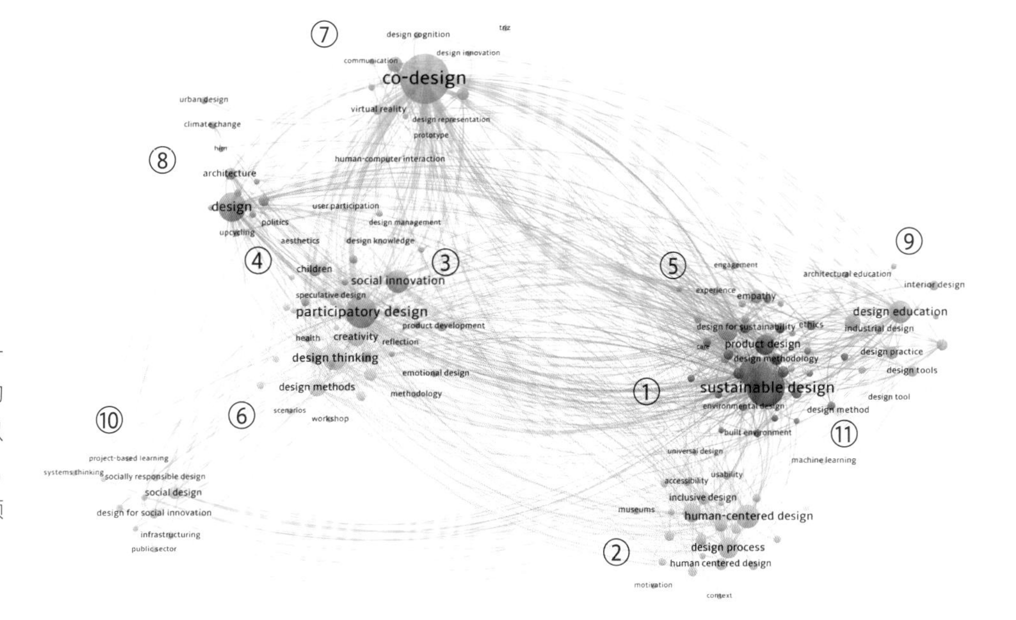


图 1.4.28 关于“有关未来设计新兴议题”的设计研究文献的作者关键词共现网络图（上）以及网络图的树状呈现模式（下），2017—2021 年（只显示共现频次在 5 次及以上的关键词）

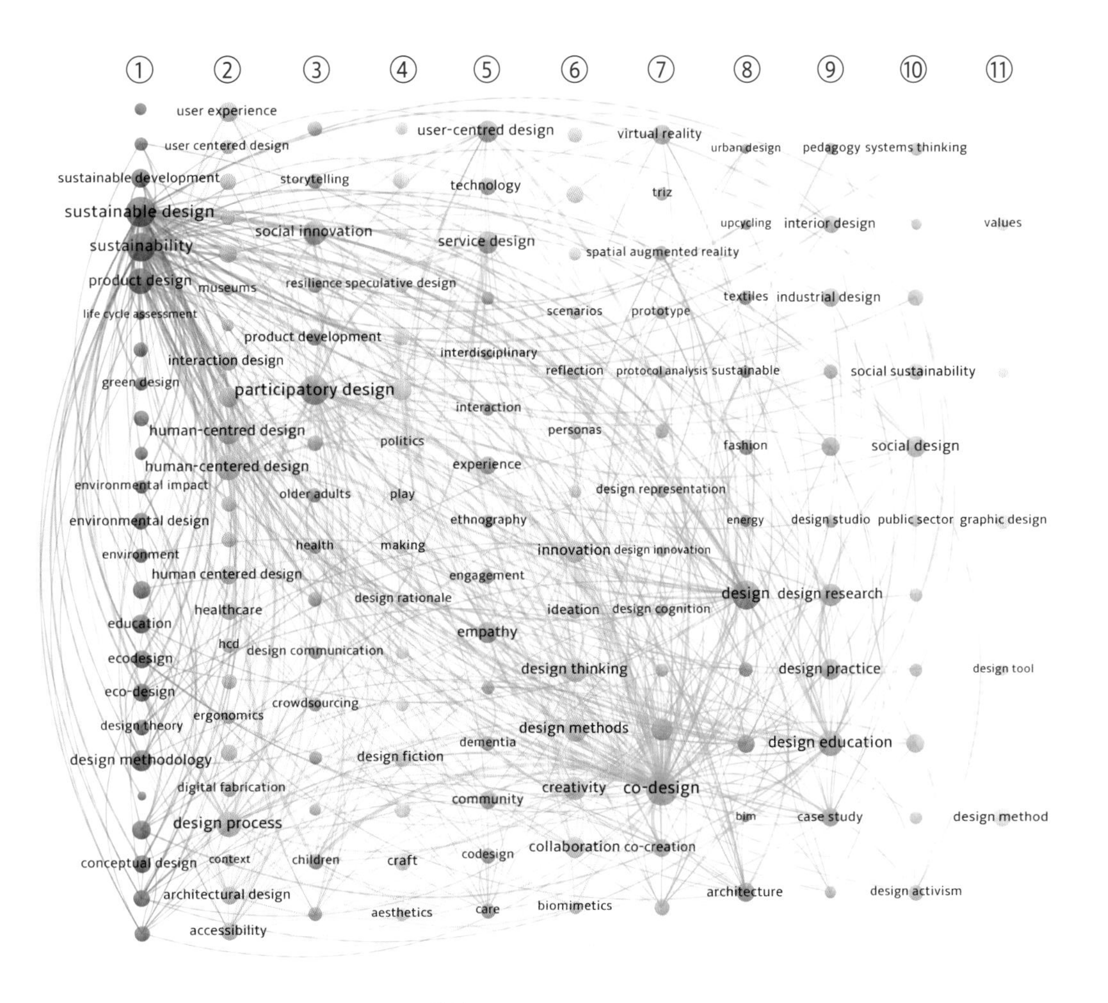

# 2 国际一流设计类院校学科调研

# Research on International First-Class Design Universities

本调研是基于 **QS 世界大学排名**（QS World University Rankings）、**泰晤士高等教育世界大学排名**（Times Higher Education World University Rankings）、**RUR 世界大学排名**（Round University Ranking）、**《美国新闻与世界报道》最佳全球大学排名**（*U.S.News & World Report* Best Global Universities Rankings）以及 **世界大学网络排名**（Webometrics）等公开的设计类院校排名交叉对比后，选取 24 所国际一流设计类院校，对其官方网站中提供的数据进行调查研究的。通过对这些院校的学科建设、培养目标、课程结构数据的总结，着重了解其课程与知识体系的逻辑关系，探讨国际一流设计类院校设计学科的培养模式及整体面貌。

# 2-1 院系设置及培养目标

## 一、院系设置

在目前使用的18种国际大学排名系统中，[①]有设计类专业排名的有五种，它们分别是：QS世界大学排名（QS World University Rankings）、泰晤士高等教育世界大学排名（Times Higher Education World University Rankings）、RUR世界大学排名（Round University Ranking）、《美国新闻与世界报道》最佳全球大学排名（*U.S.News & World Report* Best Global Universities Rankings）以及世界大学网络排名（Webometrics）。本章所选取的24所国际设计类院校是在这五种国际大学排名系统所公示的设计类院校排名基础上，通过交叉比对后发现重复出现在前20位的院校名单中的院校。考虑到各排名系统存在的争议，如评判标准不一、各院校评判数据来源可能有研究员相互支持或自引等功利性目的而导致的数据不准确等客观问题，在选取调查样本时，我们同时结合了爱思唯尔对美英澳荷四国设计领域学术产出主要贡献国家及院校机构情况，最终选定了这24所国际设计类院校作为调查样本。

---

① 18种国际大学排名系统分别是：QS世界大学排名（QS World University Rankings）、泰晤士高等教育世界大学排名（Times Higher Education World University Rankings）、软科世界大学学术排名（Academic Ranking of World Universities）、顶尖大学综合排名（Aggregate Ranking of Top Universities）、世界大学排名中心（Center for World University Rankings）、莱顿排名（Leiden Ranking）、世界大学科研论文质量评比（也称南大排名，Performance Ranking of Scientific Papers for World Universities）、路透社世界百强创新大学（Reuters World's Top 100 Innovative Universities）、RUR世界大学排名（Round University Ranking）、SCImago机构排名（SCImago Institutions Rankings）、U-多级排名（U-Multirank）、学术表现大学排名（University Ranking by Academic Performance）、《美国新闻与世界报道》最佳全球大学排名（*U.S. News & World Report* Best Global Universities Rankings）、世界大学网络排名（Webometrics）、环球教育（Eduniversal）、人力资源与劳工评价（Human Resources & Labor Review）、《自然》指数（*Nature* Index）、世界大学专业排名（Professional Ranking of World Universities）。具体内容请见第3章。

在这24所院校中，综合类院校和设计类专业院校各占50%（见表2.1）。其中，综合类院校为：罗马第一大学、圣彼得堡国立大学、拉普兰大学、代尔夫特理工大学、埃因霍芬理工大学、阿尔托大学、米兰理工大学、加州大学、香港理工大学、拉夫堡大学、伦敦大学金史密斯学院、新学院大学帕森斯设计学院；设计类专业院校为：皇家艺术学院、伦敦艺术大学、罗德岛设计学院、芝加哥艺术学院、艺术中心设计学院、瑞典工艺美术与设计大学、艾米丽卡尔艺术与设计大学、纽约视觉艺术学院、苏黎世艺术大学、巴黎国立高等装饰艺术学院、柏林艺术大学、创意研究学院。其中，公立院校与私立院校的比为3 ∶ 1（18 ∶ 6）。私立院校分别是：罗德岛设计学院、芝加哥艺术学院、艺术中心设计学院、纽约视觉艺术学院、创意研究学院和新学院大学帕森斯设计学院。

**表2.1　24所调研院校名单及其类别**

| 院校性质 | 院校名称（综合类院校） | 院校名称（设计类专业院校） |
| --- | --- | --- |
| 公立 | 代尔夫特理工大学 | 艾米丽卡尔艺术与设计大学 |
| | 埃因霍芬理工大学 | 巴黎国立高等装饰艺术学院 |
| | 阿尔托大学 | 柏林艺术大学 |
| | 拉普兰大学 | 伦敦艺术大学 |
| | 加州大学 | 瑞典工艺美术与设计大学 |
| | 罗马第一大学 | 苏黎世艺术大学 |
| | 伦敦大学金史密斯学院 | 皇家艺术学院 |
| | 米兰理工大学 | |
| | 香港理工大学 | |
| | 圣彼得堡国立大学 | |
| | 拉夫堡大学 | |
| 私立 | 新学院大学帕森斯设计学院 | 罗德岛设计学院 |
| | | 创意研究学院 |
| | | 纽约视觉艺术学院 |
| | | 艺术中心设计学院 |
| | | 芝加哥艺术学院 |

通过对 24 所院校的院系设置分析（见表 2.2、表 2.3），可以看出，综合类院校的设计专业类院系设置大多是将该专业类别划分为同一个学院，如新学院大学的帕森斯设计学院。而设计类专业院校的院系设置大多根据其学校的规模进行划分，如果该院校规模较大，便会按照院校所在位置划分为不同的学院。同时，其专业系别也存在交叉现象，如伦敦艺术大学是由 6 所位于不同位置的学院共同构成的，包括坎伯韦尔艺术学院、切尔西艺术学院、伦敦传媒学院、中央圣马丁艺术与设计学院、温布尔登艺术学院和伦敦时尚学院。前四所学院都拥有平面设计和纺织设计专业，但是在培养学位级别上存在差别，如切尔西艺术学院的平面设计专业只提供学士学位的学习，而中央圣马丁学院和坎伯韦尔艺术学院的平面设计专业则提供学士及硕士学位的学习。其他设计类专业院校在院系设置时则会考虑专业类目的区别，如英国皇家艺术学院分为设计学院（School of Design）和传媒学院（School of Communication），前者注重时尚设计、纺织设计以及工业设计，后者则注重视觉传达设计，两个学院在专业分布上不存在重叠的现象。

表 2.2　综合类院校设计相关院系设置

| 院校名称 | 院系设置 | 专业设置 |
| --- | --- | --- |
| 代尔夫特理工大学 | 工业设计工程学院 | 设计、组织和战略、以人为中心的设计、可持续设计工程 |
| 埃因霍芬理工大学 | 工业设计系 | 工业设计、产品设计、自动化系统设计、健康系统设计 |
| 阿尔托大学 | 艺术、设计和建筑学院设计系 | 协作与工业设计、当代设计、时尚设计、服装与纺织设计、创意可持续设计、国际设计业务管理、协同设计 |
| 拉普兰大学 | 艺术设计学院 | 艺术教育、工业设计、媒体研究、纺织品与服装设计、平面设计 |
| 加州大学洛杉矶分校 | 艺术与建筑学院 | 建筑与城市设计、媒体艺术设计、视觉和表演艺术、游戏设计 |
| 罗马第一大学 | 建筑学院建筑与设计系 | 建筑史、建筑设计修复、规划设计、建筑设计 |
| 伦敦大学 | 金史密斯学院 | 艺术学、设计学、媒体与传播学、音乐学、视觉文化学 |
| 米兰理工大学 | 设计学院 | 工业设计、平面设计、室内设计、产品设计、建筑设计与历史、建筑与城市规划、数字与交互设计 |
| 香港理工大学 | 设计学院 | 平面设计、环境及室内设计、产品设计、数字媒体 |
| 圣彼得堡国立大学 | 文学院设计系 | 平面设计、环境设计 |
| 拉夫堡大学 | 设计与创意艺术学院 | 设计、时尚设计与技术、平面设计、产品设计与技术、工业设计、产品设计工程、纺织品设计、设计创新、设计与品牌、交互设计、服务设计、用户体验设计 |
| 新学院大学 | 帕森斯设计学院 | 建筑设计、建筑与灯光设计、视觉传达设计、数据可视化设计、设计与技术、设计与城市经济、设计史与实践、时尚设计、时尚设计与社会、工业设计、摄影、产品设计、纺织品设计 |

表 2.3　设计类专业院校设计相关院系设置

| 院校名称 | 院系设置 | 专业设置 |
| --- | --- | --- |
| 艾米丽卡尔艺术与设计大学 | 设计学院与动态媒体 | 可持续设计、视觉设计、工业设计、产品设计、交互设计 |
| 巴黎国立高等装饰艺术学院 | * | 平面设计、产品设计、纺织品设计、时尚设计、舞台设计 |
| 伦敦艺术大学 | 中央圣马丁艺术与设计学院 | 3D 设计与产品设计、建筑设计、饰品制作、视听影视动画、视觉传达设计、时尚设计、舞台设计、纺织面料设计 |
| | 伦敦时尚学院 | 时尚珠宝、时尚风格与产品、时尚图像与插图、时尚哲学、时尚管理、时尚设计（女装）、时尚设计（男装）、时尚市场、时尚摄影、时尚设计与发展、时尚设计（箱包与饰品）、表演道具（假发与装造）、时尚造型、时尚纺织（编织与印刷）、时尚期刊与内容创造、时尚媒体批评、表演服装设计 |
| | 伦敦传媒学院 | 广告设计、动画、广告摄影、电脑动画与视觉特效、设计管理、电影电视、游戏艺术、游戏设计、平面与媒体设计、图像品牌与身份设计、插图与视觉媒介、交互设计艺术、期刊与出版、摄影、服务设计、用户体验设计 |
| | 切尔西艺术学院 | 艺术、视觉传达设计、室内设计、产品与家居设计、纺织品设计 |
| | 坎伯韦尔艺术学院 | 绘画、摄影、电脑艺术、雕塑、平面设计、插图、室内与空间设计 |
| | 温布尔登艺术学院 | 表演与演出、戏剧服装设计、舞台设计、舞台与表演科技艺术、屏幕艺术制作、当代剧场与演出 |
| 瑞典工艺美术与设计大学 | 设计、室内建筑与视觉传达系 | 工业设计、室内设计、叙事设计、平面设计与插图、家居设计 |
| 苏黎世艺术大学 | 设计学系 | 演员 / 视听媒体、游戏设计、工业设计、交互设计、知识可视化、趋势与身份、视觉传达设计 |
| 皇家艺术学院 | 设计学院 | 联合创新设计、产品设计、时尚手机耳机、全球创新设计、医疗与设计、创新设计工程、服务设计、纺织品设计 |
| | 传媒学院 | 动画、数字化方向、信息体验设计、视觉传达、传媒、编辑设计、漫画小说：视觉故事叙事、排版设计 |
| | 建筑学院 | 室内设计、建筑设计、城市设计、环境建筑 |
| | 艺术与人文学院 | 设计史、当代艺术与设计：理论与实践（短期课程） |
| 罗德岛设计学院 | * | 服装设计、工业设计、建筑、室内设计、家居设计、平面设计、纺织品设计、教学 + 艺术学习 + 设计 |
| 美国创意研究学院 | 陶布曼中心学院 | 广告设计、传播设计、时装设计、室内设计、产品设计、运输设计、色彩与材料设计、气候行动设计、运动设计、运输设计、用户体验设计 |
| 纽约视觉艺术学院 | * | 广告设计、设计、室内设计、视觉与评论研究、社会设计、交互设计、产品设计、设计研究写作与批评 |
| 艺术中心设计学院 | 南学院 | 广告设计、环境设计、电影艺术、平面设计、娱乐设计、产品设计、交通运输工具设计、空间体验设计、品牌设计与策划 |

| 院校名称 | 院系设置 | 专业设置 |
| --- | --- | --- |
| 芝加哥艺术学院 | * | 时尚设计、视觉传达、视觉与批评、建筑室内设计、视觉与人文研究 |
| * 仅设专业 | | |

# 二、培养目标与课程设置

上述列出的各个院校大多在其官方网站中列出了其培养目标，根据样本情况，即，以院校类型分为综合类院校与设计类专业院校，以院校属性分为公立院校和私立院校，我们针对培养目标进行案例分析，从院系设置层面考察其培养目标的异同。专业培养目标相较于院系培养目标更具体，且根据不同学位层级也有不同的要求。一些院校甚至将专业培养目标与学生未来职业发展道路的可能性相结合。但总体而言，我们通过院系培养目标可以考察院系课程设置安排的合理性，可以从宏观层面考察学院的整体面貌，而专业培养目标与其教学安排是否协调，体现的则是该院系课程设置的专业性及有效性。

## 1. 公立院校和私立院校的总体培养目标

### · 公立院校中综合类院校与设计类专业院校培养目标的异同

在 24 所调研样本中，公立院校共 18 所，其中综合类院校 11 所，设计类专业院校 7 所。通过调查我们发现，综合类院校的设计专业类院系培养目标与设计专业类院校培养目标的异同有以下几点：

一是综合类院校设计院系培养目标倾向于强调其跨学科研究氛围，这是因为综合类大学在多院系学科设置上较设计类专业院校更有优势的缘故。例如：代尔夫特理工大学的工业设计工程学院借助代尔夫特理工大学在工程物理方面的优势，其工业设计系在跨学科专业合作方面的机会更多，这也使得代尔夫特理工大学的工业设计专业处于世界领先地位；同样的，埃因霍芬理工大学工业设计系的培养目标就是“培养工程师，让他们能在工业设计领域发挥功能”，原因也不外乎埃因霍芬理工大学的理工科专业与工业设计专业的深度交叉融合；圣彼得堡国立大学的文学院设计系也明确指出其设计师培养的特殊性就在于设计系学生在人文社科的跨学科背景下接受教育；英国皇家艺术学院的建筑学院也提及他们培养的学生具有跨学科背景，但这与建筑这一空间学科的客观培养需求是相关的。

二是设计类专业院校的培养目标大多将学生与其所学专业领域的未来发展相联系，着重提及运用艺术和设计的视角探索世界。例如伦敦艺术大学的六个学院，其培养目标与各学院的专业设置偏向有明确的指向性，如伦敦时尚学院在专业设置中大多为服装、配饰和纺织品设计，其培养目标便是运用时尚在工业上的作用推动社会变革；而伦敦传媒学院则倾向于各种视觉媒介设计，其培养目标着重提及运用传媒改变世界。相似的还有英国皇家艺术学院的四个学院，其传媒学院的培养目标提出将传媒作为与世界联系的方式。瑞典工艺美术与设计大学非常注重工艺美术，即心灵与手的关系，这也促成其设计、室内建筑与视觉传达系认同并将其视为培养目标的一环，以工艺美术为基础，通过视觉艺术实现生态与社会的良性互动。

三是综合类院校与设计类专业院校培养目标的相同之处在于通过教学与研究，使学生成为各领域内的变革者、创新者，以有能力应对当代各种挑战。在作为调查样本的 18 所公立院校中，几乎所有院校都将此作为培养目标，即，公立院校对学生的培养更看重其能否实现社会价值，能否通过设计专业学习、运用设计手段完成社会变革。相较于学生个人价值的实现，这是一种相对激进的追求。除此之外，其中几所院校也着重列出他们对地方设计需求的回应：米兰理工大学设计学院设计系提出立足意大利设计文化，探索学科前沿；中国香港理工大学设计学院尝试将亚洲创新应用于全球机遇中；芬兰拉普兰大学艺术设计学院强调艺科融合，着重培养学生在经济、旅游、市场营销等方面的发展。这些均与各院校开设的地方特色课程有一定的关系。

总而言之，公立院校在设定其培养目标时，着重毕业生未来在专业领域、学科发展的作用以及应对当代乃至未来的社会变革和挑战的能力，即教育的社会本位性。在这种培养目标下，教育的目的是根据社会需要指定的，它的目的是使受教育者社会化，其社会价值高于个人价值。借助设计教育来传递社会生产、生活经验以及一定的思想意识，为社会生产、生活服务，促进社会变化发展。这与美国哲学家约翰·杜威（John Dewey）提出的“外在教育目的”不谋而合。①当然，这种培养目标与政府教育部门筹办公立院校有一定的关系，即，毕业生需要解决切实的现实问题和社会需要，这与私立院校的培养目标有着明显的区别。

### · 私立院校中综合类院校与设计类专业院校培养目标的异同

在 24 所调研样本中私立院校总共 6 所，其中综合类院校 1 所，设计类专业院校 5 所。尽管综合类院校样本数据较少，但我们通过对该院校整体培养目标的调查比较，仍然会发现这两种院校培养目标的异同：

一是综合类院校培养目标主要受问题驱动，设计类专业院校则以学生个人兴趣为驱动。通过对私立综合类院校——新学院大学帕森斯设计学院的调查，我们可以发现，新学院大学的总体培养目标是：“培养学生了解瞬息万变的社会，并为之做出贡献和取得成功，从而使世界变得更加美好和公正。作为一所以设计和

① John Dewey. Democracy and Education[M]. Courier Corporation, 2004.

社会研究为驱动力研究当代问题的大学，我们致力于为学生提供所需的工具，帮助他们解决社会面临的复杂问题，并寻求更加灵活多变的职业发展途径。”[1]这与其设计学院的培养目标有一定的重合。也就是说，综合类院校设计学院在问题导向的前提下，以及在学生对问题感兴趣的情况下，为其提供相应的知识与技能，让毕业生实现其个人价值。反之，设计类专业院校重在引导学生个人成长，将“问题意识”融入学生的学习生活之中。以美国创意研究学院为例，他们的培养目标首先是行为道德，其次才是专业素养，只有对专业领域有热爱才能做到终生学习，是以兴趣为学习的驱动核心。

二是不论是综合类院校还是设计类专业院校，他们都强调对学生个人价值的培养，突出毕业生未来的“人生角色”。例如，美国创意研究学院的培养目标是将学生培养为终生学习者以及未来的商业领袖；纽约视觉艺术学院将毕业生培养为未来的艺术家、设计师；芝加哥艺术学院通过艺术课程提供学生个人的“卓越发展”。综合类院校新学院大学帕森斯设计学院的培养目标也是提供学生在未来社会中取得成功所需要的知识和技能。当然，这与私立院校办学资金来源与学生为可能因学费负债而对就业率的关注较高有一定的关系。私立院校帮助学生实现个人价值，实际上也变相为其毕业生的就业前景提前打下坚实的基础。他们的毕业生是艺术家、设计师、创意设计人才，也是行为道德与专业素养兼备的设计问题解决者。私立院校更重视毕业生是否能在各领域成为从业者，在这一层面上，私立院校培养目标的关注点与公立院校重视专业领域发展和社会变革是不同的。

实际上，从培养目标的措辞中就可以看出私立院校与公立院校的不同，私立院校的教育目的在于充分发展个体的个性，其教育也是根据个人发展的需要所定制的，是为学生的未来发展而提供相应的知识与课程，教育的过程也可以看作是受教育者身心变化、发展的过程。这一点在罗德岛设计学院的培养目标中也得到了很好的体现：借助教育帮助学生创作和欣赏设计艺术作品，并借助他们向全球社会做出贡献。从这一层面上讲，非常契合斯宾塞（Herbert Spencer）的“教育准备生活说”，即教育为未来的生活做准备。[2]

① Mission & Vision. (EB/OL)[2023-8-17]https://www.newschool.edu/about/.

② Herbert Spencer. Education: Intellectual, Moral, and Physical[M]. New York : D. Appleton and company,1861.

表 2.4 综合类院校设计院系培养目标

| 院校名称 | 院系设置 | 培养目标 |
| --- | --- | --- |
| 代尔夫特理工大学 | 工业设计工程学院 | 代尔夫特理工大学的设计总是从提问开始。我们如何才能使其可持续发展？谁会受到影响？解决空间在哪里？我们如何为未来的情况做准备？什么是设计？我们积累的知识和相应的方法论支撑着我们以证据为基础、以影响为导向的方法——燃烧的代尔夫特设计之火。① |
| 埃因霍芬理工大学 | 工业设计系 | 本系的任务是培训具备良好的知识基础及丰富能力的工程师，使他们能在工业设计方面发展并取得成功，以在社会上发挥广泛的价值。② |
| 阿尔托大学 | 艺术、设计和建筑学院设计系 | 我们为成熟的、不断变化的和新兴的设计领域培养一线设计专业人员和具有远见卓识的人士。我们与利益相关方持续合作，通过高水平的研究更新我们的专业知识。我们努力建设一个可持续的、公正的社会和环境。③ |
| 拉普兰大学 | 艺术设计学院 | 艺术与科学之间的对话是我们研学、研究艺术以及与社会中不同行为者合作的活跃部分。我们属于一所多学科的科学大学，这一事实加强了科学与艺术之间的联系，这使得我们的学生有机会结合设计、旅游、市场营销、经济、教育和社会科学进行研究。④ |
| 加州大学洛杉矶分校 | 艺术与建筑学院 | 指导我们使命的信念是，不仅艺术是公立研究型大学认知、批判和探究生活的重要组成部分，而且艺术的实践和存在也是 21 世纪所要求的创造性、创新思维和协作方法的基石。⑤ |

① Herbert Spencer. Education: Intellectual, Moral, and Physical[M]. New York : D. Appleton and company,1861.

② Delft Design always starts with asking questions.. (EB/OL)[2023-8-16]https://www.tudelft.nl/en/ide/about-ide.

③ Education. (EB/OL)[2023-8-16]https://www.tue.nl/en/our-university/departments/industrial-design.

④ Department of Design. (EB/OL)[2023-8-16]https://www.aalto.fi/en/department-of-design.

⑤ Faculty of Art and Design. (EB/OL)[2023-8-16]https://www.ulapland.fi/EN/Units/Faculty-of-Art-and-Design.

| 院校名称 | 院系设置 | 培养目标 |
| --- | --- | --- |
| 罗马第一大学 | 建筑学院建筑与设计系 | 罗马第一大学致力于促进和支持知识和技术的应用、增强、披露和转让，使自己服务于社会。为了做到这一点，除了大学的两个主要职能——教学和研究外，罗马第一大学通过与其他机构、生产结构和社会的各种形式和表达相互作用，展开具体的行动。① |
| 伦敦大学 | 金史密斯学院 | 我们提供一种变革性的体验，通过创造性的、激进的和智力上严谨的思考和实践，产生知识并激发自我发现。② |
| 米兰理工大学 | 设计学院 | 本系是意大利设计领域领先的科研中心。它植根于意大利设计文化，致力于探索新的学科前沿，让设计为应对当代挑战服务。③ |
| 香港理工大学 | 设计学院 | 将设计学院建设成为一流的国际设计学院，将亚洲创新应用于全球机遇。④ |
| 圣彼得堡国立大学 | 文学院设计系 | 圣彼得堡国立大学设计师培训的特殊性在于，在培训过程中，学生不仅要掌握未来专业领域的实践技能，还要在与圣彼得堡国立大学自然科学和人文科学互动的背景下接受大学基础教育。课程以能力为导向，旨在培养具备跨学科设计和研究方法的各类设计师。⑤ |
| 拉夫堡大学 | 设计与创意艺术学院 | 拉夫堡大学设计与创意艺术学院提供世界一流的设计和创意艺术教育，培养在各自领域处于领先地位的高素质毕业生。我们的愿景是教育学生成为响应迅速、有说服力的变革创新者，激发学生的创造性，以明智地应对各种当代挑战。⑥ |
| 新学院大学 | 帕森斯设计学院 | 帕森斯设计学院旨在让学生掌握在瞬息万变的社会中取得成功并为之做出贡献所需的知识和技能。⑦ |

① THIRD MISSION AND LOCAL ACTIVITIES. (EB/OL)[2023-8-16]https://web.uniroma1.it/dip_diap/en/node/6907.

② Our mission, values and strategy. (EB/OL)[2023-8-16]https://www.gold.ac.uk/strategy/.

③ The Department . (EB/OL)[2023-8-16]https://dipartimentodesign.polimi.it/en.

④ PolyU Design. (EB/OL)[2023-8-16]https://www.polyu.edu.hk/sd/.

⑤ КАФЕДРАДИЗАЙНА . (EB/OL)[2023-8-16]https://arts.spbu.ru/en/fakultet/kafedry/kafedra-dizaina.

⑥ 设计与创意艺术学院 . (EB/OL)[2023-8-16] https://china.lboro.ac.uk/department-and-schools/design.

⑦ Parsons School of Design. (EB/OL)[2023-8-16]https://www.newschool.edu/parsons/.

表 2.5　设计类专业院校培养目标

| 院校名称 | 院系设置 | 培养目标 |
| --- | --- | --- |
| 艾米丽卡尔艺术与设计大学 | 设计学院与动态媒体 | 认真对待解决方案。① |
| 巴黎国立高等装饰艺术学院 | * | 巴黎国立高等装饰艺术学院的使命是为艺术家和设计师提供艺术、科学和技术方面的培训，为他们在各个装饰艺术领域从事设计和研究做好准备。② |
| 柏林艺术大学 | 建筑、传媒与设计学院 | 作为对社会、经济和文化中动态关系的反应，人类介入了环境的形成——在建筑、设计、时尚和媒体中，建筑、传媒与设计学院负责这些干预措施的概念和实施。科学与艺术有针对性的结合超越了纯粹的创造性美学工作。③ |
| 伦敦艺术大学 | 中央圣马丁艺术与设计学院 | 中央圣马丁艺术与设计学院有着不同的思考、制作和做事方式，通过艺术、设计和表演，我们的学生为更美好的未来创造想法、材料和行动。④ |
| | 伦敦时尚学院 | 我们相信，利用时尚这一主题，连同其在工业上的重要性，可以塑造生活、推动经济和社会转型。⑤ |
| | 伦敦传媒学院 | 在伦敦传媒学院，我们通过在创造性传播中发现新的可能性来改变我们周围的世界。⑥ |
| | 切尔西艺术学院 | 切尔西艺术学院提供了一个刺激的空间，以发展学生的创造性实践。加入一个国际中心，用艺术和设计的视角探索全球。⑦ |
| | 坎伯韦尔艺术学院 | 坎伯韦尔艺术学院认为，创造力可以产生积极的社会影响。我们希望学生重新思考现有的做法，并培养自己的风格。⑧ |
| | 温布尔登艺术学院 | 温布尔登艺术学院将激励学生创造实验性和协作性的表演。我们提供与戏剧、电影、电视和创意活动有关的课程。⑨ |
| 瑞典工艺美术与设计大学 | 设计、室内建筑与视觉传达系 | 瑞典工艺美术与设计大学强调心灵与手、想象力和个人责任之间的相互作用。该大学的特点是尊重平等，普遍致力于生态和社会可持续性发展。我们努力审视自己、世界及其价值观，促进直觉和同理心，挑战我们认为理所当然的东西，通过最高标准的视觉艺术为我们的集体未来做出贡献。⑩ |

① Ian Gillespie Faculty of Design + Dynamic Media. (EB/OL)[2023-8-16]https://www.ecuad.ca/academics/faculties-and-departments/design-and-dynamic-media.

② Status-Mission. (EB/OL)[2023-8-16]https://www.ensad.fr/en/school/status.

③ College of Architecture, Media and Design. (EB/OL)[2023-8-16]https://www.udk-berlin.de/en/university/college-of-architecture-media-and-design-1/.

④ University of the Arts London Central Saint Martins. (EB/OL)[2023-8-16]https://www.arts.ac.uk/colleges/central-saint-martins.

⑤ University of the Arts London - London College of Fashion. (EB/OL)[2023-8-16]https://www.arts.ac.uk/colleges/london-college-of-fashion.

⑥ University of the Arts London -London College of Communication (EB/OL)[2023-8-16]https://www.arts.ac.uk/colleges/london-college-of-communication.

⑦ University of the Arts London Chelsea College of Arts. (EB/OL)[2023-8-16] https://www.arts.ac.uk/colleges/chelsea-college-of-arts.

⑧ University of the Arts London Camberwell College of Arts. (EB/OL)[2023-8-16]https://www.arts.ac.uk/colleges/camberwell-college-of-arts.

⑨ University of the Arts London Wimbledon College of Arts. (EB/OL)[2023-8-16]https://www.arts.ac.uk/colleges/wimbledon-college-of-arts.

⑩ Vision and mission — the thought and the hand. (EB/OL)[2023-8-16]https://www.konstfack.se/en/About-Konstfack/Commitment-and-core-issues/Vision-and-mission--the-thought-and-the-hand/.

| 院校名称 | 院系设置 | 培养目标 |
| --- | --- | --- |
| 苏黎世艺术大学 | 设计系 | 本系致力于对广泛的、现代的和前瞻性的设计的理解，并将其应用于教学、研究和进一步的教育中。批评和反思被置于单一审美和使用导向的方法之上。① |
| 皇家艺术学院 | 设计学院 | 学校从事多层次的设计，从高度概念到深度实践，具有强烈的创新、实验和辩论文化。课程由在世界领先的研究、教学和实践方面享有盛誉的专业人员提供支持。② |
|  | 传媒学院 | 在传媒学院，我们探讨塑造我们生活的基本方式，并利用这些知识发展出体验、互动和与世界沟通的新方式。③ |
|  | 建筑学院 | 建筑学院提供了一个无与伦比的跨学科背景，以追求空间学科的设计研究。④ |
|  | 艺术与人文学院 | 艺术与人文学院是研究和学习美术和应用艺术，以及成为策划、写作和设计历史的桥梁。⑤ |
| 罗德岛设计学院 | * | 罗德岛设计学院通过其学院和博物馆的使命教育学生和公众创作和欣赏艺术及设计作品，发现和传播知识，并通过批判性思维、学术和创新对全球社会做出持久贡献。⑥ |
| 创意研究学院 | 陶布曼中心校区 | 美国创意研究学院培养学生追求卓越的决心，规范行为道德，承担作为公民的责任，培养终生学习的习惯。本校拥有世界一流的师资和无与伦比的设施，培养学生成为视觉传播者、设计问题的解决者和创新者，以及创造性的商业领袖，积极运用艺术和设计来改善社会。⑦ |
| 纽约视觉艺术学院 | * | 培养未来的艺术家、设计师和创意专业人才。⑧ |
| 艺术中心设计学院 | 南学院 | 学会创造、影响和改变。⑨ |
| 芝加哥艺术学院 | * | 旨在在一个促进及鼓励发现、创造重要思想和图像的环境中集合一个多样化的、兼具智力和创造性的学生和教师团体，并在视觉艺术和相关艺术的本科和研究生课程中提供个人卓越发展的支持。⑩ |
| * 仅设专业 |  |  |

① Department of Design(EB/OL)[2023-8-17]https://design.zhdk.ch/en/department/about/.

② School of Design.(EB/OL)[2023-8-16]https://www.rca.ac.uk/study/schools/school-design/.

③ School of Communication.(EB/OL)[2023-8-16]https://www.rca.ac.uk/study/schools/school-communication/.

④ School of Architecture. (EB/OL)[2023-8-16]https://www.rca.ac.uk/study/schools/school-architecture/.

⑤ School of Arts & Humanities. (EB/OL)[2023-8-16]https://www.rca.ac.uk/study/schools/school-arts-humanities/.

⑥ Mission and Values. (EB/OL)[2023-8-16]https://www.risd.edu/about/mission-and-values.

⑦ Background. (EB/OL)[2023-8-16]https://www.collegeforcreativestudies.edu/about-us/.

⑧ OUR MISSION. (EB/OL)[2023-8-16]https://sva.edu/about/about-sva/overview.

⑨ MISSION. (EB/OL)[2023-8-16]https://www.artcenter.edu/about/get-to-know-artcenter/mission-and-vision.html.

⑩ Leadership & Governance-Objective. (EB/OL)[2023-8-16]https://www.saic.edu/leadership-governance.

### · 专业培养目标与课程设置

基于前文对 24 所院校院系和专业课程设置的调研结果，我们在本小节中特别选择了其中两所院校进行个案分析，即英国伦敦艺术大学与皇家艺术学院。因为这两所院校均是公立设计类专业院校，且都在英国，并同时包含多个子学院，专业设置在不同学位层级也相对多元。因此，在能够控制相对变量的前提下，选择这两所院校为例阐述专业培养目标与课程设置之间的关系较为合适。

与院系培养目标不同，专业培养目标更具体，且根据不同学位层级有不同的要求。一些院校甚至将专业培养目标与学生未来职业发展道路的可能性相结合。在本小节中，我们试图从两个方面考察专业培养目标与课程设置的情况：一是不同学位层级的专业培养目标与课程设置；二是不同类型学位专业方向的培养目标与课程设置。从学位层级出发可以考察专业课程设置是否有根据培养目标在进行提升。不同类型学位在本小节中专指以英国皇家艺术学院中出现的授课型硕士（如文学硕士 [Master in Arts]）和研究型硕士（如研究硕士 [Master of Research] 和哲学硕士 [Master in Philosophy]）。相同专业方向在提供不同类型的学位课程时，其培养目标也会做出适当的变化，可以考察专业对教育内容的偏重是否与培养目标相适配。总体而言，专业培养目标与其教学安排是否协调体现的是该院系课程设置的专业性及有效性。

#### 不同学位层级的专业培养目标与课程设置

由于英国皇家艺术学院没有本科阶段，仅有研究生阶段，因此，本小节对伦敦艺术大学各学院内的同专业不同学位层级进行个案比较，以考察其培养目标与课程设置的关系。伦敦艺术大学的各个学院在专业设置中存在一定的倾向性，针对同一专业也设立了不同的学位层级，其培养目标均有不同，在不同学位层级中也呈现出不同的需求。

平面设计（视觉传达）是伦敦艺术大学中学生数量最多的专业，占学生总数的 10.9%，[①]并主要集中在伦敦传媒学院中。该学院开设了平面传媒设计、品牌空间设计、用户体验设计、服务设计、设计管理、游戏设计、交互设计艺术、社会创新与可持续发展设计等专业方向。但并非每个专业方向均有学士和硕士学位，如社会创新与可持续发展设计、平面传媒设计仅设置了硕士学位课程。

以传媒学院平面品牌与识别专业为例（见表 2.6），该专业围绕品牌展开，站在企业角度考虑其品牌定位与未来形象的发展，是非常专精且商业的专业。因此，其对设计基础的要求也相应较高，强调概念创新性与实际可操作性相结合，以打造精准的品牌定位与可持续发展的品牌形象为目标。课程内容包含平面设计的基本技能、品牌形象的定位方法、品牌空间与装饰咨询形象主导、包装与产品形象、

① Office for Students Information. (EB/OL)[2023-8-18]https://www.arts.ac.uk/about-ual/public-information/office-for-students-info.

品牌相关影像与动画。该专业的毕业生作品全都围绕着具体的品牌及企业需求展开。从其培养目标中也可以明显看出，从本科生到研究生阶段，该专业的毕业生将从掌握专业知识作为从业人员的起步，直至成长为推动品牌创意表达的设计师。

时尚设计是伦敦艺术大学仅次于平面设计学生人数的专业，占全校学生的10.7%。[①]在该大学的五个子学院中均有设立相关的专业方向（温布尔登艺术学院专攻舞台美术，并没有直接设立时尚设计专业）。其中，中央圣马丁学院的时尚设计专业风格大胆，关注培养学生如何成为独立的设计师，伦敦时尚学院的时尚设计在专业细分中较另外四个子学院更为多元，包括了男装、女装、鞋靴、时尚珠宝配饰等多个方向，面料设计也包含了印染、刺绣、针织三个方向，此外还设立了时尚设计管理、时尚摄影、时尚批评、时尚策展、时尚营销、时尚公关与传媒等方向。

以时尚设计（女装）为例（见表 2.7），其学士层级的培养目标着重于对时尚设计的基础技术技能和知识的教育，并在更高层面鼓励毕业生推动行业发展。相对应的，学士专业课程的设置在第一、二年从时尚设计历史、美学等理论知识到设计实践和产品开发等技术技能，再到最终的毕业设计，各学年形成了年级分明的教育层级。而到了硕士阶段，其培养目标则进一步提升为培养能够影响该领域未来的人才。在课程设置中也形成了从创造思维到个人研究理念，并最终运用所有专业知识完成实践作品的进阶体系。从三个阶段的课程安排中，他们明显更重视学生各方面思维的锻炼，对于技术的运用则主要放在学士阶段的课程中。

由上述个案我们可以看出，培养目标对应相关学位层级的专业课程设置是合理且协调的，在更高学位层级时，也有对学生的专业素养提出更高的要求。同时，在硕士阶段的专业课程中，有提供给学生更多与现实问题相结合的实践内容，以帮助学生更好地适应未来的岗位需要。这一设置也符合上一小节中所分析的公立设计类院校对学生的总体培养目标，即着重于培养毕业生未来在专业领域、学科发展方面的作用以及应对当代乃至未来的社会变革和挑战的能力。

---

① Office for Students Information. (EB/OL)[2023-8-18]https://www.arts.ac.uk/about-ual/public-information/office-for-students-info.

表 2.6　伦敦艺术大学伦敦传媒学院平面品牌与识别专业培养目标与课程设置

| 专业层级 | 培养目标 | 学制 | 课程设置 |
| --- | --- | --- | --- |
| 学士 | 平面品牌与识别学士课程旨在培养战略思考者和创意传播者。 | 三年制 | **第一年**<br>图形品牌与标识入门（20 学分）<br>品牌与设计原则（40 学分）<br>品牌叙事（20 学分）<br>品牌包装（20 学分）<br>语境与理论研究 I（20 学分） |
| | | | **第二年**<br>品牌表达（40 学分）<br>专业实习（20 学分）<br>品牌建设（40 学分）<br>语境与理论研究 II（20 学分） |
| | | | **第三年**<br>路线 A（毕业论文）<br>语境与理论研究 III（路线 A）（40 学分）<br>行业实践（20 学分）<br>毕业项目（60 学分）<br><br>路线 B（毕业论文 + 创作）<br>语境与理论研究 III（路线 B）（20 学分）<br>行业实践（20 学分）<br>毕业项目（60 学分）<br>创作（路线 B）（20 学分） |
| 硕士 | 在平面品牌与识别硕士课程中，学生将探索品牌背后的战略思想，并研究这种战略如何推动创意表达。 | 一年三个月 | **秋季第一学期**<br>品牌与设计原则（40 学分）<br>学习领域报告（20 学分） |
| | | | **春季第二学期**<br>团队合作（20 学分）<br>主要项目计划书 I |
| | | | **夏季第三学期**<br>主要项目计划书 II<br>主要项目 I<br>（主要项目可选：A. 毕业论文 + 创作；B. 毕业论文） |
| | | | **秋季第四学期**<br>主要项目 II<br>主要项目计划书（I & II）（40 学分） |

表 2.7　伦敦艺术大学伦敦时尚学院时尚设计（女装）专业培养目标与课程设置

| 专业层级 | 培养目标 | 学制 | 课程设置 |
| --- | --- | --- | --- |
| 学士 | 为学生提供机会，发展一个创造性和实验性的设计过程，支持高水平的技术技能和知识。鼓励学生利用他们的视野和技能，挑战和推动整个行业的发展。 | 三年制 | **第一年**<br>介绍“时尚设计：女装”（20 学分）<br>设计与实现（40 学分）<br>时尚文化与历史（ 20 学分）<br>变革的未来（40 学分） |
| | | | **第二年**<br>时尚研究的关键问题（20 学分）<br>专业产品研发（20 学分）<br>工作经验（40 学分）<br>美学与身份（40 学分） |
| | | | **可选文凭**<br>CCI 创意编程<br>在二年级和三年级之间，学生可以参加为期一年的创意计算机文凭课程。在攻读学位的同时，还能提高学生在创意计算机方面的技能。 |
| | | | **第三年**<br>实践（20 学分）<br>设计实验室（40 学分）<br>最终重点项目（60 学分） |
| 硕士 | 时装设计（女装）硕士课程由经验丰富的教师指导，并配备了符合行业标准的设备。该课程培养学生的探索精神，并培养能够影响行业未来的专业人才。 | 一年<br>三个月 | **第一阶段**<br>创意及技术革新（20 学分）<br>该单元旨在建立和发展学生的创造性思维，提高学生的实践技能水平。<br>合作挑战（40 学分）<br>本单元的重点是由学生主导的跨学科合作。学生可以构思自己的项目，也可以参与行业和学院的项目。 |
| | | | **第二阶段**<br>规划、原型和测试（ 40 学分）<br>本单元旨在为硕士项目的规划和发展提供支持，以便在课程结束时完成一个连贯的原创作品。该单元以深入研究为基础，重点关注工作实践的发展及其评估。学生需要发展批判性实践、分析和审查的能力。发展和审查过程的最终结果是根据学生的研究提案及成果进行口头陈述。<br>研究建议（20 学分）<br>在本单元中，学生将探索从理论上审视自己的实践和学科的学习方法。通过本单元的学习，学生将发现自己的研究理念，确定自己看待世界和工作的方式。学生将建立并扩展自己的核心研究能力，制定一份强有力的、理论上合理的研究计划书，并在硕士项目中完成该计划书。 |
| | | | **第三阶段**<br>硕士计划（ 60 学分）<br>学生的项目将由学生自己指导。学生将在项目开始时与导师协商项目的形式和方向。并在最后的学习阶段，学生需要有效地交流自己的作品，并通过扎实的研究和理论分析批判性地审视自己的实践能力。 |

**不同类型学位专业方向的培养目标与课程设置**

英国皇家艺术学院是全研究型艺术院校，由四个学院构成，下设 30 个专业。每个学院只开设文科硕士课程和研究型硕士 / 博士课程，每个课程都提供包括导师辅导课修、专题研讨课以及针对个人或团体课程的支持服务在内的一整套辅助型学习计划。其中，视觉传达硕士方向在全球范围内处于领先地位，其课程充分考虑新兴技术和传统传播的结合，挖掘设计师和社会环境之间多样的变化关系，充分考虑产品制造和理念创新的区别，通过技术、创新思想的发展，结合有力的行动，定义和创建一个更好的世界。

以传媒学院的传播学硕士为例，该专业开设了传播学艺术硕士（Master of Fine Art）以及传播学哲学硕士 / 哲学博士(Master in Philosophy / PhD)两种学位类型(见表 2.8）。尽管其官方网站缺少传播学哲学硕士 / 博士的具体课程内容，但课程介绍中也出现了部分与传播学艺术硕士重叠的内容。例如跨学科（Interdisciplinarity）传播 / 跨文化（Intercultural）传播、数字叙事和世界构建。但更为明显的是，传播学哲学硕士 / 博士对毕业生在理论研究层面的要求更高，而传播学艺术硕士则更注重创新创造层面。在毕业创作上，二者也存在差异，传播学艺术硕士的毕业创作为学生提供了一个展示个人研究与实践创作的机会。这个项目可以是个人项目，也可以是与雇主合作或为雇主制作的合作项目，学院将为学生提供展览策划的机会，但学生也可以选择其他方式来展示或传播其作品。例如，在个人作品网站或独立于学院管理的外部论坛上向公众展示作品，通过作品的展出可以促进毕业生在该领域的职业发展。[①]对于传播学哲学硕士 / 博士则更加看重学生在理论层面对该领域的原创研究贡献。这在其培养目标中也有明确指出。除此之外，其在课程介绍中也强调了注重学生在实践和写作方面的技能。

英国皇家艺术学院的研究型哲学硕士 / 博士方向总计 7 个，分别是建筑学、艺术及人文科学、传播学、计算机科学、设计、智能移动和材料科学。其中有相应的文学 / 艺术硕士的有建筑学（文学硕士）、艺术及人文科学（艺术硕士）、传播学（艺术硕士）。

通过对传播学这一项目的分析，我们也可以看出这二者之间的区别：研究型硕士偏重于理论研究，是为培养能给该领域未来发展做出贡献的人才，而授课型硕士则以就业为导向，培养的是就业型人才，是为学生的求职做准备的。在这样的教育目标下，其培养目标与课程设置，尤其是与其最终项目考核是相匹配的。不同类型的学位专业方向对于更高层级的专业理论追求有一定的区别：哲学硕士在学习中更注重理论知识与写作能力，在申请博士学位时有更多的优势。因此，在学生申请学位时，不同类型的学位实际已经将学生的未来发展道路做出了一定的规划。当然，在课程安排上，即便是相同专业方向，也是存在一定的偏差的。

---

① Independent Research Project. (EB/OL)[2023-8-16]https://rca-media2.rca.ac.uk/documents/_MFA_Communication_Programme_Specification_FTPT_June2023.pdf.

表 2.8　英国皇家艺术学院设计学院传播学培养目标与课程设置

| 专业层级 | 培养目标 | 学制 | 课程设置 |
| --- | --- | --- | --- |
| 艺术硕士 | 通过叙事和对话创造新世界。在新的艺术硕士（MFA）课程中开发体验、互动和交流的新方式。 | 2 年（全日制）<br>4 年（非全日制） | **第一学期**<br>传播和学科融合（15 学分）<br>本单元围绕一系列平行讲座和研讨会展开，旨在引导学生了解该课程和传播学这一广泛学科，尤其侧重于跨学科和跨学科工作的方法和途径。<br>数字叙事（15 学分）<br>探讨最前沿的数字叙事技巧和技术，以及讲述和记录事物的新方法。<br>选修：各学院任一门课程（15 学分） |
| | | | **第二学期**<br>在联合国可持续发展目标背景下开展跨学科小组项目。<br>探索世界构建实践的前沿创新，横跨实体世界和虚拟世界（15 学分）<br>选修：各学院任一门课程（15 学分） |
| | | | **第三学期**<br>独立研究项目（ 60 学分） |
| 哲学硕士 / 博士 | 研究是传播学院最核心和重要的组成部分。我们的硕士和博士学位以研究理论和方法为坚实的基础，同时保持并鼓励高度的创造性和实验性。 | **硕士：**<br>2—3 年（全日制）<br>4—6 年（非全日制）<br><br>**博士：**<br>3—4 年（全日制）<br>6—7 年（非全日制） | 我们的学科范围很广，包括但不限于动画、实验传播、声乐表演、媒体生态学、跨文化传播、数字叙事和身临其境的世界构建。<br>我们寻求批判性的参与、原创性以及在实践和写作方面的成熟技能，并鼓励质疑和运用实验性的研究方法。我们社区的研究精神可以概括为培养一种具有道德警觉的传播实践方法。这种方法具有包容性、文化信息和历史意识。我们将理论与实践相结合，提供思考世界的新方法，因为在这个时代，另类范式和批判性对于调动未来的想象力和行动力至关重要。<br>授予博士学位需要提交原创性研究，并能对该领域的研究做出贡献。其形式可以是论文（60,000—80,000 字）或是项目（25,000—40,000 字的论文和创作）。 |

以下为英国皇家艺术学院与伦敦艺术大学各设计专业各个学位层级的培养目标。

表 2.9　英国皇家艺术学院设计专业各个学位培养目标

| 学院名称 | 专业设置 | 专业培养目标 |
| --- | --- | --- |
| 设计学院 | 未来设计（硕士） | 未来设计的目的是让学生能够跨越所有学科和更多的领域，建立塑造未来的知识和技能，以应对我们面临的挑战。设想，然后通过设计主导干预措施，走向一个理想的未来。① |
| | 产品设计（硕士） | 我们的课程理念侧重于探索产品设计实践的新领域，包括设计减法、多物种设计、循环性、行动问题、产品限定、设计实践、设计正义和非殖民化设计。我们预计这些领域将逐年发展和调整。② |
| | 时尚设计（硕士） | 本计划为学生创造一个可以参与这些过程的环境，这包括对性别、文化、种族、正义、自然、时间、空间、数据、科学、材料和魔法等主题的探索。在整个学习过程中，学生将有机会反思、讨论和强化自己的真实身份，并帮助他人做到这一点。③ |
| | 全球创新设计（硕士） | 本项目致力于培养创新人才，帮助他们将对文化和环境的深刻理解与设计、技术和领导技能相结合，为人类和地球创造持久的积极影响。④ |
| | 创新设计工程（硕士） | 该计划旨在培养新型创新人才，培养设计、工程、科学和企业融合方面的全球领导者，在应对社会和地球所面临的多变、不确定、复杂和模糊的挑战方面具有独特的优势。⑤ |
| | 服务设计（硕士） | 我们的目标是激励和培养具有广泛设计和创新背景的学生应用设计思维方法，应对商业、社会和公共环境中技术、社会和环境的未来挑战。⑥ |
| | 纺织品设计（硕士） | 纺织品硕士课程通过个人主动性、合作性、行业导向性和跨学科项目的结合，培养个人的创造力。⑦ |

① Design Futures. (EB/OL)[2023-8-16] https://www.rca.ac.uk/study/programme-finder/design-futures/.

② Design Products. (EB/OL)[2023-8-16]https://www.rca.ac.uk/study/programme-finder/design-products-ma/.

③ Fashion. (EB/OL)[2023-8-16]https://www.rca.ac.uk/study/programme-finder/fashion-ma/.

④ Global Innovation Design. (EB/OL)[2023-8-16]https://www.rca.ac.uk/study/programme-finder/global-innovation-design-ma-msc/.

⑤ Innovation Design Engineering. (EB/OL)[2023-8-17]https://www.rca.ac.uk/study/programme-finder/innovation-design-engineering-ma-msc/.

⑥ Service Design. (EB/OL)[2023-8-17]https://www.rca.ac.uk/study/programme-finder/service-design-ma/.

⑦ Textiles. (EB/OL)[2023-8-17]https://www.rca.ac.uk/study/programme-finder/textiles-ma/.

| 学院名称 | 专业设置 | 专业培养目标 |
| --- | --- | --- |
| 传媒学院 | 视觉传达（硕士） | 学生将加入我们的批判性思考者和创造者社区，引领社会、文化和政治实践。① |
| | 信息体验设计（硕士） | 信息体验设计（IED）是一个跨学科领域，它将体验设计和信息架构与当代艺术、传播和未来研究的理论框架融合在一起。我们欢迎来自任何领域的有抱负的学生。② |
| | 数媒方向（硕士） | 我们的宗旨是启发传播从业人员以批判的眼光看待当代传播，并发现在当今世界讲述故事的新颖而有意义的方式。③ |
| | 传播学（艺术硕士） | 通过叙事和对话创造新世界。在新的艺术硕士（MFA）课程中开发体验、互动和交流的新方式。④ |
| | 传播学（哲学硕士/博士） | 研究是传播学院最核心和重要的组成部分。我们的硕士和博士学位以研究理论和方法为坚实的基础，同时保持并鼓励高度的创造性和实验性。⑤ |
| 建筑学院 | 城市设计（硕士） | 城市设计硕士相信设计在构思和提出新颖的城市生活模式方面具有独特的能力。该计划相信设计具有独特的能力，能够构思和提出新颖的城市生活模式。⑥ |
| | 室内设计（硕士） | 该课程结合研究、实践和制作工作，探索从房间到城市等各种环境中人类居住的多样性。该课程鼓励室内是居住者与建筑环境之间的界面这一观点，并支持室内是社会变革的推动者这一理念。⑦ |
| | 设计史（硕士） | 我们认为设计史是跨学科和面向未来的。我们以研究为先导的教学和体验式教学方法激励和培养了该领域未来的领导者。⑧ |

① Visual Communication. (EB/OL)[2023-8-17]https://www.rca.ac.uk/study/programme-finder/visual-communication-ma/.

② Information Experience Design. (EB/OL)[2023-8-17]https://www.rca.ac.uk/study/programme-finder/information-experience-design-ma/.

③ Digital Direction. (EB/OL)[2023-8-17]https://www.rca.ac.uk/study/programme-finder/digital-direction-ma/.

④ Communication-MFA. (EB/OL)[2023-8-18]https://www.rca.ac.uk/study/programme-finder/communication-mfa/.

⑤ Communication-MPhil/PhD. (EB/OL)[2023-8-18]https://www.rca.ac.uk/study/programme-finder/communication-mphil-phd/.

⑥ City Design. (EB/OL)[2023-8-17]https://www.rca.ac.uk/study/programme-finder/city-design-ma/.

⑦ Interior Design. (EB/OL)[2023-8-17]https://www.rca.ac.uk/study/programme-finder/interior-design-ma/.

⑧ V&A/RCA History of Design. (EB/OL)[2023-8-17]https://www.rca.ac.uk/study/programme-finder/history-of-design-ma/.

表 2.10 伦敦艺术大学设计专业各个学位培养目标

| 学院名称 | 专业设置 | 专业培养目标 |
| --- | --- | --- |
| 中央圣马丁艺术与设计学院 | 时尚设计（学士） | 我们的目标是让学生掌握所选领域（男装、女装、印花、针织和传媒）的深度知识，以及更广泛的行业知识。在学习专业课程的同时，学生还将了解对其将从事的专业领域产生影响的社会、经济和文化因素。① |
| | 平面设计（学士） | 本课程旨在培养 21 世纪设计师所应具备的创意、概念、技术和批判性技能。② |
| | 产品与工业设计（学士） | 产品与工业设计文学学士学位旨在通过鼓励乐观的愿景、积极的行动来培养这些设计师的能力，从而引领产品设计领域的发展。我们的目标是培养学生成为下一代创意人士的影响者和领导者。我们希望运用我们的集体智慧来应对社会所面临的挑战。我们的学生将通过批判性思维、概念实践以及产品和服务的实施来引领这些变革。③ |
| | 纺织品设计（学士） | 在当前充满创新与合作的行业环境下，纺织业的未来从未如此令人兴奋。现在，毕业生需要比以往任何时候都更具创造力，他们必须能够抓住媒体和技术不断变化所带来的机遇。他们需要满足对可持续实践和负责任设计日益增长的需求。纺织品设计课程将教会学生如何在这个复杂的工作环境中茁壮成长。④ |
| | 时尚设计（硕士） | 时装设计硕士课程是关于引领而不是追随。在培养学生具备在时尚前沿进行专业实践所需的经验和信心方面享有声誉。⑤ |
| | 平面设计（硕士） | 本课程通过使用视觉媒体和交流工具的迭代和开放式实验帮助学生开发、研究现有知识，并在学科内外投射新的知识形式。⑥ |
| | 工业设计（硕士） | 工业设计硕士课程将教会学生战略性地对未来趋势做出反应，并学会运用开创新的设计方法，以在多学科团队中茁壮成长。⑦ |

① Course overview. (EB/OL)[2023-8-17]https://www.arts.ac.uk/subjects/fashion-design/undergraduate/ba-hons-fashion-design-communication-csm.

② BA (Hons) Graphic Communication Design. (EB/OL)[2023-8-17]https://www.arts.ac.uk/subjects/illustration/undergraduate/ba-hons-graphic-communication-design-csm.

③ Course overview. (EB/OL)[2023-8-17]https://www.arts.ac.uk/subjects/3d-design-and-product-design/undergraduate/ba-hons-product-and-industrial-design-csm.

④ Course overview. (EB/OL)[2023-8-17]https://www.arts.ac.uk/subjects/textiles-and-materials/undergraduate/ba-hons-textile-design-csm.

⑤ MA Fashion. (EB/OL)[2023-8-17]https://www.arts.ac.uk/subjects/fashion-design/postgraduate/ma-fashion-csm.

⑥ Course overview. (EB/OL)[2023-8-17]https://www.arts.ac.uk/subjects/communication-and-graphic-design/postgraduate/ma-graphic-communication-design-csm.

⑦ Course overview. (EB/OL)[2023-8-17]https://www.arts.ac.uk/subjects/3d-design-and-product-design/postgraduate/ma-industrial-design-csm.

| 学院名称 | 专业设置 | 专业培养目标 |
| --- | --- | --- |
| 伦敦时尚学院 | 时尚设计技术：女装（学士） | 为学生提供机会发展一个创造性和实验性的设计过程，支持高水平的技术、技能和知识。我们鼓励学生利用他们的视野和技能挑战和推动整个行业的发展。① |
| | 时尚设计与开发（学士） | 时装设计与开发文学学士课程提供创意、战略和实践技能，为学生成为时装产品设计师或开发人员做好准备。本课程在传授设计和制造技能的同时，还教授学生重要的研究方法。学生将了解时装设计中的可持续发展问题，并直接参与其中。② |
| | 时尚设计技术：男装（学士） | 我们为学生提供创新和大胆表达想法的技能，找到自己的价值观，并通过探索自己独特的人生经历来强化这些价值观。设计服装，解决并剖析与学生息息相关的问题，从性别到殖民主义，从信仰到政治，创造一个道德、包容、新鲜和充满创新的设计未来。③ |
| | 时尚设计管理（硕士） | 这门严谨的专业设计管理课程有助于培养下一代创意经理人，使其在时尚设计和创新管理领域拥有充满活力的职业生涯。④ |
| | 时尚设计技术：男装（硕士） | 时装设计技术（男装）硕士课程由经验丰富的教师指导，并配备了符合行业标准的设备。课程旨在培养学生的探索精神，并培养能够影响行业未来的专业人才。⑤ |
| | 时尚设计技术：女装（硕士） | 时装设计技术（女装）硕士课程由经验丰富的教师指导，并配备了符合行业标准的设备。课程旨在培养学生的探索精神，并培养能够影响行业未来的专业人才。⑥ |

① BA (Hons) Fashion Design Technology: Womenswear. (EB/OL)[2023-8-17] https://www.arts.ac.uk/subjects/fashion-design/undergraduate/ba-hons-fashion-design-technology-womenswear-lcf.

② BA (Hons) Fashion Design and Development. (EB/OL)[2023-8-17] https://www.arts.ac.uk/subjects/fashion-design/undergraduate/ba-hons-fashion-design-and-development-lcf.

③ BA menswear. (EB/OL)[2023-8-16]https://www.arts.ac.uk/subjects/fashion-design/undergraduate/ba-hons-fashion-design-technology-menswear-lcf.

④ MA Fashion Design Management. (EB/OL)[2023-8-16]https://www.arts.ac.uk/subjects/fashion-business/postgraduate/ma-fashion-design-management-lcf.

⑤ Course overview. (EB/OL)[2023-8-17]https://www.arts.ac.uk/subjects/fashion-design/postgraduate/ma-fashion-design-technology-menswear-lcf.

⑥ Course overview. (EB/OL)[2023-8-17]https://www.arts.ac.uk/subjects/fashion-design/postgraduate/ma-fashion-design-technology-womenswear-lcf.

| 学院名称 | 专业设置 | 专业培养目标 |
| --- | --- | --- |
| 伦敦传媒学院 | 设计管理（学士） | 在设计管理课程中，学生将深入了解设计管理如何在复杂多变的当代环境中不断扩展，并同时通过各种实际项目应用学生的技能和知识。① |
| | 游戏设计（学士） | 游戏设计课程将向学生传授行业所需的技能，如编码和编程，使学生能够利用软件工具，根据自己的想法创建新的可玩游戏。② |
| | 交互设计艺术（学士） | 学生将培养个人视角，以此回答复杂的设计问题，接受批判性设计等方法，探索设计以促进社会变革。③ |
| | 服务设计（学士） | 在服务设计文学学士课程中，学生将通过一门将技术与理论方法和原则相结合的学科，发展自己负责任、严谨和有趣的实践，从而改善人类和非人类的体验。④ |
| | 用户体验设计（学士） | 我们将通过具有挑战性的任务以及与高技能员工、众多客座讲师和行业合作伙伴的接触，鼓励学生发展成为一名独立的实践者。通过本课程的学习，学生将掌握严谨的知识基础和批判性的分析技能，从而能够为设计和更广泛领域的当代问题做出贡献。⑤ |
| | 平面品牌与识别（学士） | 平面品牌与识别课程旨在培养战略思考者和创意传播者。本课程为学生提供了在这一广阔行业中成为专业从业人员的工具。⑥ |
| | 平面品牌与识别（硕士） | 在平面品牌与识别硕士课程中，学生将探索品牌背后的战略思想，并研究这种战略如何推动创意表达。⑦ |
| | 设计管理（硕士） | 设计管理硕士课程是创意与专业文化的跨学科结合。在这门以项目为主导的动态课程中，学生将探索系统和团队合作，以实现积极的社会和技术变革。⑧ |
| | 社会创新与可持续发展设计（硕士） | 社会创新和可持续未来设计硕士课程将把学生与其他对生态社会正义和可持续发展有着共同兴趣的人联系起来，在将设计实践和想象力应用于关键问题的同时，培养学生批判性的视角。⑨ |

① Course overview. (EB/OL)[2023-8-17]https://www.arts.ac.uk/subjects/business-and-management-and-science/undergraduate/ba-hons-design-management-lcc.

② Course overview. (EB/OL)[2023-8-17]https://www.arts.ac.uk/subjects/animation-interactive-film-and-sound/undergraduate/ba-hons-games-design-lcc.

③ Course overview. (EB/OL)[2023-8-17]https://www.arts.ac.uk/subjects/animation-interactive-film-and-sound/undergraduate/ba-hons-interaction-design-arts-lcc.

④ Course overview. (EB/OL)[2023-8-17]https://www.arts.ac.uk/subjects/business-and-management-and-science/undergraduate/ba-hons-service-design-lcc.

⑤ Course overview. (EB/OL)[2023-8-17]https://www.arts.ac.uk/subjects/animation-interactive-film-and-sound/undergraduate/ba-hons-user-experience-design-lcc.

⑥ Course overview. (EB/OL)[2023-8-18]https://www.arts.ac.uk/subjects/communication-and-graphic-design/undergraduate/ba-hons-graphic-branding-and-identity-lcc.

⑦ Course overview. (EB/OL)[2023-8-18]https://www.arts.ac.uk/subjects/communication-and-graphic-design/postgraduate/ma-graphic-branding-and-identity-lcc.

⑧ Course overview. (EB/OL)[2023-8-17]https://www.arts.ac.uk/subjects/business-and-management-and-science/postgraduate/ma-design-management-lcc.

⑨ Course overview.(EB/OL)[2023-8-17]https://www.arts.ac.uk/subjects/communication-and-graphic-design/postgraduate/ma-design-for-social-innovation-and-sustainable-futures-lcc.

| 学院名称 | 专业设置 | 专业培养目标 |
| --- | --- | --- |
| 伦敦传媒学院 | 游戏设计（硕士） | 游戏设计硕士课程扎根于实验实践，使学生具备技术和批判性技能，能够制作出大量创新游戏原型。① |
| | 平面与传媒设计（硕士） | 平面与传媒设计硕士课程探讨如何将平面设计作为一种重要工具来研究当代社会的复杂性。② |
| | 交互设计（硕士） | 交互设计硕士是一门创造性课程，在这里，学生将学习如何通过新形式的装置、物品、表演和屏幕作品，让观众参与创新和面向未来的理念中来。③ |
| | 服务设计（硕士） | 本课程将引导学生理解和实践服务设计，从地方和用户层面向当前面临的挑战入手，进而发展到未来和系统层面。④ |
| | 用户体验设计（硕士） | 这门以专业为重点、以设计为主导的课程将使学生掌握在交互式数字环境中构思、设计原型和制作以人为本的体验的专业技能。⑤ |
| 切尔西艺术学院 | 平面设计传播（学士） | 切尔西艺术学院的平面设计传播文学学士课程让学生积极参与创作，以了解我们身边丰富的视觉文化。⑥ |
| | 室内设计（学士） | 切尔西艺术学院的室内设计文学学士课程旨在通过现代场景来定义用户体验以及与物体和空间的互动。⑦ |
| | 产品与家具设计（学士） | 切尔西艺术学院的产品与家具设计文学学士课程为学生提供探索我们与物品之间的社会、身体和情感联系的机会。⑧ |
| | 纺织品设计（学士） | 切尔西艺术学院的纺织品设计文学学士课程希望学生能在纺织品设计方面发挥实验性和创造性。⑨ |
| | 纺织品设计（硕士） | 切尔西艺术学院的纺织品设计硕士课程以可持续和负责任的设计方法为基础。⑩ |

① Course overview. (EB/OL)[2023-8-17]https://www.arts.ac.uk/subjects/animation-interactive-film-and-sound/postgraduate/ma-games-design-lcc.

② Course overview. (EB/OL)[2023-8-17]https://www.arts.ac.uk/subjects/communication-and-graphic-design/postgraduate/ma-graphic-media-design-lcc.

③ Course overview. (EB/OL)[2023-8-17]https://www.arts.ac.uk/subjects/animation-interactive-film-and-sound/postgraduate/ma-interaction-design-lcc.

④ Course overview. (EB/OL)[2023-8-17]https://www.arts.ac.uk/subjects/business-and-management-and-science/postgraduate/ma-service-design-lcc.

⑤ Course overview. (EB/OL)[2023-8-17]https://www.arts.ac.uk/subjects/animation-interactive-film-and-sound/postgraduate/ma-user-experience-design-lcc.

⑥ Course overview. (EB/OL)[2023-8-17]https://www.arts.ac.uk/subjects/communication-and-graphic-design/undergraduate/ba-hons-graphic-design-communication-chelsea.

⑦ Course overview. (EB/OL)[2023-8-17]https://www.arts.ac.uk/subjects/architecture-spatial-and-interior-design/undergraduate/ba-hons-interior-design-chelsea.

⑧ Course overview. (EB/OL)[2023-8-17]https://www.arts.ac.uk/subjects/3d-design-and-product-design/undergraduate/ba-hons-product-and-furniture-design-chelsea.

⑨ Course overview. (EB/OL)[2023-8-17]https://www.arts.ac.uk/subjects/textiles-and-materials/undergraduate/ba-hons-textile-design-chelsea.

⑩ Course overview. (EB/OL)[2023-8-17]https://www.arts.ac.uk/subjects/textiles-and-materials/postgraduate/ma-textile-design-chelsea.

| 学院名称 | 专业设置 | 专业培养目标 |
| --- | --- | --- |
| 坎伯韦尔艺术学院 | 平面设计（学士） | 坎伯韦尔艺术学院的平面设计文学学士课程将为学生提供一系列的技能和知识，让学生能够为社会参与和设计行业的未来进行有效的设计。① |
| | 室内与空间设计（学士） | 本课程将为学生提供机会，让学生开发自己的学习方法。在理论和研究的支持下，学生将调查和测试空间的可能性。② |
| | 全球协同设计实践（硕士） | 全球协同设计实践推动设计实践超越创意产业，走向战略及跨学科角色，积极应对社会挑战。③ |
| | 平面设计传播（硕士） | 坎伯韦尔艺术学院的平面设计传播硕士课程鼓励以广泛而多样的方式进行思考和实践。这将帮助学生通过材料、媒体、技术和公众参与系统，形成引人入胜、富有想象力的设计解决方案。④ |
| | 室内与空间设计（硕士） | 坎伯韦尔艺术学院的室内与空间设计硕士课程致力于通过学生的理论与实践研究兴趣和活动，对空间进行批判性研究。⑤ |
| 温布尔登艺术学院 | 舞台设计（学士） | 温布尔登艺术学院的戏剧设计学士学位侧重于布景和服装设计。该课程还向学生介绍表演设计的其他领域，如视频投影、灯光和音响设计。学生将获得当今专业设计师所需的实践和概念技能。我们将为学生从事现场活动、现代戏剧和表演设计工作做好准备。⑥ |
| | 戏剧与表演设计（硕士） | 温布尔登艺术学院的戏剧与表演设计硕士课程邀请学生参与戏剧、表演和娱乐领域的当代理念研究，并将帮助学生为不断发展的行业前景做好准备。⑦ |

① Course overview. (EB/OL)[2023-8-17]https://www.arts.ac.uk/subjects/communication-and-graphic-design/undergraduate/ba-hons-graphic-design-camberwell.

② Course overview. (EB/OL)[2023-8-17]https://www.arts.ac.uk/subjects/architecture-spatial-and-interior-design/undergraduate/ba-hons-interior-and-spatial-design-camberwell.

③ Course overview. (EB/OL)[2023-8-17]https://www.arts.ac.uk/subjects/communication-and-graphic-design/postgraduate/ma-global-collaborative-design-practice-camberwell.

④ Course overview. (EB/OL)[2023-8-17]https://www.arts.ac.uk/subjects/communication-and-graphic-design/postgraduate/ma-graphic-design-communication-camberwell.

⑤ Course overview. (EB/OL)[2023-8-17]https://www.arts.ac.uk/subjects/architecture-spatial-and-interior-design/postgraduate/ma-interior-and-spatial-design-camberwell.

⑥ Course overview. (EB/OL)[2023-8-17]https://www.arts.ac.uk/subjects/performance-and-design-for-theatre-and-screen/undergraduate/ba-hons-theatre-design-wimbledon.

⑦ Course overview. (EB/OL)[2023-8-17]https://www.arts.ac.uk/subjects/performance-and-design-for-theatre-and-screen/postgraduate/ma-theatre-and-performance-design-wimbledon.

# 2-2 课程教学安排及学分导向

## 一、基于地域文化特色的专业

在全球化语境下，不断加强本土特色专业和区域产业经济发展的研究可以更好地适应时代发展的要求，这也关系到设计类专业院校的人才培养能否契合国家和地方区域产业经济发展的需要。部分院校官方网站提供了专业课程课表中基于地域文化特色的专业课程（见表 2.11）。这些专业课程着重将课程议题聚焦在院校所在地，引导学生对自我身份的理解与表达、关注现实的设计问题，以应对当地社会、经济发展的需求。

表 2.11　部分院校专业课程中基于地域文化特色的专业课程

| 国家 | 院系 | 专业课程 | 课程议题 |
|---|---|---|---|
| 芬兰 | 拉普兰大学艺术与设计学院 | 北方艺术、社区和环境研究小组 | 基于北极的地域文化特殊性，满足北欧的服务需求，为北欧地区提供多元化的文化艺术与设计。 |
| 中国 | 香港理工大学设计学院 | 亚洲生活方式设计研究室 | 该实验室对中国城市的日常体验进行人体学研究。目前的研究重点是中产阶级消费、可持续生活方式、可持续微型生产、相关设计研究工具以及中国的设计思维 / 制作传统。 |
| | | 亚洲人体工学设计研究室 | 亚洲人体工学设计研究室通过一系列的研究项目，致力于亚洲人体工学和人体测量学的研究。 |

以芬兰拉普兰大学为例，在艺术与设计学院中组织了三个研究小组，其中之一就是“北方艺术、社区和环境研究小组”（Northern Art, Community and Environment Research, NACER）。该小组在学校、教育机构和大学以及在视觉艺术的广泛领域进行视觉艺术教育的研究，包括传统的土著和非土著艺术以及当代合作艺术形式。课程有艺术研究、服务设计、工业和社会设计、交互设计、视听媒体文化与媒体艺术、服装的功能和生态环境、艺术思维方式与艺术教育、关于视觉特性信息和图像的制作和解释的研究、研究北方艺术和文化与芬兰现代艺术收藏（与威胡里基金会 [The Wihuri Foundation] 合作）、以艺术为基础的研究、以社区

为基础的艺术教育和北方环境中的应用艺术。北方艺术、社区和环境研究小组强调文化和社会合作以及可持续的旅游经济，这也是拉普兰大学的研究特点。北方艺术、社区和环境研究小组通过在北极和北极范围内开展基于研究的活动，促进全球责任和生态环境的可持续性发展。它的参与性研究反映了生态危机和城市化时代不断变化的社会文化环境，并探讨了敏感的、对社会有效的未来方向，这些倡议利用视觉艺术、艺术教学法和以艺术为基础的方法来造福当地社区和解决全球问题。不过需要注意的是，这些地方特色课程并非只局限在这些研究内。如芬兰拉普兰大学艺术与设计学院的硕士研究方向——北极艺术与设计，由欧洲社会基金会（The European Social Fund）和经济发展、运输和环境中心资助，内容旨在利用服务设计和应用视觉艺术发挥设计在北欧地区社会、社区或商业环境中的潜力。①

类似的，中国香港理工大学设计学院也开设了亚洲生活方式设计研究室（Asian Lifestyle Design Lab）和亚洲人体工学设计研究室（Asian Ergonomics Design Lab）。亚洲生活方式设计实验室为设计师提供创新、可持续的重要知识，研究室还从事基础和历史研究，开发适当的实地考察和分析方法，并寻求与行业和学术伙伴的合作。该实验室开展以人为本和以用户为中心的重点研究，探索那些与服务于亚洲的设计驱动型企业相关的趋势，并调查导致生活方式改变的社会、文化、历史和环境驱动因素。实验室与多家工业和学术合作伙伴开展合作，还参与建立支持性网络，如 LSDER-China。②同时对其知识成果进行发表和出版，如《智慧的一切：中国以人为本时代的设计与设计研究》（*Smarter All: Design and Design Research at the People Centric Era for China*）、③《通过以家庭为中心和游戏化强化设计干预移动成瘾的多学科倡议》（*A Multidisciplinary Initiative of Intervening Mobile Addiction via Family-focused and Gamification-enhanced Design*）。④

亚洲人体工学设计研究室通过研究将亚洲人与高加索人相区分，试图将产品设计在科学层面更加适应亚洲人口和亚洲文化背景。最近的项目主要集中在办公椅和中国女性及中国香港办公室和工厂工人的人体测量学，以及对亚洲人头部周围软组织的研究。以上研究又被称为“尺寸中国”（Size China）。该项目首次创建了亚洲人头脸型数字数据库，为国际制造商和设计师提供帮助。⑤同样的，亚洲人体工程设计研究室也出版了一些研究论文，如《高跟鞋鞋跟底部尺寸、步行速度和坡度对压力轨迹中心和足底压力的影响》（*Effects of Heel Base Size, Walking Speed and Slope on Centre of Pressure Trajectory and Plantar Pressure for*

---

① Research Groups - Northern Art, Community and Environment Research. (EB/OL)[2023-8-16]https://www.ulapland.fi/EN/Units/Faculty-of-Art-and-Design/Research.

② Master's Degree Programme in Arctic Art and Design. (EB/OL)[2023-8-16]https://www.ulapland.fi/EN/Units/Faculty-of-Art-and-Design/Studies/Masters-Degree-Programme-in-Arctic-Art-and-Design.

③ Asian Lifestyle Design Lab 亚洲生活方式设计研究室 . (EB/OL)[2023-8-16]https://www.polyu.edu.hk/en/sd/research/design-labs/#AsianLifestyleDesignLab.

④ Leong, B.D., and Lee, Y.H., [2011] "Smarter All: Design and Design Research at the People Centric Era for China", Asian Design Journal, 6(1),12-43.

⑤ LEONG Benny, LEE Brian, CHOW Kenny. (2017). A Multidisciplinary Initiative of Intervening Mobile Addiction via Family-focused and Gamification-enhanced Design, Asia - Design Engineering Workshop (A-DEWS), Seoul National University, Dec 11-12, 2017 (best presentation award).

*High-heeled shoes*）、[①]《使用三维头部模板的设计和评估工具》（*A Design and Evaluation Tool using 3D Head templates*）。[②]

总体而言，这些课程在各学院设计专业研究的基础上，对本土文化、市场需求进行了更为细致、深入的研究，同时由于研究室议题大多集中在具体的问题上，因此与商业公司的联系更为紧密。从某种程度上说，通过研究室的学习，学生在院校和企业协作等跨学科工作中，能将知识应用在具体的实践项目中，这不仅为社区和环境提供具有本土文化和特色的设计服务，也为实现科研成果转化、创造经济效益提供了支持，同时也为学生提供了一定的就业机会。

# 二、设计专业研究的延伸领域

## 1. 基于新兴设计议题的研究

作为服务于经济发展的重要教育力量，我国各个院校的系科设置更重视专业的智能化、数字化、网络化的建设与投入，与海外高校合办优势特色专业，加强专业的国际交流。各专业建设大多紧随全球经济发展形势与前沿科技动态，具有浓厚的国际化氛围。以英国皇家艺术学院为例，该校基于设计行业实践和职业分工划分为设计学院和传媒学院。各专业围绕研究的对象、技术、环境乃至观念变化呈现出新的研究议题，比如设计学院的产品设计专业，其议题大多根据联合国可持续发展目标展开，如“设计减法”（Design Subtraction）和“非殖民化设计”（Decolonising Design）。从学科角度来看，针对新兴领域的实践研究所带来的不仅是设计格局的多元化，更重要的是针对设计学科研究逻辑的反思，从关注具体的某个对象或事物，转向以全球化的视角关注复杂且不确定的社会系统性问题。

## 2. 基于多领域的跨学科研究

随着时代语境的变迁、技术媒介的更新以及设计认知视角与逻辑的转变，跨学科的新兴专业将会成为未来瞩目的焦点。目前针对跨学科的新兴专业呈现出两种办学方式：一种是设计专业类院校与理工类院校或综合类院校的跨院校合作。比如英国皇家艺术学院设计学院的创新设计工程（IDE）项目是与伦敦帝国理工学院联合举办了 40 年的双硕士项目，结合了科学、技术与工程的严谨性和精确性，以及设计的灵感和创造性。该课程通过跨学科方法侧重于批判性观察、颠覆性设计思维、实验和新兴技术探索。信息体验设计涉及技术人员、生态学家和量子物

---

① SAsian Ergonomics Design Lab 亚洲人体工程设计 . (EB/OL)[2023-8-16]https://www.polyu.edu.hk/en/sd/research/.design-labs/#AsianErgonomicsDesignLab.

② Luximon, Y., Cong Y., Luximon, A., and Zhang M. (2015). “Effects of heel base size, walking speed and slope on centre of pressure trajectory and plantar pressure for high-heeled shoes”, in Human Movement Science, 41:307-319. DOI:10.1016/j.humov.2015.04.003.

理学家以及从事艺术工作的人员。创新设计工程（IED）实践范围广泛。在整个过程中，该计划的目标是不采取客观或纯粹主义的批判性，而是将艺术家和思想家置于持续的社会和环境进程中，可能涉及虚拟现实、植物学和区块链等多种技术技能。[①]再如伦敦艺术大学坎伯韦尔艺术学院的全球协同设计实践硕士专业项目由伦敦艺术大学和日本京都工业大学 (KIT) 共同主办和设计。 两所院校的合作为该专业带来艺术、科学、技术、工程和数学等多方面的互补。类似案例还有米兰理工学院博韦萨校区设计学院与里尔中央理工学院、南特中央理工学院等联合主办的设计及工程专业。另一种是基于本院校的多种设计类专业的互利合作，共同促成跨学科教学的可能。以交互设计专业为例，目前调研的 24 所院校中有 7 所院校设立了该专业，占比约 30%。如艺术中心设计学院交互设计专业凭借其学院的专业特色，利用平面设计、交通设计、娱乐设计、工业设计、媒体设计和多种技术的支持，与本校的其他项目和部门合作，激发学生的创造性和设计风格，提供学生“掌握未来技术的通用技能”。[②]需要注意的是，一些院校即便没有专门开设交互设计专业，但在相关课程安排中也会加入交互设计的教学内容。如芬兰拉普兰大学的工业设计专业，其课程的重点领域就是“产品设计、服务设计、交互设计”。[③]又如帕森斯设计学院的设计和技术硕士专业课程，该项目以批判性的眼光对待技术，了解计算机技术对我们生活的持续影响。[④]实践领域包括可穿戴技术、游戏设计、新媒体艺术、数字制造、物理计算、交互设计、数据可视化和批判性设计，其教学重点是软件编程，课程借鉴了历史、政治、经济学、心理学、人体工程学和其他学科，涉及交互设计、游戏设计、数字制造、网页和移动应用程序，以及新媒体艺术、数据可视化和批判性设计。

## 三、课程学分及推荐课程导向

目前调研的 24 所院校全部实施学分制。部分院校通过设置特色学分、跨学科课程考评机制，引导师生跳出本专业壁垒。如英国皇家艺术学院在其设计学院各专业的第二学期设置了所有学生必须参与的、以校为单位的讨论议题：通过引入一个设计问题，使用跨学科的方法来解决该问题。这其中涉及跨国或跨行业合作

① Information Experience Design-At the forefront of contemporary art and design, Create experiences that shape the future.(EB/OL)[2023-8-12]https://www.rca.ac.uk/study/programme-finder/information-experience-design-ma/.

② Interaction Design Course of Study-Focus on the user experience to create digital design that deeply impacts how we live today—and tomorrow.(EB/OL)[2023-8-12]https://www.artcenter.edu/academics/undergraduate-degrees/interaction-design/course-of-study/overview.html.

③ Faculty of Art and Design-Industrial Design(EB/OL)[2023-8-12]https://www.ulapland.fi/EN/Units/Faculty-of-Art-and-Design/Studies/Industrial-Design.

④ Design and Technology MFA. (EB/OL) [2023-8-12]https://www.newschool.edu/parsons/mfa-design-technology/.

伙伴的加入。学习内容旨在连接和颠覆学科知识，提供对人、哲学和设计思维方法的思考。该课程为必修课，且学分为 30 分（毕业要求达到 180 个学分）。①

部分院校在其专业网站界面上会列出推荐课程供学生选择。例如芝加哥艺术学院的时装设计本科课程列表中，校方对初学者列出的推荐课程有时装插图、针织品设计、手工针织设计、鞋类设计、服装造型与理论、鞋类设计等；对中级和高级学生则推荐他们参与更多的理论课程，如艺术史、服装史研究和参与“21 世纪的时装造型”研讨，鼓励学生思考如何把服装作为处理身体、材料和身份问题的工具，在课程中考察身体—空间和材料—虚拟之间的关系。该校在课程安排中希望学生有机会进入他们感兴趣的领域，如对插图、饰品、针织品设计等基础知识的学习。②

伦敦艺术大学伦敦传媒学院品牌空间设计专业的课程设置鼓励学生在不断变化的社会及文化价值观之间思考全球不同地域的议题，从空间设计和新技术的交叉领域展开设计实践，用创意技术、多感官、交互的原则进行设计，同时要求学生基于可持续和以人为中心的设计原则，开发智能方式，以应对未来的需求和挑战。该课程提倡学习设计和文化理论知识，主要针对有兴趣从事空间体验设计、品牌体验设计、展览设计及公共艺术创作的学生。③该专业课程列表如下：

**表 2.12　伦敦艺术大学伦敦传媒学院品牌空间设计专业推荐课程及学分安排④**

| 第一年 | 第二年 | 第三年 |
|---|---|---|
| 品牌空间设计导论（20 学分） | 空间体验与叙述（40 学分） | 品牌空间设计专题（60 学分） |
| 品牌空间设计（40 学分） | 专业实践（20 学分） | 创业实践（20 学分） |
| 语境与理论研究 1（20 学分） | 协作项目（20 学分） | 语境与理论研究 3（40 学分）或者语境与理论研究 3 + 实践（40 学分） |
| 品牌空间中的互动（40 学分） | 语境与理论研究 2（20 学分） | |
| | 品牌空间未来（20 学分） | |

① School of Design(EB/OL)[2023-8-12]https://www.rca.ac.uk/study/schools/school-design/.

② Fashion Design Department[EB/OL][2023-8-12]https://www.saic.edu/fashion-design.

③ Undergraduate BA (Hons) Design for Branded Spaces(EB/OL)[2023-8-12] https://www.arts.ac.uk/subjects/architecture-spatial-and-interior-design/undergraduate/ba-hons-design-for-branded-spaces-lcc.

④ Course units.(EB/OL) [2023-9-6] https://www.arts.ac.uk/subjects/architecture-spatial-and-interior-design/undergraduate/ba-hons-design-for-branded-spaces-lcc.

从上表可以看出：首先，专业理论课程伴随学生的培养过程，从学分占比上也体现出该专业对理论知识的重视，这也与该专业培养目标中所提倡的对学生进行文化理论知识培养相吻合；其次，该专业也比较重视学生的实践能力，在第二年和第三年的培养中都对学生提出了实践要求；最后，仅从课程列表看，在交叉领域的设计实践占比并不多，仅在第二年增加了协作项目（20 学分）。[①]从学分制安排以及推荐课程倾向上可以看出，学生在课程选择上占据主动权。同时，院校希望学生在本专业内多方面发展的同时，也要了解跨学科的基础知识，以应对就业市场可能需要的工作。

艺术中心设计学院的交通设计专业提供了三个建议领域：车辆外观、车辆内饰（包括用户界面和用户体验）和替代交通（包括摩托车、船舶、飞机、个人移动和公共交通）。该专业的培养目标是“无论你对哪个方向感兴趣，我们都可以帮助你在该领域的高回报职业做好准备”。[②]

加州大学戴维斯分校的展览设计专业推荐的选修课有设计、艺术史、艺术工作室和戏剧舞蹈四大板块。课程分别是设计类（美学和体验设计、家具设计和细节、照明技术与设计、设计师的计算机辅助绘图、Graphitecture 新媒体时代的建筑、环境平面设计等）、艺术史（博物馆文化史、博物馆培训——策展原则、展览方法）、艺术工作室（高级雕塑——材料）、戏剧和舞蹈（戏剧设计原则——环境）。[③]

再比如芝加哥艺术学院时装设计系（Department of Fashion Design）的时装设计专业硕士课程就鼓励学生探索其他学科的选修科目，如表演（Performance）、电影 / 视频 / 新媒体和动画（Film, Video, New Media and Animation）、写作（Writing）、雕塑（Sculpture）、纤维及材料研究（Fiber and Material Studies）。[④]

从上述列出的对院校的分析来看，推荐课程的专业方向实际上也与学生未来的就业方向相关联。也就是说，尽管学分制给予学生在学习上的主动权，但是院校为了课程的培养目标能紧贴社会需要，也会引导学生全方位发展，积极参与跨学科的学习。

---

① Undergraduate BA (Hons) Design for Branded Spaces.(EB/OL)[2023-8-12] https://www.arts.ac.uk/__data/assets/pdf_file/0028/371845/BA-Hons-Design-for-Branded-Spaces-Programme-Specification-2022-23.pdf.

② Bachelor of Science in Transportation Design.(EB/OL)[2023-8-12]https://www.artcenter.edu/academics/undergraduate-degrees/transportation-design/overview.html.

③ EXHIBITION DESIGN.(EB/OL)[2023-8-12]https://arts.ucdavis.edu/exhibition-design.

④ The Department of Fashion Design-Master of Design in Fashion, Body and Garment.(EB/OL) [2023-8-12]https://www.saic.edu/fashion-design.

# 2-3 师资情况

基于对 QS 世界大学排名（QS World University Rankings）、泰晤士高等教育世界大学排名（Times Higher Education World University Rankings）、RUR 世界大学排名（Round University Ranking）、《美国新闻与世界报道》最佳全球大学排名（*U.S. News & World Report* Best Global Universities Rankings）以及世界大学网络排名（Webometrics）等公开的设计类院校专业排名交叉对比后，选取 24 所国际一流艺术设计类院校，对其院校官方网站中提供的教职信息进行调查研究，并对其中 8 所院校的 11 个专业方向中出现具有跨学科知识背景的教师及其学科背景、供职院校、职位做了调查。这 8 所院校及院系分别是皇家艺术学院传媒学院、皇家艺术学院设计学院、伦敦艺术大学坎伯韦尔艺术学院、伦敦艺术大学中央圣马丁学院艺术与设计学院、芝加哥艺术学院、加州大学戴维斯分校、帕森斯设计学院和中国香港理工大学建筑与环境学院。11 个专业方向分别是平面设计、产品设计、时尚设计、纺织设计、创新设计工程、信息体验设计、室内空间设计、设计制造、展览设计、交互设计和社会设计。

通过此调研我们可以明确看出，在国际设计类院校中，采用具有跨学科知识背景的教师授课的情况较为普遍。他们的学科背景较为多元，且学科涵盖范围广，从理工科到人文社科皆有涉及。在这些具有跨学科知识背景的教师所供职的设计专业中，又以平面设计及室内设计专业的师资最为突出。这一方面显示出该设计专业在不同领域中对学科知识互补的需求，例如室内设计专业吸纳了具有考古学及考古修复专业背景的教师；另一方面也显示出伴随相关学科及技术、知识的影响，专业教育的教学在与时俱进，例如平面设计专业吸纳了不少具有计算机科学相关专业（如编程、网络开发、数字媒体设计等）背景的教师。通过跨学科师资对设计专业的影响，打破了学科间的壁垒，促进了设计学科的发展。

表 2.13　专业课程及其跨学科领域师资专业背景

| 专业课程 | 师资的专业背景 |
| --- | --- |
| 平面设计 | 历史学、教育学、纺织品设计、建筑学、科学史、设计史、地理学、语言学、美学哲学、编程、网络开发、数字媒体设计 |
| 产品设计 | 家居设计、社会工程设计、建筑学、工业设计、生态学 |
| 时尚设计 | 视觉传达设计、艺术史、建筑学、室内装潢 |
| 纺织设计 | 色彩学、材料学、首饰设计 |
| 创新设计工程 | 工程与技术、人类学、心理学、工程学、设计学 |
| 信息体验设计 | 建筑学、材料学 |
| 室内空间设计 | 图形学、教育学、建筑学、环境设计、建筑史和理论、考古学、考古修复 |
| 设计制造 | 工程学 |
| 展览设计 | 艺术史、语言学、建筑与城市规划、设计史 |
| 交互设计 | 数字媒体、艺术与教育学 |
| 社会设计 | 建筑学、环境学（土木工程、建筑施工与土地测量） |

表 2.14　跨学科领域师资名单及其供职院校

| 专业课程 | 跨学科教师供职院校 | 跨学科教师及其职位 | 师资专业背景 |
| --- | --- | --- | --- |
| 平面设计 | 皇家艺术学院传媒学院 | 蒂尔 · 特里格斯（Teal Triggs，①教授） | 得克萨斯大学奥斯汀分校，美国史研究学士、平面设计学士<br>密德萨斯大学，艺术与设计史硕士<br>英国雷丁大学传播学博士<br>研究方向：英国朋克和暴力女孩杂志的图形语言。研究集中在教育史、设计批评与设计研究方法等上 |
| | | 凯瑟琳 · 多莫（Catherine Dormor，②研究员、讲师） | 实践艺术家，研究员和讲师<br>专业背景为纺织设计、材料学<br>研究方向集中在将物质性、意象和布料的语言结合起来，作为思考、制作的一种方式 |
| | | 艾米莉 · 坎德拉（Emily Candela，③高级讲师、策展人） | 设计史和科学史博士学位（皇家艺术学院设计史系和科学博物馆联合项目，简称 AHRC 合作博士项目）<br>艾米莉在《家庭文化》和《当代化学生物学观点》等期刊上发表文章。她在各种会议和活动中，包括大学艺术协会会议(2017 年）、设计历史学会会议(2016 年）以及 2015 年的跨学科“好奇心膨胀”活动中，汇集皇家艺术学院和麻省理工学院媒体实验室的研究人员，展示了科学与设计和声音之间的关系作为一种设计历史方法的研究 |
| | | 劳拉 · 费拉勒罗（Laura Ferrarello，④研究员） | 从事建筑和设计工作<br>研究方向：人类对技术的体验所产生的数字和物理空间、系统与界面之间的社会动态 |
| | 伦敦艺术大学坎伯韦尔艺术学院 | 艾米莉 · 伍德（Emily Wood，⑤研究员） | 利兹大学地理学学士，研究方向：河流污染<br>中央圣马丁平面设计学士，研究方向：环境问题 |
| | | 希纳 · 克莱文特（Sheena Calvert，⑥高级研究员） | 语言与美学哲学博士 |
| | | 杰克 · 克拉克（Jack Clarke，⑦讲师） | 多学科设计从业者，在印刷设计、出版、编程、网络开发、教育、写作和研究方面拥有丰富的经验 |
| | 芝加哥艺术学院 | 梅里斯 · 崴丝（Melissa Weiss，⑧讲师） | 波莫纳学院，英语文学学士<br>罗德岛设计学院，平面设计美术硕士<br>研究兴趣包括：女权主义理论、生态学、批判乐观主义 |
| | 加州大学戴维斯分校 | 蒂姆 · 麦克尼尔（Tim McNeil，⑨教授） | 伦敦密德萨斯大学，平面设计学士<br>伦敦艺术大学，展览设计硕士 |

---

① Professor-Teal Triggs. (EB/OL)[2023-8-14]https://www.rca.ac.uk/more/staff/professor-teal-triggs/.

② Catherine Dormor. (EB/OL)[2023-8-14]https://researchonline.rca.ac.uk/profile/1960.

③ Professor- Emily Candela. (EB/OL)[2023-8-14]https://www.rca.ac.uk/more/staff/dr-emily-candela/.

④ Laura Ferrarello. (EB/OL)[2023-8-14]https://researchonline.rca.ac.uk/profile/1427.

⑤ Camberwell People-Emily Wood. (EB/OL)[2023-8-14]https://www.arts.ac.uk/colleges/camberwell-college-of-arts/people/emily-wood.

⑥ DR Sheena Calvert. (EB/OL)[2023-8-14]https://researchers.arts.ac.uk/147-sheena-calvert.

⑦ Camberwell People-Jack Clarke. (EB/OL)[2023-8-14] https://www.arts.ac.uk/colleges/camberwell-college-of-arts/people/jack-clarke.

⑧ Melissa Weiss. (EB/OL)[2023-8-14]https://www.saic.edu/profiles/faculty/melissa-weiss.

⑨ TIM MCNEIL Professor of Design. (EB/OL)[2023-8-14] https://arts.ucdavis.edu/faculty-profile/tim-mcneil.

| 专业课程 | 跨学科教师供职院校 | 跨学科教师及其职位 | 师资专业背景 |
|---|---|---|---|
| 产品设计 | 皇家艺术学院<br>设计学院 | 阿什利·哈尔<br>（Ashley Hal，[①]教授） | 诺丁汉特伦特大学，家具设计学士<br>英国皇家艺术学院，家居设计硕士<br>悉尼理工大学，博士<br>研究方向：不同社会空间、群体之间的文化转移<br>他同时也是中国中央美术学院（CAFA）的客座教授，主持社会工程设计课程 |
| | | 克劳德·德斯顿<br>（Claude Dutson，[②]讲师） | 英国东伦敦大学建筑学学士<br>英国皇家艺术学院建筑学硕士<br>英国皇家艺术学院建筑博士学位<br>克劳德还拥有媒体研究（Media Studies）背景，曾在20世纪90年代互联网繁荣（以及随后的泡沫破裂）达到顶峰时期的新媒体咨询公司工作 |
| | 加州大学戴维斯分校 | 贝斯·费格森（Beth Ferguson，[③]助理教授） | 汉普郡学院，工业设计与生态学学士<br>得克萨斯大学奥斯汀分校，设计硕士 |
| 时尚设计 | 皇家艺术学院<br>设计学院 | 詹妮弗·理查德<br>（Jennifer Richards，[④]讲师） | 时尚设计与视觉传达学者<br>研究方向：探索时尚与视觉文化的交叉点<br>她作为一名研究人员和作家在时尚行业工作了多年，为广泛的出版物和当代杂志撰稿 |
| | 芝加哥艺术学院 | 桑德拉·阿达（Sandra Adams，[⑤]助理教授） | 伊利诺伊大学芝加哥分校，建筑艺术史学士<br>芝加哥历史博物馆时尚设计策展人助理（1979—1983） |
| | | 杰克·凯夫<br>（Jackey Cave，[⑥]讲师） | 学科专业背景包括：时尚、设计、室内装潢、品牌和市场营销<br>研究方向：探索和利用摄影、图形、表面设计、印刷和面料创造有意义的和相关的时尚集合 |
| 纺织设计 | 皇家艺术学院<br>设计学院 | 安妮·图米<br>（Anne Toomey，[⑦]教授） | 学科专业背景包括：色彩学、材料学与首饰设计<br>20世纪80年代末，曾为针织品设计师马里昂·福厄尔（Marion Foale）设计和生产奢侈饰品。1990年，创办了自己的奢侈饰品品牌 |
| | 伦敦艺术大学<br>中央圣马丁学院<br>艺术与设计学院 | 安妮·马尔<br>（Anne Marr，[⑧]讲师） | 研究背景：基于纺织品的社会文化背景，特别是材料与社会之间的联系，以制定可持续的纺织品解决方案 |

① Professor- Ashley Hall. (EB/OL)[2023-8-14] https://www.rca.ac.uk/more/staff/ashley-hall/.
② Dr Claude Dutson.(EB/OL)[2023-8-14] https://www.rca.ac.uk/more/staff/dr-claude-dutson/.
③ Beth Ferguson.(EB/OL)[2023-8-14] https://arts.ucdavis.edu/ferguson.
④ Jennifer Richards.(EB/OL)[2023-8-14] https://www.rca.ac.uk/more/staff/jennifer-richards/.
⑤ Sandra Adams.(EB/OL)[2023-8-14] https://www.saic.edu/profiles/faculty/sandra-adams.
⑥ Jackey Cave.(EB/OL)[2023-8-14] https://www.saic.edu/profiles/faculty/jackey-cave.
⑦ Anne Toomey.(EB/OL)[2023-8-14] https://www.rca.ac.uk/more/staff/anne-toomey/.
⑧ Anne Marr.(EB/OL)[2023-8-14] https://www.arts.ac.uk/colleges/central-saint-martins/people/anne-marr.

| 专业课程 | 跨学科教师供职院校 | 跨学科教师及其职位 | 师资专业背景 |
|---|---|---|---|
| 创新设计 | 皇家艺术学院<br>设计学院 | 加雷斯 · 劳顿<br>（Gareth Loudon，[①]<br>教授） | 英国特许工程师，工程与技术学院高等教育学院院士<br>研究方向：将创造力结合人类学、心理学、工程学和设计学的理念，领导学术界和工业界的国际跨学科研究项目 |
| 信息体验设计 | 皇家艺术学院<br>传媒学院 | 卡罗琳 · 拉米雷斯－菲格罗阿<br>（Carolina Ramirez-Figueroa，[②]高级教师） | 学科专业背景：建筑学、材料学<br>注册建筑师，曾在伦敦大学学院（UCL）建筑学院担任研究助理。其在英国艺术与人文研究委会（AHRC）资助的OTBAD项目中的工作是：在当代抗微生物药物耐药性（AMR）的背景下，着眼于研究材料如何改变和改善健康和人类微生物组成 |
| 室内空间设计 | 伦敦艺术大学坎伯韦尔艺术学院 | 戴伦 · 法瑞尔<br>（Darren Farrell，[③]讲师） | 在英国皇家艺术学院、拉文斯伯恩学院、中央圣马丁学院和伦敦时装学院接受过建筑学、室内设计、图形学和教育学方面的学习 |
| | | 奇兰 · 马龙（Kieran Mahon，[④]讲师） | 伦敦大学玛丽女王学院历史学学士<br>伦敦大学学院建筑史硕士<br>伦敦大学学院博士<br>研究方向：19 世纪和 20 世纪伦敦建筑史、哲学无政府主义和进步主义教育 |
| | 帕森斯设计学院 | 纳蒂亚 · 埃洛斯基<br>（Nadia Elrokhsy，[⑤]<br>助理教授） | 英国剑桥大学建筑与环境设计硕士<br>拥有纽约建筑师资格证 |
| | | 艾莉森 · 麦克戴维<br>（Allyson McDavid，[⑥]<br>助理教授） | 纽约大学建筑史和考古学博士<br>研究方向：在经济和文化意识形态影响下对古迹和城市建筑的修复、考古赞助的可持续性研究<br>在加州大学伯克利分校获得建筑学学士、硕士学位<br>在进入帕森斯设计学院之前，在纽约大学艺术史系教授艺术、建筑和城市规划方面的本科课程 |

① Gareth Loudon.(EB/OL)[2023-8-14] https://www.rca.ac.uk/more/staff/gareth-loudon/.

② Carolina Ramirez-Figueroa.(EB/OL)[2023-8-14] https://www.rca.ac.uk/more/staff/dr-carolina-ramirez-figueroa/.

③ Darren Farrell. (EB/OL)[2023-8-14] https://www.arts.ac.uk/colleges/camberwell-college-of-arts/people/darren-farrell.

④ Kieran Mahon. (EB/OL)[2023-8-14] https://www.ucl.ac.uk/bartlett/architecture/people/mphil-phd/kieran-mahon.

⑤ Nadia Elrokhsy. (EB/OL)[2023-8-14] https://www.newschool.edu/parsons/faculty/Nadia-Elrokhsy/.

⑥ Allyson McDavid. (EB/OL)[2023-8-14] https://www.newschool.edu/parsons/faculty/Allyson-McDavid/.

| 专业课程 | 跨学科教师供职院校 | 跨学科教师及其职位 | 师资专业背景 |
| --- | --- | --- | --- |
| 设计制造 | 伦敦艺术大学坎伯韦尔艺术学院 | 奥斯卡 · 瓦尔斯（Oscar Wanless，[①]研究员） | 范德比尔特大学法语语言文学学士<br>得克萨斯大学奥斯汀分校艺术史硕士<br>波士顿大学艺术史博士 |
| 展览设计 | 加州大学戴维斯分校 | 詹姆斯 · 豪斯菲尔德（James Housefield,[②]助理教授） | 威斯敏斯特大学博士<br>研究方向：空间、建筑与城市规划在设计研究领域的交叉点，以及设计在后国家身份构建中的作用 |
| | 帕森斯设计学院 | 吉莉 · 特拉噶诺（Jilly Traganoud，[③]教授） | 多学科设计从业者，在印刷设计、出版、编程、网络开发、教育、写作和研究方面拥有丰富的经验 |
| | | 莎拉 · 里希特曼（Sarah Lichtman，[④]艺术与设计历史与理论学院院长） | 瓦萨学院文学学士<br>巴德研究所硕士<br>巴德研究所博士<br>专业方向：设计史与材料文化 |
| 交互设计 | 加州大学戴维斯分校 | 格兰达 · 德鲁（Glenda Drew，[⑤]教授） | 旧金山州立大学跨学科艺术与教育硕士<br>专业方向：数字媒体 |
| 社会设计 | 中国香港理工大学建筑与环境学院 | 陈志宏[⑥]（教授） | 杜伦大学（催化剂设计和聚合技术）博士<br>中国香港大学博士后<br>研究方向：发光材料<br>自 2003 年以来，一直致力于中国和日本的村庄发展和改善项目，项目由中国香港理工大学设计学院和建筑与环境学院（土木工程、建筑施工和土地测量）共同完成 |

① Oscar Wanless. (EB/OL)[2023-8-14] https://www.arts.ac.uk/colleges/camberwell-college-of-arts/people/darren-farrell.

② James Housefield.(EB/OL)[2023-8-14] https://arts.ucdavis.edu/faculty-profile/james-housefield.

③ Jilly Traganou. (EB/OL)[2023-8-14] https://www.newschool.edu/parsons/profile/jilly-traganou/.

④ Faculty-Sarah Lichtman. (EB/OL)[2023-8-14]https://www.newschool.edu/parsons/faculty/Sarah-Lichtman/.

⑤ Glenda Drew. (EB/OL)[2023-8-14] https://arts.ucdavis.edu/faculty-profile/glenda-drew.

⑥ Prof. CHAN Chi Wang. (EB/OL)[2023-8-14] https://www.cityu.edu.hk/chem/people/academic-staff/mcwchan.

# 2-4 软硬件支持及职业发展情况

软硬件资源一方面承担着各个院校或整个社会公共性设施的功能，为社会美育提供支持，另一方面在给学生提供学习实践的工作空间的同时，也承担着帮助学生完成跨学科课题学习的作用。通过软硬件支持可以看出各个院校的教学环境及水平对学生的专业学习和未来职业发展可提供的帮助情况。

## 一、软硬件支持

目前调研的院校中能够给师生提供的硬件设施大致分为以下几类：

一是博物馆、美术馆等作品展陈空间。例如罗德岛设计学院，其在培养目标中就明确写道，可以“运用学院博物馆和美术馆资源向社会传递设计艺术的力量”。[①] 院校的博物馆、美术馆一方面是提供学生展示作品的空间，另一方面也为社会美育起到了一定的支持作用。

二是实验室、工作室、车间等实际制作的硬件设备。如英国拉夫堡大学的综合工业设计专业为学生提供了以下设施：CAD 室、电脑实验室、汽车模拟器、气候室、电子实验室、工程机械车间、MAC 电脑实验室、力学实验室、金属加工车间、多材料机车间等。

三是大型演讲厅、讲座会场等空间。

① The RISD Museum : Who We Are.(EB/OL)[2023-8-13]https://risdmuseum.org/who-we-are.

软件设施分为以下几类：

一是专业资料库的会员权利或会员折扣价。如纽约视觉艺术学院广告专业为学生提供创意俱乐部（The One Club for Creativity）的免费会员资格。其中包括艺术指导俱乐部和字体指导俱乐部。此会员资格提供广泛的福利，包括仅限会员参加的活动、折扣和专业交流机会等。

二是本院系提供的人脉资源和企业资源等。如罗德岛设计学院的家具设计专业，除了在校园内的木工店和其他专用工作室空间工作外，家具设计专业的学生还经常受邀在纽约国际当代家具展和意大利米兰国际家具展上展示作品。家具设计专业的学生也有机会为家具制造商以外的工作室合作伙伴创作原创设计作品，合作过的项目包括施华洛世奇水晶和施坦威钢琴等。

三是特殊资源，如学术顾问、心理服务及针对残障人士的服务支持等。如代尔夫特理工大学在支持有残疾或其他问题的学生方面拥有丰富的经验，可以为阅读障碍、身体残疾、多动症（ADHD）和自闭症谱系患者提供量身定制的支持和帮助。而且该大学有为学生匹配心理学专家及辅导员，随时为所有代尔夫特理工大学的学生提供广泛的帮助。

四是数字资源，如专业系统、软件课程的支持。如英国皇家艺术学院为学生提供的数字资源（见表 2.15），为学生提供基础设施、特定学科的工具和支持，帮助他们掌握特定的方法和技能。

表 2.15　英国皇家艺术学院数字资源列表[1]

| 资源支持类别 | 名称 | 内容 |
| --- | --- | --- |
| 专业系统、软件课程 | 基于镜头的媒体和音频资源（Lens-based Media and Audio Resources） | 包括各种基于镜头的模拟和数字摄影，动画和移动图像设备和工作室，提供拍摄、照明、声音工作室空间加后期制作。 |
|  | 计算和科技区（Computing & Technology Zones, CAT） | 学院里有多个计算和科技区，这些地方包括开放使用的高性能电脑，包括 Mac 和 PC，以及专门的软件培训室。展示了各种各样的软件和数字化过程，提供包括小组和与技术指导员在内的一对一会议。 |
|  | 3D 制作 | 包括木制品、金属、塑料制作空间。肯辛顿和巴特西的喷漆室可用于喷漆。未来材料车间提供了广泛的模具制造和铸造设施。数码辅助制造设施以激光切割、数控加工及光纤激光切割的形式支援机械加工。该设备包括 3 轴和 4 轴台式数控机床和大型数控机床。学生能够在肯辛顿和巴特西的设施中体验各种材料的工作，包括塑料、木材、金属和合成材料。 |

① Facilities. (EB/OL)[2023-8-14]https://www.rca.ac.uk/study/the-rca-experience/facilities/.

| 资源支持类别 | 名称 | 内容 |
| --- | --- | --- |
| 专业系统、软件课程 | 时尚 | 设施包括学院计算机系统内的一个织物数字资料库和专业软件，以及各种各样的专业缝纫机，用于服装和鞋类、假人和精加工印刷机。 |
| | 数字印刷实验室 | 提供高质量大幅面印刷，包括海报、乙烯基标牌（Vinyl Signage），和档案喷墨打（Archival Inkjet Prints），在巴特西、肯辛顿和白城均设有实验室。 |
| | 纺织车间 | 包括一个大型丝网印刷台面空间、一个专用染料实验室、混合媒体和缝纫设施，以及广泛的针织设施。其中包括计算机化手摇织机，一个带 APSO 软件的工业提花动力织机和多臂动力织机。高科技印刷和编织也可接入国家最先进的数字编织设施。 |
| 讲座、图书馆等数字资源 | 皇家艺术学院图书馆 | 收藏超过 70,000 本关于艺术和设计的书籍，在线资源包括电子书、电子期刊、数据库和图像、视频收藏。特别收藏的档案包括学生作品的照片记录和英国最大的色彩主题收藏——色彩参考图书馆。还包括皇家艺术学院档案馆，其中有与学院历史有关的材料，以及其他特殊的收藏和档案资料。<br>图书馆的工作人员可以帮助学生找到资源，提供搜索技巧、参考咨询等。我们举办研讨会和会议，以支持学生与各院系合作，确保图书馆资源可以满足他们的需求。 |

从软硬件资源配置上来看，并非所有的软硬件设施都具有全社会或全学院的公共性，部分院校的硬件设施仅供其具体专业的学生使用，其他学生则需要预约。如伦敦艺术大学中央圣马丁艺术与设计学院的印染工作室和针织工作室，虽然其在专业介绍中写到工作室欢迎任何专业的学生访问，但也明确提到该工作室主要供以下专业的学生使用：时尚（针织服装设计）、纺织品设计、时尚针织和未来材料。

还有部分院校的工作室、车间和实验室提供相应的选修课供学生选择，是院校提供学生学习资源的一部分。如纽约视觉艺术学院的打印车间，不仅对所有专业的本科生和研究生开放，也提供 Silkscreen、平版印刷、蚀刻、木刻、凸版印刷等美术学选修课程使用。这些课程大多是从传统的手绘开始，继而探索数字图像的应用，同时该车间也提供继续教育课程。

又如伦敦艺术大学伦敦传媒学院的创意科技实验室，通过学生报名工作坊进行一对一或一对多的学习支持，供学生对新兴科技项目，包括编程、电子学及实验性影音音响设备的学习和使用。其在学院网站上显示该工作室是项目导向的。也就是说，学生通过与一个专业技术人员或团队一起学习，用以学习和理解部分跨学科领域，如创造性编码、物理计算、投影映射、游戏和虚拟现实等。技术团队将支持学生分享他们最初的想法，确定他们需要学习什么技能，建议他们如何开始，以及在故障排除项目和调试代码方面给学生提供支持。

高校的软硬件设施是评价一所高校办学水平和综合实力的重要指标，也是院校组织高水平基础研究和应用基础研究、聚集和培养优秀人才、开展高层次学术交流的重要基地。通过调研可以看出院校的软硬件设施在教学之外，也起到了拓展教学内容的作用，并且在一些项目中也做到了校企结合、提高学生实际操作技能的作用。随着新兴技术的发展，越来越多的科学技术被应用于设计专业的教学之中，先进的科技设备不仅能够有效地提高学校的综合实力，在人才培养以及人才教育上也有着积极的意义。

## 二、社会实践

在调研的 24 所院校中，并非所有院校都强制要求学生必须参与社会实践，但少数院校不仅要求学生进行实习，而且还明确了具体时长，将实习视作学分考核和毕业要求的一部分（详见表 2.16）。如法国巴黎国立高等装饰艺术学院的学位课程就包括强制性的专业实习，其目的是培养学生的专业技能。这要求学生必须在企业或专业领域内具有至少 3 个月的强制实习时间（可以参加 3 个独立的实习，条件是总时间至少为 3 个月）。该要求旨在培养学生关于专业技能的实习，可以在法国或其他国家的任何活动或与学生所学专业对应的组织进行。强制实习的最佳时间是第二年、第三年或第四年的暑假。[①]又如米兰理工大学视觉传达设计专业要求学生在公司、专业工作室、学习中心、机构等进行实习，并与米兰理工大学签订合作协议。该协议符合现行法律的要求，规定在商定的实习期结束后（最短 300 个小时，最长 1 年）需向学生颁发证书。学生进行实习必须与导师沟通，并在实习结束后向导师提供报告书。[②]

芬兰阿尔托大学的北欧视觉研究和艺术教育专业，不仅将社会实践作为学制内必须完成的任务，而且明确规定学生可选的社会实践类别。其在官方网站中写道，所有学生在开始第二年的学习时，可以从以下三个学习类别中选择社会实践活动：

（1）实习：学生在第二个秋季学期的大部分时间都在实习，并将实习作为他们论文工作的基础。该课程适合有兴趣在艺术、教育、数字通信或创业等方面发展的学生。

---

① Professional internship.(EB/OL)[2023-8-13]https://www.ensad.fr/en/studies/courses/professional-internship.

② SCHOOL OF DESIGN-Curricular internships.(EB/OL)[2023-8-13]https://www.design.polimi.it/en/teaching/studying-design/compulsory-internships.

表 2.16　部分院校社会实践要求情况

| 院校名称 | 社会实践性质 | 内容 |
| --- | --- | --- |
| 法国巴黎国立高等装饰艺术学院 | 强制 | 在企业或专业领域内有为期至少 3 个月时长的实践（或 3 个短期实习，总时长至少为 3 个月）<br>可选在法国或其他国家进行，最佳实践时间在四年学制中的第二年、第三年和第四年的暑假进行① |
| 米兰理工大学 | 强制 | 可选在公司、专业工作室、学习中心、机构等进行至少 300 个小时、最多 1 年的实习，并需获得相关证明，同时与导师沟通，并提交报告书② |
| 阿尔托大学 | 可选 | 可选学习类别：<br>1. 实习：长期实习，将实习作为论文工作的基础<br>2. 视觉项目：短期实习，与选修课相结合。例如，组织研讨会或社交媒体实践，以进一步检验学生论文中关于教育、艺术、交流或创业的理念<br>3. 理论项目：与相关导师的项目合作，完善自己的论文框架③ |
| 罗德岛设计学院 | 可选（建筑专业强制） | 在学制的第三年或第四年的休假期间或学期内，可选在企业或相关领域进行社会实践工作，暑期实习至少需要 6 周，冬季实习至少 5 周，或至少 100 个小时。建筑专业所有本科生和硕士都需要进行至少 8 周的暑期专业实习，每周 35 个小时，总共 280 个小时④ |
| 拉夫堡大学 | 可选 | 在企业完成为期 1 年的实习（或 3 个短期实习）⑤ |

（2）视觉项目：学生利用第二个秋季学期将短期实习与选修课相结合。这意味着，例如组织研讨会或社交媒体实践，以测试学生在论文中进一步检验关于教育、艺术、交流或创业的理念。该课程适合对艺术、教育、信息研究和创业领域的新兴理论和实践感兴趣的学生。

（3）理论项目：学生利用第二个秋季学期通过与相关教师的项目合作来进一步完善论文的理论框架。该课程适合有兴趣继续攻读博士学位的学生。同时，该专业也列出毕业生所能从事的工作方向和价值：毕业生将对北欧国家的教育、数字交流以及文化实践和理论有很强的跨文化理解、经验和知识。这项跨文化研究为学生在不同的艺术、教育和视觉传播领域、机构、组织、社区、艺术和文化项目以及公司提供国内和国际的工作机会。学生可以在不同教育水平的学校或艺术视觉和媒体的文化、社会部门和企业领域从事教学、制作、设计、指导和顾问工作（不过需要注意的是，仅拥有该学位并不具备教师资格，因为它并非教师资质培训计划）。

部分院校专业与企业长期合作或进行一定的课题项目，可以让学生直接进入相应的企业进行社会实践，甚至给学生提供未来就业的机会。如伦敦艺术大学坎

① Professional internship.(EB/OL)[2023-8-19]https://www.ensad.fr/en/studies/courses/professional-internship.

② SCHOOL OF DESIGN-Curricular internships.(EB/OL)[2023-8-19]https://www.design.polimi.it/en/teaching/studying-design/compulsoryinternships.

③ Specialisations.(EB/OL)[2023-8-19]https://www.aalto.fi/en/study-options/nordic-master-in-visual-studies-and-art-education-nova-master-of-arts-art-and-design.

④ RISD 2023-24 Internship Deadlines and Timetable.(EB/OL)[2023-8-19]https://careercenter.risd.edu/student-internship-info.

⑤ Intern opportunities.(EB/OL)[2023-8-19]https://www.lboro.ac.uk/join-us/intern-opportunities/.

伯韦尔艺术学院室内空间设计专业与创意产业的合作就为学生提供了重要的商业经验。在其官方网站上列出的课程合作和项目如表 2.17 所示。

**表 2.17 坎伯韦尔艺术学院室内空间设计专业的课程合作项目**

| 项目名称 | 项目介绍 | 备注 |
| --- | --- | --- |
| 南伦敦画廊 | 设计 Covid 安全教育游乐设施 | 此前，该课程还曾与布鲁内尔博物馆、绿洲公司、皇家节日音乐厅、皇家园艺学会、英国现代美术馆、威廉 · 莫里斯画廊、维多利亚和阿尔伯特博物馆合作过 |
| 育婴堂博物馆 | 为孤儿院的孩子设计娃娃屋 | |
| 伦敦可持续纪念品 | 与 UAL 的不只是商店（Not Just a Shop）开展多学科合作 | |
| 各行各业 | 重新构想我们的街道，与“生活街道”合作，探索包容性街道设计 | |
| 箱子中的救生艇 | 便携式救生艇站设计 | |
| 米尔班克地图集 | 与研究人员、学生和居民合作的项目 | |
| 移动社区花园 | 与社区团体合作的展览，考虑当地的绿色空间在将社区聚集在一起的作用 | |

根据上述表格中列出的项目名称和介绍可以看出，该专业的合作伙伴不仅有画廊、博物馆、美术馆，也有居民及社区、街道，甚至还有跨院校的合作，这些都为学生提供了切实关乎社会议题的实践机会。同时我们也发现，部分院校将社会实践作为教学过程中的一环，根据学生参与的社会实践，对学生的毕业创作、未来就业方向也起到了一定的积极作用。不过需要注意的是，部分院校并不强制学生参与社会实践，而是给出了理论学习的可选项。同时这种选择与社会实践所获得的学分相等，这就使得学生在学习中掌握了更多的主动权。

除上述院校明确指出对社会实践的要求之外，大多数院校并没有在其专业介绍中指出在实习和就业上能够为学生提供具体企业、专业领域内就业岗位的帮助，而是为学生列出了毕业后将会获得的专业技能，以及该专业未来的就业前景和已毕业学生所从事的工作。如纽约视觉艺术学院广告专业在其专业介绍网站上写道，“会在求职的季节帮助学生提高个人曝光机会，从而获得主要职位”，并列出过去的毕业生就业岗位。从这个角度来看，院校自身拥有的资源能在很大程度上影响并帮助学生规划未来的职业道路，这也直接影响院校对学生参与社会实践和实习等项目的具体要求。

社会实践是学生从象牙塔到社会进行实践的一个过程，目的是为以后的工作做好准备。对院校而言，要求学生参与社会实习的同时仍然存在收取学费以保留学生学籍的情况，而学生实习是暂时离开院校进入企业工作，这对院校来说可以节省教学费用；对学生而言，不同实习时长和实习的功能类型可能会造成学生学业负担的加重。不过，社会实践对于拓展设计专业学生的专业知识技能，并提前了解实际的设计问题和需要以弥补自身的不足是有一定的益处的。

# 2-5 结论

本章节主要考察了国际一流设计类院校中设计专业相关院系的 **课程设置** 及 **培养目标**、**软硬件设施**、**社会实践** 等方面的情况。通过调研我们发现有以下几个特点：

一是综合类院校和设计类专业院校在教学、方法和策略上存在一定的区别。如在课程安排上，综合类院校在跨学科教学上更具优势，设计类专业院校则大多为院系内各领域多专业互通合作教学。另外，部分院校开设的地方特色课程凸显了教学中的专业特性和社会需要。

二是不同院系和专业培养目标均为从宏观层面考察相应课程设置安排的合理性、专业性及有效性。根据调查发现，公立院校在设定其培养目标时，着重毕业生未来在专业领域、学科发展以及应对当代乃至未来的社会变革和挑战的能力，私立院校的教育目的在于充分发展学生作为个体的个性，这也与其相应的学位层级相适配。

三是软硬件设施方面，综合类院校在设计专业的软硬件设施服务上有待提升，设计类专业院校在专业领域中为学生提供的软硬件设施支持更为全面和多元，并大都能为学生提供展示设计创作成果的空间或机会。

四是社会实践与院校合作资源相关。院校自身拥有的合作资源能在很大程度上影响并帮助学生规划未来的职业道路。这也直接影响到院校对学生参与社会实践和实习等项目的具体要求。在面对社会需要上，设计类专业院校则鼓励学生注重专业实践素质的培养，重视毕业生工作的适应能力和发展需求，研究型大学则关注学生的理论教学以及关于跨学科素质的培养。

本次调查可以为中国设计类专业院校的培养目标、方式及课程设置提供借鉴，以助推中国设计学科教育的发展，并为中国设计类院校进行国际院校间的教学合作与师生培养提供参考。

# 3 国际设计类院校排名系统

## Global Analytical Report on Design Universities

- 世界大学排名系统的基本情况
  Overview of Global University Ranking Systems
- 世界大学排名系统评判方式的主要维度
  Assessment Methods of Global University Ranking Systems
- 世界大学排名系统的依据维度及数据规模
  Data Sources and Scales of Global University Ranking Systems
- 结论
  Summary

世界大学排名系统通常是根据各项科研和教学等标准，对相关大学在数据、报告、成就、声望等方面进行数据化评鉴，再通过加权后形成的针对高等教育机构的排名。目前，世界很多教育机构都有针对各国的大学、商学院或 MBA 的排名，由此产生了一系列的社会和商业影响。

构建排名系统的通常是具有一定权威的杂志、报纸、网站、政府机构或学院。这些排名系统的对象是单个国家 / 地区或部分国家 / 地区或者是全球的院校，也可以对特定专业、院系和学校进行总体排名。这些排名系统标准不一，大多数排名系统按专业水准、学生选择、奖励数量、国际化程度、毕业生就业情况、行业关联、历史声誉等多种维度进行衡量，也有一些排名系统会衡量录取学生和院校教师的多元化程度、男女性别比等特殊维度。

而评级方法多样性的不断扩大以及每种排名不同的评判方式都说明各个排名系统在针对高等教育机构的排名维度上缺乏共识。因为各个排名系统评判标准不一，也导致人们对各个排名的解释、准确性和有用性存在争论。

此外，由于评判内容大多来自院校自己提供的数据，或研究人员在调查中相互支持或过多自引的数据和依据，形成了极具功利性的、导致各排名系统相博弈的现象。联合国教科文组织也对排名系统是否“弊大于利”发出质疑，同时承认“无论对错，它们都被视为衡量质量的标准，因此在世界各地的高等教育机构之间造成了激烈的竞争”。[①]

尽管各排名系统存在或多或少的问题，但是通过世界大学（专业）排名，不仅是各大高等教育机构的“导航器”，也是大学管理的一种评估工具，还可以为学生及其家长选择合适的高等院校和培训方式提供帮助，也为高校间、高校和企业间的合作提供支持，甚至能侧面帮助国家对高等教育体系进行评估。

本调研试图从当下常见的 18 种排名系统中评价并总结出其主要评判维度，梳理出高等教育机构评价机制的主要内容与偏重，以期客观地呈现适合设计类院校的排名尺度以及当下各个排名系统的不足，为中国构建自己的设计学科评价体系提供参考 。

---

① "Rankings and Accountability in Higher Education: Uses and Misuses". United Nations Educational, Scientific and Cultural Organization. [EB/OL] [2022-11-1] www.unesco.org.

# 3-1 世界大学排名系统的基本情况

目前主要的世界大学排名系统有 18 种，分别是：QS 世界大学排名 (QS World University Rankings)、泰晤士高等教育世界大学排名 (Times Higher Education World University Rankings）、软科世界大学学术排名 (Academic Ranking of World Universities)、顶尖大学综合排名 (Aggregate Ranking of Top Universities)、世界大学排名中心 (Center for World University Rankings)、莱顿排名 (Leiden Ranking)、世界大学科研论文质量评比（也称南大排名，Performance Ranking of Scientific Papers for World Universities)、路透社世界百强创新大学 (Reuters World's Top 100 Innovative Universities)、RUR 世界大学排名 (Round University Ranking)、SCImago 机构排名 (SCImago Institutions Rankings)、U- 多级排名 (U-Multirank)、学术表现大学排名 (University Ranking by Academic Performance)、《美国新闻与世界报道》最佳全球大学排名 (*U.S. News & World Report* Best Global Universities Rankings）、世界大学网络排名 (Webometrics)、环球教育（Eduniversal）、人力资源与劳工评价（Human Resources & Labor Review）、《自然》指数（*Nature* Index）和世界大学专业排名（Professional Ranking of World Universities）。以上排名系统由十余个国家和地区的院校、期刊、政府机构创办并提供数据支持。

以上排名系统根据创立的时间排序详见下表（表 3.1）：

表 3.1　世界大学主要排名系统及基本信息

| 排名系统 | 发行国家或地区 | 发行语言 | 创刊时间 | 发行频率 | 发行方 |
|---|---|---|---|---|---|
| 环球教育 | 法国 | 法语 / 英语 | 1994 年 | 一年一次 | 法国高等教育咨询公司和评级机构 |
| 软科世界大学学术排名 | 中国 | 中文、俄语和英语等十数种语言 | 2003 年 | 一年一次 | 上海交通大学（2003—2008）<br>上海排名机构（2009 年至今） |
| QS 世界大学排名 | 英国 | 英语 | 2004 年 | 一年一次 | 夸夸雷利 · 西蒙兹公司 |
| 世界大学网络排名 | 西班牙 | 西班牙语 / 英语 | 2004 年 | 一年两次（2006 年前一年一次） | 西班牙国家研究委员会 |
| 莱顿排名 | 荷兰 | 英语 | 2006 年 | 一年一次 | 荷兰莱顿大学 |
| 人力资源与劳工评价 | 中国香港、英国伦敦和美国纽约 | 英语 | 2007 年 | 一年一次 | 亚洲第一媒体 |
| 世界大学专业排名 | 法国 | 法语 / 英语 | 2007 年 | 一年一次 | 巴黎高科矿业学院 |
| 世界大学科研论文质量评比 | 中国台湾 | 英语 | 2007 年 | 一年一次 | 中国台湾高等教育评估与认可委员会（HEEACT）（2007—2011）<br>中国台湾大学（2012 年至今） |
| SCImago 机构排名 | 西班牙 | 英语 | 2009 年 | 一年一次 | SCImago 实验室 |
| 学术表现大学排名 | 土耳其 | 英语 | 2010 年 | 一年一次 | 中东科技大学信息学院 |
| 泰晤士高等教育世界大学排名 | 英国 | 英语 | 2010 年 | 一年一次 | 《泰晤士高等教育》 |
| U- 多级排名 | 欧盟① | 英语 | 2011 年 | 一年一次 | 欧盟高等教育和文化机构 |
| RUR 世界大学排名 | 俄罗斯 | 英语 | 2013 年 | 一年一次 | 俄罗斯 RUR 世界大学排名机构 |
| 《美国新闻与世界报道》最佳全球大学排名 | 美国 | 英语 | 2014 年 | 一年一次 | 《美国新闻与世界报道》 |
| 路透社世界百强创新大学 | 英国 | 英语 | 2016 年 | 一年一次 | 汤森路透知识产权与科学业务部 |
| 《自然》指数 | 美国 | 英语 | 2016 年 | 一年一次 | 《自然研究》 |
| 顶尖大学综合排名 | 澳大利亚 | 英语 | 2019 年 | 一年一次 | 悉尼新南威尔士大学 |
| 世界大学排名中心 | 阿联酋 | 英语 | 2019 年 | 一年一次 | 阿拉伯联合酋长国世界大学排名中心（CWUR） |

① 欧盟：专指排名机构发行方“欧盟高等教育和文化机构”

以上 18 种是目前正在使用中的世界大学排名系统，已经失效的 4 种排名系统（G-因子 [G-factor]、全球大学排名 [Global University Ranking]、高影响力大学研究绩效指数 [High Impact Universities: Research Performance Index]、《新闻周刊》[*Newsweek*]）未列入表格。

从发行方来看，由机构发行的占比约 55.6%（10/18），由院校发行的占比约 27.8%（5/18），由期刊发行的占比约 16.7%（3/18）。除世界大学网络排名自 2006 年后改为一年两次外，其他所有排名系统的发行频率均为一年一次。

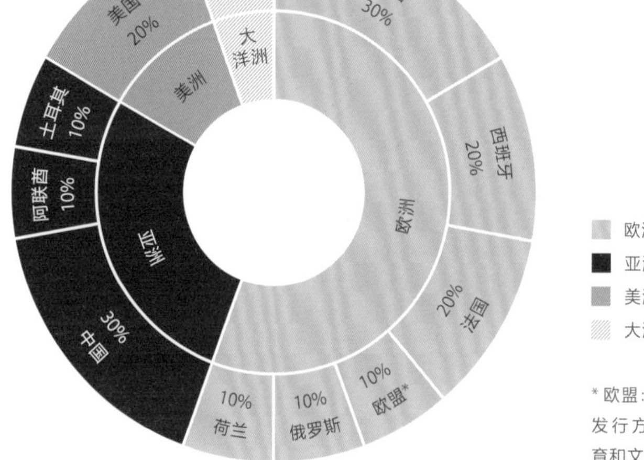


图 3.1.1 世界大学排名系统发行国家和地区占比

# 3-2 世界大学排名系统评判方式的主要维度

在上一小节提到的 18 种排名系统中，除了软科世界大学学术排名将评判维度区分了国际院校和中国国内院校、且明显结合了中国教育部政策体系设置的中国国内院校的评判方式外，大多数排名系统的评判体系并未区分国别和专业类目。也就是说，参与评判的高等教育机构和各专业类别的评判方式在一种排名体系中是相同的。例如，虽然泰晤士高等教育世界大学排名区分了学科与国别，但是除了参照数据来自历年泰晤士高等教育世界大学排名和中国大学排名之外，在其他评判方式上并没有区别。依据目前调研的 18 种排名系统，加上软科针对中国国内高等教育机构的排名系统，合计共 19 种排名系统的评判方式大致可分为五大维度，即：教育教学环境、师生素质、研究创新、就业实习以及国际多元化。这五大维度涉及的具体内容见下表。

表 3.2　世界大学排名系统评判方式的主要维度及其评判内容

| 主要维度 | 评判内容 |
| --- | --- |
| 教育教学环境 | 学术互评 |
| | 整体学习体验（基于满意度调查） |
| | 该领域（专业）学生总数，不包括辅修科目学生 |
| | 师生比 |
| | 学生学业成绩 |
| | 专业教学成果 |
| | 专业软硬件设施满意度（基于满意度调查） |
| | 数字化教学质量评估（基于满意度调查） |

| 主要维度 | 评判内容 |
| --- | --- |
| 师生素质 | 博士后职位数量 |
| | 在 27 个学科类别中被高引用的研究人员数量 |
| | 专业领先人才数量 |
| | 教职人员中诺贝尔奖获得者和菲尔兹奖获得者的数量 |
| | 师生获奖数量 |
| | 授予博士学位数量 |
| | 研本比 |
| 研究创新 | 论文研究产量 |
| | Web of Science 核心合集数据库出版研究出版物数量 |
| | Web of Science 核心合集数据库出版跨学科出版物数量 |
| | 创意与表演艺术方面的学术产出数量 |
| | 论文影响因子 |
| | 论文引用率 |
| | 高被引论文占比 |
| | 被科学引文索引扩展（SCI）和社会科学引文索引（SSCI）收录的论文数量 |
| | 学科研究合作 |
| | 专利申请量 |
| | 专利授权成功比 |
| | 专利引用影响因子 |
| | 行业合作论文量 |
| | 研究经费（来自政府） |
| | 外部研究经费（来自资助机构等） |
| | 行业研究收入 |
| | 是否拥有自己的机构专业刊物 |
| | 战略研究合作伙伴数量 |
| | 开放获取资源份额 |

| 主要维度 | 评判内容 |
| --- | --- |
| 就业实习 | 就业率 |
| | 雇主评价（基于满意度调查） |
| | 实践经验与实习评价（基于满意度调查） |
| 国际多元化 | 国际生占该领域（专业）学生比，不包括辅修科目学生 |
| | 国际生占全校学生比 |
| | 国际教职人员占全校教职人员比 |
| | 女性学术人员占比 |

表中列出基于 18 种排名系统的评价内容中，部分内容在不同维度中有重叠。如被列入“教育教学环境”中的“师生比”在各排名系统中，常在“教学环境”与“师生素质”两个维度中出现。但是在 RUR 世界大学排名中，“师生比”“教师数量”与授予学位的学生数量等则被列入“教育教学环境”评判维度一环进行考察（占比均为 8%）。而在 U- 多级排名中，则将“师生比”列入“通常评判内容”，独立于“教育教学环境”，后者则重在考察各高等教育机构软硬件设施的服务水平。总体而言，在目前调研的 18 种排名系统中，涉及“师生比”情况考察的排名仅占 22.2%，而且“师生比”在所有考察内容中的分值比例均不同。如果说“师生比”可以作为侧面反映教学环境和教学质量的指标，那么该评判维度不能被忽视，其重要性不言而喻，然而如何在排名系统中更好地去体现，则是需要考虑的问题。

除此之外，在评判内容中也存在只有少数排名系统在使用的内容，如“软硬件设施”。在调研的 24 所国际一流设计类院校中，强调其软硬件设施的院校占比 54.2%，其设施包括院校美术馆、博物馆，以及各艺术设计类实验室、车间和工作室，将院校博物馆提供给师生展示作品的分别是加州大学戴维斯分校设计博物馆和罗德岛设计学院博物馆。从这一数据来看，将软硬件设施作为评估设计类专业院校的教学环境是比较重要的一环，但采用了“软硬件设施满意度”评判内容的只有 U- 多级排名。其内容包括对院校图书馆的服务、学生可用实验室质量评估、演讲厅和研讨室、技能实验室和培训中心的可访问性、技术设施和指导服务进行的评估。但是 U- 多级排名是支持用户自定义的排名，为了满足用户需要，单设这一项评判内容并不代表业界对院校软硬件设施方面的重视，然而对于设计类专业院校来说，软硬件设施方面的保障也是提高学生学习环境的重要一环。

在上述 18 种排名系统中，提供设计类专业排名的只有 6 种，它们分别是：QS 世界大学排名、泰晤士高等教育世界大学排名、软科世界大学学术排名、RUR 世界大学排名、《美国新闻与世界报道》最佳全球大学排名以及世界大学网络排名。但是，这 6 种排名系统均缺乏针对设计类专业的评判标准，而是采用与其他所有专业类别的评判维度和内容相同的标准，这便无法体现出设计类专业的独特性。例如，当前调研的“研究创新”维度，其评判标准几乎完全围绕论文产出量及其影响因子，而忽视了创作实践对专业领域发展的创新作用，但这在设计类专业中是不可忽视的一环。总而言之，根据当前五大维度使用的评判标准和内容可以明显地发现其评判方式对设计类专业的不足，而这些都是参考与采信设计类院校排名时需要注意的。

# 3-3 世界大学排名系统的依据维度及数据规模

由于上一节讲到的 18 种排名系统的五大维度及其评判内容是通过打通各排名系统的内容总结而来的，无法清晰地展现各个排名系统的具体区别，因此，在本小节中，我们则针对各排名系统的评判内容进行了分类和梳理（见表 3.3）。根据上一小节中排名系统涉及的五大评判维度我们可以看出，所有排名系统的评判标准最看重的都是教育机构的研究创新能力，其次为教育教学环境，而师生素质、就业实习、国际多元化则在大多数评判标准中占比很小，出现这种结果的原因可能与排名系统的调查数据规模有关。

表 3.3　世界大学各排名系统的具体评判维度列表

| 排名系统 | 教育教学环境 | 研究创新 | 师生素质 | 就业实习 | 国际多元化 |
|---|---|---|---|---|---|
| QS 世界大学排名 | ● | ● | | ● | ● |
| 泰晤士高等教育世界大学排名 | ● | ● | ● | | ● |
| 软科世界大学学术排名 | | ● | ● | | |
| 软科中国大学专业排名 | ● | ● | ● | ● | |
| 顶尖大学综合排名 | ● | ● | ● | ● | ● |
| 世界大学排名中心 | ● | ● | ● | ● | |
| 莱顿排名 | | ● | | | |
| 世界大学科研论文质量评比 | | ● | | | |

| 排名系统 | 教育教学环境 | 研究创新 | 师生素质 | 就业实习 | 国际多元化 |
|---|---|---|---|---|---|
| 路透社世界百强创新大学 | | ● | | | |
| RUR 世界大学排名 | ● | ● | ● | | ● |
| SCImago 机构排名 | | ● | | | |
| U- 多级排名 * | ● | ● | | ● | ● |
| 学术表现大学排名 | ● | ● | | | |
| 《美国新闻与世界报道》最佳全球大学排名 | | ● | | | |
| 世界大学网络排名 | | ● | | | |
| 环球教育 ** | | ● | | | ● |
| 人力资源与劳工评价 | | ● | | ● | |
| 《自然》指数 | | ● | | | |
| 世界大学专业排名 | | | | ● | |

* 该排名除了发行一年一次的世界大学排名结果外，也支持用户自定义院校排名方式。
** 该排名仅针对商学院。

从排名系统的数据规模可以判断不同排名系统的侧重和参考价值。以世界大学网络排名为例，其目的是激励高等教育机构和学者拥有准确反映其活动的网站。也因此，该排名系统的四项指标围绕的都是互联网曝光度，即当一个机构的网络表现低于其学术成就的预期位置时，该大学应重新考虑其网络互联水平、开放获取信息渠道和网络透明度政策，以促进其电子出版物的数量和质量大幅提高。它的数据源来自中国软科。再比如：世界大学专业排名，该排名系统通过美国商业杂志《财富》（*Fortune*）发布的世界 500 强排行榜上担任首席执行官的人毕业的院校及专业来评判该大学的毕业生质量；环球教育，该排名系统的对象仅针对全球大学商学院，而且其排名评判标准是根据 11 名来自全球各大洲的排名委员会成员对全球 1000 所商学院投票决定的；莱顿排名，该排名系统只关注高等教育机构的学术研究成果，其评判标准为各院校每年被 Web of Science 索引的出版物的数量和影响力，根据各种文献计量标准化和影响力指标发布排名结果，包括出版物数量、每份出版物的被引用次数和每份出版物的领域内平均影响力。以上举例的排名系统数据参考源相对单一，在某种程度上并不能体现参与排名的院校机构的整体素质。因此，其评判结果也不如三大主要排名（QS 世界大学排名、泰晤士高等教育世界大学排名、软科世界大学学术排名）应用广泛。

从“研究创新”维度的数据源来看，大多数排名的数据源均来自 Web of Science 和爱思唯尔 Scopus 数据库，其次是根据专利评判内容使用 PATSTAT 专利数据库和科睿唯安（Clarivate）数据库。实际上，Web of Science 平台是隶属于科睿唯安公司的品牌之一。在某种意义上说，目前国际大学学科排名系统在考察“研究创新”领域时使用的数据库只有爱思唯尔、科睿唯安和 PATSTAT 专利数据库。其中也不乏采用其他排名数据结果的，如 U- 多级排名采用莱顿大学排名数据，世界大学网络排名采用中国软科排名数据。综上可见，只有中国软科世界大学学术排名、顶尖大学综合排名、RUR 世界大学排名和 U- 多级排名在对参与排名的对象进行“研究创新”考察时采信了不只一种数据源。下表列出的是可查到的 18 种排名系统采信的主要数据源：

**表 3.4　可查到的 18 种排名系统采信的数据源**

| 排名系统 | 数据源 |
| --- | --- |
| QS 世界大学排名 | 1. 爱思唯尔 Scopus 数据库<br>2. 学术声誉来自世界高等教育领域超过 130,000 人对全世界大学教学和研究质量的专家意见<br>3. QS 雇主调查近 75,000 份回复 |
| 泰晤士高等教育世界大学排名 | 1. 爱思唯尔 Scopus 数据库<br>2. 学术声誉近 22,000 份调查结果 |
| 软科世界大学学术排名 | 1. 爱思唯尔 Scopus 数据库<br>2. Web of Science 索引在《自然》（*Nature*）和《科学》（*Science*）上发表论文数量、被 SCIE 和 SSCI 收录的论文数量（只统计研究论文 [Article]，不统计评论 [Review] 或快讯 [Letter] 等）<br>3. 科睿唯安（Clarivate Analytics' Journal Citation Reports, JCR）数据库，世界范围内各学科领域论文被引次数最高的研究人员<br>4. 中文社会科学引文索引（CSSCI）数据库<br>5. 科技部网站、国家发改委、国家国防科技工业局、教育部（学位中心学科评估）网站、学校发布或学校提供、大学 360 度数据监测平台 |
| 顶尖大学综合排名 | 1. 爱思唯尔 Scopus 数据库<br>2. Web of Science 索引在《自然》（*Nature*）和《科学》（*Science*）上发表论文数量、被 SCIE 和 SSCI 收录的论文数量（只统计研究论文 [Article]，不统计评论 [Review] 或快讯 [Letter] 等）<br>4. 中文社会科学引文索引（CSSCI）数据库<br>5. 科技部网站、国家发改委、国家国防科技工业局、教育部（学位中心学科评估）网站、学校发布或学校提供、大学 360 度数据监测平台 |
| 世界大学排名中心 | 1. Web of Science 索引科学引文索引扩展版（SCIE）、社会科学引文索引（SSCI）、艺术与人文学科引文索引（Arts & Humanities Citation Index, AHCI）论文数据库<br>2. 科睿唯安（Clarivate）数据库 |

| 排名系统 | 数据源 |
| --- | --- |
| 莱顿排名 | Web of Science 索引出版物数量 |
| 世界大学科研论文质量评比 | Web of Science 科学引文索引（SCI）和社会科学引文索引（SSCI） |
| 路透社世界百强创新大学 | 1. Web of Science 核心数据库<br>2. 专利成果数据来源：德温特世界专利索引（Derwent World Patents Index）、德温特创新索引（Derwent Innovations Index）、德温特专利引文索引（Derwent Patents Citation Index） |
| RUR 世界大学排名 | 1.Web of Science 核心收藏（Core Collection）<br>2. 爱思唯尔 Scopus 数据库<br>3. 谷歌学术（Google Scholar）等文献计量系统 |
| SCImago 机构排名 | 1. 爱思唯尔 Scopus 数据库<br>2. 创新指标的信息来源是 PATSTAT 专利数据库<br>3. 网络可见性指标的信息来源是谷歌（Google）和艾瑞夫（Ahrefs）<br>4. 识别开放存取文档数据来源是安培沃尔（Unpaywall）数据库<br>5. 社会因素数据来源是浦尔姆 X（PlumX）指标和梅德利数据（Mendeley Altmetrics） |
| U- 多级排名 | 1. 莱顿大学科学技术研究中心（Centre for Science and Technology Studies [CWTS] at Leiden University）<br>2. Web of Science 数据库（科学引文索引 [SCI] 和社会科学引文索引 [SSCI]、艺术和人文学科引文索引 [AHCI]）<br>3. PATSTAT 专利数据库、欧洲专利局（EPO）和美国专利和商标局（USPTO）专利授权数据 |
| 学术表现大学排名 | 1. Web of Science<br>2. InCites 数据库 |
| 《美国新闻与世界报道》最佳全球大学排名 | 1. 科睿唯安（Clarivate）学术声誉调查数据库（Academic Reputation Survey）<br>2. Web of Science |
| 世界大学网络排名 | 中国软科排名数据 |
| 环球教育 | 国际教育科学委员会（The Eduniversal International Scientific Committee）投票调查结果 |
| 人力资源与劳工评价 | 亚洲第一媒体（Asia First Media）调查结果 |
| 《自然》指数 | 斯普林格尔自然（Springer Nature - Nature Portfolio） |
| 世界大学专业排名 | 根据美国商业杂志《财富》（*Fortune*）发布的世界 500 强排行榜统计的排行榜上担任首席执行官的人员所毕业的院校编制 |

尽管各大排名系统采用的数据源有相同之处，但是都缺乏统一的评判标准，即使在同一维度中有相似的考核内容，其占最终评判结果的数值比也不尽相同。如在“就业实习”的评判维度中，尽管世界大学专业排名依据的数据源来自美国《财富》杂志发布的世界 500 强企业名单中高管毕业的院校及专业调查，等同于以毕业生就业情况反向论证院校培养学生的水平。但是除此之外，实际上涉及该内容的排名仅有 QS 世界大学排名、软科中国大学专业排名、U- 多级排名、顶尖大学综合排名、人力资源与劳工评价以及世界大学专业排名，并在所有排名系统中的占比并不高，约为 33.3%。在一定程度上可以说，目前的排名系统无一例外均重视院校的“研究创新”能力，而对社会实践及就业实习的关注程度并不高。而且，“就业实习”这一维度考察的内容只有“就业率”“雇主评价”与“实践实习满意度”，这三种评判标准在不同的排名系统中并没有重叠。而从这三种标准来看，其收集数据的针对对象也是不同的：“就业率”针对的是教育部或院校调查的毕业生数据；“雇主评价”则是针对接受毕业生的企业主的评价；“实践实习满意度”是通过调研在校读书的学生得到的数据结果。从不同调查对象得出的调查结果也会左右高等院校“就业实习”的评判结果。从国别上来看，中国大学排名关于“就业实习”的评判主要依赖教育部与院校提供的就业率调查数据，而国际院校的数据则来自雇主或在读生。以 QS 世界大学的“雇主评价”为例，该评价数据调查方式是雇主评选其招聘的毕业生中表现最优异的 10 位，并提供这 10 位员工的毕业院校及专业，以此作为排名数据源。根据 QS 世界大学公布的排名方法中写的 QS 世界大学雇主调查有近 75,000 份回复，但从实际的调查报告来看，QS 世界大学设计类专业排名报告中并没有收录这一评判的数据，而软科中国大学设计类专业排名中尽管没有具体数据，但却给出了评判等级的调查结果。出现这样的情况，一方面是排名调查数据积累得不够，不足以支撑评判结果，另一方面则是数据源依据的是雇主或在读生的主观看法可能会造成调查结果的片面性。与之相比，“就业率”的数据源则比较可靠，更为客观。

根据上述分析我们可以清楚地看到世界各大排名系统各自存在的不足。一方面，世界各大学排名系统的评判维度大多集中在“研究创新”上，通过有据可查的科研成果量、影响因子和专利数量等数据来评判院校的优劣，然而其数据库来源又大多集中在爱思唯尔、科瑞唯安和 PATSTAT 专利数据库等方面；另一方面，尽管采信数据源相似，但评判标准的不同也造成了各排名系统的可信度的问题，甚至造成了极具功利性的、导致各排名系统互相博弈的现象。但是不可否认的是，世界大学排名系统作为一种评估方式，可以为学生及其家长选择合适的高等院校或培训方式提供帮助，也为高校间、高校和企业间的合作提供支持，甚至能侧面帮助各个国家对各自高等院校教育体系的评估。

# 3-4 结论

在目前存在的世界各大排名系统中，拥有设计类专业排名的有 QS 世界大学排名、泰晤士高等教育世界大学排名、软科中国大学专业排名、RUR 世界大学排名、《美国新闻与世界报道》最佳全球大学排名以及世界大学网络排名。但是，上述排名在对设计类专业进行评判时，其方式与参考数据源跟对其他专业的评判标准是相同的。这不仅将设计类专业与其他（如理工科和人文社科）专业大类囊括在了同一个评判标准中，而且在以“研究创新”为重点内容的评判标准下，也缺乏对设计类专业师生创造实践能力的体现。总体而言，目前通行的排名系统的评判方式有如下不足之处：

首先，缺乏针对设计类专业的评判标准，选择的是与其他所有专业类别的评判维度和内容相同的标准进行的排名，这导致其无法体现设计类专业的独特性。例如，在当前调研的“研究创新”维度，其评判标准几乎完全围绕理论研究论文和著作的产出量及其影响因子，完全忽视了实践创作对设计领域发展的创新作用，但这在设计类专业中是不可忽视的重要一环。

其次，调查数据来源无法体现专业特色。从各排名系统所引用的数据源来看，缺少针对中国设计学科评级的排名体系或数据源。大多数排名系统的数据支撑除了以历年的排名结果作为参照外，也采用某一种或多种文献计量数据库作支撑（如爱思唯尔、科睿唯安和 PATSTAT 专利数据库），但这种评价体系不仅较难凸显设计类专业的特色，也更难体现出中国设计类院校的学术成果。

最后，部分调查数据可能存疑。尽管世界各大排名系统采用的数据源有相同之处，但是都缺乏统一的评判标准，即使在同一维度中有相似的考核内容，但其在最终评判结果中的比值也不尽相同。部分排名系统会采用通过调查问卷或参考院校提供的数据结果等方式对某些内容进行评判，但从实际的调查报告来看，报告中并没有收录这一评判的数据（如 QS 世界大学排名中出现的各个院校的就业实习情况）。这可能是由于调查数据规模不足以支撑评判结果造成的，或其数据来源本身可能存在问题（如不同院校功利性地相互支持或自引造成的互相博弈）导致的可信度问题等。

通过本文对目前通行的世界各大排名系统的评判方式的梳理与研究，可见当下设计类专业排名在评判标准、体现设计类专业特色以及调查数据来源和规模等方面有一定的不足。尽管如此，世界各大院校排名系统及设计类专业排名的重要性体现在它们为各院校管理和发展提供的相应的评估价值，也为学生及其家长选择合适的设计类院校及其专业方向提供帮助，甚至通过设立一些相应的评判维度，以鼓励高校间、高校和企业间的合作，也可以为设计类专业的未来发展以及社会变革起到一定的推动作用。这些都为中国构建自己的设计学科评价体系提供了参考。

# 4 重要设计竞赛样本分析

## Case Studies of Influential Design Competitions

· 大赛发展概况
Overviews

· 大赛评审架构
Frameworks for Judging Panels

· 奖项专业覆盖
Professionals

· 大赛重点议题
Key Issues

· 大赛获奖情况
Winners

· 结论
Summary

设计奖项的责任不仅体现在评判标准与评奖机制的端正性上，以指明优秀产品与设计的正确的价值导向，而且更体现在对社会大众关于美的普世教育上。优秀的设计比大众媒体更有能力传达令人信服的价值和观念。设计与工业及其服务的消费者所处的商业环境形成了一种日常关系，使设计呈现出全新的面貌。现有的国际知名设计奖项若从 1952 年德国 iF 的创立算起，至今已有 70 多年的历史了。在大半个世纪的发展中，设计奖项伴随着社会结构与人类文明的变化，其设计的目标、服务的对象、倡导的价值观等也都产生了相应的变化。以世界较成熟的设计奖项为研究对象，可以将优秀设计对社会进步的创新推动作用以及设计在科技、人文等多领域间的桥梁及带领作用进行深入的研究。通过对设计奖项的优秀作品以及评审标准、关注议题等进行系列分析，不仅能在一定意义上对当今国内院校如火如荼的“以赛代练”的教学现象提供冷静思考的空间，也能对设计评价体系的梳理与设计学科的转型升级和发展提供一些理论与现实的指导意义。

本章节分析了一些具有代表性的国际设计奖项，通过设计奖项的历史脉络、评审架构、专业覆盖与相关议题等因素，可以看到设计奖项在设计教学发展和学科研究创新中起到的方向引领和文化价值提升作用。

# 4-1 大赛发展概况

20 世纪中叶，西方主要工业国家已经将设计作为国家发展战略的重要组成部分，并从国家层面制定各种设计振兴计划，在政策和资金上大力关注、培育和扶植各国自己的设计奖项。同时依托各国设计行业协会举办的设计奖项，拉动**产业**、**研究**、**技术**、**设计**的共同发展。设计奖项为设计与经济层面上信用卓著的服务及产品提供了平台，赋予社会更多的自主和自觉。通过设计获奖作品的价值输出，体现世界的发展更加注重“人”这一根本要素。

目前国际设计界较有影响力的奖项有德国 iF 设计奖（iF）、德国红点奖（Red Dot）、日本优良设计奖（G-Mark）、美国 IDEA 设计奖（Industrial Design Excellence Awards, LDEA）、

意大利 A’ 设计奖（A' Design Award）等。此外还有澳大利亚国际设计奖（Australia International Design Award）、英国设计奖（DBA Design Effectiveness Awards）、法国设计奖（Valorisation De L’innovation Dans L’ameu blement）、意大利金圆规设计奖（Compassod Oro Award），以及中国的设计智造大奖（DIA）与红星奖等。考虑到设计奖项背后的东西方文化差异，以及设计奖项同院校之间的紧密程度(即院校学生参与度)，本研究以德国红点奖（Red Dot）、日本优良设计奖（G-Mark）和意大利 A’ 设计奖（A' Design Award）为主，辅以其他同类奖项作为参照。

# 一、
# 红点奖

“寻找好的设计”—— 红点奖是世界上参赛规模与影响力较大的设计奖项之一。

红点奖的诞生是二战后德国大力发展本国经济期间的产物。1954 年 7 月 30 日，维安工业协会（Verein Industrieform）在克虏伯公共关系和广告部门负责人卡尔·洪德豪森（Carl Hundhausen）教授的倡议下成立。该协会的目的是帮助营造一个更具吸引力的环境，使德国消费品现代化并适合出口，成为二战后克虏伯形象转变的一部分。1955 年，第一次年度设计竞赛应运而生。1988 年搬迁到埃森以前的城市图书馆，标志着大规模重组的开始。其通过积极的设计管理，扩大了机构的设计推广功能。1990 年，维安工业协会更名为北莱茵威斯特法伦设计中心（Design Zentrum Nordrhein Westfalen, DZNRW）。

1991 年，彼得·泽克（Peter Zec）教授接任 DZNRW 的执行合伙人。他将标志改为红点，并在 1992 年首次作为奖品颁发。在彼得·泽克的领导下，设计中心（Design Zentrum）的重点从设计管理转向了培训和交流中心的功能，为希望通过设计来抵御国际竞争的公司提供服务。此外，他还在 1993 年设立了一个单独的通信设计部门。德国传播设计奖（Deutscher Preis für Kommunikationsdesign）于 2002—2018 年以“红点奖：传播设计”的名义举办。另外，2005 年起增设“红点：设计概念奖”，设计师与院校师生成为这个奖项的参赛主力。自 2019 年起，该竞赛又增设了“红点奖：品牌与传播设计”，为品牌提供了更大的平台。

据相关公开报道，2020 年红点官方共收到来自全球 70 个国家和地区的约 17,670 件参选作品。而在全球最大的搜索引擎 Google 上搜索“红点奖”（Red Dot Award）共有 65 亿条结果，可以说其是全球知名度较高的奖项之一。如今，红点标志已成为国际上最受追捧的优秀设计质量标志之一，其影响力与德国的制造业声誉一并扩大到全世界。

表 4.1　红点奖奖项

| 产品设计奖 | 品牌与传播设计奖 | 设计概念奖 |
| --- | --- | --- |
| 红点奖：最佳设计奖（Red Dot: Best of the Best） | 红点年度品牌奖（Red Dot: Brand of the Year） | 红点奖（Red Dot: Winner） |
| 红点奖（Red Dot: Winner） | 红点最佳设计奖（Red Dot: Best of the Best） | 红点最佳设计奖（Red Dot: Best of the Best） |
|  | 红点之星奖（Red Dot: Luminary） | 红点之星奖（Red Dot: Luminary） |

# 二、日本 G-Mark

图 4.1.1 G-Mark 标志

"G-Mark"，又称优良设计奖（Good Design Award），是日本唯一的综合性设计奖项。自 1957 年由日本通商产业省（商业部）以"优良设计商品选定制度"（Good Design Selection System，俗称 G-Mark 制度）为基础创办以来，一直持续地进行表彰"优良设计"的活动。60 余年来，面对社会议题的不断变化与随之而来对设计要求的改变，G-Mark 在时代变迁中灵活应变，其进程更被视为代表日本设计和产业发展的风向标。人们将其赛事发展历史与当时的社会状况以及各种指标相对照，将其分为五个阶段：复活的时代、日本原创的时代、价值变化的时代、价值多样化的时代与共享的时代。

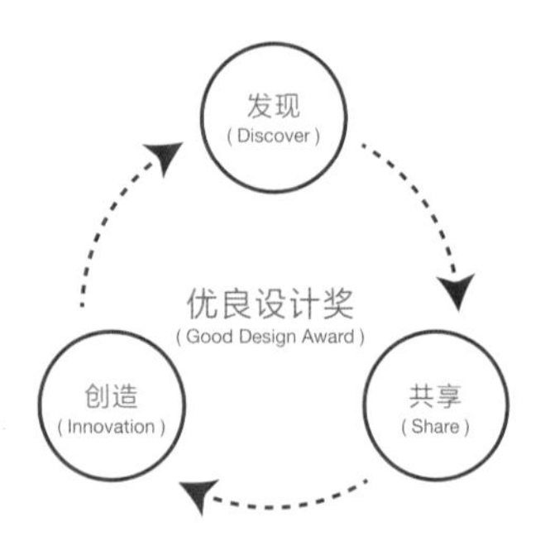

图 4.1.2 G-Mark 机制

这个奖项的评奖原则重在"评价与推荐"。在长达 60 余年的奖励设置迭代中，产生了约 30,000 个不同类别的设计奖。优良设计奖最大的特点是得到了日本本国的认可，并得到包括企业、设计师以及社会大众的广泛支持。同时，能够拥有设计奖"G"标记的产品也被看作是优秀的设计作品，是质量卓越的代表。

红点奖和 G-Mark 奖的选取分别代表现代化进程中的欧洲与亚洲的设计奖项对设计以及工业的影响，是不同地域社会发展进步的微观体现。两个奖项基本在同一时期创立，但由于两国地域、经济、文化背景等因素的不同，各自在今天形成了完全不同的两套价值体系与奖项评审标准，是很有研究意义和借鉴作用的。

G-Mark 分三个组别，分别是：优良设计全场大奖（最高荣誉奖）、优良设计最佳 100（含金奖和焦点奖）、优良设计大奖。

**表 4.2 日本 G-Mark 奖项组别**

| 组别 | 细分组别 |
| --- | --- |
| 优良设计全场大奖（Good Design Award） | |
| 优良设计最佳 100（Good Design Best 100） | 金奖（Good Design Gold Award） |
| | 焦点奖（Good Focus Award） |
| 优良设计大奖（Good Design Grand Award） | |

# 三、
# 意大利 A' 设计奖

与红点奖和 G-Mark 身兼国家品牌形象的重任不同，意大利 A' 设计奖（A' Design Award）始于米兰理工大学一篇关于设计奖项与设计竞赛的博士研究论文，是在经过对 1000+ 设计奖项和竞赛的细致分析，尤其是对每个设计奖项都经过 400+ 信息分析后综合而成的，旨在为获奖设计创造最积极的影响和价值。该竞赛于 2009 年正式成立，2010 年公布了第一批成果，并在科莫的纳塔展览馆（Spazio Natta）和加利亚别墅举办了第一次展览。在 2019 年成立 10 周年之际，作为一个独特的组织成立，作为一个 2009 年初创的新兴设计奖项，意大利 A' 设计奖立足意大利深厚的设计文化，为来自不同水平、不同学科和市场重点的所有设计领域的公司、设计师和创新者提供一个公平的、道德的和竞争的平台，同时向全球观众展示他们的成功和才华。该奖项倡导设计的最高标准，倡导在全球范围内更好地理解和设计“设计”，最终达到全球对优秀设计的欣赏和理解，创造更美好的未来。

好的设计和好的设计奖项永远不是独立于时代而存在的，而是与时代的发展、社会的背景紧密交织在一起的。有一部分设计奖项在促进社会工业文明进程中推动了学术与技术、商业与产业的共同发展，起到了重要的桥梁衔接、媒体平台的作用。在工业化进程加速、经济高速发展、文明程度不断提高的社会，我们需要一个更广阔的视野来看待关于设计类奖项所带来的学术创新、社会创造力与产业结合之间的相互作用和关系，并在其中找到更加积极的联系和平衡点。由于设计的边界日趋模糊化、社会化、民主化、多媒体化，所以设计与技术、制造与商业等因素在推进社会产业创新的进程中的作用也日益增强且多元。它们成为相互作用、相互促进、相互推动的系统构造，并形成了一个开放的、多元的设计生态系统。设计奖项的建立与评审，可以直接作用于产品的生产与价值体现。同时，设计奖项的评审体系还能反映当下社会对经济价值和精神价值的标准和要求。

表 4.3　意大利 A' 设计奖奖项列表

| 终极 A' 设计奖 | 白金 A' 设计奖 | 金 A' 设计奖 | 银 A' 设计奖 | 铜 A' 设计奖 | 铁 A' 设计奖 |
|---|---|---|---|---|---|
| 满分，虚设 | 前 1% | 前 3% | 前 5% | 前 10% | 前 20% |

# 四、
# 本土国际奖项观照——中国设计智造大奖（DIA）

价值理念创新是设计创新动力的源泉。在梳理、总结国外知名设计奖项、把脉国际设计实践研究发展趋向的同时，也不妨同中国本土的国际设计大奖进行观照，把脉中国设计实践发展的战略格局和趋向。

从党的十八大明确提出要坚持走中国特色自主创新道路、实施创新驱动发展战略以来，创新设计逐渐成为驱动产业转型升级的关键因素。虽然通过原始工业化、中国特色市场模式和系列技术升级、产业升级，中国经济在迅速崛起，但仍面临着资源环境刚性约束加强、产品质量不高、创新能力和核心竞争力不足、产业结构不合理等突出问题，缺乏从宏观的角度去思考中国设计创新的前景，缺少立足产业特征和生活形态挖掘中国设计的基因。

在此背景之下，2014 年 10 月 18 日，浙江省时任省长李强提出要打造“国际一流的工业设计大奖”，以引导促发中国制造产业升级。2015 年，在浙江省人民政府支持下，由中国美术学院主办的中国工业设计领域首个国际化的学院奖——中国设计智造大奖（DIA）正式设立。

DIA 旨向“民生 · 产业 · 未来”，以人为本，以想象力建构新方式，以生活、生产、生态融合为关键，强调人机互动，深度学习，促进文化创新与科技创新共生，实现社会与经济多维成功，是一种以顶层设计策略整合人类社会网络，引领生产、物流、销售、服务全链路的设计协同活动。大奖以“人文智性、生活智慧、科艺智能、产业智库”为核心价值观，立足智能制造大时代背景，独创“金智塔”评价体系，包含三层标准：一、基础标准，强调“设计之技”，包含了功能性、美学性、技术性、体验性和可持续性等评价因子；二、核心标准，强调“设计之道”，包含民生贡献度、产业贡献度和未来贡献度等评价因子；三、顶层标准，强调“设计之力”，包含社会影响力和行业示范力等评价因子。

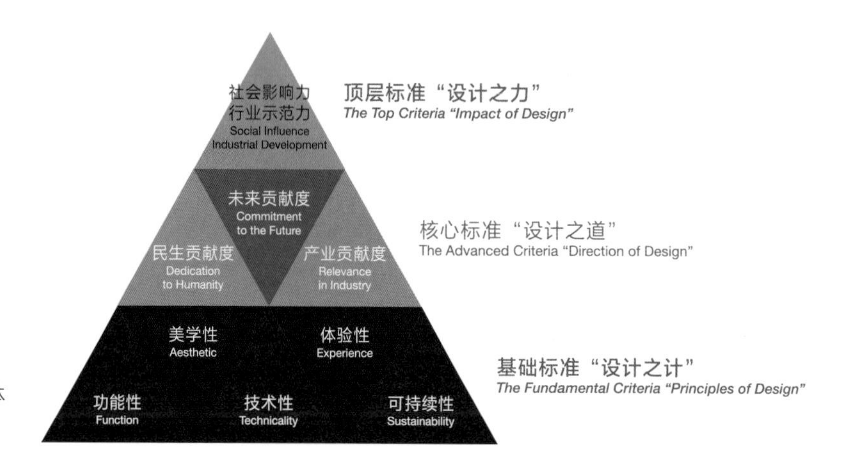


图 4.1.3 DIA“金智塔”评价体系（DIA Evaluation System）

这一评价体系建立的背后是智能时代设计造物的底层逻辑正在发生重大改变，设计入微的感知力、无限的想象力、混合的计算力、全链路的创造力成为新的重要特征，日益呈现人机共生、虚实交互的设计 4.0 新形态。而作为“学院奖”的 DIA 必须体现其超越当下发展的时代先锋性。因此，DIA 希望以此评价体系，以“设计 +”为核心，从文化、科技、经济等几个维度展开对中国设计的引领：

从设计与文化结合的视角看“新文创”的发展，近年来中国在重构和整合传统文化精髓的基础上，推动了“新文创”方式的衍生，其核心目的是创造更多具有广泛影响的中国文化符号，成为文化创意产业的新趋势。新文创是一种更加系统的发展思维，通过更广泛的主体协同，推动文化价值和产业价值的互相赋能，从而实现更高效的数字文化生产与 IP 构建。

从设计与科技结合的视角看“新制造”的发展，我国作为世界工厂面临更加严峻的全球竞争态势，互联网技术、人工智能、无人控制技术、量子信息技术、虚拟现实等全新技术革命正在催生面向未来的“新制造”方式。①

从设计与经济结合的视角看“新服务”的发展，随着不断扩大的数字经济规模，引发了基于数据和数字平台的新服务场景革命，以设计、技术、商业协同创新，突破时空限制和技术壁垒，打造立体化、网络状、多源异构的群智共创设计平台，以全新的服务场景构建设计协同模式，进而形成了“新服务”方式的趋势。②

中国产业在机遇与挑战的双重推动下负重前行，不断取得新的发展和突破，赢得国际社会与同行的广泛关注。在百年未有之大变局的今天，历史给予中国与世界同一起跑线的机会，基于国际经验的简单模仿已再不适用于当下中国的发展需求，中国需要立足本国文化与国情，建立自己的设计共同体，探寻中国设计基因，③DIA 立足本国文化创新，审时度势，制定全球视野下国际竞争与本国国情相结合的设计战略，建构一个开放、包容、和谐的中国设计智造协同创新系统。中国设计智造大奖以“智慧、智能、协同、创新”为特征，以“设计之技、设计之道、设计之力”“金智塔”价值观为评价体系，创办 8 年以来，不断实践和完善，逐渐以不同于其他国际设计奖项的设计价值观吸引了来自全球 5 大洲 70 个国家和地区的 51,000 多件作品参与角逐。其中，2022 年全球创新指数排名 Top 10 国家的 DIA 参赛率达 100%，2022 年全球创新指数排名 Top 50 国家的 DIA 参赛率达 84%，显示了 DIA 正成为当代重要的创新设计全球赛场，成为国内外众多企业与设计师评价作品的参照与道标。④

---

① 余典范 . 2019 中国产业发展报告——制造业高质量发展 [M]. 上海 : 上海人民出版社 , 2019.

② 陈端 . 中国数字创意产业发展报告 (2019)[M]. 北京 : 社会科学文献出版社 , 2018.

③ 李立新 . 共同体建设与中国设计的未来 [J]. 南京艺术学院学报 , 2018(1) : 6—10.

④ 王昀 , 朱吉虹 , 陈异子 . 国际视野下的中国设计智造价值观体系建构 [J]. 包装工程 , 2021 , 42(12) : 25—31.

图 4.1.4 DIA 参赛者覆盖地区

# 4-2 大赛评审架构

**评价要素**是奖项架构中比较重要的部分，是在一系列的评价标准中形成的一套评价体系，同时在自身发展进程中根据时代的不同不断调整对应的标准，不同的标准又形成不同的评价体系。格尔达·格姆瑟（Gerda Gemser）和纳乔姆·温伯格（Nachoem M. Wijnberg）在《工业设计奖项的经济意涵：一个概念框架》中曾指出：在早期的研究中，**评价系统**的概念是用来研究文化产业竞争过程的演变。评价系统指明被评审者的本质特征，被评审者为了获得认可而相互竞争，评审者的决定则将影响选拔的过程和结果。评价体系提供了一个竞争过程的说明，即获奖者区别于未获奖者的标准和方式。①

① Gemser G, Wijnberg N M. The economic significance of industrial design awards: A conceptual framework[J]. Academic Review, 2002, 2(1): 61—71.

设计奖项的机制不仅是优质的标准和评审流程的设立，更是文化价值和社会文明发展的导向，也是设计奖项良性发展的保证。在每个成功的设计奖项背后都有各自侧重的**评审原则**，或者说**社会价值导向**。这些原则概括了奖项的**专业标准**、**发展策略**、**价值方向**。而每个设计奖项中，原则和法规都是奖项成长的基石。

# 一、红点奖

红点奖以“寻求优秀设计和创新”为座右铭，分为“产品设计”“品牌与传播设计”和“设计概念”三个组别。参赛的产品、传播项目以及设计理念和原型将由红点评审团进行评估。根据评审团成员的专业领域每年举办一次相应的比赛。

## 1. 评委

红点奖的评审委员多以业界知名人士和院校教授为主。其中，在设计概念组的 23 位评审中，中国评审有 3 位，比例远大于产品设计组和品牌与传播设计组。或许这也同中国院校在设计概念奖上优异的表现是分不开的。其中，湖南大学何人可与中国台湾实践大学官正能同时出现在产品设计与设计概念组别的评审中。而在品牌与传播设计组别中，只有旅德设计师、柏林艺术大学的何见平出任评审。

表 4.4　2021 年红点奖各组别的评审委员情况

| 奖项组别 | 评审总数 | 中国评审 | 地区 |
| --- | --- | --- | --- |
| 产品设计 | 48 位 | 蒋琼耳、何人可 | 中国大陆 |
| | | 郑慧筠 | 中国香港 |
| | | 官正能 | 中国台湾 |
| 品牌与传播设计 | 24 位 | 何见平 | 中国大陆 |
| 设计概念 | 23 位 | 鲁晓波、何人可 | 中国大陆 |
| | | 官正能 | 中国台湾 |

## 2.
## 评审标准

表 4.5　红点奖三大组别奖项标准

| 奖项组别 | 参赛内容 | 评审标准 |
|---|---|---|
| 产品设计 | 已上市产品 | **功能**：产品实现什么目的？<br>**吸引力**：产品在美学上是否令人信服？<br>**使用质量**：产品是否一目了然且易于使用？<br>**责任质量**：产品是否可持续？ |
| 品牌与传播设计 | 品牌 | **理念**：愿景和品牌价值<br>**形式**：设计与品牌传播<br>**影响**：品牌识别和差异化 |
| | 传播 | **理念**：独创性和创造力<br>**形式**：设计品质与创新<br>**影响**：可理解性和情感意义 |
| 设计概念 | 概念产品 | **创新程度**：概念、产品或服务是新的还是以新的理想质量补充现有产品？<br>**审美品质**：这个概念的形式看起来是否令人愉快？<br>**实现可能性**：从技术和经济的角度来看，概念、产品或服务是否有合理的机会在未来 5 年内开发为成品或服务？<br>**功能性**：概念、产品或服务是否满足处理、可用性、安全和维护的所有要求？它是否满足需求或功能？<br>**情感内容**：概念、产品或服务是否为用户提供了超越实际目的的享受？<br>**影响**：概念、产品或服务是否带来了实质性的或显著的好处？ |
| | 预发布产品 | **差异化**："准备推出"的产品或服务与现有的营销产品有何不同？差异是积极的吗？它是否为用户增加了价值？<br>**审美品质**："准备推出"的产品的形式是否令人赏心悦目？<br>**实现可能性**：是否可以合理预期"准备推出"的产品或服务在未来 12 个月内已经准备好了投放市场？<br>**功能性**："准备推出"的产品或服务是否满足处理、可用性、安全和维护的所有要求或功能？<br>**情感内容**："准备推出"的产品或服务是否为用户提供了超出实际目的的享受？ |

以院校师生参加人数较多的红点设计概念奖之"概念产品"为例，其评审标准依次为创新程度、审美品质、实现可能性、功能性、情感内容与影响，而"预发布产品"则为差异化、审美品质、实现可能性、功能性与情感内容。相比之下，概念产品更强调"设计概念"这一主题以及对设计后续影响的评估，这与学院教育同市场之间存在一定的"脱节"以及学术的研究性特点是分不开的。学术研究通常着重于探究知识领域，关注理论、创新和影响。在学术界，评价研究的标准更强调理论上的创新、学术上的价值以及对知识领域的贡献。另一方面，市场需求更关注实际应用、用户体验和商业可行性。市场对产品的评价更侧重于产品的实际功能、用户满意度以及市场竞争力。

# 二、
# G-Mark

G-Mark 优秀设计奖的筛选是以“设计”作为动词而非名词的概念进行的，不同于公众常用的“设计”。该奖项的设计理念侧重于“无尽的、持续的创造性思维活动”，使人们的生活更加充裕。筛选优秀设计奖的重点是考察“参与对象对设计有什么意义和价值”。

G-Mark 不是单纯评判设计优劣的竞赛，而是一个基于五个指导理念进行筛选以发现新事物的系统，并与社会广泛分享，从而为下一次的设计创新打下基础：

人性：指导事物制作的创造力。
诚实：能够清楚地看到现代社会的本质。
创新：开拓未来的愿景。
美学：唤起丰富生活和文化的想象力。
伦理：塑造社会和环境的思考。

## 1.
## 评审委员

设计趋势的变化不只是带来作品本身设计理论的改变，而且 G-Mark 评审委员的年轻化也导致了获奖者年轻化的结果。这种年龄上年轻化的倾向与红点奖的评委设定截然不同。在最近几年的年轻评审委员中，年轻的一线设计师逐渐增加，G-Mark 不像过去偏向类似学院派教授在看学生作品的那种眼光，而是以同样身在一线的同辈设计师的眼光互相切磋、评价。

因此，与红点奖不同，G-Mark 的评审委员更注重年轻人的眼光与创新性。通过评审制度也可以发现，G-Mark 的目标是激发每个人内在的设计能力，引导个人如何将自己的想法变为现实，并通过社会的资源实现这些创意。

表 4.6　2022 年日本 G-Mark 海外评审团的中国评审名单

| 人名 | 地区 | 委员简介 |
| --- | --- | --- |
| 张基义 | 中国台湾 | 中国台湾设计研究院院长、世界设计组织（WDO）理事、台湾交通大学建筑研究所教授 |
| 章琦玫 | 中国台湾 | 平面设计师，中国台湾平面设计协会名誉会长 |
| 曼弗雷德 · 王 | 中国台湾 | 产品设计师，中国台湾师范大学设计系教授 |
| 刘传凯 | 中国台湾 | 设计总监、设计副总裁 |
| 张智强 | 中国香港 | 建筑与室内设计师，EDGE Design Institute Ltd. 总裁 |
| 刘健 | 中国大陆 | 城市规划师、设计师，清华大学建筑学院副教授、副院长 |
| 时晓曦 | 中国大陆 | 2-LA Design 创始人和创意总监，清华大学学士 |
| 吴琼 | 中国大陆 | 交互设计师，清华大学美术学院教授 |

## 2.
## 评审标准

G-Mark 认为设计是在任何时候都主要考虑人类、确定目标、计划和实现这些目标的行为。因此，G-Mark 的筛选是通过询问过去的发展，例如参赛设计的背景和过程，亲自观察实际参赛作品，并从设计的角度询问设计是否可以作为未来社会的积极典范。

**人类视角：**

· 是否给予用户应有的考虑，包括可用性、可理解性、友好性等。
· 是否考虑到各种因素，包括安全、安保、环境、身体虚弱的人等，以维护公信力。
· 是否能得到用户的共情。
· 是否具有吸引力并能激发用户的创造力。

**产业视角：**

· 是否能通过使用新技术和材料或通过创造力巧妙地解决问题。
· 是否以适当的技术、方法和质量合理设计或计划实现。
· 是否有助于创造新的行业或业务。

**社会视角：**

· 是否有助于创造新的文化，例如新的方法、生活方式、交流等。
· 是否有助于实现可持续发展。
· 是否能向社会提出新的价值，例如新的方法、概念、风格等。

**历史视角：**

· 是否能从过去的背景和积累的成就中提出新的价值。

· 是否能从中长期角度提出高度可持续的解决方案。
· 是否能与时俱进地持续改进。

综上，G-Mark 的评审标准并不仅仅在于选择好的产品，而是去发现好的设计，去共享，并最终实现创造。这也是它跟其他大奖不同的地方，它不只是单纯的设计奖项，而是一种设计“运动”。G-Mark 试图激发每个人内在的设计能力，引导个人将自己的想法变为现实，并通过社会的资源实现这些创意。这种以人为核心的设计理念使 G-Mark 成为一个独特的奖项，其影响力超越了单纯的设计奖项，构建了一个共同的设计生态系统。

# 三、A’ 设计奖

“创造一个全球对优秀设计欣赏和理解的平台”是意大利 A’ 设计奖设立的最终目标，这也意味着 A’ 设计奖在评审中更加注重全球代表性与区域文化的沟通性。因此，A’ 设计奖设置了一个非常庞大的评审团队和复杂的评审机制。

## 1. 评审团队

A’ 设计奖在 2012—2023 年间累计共有 227 名评审委员。这与 A’ 设计奖的评审维度有关。A’ 设计奖根据设计奖的评审维度设置了四个评审小组，共同组成评审委员会。

**表 4.7　意大利 A’ 设计奖评审委员会及评审维度**

| 评审小组 | 评审维度 |
| --- | --- |
| 学者 | 学术立场：创新性 |
| 设计师 | 专业立场：实践型 |
| 企业家 | 商业立场：市场性 |
| 媒体人士 | 传播立场：大众性 |

## 2.
## 评审标准

评审委员会根据创新性、独创性、功能性、可持续性、易用性和经济性的评审标准，对以下项目进行打分：

设计、功能性、可用性、人体工学、工程、介绍、创新、结束、有趣的细节、市场价值、独特性。

A' 设计奖同红点奖、G-Mark 最大的不同是跨行业的综合评审团，尤其是媒体人士的加入将设计的大众传播性纳入整体考量。这意味着设计在传统设计教育注重专业实践和创作的基础上，必须将商业与品牌传播教育纳入整体考量。即引导学生如何在创意性和商业性之间找到平衡，设计不仅需要创造性地想象，还需要考虑其商业可行性和品牌传播效果，才能够将设计所要传达的理念有效地传达给目标受众，提高社会影响力，推动社会变革的进程。

# 4-3 奖项专业覆盖

## 一、红点奖

红点奖主要分为三个组别：产品设计、品牌与传播设计和设计概念。其中：

产品设计奖必须为已上市产品，参赛产品有 51 个传统类别，涵盖了整个产品范围。主要对应工业设计与产品设计专业。

品牌与传播设计专注于品牌策划和服务，主要为可对其综合形象进行评估的品牌类别，包含 18 个项目或活动的传播设计类别。主要对应视觉传达专业。

而强调想法（idea）的设计概念则更为开放，要满足设计概念的两个基本要求。“概念产品”是仍处于早期阶段的设计，它们可能只是一个想法或原型，在未来几个月或几年内都不会投放市场。“预发布产品”是几乎或已经完全开发好的产品或服务，它们可能已经向市场宣布，但在报名之前还不能交付市场。共有 42 个设计类别可供选择。每个类别名称都刻意模糊而宽泛，以鼓励畅通无阻的想象力和创新。因为设计概念无须真正商业上市，且更强调设计的创新性，故而吸引了大量的院校师生、独立设计师和小型工作室参赛。

上述三个组别的分法在红点奖的评选过程中发挥了积极的作用，为不同类型的设计作品提供了展示和奖励的平台。它广泛覆盖了设计领域的多个方面，包括产品设计、品牌与传播设计以及设计概念，满足了各种专业和阶段的设计师的需求。尤其是设计概念奖的开放性和品牌与传播设计奖的商业性。设计概念奖的开放性和模糊的类别名称鼓励了创新和想象力，允许参赛者自由发挥，提出新颖的设计概念，有助于推动设计领域的前沿发展。品牌与传播设计奖强调将设计与商业相结合，这有助于培养设计师对商业环境的理解和应对能力，使设计更具市场竞争力。因此，这种组别分法不仅评选设计的外在表现，还关注创意、传播、市场价值等多个维度，在丰富奖项内涵的同时推动了设计领域的前沿发展，为设计界的创新和交流做出了积极的贡献。

# 二、G-Mark

随着社会对设计整体认识的提高，在综合提升生活品质的目标驱使下，G-Mark 在 1984 年进行了系统的重大改革，扩大了优秀设计产品的目标选择区域，从成立之初的日用杂货、轻工产品和光学仪器，逐步扩大到家具、纺织品、陶瓷、家用电器、住宅设备等。现主要涵盖以下区域：

生活用品：配件和可穿戴产品、儿童和文具、休闲和爱好、厨房工具、日用品和炊具，以及家居家具和家居用品。
生命产品：医疗保健、制造和医疗、设备和设施。
生活电器：家用电器、视频 / 相机设备。
建筑空间：房屋固定装置、商店、办公室和公共空间的设备和设施、住房（个人住宅、小型公寓）、住宅（大中型住宅区）、工业和商业设施的建筑 / 室内设计、公共设施、土木结构和景观。
移动产品（方案）。
媒体、内容和包装。
新兴议题：系统、服务和商业模式、项目、活动和方法等。

这种分法展示了 G-Mark 在适应社会发展和满足多元化设计需求方面的积极探索。通过将优秀设计产品的评选领域扩展至生活用品、生命产品、建筑空间、移动产品、媒体与包装等多个领域，G-Mark 不仅更好地反映了当今多元且综合性的设计趋势，也能更全面地奖励并推动创新的设计。这一举措不仅促进了不同领域的设计合作和综合创新，使得奖项更具多样性与广泛性，也有助于推动社会进步与可持续发展，同时也反映了 G-Mark 对于设计的全面认知与推动作用。

# 三、A' 设计奖

A' 设计奖共设置有 100 个主要的设计竞赛类别，大致分为：

工业设计：家具、包装、照明、玩具、数字设备、交通工具、家用电器、医疗科学设计、农业工业装备。
建筑设计：建筑设计、室内设计。
平面设计：界面设计、平面设计、计算机图形学和 3D 模型设计。
元：社会设计、未来设计、元设计、信息技术、服务设计、设计策略。
工程和技术设计：工程技术创新应用、材料和纹理设计。
摄影和电影：摄影、电影、动画。
时装设计。
食品和烹饪设计。
艺术、手工艺设计。

以及，鉴于“设计”边界的模糊性，如果作品无法被现有的 100 个类别界定时，归类在“意想不到设计（自定义）”。

不论是红点设计概念奖刻意模糊专业名称而宽泛设置 42 个设计类别供参赛选手选择，还是 A' 设计奖在 100 个专业类别外加设的“意想不到设计（自定义）”类别，其本质都是鼓励畅通无阻的想象力与设计创新。现代设计自问世以来，“设计”作为一个学理与实践的复合概念，其内涵和定义一直随时代的发展而发展。设计竞赛模糊专业门类的做法，既是“设计”本体处于不断变化发展中的写照，也是在倡导以综合性、交叉性、融合性的智慧去面对未来发展不确定性的挑战。

# 4-4 大赛重点议题

今天，我们已经从工业资本主义发展到了景观资本主义（Spectacular Capitalism）时代。“景观”（spectacle）一词来源于居伊 · 德波的《景观社会》。他在《景观社会》中控诉了消费主义，认为“发达资本主义社会已进入影像物品生产与物品影像消费为主的景观社会。这种景观已成为一种物化了的世界观，而盛景本质上不过是以影像为中介的人们之间的社会关系”。[①]这对现实具有深远的批判性。

我们过度地消费商品，甚至自己。消费狂欢下的形态千篇一律，无差异、无个性，这是社会健康发展和大众真正需要的吗？利益永远是商家追逐的终极目的。商家巧立名目地、花样翻新地刺激消费，抛弃了对环境可持续发展的社会责任，从而令很多设计逐步沦为商业的奴隶。美国的设计理论家维克多 · 帕帕奈克（Victor Papanek，1923—1998）曾出版了后来引起社会巨大反响的、但在当时受到业界嘲讽甚至抵制的“不合时宜”的著作《为真实的世界而设计——人类生态学与社会变迁》（*Design for the Real World : Human Ecology and Social Change*）。书中提出了“设计应该有自我限制的观念”。他批判了商业社会中仅仅以营利为目的鼓励消费的设计，并反复强调“设计师应该对社会和生态变化担负起责任”。[②]帕帕奈克对设计师的自我责任意识、社会道德意识提出了更高的要求。社会发展到 21 世纪的今天，这种自我限制的设计价值观早已被验证。同样，这种设计伦理和价值信仰也成为设计行业的最基本的道德准则。

---

① 居伊 · 德波 . 景观社会 [M]. 张新木 , 译 . 南京 : 南京大学出版社 , 2017.

②周博 . 现代设计伦理思想史 [M]. 北京 : 北京大学出版社 , 2014.

设计奖项也越来越关注到社会的价值取向问题，试图找到真正的社会发展问题并提供参与平台，让发现问题的人们共同参与社会文明进步的建设。如 G-Mark 大奖的“焦点问题”的设立。在每年的焦点问题上都有十多位各方面的专家对各自领域关心的问题与发展方向发起围绕进步与发展的中心议题的讨论。这些焦点是把普遍的社会问题看作良好设计的机会，尽管这个观点可能是新的或具有争议性的。

通过对近五年焦点问题的整理我们可以看到，日本的设计重点首先是立足本国国情，是站在当下并放眼未来的设计方向，通过设计师和不同领域专家的共同探索，意图促进整个社会的共同发展。几乎每年的焦点都会聚焦于“环境生态”“人与技术”“日常美学”与“设计的教育”这几个大的概念。这既是目前人类需要共同面对的问题，又是各个国家面临的在其不同历史条件下需要具体解决的问题。

表 4.8　G-Mark 的焦点问题及中心议题（2018—2022 年）

| 时间 | 焦点问题 | 中心议题 |
| --- | --- | --- |
| 2018 年 | 以导演视角看待我们时代的设计故事 | 利用技术<br>改变工作方式<br>提高一般学习<br>培育地方<br>改革社会基础设施<br>重新发现生命的价值<br>描绘欢乐的社会 |
| 2019 年 | 关注设计与社会问题的相互作用 | 新业务设计<br>技术与传统设计<br>社区发展设计<br>防灾与恢复设计 |
| 2020 年 | 在变革时代，设计可以做什么 | 一起组织系统的设计<br>扩展关系的设计<br>为远距离的人创造一个地方的设计<br>改善环境的设计<br>设计作为指向新社会的路标 |
| 2021 年 | 着眼于“未来”的设计视角 | 不完整的设计<br>与下一代共同创造的设计<br>需要时间的设计<br>产生凝视的设计<br>共存设计 |
| 2022 年 | 关注设计与社会问题的相互作用 | 新业务设计<br>技术与传统设计<br>社区发展设计<br>防灾与恢复设计 |

红点奖虽未设置类似“竞赛主题”“焦点议题”之类的组别，但其在红点设计概念奖中设置了旨在表彰非凡设计创意的“红点之光”（Red Dot: Luminary）最高荣誉奖。通过对荣获“红点之光”的获奖作品的主题分析，我们也可看到红点奖与红点评委们所关注的设计议题。

表 4.9　红点奖“红点之光”的作品议题（2016—2022 年）

| 年份 | 获奖作品 | 设计概念或目标 | 作者及国家 | 类别：议题 |
|---|---|---|---|---|
| 2016 年 | 2016 谷歌自动驾驶汽车 | 代表了一种全新的交通方式 | 谷歌，美国 | 准备：出行 / 智能 |
| 2017 年 | 哈罗之城 | 用滑板车打造“城市移动 + 交通系列”理念的绿色生活方式 | 北京一英里科技有限公司，中国 | 准备：出行 / 城市生活 |
| 2018 年 | 生活摩托车 | 智能交互与驾驶 | 雅马哈，日本 | 准备：出行 / 智能 |
| 2019 年 | 里卢姆飞行器（Lilium Jet） | 源于任何人都可以随时随地飞行的梦想 | 里卢姆（Lilium），德国 | 概念：出行 |
| 2020 年 | 机器人假膝 | 专为膝盖以上截肢者设计，有助于恢复他们的身体机能 | 拜欧尼克公司（BionicM Inc.），日本 | 准备：仿生学 |
| 2021 年 | 鲁门眼镜（Lumen-Glasses for the Blind） | 旨在赋予盲人更多的活动能力 | 鲁门（Lumen），罗马尼亚 | 概念：通信技术 |
| 2022 年 | 无人拖车（Trailer Drone） | 一种独特且创新的未来移动解决方案，将燃料电池、卡车、拖车和机器人结合在一个平台上 | 李相业、现代汽车公司，韩国 | 概念：交通运输 |

从 2016—2022 年的“红点之光”获奖作品名单我们可以发现，红点奖一直持续关注新兴技术在生活中的应用，如 2016—2019 年连续四年关注移动交通的议题。2016 年的谷歌自动驾驶汽车掀开了汽车领域“无人驾驶”技术的研发浪潮。2018 年，雅马哈推出摩托车智能交互与驾驶设计，“智能出行”方案从四轮拓展至两轮。及至 2022 年的无人拖车，“无人驾驶”已然平台化、模块化。2017 年，中国北京一英里科技有限公司以滑板车为切入点关注都市出行“最后一公里痛点”

与“绿色出行”议题。2020 年，红点奖转向大流行时代对生命健康的关注，倡导对生命健康关注的同时坚持鼓励探索新兴技术在生活中的应用。如 2021 年的获奖作品《鲁门眼镜》，将最新的机器人技术和自动驾驶技术缩小到可穿戴耳机的水平，通过从眼镜内部开发的直观触觉和听觉反馈机制赋予盲人更多的活动能力。通过 G-Mark 和红点奖这两个奖项的焦点议题设置，我们可以看出设计界越来越关注社会的现实问题和发展趋势。这种趋势表明，设计不仅仅是追求美感和创新，更是在努力解决日益复杂的社会挑战，促进社会的进步和可持续发展。这也呼应了社会对设计的期望，希望设计能够在更广泛的层面上产生积极的影响。

对设计学科的发展而言，这种趋势提供了有益的启示。交叉学科时代下的设计教育需要更加贴近社会现实，培养学生具备深刻的社会洞察力和解决问题的能力。设计师不仅需要具备创意和技术，还需要了解社会的需求和趋势，能够通过设计提供实际解决方案。其次，设计教育必须鼓励跨学科合作，让不同领域的专家共同参与解决复杂的社会问题。跨学科合作可以带来更丰富的思维和创新，有助于培养学生的综合能力，引导学生将设计看作是一种影响社会的工具，强调价值观和社会责任。同时在设计研究方面，探索如何通过设计来应对社会变革的问题已迫在眉睫，诸如新兴技术和创新在设计领域的应用，如何将设计融入社会发展的各个层面，以及深入研究设计在社会发展中的作用和意义等。

# 4-5 大赛获奖情况

对主要设计奖项获奖情况的分析，不仅能在一定意义上对当今国内院校如火如荼的“以赛代练”的教学现象提供冷静思考的空间，同时也能对我们的设计评价体系的梳理与设计学科的转型升级发展提供一些理论与现实的指导意义。下表（表 4.10）是红点奖官网对过去十年间设计概念奖获奖作者所在院校的统计名单。同时，我们也可以从东西方各院校在本奖项中的表现侧面看出各院校的专业教学水平与实力。

表 4.10　红点设计概念奖获奖数量排名院校榜单（2012—2022 年）

| 时间 | 获奖院校 | 国家 | 洲区 |
| --- | --- | --- | --- |
| 2012 年 | 于默奥设计学院 | 瑞典 | 美洲和欧洲 |
| | 法国国立高等工业设计学院 | 法国 | |
| | 艺术中心设计学院 | 美国 | |
| | 费城艺术大学 | 美国 | |
| | 皇家艺术学院 | 英国 | |

| 时间 | 获奖院校 | 国家 | 洲区 |
| --- | --- | --- | --- |
| 2012年 | 施瓦本格明德设计学院 | 德国 | 美洲和欧洲 |
| | 福克旺艺术大学 | 德国 | |
| | 哈雷艺术学院 | 德国 | |
| | 金斯顿大学 | 英国 | |
| | 台湾科技大学 | 中国 | 亚太地区 |
| | 浙江大学 | 中国 | |
| | 台湾实践大学 | 中国 | |
| | 台北科技大学 | 中国 | |
| | 三星艺术设计学院 | 韩国 | |
| | 台湾成功大学 | 中国 | |
| | 江南大学 | 中国 | |
| | 弘益大学 | 韩国 | |
| | 台湾云林科技大学 | 中国 | |
| | 台湾大同大学 | 中国 | |
| 2013年 | 于默奥设计学院 | 瑞典 | 美洲和欧洲 |
| | 法国国立高等工业设计学院 | 法国 | |
| | 艺术中心设计学院 | 美国 | |
| | 费城艺术大学 | 美国 | |
| | 加州艺术学院 | 美国 | |
| | 中东技术大学 | 土耳其 | |
| | 哈雷艺术学院 | 德国 | |
| | 普拉特学院 | 美国 | |
| | 皇家艺术学院 | 英国 | |
| | 福克旺艺术大学 | 德国 | |

| 时间 | 获奖院校 | 国家 | 洲区 |
| --- | --- | --- | --- |
| 2013 年 | 浙江大学 | 中国 | 亚太地区 |
| | 台湾科技大学 | 中国 | |
| | 台北科技大学 | 中国 | |
| | 台湾大同大学 | 中国 | |
| | 台湾实践大学 | 中国 | |
| | 三星艺术与设计学院 | 韩国 | |
| | 台湾云林科技大学 | 中国 | |
| | 台湾成功大学 | 中国 | |
| | 江南大学 | 中国 | |
| | 弘益大学 | 韩国 | |
| 2014 年 | 于默奥设计学院 | 瑞典 | 美洲和欧洲 |
| | 艺术中心设计学院 | 美国 | |
| | 法国国立高等工业设计学院 | 法国 | |
| | 费城艺术大学 | 美国 | |
| | 加州艺术学院 | 美国 | |
| | 奥斯陆建筑与设计学院 | 挪威 | |
| | 中东技术大学 | 土耳其 | |
| | 萨凡纳艺术与设计学院 | 美国 | |
| | 拉文斯堡合作教育大学 | 德国 | |
| | 哈雷艺术学院 | 德国 | |
| | 普拉特学院 | 美国 | |
| | 西北应用科技大学 | 瑞士 | |
| | 浙江大学 | 中国 | 亚太地区 |
| | 台湾科技大学 | 中国 | |

| 时间 | 获奖院校 | 国家 | 洲区 |
| --- | --- | --- | --- |
| 2014 年 | 台湾实践大学 | 中国 | 亚太地区 |
| | 梅西大学 | 新西兰 | |
| | 台湾云林科技大学 | 中国 | |
| | 台湾大同大学 | 中国 | |
| | 台北工业大学 | 中国 | |
| | 台湾成功大学 | 中国 | |
| | 弘益大学 | 韩国 | |
| | 江南大学 | 中国 | |
| 2015 年 | 艺术中心设计学院 | 美国 | 美洲和欧洲 |
| | 于默奥设计学院 | 瑞典 | |
| | 法国国立高等工业设计学院 | 法国 | |
| | 萨凡纳艺术与设计学院 | 美国 | |
| | 中东技术大学 | 土耳其 | |
| | 费城艺术大学 | 美国 | |
| | 哈雷艺术学院 | 德国 | |
| | 加州艺术学院 | 美国 | |
| | 艾米丽卡尔艺术与设计大学 | 加拿大 | |
| | 维也纳应用艺术大学 | 奥地利 | |
| | 浙江大学 | 中国 | 亚太地区 |
| | 台湾科技大学 | 中国 | |
| | 梅西大学 | 新西兰 | |
| | 台北科技大学 | 中国 | |
| | 台湾大同大学 | 中国 | |
| | 大连民族大学 | 中国 | |

| 时间 | 获奖院校 | 国家 | 洲区 |
| --- | --- | --- | --- |
| 2015年 | 台湾云林科技大学 | 中国 | 亚太地区 |
| | 台湾实践大学 | 中国 | |
| | 台湾成功大学 | 中国 | |
| | 浙江大学宁波理工学院 | 中国 | |
| 2016年 | 于默奥设计学院 | 瑞典 | 美洲和欧洲 |
| | 法国国立高等工业设计学院 | 法国 | |
| | 艺术中心设计学院 | 美国 | |
| | 萨凡纳艺术与设计学院 | 美国 | |
| | 中东技术大学 | 土耳其 | |
| | 费城艺术大学 | 美国 | |
| | 皇家艺术学院 | 英国 | |
| | 哈雷艺术学院 | 德国 | |
| | 加州艺术学院 | 美国 | |
| | 创意艺术大学 | 英国 | |
| | 浙江大学 | 中国 | 亚太地区 |
| | 梅西大学 | 新西兰 | |
| | 大连民族大学 | 中国 | |
| | 台湾科技大学 | 中国 | |
| | 台北科技大学 | 中国 | |
| | 台湾云林科技大学 | 中国 | |
| | 台湾大同大学 | 中国 | |
| | 河西大学 | 韩国 | |
| | 广州美术学院 | 中国 | |
| | 清州大学 | 韩国 | |

| 时间 | 获奖院校 | 国家 | 洲区 |
| --- | --- | --- | --- |
| 2017年 | 于默奥设计学院 | 瑞典 | 美洲和欧洲 |
| | 萨凡纳艺术与设计学院 | 美国 | |
| | 法国国立高等工业设计学院 | 法国 | |
| | 艺术中心设计学院 | 美国 | |
| | 中东技术大学 | 土耳其 | |
| | 费城艺术大学 | 美国 | |
| | 蒙特利尔大学设计学院 | 加拿大 | |
| | 中央圣马丁艺术与设计学院 | 英国 | |
| | 麻省理工学院 | 美国 | |
| | 申卡学院 | 以色列 | |
| | 梅西大学 | 新西兰 | |
| | 浙江大学 | 中国 | 亚太地区 |
| | 大连民族大学 | 中国 | |
| | 台北科技大学 | 中国 | |
| | 河西大学 | 韩国 | |
| | 台湾云林科技大学 | 中国 | |
| | 清州大学 | 韩国 | |
| | 台湾科技大学 | 中国 | |
| | 广州美术学院 | 中国 | |
| | 台湾大同大学 | 中国 | |
| 2018年 | 于默奥设计学院 | 瑞典 | 美洲和欧洲 |
| | 萨凡纳艺术与设计学院 | 美国 | |
| | 法国国立高等工业设计学院 | 法国 | |
| | 艺术中心设计学院 | 美国 | |

| 时间 | 获奖院校 | 国家 | 洲区 |
| --- | --- | --- | --- |
| 2018年 | 中东技术大学 | 土耳其 | 美洲和欧洲 |
| | 艺术学院大学 | 美国 | |
| | 蒙特利尔大学设计学院 | 加拿大 | |
| | 中央圣马丁艺术与设计学院 | 英国 | |
| | 麻省理工学院 | 美国 | |
| | 申卡学院 | 美国 | |
| | 大连民族大学 | 中国 | 亚太地区 |
| | 梅西大学 | 新西兰 | |
| | 浙江大学 | 中国 | |
| | 台湾科技大学 | 中国 | |
| | 台北科技大学 | 中国 | |
| | 广州美术学院 | 中国 | |
| | 台湾云林科技大学 | 中国 | |
| | 清州大学 | 韩国 | |
| | 拉萨尔艺术学院 | 新加坡 | |
| | 河西大学 | 韩国 | |
| 2019年 | 于默奥设计学院 | 瑞典 | 美洲和欧洲 |
| | 萨凡纳艺术与设计学院 | 美国 | |
| | 法国国立高等工业设计学院 | 法国 | |
| | 蒙特利尔大学设计学院 | 加拿大 | |
| | 艺术中心设计学院 | 美国 | |
| | 皇家艺术学院 | 英国 | |
| | 中东技术大学 | 土耳其 | |
| | 费城艺术大学 | 美国 | |

| 时间 | 获奖院校 | 国家 | 洲区 |
| --- | --- | --- | --- |
| 2019年 | 中央圣马丁艺术与设计学院 | 英国 | 美洲和欧洲 |
| | 麻省理工学院 | 美国 | |
| | 申卡学院 | 以色列 | |
| | 梅西大学 | 新西兰 | 亚太地区 |
| | 大连民族大学 | 中国 | |
| | 台湾科技大学 | 中国 | |
| | 浙江大学 | 中国 | |
| | 广州美术学院 | 中国 | |
| | 台北科技大学 | 中国 | |
| | 清州大学 | 韩国 | |
| | 拉萨尔艺术学院 | 新加坡 | |
| | 河西大学 | 韩国 | |
| | 台湾云林科技大学 | 中国 | |
| | 台湾东海大学 | 中国 | |
| 2020年 | 于默奥设计学院 | 瑞典 | 美洲和欧洲 |
| | 萨凡纳艺术与设计学院 | 美国 | |
| | 法国国立高等工业设计学院 | 法国 | |
| | 皇家艺术学院 | 英国 | |
| | 蒙特利尔大学设计学院 | 加拿大 | |
| | 艺术中心设计学院 | 美国 | |
| | 费城艺术大学 | 美国 | |
| | 中央圣马丁艺术与设计学院 | 英国 | |
| | 麻省理工学院 | 美国 | |
| | 申卡学院 | 以色列 | |

| 时间 | 获奖院校 | 国家 | 洲区 |
| --- | --- | --- | --- |
| 2020年 | 大连民族大学 | 中国 | 亚太地区 |
| | 台湾科技大学 | 中国 | |
| | 梅西大学 | 新西兰 | |
| | 拉萨尔艺术学院 | 新加坡 | |
| | 浙江大学 | 中国 | |
| | 武汉科技大学 | 中国 | |
| | 燕山大学 | 中国 | |
| | 广州美术学院 | 中国 | |
| | 台北科技大学 | 中国 | |
| | 台湾云林科技大学 | 中国 | |
| 2021年 | 于默奥设计学院 | 瑞典 | 美洲和欧洲 |
| | 萨凡纳艺术与设计学院 | 美国 | |
| | 蒙特利尔大学设计学院 | 加拿大 | |
| | 皇家艺术学院 | 英国 | |
| | 代尔夫特理工大学 | 荷兰 | |
| | 台湾科技大学 | 中国 | 亚太地区 |
| | 大连民族大学 | 中国 | |
| | 梅西大学 | 新西兰 | |
| | 弘益大学 | 韩国 | |
| | 广州美术学院 | 中国 | |
| 2022年 | 于默奥设计学院 | 瑞典 | 美洲和欧洲 |
| | 萨凡纳艺术与设计学院 | 美国 | |
| | 蒙特利尔大学设计学院 | 加拿大 | |
| | 皇家艺术学院 | 英国 | |

| 时间 | 获奖院校 | 国家 | 洲区 |
| --- | --- | --- | --- |
| 2022年 | 视觉艺术学院 | 美国 | 美洲和欧洲 |
| | 台湾科技大学 | 中国 | 亚太地区 |
| | 大连民族大学 | 中国 | |
| | 梅西大学 | 新西兰 | |
| | 弘益大学 | 韩国 | |
| | 国立大学 | 新加坡 | |

通过对“红点：设计概念奖”过去十年的获奖院校排名进行整理汇总，我们可以发现美洲与欧洲院校多为艺术设计类名校，如QS世界大学排名全球第一的英国皇家艺术学院在最近的四年间都稳居前10，法国国立高等工业设计学院连续十年入列，瑞典于默奥大学与美国萨凡纳艺术与设计学院更是连年占据冠亚军宝座。这一结果与国内之前围绕“红点奖”的种种非议，如专门针对中国市场等有一定出入。

而亚太地区部分，中国大陆、中国台湾与韩国等地高校对于参加红点奖较为热衷。同韩国与中国台湾地区传统设计强校获奖较多不同，中国大陆地区许多设计学科优势高校，如清华大学美术学院、中央美术学院、中国美术学院等似乎对此不甚热衷。浙江大学在设计学科起步阶段的“红点奖热潮”（2012—2020年概念奖获奖数量均位列亚太前10），在见证浙大设计学科蓬勃发展的同时，似乎也在侧面推动了其发展。我们也观察到，广州美术学院张剑团队与大连民族大学包海默团队，作为各自院校的主力军将广州美术学院与大连民族大学推进前10榜单。这种依靠单兵小团体作战的模式，是否能真正从整体上带动两校的设计教育与研究水平的提高，尚有待继续观察。

表 4.11　2022 红点设计概念奖优势院校

| 美洲和欧洲院校 | 亚太地区院校 |
| --- | --- |
| 瑞典于默奥设计学院 | 中国台湾科技大学 |
| 美国萨凡纳艺术与设计学院 | 中国台北科技大学 |
| 法国国立高等工业设计学院 | 中国台湾云林科技大学 |
| 英国皇家艺术学院 | 中国台湾实践大学 |
| 英国中央圣马丁艺术与设计学院 | 中国江南大学 |
| 加拿大蒙特利尔大学设计学院 | 中国浙江大学 & 浙江大学宁波理工学院 |
| 美国艺术中心设计学院 | 中国大连民族大学 |
| 土耳其中东技术大学 | 中国广州美术学院 |
| 美国费城艺术大学 | 韩国弘益大学 |
| 挪威奥斯陆建筑与设计学院 | 韩国清州大学 |
| 以色列申卡学院 | 韩国河西大学 |
| 英国创意艺术大学 | 韩国三星设计学院 |
| 美国麻省理工学院 | 新西兰梅西大学 |

意大利 A' 设计奖根据 A' 设计奖获奖情况每年发布“世界设计排名（WDR）”。WDR 是为数不多的以国家为基础的设计排名之一。排名根据一个国家获得的 A' 设计奖最高级别奖项（白金设计奖）的数量决定排名的先后顺序。如果出现平局，将对其下一级获奖的总积分等进行比较。不同级别的奖项给予不同的分数，从最低的“铁 A' 设计奖”（+2 分）到最高的“白金 A' 设计奖”（+6 分）。下表（表 4.12）为 2022 年度意大利 A' 设计奖根据获奖情况发布的世界设计排名。

表 4.12　2022 世界设计排名（WDR）

| 排名 | 国家 / 地区 | 白金奖数量 | 总分 |
| --- | --- | --- | --- |
| 1 | 中国大陆 | 110 | 13741 |
| 2 | 美国 | 74 | 4693 |
| 3 | 日本 | 48 | 2574 |
| 4 | 意大利 | 36 | 2122 |
| 5 | 中国香港 | 27 | 3240 |
| 6 | 英国 | 20 | 1301 |
| 7 | 中国台湾 | 17 | 6896 |
| 8 | 土耳其 | 15 | 2012 |
| 9 | 德国 | 15 | 1198 |
| 10 | 葡萄牙 | 12 | 637 |

在 2022 WDR 中，中国大陆位列全球第一，总分遥遥领先于第二名的美国。可见，中国选手在 A' 设计奖竞赛中表现优异，但是在代表高质量的白金 A' 设计奖上相较于总分的比例较低，目前还主要是以参赛选手基数大带来的奖项优势。中国香港和中国台湾也位列前 10。其他值得注意的国家包括土耳其 、荷兰 、瑞士、印度、新加坡、芬兰、法国、丹麦等。

综合以上信息，我们可以观察到一些问题和对设计学科发展有益的启示：第一，不同地区的高校在参与设计奖项时呈现出明显的趋势和特点，美洲和欧洲地区的艺术和设计名校在奖项中表现突出，而亚太地区的一些高校也表现出较高的热情，但存在不同程度的参与差异；第二，一些高校通过小团队的作战模式在奖项中取得了突出成绩，这或许提供了一个启示，即院校可以鼓励学生形成创新团队，通过合作解决实际问题，从而推动整个设计教育和研究水平的提升；第三，意大利 A' 设计奖根据获奖情况发布 WDR，但该排名仅以设计获奖数量为评价指标，存在一定的局限性。尽管中国在 WDR 中名列第一，但这并不能完全代表各国设计水平的真实情况，因为 WDR 无法全面考虑不同国家的参与动机、条件和背景。因此，虽然 WDR 可以提供一种参考，但不足以全面评价各国的设计实力和创新能力。设计界仍需要关注更多的评价维度和方法，以便更准确地了解不同国家在设计领域的表现和发展。

# 4-6 结论

设计作为提高企业利润和品牌声望的一种方式在商业中的价值已被市场和客户广泛认可。但是，设计奖项不一定会给企业带来直接的经济利润。也就是说，设计奖项所带来的间接收益并没有想象中的那么好。一些研究表明，获奖设计作品通常不是最畅销的商品，[①]这也因此产生了一个问题：设计师是应该继续追求设计奖项设定的设计标准，还是应该更多地考虑为客户创造更多的商业价值。设计奖项所揭示的理想标准与商业市场的现实标准之间似乎存在一定的差距，同样的困境也出现在设计教育中。当设计奖项的获奖数量被纳入教育评价的指标体系时，势必会挤占设计教育中本应传授的其他价值的分量，甚至出现所谓“以赛代练”的现象。并且学生在毕业后又面临着现实世界的复杂挑战，因此，这不再是简单的获奖就能解决的问题。

---

① Bloch, P. H. 1995.“Seeking the Ideal Form:Product Design and Consumer Response.”Journal of Marketing 59, 16—29.

设计奖项的意义在于承载了对优秀设计的认可和鼓励，鼓励设计创新，引领设计思想的发展，同时提升了设计行业的声誉和地位。设计奖项还促使设计师在竞争中不断进步，推动了设计教育和研究的发展，也体现了社会对设计发展的重要性。然而，由于设计奖项的评选标准和机制可能存在的主观性，也会导致一些“副作用”的出现，诸如因过于强调创新性和独特性而忽视了实际可行性和市场需求，导致一些获奖作品脱离生活实际或在市场中表现不佳，仅沦为一张精致的效果图。

对于设计学科的建设意义和价值而言，根据前文对三大设计奖项最近几年的重点议题或重要获奖作品的梳理，反映了近几年由于社会发展需要所产生的、亟须设计师思考和应对的关键及复杂议题。设计奖项也希望以此倡导设计师在社会中更广泛地应用设计中使用的思想、观点和方法，将它们与特定主题的专门知识或活动联系起来，以促进社会发展。通过这些焦点议题的设定，倡导社会和日常生活在未来发展中采取应对的形式，以此促使设计师对这些焦点议题做出反应。同时，这些焦点议题也提出了需要解决的各种问题和良好设计必不可少的领域。通过对特定议题的阐发，引领设计师探索设计的明天，为世界的可持续发展提供动力。

此外，这些设计奖项也在客观上鼓励了跨学科合作，推动了设计与其他领域的融合，促进了交叉学科的发展和创新。然而，设计学科的发展也面临着来自社会快速变化的挑战和压力。在交叉学科的新时代，设计师需要适应环境的复杂变化，这不仅需要具备基本的设计技能，还需要具备广泛的知识背景和跨学科思维。设计教育应当紧跟时代的发展，培养学生的综合素质和创新能力，使他们能够更好地应对未来的挑战和机遇。

综合来看，设计奖项的设立和焦点议题的引导，为设计学科的发展提供了重要的引领和推动作用，同时也提醒着设计界和教育界需要不断创新，以适应变化和更好地为社会的发展贡献智慧和创意。

# 典型设计展览分析

# Case Studies of Influential Design Exhibitions

# 5-1 展览发展的背景

18 世纪欧洲工业革命之后，欧美从农业经济时代步入工业经济时代，经济的快速发展带动了城市与产业的兴盛，造就了欧美现代化的生活样貌。20 世纪的两次世界大战对欧美国家造成了巨大的破坏，城市的硬件设施遭受损害。纯粹理性主义的思维在大战的背景下受到质疑，人们开始关注更加综合和多元的思维方式，后现代主义思潮就此兴起。全球产业结构与产业布局出于对全球化与产业成本的考量，在 20 世纪 60 年代之后开始形成产业转移的风潮。英国进入城市没落时期，而新兴国家的经济开始在世界上占有一席之地。

面对日益增加的失业人口与荒芜废弃的产业工厂，以创意设计为核心的文化创意产业适时地在知识经济的发展中成为重要产业。除了复兴没落产业之外，促使现代主义之后断裂的历史文化意涵在 20 世纪 80 年代重获重视，各国从创意的角度重新发展文化、民族、城市、生态、产业等既有资产，让各类型的文化资本通过创意整合，以知识经济的样貌成为新的经济体系。

在体验经济和知识经济的背景下，设计思维的介入引发了创新模式的变革，在技术驱动式创新、市场驱动式创新的基础上，设计驱动式创新以全新的姿态介入创新战略管理，其核心在于通过设计创造“新意义”的方式实现设计价值的跃迁。

同时，设计研究的对象也聚焦到与价值有关的“意义”属性中来。[①] 因为设计与价值就其原生形态而言，并非彼此分离，而是融合在一起的。[②]

设计源自解决社会生产生活的问题，而当社会因技术进步发生变革时，新的设计形态随即产生。设计先后经历了创造风格、关注意义、协调管理、创造体验、驱动创新等各个发展阶段，从之前关注物质世界逐步拓展到非物质的领域。设计的对象也在不断延伸，从符号到物品，到活动，到关系、服务和流程，一直到系统、环境和机制。[③] 而当设计的功能与形式都逐渐脱离物质层面，从物质性转变到非物质性，进入一个非现实的、探索观念与问题的空间领域时，设计展览成为社会与艺术交汇的思想实验场所和平台。

当人类进入后工业化时代，设计展览的功能不再是以“博览会”的形式去推崇设计的美学性与功能性，而是转向对设计的本质进行思辨、探索，将设计的责任和道德、价值取向等伦理问题纳入策展视野，引发学术乃至社会层面的持续讨论。自 20 世纪中叶，西方学界逐渐发出对设计价值批判的声音，包括设计的伦理观念、设计原则、设计目的等被从理论的角度严肃提出。美国学者维克多 · 帕帕奈克（Victor Papanek）在其最重要的著作《为真实的世界设计》中提出了关于设计目的性和功能性的新看法。他主张设计要有高度的社会和道德责任感，设计要为各个阶层的人服务，要为人的“需求”（needs），而不是“欲求”（wants）设计。正如哈尔 · 福斯特（Hal Foster）在《设计与犯罪》（*Design and Crime*）一书中从反保守主义、文化批判的角度对设计进行的伦理拷问：“将艺术注入功利主义对象的话题在今天有了新的共鸣，当审美和功利主义不仅混为一谈，而且都包含在商业中，从建筑项目和艺术展览，一直到牛仔裤，甚至人的一切……似乎都被视为设计。”[④]

---

① 蔡军，李洪海，饶永刚．设计范式转变下的设计研究驱动价值创新 [J]. 装饰，2020(5):10—15.

②李立新．价值论：设计研究的新视角 [J]. 南京艺术学院学报（美术与设计版），2011(2):1-3+161.

③ Buchanan R. Design Research and the New Learning[J]. Design Issues, 2001,11(4).

④ Foster H. Design and Crime[M]. Verso, London (2002).

# 5-2 设计概念的进化

自工业革命后诞生的“Design”（设计）一词，源于古老的拉丁文“Designare”，意思是“构想、计划”，但是其含义随着时代及思想的变迁而有所不同。据大英百科全书（Encylopesia Britannica）记载，设计（Design）是“做记号”的意思，将执行的行动或计划的过程、核心等制成图画或是模型的具体计划。从字义上解释或许是最能简明定义“设计”一词的方式，但设计存在于整个社会的意义却不如字义上来得明确与容易，其更深层的含义是随着时代的改变而不断更新。

在数字化浪潮中，对新的社会问题的解决与治理、生产关系的重组都将使设计发生改变，造物逻辑和人、事、物的关系也将建立新的秩序。“设计”在跨学科领域中融合与演进，边界逐渐模糊，形态也更加多样，设计展览的主题也由物质性迈入非物质性，展现出“设计”作为一个持续发展中的概念，随着时代的变迁而不断地被调整、被重塑。

# 一、设计边界的拓展

英国设计委员会的前主席乔治·考克斯（George Cox）将设计定义为：设计是将创造力与创新联系起来，将想法塑造成对用户（或客户）来说实用且有吸引力的主张，设计可以被描述为将创造力部署到特定目的的行为。然而，尽管设计和创新经常联系在一起，甚至被认为是同一个意思，但也有学者认为不要对“设计”这个术语使用过于狭隘的定义，应将设计视为交付商品和服务以及了解客户需求的更广泛的实践。①甚至有学者认为应将所有设计统一为“一个人工制品或人工制品系统的计划”。②这些人工制品可以是产品，也可以是零售商，甚至是服务业的部门。因此，设计可以定义为使沟通更顺畅、更高效的计划或概念。

在 2016 年的第 21 届米兰三年展特展“新史前时代：一百个动词”（Neo. Preistoria: 100 verbi）中，策展人意大利建筑师安德烈亚·布兰齐（Andrea Branzi）与日本设计师原研哉选择了一百个动词，如存在、定向、存储、醉酒、测量、交换、背诵、书写、思考、导航、爱、分享、规则、游戏、沸腾、崇拜等，并将这些“动词”与一百个物体相连。通过探讨这些词与物体相关的行动联系，让观众穿越人类造物历史的同时，重新思考“设计”作为人类的造物本能的发展意义。

当社会因技术进步发生变革时，新的设计形态随即产生。设计先后经历了创造风格、关注意义、协调管理、创造体验、驱动创新等各个发展阶段，从之前关注物质世界已逐步拓展到非物质的领域。正如 1990 年彼得·多默（Peter Dormer）在《现代设计的意义》一书中提到的：未来的设计正在从有形走向无形，从产品走向服务，从物质走向非物质。③在工业革命时代，产品为实实在在的造型的开发，它的特点是以轻工业为主要服务对象的产品的开发，可以归类为设计的造物时代。现代新的科技成果为非物质设计带来设计空间。

数字技术的快速发展导致设计与生产之间关系的改变，设计的学科性正在一步步消解，学科边界正在被重塑。维克多·马格林（Victor Margolin）和理查德·布坎南（Richard Buchanan）在《设计的观念：设计问题读本》中写道：当代的设计话语与其说与过去根本断裂，不如说，设计的领域与边界在不断被拓展与延伸。人类社会经历三次工业革命，在取得经济成就、科技发展与生活形态转变的同时，人类所建构的工业文明社会从内部所引发的文明风险，诸如生态灾难、健康危机、文化冲突、能源耗损等问题，影响着人们对于现代发展的信任关系。同时，随着“设

① Moultrie, J. and Livesey, F. Design Scoreboard: Development of an Approach to Comparing International Design Capabilities[M]. Farnham: Gower Publishing Limited, 2010: 25—38.

② Eds. M. Oakley. Design Management: A Handbook o f Issues and Methods. Oxford: Basil Blackwell, 1990: 16.

③ [英] 彼得·多默. 现代设计的意义 [M]. 张蓓译. 南京：译林出版社, 2013.

计思维”这一概念的提出，设计师们被赋予了特殊的解决问题的方法，这些方法被认为适用于“任何领域或学科中的协作问题，不局限于传统设计领域”。[①] 2011年，纽约现代艺术博物馆（MoMA）策划了“与我交谈：人与物之间的设计与交流”（Talk to Me: Design and Communication between People and Objects）的主题展览。展览重点关注涉及直接交互的对象，例如界面、信息系统、可视化设计和通信设备，以及与用户建立情感、感官或智力联系的项目，探讨了当所有对象包含了远远超出其外观信息的情况下，人与物之间的交流变化。诸如在某些情况下，手机和计算机之类的对象的存在是为了让我们能够访问复杂的系统和网络，充当网关和解释器。无论是以公开主动的，还是以微妙的、潜意识的方式，事物都在与我们对话，而设计师则是帮助我们发展即兴对话。展品从 20 世纪 60 年代后期的部分标志性产品到目前正在开发的项目，包括计算机和机器界面、网站、视频游戏、设备和工具、家具和实体产品，并扩展到装置和整个环境。

而随着时代的演进，问题的分类与定位日趋复杂，这不仅增加了想法的难度，也让创新的条件变得严苛。理查德 · 布坎南就认为，现下的问题已非单一领域或是单一科学的知识可以解决的，而且问题结构中利害关系人的角色也变得多样且繁复，已然成为棘手的问题。[②]设计思维是解决棘手问题的创造性过程，是运用分析和直觉的洞察力来创造新的想法。而设计概念的延展、设计功能的升级、参与式设计、协同设计等新兴议题的出现，让设计可以深度参与、甚至主导跨领域的讨论，也使得设计关注的问题逐渐从单一的局部性问题转到全球性问题上来。比如，2019 年的第 22 届米兰三年展特展“破碎的自然：设计承载人类的生存”（Broken Nature: Design Takes on Human Survival），通过对人类与自然环境的不同联系状态的研究，强调了恢复性设计的概念。在探索各种尺度和所有材料的建筑和设计对象及概念时，“破碎的自然”庆祝设计能够为我们这个时代的关键问题提供强有力的洞察，超越虔诚的顺从和不确定的焦虑。通过将注意力转向人类的存在和持久性，提升创造性实践在调查我们物种与世界上复杂系统的联系，以及在必要时通过对象、概念和新系统设计补偿方面的重要性。即使对于那些相信人类物种在当前或未来的某个时刻不可避免地会灭绝的人来说，设计也提供了计划一个更优雅的结局的手段。它可以确保下一个占主导地位的物种会以一点点的尊重记住我们：作为有尊严和关怀的人，即使不是聪明的人。

因此，设计概念从工业革命开始不断演进，从简单的计划转化为更广泛的实践，涵盖物质和非物质领域。随着技术进步和社会需求的变化，设计从产品走向服务，从有形到无形，为人类的生存和交流提供越来越多的解决方案。设计展览中对“设计”这一主题的不同展现，不仅反映了时代的变革，也为我们探索和创造更美好的未来提供了新的视角和可能性。

---

① 维克多 · 马格林、理查德 · 布坎南编：设计的观念：设计问题读本 [M]. 张黎，译 . 南京：江苏凤凰美术出版社，2018 年 .

②同上

交叉学科时代，研究发展的一个重要趋势就是学科之间界限的消解与打破，各学科知识体系互相渗透、交融，学科之间的关系愈加粘连，跨学科、跨边界行动成为普遍的模式与机制。而数字技术的全球化发展又加速了这种趋势，正如法国著名社会学家马克 · 第亚尼（Marco Diani）所观察到的：设计在后工业社会中似乎可以变成过去各自单方面发展的科学技术和人文文化之间一个基本的和必要的链条或第三要素。[①]设计处于科学与人文学科之间的“边缘地带”，不仅可以向人文学科延展，也可以向科学靠拢，具有很强的拓展性。

那么，设计的边界与功能如何扩大到足以产生重要影响的程度？设计是否可以成为解决全球性问题的利器？策展人从不同维度为我们做了解读。

**表 5.1　相关代表性设计展览信息概况**

| 时间 | 地点 | 主题 | 展览介绍 |
| --- | --- | --- | --- |
| 2014 年 11 月 1 日—12 月 14 日 | 第二届伊斯坦布尔设计双年展，土耳其 · 伊斯坦布尔 | 未来不是它曾经的样子（The Future Is Not What It Used to Be） | 设计师所从事的工作类型呈指数增长——从建筑、街道、教育、食品和医疗保健的设计到通信、政治和经济系统及网络的设计。纵观历史，宣言一直起到目的陈述的作用，促进思想交流。在当代背景下，策展人将双年展作为提出问题和开展对话的论坛。我们如何重新考虑宣言，利用它的力量来构建相关的想法，同时探索它可能采取的新形式？ |
| 2014 年 11 月 22 日—2015 年 5 月 25 日 | 纽约现代艺术博物馆（MoMA），美国 · 纽约<br><br>维也纳应用艺术博物馆（MAK），奥地利 · 维也纳 | 不均衡的增长：扩展中的超级城市的城市策略（Uneven Growth: Tacical Urbanisms for Expanding Megacities） | 到 2030 年，世界人口将达到惊人的 80 亿。其中，三分之二将住在城市，但大多数人会很贫穷。由于资源有限，这种不平衡的增长将成为全球社会面临的最大挑战之一。在接下来的几年里，城市当局、城市规划师和设计师、经济学家和许多其他人将不得不联手避免重大的社会和经济灾难，共同努力确保这些不断扩大的特大城市仍然适合居住。<br>不平衡增长旨在挑战当前关于正式和非正式、自下而上和自上而下的城市发展之间关系的假设，并解决建筑师和城市设计师可能承担的角色的潜在变化，以应对当前城市日益加剧的不平等发展。最终的提案于 2014 年 11 月在 纽约现代艺术博物馆上展示，以考虑新兴形式的城市主义如何应对公共空间性质的变化、住房、流动性、空间正义、环境条件和其他相关问题。 |
| 2015 年 2 月 14 日—2016 年 1 月 18 日 | 纽约现代艺术博物馆（MoMA），美国 · 纽约 | 这是为所有人准备的：为共同利益的设计实验（This Is for Everyone: Design Experiments for the Common Good） | 本次展览的名称取自英国计算机科学家、万维网的发明者——蒂姆 · 伯纳斯 - 李（Tim Berners-Lee）在 2012 年伦敦奥运会开幕式上点亮体育场的推特信息。他充满活力的推文强调了互联网——也许是过去 25 年最激进的社会设计实验——为知识和信息的发现、共享和扩展、创造了无限可能的方式。当我们陶醉于这种丰富的可能性时，我们有时会忘记新技术本身并不是民主的。数字时代的设计——通常被简单地认为是为了更大的利益——真的适合所有人吗？从最初的探索性实验到复杂且经常有争议的混合数模状态，一直到“通用”设计，这适合所有人通过纽约现代艺术博物馆收藏的作品探讨这个问题。这些作品颂扬了对当代设计的承诺。 |

① 马克 · 第亚尼 . 非物质社会 [M]. 滕守尧 , 译 . 成都 : 四川人民出版社 , 1998.

| 时间 | 地点 | 主题 | 展览介绍 |
| --- | --- | --- | --- |
| 2016 年 10 月 22 日—11 月 20 日 | 第三届伊斯坦布尔设计双年展，土耳其·伊斯坦布尔 | 何以为人？（Are We Human?） | 第三届伊斯坦布尔设计双年展着力于探索“设计”和“人”的观念之间的亲密关系。设计总是呈现其为人类服务的一面，但是它真正的野心在于重新设计人类。因此，设计史是一个人类观念的进化史。谈论设计，也就是谈论我们物种的状态。人类总是被他们制造的设计彻底地重塑，设计的世界也在不断地扩张。我们生活在一个所有事物都被设计的时代，从我们精心打造的个人外观和线上身份，到环绕我们的由个人设备、新材料、界面、网络、系统、基建、数据、化学物质、有机体和基因密码组成的众多星云。普通的一天牵涉由数千层设计组成的体验，这些设计触及太空，也触及我们身体和头脑的深处。我们简直就是生活在设计之中，就像蜘蛛生活在由它自己的身体产出的网当中。但是不同于蜘蛛，我们已然生产出不计其数的错综复杂且相互沟通的网络。甚至这个星球自身也被由设计形成的地质层完全包裹起来。设计的世界不再只是外部，设计已经变成了世界。<br>设计是关于我们最为人性的事物，正是设计产生了人类。它是社会生活的基础，从最早的人工制品到越来越快的人类能力的扩展。但是设计也制造了不平等和新形式的疏漏。前所未有的，更多的人在同一时间因战争、法律的丧失、贫穷和气候而被迫迁移，由此人类的基因组和气象都被活跃地再设计。我们无法再以“好设计”的想法使自己安心，设计需要被重新设计。<br>头脑中带着这一紧迫的挑战，我们在提字器上写下由 8 个颇具争议性的命题组成的宣言，并邀请众多的艺术家、设计师、建筑师、理论家、编舞家、电影制片人、历史学家、考古学家、科学家、实验室、各种协会、各种中心和非政府组织来回应。所有的答复都被集合在这次展览的五个场地、一系列的出版物和网络之上。每一份贡献都被其作者用言语陈述。我们的期望只是发起关于设计和我们物种的一种新的对话。 |
| 2016 年 9 月 30 日—2017 年 2 月 26 日 | 库珀·休伊特史密森尼设计博物馆，美国·纽约 | 过程实验室：公民设计（Process Lab: Citizen Design） | “公民设计”（Citizen Design）是博物馆流程实验室的一个装置，邀请参观者参与，感同身受，并帮助设想一个更美好的美国。公民设计鼓励地方层面的公民对话。通过一系列问题和选择，参观者可以识别个人重要的问题，并使用设计思维策略创造性地集思广益，收集可能的干预措施。为该装置设计的互动功能使参观者能够探索他们的关注点如何与博物馆其他参观者的关注点保持一致。 |
| 2018 年 10 月 5 日—2019 年 2 月 3 日 | 苏黎世设计博物馆，瑞士·苏黎世 | 社会设计（Social Design） | 用于创业的织布机、自己动手建造的房屋或用于本地供电的太阳能亭：社会设计是为社会设计并与社会一起设计，并且具有高度的话题性。全球经济增长对人类和环境的影响越来越严重。社会设计面临资源、生产资料和未来机会日益不平衡的问题，并依赖于个人、公民社会、国家和经济之间新的、公平的交换。在此背景下，建筑师、设计师、工匠和工程师都在开发解决方案。该展览展示了相关的国际项目，并讨论了对社会系统以及生活和工作环境的重新设计。 |
| 2018 年 11 月 30 日—2019 年 9 月 29 日 | 德国新设计博物馆，德国·慕尼黑 | 设计政治，政治设计（Politics of Design, Design of Politics） | 在与设计博物馆的一系列互动和干预中，策展人揭示了设计在多大程度上需要政治元素。<br>关于“设计的政治”，策展人指出设计对象也总是在政治背景下出现，并且在许多情况下，它们的发展背后都有政治意图。凭借“设计性感化”“设计殖民化”和“设计操纵”等理论，策展人重新审视了可口可乐广告、索尼随身听和现代主义家具。<br>这种对设计中政治因素的讨论将扩展到政治领域。对对象的关注将与“政治设计”形成对比，后者探索设计塑造和改变政治的可能性，设计对社会和文化的发展到底可以发挥着什么作用？ |

| 时间 | 地点 | 主题 | 展览介绍 |
|---|---|---|---|
| 2020 年 9 月 26 日—11 月 8 日 | 第五届伊斯坦布尔设计双年展，土耳其·伊斯坦布尔 | 重新审视移情作用：为更多人设计（Empathy Revisited: Design for More Than One） | 本次双年展致力于开拓一个责任空间，并培养一种对超越人类的依恋文化，探索针对多种身体、维度和视角的设计。展出的项目鼓励我们在这个关键时刻重新思考关怀文明的做法，并共同建立新的系统和结构以重新连接。面对紧迫的气候和经济危机、普遍的社会剥夺状态和疲惫的全球工业模式，双年展提供了关键工具和替代途径。“为更多人设计”不仅考虑到他们的直接用户或客户，而且考虑到任何设计过程中固有的组成部分和复杂的纠缠部分。 |
| 2021 年 10 月 19 日—11 月 14 日 | 德国新设计博物馆，德国·慕尼黑 | 干预：民主设计的各个方面（Interventions: Aspects of Democratic Design） | 将民主理解为一种价值体系，它对我们所有人的共同生活都将产生重大影响：设计可以想象未来的愿景和创新的解决方案，采取明确的立场，并改善我们社会的形态和我们的共同生活。设计能够启动转型过程和社会变革。设计的巨大创新潜力也体现在设计的物品上，例如展品体现了平等、可触及、参与、包容等民主价值观，但也始终受到各自的限制。 |

综合以上展览信息可见，随着全球经济和社会发展不确定性的提升、环境问题的日益严峻和社会结构的变化，传统的政府和社会团体在面对复杂的社会问题时难以单独应对，因此“社会创新”逐渐成为解决社会问题和增强社会能力的重要概念。社会创新强调通过创新手段解决社会问题，其独特之处在于不仅涉及技术或产品的发明，更强调对社会现象和结构的重新构想，以在僵化的社会框架中找到创新、弹性和突破的机会。

设计为社会创新赋予新的意涵，引领突破性的思想和建立全新的社会关系。通过创造性的设计思维，设计师可以提出超越传统范式的解决方案，启发创新思考并重构对社会问题的认知框架。如展览“未来不是它曾经的样子”关注设计在社会发展中的演变，并强调设计在塑造未来的过程中的作用。它探讨了设计如何适应不断变化的环境，以及设计师如何重新考虑和创新宣言的力量，以推动社会的对话和发展。第三届伊斯坦布尔双年展“何以为人？”则深入思考了设计与人类身份和社会的关系。它提出了设计对人类进化和社会变革的重要影响，同时也强调了设计如何塑造我们的生活和环境。因此，设计不仅仅在于可以解决现实问题，更可以塑造人们对社会议题的态度和理解，从而促进积极的社会变革。

设计作为社会创新的赋能机制，引导利益相关者的参与和实践，为社会创新建立支持创新的新架构与资源。社会问题通常涉及多元的利益关系人，设计可以促进不同利益方的协同合作，营造共同创新的环境。设计可以建立平台、工具和方法，鼓励利益相关者积极参与社会问题的解决，从而实现更广泛的影响。“不均衡的增长”聚焦于特大城市扩张的问题，挑战了城市发展中的不平等和不可持续性。设计被用作解决城市化带来的社会和经济问题的工具，通过新兴的战术城市主义来应对城市不平等和不平衡的增长。而“这是为所有人准备的”则强调了设计在共同利益和包容性方面的作用。它探讨了设计是如何从探索性实验到通用设计，并为所有人提供实用、可访问和具有社会意义的解决方案的。社会问题的复杂性和多样性使得设计在实践上面临挑战。社会设计的实践者需要具备跨学科的知识背景，借助多元的知识和设计策略来协调和解决社会问题。社会设计不仅关注视觉沟通能力，更关注如何将不同类型的思想和观察融合在一起，提出具有内在连贯性和原创性的解决方案。

“重新审视移情作用” 着眼于设计与超越人类的依恋文化，强调设计在社会创新和多元视角方面的作用。它提倡设计师以更广泛的视野考虑问题，为多样的需求和维度提供解决方案。“乡村，未来”则关注了日常被忽视的农村创新问题，通过对农村地区的调查和实验，探讨了设计如何在乡村地区带来激进的变革，为全球性问题提供新的解决方案。

综上所述，社会创新作为解决全球性社会问题的一种创新方式，赋予了设计重要的角色。通过重新定义问题、引领创新思维、促进多方合作和提供新的解决方案，设计在社会创新中发挥着不可替代的作用，为构建更具包容性、可持续和创新性的社会提供了新的路径。

# 二、设计媒介的延展

古希腊哲学家亚里士多德第一个列出了人们熟悉的五感——视觉、听觉、味觉、嗅觉、触觉。[①]日本博报堂生活总和研究所认为：21 世纪应该是五感兼备的时代。产品不单是视觉美学的呈现，同时兼具音乐、触感曲线、味觉及嗅觉识别等，让人有完整的感官与情感体验的才会更加有力量。正如芬兰建筑师尤哈尼·帕拉斯玛（Juhani Pallasmaa）在《肌肤之目：建筑与感官》（*The Eyes of the Skin: Architecture and Senses*）一书中提到的，建筑应该用真实的材料和触觉形式来拥抱和包裹人体，要调动除视觉以外的更多感觉，比如触觉、听觉、味觉等，要从以视觉为中心转变到以身体为中心上来，强调设计的多重感官体验。

感官设计作为设计及其展览策划变革发展的一种现象，可以说是从视觉接受角度衍生的一种边界拓展。感官设计不仅考虑事物的形状，还考虑事物如何塑造行为、情感和感觉，对持续变化的环境做出反应。感官设计是具有包容性的，每个人的感官能力在一生中都会发生变化，通过解决多种感官的要求，设计得以支持多种多样的人类需求。感官设计可激活触感、声音、味道和其他身体智慧，支持每个人获得信息、探索世界、体验欢乐、奇迹，并得到社交的机会。从传统意义上看，设计师专注于创造静态物件——纪念碑、船只、标志或海报。如今，设计师尝试新的材料和技术，尽可能利用感官的力量来增强设计的影响力，并借助展览的方式扩展产品、环境和媒介的感官丰富性。

美国库珀·休伊特史密森尼设计博物馆（Cooper Hewitt, Smithsonian Design Museum）的“感官：超越视觉的设计”（The Senses: Design beyond Vision）展览，陈设了超过 65 个设计项目和 40 多个可以触摸到、听到和闻到的物体和装置，是对设计感官丰富性的包容性庆祝，也是激发人们了解世界的新方式的实验性作品和实用解决方案。展览分为 9 个主题，展示了通过开放多个感官维度，设计师可以接触到更多样化的用户：可以触摸和看到的地图有助于有视力、低视力和盲人用户的日常出行和生活知识获取；音频设备将声音转化为可以在皮肤上感觉到的振动；餐具和厨房工具使用颜色和形式来指导患有痴呆症或视力丧失的人。这些创新对所有用户都有益，因为感官设计增强了对身体的意识，并通过刺激我们的本能反应创造了新的情感领域。

在这方面，日本设计尤其注重感官机能的启发与功用。日本著名平面设计师原研哉在其著作《设计中的设计》中提出了平面设计的“五感”理念，即人通过眼、

① Lioyd, & Mitchinson, J. The Book of General Ignorance[m]. New York: Random House, 2006.

皮肤、耳、舌、鼻具备视、触、听、味、嗅五种感觉体验。这五种体验就是平面设计的方向，要通过有效的“五感”刺激和感官体验引起人们对产品的共鸣。

纽约现代艺术博物馆展出的“从不孤单：视频游戏和其他交互设计”（Never Alone: Video Games and Other Interactive Design）（2022 年 9 月 10 日——2023 年 7 月 16 日）。面对未来人们将在数字世界中度过大部分生活的情况，从 Zoom 到 FaceTime，从 WhatsApp 到 Discord，从 Roblox 到 Fortnite，人们用来访问它们的界面是代码的视觉和触觉表现，塑造了人们的行为方式和感知他人的方式。然而，与其他无处不在的工具一样，界面很少被视为设计。本次展览汇集了交互设计的著名示例，该领域考虑了对象（无论是机器、应用程序还是整个基础设施）与人之间的接触。策展人希望提醒人们，虽然数字领域有不同且通常未经检验的参与规则，但交互设计可以改变我们的行为——从我们体验和移动身体的方式到我们对空间、时间和关系的构想方式。

技术促使人的需求益发多元，单一的感官刺激不能满足需求的多样性，最新的设计超越了传统设计对可见形式的强调，越来越将注意力集中在触摸、嗅觉、聆听、交互以及观看等多种感官体验上。与具有广泛身体认知和感官能力的人一起进行的设计激增。在研究、技术和制造进步的推动下，功能性、改善生活的产品激增。同时，当代设计也正在探索新的感觉维度，并尝试使用新的熟悉的材料来定制产品，以满足不同用户需求和体验。与此同时，调动多感官的设计也提供了许多接触设计的机会。设计可以激发感官，并利用非凡的感官能力来丰富和改善日常生活：陶瓷从 3D 打印机中滴落、靴子用蘑菇代替皮革、机器人制作的混凝土柱，等等，这些听起来像科幻小说般的技术已经走出实验室，在设计的不断探索、尝试中触手可及。由于数字化和对更大可持续性的渴望，材料问题比以往任何时候都更加重要。为此，设计师越来越多地与生物技术和材料技术领域的研究人员合作。他们一起用有前途的解决方案来测试未来。“设计实验室：材料与工艺”（Design Lab: Material and Technique）就集中展示了可再生材料和技术材料领域的设计创新项目。

面对日益复杂的发展需求，设计师需要跳脱旧有的模式、规则、边界的限制和束缚，重新思考和审视习以为常的工作模式和专业，拓展思维方式，拓展学科边界，进而达到设计与社会的具体的历史的统一。在设计学进入交叉学科的时代，设计师需要不断探索自己作为设计师的角色和设计的边界，思考如何回应所面临的不同立场的冲击和挑战。设计专业也凭借所具有的独特适应性和韧性，不断生成新的联系，向外拓展、延伸，跨越自己的专业和学科，看到一个更大的层面，跨越学科边界，与工程、社会学、心理学等其他领域协同合作，推动跨学科的工作。而设计作为媒介超越学科、地域、文化乃至时间的边界成为创作的常态，提出了设计创作的形式边界和方法边界正在逐渐消解。

综上所述，设计展览扮演着塑造和传达特定主题、观点和理念的重要角色。通过策展的手法和展品的布置，设计展览将复杂的社会议题和创新思想转化为视觉和感官的体验，从而构建了一个具有独特话语的空间。例如，展览“未来不是它曾经的样子”从设计的角度探讨了社会发展的演变，强调了设计在塑造未来社会的过程中的作用。这种演变不仅仅是技术和产品层面的创新，更是对社会结构和问题的重新构想，为设计概念赋予了更加广泛和深远的内涵。同时，设计展览作为一种视觉和感官的媒介，具有强大的传播能力。设计展览不仅能够吸引广泛的观众，还能够通过展品、展示方式以及与观众的互动，传达深刻的信息和情感。例如，展览“感官：超越视觉的设计”通过展示多感官体验的设计作品，传达了设计在塑造人们感知和情感体验方面的重要性，引发了观众对感官设计的思考和兴趣。设计展览通过创造性的呈现方式，将复杂的概念转化为直观的体验，提升了信息的传达效果，促进了知识和观点的传播。同时，展览提供了观众与设计作品互动的机会，使观众能够从多个角度理解和感受设计所传达的信息。观众通过与展品的互动，可以建立情感连接和认同感，从而加强他们对特定观点和理念的认同。例如，展览“何以为人？”探讨了设计与人类身份和社会的关系，引发了观众对自身在社会中角色和认同的思考。因此，设计展览创造了一个共同的体验空间，通过设计展览，各种声音、观点和想法被整合和表达，促进了观众之间的交流和共鸣，激发公众对设计的兴趣与关注，促进人们对重要议题的思考和讨论，推动社会对设计价值的认知与认同。

# 5-3 艺科融合的发展

设计展览以逻辑解构展示特定产业的技术与艺术的发展，是技术发展的记录者和传播者，从彰显、推介最新技术到反思技术伦理和预测技术的未来。从这个意义上讲，一部设计展览史也是一部技术认知史。

## 一、信息技术的升维

现代设计从诞生之日起就与科学技术紧密相连。从以前依托简单的工具和手工艺发挥“装饰”的功能，到进入现代主义阶段后，机械化技术裹挟设计呈现功能至上的大规模批量化生产特征。随之而来的后现代主义时期，科技革命和产业变革为我们带来无数的新兴事物，数字、智能和网络正在形成决定未来的力量。在智能制造图景中，数智化设计将用户需求转化为供应链和智慧工厂的指令集，融入感知、决策、设计、执行、服务等产品全生命系统，实现用户大数据和大规模定制的超级对接和价值转化，成为智能制造的重要引擎和驱动力。“设计已然成为现代社会影响技术效应的主要因素。”[①]随着“技术潜在的可能性会成为一种话语条件”，技术不可避免地成为设计的工具、内容和主题，成为设计的重要话语维度。设计与技术的关系愈加紧密，不可分割。

①布鲁斯·布朗，理查德·布坎南，卡尔·迪桑洪，等.设计问题（第二辑）[M].孙志祥，辛向阳，代福平，译.北京：清华大学出版社，2016.

表 5.2　相关代表性设计展览信息

| 时间 | 地点 | 主题 | 展览介绍 |
| --- | --- | --- | --- |
| 2013 年 10 月 16日—2014 年 7 月 6 日 | 纽约艺术与设计博物馆（MAD），美国 · 纽约 | 失控：实现后数字化（Out of Hand: Materializing the Postdigital） | 这是纽约第一个致力于探索计算机辅助生产方法对当代艺术、建筑和设计的影响的深入调查。它汇集了来自 20 个国家和地区的 85 位艺术家、建筑师和设计师的 120 多件作品（雕塑、珠宝、时装和家具等），研究新技术如何推动艺术表达和创作的界限。这些作品突出了艺术与技术创新之间的互惠关系。 |
| 2013 年 4 月 26 日—9 月 1 日 | 空间基金会（Espace Fondation EDF），法国 · 巴黎 | 活着：新的设计前沿（Alive: New Design Frontiers） | 策展人对展览的主要驱动力是在面对“生命”时重新评估设计的过程和理念。与活体材料和技术一起工作，如何改变我们制造的产品种类、我们依赖的制造类型以及我们未来的日常设计？策展人确定了五个主题，这些主题提供了一个新的框架，使设计和生活技术如何与受到合成生物学等最新科学进展影响的新兴可持续设计话语相联系。从对生物模仿原则的探索，到与生物体的共同设计、黑客生物系统，或整合生物与非生物材料，34 位国际设计师的选择展现了建筑、家具设计、时装、珠宝、产品和纺织品等新的出发点。 |
| 2017 年 | 库珀 · 休伊特史密森尼设计博物馆，美国 · 纽约 | 乔里斯 · 拉尔曼实验室：数字时代的设的设计（Joris Laarman Lab: Design in the Digital Age） | 这是荷兰设计师乔里斯 · 拉尔曼（Joris Laarman）和他的多学科团队在美国的首次大型展览，以其对数字技术的开创性和优雅应用而闻名。乔里斯 · 拉尔曼实验室在设计、艺术和科学的交汇处工作，正在消除自然与机器制造、装饰性和功能性之间的传统区别，以产生完美无瑕的美感和技术独创性的设计。<br>展览探讨了拉尔曼的概念思维以及他对实验的拥抱，以推动创作过程。展览围绕实验室研发的每一个重要步骤展开，展示了实验室对数字设计的全方位实证研究。 |
| 2018 年 12 月 14日—2019年 3 月 31 日 | 库珀 · 休伊特史密森尼设计博物馆，美国 · 纽约 | 未来之路：重新构想移动性（The Road Ahead: Reimagining Mobility） | 随着数据和设计创新的快速融合，城市变得更加智能，交通选择也在成倍增加。展览鼓励游客创造性地思考机器人、无人机等如何让街景更安全、交通更公平、城市更可持续。 |
| 2018 年 4 月 13 日—10 月 28 日 | 库珀 · 休伊特史密森尼设计博物馆，美国 · 纽约 | 感官：超越视觉的设计（The Senses: Design beyond Vision） | 展览探索旨在激发奇迹和进入我们世界的新方式的实验性作品和实用解决方案。漫步在有香味的暴风雪中，在触觉管弦乐队中演奏毛茸茸的乐器，研究玻璃的声音特性，并体验来自世界上一些最具创造力的思想家的更多感官体验。展览拥有超过 65 个设计项目和 40 多个可以触摸到、听到和闻到的物体和装置，是作为包容性庆祝设计感官丰富性的一种尝试。 |
| 2019 年 9 月 20日—2020年 5 月 25 日 | 库珀 · 休伊特史密森尼设计博物馆，美国 · 纽约 | 人脸价值：探索人工智能（Face Values: Exploring Artificial Intelligence） | “人脸价值：探索人工智能”是一个身临其境的装置，探索了面部检测技术在当代社会中普遍但往往被隐藏了的作用。这种高科技、挑衅性的反应将人脸作为政府和企业用来跟踪、衡量和货币化情绪的活生生的数据源进行调查。观众使用自己的脸来控制摄像头和软件，通过有趣的互动体验情感识别技术的力量和局限性，促使人们意识到这些通常被隐藏的工具。 |

设计已成为影响技术效应的主要因素，技术不仅仅是设计的工具，更成为设计的内容和主题，成为设计话语中重要的一维。以上多个设计展览信息就深刻地阐述了信息技术对设计的影响与发展。比如，纽约艺术与设计博物馆举办的"失控：实现后数字化"展览，聚焦于计算机辅助生产方法对当代艺术、建筑和设计的影响，探讨新技术如何推动艺术表达和创作的界限。法国巴黎空间基金会的展览"活着：新的设计前沿"重新评估了设计在面对"生命"时的理念，探讨了活体材料和技术如何改变产品制造和日常设计。美国纽约库珀·休伊特史密森尼设计博物馆的多次展览，如"数字时代的设计"和"重新构想移动性"，突显了数字技术在设计创新中的应用，以及技术对城市、交通和未来的影响。而纽约现代艺术博物馆的展览"从不孤单：视频游戏和其他交互设计"则聚焦于数字界面对人们生活和感知方式的塑造。

这些展览呈现了设计与信息技术的深刻融合，强调技术作为设计话语的重要构成。设计展览将技术的应用与艺术创作、功能创新等方面相结合，探索了技术对创意和审美的影响，以及在社会、生活和环境方面所带来的变革。展览不仅在视觉上呈现了技术与设计的融合，更通过互动体验和实用解决方案，让观众深入感知技术的作用和潜力。同时，这些展览不仅是对设计概念的进化和发展的有力见证，更是对设计领域的思考和启示。信息技术的不断演进将继续引领着设计的前进方向，设计师需要深刻理解技术在设计中的应用，以创造更具创新性和影响力的作品。

展览还为设计研究提供了丰富的素材和案例，激发了对设计与技术关系的深入探讨，为设计领域的理论和实践提供了有益的借鉴与启发。但是，研究者们也必须清醒地认识到，面对当前所处的生存环境及人类社会的发展所面临的种种挑战，无论其是来自精神世界还是物质世界内所遭遇的困境，设计应真正关照人的生存、健康与发展，在一个日益智能化、自动化、虚拟化的社会里保持感性活力和精神自主，建构一种持续生态化、深度人文化、高度智能化的"数智社会"发展新格局，开启万物互联时代的智慧生活。

## 二、生物技术的介入

自然是设计最丰富的灵感来源，20 世纪初的新艺术运动及继承它而来的装饰艺术皆主张从自然形态中抽离出线条与图形，从自然中发现美的秩序，等等，再转化为高度程序化的人造秩序，使装饰充满活力，满足自然主义的装饰动机。应当说，无论是东方还是西方，向自然学习始终没有离开过设计的视野。随着信息技术的发展以及设计伦理等精神诉求的普遍提出，在环境挑战和生存危机成为紧迫的全球性问题之时，当代设计师以最新技术作为思考工具，继续探求自然界的法则与规律，确定可持续发展的方法，探讨自然与技术的交叉点，以及其对现代生活的跨学科影响，不断提出新的设计概念与实践形式，例如生物设计、绿色设计、有机设计、生态设计等。以多种路径和方法践行世界环境与发展委员会（WCED）对“可持续发展”的定义：满足当代人需求的发展，同时不损害后代人满足其自身需求的能力。[①]

**表 5.3 相关代表性设计展览信息**

| 时间 | 地点 | 主题 | 展览介绍 |
| --- | --- | --- | --- |
| 2019 年 5 月 18 日—10 月 20 日 | 维多利亚与阿尔伯特博物馆（V&A），英国 · 伦敦 | 食物：不止于餐盘（Food: Bigger than the Plate） | 本次展览探讨了创新的个人、社区和组织如何从根本上重新发明我们种植、分配和体验食物的方式，带领游客踏上从堆肥到餐桌的整个食物循环的感官之旅。它提出了关于我们做出的集体选择如何以意想不到的和有趣的方式带来更可持续、公正和美味的食物未来的问题。<br>食物和我们与食物的关系成为全球关注和争论的话题。它包含 70 多个当代项目、新的委托和与厨师、农民、科学家和当地社区合作的艺术家和设计师的创造性合作。这些项目采用新鲜的、实验性的且具有挑战性的视角，展示替代食品的未来，从美食实验到农业的创造性干预，将实物展品与 V&A 收藏的 30 件物品并排摆放，包括有影响力的早期食品广告、插图和陶瓷，为当代展品提供了历史背景。 |
| 2019 年 5 月 10 日—2020 年 1 月 20 日 | 库珀 · 休伊特史密森尼设计博物馆，美国 · 纽约<br><br>立方体设计博物馆（Cube），荷兰 · 科尔克拉德 | 自然——库珀 · 休伊特设计三年展（Nature—Cooper Hewitt Design Triennial） | 受自然属性和资源的启发，设计师正在与自然建立有意义的联系。当人类与地球的复杂性和恶劣条件做斗争时，他们的协作过程与自然和跨多个学科的团队合作，是乐观的。设计师将展览项目范围从实验原型延伸到消费品、沉浸式装置和建筑结构，展示了 62 个国际设计团队的作品，涉及科学家、工程师、社会和环境正义的倡导者、艺术家和哲学家。在对气候变化和生态危机的深刻认识以及科学技术进步的推动下，他们以创新和突破性的方式与自然接触。<br>展览主题探讨了设计师用来与自然合作的七种策略：理解、补救、模拟、挽救、培育、增强和促进。结果是预测性的和可实际操作的，并揭示了新材料、创造性方法和创造性技术。当今非凡的设计团队提出的这些挑衅和解决方案鼓励与自然建立持久和更尊重的伙伴关系。 |
| 2019 年 7 月 20 日—11 月 24 日 | 维特拉设计博物馆（Vitra Design Museum），德国 · 魏尔 | 更好的自然（Better Nature） | 英国艺术家亚历山德拉 · 黛西 · 金斯伯格（Alexandra Daisy Ginsberg）研究自然和人工之间的关系，探索这种相互联系如何通过设计和技术的进步而改变。由此产生的艺术作品讲述了令人回味的故事，既具有挑衅性又具有讽刺性。展览追溯了金斯伯格作为艺术家和批判性设计师的历程。她接受过建筑和交互设计方面的培训，对新兴的合成生物学等基于活体物质的设计技术科学特别感兴趣。在这一背景下，金斯伯格对支撑所有设计方法的前提很感兴趣：让事物变得“更好”的愿望。但是“更好”到底是什么意思？对谁来说更好？由谁来决定？这些问题，在技术和科学激进的时代是至关重要的，是“更好的自然”的基础。 |

① WCED, 1987: Our Common Future: Report of the World Commission on Environment and Development, United Nations World Commission on Environment and Development. 43.

| 时间 | 地点 | 主题 | 展览介绍 |
| --- | --- | --- | --- |
| 2019 年 3 月 1日—9月1日 | 第 22 届米兰三年展特展，意大利 · 米兰 | 破碎的自然：设计承载人类的生存（Broken Nature: Design Takes on Human Survival） | 强调了恢复性设计的概念，并研究了将人类与自然环境联系起来的线性的状态——有些磨损了，有些则完全被切断了。在探索各种尺度和所有材料的建筑和设计对象和概念时，“破碎的自然”庆祝设计能够为我们这个时代的关键问题提供强有力的洞察，超越虔诚的顺从和不确定的焦虑。通过将注意力转向人类的存在和持久性，第 22 届米兰三年展特展提升了创造性实践在调查人类物种与世界上复杂系统的联系，以及在必要时通过对对象、概念和新系统设计补偿方面的重要性。即使对于那些相信人类物种在未来某个时刻不可避免地会灭绝的人来说，设计也提供了计划更优雅的结局的手段。它可以确保下一个占主导地位的物种会以一点点的尊重记住我们：作为有尊严和关怀的人，即使不是聪明的人。 |
| 2020 年 1 月 17 日—4 月 30 日 | 旧金山木工工作坊美术馆（Carpenters Workshop），美国 · 旧金山 | 漂移：关于自然、技术和人类（Drift: About Nature, Techno-logy, and Humankind） | 展览探讨了自然与技术的交汇点及其对现代生活的跨学科影响。展览寻求识别和学习自然世界的潜在机制，以努力将人类与其所居住的环境重新联系起来。在一个环境问题成为头等大事的时代，作为 2020 年的首场展览，本次展览汇集了一群——用历史学家威廉 · 迈耶斯（William Meyers）的话来说——“努力理解和实现自然本质”的艺术家们。 |
| 2020 年 2 月 3日—5月3日 | 纽约现代艺术博物馆（MoMA），美国 · 纽约 | 内里 · 奥克斯曼材料生态学（Neri Oxman Material Ecology） | 作为麻省理工学院媒体实验室中介物质小组的设计师、建筑师和创始人，奥克斯曼不仅开发了思考材料、物体、建筑和施工方法的新方法，还开发了跨学科甚至跨物种的新框架——合作。他称之为“材料生态学”的开创性方法，将材料科学、数字制造技术和有机设计结合在一起，为未来创造新的可能性。虽然这些作品个体是具有审美性和革命性的，但它们共同提出了一种新的设计理念：创造——甚至取消——我们周围的世界。 |

生物设计，与仿生设计或流行但模糊的绿色设计不同，仿生设计的研究基础是使用自然作为模型、衡量标准的仿生学。仿生设计强调使用自然作为模型涉及研究自然的模型和过程，并采用这些模型和过程来解决人类问题，并使用生态标准来判断创新的“正确性”。使用自然作为生态标准背后的基本原理是：作为 38 亿年进化的结果，自然已经知道什么是有效的、什么是合适的。以自然为导师，强调向自然学习而不是利用它。珍妮 · 本尤斯（Janine Benyus）提出了仿生设计的三个理论和实践层面：第一是模仿自然形式，第二是模仿自然过程，第三是模仿生态系统。[①] 因此，生物设计不仅包括生物仿生，还包括将活的有机体作为设计中的基本组成部分，以增强作品的功能。它将生物学原理融入设计中，利用生物学知识去设计可持续材料和生物能源，提出与生态系统相适应的环境解决方案，设计生物社会系统，以恢复当代城市的活力以及人类需解决的健康问题和环境保护问题，等等。

① Benyus, J. M. Biomimicry: Innovation Inspired by Nature[M]. New York: William Morrow & Co.,1997.

综合考虑文中所介绍的设计展览，特别是那些涉及生物技术介入的案例，可以看出生物设计在当代设计概念的进化中具有重要的地位。这些展览呈现了生物设计在不同层面的应用，从食物生产、生态系统恢复到材料创新和社会系统设计，通过模仿自然形式、过程和生态系统，设计师不仅能够创造更具功能性和可持续性的作品，还能够在解决环境和社会问题方面提供创新性的解决方案。多个展览案例展示了生物技术与设计的交叉点。例如，2019 年在维多利亚与阿尔伯特博物馆举办的“食物：不止于餐盘”探讨了如何以创新的方式重新发明种植、分配和体验食物，提出了关于未来食物的可持续性和美味性的问题。美国库珀 · 休伊特史密森尼设计博物馆的“自然——库珀 · 休伊特设计三年展”则强调设计师要与自然建立联系，探讨与自然合作的策略，推动可持续发展的创新。而维特拉设计博物馆的“更好的自然”展览则通过艺术家的作品探索了生物技术和设计是如何改变自然与人工之间的关系的。

生物设计的介入也对设计发展和研究产生了深远的影响。它突破了传统设计的边界，将自然科学、技术和人文社会等领域相互交叉，激发了设计师跨学科的思维和创意。生物设计不仅丰富了设计领域的内涵，还推动了设计思维的转变，从以人类为中心到更加关注生态系统的平衡与可持续性。此外，生物设计的应用也为人们提供了重新审视人与自然关系的机会，强调合作、学习和借鉴自然的智慧，以更有意义和更有效的方式塑造人类与环境的互动。“破碎的自然：设计承载人类的生存”展览强调恢复性设计的概念，探讨人类与自然环境之间的联系。而“漂移：关于自然、技术和人类”展览则通过艺术作品寻求重新联系自然世界的潜在机制，以解决当代的环境问题。纽约现代艺术博物馆的“内里 · 奥克斯曼材料生态学”展览展示了奥克斯曼采用“材料生态学”方法，将材料科学、数字制造技术和有机设计相结合，创造出新的可能性，以对周围世界进行创新性的设计和改变。总之，生物技术的介入对当代设计概念的进化产生了深远的影响。通过探索自然法则、可持续性发展和生态关系，设计师将生物技术与设计相融合，创造出全新的设计理念和实践形式。这种交叉融合不仅丰富了设计领域的内涵，还为解决当代环境和社会问题提供了创新性的途径。生物技术的介入推动了设计概念的扩展和进化，为设计领域的发展和研究开辟了新的前景。

# 5-4 未来危机的思辨

新一代设计策展人开始引导设计实践向社会责任方向发展，无论是设计的功能还是形式，都在逐渐脱离物质层面，经历了从物质性到非物质性的改变，进入一个非现实的、探索观念与问题的空间，被称为是一个概念性设计或者关于概念的设计领域，而设计展览则成为思想实验的场所和平台。

## 一、未来发展危机

即便是在21世纪的今天，全球频发的极端气候、自然灾害、生态破坏、流行病、贫困仍然存在，令人震惊的灾难与危机历历在目。随着科技的迅猛发展，全球化程度的加深，加之社会的复杂性和多变性，诸多危机越来越普遍和频繁地出现。

危机是当人们面对重要生活目标时产生阻碍的一种状态，并在一定时间内，使用常规的方法不足以解决这种阻碍。危机也指在一段时间内，对社会既有秩序的打破和挑战，并引起巨大的社会心理恐慌的事件，甚至对人类当下生存乃至未来发展构成巨大的威胁。在面对危机、风险、灾难时，当我们赖以生存的系统面临崩溃时，设计可以做什么？约翰 · 赫斯科特（John Keskett）在其著作《设计，无处不在》中写道："设计从本质上可被定义为为人类塑造自身环境的能力，我们通过各种非自然存在的方式改造环境，以满足我们的需要，并赋予生活以意义。设计与人类社会、城市生存、人类生存是无限性的关系。"[1]随着设计概念的不断扩大，设计面临的问题已经从设计自身的危机扩展到全人类的危机，要面对人类社会发展至今所产生的各种挑战，包括危机和风险。

① 约翰 · 赫斯科特. 设计，无处不在[M]，丁珏，译. 南京：译林出版社，2013.

设计策展人正引领设计实践朝着社会责任的方向发展，将设计的功能和形式逐渐从物质层面解放出来，进入一个探索观念与问题的非物质性领域，即概念性设计或关于概念的设计领域。设计展览成为思想实验的场所和平台，通过多个案例，我们可以看到这一趋势在设计领域所引发的影响和意义。

随着全球频发的极端气候、自然灾害、生态破坏、流行病和贫困等问题的不断频发，我们面临着未来发展的危机。设计作为一种人类塑造环境的能力，正逐渐从解决物质性问题转向面对人类社会的各种挑战。设计展览成为思考和讨论这些挑战的平台。例如，伊斯坦布尔设计双年展的“未来不是它曾经的样子”和“何以为人？”等展览，都试图重新定义设计的角色，以应对社会的复杂性和变化。

面对这些危机，设计不仅在解决技术和产品层面上发挥着作用，更在重新构想社会结构和问题上发挥着关键作用。一些如纽约现代艺术博物馆的“不均衡的增长”和里斯本艺术、建筑与技术博物馆的“生态远见者”等展览，均探讨了城市扩张、环境变化等问题，并通过设计创意提出了批判性和创造性的解决方案。

与此同时，设计展览还深入探讨了科技的发展对未来生活的影响。从人工智能到生物技术，设计展览如英国维多利亚与阿尔伯特博物馆的“未来从这里开始”和日本森美术馆的“未来与艺术”，都是旨在展示新兴技术如何塑造城市、生活方式、人类生存以及社会结构的，并由此引发人们对关于未来可能性和人类本质的深刻思考。

飞速发展的科技进步正在深刻地塑造着我们生活的方方面面。在即将到来的未来，人工智能可能承担许多重大责任，这或许意味着人工智能在某种程度上取代了传统的人类智能。这种前所未有的变革，被人们称为“奇点”，可能引发着社会和生活方式的巨大颠覆。同时，区块链技术的不断发展似乎正为我们的社会体系带来一种全新的信任和价值结构，而生物技术的进步则将深刻影响着食品、医药和环境领域。或许在不久的将来，我们甚至能够拓展我们的身体功能，延长生命的时限。

然而，这些变化所带来的影响并非全然积极的。在这个飞速演进的科技环境中，我们至少需要深入思考未来 20 年到 30 年的生活将呈现出怎样的模样。这种前瞻性思考将引发我们对富裕的本质、人类的本质以及生命的基本构成的重新思考。我们面临着在技术和伦理层面的重大抉择，需要审慎权衡技术发展与人类价值的平衡。这个探索未来的过程不仅是对我们社会和文明的一次审视，更是对我们自身存在意义的深刻思索。设计展览正成为一个关于未来可能性的思想试验场，通过呈现科技与设计的交汇，激发我们对于人类未来发展方向的深刻反思。

表 5.4　相关代表性设计展览信息

| 时间 | 地点 | 主题 | 展览介绍 |
| --- | --- | --- | --- |
| 2014 年 11 月 1 日—12 月 14 日 | 第二届伊斯坦布尔设计双年展，土耳其·伊斯坦布尔 | 未来不是它曾经的样子（The Future Is Not What It Used to Be） | 设计师所从事的工作类型呈指数增长——从建筑、街道、教育、食品和医疗保健的设计到通信、政治和经济系统以及网络的设计。纵观历史，宣言一直起到目的陈述的作用，促进思想交流。在当代背景下，策展人将双年展作为提出问题和开展对话的论坛：我们应如何重新考虑宣言，利用它的力量来构建相关的想法，同时探索它可能采取的新形式？ |
| 2014 年 11 月 22 日—2015 年 5 月 25 日 | 纽约现代艺术博物馆（MoMA），美国·纽约<br><br>奥地利应用艺术 / 当代艺术博物馆（MAK） | 不均衡的增长：扩展中的超级城市的城市策略（Uneven Growth: Tacical Urbanisms-for Expanding Megacities） | 到 2030 年，世界人口将达到惊人的 80 亿。其中，三分之二将住在城市，但大多数人会很贫穷。由于资源有限，这种不平衡的增长将成为全球社会面临的最大挑战之一。在接下来的几年里，城市当局、城市规划师和设计师、经济学家和许多其他人将不得不联手避免重大的社会和经济灾难，共同努力确保这些不断扩大的特大城市仍然适合居住。<br>“不平衡增长”旨在挑战当前关于正式和非正式、自下而上和自上而下的城市发展之间的关系的假设，并解决建筑师和城市设计师可能承担的角色的潜在变化，以应对当前城市日益加剧的不平衡发展。最终的提案于 2014 年 11 月在纽约现代艺术博物馆上展示，并考虑新兴形式的城市主义如何应对公共空间性质的变化、住房、流动性、空间正义、环境条件和其他相关问题。 |
| 2016 年 10 月 22 日—11 月 20 日 | 第三届伊斯坦布尔设计双年展，土耳其·伊斯坦布尔 | 何以为人？（Are We Human?） | 第三届伊斯坦布尔设计双年展着力于探索“设计”和“人”的观念之间的亲密关系。设计总是呈现其为人类服务的一面，但是它真正的野心在于重新设计人类。因此，设计史是一个人类观念的进化史。谈论设计，也就是谈论我们物种的状态。人类总是被他们制造的设计彻底地重塑，设计的世界也在不断地扩张。我们生活在一个所有事物都被设计的时代，从我们精心打造的个人外观和线上身份，到环绕我们的由个人设备、新材料、界面、网络、系统、基建、数据、化学物质、有机体和基因密码组成的众多星云。普通的一天牵涉到由数千层设计组成的体验，这些设计探及太空，也触及我们身体和头脑的深处。我们简直就是生活在设计之中，就像蜘蛛生活在由它自己的身体产出的网当中。但是不同于蜘蛛，我们已然生产出不计其数的错综复杂且相互沟通的网络。甚至这个星球自身也被由设计形成的地质层完全包裹起来。设计的世界不再只是外部，设计已经变成了世界。<br>设计是关于我们最为人性的事物，正是设计产生了人类。它是社会生活的基础，从最早的人工制品到越来越快的人类能力的扩展。但是设计也制造了不平等和新形式的疏漏。前所未有的，更多的人在同一时间因战争、法律的丧失、贫穷和气候而被迫迁移，由此人类的基因组和气象都被活跃地再设计。我们无法再以“好设计”的想法使自己安心，设计需要被重新设计。<br>头脑中带着这一紧迫的挑战，我们在提字器上写下由 8 个颇具争议性的命题组成的宣言，并邀请众多的艺术家、设计师、建筑师、理论家、编舞家、电影制片人、历史学家、考古学家、科学家、实验室、协会、中心和非政府组织来回应。所有的答复都被集合在这次展览的五个场地、一系列的出版物和网络之上。每一份贡献都被其作者用言语陈述。我们的期望只是发起关于设计和我们物种的一种新的对话。 |

| 时间 | 地点 | 主题 | 展览介绍 |
| --- | --- | --- | --- |
| 2017 年 9 月 | 韦尔科姆收藏馆（Wellcome Collection），英国 · 伦敦 | 平面设计能拯救你的生命吗？（Can Graphic Design Save Your Life?） | 这是第一个探讨平面设计与健康之间关系的大型展览。由大约 200 件物品组成，包括醒目的海报、闪烁的药房标志和标志性的药丸包装，“平面设计能拯救你的生命吗？”探讨平面设计在世界各地构建和传播医疗保健信息中的作用，并展示它如何继续用于说服、告知和授权。 |
| 2018 年 5 月 12 日—11 月 4 日 | 维多利亚与阿尔伯特博物馆（V&A），英国 · 伦敦 | 未来从这里开始（The Future Starts Here） | 明天的世界是由当今新兴的设计和技术塑造的。从智能电器到卫星，本次展览汇集了超过 100 件新发布或正在开发中的物品。这些物品都指向了社会发展的方向。虽然有些看起来像是科幻小说，但它们都是真实的，由研究实验室、大学、设计师工作室、政府和公司制作。<br>以道德和投机性问题为指导，展览邀请观众进入四个场景：自我、公共、地球和未来，每一个都会引发越来越大的技术影响。这些物品会如何影响人们的生活、学习，甚至是爱的方式？<br>这些物体不可否认的物理现实可能会给人一种未来已经确定的印象。但是新事物包含不可预知的潜力和可能性，甚至连它们的创造者也常常没有预料到。我们作为个人、公民，甚至作为一个物种，如何来决定接下来会发生什么。虽然这里的物体暗示了某个未来，但尚未确定。我们得到的未来取决于我们自己。未来从这里开始。 |
| 2018 年 4 月 10 日—2019 年 10 月 8 日 | 里斯本艺术、建筑与技术博物馆，葡萄牙 · 里斯本 | 生态远见者：人类世之后的艺术与建筑（Eco-Visionaries: Artand Architecture after the Anthropocene） | 项目的重点是针对正在扰乱我们星球的环境变化提出批判性和创造性愿景的实践。在人们更加广泛地感受到气候变化的时刻，生态远见者就与人类世相关的大量问题展开了辩论，即人类世是最近对由人类活动影响定义的地质时期的命名。 |
| 2019 年 11 月 19 日—2020 年 3 月 29 日 | 森美术馆，日本 · 东京 | 未来与艺术：人工智能、机器人、城市、生活——人类在明天将如何生活（Future and the Arts: AI, Robotics, Cities, Life — How Humanity Will Live Tomorrow） | 本展览由五个部分组成，即“城市的新可能性”“迈向新代谢建筑”“生活方式和设计创新”“人类增强及其伦理问题”和“转型中的社会与人类”。展示了 100 多个项目 / 作品。展览旨在鼓励我们通过人工智能、生物技术、机器人技术等科学技术的前沿发展，思考城市、环境问题、人类生活方式以及人类和人类社会的可能状态，所有这些都在即将到来的未来和增强现实（AR）以及受所有这些影响的艺术、设计和建筑中。 |
| 2019 年 10 月 22 日—2020 年 3 月 8 日 | 费城艺术博物馆，美国 · 费城 | 为不同的未来而设计（Designs for Different Futures） | 从大胆的想象力到已经上市的产品，展出的作品通过设计、艺术、科学和技术的相互作用，探索地球及其居民的未来。同时通过种种“设计景观（奇观）”以令人惊讶的、巧妙的和偶尔令人不安的方式回应未知的未来。 |

# 二、
# 预测人类未来

未来是一个永恒的话题，每个时代都在探索未来，尤其是关于人工智能时代的未来预测裹挟着新技术的锋芒。而预测性设计、态度设计、社会设计、生物设计、思辨设计、批判性设计、服务设计的出现，让设计可以“创造新的未来结构”，使设计在探讨未来的话题上，更具有启发性与前瞻性。思辨设计（Speculative design）跟随着时代的演进，是一种具有批判性与独立思考的能力，是经由思考去想象的概念。以假定、提问、辩论各种可能性，激发一种对话意识。背景源于英国设计师安东尼 · 邓恩（Anthony Dunne）和菲奥娜 · 拉比（Fiona Raby）于 20 世纪 90 年代首创的概念——“批判性设计”——采用思辨的方式去挑战狭义的假设与看法。①

2013 年，安东尼 · 邓恩和菲奥娜 · 拉比在伦敦设计博物馆策划了展览“联合微型王国——一种设计虚构”（United Micro Kingdoms: A Design Fiction），呈现了一个虚构的多个视角的英国。展览将英格兰划分为四个独立的区域或微型王国，每个国家都可以自由地尝试治理经济和展开自己生活的方式。策展人利用工业设计、建筑、政治、科学和社会学的元素来引发围绕权力和潜力的辩论的设计。展览通过对汽车和其他交通系统的重新诠释，挑战了关于如何制造和使用产品和服务的假设，进而探讨了从文学和艺术中借鉴设计方法的潜力，并将其作为思想实验应用于现实世界。这种前瞻性的设计实践探讨了新兴技术对社会、文化和伦理的影响，展现了设计在引领未来探索中的积极作用。

设计不仅仅是为人类提供服务的手段，更是在塑造和重新定义人类的过程中发挥着巨大的潜力。设计史实际上是人类观念的进化史，它通过塑造物质和环境，重新定义人类的身份和关系。第三届伊斯坦布尔设计双年展以“何以为人？”为题，深入探讨了设计与人类的亲密关系。正如策展人指出的那样，如今，我们身处一个无所不包的设计时代，从个人的外貌和在线身份，到个人设备、新材料、界面、网络、系统、基础设施、数据、化学物质、有机体和基因密码等构成的复杂星云，每个日常体验都承载着无数设计，触及着环境、身体和思维的各个层面。通过思辨设计的崛起和设计展览的广泛探索，设计正从单纯的功能性转变为一种引领人类思考未来的重要工具。它不仅激发着我们对技术、社会结构和文化的深度思考，还激励着我们探索人类自身的本质和命运。设计已经超越了当下问题的解决，成为塑造未来、引领变革的力量。这一新的设计趋势不仅在展览中得以展现，还将对设计领域的发展和研究产生深远的影响，为人类的未来探索提供了独特的视角和平台。

---

① 安东尼 · 邓恩、菲奥娜 · 雷比 . 思辨一切 : 设计、虚构与社会梦想 [M]. 张黎 , 译 . 南京 : 江苏凤凰美术出版社，2017 .

# 5-5 结论

与设计本身一样，设计展览的策展过程也始于对问题的发现和思辨，这种问题意识的塑造受到了广泛的社会、经济、技术和文化影响，包括对历史的反思、当下的挑战和未来的展望。通过对 2010 年至今的典型设计展览案例的分析，我们可以看到在第三次工业革命引领下，后现代主义的传播日益广泛，社会性、多元主义、文化身份以及媒介的创新和综合性在设计策展中扮演着日益重要的角色。

在这个背景下，设计策展人所面临的问题逐渐从单一的造物的历史叙事转变为更加广泛和多样化的趋势。责任与道德、批判性思维、设计的边界和智识、技术革命带来的生存发展危机以及未来的预测等问题都纳入了策展的视野之中。

设计展览的主题日益得到扩展，设计概念从单纯的问题解决转向了智识赋能，从造物逐渐转变为策略。设计的价值观也从强调功能、经济和审美向更加强调道德、责任、伦理等精神层面转变。

新兴的设计实践，如社会设计、思辨设计、对抗性设计和转型设计等，不断涌现，为设计思维开辟了新的探索空间。人们越来越倾向于用更宏观的“大设计”思维来探讨各个层面的问题，从设计本身的本体问题延伸至更具有责任感和现实意义的人类可持续发展问题。①设计展览成为一个思想实验的平台，通过对不同主题和观念的探索，鼓励人们以多元的、前瞻的视角审视当下和未来，从而为人类社会的进步和可持续发展做出积极的贡献。在这个不断演化的设计领域，展览不仅是展示作品的舞台，更是展现设计与人类社会亲密关系的窗口，为设计概念的进化提供了有力的推动和引领。设计展览的变化也为设计学科的发展提供了重要启示。

设计展览的跨领域性质强调了不同领域之间的融合与协作。设计不再是孤立的创造过程，而是与科技、社会、文化等多个领域交织在一起，需要设计师具备更广泛的知识背景和跨领域的合作能力。其次，设计展览中涌现出的思辨性和

---

① 张黎，陈金婵．论设计学科的另类学科性 [J]. 服装设计师，2022(10): 44—48.

批判性设计实践，强调了设计师需要拥有深刻的思考能力和对社会议题的敏感度。这种思维方式将有助于培养具备社会责任感的设计师，他们能够通过设计创新来回应社会变革和挑战。设计展览对设计的社会影响力和可持续发展的重要性的呼唤，也印证了交叉学科时代下，设计不仅仅是为了美的呈现，更是为了人类社会的福祉和可持续性。

此外，设计展览对未来的预测和探讨提醒我们，设计师需要具备前瞻性思维，能够预见未来的趋势和变化。设计学科应该注重培养学生的未来洞察力，致力于培养设计师关注社会问题、关心环境和社会伦理的意识，使他们能够为未来社会提供创新的解决方案，将创意和创新应用于解决当下和未来的社会问题，从而推动设计学科持续发展和进步。

# 设计组织分析

# Analysis of Main Design Organizations

---

全球化与信息技术的迅速发展，扩大了国际联系的范围，不仅包括经济，还涵盖社会、文化和教育等领域。国家不再是唯一的全球秩序塑造者，国际合作和交流很多都是通过国际组织和制度展开的，凸显了全球治理趋势。

在这一全球化背景下，教育领域也呈现出全球化趋势。跨境教育交流快速增长，全球化成为不可或缺的要素。不同国家和地区受到新潮的教育理念、经验和发达国家模式的影响，逐渐朝全球化方向改革教育政策。国际组织通过总结优秀的教育改革理念和经验，提出普适、中立且具有约束力的国际公约和教育建议，为全球教育政策改革提供指导。多边主义的推动使国际组织高度重视教育，推动教育结构调整，以迎接全球化挑战。在教育全球化的推动下，整体环境和参考体系促使教育逐渐成为全球治理的关键焦点，有助于应对全球化带来的挑战。

# 6-1 设计组织概况

教育被纳入全球治理范畴后，“全球教育治理”作为新兴学术话语进入学界视野。全球高等教育治理作为全球教育治理下的一个分支也吸引了多类主体，如政府间国际组织、非政府间国际组织等。其中，政府间国际组织里最有影响力的当属联合国教科文组织（UNESCO）。其不但是联合国系统中参与全球高等教育治理的专门机构，还是全球高等教育活动的组织者与协调者，为推动全球高等教育协同发展做出了巨大的贡献。而具体到设计教育这个专业教育门类而言，多以非政府间国际组织为主。其中，有直面教育本体领域的“国际艺术、设计和媒体院校联盟（Cumulus）”，也有与设计教育密不可分、侧重于设计实践的“世界设计组织（WDO）”和“国际设计委员会（ICo-D）”，以及倡导以“研究为导向”进而推动设计与设计教育发展的“世界设计研究协会（DRS）”等。本章节针对国际设计组织 / 协会的分析，就围绕以上四个组织展开。

# 一、
# 世界设计组织（WDO）

1953 年，雅克 · 维诺（Jacques Vienot）在工业美学研究所的国际大会上首次提出创建一个代表工业设计师利益的国际机构的想法。1957 年 6 月 29 日，世界设计组织的前身国际工业设计师协会理事会（International Council of Societies of Industrial Design，ICSID）在伦敦的一次特别会议上正式成立。1959 年，第一届 ICSID 大会在瑞典斯德哥尔摩举行，正式通过了 ICSID 章程和“工业设计”的第一个定义，成员增加到 17 个国家共 23 名成员。2003 年，ICSID 和国际平面设计协会理事会（Icograda，后更名为“国际设计委员会”[ICo-D]）联合创建了国际设计联盟 (IDA)，这是代表设计的国际组织之间的战略合作。

2013 年，国际设计联盟 (IDA) 解散。ICSID 决定将其有限的财务资源集中用于与开发与工业设计行业密切相关的组织，展开国际合作的创新模式。2015 年，其在韩国光州举行的大会通过决议，决定将国际工业设计师协会理事会（ICSID）更名为世界设计组织（WDO），并重新对“设计”进行了定义，这标志着 ICSID 对设计更美好世界的长期承诺的更新。

图 6.1.1 世界设计组织标志

## 1. 愿景、使命与核心价值

**· 愿景**

努力创造一个通过设计提高我们的经济、社会、文化和环境、生活及质量。

**· 使命**

作为工业设计的国际代言人，倡导、推广和分享工业设计驱动的创新知识。这些创新有能力创造一个更美好的世界。通过会员参与协作，并通过执行 WDO 所倡导的国际计划——世界设计之都（World Design Capital®）、世界设计大会（World Design Assembly™）、世界设计讲座 ®（World Design Talks®）、世界工业设计日（World Industrial Design Day）和国际设计交流会（Interdesign®）——来实现这一构想。

### · 核心价值

表 6.1 WDO 秉持的核心价值

| 核心价值 | 核心价值释义 |
| --- | --- |
| 启发 | 坚定的<br>我们倡导工业设计改善生活的力量。我们致力于在符合我们愿景和使命的特定问题和政策上采取立场，并与广大受众分享。 |
| | 多样性的<br>我们尊重、拥抱和采纳成员、社区和员工之间的不同观点。 |
| | 可持续的<br>我们拥护和促进可持续消费和生产，努力将对环境的负面影响降至最低。 |
| 动员 | 协作<br>我们培养跨多个学科和各大洲的开放合作精神，促进共同利益，促进以设计为主导的创新方案的解决。 |
| | 广泛<br>我们具有包容性和热情。我们力求使信息在多个通信渠道中易于访问和共享。 |
| 行动 | 以人为本<br>我们将人的需求和互动置于物质需求之上，采用同理心和整体的方法来解决问题。 |
| | 前瞻性思维<br>我们追求有可能改变世界的创意和创业理念。 |

## 2. 管理组织架构

WDO主要是由一个11人组成理事会及秘书处团队来负责管理和具体实施的。理事会每两年由会员大会选举产生。

### · 理事会

WDO 由 11 名理事会成员管理，其职责是发展该组织、推进其使命，并巩固其在国际上的作用。

表 6.2 WDO 理事会成员信息

| 职位 | 姓名 | 国家 / 地区 | 界别 | 任职 | 教育背景 |
| --- | --- | --- | --- | --- | --- |
| 理事长 | 大卫 · 库苏马<br>（David Kusuma） | 美国 | 企业 | 2021 年至今，特百惠产品管理与创新高级副总裁 | 克兰菲尔德大学（英国）聚合物工程博士<br>蒂尔堡大学工商管理硕士（荷兰）<br>普渡大学管理学硕士<br>匹兹堡大学机械工程学士学位<br>卡内基梅隆大学工业设计学士 |

| 职位 | 姓名 | 国家 / 地区 | 界别 | 任职 | 教育背景 |
| --- | --- | --- | --- | --- | --- |
| 副理事长 | 托马斯 · 加维（Thomas Garvey） | 加拿大 | 教育 | 1999 年至今，卡尔顿大学工业设计学院副教授 | 东京大学建筑规划哲学博士<br>纽约普拉特学院传播设计理学硕士<br>渥太华卡尔顿大学工业设计学士<br>研究极端和最小环境、小规模生活空间和城市密度的设计，将联合国可持续发展目标纳入设计课程及国际合作 |
| 财务主管 | 埃雷 · 塞尔塔克 · 埃尔赛因（Eray Sertac Ersayin） | 土耳其 | 专业协会 | 土耳其工业设计师协会主席<br>土耳其创意产业委员会主席<br>设计土耳其执行委员会成员<br>健康科学协会生命副主席<br>企业变革学院董事会成员 | 伊斯坦布尔大学战略指导和领导力行政 MBA 课程<br>安卡拉建筑学院工业设计系文学学士 |
| 执委 | 安妮 · 阿森西奥（Anne Asensio） | 法国 | 企业 | 达索系统（Dassault Systèmes）的设计体验副总裁 | 法国国立高等实用美术与工艺学院工业设计专业毕业 |
|  | 路易斯 · 卡拉布伊格 · 帕拉斯（Luis Calabuig Parras） | 西班牙 | 企业 | 气味设计公司（Odosdesign）首席执行官，瓦伦西亚设计之都协会主席 | 瓦伦西亚理工大学工业设计学士<br>瓦伦西亚理工大学设计工程硕士 |
|  | 张基义（Chi-Yi Chang） | 中国台湾 | 专业协会 | 中国台湾设计研究院院长 | 淡江大学建筑学学士<br>哈佛大学设计研究生院设计硕士<br>俄亥俄州立大学建筑学硕士 |
|  | 莉莲 · 冈萨雷斯（Lilian González） | 墨西哥 | 教育 | 墨西哥阿纳瓦克大学工业设计学术协调员，独立设计师 | 拉萨尔大学工业设计学士<br>克雷塔罗自治大学当代艺术硕士<br>意大利佛罗伦萨艺术专业博士候选人 |
|  | 皮埃尔 · 保罗 · 佩鲁乔（Pier Paolo Peruccio） | 意大利 | 教育 | 都灵理工大学设计学教授 | 都灵理工大学建筑与城市规划史博士 |
|  | 梅根 · 普赖斯（Meghan Preiss） | 美国 | 企业 | 福特汽车公司创新实验室 D-Ford 的商业设计师 | 工业设计与服务设计专业学士 |
|  | 津村真纪子（Makiko Tsum-ura） | 日本 | 专业协会 | 2019—2021 年 WDO 董事会成员<br>2020年起，晋升为JDP总监 | 武藏野美术大学艺术政策与管理学士<br>庆应义塾大学文学学士 |
| 财务主管 | 帕久姆那 · 维亚斯（Pradyumna Vyas） | 印度 | 专业协会 | 印度工业联合会设计高级顾问 | 印度理工学院设计硕士<br>英国创意艺术大学名誉文学硕士 |

我们通过 2022—2024 年 WDO 理事会的人员构成可以发现，其人员构成除了来自传统设计强国 / 地区如欧美和日本外，土耳其、印度、墨西哥这些新兴国家也都有覆盖。这显示了新兴发展国家对设计产业发展的重视，积极参与国际话语权竞争。另，中国同济大学的娄永琪曾在 2019—2021 年当选 WDO 执委。

### · 秘书处

在常务董事的指导下，秘书处团队管理组织的日常运营和规划。秘书处团队通过实施一系列项目和举措促进设计界的思想交流，并提高了人们对工业设计在世界上产生积极变化的力量的认识。

表 6.3　秘书处成员信息

| 姓名 | 职务 | 邮箱 | 简介 |
| --- | --- | --- | --- |
| 贝特朗 · 德罗姆（Bertrand Derome） | 常务董事 | bertrand@wdo.org | 贝特朗 · 德罗姆是一名非营利组织经理和可持续设计顾问，拥有超过 20 年的经验。他是一位坚定的讲师，热切倡导设计的社会、环境和经济影响，以改善世界。从蒙特利尔大学设计学院毕业后，他在工作室和制造公司从事设计工作。他以可持续设计顾问的身份加入产品开发研究所，并于 2012 年成为该研究所的总经理。在当地和国际上发展了私人和公共伙伴关系，帮助组织改进创新做法。他还曾担任位于加拿大蒙特利尔的魁北克工业设计师协会（ADIQ）主席，并作为顾问参与了许多公共部门的委员会和评审团工作。 |
| 多萝西 · 博拉德（Dorothée Bolade） | 社区参与官 | dorothee@wdo.org | 多萝西 · 博拉德在英国、中非和加拿大获得了公共和非营利部门的丰富经验。她的专业领域包括志愿者管理、社区参与和项目管理，包括提案撰写以及项目的监测和评估。在 WDO，她的职责是制定和实施会员增长和保留策略，特别强调建立该组织的在线社区。 |
| 娜塔莉 · 杜蒂尔（Natalie Dutil） | 传播经理 | natalie@wdo.org | 娜塔莉 · 杜蒂尔是一位在非营利和企业部门拥有超过 10 年经验的传播专家。她的工作范围广泛，包括公共和媒体关系、产品发布、商店开业、本地和国际活动管理以及内部企业传播。娜塔莉加入 WDO 时满怀热情，希望传达该组织的愿景和设计使命，创造更美好的世界。作为传播经理，她促进内容的开发，并确保整个组织计划名册的一致性和可见性。 |
| 埃里克 · 劳沃斯（Eric Lauwers） | 项目经理 | eric@wdo.org | 埃里克 · 劳沃斯是一位出色的项目经理，曾在创意产业、科学新闻、设计、社会经济、电信等各种非营利和营利组织工作。他的主要经验在于制定战略，并与跨职能部门合作团队在战略和项目过程中带来根本性的改变和改进。作为项目经理，他的重点将放在世界设计之都（WDC）项目等方面。埃里克是经过认证的项目管理专家（PMP）。 |

| 姓名 | 职务 | 邮箱 | 简介 |
|---|---|---|---|
| 安德烈 · 斯普林格（Andréa Springer） | 项目经理 | eric@wdo.org | 安德烈 · 斯普林格是一名公共关系专业人士，在企业传播、媒体和投资者关系以及项目和活动管理方面拥有 20 年的经验。他在信息技术、电信和消费品领域制定品牌战略方面的经验促使他于 2005 年加入 WDO。从那时起，他在该组织主要计划和制定项目，以及制定全球联盟战略，以实现其增长和盈利目标。在他目前的双重领导角色中，他负责授权扩展团队，提高其全球知名度，并负责有效的跨项目协调。 |
| 莎拉 · 弗吉尼亚（Sarah Virgini） | 项目传播官 | sarah@wdo.org | 凭借可持续社区发展的背景，莎拉 · 弗吉尼亚在各种基于会员的非营利组织中拥有多年的专业和志愿者经验。她是一位熟练的沟通者，在活动管理、公共关系和社区外展方面拥有公认的专业知识。作为 WDO 的计划和传播官，她致力于内容的开发和管理，以确保所有传播平台之间的一致性，并在特定计划的项目上进行协作。莎拉 · 弗吉尼亚拥有麦吉尔大学国际发展文学学士学位。 |
| 露丝 · 吴（Rose Wu） | 账户管理员 | rose@wdo.org | 作为账户管理员，露丝 · 吴通过承担基本的管理职能，为 WDO 战略目标的持续推进和实现做出了贡献。她的职责包括簿记、准备财务报表、季度和年度报告，以及协助其他相关会计职责。露丝 · 吴还为秘书处的管理团队提供行政和项目支持。 |

## 3.
## 成员规模

WDO 现在五大洲有 180 多个会员，参与主体涵盖设计协会、公司、院校等，以设计协会和公司居多。

表 6.4　亚太地区成员信息（截至 2022 年 12 月）

| 中国 | 印度 | 日本 |
|---|---|---|
| 亚太设计中心 | 阿南特国立大学建筑与设计学院 | 千叶大学 |
| 雅拓设计集团 | ARCH 设计与商业学院 | 名古屋国际设计中心 |
| 北京工业设计中心 | 阿凡提卡大学 | 日本工业设计协会 |
| 中国工业设计协会 | 应用研究与教育中心（CARE）机构组 | 日本设计振兴院 |
| 中国工业设计知识产权交易平台 | Cindrebay 设计学院 | 武藏野美术大学 |
| 中车株洲电力机车有限公司 | CMR 大学设计学院 | 多摩美术大学 |
| 上海设计创新研究院 | 印度工业联合会 | |
| 成都创意设计周执行委员会 | DJ 设计学院 | |
| 河北工业设计创新中心 | 印度理工学院孟买分校 | |
| 中车青岛四方机车有限公司 | 印度理工学院古瓦哈提分校 | |
| 顺德工业设计协会 | Invent India Innovations Pvt. 有限公司 | |
| 国际体验设计大会 | JECRC 大学 | |
| 广州美雅教育有限公司 | 联合世界设计学院 | |
| 浙江省现代智造促进中心 | 印度国家设计学院中央邦分校 | |
| 泉州市工业设计协会 | 印度国家设计院 | |
| 上海暖友实业有限公司 | 明珠学院（设计学院） | |
| 深圳市工业设计行业协会 | Rishihood 大学创意学院 | |
| 上海工程技术大学 | 斯里什蒂马尼普艺术、设计与技术学院 | |
| 同济大学 | 泰坦有限公司 | |
| 雄安未来工业设计院 | 尼尔玛大学设计学院 | |
| 西安交通大学 | UPES 大学 | |
| | 韦林卡管理学院 | |

如果仅就亚洲区最大的三个国家——中国、印度、日本——比较，会发现与日本、印度不同，中国参与 WDO 的院校很少，仅有同济大学、西安交通大学、上海工程技术大学三所高校（中国美术学院以浙江省现代智造促进中心名义参加），而印度几乎都以高校为主，日本则是高校与设计协会各占一半，无企业界参与。

## 4. 重要活动

如 WDO 在愿景和使命中所说的，为实现其所倡导的国际计划，WDO 现有世界设计之都®、世界设计讲座、世界设计大会™、世界工业设计日和国际设计交流会 等多项活动议程供会员参与。其中，同设计教育关系最大的就是每两年一届的世界设计大会™。

自 1959 年以来，WDO 成员每两年召开一次大会。在大会上，WDO 成员有权制定组织的运营方向、选举其领导层，并解决影响行业的一些关键问题。如今，世界设计大会™是一个为期三天的活动。除了例行的行政会议外，还包括一个研究和教育论坛，以及一个国际设计会议。

表 6.5　相关活动信息

| 年份 | 大会主题 | 分论坛 | 论坛主题 | 简介 |
|---|---|---|---|---|
| 2021 年 | 为超乎想象的设计（在线活动） | 研究和教育论坛汇集了设计师、学者、学生和设计专业人士，通过一系列主题演讲、论文报告和关于设计教育未来的小组讨论，进一步提升了设计研究和教育的未来。 | 极端时期的应对 | 世界正面临着许多复杂的挑战，从持续的病毒大流行到气候变化、人口过剩和全球移民。这些极端情况不仅迫使人们重新思考自身的生活方式，改变日常的生活习惯和模式，而且还以新的方式将我们聚集在一起，展示了人类在危机时期该如何应对。 |
| | | | 以人为本的技术造福社会和环境 | 大数据、人工智能、物联网，这些技术正在影响着我们的世界，但关于它们真正能为人们的日常生活带来什么价值的问题迫在眉睫。看来，释放这种潜力的关键是评估以人为本和基于性能的技术之间的平衡。当人们寻求解决一些最紧迫的社会和环境挑战时，以人为本的设计使我们能够更好地了解变革之下的人类该何去何从，以及如何共同前进。 |

| 年份 | 大会主题 | 分论坛 | 论坛主题 | 简介 |
| --- | --- | --- | --- | --- |
| 2021 年 | 为超乎想象的设计（在线活动） | 研究和教育论坛汇集了设计师、学者、学生和设计专业人士，通过一系列主题演讲、论文报告和关于设计教育未来的小组讨论，进一步提升了设计研究和教育的未来。 | 新学习方式的出现 | 社会对学生的期望和技术的变化继续改变着我们的学习方式。在线学习的显著增长促使设计教育工作者和学生都在探索新的工具来满足 21 世纪学习的需求。随着新的力量重塑学术格局，围绕教育可及性的对话充斥着公众讨论。现有的设计研究和课程方法如何发展，以增强学生体验并为他们提供未来专业实践所需的技能？ |
| | | | **为超乎想象的设计——小组讨论**<br>在这个由设计师、教育家和作家苏里亚·万卡（Surya Vanka）主持的小组会议中，三位设计师格拉齐拉·罗切拉（Graziella Roccella）、理查德·范德莱肯（Richard van der Laken）和内莉·本·哈尤恩—斯特潘尼安（Nelly Ben Hayoun-Stépanian）分享了他们对为日益不确定的未来进行设计的观点。 | 格拉齐拉领衔 Planet Smart City 的产品设计部门，以增强全球范围内的智能解决方案为主要实践。她的专业领域包括研究、创新以及将智能解决方案融入城市设计。格拉齐拉拥有建筑学博士学位，并曾在都灵理工大学担任城市与建筑设计兼职教授。她还撰写了多本关于当代住房文化以及国际建筑大师的出版物。<br>理查德·范德莱肯是“设计可以做什么”（What Design Can Do）的联合创始人。该组织每年举办会议，展示影响社会变革的设计师作品。他还是视觉专栏 Gorilla 的联合创始人，同时也是平面设计机构 De Designpolitie 的联合创始人。<br>内莉·本·哈尤恩－斯特潘尼安博士是一位屡获殊荣的设计师，还是艺术家、电台主持人、主讲人以及业余拳击手。此外，她还是三部长篇电影的导演和制片人，其中包括《国际太空管弦乐队》（2013 年）、《灾难游乐场》（2015 年）和《我是怪物》（2019 年）。她在电影、科学、技术、戏剧、政治、音乐和设计等领域交叉创作多维体验项目。 |

| 年份 | 大会主题 | 分论坛 | 论坛主题 | 简介 |
| --- | --- | --- | --- | --- |
| 2019 年 | 人性化设计 | **研究与教育论坛**<br>该活动汇集了印度海得拉巴的学者、学生和行业领袖，探讨了设计教育与可持续性、新兴经济体和数字媒体的交叉点相关的三个主题。通过为期一天的系列活动，该论坛促进了围绕新教育计划、研究领域和实践的发人深省的对话。这些对话侧重于用以人为本的方法来设计一个更美好的世界。 | 将联合国可持续发展目标纳入国际设计课程中 | 联合国于 2015 年制定了 2030 年的可持续发展目标，旨在为所有人创造更美好、更可持续的未来。2017 年 10 月，第 30 届世界设计大会间，WDO 制定了世界设计议程，旨在为实现联合国的可持续发展目标提供支持，通过设计为复杂问题提供新的视角。WDO 与来自全球 40 多个成员组织的 100 多位代表合作，将联合国的可持续发展目标作为 WDO 的行动框架。然而，我们需要不断地明确一系列关系、条件和标准，衡量计划进展并为最佳实践做出贡献。 |
| | | | 新兴经济体设计教育的未来 | 20 世纪 60 年代初，印度和巴西成为欧洲和北美以外工业设计项目的先驱。自那时以来，现代设计教育在全球范围内广泛传播。经过 20 年的全球化浪潮，设计已成为新兴经济体竞争力的一部分。然而，资源匮乏、设计教育迅速扩张等问题对国际设计教育标准和适应当地社会经济条件的能力提出了严峻挑战。<br>新兴国家的设计研究和教育机构正面临关键时刻，他们需要认清自身的特点，以解决新问题、抓住机遇并承担责任。这不仅是为了自我定位，也是为了重新定义全球设计教育和研究议程的能力。 |
| | | | 数字媒体的人性化方法 | 工业革命为我们提供了强大的工具，催生了下一场革命 —— 数字革命。数字技术从根本上改变了生活、学习、工作和娱乐方式。数字媒体的便捷性和多功能性从根本上改变了传统教育的方法。然而，在不了解人的因素的情况下，技术的进步可能成为学习的障碍。设计则提供了广泛的工具和思维方式，能够使教育数字媒体更具人性化。<br>发展中国家在教育领域面临着挑战。这些挑战包括获取知识的便利性、基础知识的明晰性、学术界与工业界技能差距的缩小，以及学会如何通过设计和创新来解决现实世界的问题。 |

# 二、国际设计委员会（ICo-D）

国际设计委员会（后简称 ICo-D）创立于 1963 年，当初全称为国际平面设计协会理事会（Icograda），为国际非政府组织。当时，理事会的相关会员活动主要面向平面设计领域的专业实践人士。然而，随着信息技术革命的深入，无处不在的数字工具令设计变得普及，甚至非设计师亦可使用。这在提高了设计重要性的同时，也模糊了设计的专业与非专业之间的分界。

同时在专业实践层面，科技为设计的应用开辟了全新的渠道。在平面设计领域，印刷引领了网络、多媒体的互动，也催生了有趣的分支，将视觉设计融入建筑、高科技、娱乐、音乐和多种融合形式，呈现出无限变化。同样的进展也深刻地影响了其他设计领域，增进了它们之间的互动。因此，2014 年，为顺应设计学科向多学科转变，大会投票决定正式将理事会更名为“国际设计委员会”——一个焕发了新活力和具有多学科视野的委员会。

图 6.1.2 国际设计委员会标志

## 1. 愿景、使命与核心价值

### · 愿景、使命

ICo-D 是当前全球最大的专业设计师组织，旨在构建一个共享共同问题、承诺和标准的全球网络，以创建全球设计界的统一声音，并促进有关设计在社会、文化和经济中的主导作用的高级对话。

### · 核心价值

加强对设计价值的认知，提升全球各设计学科的标准，同时改善全球各地的设计水平。计划发起致力于提高生活水平、医疗保健和交通等领域的项目，专注于向低收入人群提供设计服务，以改善他们的生活质量。同时，还将与政府建立持续的合作机制，进行沟通与合作，以实现理想的愿景。

## 2.
## 管理组织架构

ICo-D 主要是一个由 8 人组成的理事会及相关执行团队负责管理和具体实施的组织。理事会每两年由会员大会选举产生。

表 6.6　ICO-D 理事会成员信息

| 职位 | 姓名 | 国家 | 邮箱 | 简介 |
| --- | --- | --- | --- | --- |
| 主席 | 徐挺<br>（Xu Ting） | 中国 | ting@szdpa.org | 深圳市文化创意设计协会（SCCDA）副秘书长，负责联合国教科文组织创意城市网络计划的联系。参与深圳设计周和深圳全球设计大奖（SDA）的组织工作，致力于推动设计教育和学生交流计划。还曾担任第二届和第三届港深设计双年展的联合策展人，以及港深创意家具展的策展人。 |
| 前主席 | 乔纳森 · 斯特雷布利<br>（Johnathon Strebly） | 加拿大 | jstrebly@theicod.org | 斯特雷布利是加拿大品牌战略和传播机构通告组（The Notice Group）的创始人，并且是加拿大专业设计协会（DesCan，前身为加拿大平面设计师协会 [GDC]）的前任主席和国家道德主席，以及加拿大设计专业协会的前任主席，还是温哥华创意清晨（Creative Mornings）的联合创始人。 |
| 秘书长 | 乔纳斯 · 柳盖拉<br>（Jonas Liugaila） | 立陶宛 | jliugaila@theicod.org | 乔纳斯 · 柳盖拉是纳斯理工大学的初级研究员和维尔纽斯艺术学院的讲师，并担任立陶宛国际设计委员会的董事会成员。 |
| 财务主管 | 梅利克 · 塔西奥格鲁 · 沃恩<br>（Melike Taşcıoğlu Vaughan） | 土耳其 | mtascioglu@theicod.org | 设计师、艺术家和学者，拥有平面设计博士学位，阿纳多卢大学的全职教授，教授学士、硕士和博士学位课程。沃恩还是一名书籍设计师，主要与关注社会不公问题的国际独立出版商合作，同时是土耳其平面设计师协会（GMK）的董事会成员兼秘书长。 |
| 副主席 | 亚尼克 · 达科斯塔<br>（Yanique DaCosta） | 美国 | yani@theykmd.com | 生于牙买加金斯敦，后移居美国，获得美术学学士学位和媒体设计硕士学位。凭借在设计行业超过 12 年的经验，是美国劳工部认定的品牌开发和平面设计专家。达科斯塔目前担任图形艺术家协会全国执行委员会的财务主管。 |
|  | 阿雷兹 · 埃兹曼<br>（Arez Ezman） | 马来西亚 | aezman@theicod.org | 马来西亚平面设计协会（WREGA）前任副主席，拥有超过 20 年设计从业经验。 |

| 职位 | 姓名 | 国家 | 邮箱 | 简介 |
|---|---|---|---|---|
| 副主席 | 朱丽叶 · 卡维舍（Juliet Kavishe） | 南非 | jkavishe@theicod.org | 室内建筑师和设计教育家，15 年的职业生涯，专注于高端住宅、商业和企业工作空间。特别注重非洲设计视角、教育公平以及政策层面的推动，担任了泛非设计学院（PADI）的主编和执行委员会成员，同时也是非洲室内设计专业学院的主任。 |
| | 赵超（Zhao Chao） | 中国 | zhaochao@tsinghua.edu.cn | 现任清华大学美术学院副院长、艺术与科学研究院副院长、工业设计系主任、健康设计实验室主任。也是中国教育部设计学科教学指导委员会秘书长。曾获得红点奖、国家设计奖、澳大利亚优秀校友奖、中国十大青年设计师奖、新世纪中国新锐人才奖。 |

中国会员在 ICo-D 的理事会选举中参与较早，早在 2007—2009 年的第 22 届理事会中就有王敏代表中国当选副主席。此后，肖勇（2009—2011）、王子源（2015—2017，2017—2019）、赵超 (2019—2022，2022—2024) 曾先后当选副主席。深圳文化创意设计协会（SCCDA）的副秘书长徐挺在当选 2019—2022 年第 28 届副主席后，于 2022—2024 年第 29 届当选为主席。

## 3. 成员规模

ICo-D 会员覆盖世界 50 个国家，共 122 个成员，参与主体以协会、院校、设计公司及个人为主。中国会员以设计协会和专业院校为主。中国有两席会员，即中国美术学院上海设计学院与浙江省现代智造促进中心。

## 4. 重要活动

在ICo-D现有活动中，同设计教育相关的活动以表彰奖项（主席奖、教育奖、成就奖）和国际设计日为代表。

**· 国际设计日**

自 1995 年以来，庆祝的国际设计日是为了纪念理事会于 1963 年 4 月 27 日成立。国际设计日是一个认识设计的价值及其影响力的机会。在这一天，我们呼吁设计师深入反思当地人们的福祉，并通过将设计作为尊重多样性和超越边界的工具来找到满足当地需求的创新解决方案。

表 6.7　国际设计日活动信息

| 年份 | 主题 | 简介 |
| --- | --- | --- |
| 2022 年 | 过渡中暂停 | 现有方法已不适用，而新方法尚未涌现。人们处在这两者之间的“临界”空间，行动势在必行。与其盲目前行，不如珍惜与未知的不适相处的机会，思考再生和成长。大流行及其危机表明，一些现象不会简单结束，而是将引发一系列不确定的局面。我们可以选择困惑和沮丧，也可以抓住机会，重新审视未来。问题紧迫，但解决之道何在？应采取何种行动？哪些设计在近期或远期至关重要？哪些设计师的声音应被听见？“暂停”和“过渡”都可能会带来焦虑。我们想要探究其是否是源自事物模糊而充满矛盾的边界。 |
| 2021 年 | 为所有人设计 | 人类大家庭包括各种类型的人，他们的交叉交织构成了整体。每个人如何与设计的世界互动，取决于对物质现实、空间和体验的公平获取程度。<br>设计师创造的作品能带来快乐、传递信息、促进教育、提供医疗，以及提供知识和福祉。了解社会、经济、环境、技术和地理等因素如何影响公平获取，在某些情况下可能阻碍或促进访问，是设计师工作的核心。<br>“每个人都应该生活在一个精心设计的世界里。”在支持和鼓励这一理念的物品、地点和系统的支持下，每个人都值得过上美好的生活。普遍体验的概念通常是不够的，设计师的工作不仅是改善生活状况，还常常决定了这些改善的实现途径。为所有人设计意味着关注每个方面的存在，考虑广泛的人类差异、关系和环境，以及家庭纽带、地位、收入、身体健康等因素，不论生活在北方还是南方，都塑造了一个不断演变的设计之旅。 |
| 2020 年 | 成为专业人士！ | 在最后一次世界设计日的主题中，即 2020 年，强调了“专业！挑战设计师，深入反思行业现状”。虽然许多人自称为“设计师”，但“设计师”和“设计专业人士”的区别何在？<br>如果我们将“设计”视为一种职业，类似于建筑师、医生或律师，那么我们也必须承担相应的责任和义务。设计专业人士不只是一个称号，更代表着遵守专业准则、对社会和职业有着明确的限制和义务。 |
| 2019 年 | 设计中的女性 | 女性设计师在全球变革中扮演着重要角色。世界各地的女性都在为更好的健康、正义和人权而进行设计，无论是在家庭、城市还是整个地球上，她们都积极推动着关于如何成为一名专业设计师的对话。妇女参与团队、社区和政府，寻求合作和产生影响的途径。然而，现实是，被公认的设计师仍以男性为主导。设计师常常忽视了女性的成就。在 2019 年的世界设计日，我们致力于突出那些创造智能、包容、敏感设计的女性设计师，无论她们的贡献是大是小。这个主题是对过去和现在杰出女性设计师的敬意和呼唤。 |
| 2018 年 | 孩子们也可以！ | 让孩子们展现无限可能！专注于创造与儿童世界交融的空间。下一代充满希望，他们将用工具驾驭复杂世界，用乐观和纯真推动美好改变。我们期望儿童都能成就非凡，不辜负期望。 |
| 2017 年 | 从年轻开始 | 儿童就像白纸，他们的世界观充满可能性。作为首批“数字原住民”，现代的孩子们已深知自己对未来负有责任：他们渴望选择和创造能够改变世界的事物，用独特方式实现。但是，我们如何让年幼的孩子们准备好迎接这个多变的世界，成为未来智慧、富有想象力和实际能力的领袖呢？ |
| 2016 年 | 设计在行动！ | 设计的一大优点是它可以对日常生活产生如此大的影响。从让城市环游更安全、更快捷的自行车道，到将您与朋友和家人联系起来的电话，再到帮助您不会迷路的寻路设备，以及帮助您进行运动的高科技装备。即，好的设计，有意义的设计，一直在行动！ |
| 2015 年 | 您今天如何设计未来？ | 设计的核心是创造性解决问题的过程，目的是适应当地环境和受众需求。这一过程虽隐匿，但通常需要多方参与、多阶段推进，并涉及隐藏的时机，以达成最终成果。<br>您如何参与未来设计？您如何通过设计关注子孙后代？您如何考虑设计的整体周期以及对环境和经济的影响？在实现目标的过程中，您如何借助合适的软件、技术和协作方式即兴创作？ |

| 年份 | 主题 | 简介 |
| --- | --- | --- |
| 2014 年 | 建立联系：这就是设计师所做的 | 传播设计的核心是一项创造性活动，旨在根据当地情况和受众解决问题。这些建议是世界传播设计日可能激发的许多独特解决方案的出发点。 |
| 2013 年 | 1 Love 1 Word | 协会成立 50 周年庆典。 |
| 2012 年 | 融合 | 在过去 30 年的设计领域，“融合”一直是设计的关键。<br>融合意味着将计算机、互联网、手机等技术革命的元素结合起来，使每个人都能轻松使用。这需要跨学科合作，将不同领域的设计师聚集在一起。与其他领域的专家（如人类学、生物学、心理学、教育、社会工作、经济学等）合作，对设计师来说尤其有趣。新兴的“扩展媒体”学科整合了传播设计、品牌、广告、编辑设计、网页设计等传统领域，涵盖了游戏设计、编程、用户体验、交互设计、社交媒体、声音设计、计算艺术和数据可视化等新兴领域。来自世界各地的创意资本汇聚在一起，创造了出卓越的集体成就。 |

# 三、
# 国际艺术、设计和媒体院校联盟（Cumulus）

国际艺术、设计和媒体院校联盟（Cumulus）成立于 1990 年，是欧洲领先的艺术、设计和媒体大学之间的合作网络，它的诞生是为了促进欧盟伊拉斯谟计划内的合作以及学生和教师的流动性。Cumulus 于 2001 年获得官方协会地位，并于 2006 年成为国际协会。此后一直在不断扩大，现在作为总部设在芬兰的非营利性全球协会，横跨五大洲。

如今，Cumulus 是全球领先的艺术、设计教育与研究协会，代表了一个动态的生态系统，用于国际化和全球流动、知识交流以及艺术和设计教学、研究和实践方面的协作。Cumulus 的成员可以访问在规模、范围和地位方面无与伦比的全球协会。联盟致力于提高艺术和设计高等教育的质量，通过会议和活动、工作组和合作伙伴关系以及研究、知识和资源的共享提供独一无二的机会。

图 6.1.3 国际艺术、设计和媒体院校联盟标志

## 1.
## 愿景、使命与核心价值

### · 愿景

成为首屈一指的全球网络，汇集高等艺术和设计教育机构，促进教学、研究和实践方面的合作和知识交流，形成一个以设计为主导的社区，并促进设计师和艺术家致力于可持续发展和人类的未来。

### · 价值观

重视艺术、设计和媒体方面的卓越和创新，重视对话和全球参与的力量，重视会员的多样性以及在教学、研究和实践方面的多元化，重视学科的社会和环境责任。

### · 发展战略

沟通、合作、社区。

专注于从过去中学习，为社区想象未来。寻求扩大新的合作渠道和空间。设计一个更加以学生为中心的协会。致力于更加开放地获取教育资源并加强联盟所有项目的多样性、公平性和包容性。

## 2.
## 管理组织架构

Cumulus 由主席和十人组成的执委会为管理中枢，秘书处设置在阿尔托大学。其具体的项目策划与执行由下设的 13 个工作组负责：

表 6.8　执委会成员信息

| 组别 | 成员信息 |
| --- | --- |
| 理事会 | 执委会主席 + 执委（10 席）<br>中国籍执委先后有娄永琪、肖勇、巩淼森 |
| 秘书处 | 阿尔托大学 |
| 顾问团 | 历届退任主席 |
| 工作组 | 艺术与设计教师教育与教学法 |
| | 领导力与策略 |
| | 国际事务 |
| | 生物设计 |
| | 商业、工业与创新 |
| | 设计可持续性 |
| | 数字文化 |
| | 时尚与纺织 |
| | 医疗保健与福祉 |

| 组别 | 成员信息 |
| --- | --- |
| 工作组 | 新的饮食习惯 |
| | 服务设计 |
| | 设计界的女性 |
| | ReVeDA：设计和艺术的研究载体 |

### · 理事会

Cumulus 是一个会员制协会，其正式成员每三年选举一次主席和执行委员会成员，以指导协会前进并代表他们的集体利益。本届执委会成员于 2022 年春季大会选举成立，由罗马大学的洛伦佐 · 伊贝西（Lorenzo Imbesi）教授当选新一任主席。

前任主席

**玛丽安娜 · 阿马图罗各**

（Mariana V. Amatullo）

· 社会创新博士、帕森斯设计学院副教授
· 帕森斯设计学院全球高管在线教育副教务长
· 研究兴趣：社会创新、设计和组织文化、设计管理、设计和国际发展
· 当前研究：设计、公共政策和社会创新的交集

现任主席

**洛伦佐 · 因贝西**

（Lorenzo Imbesi）

· 环境设计博士、罗马大学教授
· ReVeDA 设计研究工作组联合主席，Cumulus PhD 网络主席
· 共同主持了“设计文化”Roma Cumulus 2020—2021 年国际会议，创立 Cumulus PhD 网络
· 研究兴趣：新技术和新产品在社会和道德影响上的叙事
· 当前研究：设计行业在当代社会中的新表达和关键作用

江南大学副教授巩淼森继同济大学教授娄永琪、中央美术学院教授肖勇后，代表中国当选新一届执委。通过执委会人员的专业背景可以发现，具有社会创新研究背景的执委占据 3 席，且都毕业于米兰理工大学。撇开社会创新研究学者较为热衷于参与社会活动不谈，一方面可见米兰理工大学在社会创新研究领域的实力，另一方面也可以认为在前任主席玛丽安娜 · 阿马图罗各的带领下，社会创新议题在 Cumulus 内部已然蓬勃发展。

**Cumulus** | 执委概况

图 6.1.4 Cumulus 执委会成员信息

### · 工作组

**艺术与设计教师教育与教学法**

在 Cumulus 网络聚合艺术与设计教学方面的专业知识，促进艺术与设计教育创新教学法和学习的共同创造发展。

**领导力与策略**

如何充分利用艺术和设计学科的作用产生积极影响，支持更可持续和人性化的发展框架。

**X 档案（国际事务）**

促进 Cumulus 会议期间的协作，并为成员提供维持对话的工具；帮助成员寻找潜在的合作伙伴并为新的合作奠定基础；为所有 Cumulus 会议参与者提供空间和时间，以连接活跃的国际学术项目网络；在会议的创意背景下建立交流机会。

**生物设计**

探索人类与生物学的关系，展开生命科学中的新兴实践。如何考虑人类和非人类物种之间的关系？使用生物系统的限制是什么？如何将现代工业系统与生命系统相结合？

**商业、工业与创新**

探索设计学校与公司之间的关系，以及在生态意识、数字文化和崛起所扰乱的社会经济背景下，设计作为创新战略学科的责任和作用。

### 设计可持续性

提供适当的知识（关于人类行为和态度变化、环境、资源和最佳可持续设计实践）；交流和讨论可持续发展教学设计的策略、工具、实践和经验；提出和收集设计教育的新实践；使成员组织与这些宗旨和目标以及联合国可持续发展目标的更大议程保持一致。

### 数字文化

致力于交互设计和数字媒体。

### 时装与纺织

专注于时尚和纺织品领域的教育和研究。

### 医疗保健和福祉

旨在提供一个开放的讨论空间和一个国际展示空间，其中包括演示、案例研究和与主题相关的讨论，并作为为良好健康和福祉而设计的全球网络，分享最佳实践和经验。

### 新的饮食习惯

设计师在保护食品生态系统和自然资源方面的作用，设计新的食品系统、健康生活、生态产品和品牌，技术在食品生产和消费中的作用，对发达国家和欠发达国家有益的优质食品，粮食安全与消费，设计师、教育和食品工业之间的联系（学科和文化视角）。

### 服务设计

基本思想是围绕设计和设计教育在从事服务业、公共部门、公民社会和社会转型时面临的新挑战，将大学和设计学校联系起来。基础是公开分享挑战、工作方式、发展目标、解决方案的想法、课程等。目标是让彼此更好地应对和处理挑战，让学生成为更好的设计师和合作者。

### 设计界的女性

为女性讨论与挑战分享经验，并建立一个全球女性设计网络，以相互支持和促进。

### ReVeDA：设计和艺术的研究载体

通过 Cumulus 社区开发关于艺术和设计研究主题的定量和定性地图。

## 3.
## 成员规模

Cumulus 会员现覆盖全球五大洲 63 个国家共 350 所杰出的艺术和设计院校。

## 4.
## 重要活动

Cumulus 于每年 6 月与 11 月分别举办主题学术会议，由会员承办。

表 6.9 主要学术会议信息

| 年份 | 会议主题 | 主题释义 | 涉及领域 / 工作组 | 核心议题 | 承办单位 |
|---|---|---|---|---|---|
| 2022 年 | 不可触摸：新的意义和价值（Untouchable: New Meanings and Values）（原计划因俄乌战争被取消） | **触觉、有形美学、本体感觉和触觉、视觉的概念**<br>在跨学科研究领域蓬勃发展的今天，希望通过新科学话语的光学来探索触觉空间和触觉的问题。邀请设计界分享他们在不同尺度和维度上探索各种形式的触感的研究，包括但不限于界面、表面、虚拟和混合空间、材料等。 | · 工业设计<br>· 触觉人类学<br>· 有形美学<br>· 虚拟增强现实<br>· 数字设计 | · 空间、感官、皮肤：艺术与设计实践的再造<br>· 本体感觉与移位<br>· 数字模仿与材料扩展 | 圣彼得堡大学、莫斯科国立高等经济学院（HSE）艺术与设计学院、圣彼得堡理工大学 |
| | 适应性设计（Design for Adaptation） | 探索艺术家和设计师如何在加速适应气候变化方面发挥作用，他们通过多样的方法、愿景和实验，旨在减少社区的脆弱性，增强其韧性。 | · 设计<br>· 艺术<br>· 环境 | · 气候生态系统<br>· 气候公民<br>· 气候种族隔离 | 独立艺术与设计学院协会、创意研究学院 |
| 2021 年 | 设计文化（Design Cultures） | 设计文化不仅是特定知识的表达，更是对周围不同“文化”多方位调查的产物。我们现处于日益复杂的社会，面临新的社会、文化和经济挑战，比以往更全球化、多元化，语言和人流也更加丰富。因此，设计正变得更加多样化，具有许多新的应用和文化意义。设计作为文化的表达，考虑了我们从过去继承的文化。这些文化应该为后代的利益而传承，连接着过去和未来、有形和无形、创新和传统。 | · 人工<br>· 语言<br>· 生活<br>· 制作<br>· 多样性<br>· 新常态<br>· 接近性<br>· 弹性<br>· 革命和思考 | | 罗马第一大学 |
| | 艺术想象未来的社区（Arts Imagining Communities to Come） | **未来社区**<br>想象未来社区的艺术旨在促进学术反思和艺术表现，重点关注与当地社区合作的不同方式。 | · 设计<br>· 艺术<br>· 生物<br>· 城市 | · 危机、批评与创造<br>· 艺术生产设计<br>· 艺术、自然、生物和技术<br>· 城市艺术与重新设计城市 | 厄瓜多尔艺术大学 |

| 年份 | 会议主题 | 主题释义 | 涉及领域 / 工作组 | 核心议题 | 承办单位 |
| --- | --- | --- | --- | --- | --- |
| 2019 年 | 之后的设计<br>（The Design After） | | · 艺术与设计教师教育与教学法<br>· 领导与策略<br>· ReVeDa：设计与艺术的研究载体<br>· 服务设计<br>· 设计可持续性<br>· 设计可持续<br>· 设计界的女性 | · 研究技术在城乡平衡中的作用<br>· 与小社区一起学习和设计<br>· 设计基础的相互作用和重新定义<br>· 小说、建筑和游戏<br>· 构建科学与设计之间的对话，以解决现实世界的问题，使研究更进一步<br>· 设计角色创造的有意义的可能性<br>· 新的生产模式和经济体系 | 哥伦比亚安第斯大学 |
| | 篝火旁<br>——韧性和智慧<br>（Around the Campfire — Resilience and Intelligence） | | · 艺术与设计教师教育与教学法<br>· 设计与移民<br>· 新的饮食习惯<br>· 当代艺术<br>· 国际事务<br>· 可持续发展<br>· 数字文化<br>· 服务设计<br>· 时装与纺织<br>· 领导力与策略<br>· 设计界的女性<br>· ReVeDa：设计与艺术的研究载体<br>· 商业、工业和创新 | · 设计、艺术和媒体中的弹性和智慧<br>· 北极和可持续、艺术与设计<br>· 艺术、设计和媒体的跨学科路径、设计教学的未来、<br>· 创意产业与创业<br>· 文化和参与视角<br>· 创新技术方法和理论 | 拉普兰大学 |

| 年份 | 会议主题 | 主题释义 | 涉及领域 / 工作组 | 核心议题 | 承办单位 |
| --- | --- | --- | --- | --- | --- |
| 2018 年 | 广泛转型与设计机会（Diffused Transition & Design Opportunities） | | · 商业、产业与创新<br>· ReVeDa：设计与艺术的研究载体<br>· 国际事务<br>· 设计可持续性<br>· 设计界的女性<br>· 时尚与纺织 | · 共同研讨在这个转型时代设计的状态和走向<br>· 发表全球化 3.0 语境下对共同挑战的当地回应<br>· 分享新兴的设计实践、设计研究和设计教育<br>· 反思设计的新属性、新作用和新文化 | 江南大学 |
| | 到达那里：一起设计（To Get There: Designing Together） | **共同设计 / 协同设计**<br>让“他者”成为一种积极的力量，并确保设计和这种人才的结合，成为对现实采取行动的不可否认的工具 | | · 设计是一个集体的精心设计，也是一个可能的视野的实验室。它既是改变我们环境的手段，也是质疑它的方式。它涉及共享的观点和专业知识。<br>· 基于项目的方法和设计固有的协作精神，使其成为思考、教育和转型的强大中心。这种力量如何传播到生活的各个领域？ | 巴黎设计学院 |

# 四、国际设计研究协会（DRS）

国际设计研究协会（DRS）是一个致力于促进和发展设计研究的学术团体，于 1966 年在英国成立。该协会的起源是 1962 年在伦敦举行的设计方法会议。该会议由那些对设计过程中的新方法有共同兴趣的核心人物得以确定。DRS 致力于跨学科研究，横跨所有不同实践领域的设计，是设计研究界历史最悠久的、多学科的全球性协会。

图 6.1.5 国际设计研究协会标志

## 1. 愿景、使命与战略计划

**· 愿景、使命**

将设计视为许多学科共有的创造性行为；推进设计的理论、方法和实践；了解、研究其与教育和实践的关系。

**· 战略计划**

鼓励发展学术和设计知识；为博士教育和科研培训的发展做出贡献；跨越设计学科的界限分享知识；促进网络成员之间交流想法、经验和研究成果；传播研究成果；提升设计研究意识；组织和赞助会议、出版论文集；鼓励成员之间的国际交流；回应咨询文件；与其他机构合作；代表成员的研究兴趣游说；通过奖项表彰卓越的设计研究。

## 2. 管理组织架构

DRS 是由一个 6 人组成的执行理事会及国际咨询委员会负责管理和战略规划的组织。

表 6.10　执行理事会成员信息（加粗部分为连任委员）

| 职位 | 姓名 | 职业 | 简历 | 主要研究内容 | 研究领域 |
|---|---|---|---|---|---|
| 执行理事会 | **执行委员会主席丽贝卡·凯恩（Rebecca Cain）** | · 拉夫堡大学设计学院副院长 | · 1997—2001 年，拉夫堡大学工业设计学士<br>· 2001—2005 年，拉夫堡大学博士 | 跨学科设计研究：将工业界与学术界结合起来，创建和领导跨医疗保健、汽车、移动、铁路和能源领域的多元化多学科设计研究团队。 | 协同设计、参与式设计、以用户为中心的设计 |
| | 彼得·劳埃德（Peter Lloyd） | · 代尔夫特理工大学工业设计工程学院综合设计方法学教授 | · 1985—1988 年，英国萨塞克斯大学电子工程理学学士<br>· 1990—1994 年，英国谢菲尔德大学博士<br>· 1995—1998 年，英国开放大学哲学学士 | 自 1994 年以来，他一直是颇具影响力的设计思维研究研讨会方面的领军人物。在设计过程、设计伦理、设计理论和方法学领域任教。 | 设计伦理、设计方法 |
| | **劳拉·福拉诺（Laura Forlano）** | · 伊利诺伊理工大学设计学院副教授 | · 2001—2008 年，美国哥伦比亚大学博士 | 新兴技术、材料实践和城市未来交汇处的社会技术系统和基础设施的美学和政治。 | 设计美学、新兴实践 |
| | 保罗·赫科特（Paul Hekkert） | · 代尔夫特理工大学工业设计工程学院形式论教授<br>· 设计美学小组主席<br>· 设计与情感协会的联合创始人和主席 | · 1988 年，阿姆斯特丹自由大学理学人体运动科学硕士<br>· 1995 年，代尔夫特理工大学博士 | 对产品如何影响人类体验和行为进行研究。2011 年，他获得了荷兰科学基金会（NWO）的 VICI 资助，以开发统一的美学模型（UMA）。UMA 项目可能是有史以来最大的美学研究项目。 | 设计美学、体验设计 |
| | 丹·洛克顿（Dan Lockton） | · 埃因霍芬理工大学工业设计系“未来日常”小组的助理教授<br>· 前卡内基梅隆大学的助理教授和设计研究系主任 | · 布鲁内尔大学工业设计工程学士<br>· 剑桥大学技术政策硕士<br>· 布鲁内尔大学设计博士 | 工作集中在参与式想象的工具和方法上：在气候危机的时代，帮助人们共同创造和探索可能的未来，想象新的生活方式，更好地了解自己和周围的世界，包括健康和社会不平等。 | 参与式设计、设计政策 |
| | **DRS 会长雷切尔·库珀（Rachel Cooper）** | · 兰卡斯特大学设计管理与政策特聘教授<br>· 当代艺术研究所主席 | | 研究兴趣包括：设计思维、设计管理、设计政策、城市可持续发展、设计与福祉、设计与健康、打击犯罪设计、社会责任设计、设计与制造。 | 设计管理、设计政策 |

| 职位 | 姓名 | 职业 | 简历 | 主要研究内容 | 研究领域 |
| --- | --- | --- | --- | --- | --- |
| 国际咨询委员会 | **顾问委员会主席**<br>**安娜 · 瓦尔加达**<br>(Anna Vallgårda) | · 哥本哈根 IT 大学副教授兼ixd 实验室负责人 | · 2005—2009 年，哥本哈根 IT 大学计算复合材料博士<br>· 2010—2011 年，瑞典纺织学院智能纺织品设计博士后、研究员和研究主任 | 研究重点是开发交互设计作为一种材料实践。将计算机理解为一种用于设计和实验的材料，目的是为计算事物创造新的材料。通过这种实践，试图加深对交互设计中形式的三位一体的理解：物理形式、时间形式和交互格式塔。 | 交互设计、新兴实践（新型材料） |
|  | 克里斯蒂娜 · 安徒生（Kristina Andersen） | · 埃因霍芬理工大学工业设计系"未来日常”小组的助理教授 | · 伦敦大学学院虚拟环境硕士<br>· 斯德哥尔摩皇家理工学院博士 | 关注的是如何在基于软纤维的材料实践的背景下，通过数字工艺和与半智能机器的合作，让彼此想象可能的技术未来。如何围绕尚未想象的事物进行创新、设计和行动？谁来推动创新过程？如何重新构建方法，以包括生活中复杂的文化、政治和个人方面？是否可以通过制作( 和思考 )技术、社区和材料来构建未知的愿景？ | 参与式设计、新兴实践（数字智能） |
|  | 斯特拉 · 博斯（Stella Boess） | · 代尔夫特理工大学工业设计工程学院参与式包容性设计助理教授 | · 1989—1994 年，德国萨尔美术学院工业设计学士<br>· 1997—2002 年，英国斯塔福德郡大学用户体验设计博士 | 为移动性、可持续性和电子健康领域的设计师和非设计师开发参与式包容性设计工具。探讨设计研究人员如何使用人工制品和流程来支持利益相关者设想自己的未来。为刚起步的设计研究人员制定传播建议。 | 包容性设计 |
|  | 陈林林（Linlin Chen） | · 埃因霍芬理工大学工业设计系系主任<br>· 设计创新战略的教授和主席 | · 1984 年，中国台湾成功大学工业设计学士<br>· 1992 年，美国密歇根大学工业工程博士 | 从事物联网用户界面、设计创新策略、形式美学和智能美学等方面的研究。研究重点是智能产品的产品美学、设计创新和交互设计。随着新兴计算、无线传感和其他新兴技术的出现，产品行为超越了形状和对时间、运动和表达领域的即时反应。是《国际设计研究》（*International Journal of Design*）的主编，从零开始创办期刊，并将其打造成为设计领域的顶级期刊之一。 | 设计政策、设计美学 |

| 职位 | 姓名 | 职业 | 简历 | 主要研究内容 | 研究领域 |
| --- | --- | --- | --- | --- | --- |
| 国际咨询委员会 | 卡塔利娜·科尔特斯·洛约拉（Catalina Cortés Loyola） | · 德萨罗洛大学设计学院研究教授 | · 智利天主教大学设计师学士<br>· 美国亚利桑那州立大学设计理学硕士 | 平面设计与视觉传达、编辑与标识设计、设计素养、空间设计与教育资源、学习与认知、设计教育。 | 视觉设计、设计教育 |
| | 董华（Hua Dong） | · 英国布鲁内尔大学设计学院院长 | · 同济大学工业设计学士<br>· 建筑设计与理论硕士<br>· 剑桥大学工程系博士 | 研究重点是包容性设计理论以及包容性设计原则和方法在工业设计、工程设计、建筑设计和服务设计过程中的应用。 | 包容性设计 |
| | 基斯·多斯特（Kees Dorst） | · 悉尼科技大学跨学科创新教授<br>· 联合国开发计划署咨询小组成员 | · 1989—1994 年，德国萨尔美术学院工业设计学士<br>· 1997—2002 年，英国斯塔福德郡大学用户体验设计博士 | 被认为是发展设计领域的主要思想家之一，因其将设计逻辑的哲学理解与动手实践联系起来的能力而受到重视。作为这两个世界之间的桥梁建设者，他关于设计作为一种思维方式的著作被从业者和学者追捧。他撰写了多本领域内畅销书:《理解设计》(2003 年、2006 年)、《设计专业知识》(合著，2013 年)、《框架创新》(2015 年)、《为共同利益而设计》(2016 年）和《设计笔记——创意实践如何运作》(2017 年)。近年来，他的重点已经转移到在传统设计领域之外使用设计思维方式——特别是应用于新网络社会的“邪恶”问题。他开发了一套方法来支持这些过程，并通过他创立的研究中心和学位课程在实践中进行试验。 | 设计思维 |
| | 马丁·埃文斯（Martyn Evans） | · 曼彻斯特艺术学院院长 | · 曼彻斯特城市大学工业设计硕士<br>· 兰卡斯特大学博士 | 对设计命令在各种环境中的战略角色感兴趣，研究探索了设计师用来概念化和传达未来的方法。 | 设计理论 |
| | 丁库塔·亨泽尔（Tincuta Heinzel） | · 拉夫堡大学设计学院纺织专业高级讲师<br>· 纺织品设计研究组组长 | · 赫尔辛基大学活动理论与发展工作研究中心博士 | 对艺术与技术科学之间的关系感兴趣，特别关注电子和反应性纺织品以及可穿戴技术。 | 新兴实践 |

| 职位 | 姓名 | 职业 | 简历 | 主要研究内容 | 研究领域 |
| --- | --- | --- | --- | --- | --- |
| 国际咨询委员会 | 保罗 · 赫科特（Paul Hekkert） | · 代尔夫特理工大学工业设计工程学院形式论教授<br>· 设计美学小组主席<br>· 设计与情感协会的联合创始人和主席 | · 卡内基梅隆大学传播规划和信息设计硕士<br>· 设计博士 | 对产品如何影响人类体验和行为进行研究。2011 年，他获得了荷兰科学基金会（NWO）的 VICI 资助，以开发统一的美学模型 UMA 项目。该项目可能是有史以来最大的美学研究项目。 | 人机交互 |
| | 科林 · 格雷（Colin M. Gray） | · 普渡大学计算机图形技术系副教授 | · 萨凡纳艺术与设计学院平面设计文学硕士<br>· 南卡罗来纳大学哥伦比亚分校教育硕士<br>· 印第安纳大学布卢明顿分校博士 | 研究重点是设计师的教学法和实践如何影响设计能力的发展，特别是在道德、设计知识和学习经验方面。他们的工作跨越多个学科，包括人机交互、教学设计与技术、设计理论与教育、工程与技术教育。 | 人机交互、设计教育 |
| | 桑巴 · 海沙罗（Sampsa Hyysalo） | · 阿尔托大学教授 | · 赫尔辛基大学活动理论与发展工作研究中心博士 | 研究重点是社会技术变革中的设计师与用户的关系，包括参与式设计、协同设计、开放和用户创新、开放设计、同行知识创造、公民科学和组织中的用户知识、技术的社会塑造、实践理论、创新过程研究和可持续性转型等领域。 | 参与式设计、社会创新 |

| 职位 | 姓名 | 职业 | 简历 | 主要研究内容 | 研究领域 |
| --- | --- | --- | --- | --- | --- |
| 国际咨询委员会 | **萨宾·容金格（Sabine Junginger）** | · 卢塞恩艺术与设计学院设计与管理能力中心主任 | · 卡内基梅隆大学传播规划和信息设计硕士<br>· 设计博士 | 容金格是研究以人为本设计的原理、方法和流程方面的专家。其对与公共和私人组织相关的设计理论和设计实践的研究得到了国际认可。此外，其还将政策制定和政策实施作为设计活动进行探索，这些活动对于在数字化转型中取得设计成功尤为重要。 | 设计政策、新兴实践（数字化转型） |
| | **莎拉·伦齐（Sara Lenzi）** | · 美国东北大学艺术、媒体与设计学院研究员<br>· 作家、艺术从业者、讲师、创意和技术领域的战略顾问 | · 博洛尼亚大学哲学硕士<br>· 米兰理工大学设计博士 | 声音设计、数据声化和听觉显示。 | 数据可视化、新兴实践（声音设计） |
| | 丹·洛克顿（Dan Lockton） | · 埃因霍芬理工大学工业设计系“未来日常”小组的助理教授<br>· 前卡内基梅隆大学的助理教授和设计研究系主任 | · 布鲁内尔大学工业设计工程学士<br>· 剑桥大学技术政策硕士学位<br>· 布鲁内尔大学设计博士 | 工作集中在参与式想象的工具和方法上：在气候危机的时代，帮助人们共同创造和探索可能的未来，想象新的生活方式，更好地了解自己和周围的世界、健康和社会不平等。 | 参与式设计，气候议题 |
| | 胡安·朱塞佩·蒙塔万（Juan Giusepe Montalván） | · 秘鲁天主教大学工业设计理论、方法和设计项目课程教授 | · 韩国科学技术高等研究院工业设计理学硕士 | 研究兴趣在于设计、社会科学和科学技术领域的交叉点。目前的工作包括以人为本的设计；科学、技术和社会研究；卫生系统设计、可持续性设计和社会创新；社交机器人。 | 可持续设计、社会创新、健康设计 |
| | **塞西莉亚·兰达—阿维拉（Cecilia Landa–Avila）** | · 拉夫堡大学设计学院卫生系统设计研究助理 | · 墨西哥瓜达拉哈拉大学工业设计学士、设计工效学硕士<br>· 拉夫堡大学卫生系统设计博士 | 深入研究当代全球挑战的复杂性，以向公平、公正和可持续的社会健康和福祉过渡。其研究兴趣在于系统思维、参与式 / 共享权力设计，以及公平和非殖民化设计的交叉点。 | 参与式设计、设计思维 |
| | 南宅镇（Tek-jin Nam） | · 韩国科学技术高等研究院工业设计系教授 | · 布鲁内尔大学设计博士<br>· 韩国科学技术研究院工业设计学士、硕士 | 研究兴趣为实践和教育生成和整合设计知识。主要研究领域是交互产品和系统的协同设计、交互设计和高级原型设计。 | 协同设计、交互设计 |

| 职位 | 姓名 | 职业 | 简历 | 主要研究内容 | 研究领域 |
| --- | --- | --- | --- | --- | --- |
| 国际咨询委员会 | 阿琳·奥克（Arlene Oak） | · 阿尔伯塔大学人类生态学系副教授 | · 皇家艺术学院设计和物质文化史硕士<br>· 阿尔伯塔大学设计学士、染织与服装硕士<br>· 剑桥大学社会与政治科学博士 | 在物质文化研究领域探讨了语言（尤其是谈话）如何与物质世界的创造、调解和消费有关，即一个包括艺术品、时尚、消费品、平面设计、博物馆文物、建筑在内的多样化环境，特别是城市环境，以及许多其他项目。<br>主要兴趣是探索对象、语言以及对个人、社会和文化身份的看法之间的关系。为了探索这些关系，其研究特别关注设计和制作的过程。这些人与物之间丰富的、创造性的相遇，涉及描述、解释、谈判、辩解和批评，所有这些都可以用来加深人们对人与物如何交织的认识。 | 物质文化 |
| | 亚历杭德拉·波夫莱特·佩雷斯（Alejandra Poblete Pérez） | · 智利大都会技术大学教授 | · 巴塞罗那大学设计研究博士 | 教学领域包括图形表示系统和程序（描述性几何和透视）、使用 2D 软件的图形制作和表达、视觉传达设计研讨会（项目流程、语言和媒体）、生产系统和排版。<br>研究领域主要是设计理论与方法、知识和设计思维。 | 设计方法、设计思维 |
| | 约翰·雷德斯特伦（Johan Redström） | · 于默奥设计学院教授、前院长 | · 哥德堡大学设计哲学博士 | 研究集中在实验和批判性设计实践，以及基于实践的研究背景下的理论发展。其对新设计实践的原型设计感兴趣，以应对后工业条件和可持续发展等当代挑战。随着时间的推移，在这个意义上制作新“实践”的原型（不像做设计项目）需要在设计的艺术和概念基础上做很多工作。 | 批判性设计、新兴实践 |
| | 山中俊政（Toshimasa Yamanaka） | · 日本筑波大学教授<br>· 日本设计学会前总裁 | · 1982 年 千叶大学工程硕士<br>· 2005 年 筑波大学感性工学博士 | 设计科学<br>感性信息学<br>饮食习惯<br>认知科学 | 设计认知科学、感性工学 |
| | 保琳娜·科雷亚（Paulina Correa） | · 智利发展大学设计学院研究主任 | · 比奥比奥大学工业设计师和工业工程硕士<br>· 西班牙 ESIC 商业与营销学院市场营销和商业管理硕士 | 跨学科创新，包括设计教育方法和应用的创造力，新材料及其在不同领域的应用。其以纤维素和铜为基础开发的抗菌纸，已经申请了国家专利和国际 PCT 申请。 | 设计教育、新兴实践（新型材料） |

在 DRS 执行理事会成员与国际咨询委员会成员中，来自英国拉夫堡大学的较多，也从侧面反映了该校目前在设计研究领域的实力。来自中国的成员目前只有在英国布鲁内尔大学设计学院任院长的董华和另一名也在欧洲任教的中国台湾学者陈林林，可见目前中国本土学者在该协会的参与程度较浅。

## 3.<br>成员规模

DRS 会员以个人为主，暂无国家及人数统计。

## 4.<br>重要活动

《设计研究》（*Design Studies*）是 DRS 出版的国际学术期刊，专注于发展对设计过程的理解。该期刊由爱思唯尔出版，研究所有应用领域的设计活动，包括工程和产品设计、建筑和城市设计、计算机人工制品和系统设计。因此，它提供了一个跨学科的论坛，用于分析、发展和讨论设计活动的基本方面，从认知和方法到价值观和哲学。DRS 以对设计研究领域发展的贡献、研究或学术的原创性、相关性的广度以及表述的清晰度和风格为标准提名前一年的最佳论文。

表 6.11　DRS 学术期刊《设计研究》相关提名的获奖论文信息

| 年份 | 最佳论文提名（加粗部分为最终获奖论文） |
|---|---|
| 2020年 | 在特异性和开放性之间：建筑师如何处理设计使用的复杂性 |
| | 成败细节：设计——构建教育的架构 |
| | **工匠、探索者、创新者和共同创造者：作品中的设计师身份叙述** |
| | 设计研究的下一步在哪里？了解设计研究的影响和建立 |
| | 为设计研究人员 |
| | 通过对任务类型和内容进行排序来增加团队构思 |
| 2019年 | 使用 Lotka – Volterra 生态系统模型的系统演化预测和操 |
| | 设计批评和工作室教育的道德品质 |
| | 体验驱动设计研究的研究员自省 |
| | **探索家庭环境：融合垃圾和设计，以鼓励参与者的能动性和自我反省** |
| | 过度治理的协同设计：为用于加速社会技术变革的中档路径创建工具集 |
| | 现实世界中的创造力和固定：发明、设计和创新的三个案例研究 |

| 年份 | 最佳论文提名（加粗部分为最终获奖论文） |
|---|---|
| 2018年 | 设计、学习网络和服务创新 |
| | 想象设计：传递和不传递维度 |
| | **时间尺度和创意空间：设计实践中创意产生的检验** |
| | 制造商和 DIY 制造的原则：以低成本实现设计原型 |
| | 可持续社会变革的参与式设计 |
| 2017年 | **行为设计：整合行为改变和设计的过程** |
| | Prototype for X（PFX）：构建原型方法以支持工程设计的整体框架 |
| | 下一步如何研究设计中的固定、灵感和创造力？ |
| | 成功和不成功设计团队中的微冲突和不确定性动态 |
| | 思维差异：设计思维的理论和方法 |
| | 推进以人为本设计的战略影响 |
| | 元参数设计 |

综上可知，WDO 与 ICo-D 较为侧重于设计实践。同时，基于两家各自前身的经验，WDO 更聚焦于工业设计，ICo-D 虽然已经转型为一个综合性设计组织，但视觉传达作为其发展创设的基础，仍是其聚焦的重点。

# 6-2 重点关注领域与议题

通过第一小节对四大组织的概述我们可以发现，作为国际性组织所关注的议题也必然是国际普遍关切的议题，这类议题也往往代表了人类世界某种程度上的共识。如联合国的相关发展文件：《2030可持续发展议程》（2015）、《新城市议程》（2016），以及教科文组织的《保护和促进文化表现形式多样性公约》（2005）等。而这些国际组织也针对此类共识制定了相关行动宣言，或聚焦相关研究议题。同时，设计发展也面临着许多复杂问题，这些问题涵盖了多个维度和层面，需要综合性的思考和解决。而各大设计组织也在各自的常设活动中从各自的资源优势出发，对不同的问题进行重点关注，展现了其对设计复杂问题的思考与应对。

# 一、
# 可持续发展

2015 年 9 月，联合国成员国一致通过联合国《2030 可持续发展议程》，并于同年正式生效。该议程是一个全球性的发展框架，旨在 2030 年之前实现全球范围内的可持续发展，解决世界面临的各种挑战，包括贫困、饥饿、不平等、气候变化、环境问题等。议程的核心是 17 项可持续发展目标（Sustainable Development Goals, SDGs）以及 169 个具体目标。

图 6.2.1 17 项可持续发展目标

WDO 作为世界设计组织，对联合国相关发展目标计划作出了积极响应。WDO 结合联合国《2030 可持续发展议程》，特别确定了七项与工业设计界特别相关的可持续发展目标，并以此发布了《世界设计议程》，具体对应如下：

目标 3：确保健康的生活方式，促进各年龄段人群的福祉；

目标 6：人人享有清洁饮水及用水是我们所希望生活的世界的一个重要组成部分；

目标 7：确保人人获得可负担、可靠和可持续的现代能源；

目标 9：建设有风险抵御能力的基础设施，促进包容的可持续工业，并推动创新；

目标 11：建设包容、安全、有风险抵御能力和可持续的城市及人类住区；

目标 12：确保可持续消费和生产模式；

目标 17：加强执行手段，重振可持续发展全球伙伴关系。

图 6.2.2 WDO 确定的同设计相关的 7 项目标

议程如下：举办针对可持续发展目标的世界设计讲座，从设计角度推进对话。建立并参与特定于可持续发展目标的工作组，以进一步推动对可持续发展目标的参与和承诺。监测、评估、加强和分享最佳实践、挑战和经验教训。与志同道合的国际组织、多边机构和国际发展界进行接触和合作，从设计主导的角度应对特定的全球挑战。为 WDO 的世界设计报告做出贡献，以阐明设计在推进国际发展议程中的重要性，并突出设计界在解决可持续发展目标方面取得的进展。

WDO 的世界设计议程是一个行动框架，有助于围绕一组共同的目标动员设计界，从而以可持续发展目标为共同语言，帮助各个国家和地区的工作建立共同的新目标，以促进以设计为主导的 2030 年发展议程观点。比如，WDO 通过诸如“极端时期的应对”这样的论坛主题，呼吁设计界关注当前全球面临的复杂挑战，如气候变化、人口过剩等。这体现了 WDO 对设计在解决社会问题和可持续发展方面的重视。设计不仅仅是美观和功能的追求，更是一种社会责任，通过创新设计，可以为社会带来积极的变革，塑造更可持续的未来。

同样，可持续发展也是 Cumulus 关注的重要议题。其多个年度的会议主题均涵盖了可持续发展的议题，如 2019 年的“之后的设计”和 2022 年的“适应性设计”，前者强调了设计在可持续发展和系统思维方面的作用，后者则探讨了设计在减少社区脆弱性、提升社区韧性方面的潜力。这些主题表明 Cumulus 认识到设计在推动社会可持续性和环境保护方面的重要性，鼓励设计师在创新中考虑可持续性因素，为未来的可持续发展做出贡献。

面对全球气候危机，可持续发展已成为全球设计界关注的核心。不管是 WDO 还是 Cumulus，都强调了设计在应对全球性挑战方面的作用，从气候变化到资源稀缺，设计应当致力于创造可持续的解决方案，将环保和社会责任融入设计过程。这为设计学科带来了更高的使命感，要求设计师思考如何通过创新的设计方法为社会贡献，推动环境保护和可持续发展。

# 二、技术与人性化设计

随着科技的飞速发展，设计师面临着如何有效地将新技术融入设计实践，创造出有创意且实用的解决方案。同时，设计师需要平衡技术的引入与人类情感、情感体验之间的关系，以确保技术不仅仅是一种工具，还能创造与人类价值观相契合的体验。例如，虚拟现实、人工智能和物联网等技术如何融合到产品设计中，以提升用户体验和创新性，是一个需要综合思考的复杂问题。

WDO 的活动涵盖了广泛的设计领域，其中技术与创新是不可或缺的要素。通过举办创新设计竞赛、展览和论坛等活动，WDO 鼓励设计师们探索如何将前沿技术与创新应用于各种领域，从而创造更好的产品和体验。但，WDO 在关注技术在解决环境和社会问题方面的作用的同时，也强调设计的人本主义，即将技术和创新与人们的价值观和需求相结合，创造出更具人性化的解决方案。例如，论坛“以人为本的技术造福社会和环境”强调了技术在设计中的重要作用。在数字技术迅速发展的时代，WDO 关注如何将技术融入设计中，以创造更人性化的体验。这意味着在技术创新的同时，需要关注人类的需求、情感和体验，将技术与人性相结合，为人们提供更有意义的解决方案。

ICo-D 的活动范围涵盖了广泛的设计领域，旨在促进设计在社会、文化、经济和技术方面的发展。其中，国际设计日作为 ICo-D 的主要活动之一，深刻地体现了该组织对于设计在社会中的影响和价值的关注。如 2016 年的国际设计日活动“设计在行动！”，强调了设计对日常生活的影响，特别是数字技术的作用。这反映了 ICo-D 对于技术创新和数字化发展的关注，这也与现代设计教育的趋势一致，要求培养学生在数字时代的设计思维和创新能力，使他们能够应对快速变化的技术环境。

Cumulus 更多的是关注设计教育的创新和前瞻性。通过多个年度会议的主题，Cumulus 鼓励设计师思考未来趋势和变化，提出创新的设计解决方案。例如，2018 年的主题“广泛转型与设计机会”强调了设计在转型时代的作用和可能性，鼓励设计师思考设计的新属性、新作用和新文化。此外，2021 年的“艺术想象未来的社区”探讨了设计在与当地社区合作方面的角色，鼓励设计师在实践中尝试新的方法和策略，为未来社区的发展提供创新性的思考。

因此，设计和技术都是创造突破式创新的重要推动力。[①]技术创新与人性化设计的结合成为必要。随着科技的不断进步，设计师面临着将技术创新与人性化设计

① 娄永琪．设计的疆域拓展与范式转型 [J]. 时代建筑 ,2017(1):11—15.

相结合的挑战。WDO 的活动呼吁设计师关注用户体验和情感需求，将技术应用于创造更具意义和人性化的产品和服务。这需要设计学科培养出能够跨界合作的跨学科人才，使设计师能够更好地理解和运用新兴技术，创造出更加智能和有温度的设计。

## 三、文化多样性和社会包容性

在全球化背景下，设计师需要考虑如何在跨文化和多元社会中创造包容性的设计。如何尊重不同文化背景、价值观和传统，同时创造能够服务所有人的产品和环境，这是一个复杂的挑战。设计师需要了解不同文化对设计的影响，避免文化冲突，同时促进文化的交流和融合。

WDO 通过举办各种全球性的设计活动，为来自不同文化、背景和国家的设计师提供了交流和合作的平台。例如，WDO 的世界设计大会等活动聚集了来自世界各地的设计师、学者和专业人士，探讨了涉及文化、社会、技术等多方面的话题，促进了跨文化和跨领域的交流。此外，WDO 的成员和合作伙伴遍布全球，致力于推动文化多样性和社会包容性在设计领域的应用。

ICo-D 在其活动中强调了文化多样性和社会包容性的重要性。例如，国际设计日的主题从“为所有人设计”到“设计中的女性”以及“从年轻开始”，都涉及将设计应用于不同文化、社会背景和人群的需求。ICo-D 的活动鼓励设计师思考如何在全球化时代创造包容性的设计，考虑到不同文化的价值观和观点。也正如其所呼吁的“所有人都应该生活在一个精心设计的世界中”。

设计与社会、文化和环境之间的关系一直是 Cumulus 所关注的重点话题。例如，2019 年的主题“设计文化”强调了设计与社会、文化、经济等多个领域的交叉与互动，显示设计不仅仅是技术和艺术的结合，更是与社会、文化、环境等多个因素紧密相关的。此外，被取消的 2022 年的主题“不可触摸：新的意义和价值”则探讨了触觉、有形美学以及触觉、视觉等概念，将感官体验与设计相结合，呼吁设计界在不同尺度和维度上探索各种形式的触感研究，从而将设计与人的感知和体验联系起来。同时国际性与跨文化交流也是 Cumulus 的又一个关注领域。其每年的会议吸引了来自不同国家和文化背景的设计师、教育者和研究者，促进了国际间的学术交流和合作，体现了 Cumulus 致力于推动设计领域的全球性合作和跨文化交流，强调了设计的普适性和全球影响。

因此，全球化和跨文化视野也在塑造着设计学科的未来。设计师应该具备跨文化的视野，关注不同地区和文化的设计需求。这提示设计学科要推动文化多样性和交流，培养学生的跨文化意识和跨界合作能力，使他们能够更好地适应全球化的设计环境，为不同文化和市场提供创新的解决方案。

# 四、设计教育的未来

Cumulus 作为一个国际性的设计教育与研究组织，其年度学术会议所关注的领域涵盖了设计与社会、文化、环境、可持续发展、创新和国际合作等多个层面。通过这些活动，Cumulus 不仅展现了设计领域的多样性和复杂性，还提供了设计师、教育者和研究者交流和共享的平台，推动了设计学科的发展和进步。这些活动为设计学科的未来发展指明了方向，鼓励设计师在实践中更加注重社会责任、可持续发展和创新，为构建更美好的未来做出贡献。以“之后的设计”和“广泛转型与设计机会”为例，这些主题反映了设计教育需要关注未来社会的变化趋势，培养学生适应变化、创新和解决问题的能力。此外，Cumulus 的活动还强调设计教育应该鼓励学生在可持续性、社会参与和文化多样性等方面发挥作用，以推动社会和文化的积极变革。

WDO 通过其活动，如世界设计大会及其下设的教育论坛，强调设计教育的未来应当与全球性问题和创新趋势相结合。例如，世界设计大会关于可持续性、社会包容性、技术创新和多元文化等议题的讨论，表明了设计教育需要关注全球社会的变化和挑战，培养学生具备面向未来的解决方案和全球意识。教育论坛“新兴经济体设计教育的未来”探讨了全球化对设计教育的影响。WDO 认识到不同国家和地区的文化、社会经济条件不同，因此在设计教育中需要考虑适应性。在全球化的浪潮下，设计教育需要注重培养学生的跨文化意识和创新能力，以适应不同国家和地区的设计需求。此外，WDO 还强调了设计教育应该鼓励学生的创新思维和跨学科合作，以应对不断变化的技术和社会环境。论坛“新学习的出现”探讨了学习方式的变革和设计教育的未来。随着社会的不断变化和技术的进步，设计教育也需要不断创新，以培养适应未来挑战的设计人才。这意味着需要关注如何结合在线学习、新技术和跨学科教育，以培养具备综合素养和实践能力的设计师。

ICo-D 通过国际设计日等活动，将设计教育与社会问题紧密联系在一起，强调设计的社会责任和影响力。主题“成为专业人士！”强调设计师需要超越技术层面，承担起对社会和环境的责任。这表明设计不仅仅是技术和创意，还涉及伦理和社会价值。这与设计教育的目标相契合，培养学生在实践中注重伦理和社会影响。

因此，设计教育需要保持创新和适应性。几大组织的相关活动基本涵盖了设计教育未来的可能发展方向，诸如新学习方式的探索、教育与技术的融合等。设计学科应当积极关注社会变革和技术进步，不断创新教育模式，培养学生解决问题的能力和创新思维，使他们能够适应不断变化的设计需求和行业发展。这也为设计学科的发展提供了重要的指引。设计不仅仅是外表和功能，更是一种社会责任、创新和影响力的体现。设计学科应当紧密关注社会问题、可持续发展、技术创新、全球合作和教育创新，培养具有跨学科能力和社会影响力的设计师，为未来社会的可持续发展做出贡献。

站在设计学科发展的角度，从以上国际设计组织所关注的重点领域中，可以发现一些有益启示：设计不再局限于表面的美感和功能，而是强调社会责任。设计师应该将社会影响置于设计过程的核心，以创造有益于社会和环境的解决方案。这种社会责任的转变对设计教育和实践提出了更高的要求，需要培养设计师的社会意识和可持续思维。[①]这种可持续思维已经融入设计的方方面面。设计师需要将环保和可持续性融入设计的每个阶段，从材料选择到产品寿命周期的考虑。正如托尼·弗莱（Tony Fry）所说，可持续设计不仅仅是一个趋势，更是设计师的责任，需要在设计中平衡社会、环境和经济的需求。[②]未来导向和创新是设计学科发展的关键。随着数字技术的不断发展和社会的不断变化，设计师需要保持前瞻性思维，不断创新以适应新的挑战。创新不仅仅是产品或服务的创新，更是设计思维和方法的创新，这需要设计教育注重培养学生的创新意识和能力。

同时，国际合作和文化交流是设计学科发展的重要推动力。不同文化和背景的碰撞可以激发新的创意和观点，促进设计的多样性和全球化。设计是全球性的，设计师和研究者需要在国际范围内进行合作和交流，从不同的文化和背景中汲取灵感和创意。这在这些组织的活动中都有体现，国际交流有助于拓展设计学科的边界，促进全球设计界的进步。

① Shah, J., & Gill, T. (2019). The role of design in social innovation: Exploring how design can enable and stimulate social innovation. Design Issues, 35(4), 18—30.
② Fry, T. (2009). Design futuring: Sustainability, ethics and new practice. Berg.

# 6-3 重要事件与影响

进入 21 世纪，随着新的思想和理念的不断涌现，“设计”在人类社会中的“存在感”愈发强烈，并引发各界的热烈讨论。国际设计组织与协会也应声而动，以学术讨论、发表倡议、宣言等多种形式，不断为“设计”发声，有力地扩大了设计在经济、社会发展中的影响力。

在 21 世纪初，新的设计思想和理念不断涌现并走向成熟，除了 2006 年国际工业设计师协会理事会（ICSID）关于设计的新定义之外，2008 年 Cumulus 的《京都设计宣言》为我们勾画出了新世纪设计的新目标和新追求。

在 21 世纪初，新的设计思想和理念不断涌现并走向成熟，除了 2006 年国际工业设计协会理事会（ICSID）关于设计的新定义之外，2008 年 Cumulus 的《京都设计宣言》为我们勾画出了新世纪设计的新目标和新追求。

## 一、设计未来的前瞻——《京都设计宣言》

《京都设计宣言》是 Cumulus 在 2008 年 3 月 28 日于日本京都精华大学国际研讨会上向各成员单位发布的，其主要目的是：联盟成员委托陈述，共同分担建设可持续、以人为本、创造性社会的全球责任。《京都设计宣言》的主要内容包括：

### 1. 提出新的价值和新的思考方法

所有人都是居住在地球上各种相互依存的体系中而得以生存的。我们通过改善生活环境、创造商品以及服务设施来不断地提高人们的生活质量。设计是融合人类、社会、科技和艺术来实现社会、文化、工业和经济价值的手段。它是以人为中心的创新过程，为我们的发展提供了新的价值、新的思考和生存方式，并适应其变化。

### 2. 一个以人为本的发展时代

一个由科技决定发展方向、以人类为中心推动发展的转变正在进行。它的焦点在于由唯物主义价值观向一种精神，或者说可能是不那么物质的一种价值观的转变。一个“文化生产力”的时代将要开始，生活模式、价值和符号变得重要起来，可能比那些物质产品更加重要。设计思考一定要立足于这个体系的中心。同时，这种发展强调了文化传统的重要性，并且要发展和复兴这些文化传统。

### 3. 设计师担当新角色的必要性

全球的发展和随之而产生的相关的生态、社会问题引发了对设计、设计教育以及设计研究的新的需求，同时也提供了机会。设计面临自身需要重新被定义的挑战，设计师们必须担当新的角色，并负责未来可持续发展的方案。

### 4. 在促进可持续发展中寻求合作

Cumulus 是一个由设计教育者和研究者组成的全球性团体，他们积极进取，正如《京都设计宣言》所概括的：他们将要投身到实现可持续发展的理想中去。此外，联盟成员都同意与教育和文化机构、公司、非政府和政府机构、设计以及其他专业性组织进行合作，从而促进他们关于可持续发展理念的发展，并共享这方面的知识。

## 5.
## 从设计教育到全球责任

为实现这项宣言的使命，致力于当代以及后代子孙的社会、环境、文化和经济的可持续发展，并且努力实现人类生存环境的和谐与健康，Cumulus 成员有了这个宣言。联盟成员们都将接受在未来青年教育中自己所承担的义务，明确了解建设可持续发展的、以人为中心的、创造型社会的全球使命。

## 6.
## 推动我们世界进步的力量

当以人为中心的设计思想确立的时候，就有着推动世界进步的强大力量。它可以使经济、生态、社会以及文化惠及全人类，提高我们的生活质量，使我们对未来和我们自身保持乐观的心态，并与人分享快乐。

《京都设计宣言》表达了设计教育对于创建一个可持续的、以人为本的创新型社会所应承担的全球性义务与责任。强调设计教育应充分认识到设计所具有的新价值，以及新的设计思维方式，实现由关注物质和外观到关注文化、思想内涵和非物质的转变，加强设计师在解决生态与可持续发展方面的合作，从而为改善人们的生活品质做出贡献。

而此后在 2015 年，联合国《2030 可持续发展议程》的问世也在侧面印证了设计所具有的前瞻性，可持续发展得到了广泛的共识，使得设计师们积极努力去寻求新的设计理念及模式，以与可持续发展相适应。与可持续发展相适应的设计理念，是以人与自然环境的和谐相处为前提的，设计出即满足当代人的需求又兼顾保障子孙后代永续发展需要的产品、服务或系统。2020 年人们开始更加关注世界可持续健康发展的重要性。Cumulus 也在 2021 年、2022 年连续两年的春秋会议上提出了相关命题。如 2021 年在厄瓜多尔举办的“艺术想象未来的社区”会议上提出的“艺术、自然、生物和技术”及“城市艺术与重新设计城市”等命题。2022 年在美国底特律举办的“适应性设计”就聚焦了艺术家和设计师在加速适应气候变化的直接和将在未来影响方面发挥的间接作用，并希望通过广泛的方法、愿景和实验，旨在减少任何大小社区的脆弱性，增强其韧性。

# 二、
# “设计”的再定义——WDO 的两次“设计”定义

进入 21 世纪，WDO 两次对“设计”进行了重新定义。2006 年，WDO 的前身——国际工业设计协会理事会（ICSID）对“设计”的定义是：

设计是一种创造性的活动，其目的是为物品、过程、服务以及它们在整个生命周期中构成的系统建立起多方面的品质。因此，设计既是创新技术人性化的重要因素，也是经济文化交流的关键因素。

设计致力于发现和评估与下列项目在结构、组织、功能、表现和经济上的关系：

· 增强全球可持续性发展和环境保护（全球道德规范）。
· 给全人类社会、个人和集体带来利益和自由。
· 最终用户、制造者和市场经营者（社会道德规范）。
· 在世界全球化的背景下支持文化的多样性（文化道德规范）。
· 赋予产品、服务和系统以表现性的形式（语义学），并与它们的内涵相协调（美学）。

设计关注以工业化而不只是由生产时用的几种工艺所衍生的工具、组织和逻辑创造出来的产品、服务和系统。限定设计的形容词“工业的”（industrial）必然与“工业”（industry）一词有关，也与它在生产部门所具有的含义或者其古老的含义“勤奋工作”（industrious activity）相关。也就是说，设计是一种包含了广泛专业的活动，产品、服务、平面、室内和建筑都在其中。这些活动都应该和其他相关专业协调配合，进一步提高生命的价值。

综上所述，设计师所从事的是一种充满智慧的事业，而不仅仅是一门技艺或为企业提供的服务。

与 ICSID 先前两个关于“设计”的定义相比，新定义体现了设计所具有的新内涵和新的发展方向：首先，设计的重点由物，也就是产品转变到了过程，将服务作为设计的重要内容；其次，强调了设计师在人类可持续发展和环境保护、社会道德、多元文化等方面所负有的责任；最后，强调了设计的终极目标是提高生命的价值。这与 20 世纪设计所追求的时尚和商业价值相比，有了极大的变化。

2015 年，在韩国光州举行的第 29 届大会上，WDO 在 2006 年的基础上对“设计”进行了重新定义：

## 1.
## 设计的目的

设计是一个战略性的问题解决过程，它通过创新的产品、系统、服务和体验来推动创新，建立商业成功，并带来更好的生活质量。设计弥合了现实和可能之间的差距。它是一个跨学科的职业，利用创造力来解决问题并共同创造解决方案，旨在使产品、系统、服务、体验或业务变得更好。从本质上讲，设计通过将问题重新定义为机会，提供了一种更乐观地看待未来的方式。它将创新、技术、研究、商业和客户联系起来，在经济、社会和环境领域提供新的价值和竞争优势。

## 2.
## 设计的任务

设计师将人置于流程的中心。他们通过同理心深入了解用户需求，并运用务实的、以用户为中心的问题解决流程来设计产品、系统、服务和体验。他们是创新过程中的战略利益相关者，在弥合各种专业学科和商业利益方面处于独特的地位。他们重视工作对经济、社会和环境的影响，以及为共同创造更优质生活所做的贡献。

这个重新定义突出了设计作为战略性问题解决过程的重要性，强调了设计在推动创新、商业成功和改善生活质量方面的作用。设计师在这一过程中发挥着关键作用，通过关注用户需求、实际问题解决流程以及多学科合作，为创造更有价值的解决方案做出贡献。这个定义也将设计与经济、社会和环境领域的影响联系起来，强调了设计在创造可持续的价值和竞争优势方面的重要性。

应当说，2015 年的新定义，使设计的内涵和外延得到了新的、极大的丰富。这两个定义之间存在一些显著的不同，反映了设计领域在不同时期所面临的变化和发展。

角色和范围的变化：2006 年的定义着重强调了设计的多方面品质，涵盖了产品、服务、平面、室内和建筑等广泛领域。而 2015 年的定义将设计描述为一个战略性的问题解决过程，着重于创新、商业成功和生活质量的提升。这反映了设计领域从单纯的创造性活动发展为更加战略性、以问题解决为导向的领域，强调设计在商业和社会中的价值。

问题解决和创新的强调：2015 年的定义更强调设计作为问题解决过程的性质，特别是通过创新的产品、系统、服务和体验来推动创新和商业成功。这反映了当时全球商业和技术环境的变化，企业和社会开始将设计视为创新和竞争的关键驱动因素。

用户中心和共创：2015 年的定义强调了以用户为中心的问题解决流程，强调设计师通过同理心深入了解用户需求，并与用户共同创造解决方案。这反映了设计领域对用户体验和参与的更大关注，以确保设计的解决方案真正满足用户需求。

可持续发展和环境意识：2015 年的定义将设计与经济、社会和环境领域的影响联系起来，强调设计在可持续发展和环境保护方面的作用。这反映了当时对可持续性的更大关注，以及设计在帮助解决全球性挑战方面的责任。

其实，比定义的内容更为重要的是，我们是在怎样的时空背景下讨论设计的。时代变了，技术、经济和社会组织方式变了，设计也必须相应地发生变化。[①]修订背后显示了设计领域在全球化、可持续发展、技术创新等多方面发生的变化。设计不再仅仅是创造美观的物品，而是成为解决实际问题、推动创新、改善生活质量、促进可持续发展的关键因素。这种变化反映了设计领域的进化，适应了不断变化的社会和商业环境。结合时代发展语境我们可以从四个方面去理解新定义的内涵：（1）设计的主要特征是追求创新与变化；（2）设计的核心竞争力是问题导向下的策略化的视觉和体验解决方案；（3）设计是从倚重产品（制造业）延伸到构建环境网络的和谐关系；（4）设计的目的是追求更加和谐的品质生活与美好世界。新的定义体现了工业社会的核心价值观：创新（求变）、理性、效率、品质和社会群体合作，也体现了设计自身的综合性和复杂性。

## 三、
## 设计共识的确立——《蒙特利尔设计宣言》的签署

2017 年 10 月 23 日至 24 日，来自 90 多个国家的城市规划师、建筑师、景观设计师和 22 个国际组织代表在加拿大蒙特利尔召开了第一次国际设计界会议。这些组织齐聚一堂，确认设计在创造和塑造现在和未来世界中的基础性作用。为期两天的设计宣言峰会（DDS）结束时批准了第一份设计宣言，即《蒙特利尔设计宣言》。宣言承认需要在地方、区域、国家和国际层面对设计事务进行战略领导，以及需要将设计考虑在内的治理模式、政治议程和政策。它承认设计在创造一个环境可持续、经济可行、社会公平和文化多样化的世界方面的基础和关键作用。

该文件由 18 个国际组织在数个联合国机构在场的情况下签署，包括：教科文组织、联合国人居署、联合国环境署、国际古迹遗址理事会等联合国下属机构组织，以及欧洲设计协会局、英联邦规划师协会、国际住房和规划联合会、国际景观设计师联合会、国际建筑师联合会等区域或专业性协会组织等。这 18 个组织代表了 90 个国家 / 地区的 700 多个组织，**代表了国际间对未来设计发展的普遍共识。**

①娄永琪 .NHCAS 视角下的人机交互、可持续与设计 [J]. 装饰 ,2017(01): 66—70.

《蒙特利尔设计宣言》承认设计有能力成为创造性转型的源泉和变革的推动者，倡导其在创造一个环境可持续、经济可行的世界方面的关键作用和责任。这一倡议在来自世界各地的政府、政府间组织、非政府组织以及社会私营部门和民间部门之间展开，展示了以协作和综合的方式开展工作以促进共同利益设计的价值。宣言如下：[①]

**认识到**设计具有影响力的各种正式和非正式环境。

**铭记**当地和传统知识对于适当和创新的设计解决方案的不可估量的价值。

**感知**社区（无论大小、本地或全球）对体面生活条件的需求以及设计可以帮助解决的问题。

**认识到**在地方、区域、国家和国际层面对设计问题进行战略领导的必要性，因此，治理模式、政治议程和政策需要将设计考虑在内。

**认识到**需要充足的财政和人力资源和能力。

**承认**设计作为变革的推动者和创造性转变的源泉的内在能力。

**承认**设计在创造一个环境可持续、经济可行、社会公平和文化多样化的世界方面的基础和关键作用。

**确认**以协作、整体和集成的方式工作，以促进共同利益设计的价值。

**设计价值**

**设计是**意图应用我们在这个世界中创造物质、空间、视觉和体验环境的过程。这个世界因技术和材料的进步而变得更具可塑性，并且越来越容易受到全球发展的影响。

**设计是**创新和竞争、增长和发展、效率和繁荣的驱动力。

**设计是**为人类创造可持续解决方案的代理人，支持我们赖以生存的地球。

**设计表达文化。**面对全球化，设计师在制作、保护、滋养、加强和庆祝文化遗产和多样性方面发挥着特别重要的作用。

**设计**为技术增加价值。通过考虑人的视角和界面，并首先关注个人交互，设计将技术与人类需求联系起来。

**设计促进变化。**设计使社会的各个方面，公共和私人、政府和非政府、民间社会和公民个人，都能够通过变化（即紧缩、人口变化、服务转变）进行转型，为所有公民提供更好的生活品质。

**设计将智能引入城市，**作为改善通信、改善环境、提高生活质量和促进当地社区繁荣的基础。

**设计**通过综合研究、稳健的方法论、原型设计和对生命周期后果的考虑来解决弹性问题并管理风险。

**设计促进**中小企业的发展，尤其是创意产业。

**设计师**是专业人士，他们通过教育、观点和经验，能够开发新的跨学科解决方案来改善生活质量。

---

① https://www.theicod.org/en/council/montreal-design-declaration

呼吁采取行动

**认识到**设计的领导力是交付可持续解决方案和实施有助于实现更可持续未来的设计方法的关键。我们寻求与世界各地的政府、企业、非政府组织和社区合作，并接受他们的方式和语言。

呼吁：

· **设计宣传**：更有效地传达设计的意义和价值，以及对设计过程的理解。

· **设计指标的开发**：收集数据并制定有效措施，以更好地评估设计的影响，从而展示设计在组织和企业内部以及为公共利益服务的战略价值。

· **制定设计政策**：在地方、区域、国家和国际层面的应用。

· **设计标准的制定**：支持专业设计社区、设计行业基础设施的开发以及标准、规范、契约、最佳实践、法律保护和认证计划的开发。

· **加强设计教育**：支持专门针对设计教育、设计研究和终身学习以及设计师能力建设的教育机构、方法和流程。

· **响应式设计**：响应物理、社会和文化环境、自然生态系统的退化以及全球变化工业化、快速城市化和无节制消费造成的威胁和风险，深刻影响生活质量并影响可持续经济增长的设计。

· **负责任的设计**：设计师必须认识到他们的实践对世界所产生的影响。他们在所做的干预中具有建设性和破坏性的巨大能力。设计师肩负着将关注点从人类消费转向改善人类生活的责任。

· **警惕设计**：在一个日益受到机器学习和人工智能影响的世界中，设计师必须帮助确保算法和技术的影响符合道德规范，并包容社会、文化和种族的多样性。

· **对设计的认可**：社会各界的领导者、决策者和影响者对设计的价值的认可，并需要为更大的共同利益培养和实施设计。

**因此，我们表达了我们的意图**：如本宣言中所体现的那样，以集体、团体和个体实体的形式，与其他利益相关者共同努力，建立一个可持续的、结构化的合作过程，包括未来的世界设计峰会。

**与其他具有共同目标的相关方面努力合作**：包括联合国《2030年可持续发展议程》《新城市议程》《巴黎气候协定》和联合国教科文组织《保护和促进文化表现形式多样性公约》等。

**制定世界设计议程，**本宣言首次邀请世界设计界加入支持设计的共同事业。

**共同**启动培养和推进设计的作用、责任和价值的项目。

**授权**设计峰会指导委员会在峰会与会者的积极合作下制定必要的机制，以确保由国际设计界起草并为其起草的宣言所启动的进程得以延续，以取得预期的成果。拟定的机制将提交给本宣言的签署者批准。

**影响和支持**本地和全球的政策和资源决策。

**赋予**设计有效的、统一的声音。

**激励设计师**作为从长期以来一直以生产者的仆人角色更好地为人类服务转变为最终用户的大使：世界公民。

**所有人都应该生活在一个精心设计的世界中。**

宣言的行动阶段拟议了 20 个合作项目的清单，旨在：制定衡量设计影响的指标；开发一种通用且包容的语言来传达设计的价值；启动有助于提高生活水平、医疗保健和交通的项目；为低收入人群提供设计；建立与政府进行持续改进的对话和合作的机制，使这些意图成为现实。

《蒙特利尔宣言》主要强调了以下几个核心观点：

设计价值：宣言认识到设计是创新、竞争、增长、发展、效率和繁荣的驱动力，是为人类创造可持续解决方案的代理人，能够表达文化，为技术增加价值，促进变革，引入智能城市，解决弹性问题并管理风险，促进中小企业的发展，改善生活质量。

行动呼吁：宣言呼吁采取行动，包括传达设计的意义和价值，制定有效的设计指标，制定设计政策和标准，加强设计教育、响应式设计、负责任的设计、警惕设计的影响，认可设计的价值，与其他相关领域合作等。

设计的角色转变：宣言强调设计师的角色从为生产者服务转变为公众服务的倡议，将设计师的关注从消费转向改善人类生活，强调设计师的责任和能力。

这份宣言的核心思想影响了今天设计界的意识形态和战略，也影响了今天联合国安理会的意识形态和战略。它强调了设计在塑造可持续未来、改善人类生活质量、推动创新和社会发展方面的关键作用，鼓励设计师积极参与社会变革和提供有益的解决方案。重新定位设计，并呼吁将设计师从为生产者服务的传统角色转变为为公众服务，推动了设计的批判性思维和工作，重新定义了专业设计师的意义。为帮助改变全球设计师的实践和行为，理事会以更新的专业行为准则和最佳实践文件反映了宣言规定的核心价值观，倡导设计师的角色和责任，始终考虑环境、经济、社会等所有设计工作的文化影响。这份宣言不仅对设计领域具有深远的影响，还为未来设计的发展指明了方向。

从 Cumulus 的《京都设计宣言》到 WDO 的两次“设计”定义，再到《蒙特利尔宣言》的签署，可以观察到设计在思想、方法和应用等方面都发生了重要的变化，这些变化对我们今天的设计学科的发展有深远的启示作用。

从美学到综合性思考：《京都设计宣言》强调了设计的社会责任和可持续性，标志着设计开始超越单纯的美学考虑，转向更广泛的综合性思考。这预示着设计不再只是关注外在的形式和表面，而是更加关注与社会、环境和人类需求的整体关系。这种综合性思考的转变在今天的设计学科中得到了延续，设计师不仅仅是创意的艺术家，更是解决问题的思考者和实践者。

从产品到过程和体验：WDO 两次“设计”定义的变化突显了设计领域从关注产品向关注过程、服务和体验的转变。设计不再仅仅是创造独立的物品，而是更加注重解决问题、满足用户需求，通过创新的产品、系统、服务和体验来推动创新、建立商业成功，并改善生活质量。这提示我们，设计师需要关注产品的整个生命周期，从设计、生产、使用到废弃，注重用户体验和问题解决。

从个体到社会和环境：《蒙特利尔宣言》的签署标志着设计领域更深层次的社会责任和影响。设计不仅仅是为个体满足需求，更是为社会、环境和可持续发展做出贡献。这种社会责任的强调提示我们，设计需要与伦理、文化、环境和社会价值相协调，考虑到整体社会的影响和效益。

跨学科合作和创新：以上各个宣言都强调了设计领域的跨学科合作和创新。从《京都设计宣言》中的多领域合作到 WDO 重新定义设计作为战略性问题解决过程，再到《蒙特利尔宣言》中的呼吁加强与政府、企业、非政府组织和社区的合作，这些都表明设计需要与其他领域紧密合作，共同推动创新和解决实际问题。设计师需要具备跨学科的知识和能力，能够与不同领域的专业人士合作，共同解决复杂的问题。

设计的全球视野和影响：这些宣言的国际性和跨国合作强调了设计的全球性视野和影响力。设计不再局限于特定地区或文化，而是在全球范围内产生影响。这提示我们，设计师需要具备跨文化的理解和敏感性，能够适应不同文化和背景下的需求和价值观。

综上所述，通过对设计界重要事件的观察分析可以看出，设计领域正在朝着更综合、社会责任更重大、跨学科合作和全球影响力的方向发展。未来的设计趋势将继续强调解决实际问题、促进创新、关注社会和环境可持续性，同时需要设计师具备更广泛的知识和能力，积极参与社会变革和可持续发展，以创造更美好的未来。设计学科的发展应该与时俱进，紧密结合科技、文化和社会的变化，为社会带来积极的影响和变革。

# 6-4 行业重要代表性人物

DRS 作为设计研究界历史最悠久的多学科全球学会，在促进和发展设计研究领域方面发挥着重要作用。其建立的“研究员”和“名誉院士”称号体系以及“终身成就奖”的荣誉，体现了其对设计研究领域的杰出贡献和卓越成就的承认。若从国际化学术引智的角度来说，DRS 提供了一份具有公信力的名单。

DRS 所建立的“研究员”与“名誉院士”称号体系，以及“终身成就奖”的荣誉，基本覆盖了国际设计学研究领域的知名学者。这些荣誉体系不仅仅是一种表彰，更是鼓励和推动设计研究者在其领域内不断追求卓越。“研究员”和“名誉院士”的称号以及“终身成就奖”的荣誉，是对他们在设计研究领域内深入探索、创新思考和持续贡献的肯定。这些学者通过他们的工作，丰富了设计领域的知识体系，推动了设计理论与实践的发展，为设计研究领域树立了榜样，激励着新一代的研究者继续前行。

DRS“研究员”称号是对设计研究成就既定记录的认可，以及作为具有专业地位和能力的研究人员获得同行认可的认可。

表 6.12　DRS“研究员”名单

| 研究员 | 院校 | 职称 |
| --- | --- | --- |
| 特雷西 · 巴姆拉（Tracy Bhamra） | 英国伦敦皇家霍洛威大学 | 教授 |
| 理查德 · 比伯（Richard Bibb） | 英国拉夫堡大学 | 教授 |
| 陈林林（Linlin Chen） | 荷兰埃因霍芬科技大学 | 教授 |
| 内森 · 克里利（Nathan Crilly） | 英国剑桥大学 | 教授 |
| 董华（Dong Hua） | 英国布鲁内尔大学 | 教授 |
| 托马斯 · 费舍尔（Thomas Fischer） | 中国西交利物浦大学 | 教授 |
| 乔迪 · 弗利齐（Jodi Forlizzi） | 美国卡内基梅隆大学 | 博士 |
| 肯 · 弗里德曼（Ken Friedman） | 中国同济大学和瑞典隆德大学 | 教授 |
| 佩 · 加勒（Per Galle） | 丹麦皇家艺术学院 | 博士 |
| 阿什利 · 霍尔（Ashley Hall） | 英国皇家艺术学院 | 教授 |
| 大卫 · 汉斯（David Hands） | 英国兰卡斯特大学 | 博士 |
| 保罗 · 赫克特（Paul Hekkert） | 荷兰代尔夫特理工大学 | 教授 |
| 安 · 海利根（Ann Heylighen） | 比利时鲁汶大学 | 教授 |
| 罗伯特 · 杰拉德（Robert Jerrard） | 英国伯明翰艺术与设计学院 | 教授 |
| 史蒂夫 · 乐福（Steve Love） | 英国格拉斯哥艺术学院 | 教授 |
| 阿拉斯泰尔 · 麦克唐纳（Alastair Macdonald） | 英国格拉斯哥艺术学院 | 教授 |
| 朱迪思 · 莫特拉姆（Judith Mottram） | 英国兰卡斯特大学 | 教授 |
| 乔科 · 穆拉托夫斯基（Gjoko Muratovski） | 澳大利亚迪肯大学 | 教授 |
| 中井由加里（Yukari Nagai） | 日本高等科学技术研究所 | 教授 |
| 阿琳 · 奥克（Arlene Oak） | 加拿大阿尔伯塔大学 | 博士 |
| 蒂乌 · 波德玛（Tiiu Poldma） | 加拿大蒙特利尔大学 | 教授 |
| 维斯纳 · 波波维奇（Vesna Popovic） | 美国博林格林州立大学 | 教授 |
| 约翰 · 雷德斯特伦（Johan Redström） | 瑞典于默奥大学 | 教授 |
| 约拉姆 · 瑞奇（Yoram Reich） | 以色列特拉维夫大学 | 教授 |
| 罗宾 · 罗伊（Robin Roy） | 英国开放大学 | 教授 |

| 研究员 | 院校 | 职称 |
|---|---|---|
| 佐藤启一（Keiichi Sato） | 美国伊利诺伊理工学院 | 教授 |
| 斯蒂芬·斯克里夫纳（Stephen Scrivener） | 英国伦敦艺术大学 | 教授 |
| 萧建伟（Kin Wai Michael Siu） | 中国香港理工大学设计学院 | 教授 |
| 梅丽莎·斯特里（Melissa Sterry） | 英国 Bioratorium® | 博士 |
| 田浦俊治（Toshiharu Taura） | 日本神户大学 | 教授 |
| 蒂尔·格斯（Teal Triggs） | 英国皇家艺术学院 | 教授 |
| 苏·沃克（Sue Walker） | 英国雷丁大学 | 教授 |
| 普拉迪普·亚米亚瓦（Pradeep Yammiyavar） | 印度理工学院 | 教授 |

从表格可见，同济大学的肯·弗里德曼教授与西交利物浦大学的托马斯·费舍尔教授都曾跻身于 DRS“研究员”之列。原同济大学艺术传媒学院院长、后任教于英国布鲁内尔大学的董华教授也在此名单中。

DRS“名誉院士”不时应 DRS 的邀请任命。被任命者被认为具有特殊地位，为协会的目标做出了重大而持续的贡献。“名誉院士”通常在 DRS 研究员中选拔产生。

表 6.13 DRS“名誉院士”名单（* 为已去世）

| 名誉院士（* 为已去世） | 职务 | 研究领域 |
|---|---|---|
| 雷切尔·库珀（Rachel Cooper） | 英国兰卡斯特大学教授 | 设计思维、设计管理、设计政策 |
| 奈杰尔·克罗斯（Nigel Cross） | 英国开放大学名誉教授 | 设计思维、设计方法 |
| 大卫·杜林（David Durling） | 英国考文垂大学教授（退休） | 设计知识、博士教育 |
| 约翰·克里斯托弗·琼斯（John Christopher Jones）* | 独立设计师、研究员 | 设计思维、设计方法 |
| 约翰·朗格里什（John Langrish） | 英国索尔福德大学教授 | 设计方法、设计创新 |
| 李健杓（Kun-Pyo Lee） | 中国香港理工大学设计学院院长 | 用户研究、体验设计 |
| 维克多·马戈林（Victor Margolin）* | 美国伊利诺伊理工大学教授 | 设计历史、设计理论 |
| 托马斯·马弗（Thomas Maver） | 英国格拉斯哥大学教授 | 设计方法、参与式设计、建筑设计 |
| 唐纳德·诺曼（Donald Norman） | 美国加州大学圣地亚哥分校设计实验室的主任 | 人机交互、体验设计 |
| 查尔斯·欧文（Charles Owen）* | 美国伊利诺伊理工大学教授 | 设计方法、城市规划、计算机辅助设计 |

DRS“终身成就奖”旨在表彰在工作生涯中为设计研究的发展做出过卓越贡献的个人。

表 6.14　DRS“终身成就奖”名单（* 为已去世）

| 获奖年份 | 获奖者 |
|---|---|
| 2004 年 | 约翰 · 克里斯托弗 · 琼斯（John Christopher Jones）* |
| 2004 年 | 布鲁斯 · 阿切尔（L. Bruce Archer）* |
| 2005 年 | 奈杰尔 · 克罗斯（Nigel Cross） |
| 2016 年 | 雷切尔 · 库珀（Rachel Cooper） |
| 2016 年 | 维克多 · 马戈林（Victor Margolin）* |
| 2017 年 | 唐纳德 · 诺曼（Donald Norman） |

DRS“终身成就奖”的获奖者在设计研究领域，尤其是设计基础研究领域取得了令人瞩目的成就，为设计学科的发展带来了重要的贡献。以下是关于获奖者及其贡献的概述：

约翰 · 克里斯托弗 · 琼斯（John Christopher Jones）：琼斯是设计研究领域的先驱之一，他提出了“系统思维”的概念，著作《设计者的系统思维》强调了系统性思考在解决复杂问题中的重要性。他鼓励设计师从更广阔的角度思考和解决问题，将设计与系统性分析相结合，从而推动了设计方法论的进步。他的贡献促进了设计教育的创新，培养出了更具综合能力的设计师，推动设计学科从单一产品设计向更综合性和系统性的研究方向转变。

布鲁斯 · 阿切尔（L. Bruce Archer）：阿切尔对英国设计教育的改革产生了重要影响，他强调将“创造性解决问题方法”引入设计教学，倡导设计思维在解决实际问题中的应用。他的教学方法鼓励学生跨学科合作，从不同角度思考问题，培养创新能力和解决复杂问题的能力。他的工作促进了设计教育的变革，培养了一代又一代具有创新思维和实际解决问题能力的设计人才，推动了设计学科教育模式的创新。

奈杰尔 · 克罗斯（Nigel Cross）：克罗斯是设计方法学领域的重要学者，他的著作《设计思维》深入探讨了设计思维的本质和应用，旨在帮助设计师理解和运用设计思维方法，从而提高设计创新和问题解决的能力。他在设计研究领域的贡献拓展了设计思维的范畴，推动了设计思维方法在教育和实践中的广泛应用，促进了设计学科的跨学科合作和创新发展。

雷切尔 · 库珀（Rachel Cooper）：库珀是可持续设计和创新方法的倡导者，她的工作强调设计在解决环境和社会可持续性问题中的作用。她在可持续设计领域的研究和实践鼓励设计师考虑环境和社会影响，推动了可持续设计理念在设计实践中的应用。她的贡献促进了设计领域对可持续性问题的关注，推动了设计学科朝着更加具有社会责任和可持续性的方向发展。

维克多 · 马戈林（Victor Margolin）：马戈林在设计史和设计哲学领域的研究丰富了设计学科的人文维度。他的工作深入探讨了设计与文化、社会、政治等因素的关系，帮助设计师理解设计在不同社会和历史背景下的作用和意义。他的研究促进了设计学科从技术和实践中心向更加综合和深入的人文研究方向转变。

唐纳德 · 诺曼（Donald Norman）：诺曼是人机交互和用户体验设计领域的权威，他的著作《设计心理学》深入研究了人类认知和行为与设计的关系。他的工作帮助设计师更好地理解用户需求和行为，推动了用户体验设计方法的发展。他的贡献促进了设计与人类行为科学的交叉，提高了产品和服务的人性化程度，推动了设计学科向更加以用户中心为方向的发展。

这些获奖者在设计研究领域的成就涵盖了设计思维、创新方法、系统思维、可持续设计、设计教育、人机交互等多个方面。他们的研究和贡献不仅推动了设计学科的理论和实践，也深刻地影响了设计教育和行业实践。通过提出新的理论框架、方法论和实践准则，他们为设计研究的发展开辟了新的道路，为培养未来的设计专业人才和推动社会创新做出了重要贡献。

# 6-5 结论

本章节主要针对国际设计协会组织展开分析，以“国际艺术、设计和媒体院校联盟（Cumulus）”“世界设计组织（WDO）”“国际设计委员会（ICo-D）”以及“国际设计研究协会（DRS）”四个组织为样本。这四大组织基本覆盖了**设计教育**、**设计实践**、**设计研究**等本报告研究主要涉及的面向。

通过对四大组织的基本概况、重点关注领域与议题以及相关影响的分析可见，可持续发展议题已经成为国际设计学界共同关注的核心议题。与此相关的宣言、会议等也都在倡导设计师的角色和责任的转变。从传统的为生产者服务转向为社会公众服务，并始终考虑环境、经济、社会所有对设计工作有影响的因素，倡导批判性的思维和设计工作。

这些宣言、会议、共识等也都是基于联合国的相关国际公约，尤其是《变革我们的世界：2030 年可持续发展议程》。因此，中国学者在关注中国相关发展规划文件的同时，也需要将相关国际共识联系起来，在拓展学术研究的国际视野的同时，增强中国设计学科研究的国际声量。同时，通过对相关协会、理事会成员的分析与国际设计研究协会研究员名单的分析也可看到，中国院校虽然有积极参与国际性组织活动，但深度和广度均为不足。比如，中国作为世界上设计教育规模最大的国家，[①]仅有一位学者入选 DRS 的"名誉院士"名单。这也在侧面反映了中国的设计研究在国际舞台上的知名度和影响力仍相对较低。虽然中国在设计领域取得了快速的发展和巨大的成就，但在国际设计研究界的认可度和影响力还需要进一步提升。这可能与语言障碍、文化差异以及国内设计研究成果在国际上的传播等因素有关。其次，也显示出中国在设计研究领域的深度和广度还有待进一步拓展。虽然中国设计教育规模庞大，但是否已经在设计研究领域形成了丰富的理论体系、创新方法和研究成果，以及对国际设计研究界的贡献，是需要进一步关注的问题。

发现问题就意味着事情的转机，通过对问题的揭示和反思，我们也可以为中国设计学科的发展提供一些启示：

---

① 许平．设计师要站在先进生产力的最前端 [J]. 设计 ,2019,32(02): 78—79.

加强国际交流和合作：中国设计研究者，尤其是年青一代学者要积极参与国际学术活动、合作研究项目以及与国际同行的交流，增强国际影响力和认可度，推动中国设计研究更好地融入全球设计研究的发展。积极参与国际学术组织和活动，如DRS、Cumulus等，与国际同行交流，分享研究成果，展示中国设计研究的实力，从而获得国际认可，促进合作。

提升设计研究的质量和深度：中国设计学者应当不断地努力提高研究质量，深化研究领域，尤其在类似设计思维、设计方法、设计哲学等基础研究领域，探索独具特色的研究课题，以及创新性的方法和成果，为中国在国际设计研究舞台上树立更强的声音和影响力。

鼓励跨学科合作：设计研究往往需要融合不同的领域，如人文、社会科学、自然科学等。鼓励与其他领域的学者合作，可以丰富设计研究的深度和广度，促进不同文化和学术传统之间的交流与合作。

综合来看，正如本通报第1章“全球设计领域科研发展态势分析报告”中所展现的那样，中国学者的发文量正在逐年上升，中国在设计教育领域的规模和发展潜力是巨大的，但在设计研究领域的国际影响力还有提升的空间。通过加强国际交流、提升研究质量和深度，积极参与国际活动，中国设计学者可以在国际舞台上展现更大的价值和影响力，为全球设计研究的发展做出更多的贡献。中国设计学科国际化进程任重道远！

# 7 问卷与采访调研篇

Interviews and Questionnaires

# 7-1 方法论阐述

本报告的调研是借助于爱思唯尔对设计院校、当前热点议题以及设计学科分类的分析后，利用 Scopus 数据库进行相对全面和严谨的数据分析而来的。在前文我们已经对国际一流设计类院校的培养目标、师资力量、课程设置等因素进行了抽样调查与详细分析，对国际认可度较高的与设计相关的重要设计竞赛和展览进行了梳理和分析，并挑选了四个国际知名的设计协会与组织展开了层层剖析，深入调查其成员的学术网络与学术方向，总结了时下流行的设计热点议题与趋势。

以上分析与设计学科的发展现状息息相关，有助于提出可预见的问题与解决方法。在研究方法上，对知名设计类院校的调研以及重要设计竞赛和展览的调研都是建立在定性研究的基础上的。因此，本章节采用的是调查问卷法和采访法，分别是定量调查和定性研究方法的一种。与文字搜集和信息调研不一样的是，调查采访可以与受访者面对面地进行沟通，可以深入地了解其学业经历，并可以进行深入地沟通，可以获取更加直观的主观信息和形成对客观数据更加生动的理解，来弥补在官方渠道获取信息的匮乏和片面。因采访内容与前期调研的内容有相交性，所以也会在另一层面与前文的院校篇和重要设计竞赛和展览分析篇形成互补，使得整个调研报告更加完整，结论更具有说服力。

## 一、
## 定量分析法

定量分析法需要运用数学与统计工具去分析研究对象的数量或数值，通过建立各种数据模型或以数据对比的形式得到客观结论，从数据层面证明其研究理论。因此，前文我们是通过爱思唯尔定量分析设计学科文集，采用 SciVal 平台上划分的教育部一级学科设计学下的所有文献，通过发文量来分析全球在设计学科领域的科研现状。包括全球在本领域内的学术产出规模、变化趋势、卓越产出成果、学术影响力以及领域内高产出的国家、学者和期刊等数据，并根据给出的热点势态与前沿主题关键词去检索文章，形成数据模型，因而得出关键词之间的关联，以词云图的形式直观地展现设计学科在国际上的发展趋势，并以此为依据为设计学科的发展重点和发展潜能提供参考。本章节中的问卷设计秉持和采访相互补充的初衷，因此问卷中的问题既有定量问题也有定性的开放性文本问题。所以，问卷法是一种定量和定性的结合。

# 二、定性分析法

在本次对设计学科的调查研究中，定量分析主要获得的是数量化的资料，其结果主要靠分析统计数据和模型得出的精确性成果。而定性分析法则是通过文献研究、资料调研、人物访谈、案例分析等方式挖掘其本质、明确其定义。定性研究最终结果的得出需要经过一系列的理解与分析，并以文字的形式解释、总结。采访获得的是具体的、个别的经验性的信息，通过与亲历者的交谈获得丰富的、细致的和深入的信息，与定量分析法形成了一定的对照和补充。

# 7-2 调研问卷与采访设计目的

定性分析法是一种基于分析质性数据，如文本、图像、音频等，以识别模式、主题、关系和内涵的研究方法。其中，内容分析法是最常见的方法之一。内容分析是通过系统性地收集、整理和解释文本数据来分析研究问题。研究人员通过识别关键词、主题、句子结构和上下文得出关于文本内容的结论。这种方法可以定量化地汇总出现的主题和模式，也可以从文本中提取出重要的情感和观点。

因此，在本章中对采访对象的问卷数据与采访文本和音频进行内容分析，调研对象是设计学科留学生，分问卷与采访两种方式。在书面问卷设置上，考虑到问卷设计的科学原则，我们安排了较有逻辑顺序的问题，依照答题人的思维顺序合理安排并简化了问题，量化了答案，可以形成较为直观的结果与输出。而在深度采访中，直面受访者，以口头提问和问答的形式采集最真实的信息与材料。采访问题较问卷更为深化，但二者主题是一脉相承的，拥有一致性。两者相结合保证了调研的广度和精度，是一个较为全面的交叉性的调研方法。

调查问卷和深度采访的整体框架分为十个部分，即：基本信息、培养目标、教学、课程（知识结构）、理论与实践的关系、学术与学术氛围、软硬件设施、国际化程度、职业发展情况、主观评价。每个部分的信息收集都可以获得不同维度的经验性结论。

通过对基本信息的采集可以了解受访人对其院校的印象以及留学目的；通过培养目标了解受访人对其院校培养目标理解的清晰性、课程与培养目标的关联性、院校培养目标与专业培养目标的层级性，以及院校课程面对不同专业的针对性培养方式及其有效程度；理论与实践关系部分是聚焦当下很多院校所关注的重点问题，考察受访人的院校课程安排，了解其院校课程设置中理论与实践的主导性或融合性；通过学术与学术氛围分析其院校对学术活动的支持度，提供资源的渠道多样性，在学术与比赛上对学生的引导程度等；在软硬件设施方面，分析院校软硬件设施的充足性、可获得性、自由性和便利性，为我国设计教育的硬件建设与管理形成一定的参考；在国际化程度方面，通过对院校的外籍教师与生源比例分析其院校的国际化程度，以及对国际性赛事的参与度；在职业发展情况方面，通过受访人的专业就业前景，了解其院校对就业的规划和安排，以及其专业与产业的连接性。

最后是主观评价，采访受访者通过几年的学习在生活和学习以及思想上受到的影响。若学生对留学院校存有归属感，则代表学校对学生的服务较好，学生的满意度高，有集体认同感。具体问卷见下表：

表 7.1　设计留学生调查问卷与深度采访问题列表

| 方面 | 维度 | 调查问卷 | 深度采访 |
| --- | --- | --- | --- |
| 基本信息 | 1. 院校印象<br>2. 留学目的 | 你留学于哪所院校？ | 能先简单给我们介绍一下你的留学背景吗？<br>你留学的初衷是什么？ |
| | | 你的专业是什么？ | |
| | | 你留学的初衷是什么？<br>1. 专业； 2. 理论； 3. 思想； 4. 视野； 5. 认知 | |
| | | 你的留学途径是否是通过中介？ | |
| | | 选择所在留学院校的原因是什么？<br>A. 院校排名； B. 校园整体环境； C. 地理位置；<br>D. 院校专业实力； E. 其他（可补充） | 能给我们简要说一下你申请留学的过程吗？<br>具体谈一谈从选择院校到申请院校再到录取的过程。 |
| | | 在申请留学院校时是偏向综合类院校还是专业类院校？ | 在这个过程中是否有考虑过其他院校，原因是什么？<br>你觉得每个院校和录取标准的侧重点有哪些不同？ |

| 方面 | 维度 | 调查问卷 | 深度采访 |
| --- | --- | --- | --- |
| 培养目标 | 1. 清晰性<br>（培养目标与教学）<br>2. 关联性<br>3. 层级性 | 你是否清楚你所在学校的培养目标？（选择“是”或“不是”） | 你如何看待你所在学校设立的培养目标？学校是否有宣传自己的培养目标？ |
| | | 学校是否为了实现这种培养目标做出过有针对性的和有特色的课程改革，或制定了有针对性的教育方针？（在上题回答“是”的情况下继续回答） | 你觉得你们专业的教育方式和课程设置是否有呼应学院的培养目标？<br>（若有的话，具体是怎么体现的？没有的话，学院是以什么目标培养学生的？） |
| | | 你所在专业是否有区别于院校的独立的培养目标？（请选择“是”或“否”或“不清楚”） | 在培养过程中，你认为你们学校在有意识地培养你们哪些方面的能力？<br>你认为在校期间学校的培养给你提供了哪些帮助？ |
| 教学 | 1. 针对性<br>2. 有效性<br>3. 互动性<br>4. 匹配度 | 学校有哪些教学方式？（可多选）<br>A.PPT 演讲；B. 系列讲座；C. 重技法的练习；D. 重主题性的练习；E. 参与实际项目；F. 参观美术馆和展览；G. 实地调研；H. 其他 | 你认为这些教学方式有哪些不同的地方？<br>你更喜欢哪种教学方式？ |
| | | 学校是否有根据专业方向而安排有特色的教学方式？ | 你认为你们学院有哪些颇有特色的教学方式？请你谈一谈上这些课的经历。 |
| | | 学校是否实行学分制？ | |
| | | 你参与的课程哪些部分能修到学分？（可多选）<br>A. 课时签到；B. 课中作业；C. 结课考核；<br>D. 其他 | 你觉得对你最有用的一门必修课或选修课是什么？ |
| | | 你是否认可学校的教学方法与形式？（1—10分） | 你觉得学校在教学上是重思维还是重技法？ |
| | | 你认为学校的教学效果是否理想？（1—10分） | 如何评估你所学到的知识、技能以及思考方式？ |
| | | 你认为你们的总体课程难度系数为多少？<br>（1—10 分） | 你如何看待那些你认为很难理解的课程？ |
| | | 在上课过程中，是否有一些课程让你觉得难以理解？ | 你觉得你们的专业老师教得怎么样？<br>是逻辑清晰、思维敏捷或是含糊不清、难懂晦涩？ |
| | | 你认为有难度的课程是难在课程内容还是老师的教授方式？ | 你认为一节优秀的课堂内容和老师的教学节奏分别应该是什么样的？ |
| 课程<br>（知识结构） | 1. 交叉性<br>2. 多元性<br>3. 衔接性 | 你们学校第一学年是否有基础课学习？ | 你们第一学年的基础课上的是什么内容？<br>你觉得对之后的专业学习有帮助吗？ |
| | | 你们的课程中是否有数学、物理、几何等理工类课程？ | 你们上的第一门专业课是什么？<br>（是否能提供课表） |
| | | 你们的课程中是否有符号学、心理学、哲学、行为学等相关的人文社科类课程？ | 你们的课程安排是如何前后衔接或过渡的？<br>具体体现在哪里？ |

| 方面 | 维度 | 调查问卷 | 深度采访 |
| --- | --- | --- | --- |
| 课程<br>（知识结构） | 1. 交叉性<br>2. 多元性<br>3. 衔接性 | 学校 / 老师会有意识地安排不同专业的学生在一起上课或者做小组作业吗？ | 你如何看待和不同专业的同学一起合作的经历？ |
| | | 你们的专业课程中是否有其他专业的老师过来授过课？ | 你认为其他专业的老师和本专业的老师在教授上有哪些不同？ |
| 理论与实践的关系 | 1. 主导性<br>2. 融合度 | 你认为你们学校更注重理论还是实践？ | 你认为理论课和实践课分别给你带来了怎样的收获？ |
| | | 你认为学校的理论课和实践课哪个对你来说让你受益更大？ | 你认为理论课和实践课的相互作用是什么？是理论服务于实践或是理论领导实践？ |
| | | 请你评估一下自己课程中理论课与实践课的占比分别是多少？ | 你觉得教学和课程中实践与理论的关系如何才能实现平衡？ |
| | | 理论课是否是贯穿整个教学课程？ | |
| | | 你认为你们学校安排的理论课与实践课结合的程度如何？（1—10 分） | |
| 学术与<br>学术氛围 | 1. 支持度<br>2. 资源性<br>3. 落实性<br>4. 引导性<br>5. 转化性 | 你和同学们在一起大概有多少时间是在讨论关于专业的问题的？<br>A.10% 以下； B.10%—30%；<br>C.30%—50%；D.50% 以上 | 你在学校和同学们之间经常会讨论哪些话题？ |
| | | 学校是否有向学生和老师提供交流的机会和平台？ | 你如何看待自己学校的学术氛围？<br>对热点话题的参与度和参与学校举办专业比赛的频率如何？ |
| | | 学校是否有出版自己的专业刊物？ | 学校是如何重视学术理论成果的？ |
| | | 学校是否有鼓励发表的机制？ | |
| | | 学校是否会提供学术发表的途径？ | 你所在的专业领域内最有权威的专业赛事是什么？ |
| | | 学校是否有安排对基础学术能力有所帮助和提升的课程？ | |
| | | 学校平常是否会邀请外校专家做学术讲座？ | 你们专业会关注哪些重点议题？你是否了解你们专业内的热点议题？（课程外的） |
| | | 你有经常参加学校举办的相关专业比赛吗？ | |
| 软硬件<br>设施 | 1. 充足性<br>2. 工作室<br>3. 服务性<br>4. 便利性 | 学校的软硬件设施是否可以支撑教学？ | 你觉得学校的硬件设施还有哪些不足？ |
| | | 学校是否有提供一个设备齐全的可独立创作的空间？ | 校园的创作空间是怎么样的？是否可以私下供学生使用？ |
| | | 学校图书馆的馆藏书籍是否充足？（1—10 分） | |

| 方面 | 维度 | 调查问卷 | 深度采访 |
| --- | --- | --- | --- |
| 软硬件设施 | 1. 充足性<br>2. 工作室<br>3. 服务性<br>4. 便利性 | 学校网上购买的学术资源库是否充足？ | 你们常使用哪些学术资源库？<br>老师会教你们如何使用资源库和去图书馆看什么书吗？ |
| | | 你认为从学校获得学术资源是否便利？ | 你认为学校的软硬件资源的可获得性怎么样？ |
| 国际化程度 | 1. 多元性<br>2. 参与度<br>3. 交流性<br>（和国际院校的交流） | 你们班级留学生占多少比例 | 最常与你们学校合作的学术平台分别是哪几个？ |
| | | 你们的师资队伍中外籍教师所占的比例大约是多少？ | 你认为你所接触过的外籍教师和外籍同学如何？ |
| | | 你们学校经常会举办国际性的大赛或者学术活动吗？（1—10 分） | 作为留学生，你愿意去参加国际化的赛事或者学术论坛吗？为什么？ |
| 职业发展情况 | 1. 辅助性<br>2. 规划性<br>3. 职业培养<br>4. 与产业的连接度 | 你们专业毕业生的就业率是多少？ | 你认为你们专业的就业前景怎么样？ |
| | | 你在校期间是否参加过实习？ | 你们专业毕业的同学一般都从事什么职业？大家现状如何？ |
| | | 学校在课程中是否有安排你们去企业实习的机会？ | |
| | | 学校是否注重职业化培养与指导？ | |
| | | 是否有企业中任职的导师来授课？ | |
| 主观评价 | 获得感 | 你在学习过程中的获得感如何？<br>你是否通过留学达成了你的留学目的？<br>留学让你有哪些收获？ | 你在留学的经历中获得了些什么？<br>留学给你的人生带来了什么？<br>你是否通过留学获得你当初留学时想要的？ |
| | 归属感 | 你在学校学习时是否有归属感？ | 你觉得在哪个瞬间自己最有对学校的归属感？（如果没有，你觉得为什么学校没有让你产生归属感？） |
| | | 你毕业之后是否有对母校的归属感？ | |
| | | 你对学校是否有认同感？（1—10 分） | |
| | 包容开放性 | 学校是否表示出对你的包容？<br>老师是否支持你的学术论点？ | 学校大环境对于一般留学生的态度如何？ |
| | | 校内的学术研究者是否热衷于关注新兴的研究方向与议题？ | 校内专家与研究者一般会带领一个学校的重点研究方向，他们的研究方向总是千篇一律还是能接受新兴的事物？能举例说明吗？ |
| | | 校内知名的专家是否能接受别人不同的学术意见？ | |

# 7-3 调研结果分析

## 一、问卷数据分析

本次采样方法选取的是随机抽样法，将调查问卷通过有限的途径转发给有留学经验的设计学科留学生。因为调研范围有限而导致样本量较小，所以我们共收集了 127 份回卷。这种抽样方法会形成一定的局限性，就是面对的调查对象都拥有相似的经历，因此，可能无法搜集到较为多样化的数据。抽样结果中的这些留学生中大多数都是留学于欧美地区的，且以英美地区较多，这说明设计学科的发展前沿和先进地区还是集中在欧美，尤其是英美设计类院校在国内学生心中的含金量相对来说是比较高的。设计学科留学生在考虑出国留学时的首要选择还是偏向欧美，有小部分数据集中在亚洲，主要体现在新加坡地区。

在全部的 127 个调查样本中，定量数据主要从基本信息、培养目标、教学、课程（知识结构）、理论与实践的关系、学术与学术氛围、软硬件设施、国际化程度、职业发展情况、主观评价十个部分去观察国外设计类院校设计学科的建设。

**· 基本信息**

首先在面对留学初衷的选择上，根据问卷结果，有 65.4% 的受访者认为是“开阔视野，提升认知”，59.1% 的受访者认为是“多元思想见解”，55.9% 的受访者选择了“提升专业技能”，53.5% 的受访者选择了“丰富理论知识”，26% 的受访者认为是“结交友好人脉”。

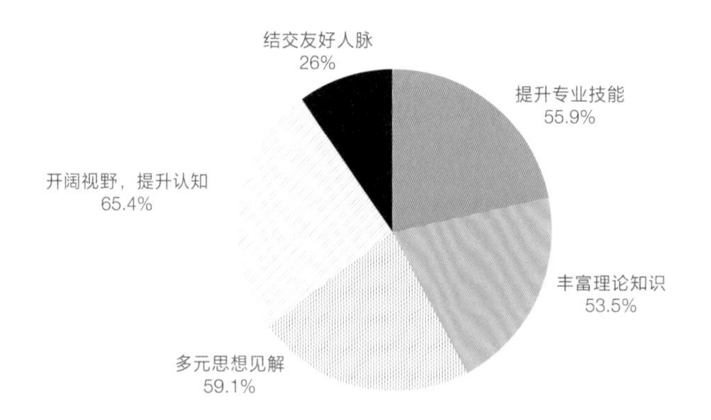


图 7.3.1 你留学的初衷是什么?

此数据表明大部分受访者留学的目的均在于拓宽个人视野，提升认知。在设计教育领域，通过多元的观察和广泛的知识积累能够深化对设计的感知。国际留学作为一项难得的机遇，可以从不同地域的文化中汲取经验，可以为个体提供拓展对设计领域的理解的机会。这种跨文化设计观念的碰撞可能产生全新的创意火花，为设计带来新鲜的灵感。

在选择院校的考虑因素上，73.2% 的受访者选择了院校专业实力，说明大多数受访者在挑选院校时会较多关注院校的专业实力。其次是院校所属的地理位置，院校所属的地理位置非常重要，它决定了院校的人文环境、经济实力、人身安全以及国际地位等有利因素，因此也是申请者的重要考虑因素之一。紧接着是院校排名，院校排名是申请者考虑的第三要素，是一个学校综合实力的体现，申请者在了解理想院校之前大多会关注其院校排名情况，无论是哪个体系的排名，申请者或多或少会留意意向院校的排名。校园整体环境与院校排名的选择率差别不大，有过半的人选择这个要素说明院校的整体环境对于申请者选择院校的决定有较大影响。

| 选项 | 人数 | 比例 |
| --- | --- | --- |
| 院校排名 | 76 | 59.8% |
| 校园整体环境 | 74 | 58.3% |
| 地理位置 | 80 | 63% |
| 院校专业实力 | 93 | 73.2% |
| 其他排名 | 4 | 3.1% |

图 7.3.2 选择所在留学院校的原因是什么?

在面对选择大学的抉择时，专业类院校与综合类院校呈现不同的优势。根据样本数据显示，选择综合类院校的比例为 57.5%，而选择专业类院校的比例为 42.5%。从数据分析角度来看，综合类院校的选择率略高于专业类院校。总体而言，申请者更多地倾向于选择综合类院校，其原因在于综合性院校学科比较齐全、办学规模宏大以及科研实力雄厚。综合类院校涵盖多个学科，这些学科之间具备一定的内在联系。该类院校注重教学和科研的双重发展，在某种程度上，其科研工作领先于教学，为教学提供了基础性条件和支持。在课程设置方面，综合类院校的学生不仅可以学习专业课程，还可以接触其他学科的教师和同学。学校倡导将专业知识与跨学科内容相互融合，以拓宽学生的知识视野。综合类院校所培养的学生不仅要求在本专业领域内有扎实的基础，还要能够跨越其他专业领域，并且具备快速适应的能力。

而专业类院校的特点则更加聚焦于本专业的深入学习，学科内部的分类更加精细，涵盖的专业研究和教学内容更加广泛。一门专业课程通常由一支专门的教学团队进行研究和授课，其教学内容涵盖程度较为深刻。专业类院校的师资团队以及学生群体多处于同一学科领域内，这些教师在相关专业领域具备多年的教学经验，并且可以借助同行提供的案例和实践经验来丰富教学内容。因此综合类院校和专业类院校具有各自独特的优势和不足之处，申请者的选择和判断主要取决于其个人对发展方向和资源的重视程度。设计类留学生更多地选择综合类院校，实际上反映了他们对于跨学科教育的追求。设计本身作为一项复杂的活动，需要涉及各个领域的知识交融。因此，在选择专业类院校或综合类院校时，许多留学生在很大程度上都会考虑这一因素的影响。

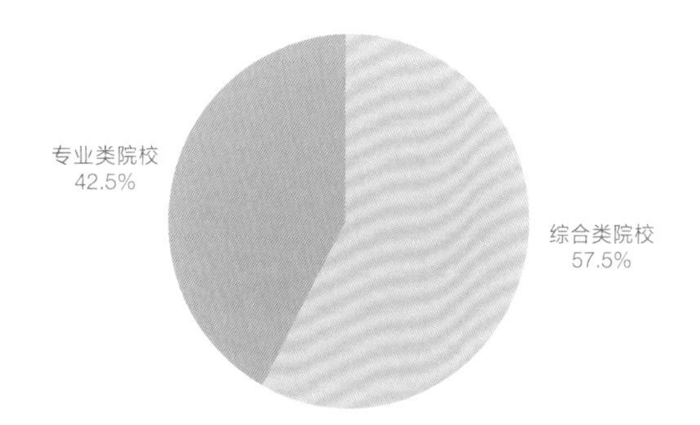


图 7.3.3 申请留学院校时是偏向综合类院校还是专业类院校?

### · 培养目标

面对是否了解本校的培养目标的问题，有 71.7% 的受访者做出了肯定的回应，这说明大多数受访者在入学前对所申请学校进行了深入观察和调查，至少对学校的培养目标有清晰的了解，而且这些目标与自身学习目标一致才做出了选择。此外，这也进一步突显了学校设定明确培养目标在学生选校过程中的重要性，有必要为学院的教育方案确立详细的培养细则。在那些选择“是”的 91 名受访者中，对于追问是否认为自己的学校为实现培养目标而采取了有针对性的课程改革时做出肯定回答的占比为 67%。这个问题进一步揭示了国外多数院校都为实现培养目标而设立了特定的培养途径，甚至制定了具有特色的教育方针。

图 7.3.4 你是否清楚你所在学校的培养目标?

图 7.3.5 学校是否为了实现这种培养目标做出过针对性和特色性的课程改革，或制定了有针对性的教育方针?

是 61 67%

否 30 33%

### · 教学

学分制度内容调研结果显示，74% 的学院采用了学分制。在学分获取方面，主要的考量集中在课程环节，其中包括课中作业、课时签到以及结课考核。具体而言，课中作业和结课考核的选择均占调研对象总数的 59.1%，课时签到占比为 46.5%。这一结果表明，国外设计类院校在学分制方面更重视课中作业和结课考核，相较之下，课时签到的重要性稍低。这些数据呈现了在国外设计类院校中，在学分制度下，学校对于学生在课程学习中的实际表现和知识掌握的水平更为重视。这一情况可能反映了国外设计教育的教学方法和评估体系，强调对学生的实际学术能力和知识应用能力的培养。

是 91 74%
否 33 26%


图 7.3.6 学校是否实行学分制？

课时签到 59 46.5%
课中作业 75 59.1%
结课考核 75 59.1%
其他 4 3.1%


图 7.3.7 你参与的课程哪些部分能修到学分？

在关于是否认可学校的教学方法与形式的问题上，调查采用了 10 分制，10 分代表非常认可，1 分代表非常不认可，平均得分为 7.8。并且，选 8 分及以上的学生所占比例达到 67.7%，这一结果表明留学生对所在院校的教育方式持有较高的认同度和满意度。此外，在评估学校的教学效果的理想水平时，平均分为 7.7。与之相似地，选 8 分及以上的学生占比为 59%，占据总样本的多数。这两个问题共同显示了学生对其所在院校的教育方式以及教学效果普遍感到满意。

平均数：7.8
中位数：8
100%
80%
60%
40%
20%
0%
0%
1.6%
2.4%
3.1%
5.5%
6.3%
13.4%
25.2%
25.2%
17.3%
1（非常不…
2
3
4
5
6
7
8
9
10（非常认…


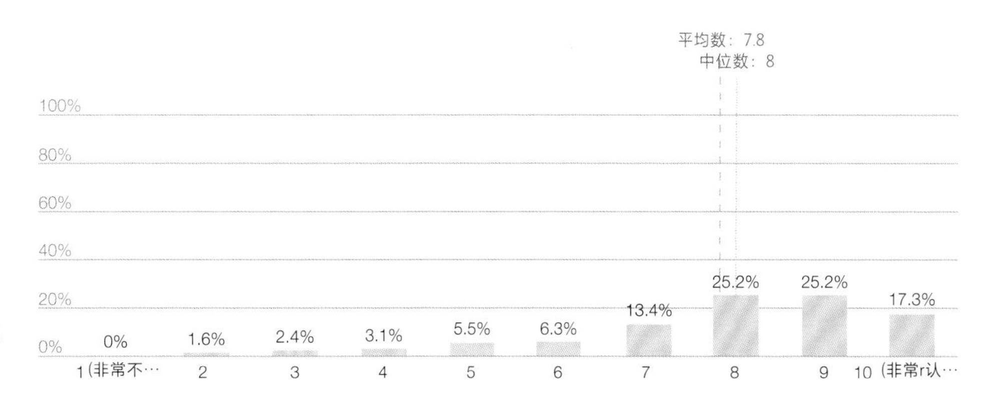

图 7.3.8 你是否认可学校的教学方法与形式？（1—10 分）

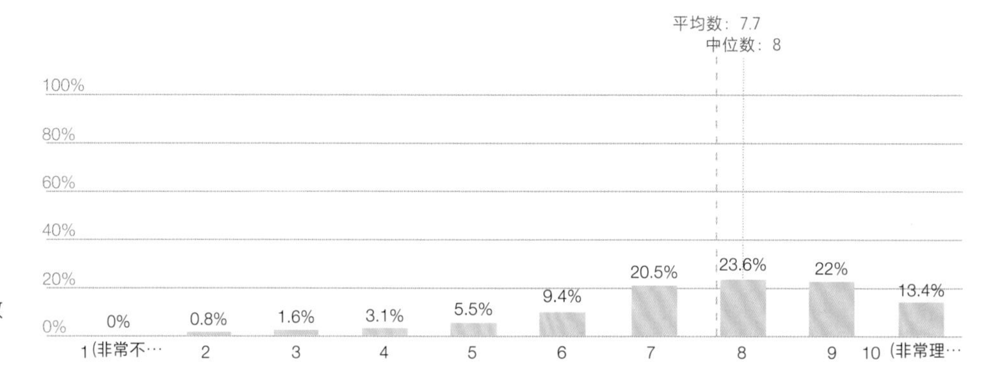


图 7.3.9 你认为学校的教学效果是否理想？(1—10 分)

关于课程难度系数的评价，平均得分为 6.1。而认为课程难度系数在 6 分及以上的受访者占比为 66.2%。这一数据与下一个问题的调查结果相吻合，即当问及是否曾经遇到“难以理解的课程”时，选择“是”的比例为 59.1%。而当深入探讨其原因时，即关于“你认为有难度的原因是难在课程内容还是老师的教授方式”时，有 55.9% 的受访者认为是课程内容，44.1% 的受访者认为是教授方式。综上所述，大多数留学生在国外留学期间都曾面临过中等偏上难度程度的课程，并且这些课程内容的理解难度较大。其中，绝大多数受访者认为课程难度高的主要原因在于课程本身的内容较为复杂，这进一步强调了课程设置的重要性，包括降低难度和分解关键内容。此外，还有一部分受访者认为难度系数的高低与教师的教授方式有关。实际上，国外课堂中也存在一些教与学的误解，部分教师可能未能察觉其教学方式的局限，从而导致学生在知识吸收方面存在不易消化的现象。

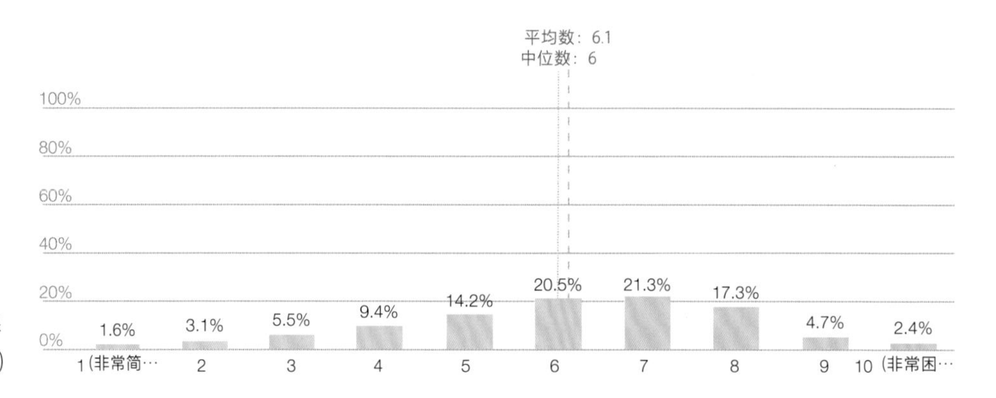


图 7.3.10 你认为你们的总体课程难度系数为多少？(1—10 分)

图 7.3.11 是否有一些课程让你觉得难以理解？

是 75 59.1%

否 52 40.9%

图 7.3.12 你认为有难度的课程是难在课程内容还是老师的教授方式？

课程内容 71 55.9%

授课方式 56 44.1%

### · 课程（知识结构）

针对课程（知识结构）部分的调查结果显示，关于第一学年是否有关于基础课程的安排时，68.5% 的受访者选择了“是”。在课程内容方面，58.3% 的学生的课程中包含了数学、物理、几何等理科类课程，而 88.2% 的学生的课程中则涵盖了人文社科类课程。由此可见，大多数学校在入学的第一年都帮学生安排了基础课程，以帮助其逐步适应专业课程的学习。在学习设计的过程中，超过半数的学生表示自己的课程涵盖了理科类课程，而绝大多数学生也学习过符号学、心理学、哲学、行为学等人文社科学类课程。

图 7.3.13 你们在学校的第一学年是否有基础课学习？

图 7.3.14 你们的课程中是否有数学、物理以及几何等理工类课程？

图 7.3.15 你们的课程中是否有符号学、心理学、哲学、行为学等相关的人文社科类课程？

是 112 88.2%

否 15 11.8%

从这些情况可以看出，国际设计教育的趋势呈现出综合性和多学科交叉的特点。设计作为一门综合性的学科，要想培养出优秀的设计师，需要从多个角度进行培养。不仅要从艺术的角度看待设计，还需要在课程中融入尽可能多的科学知识。例如在工业设计中安排关于产品结构和工业结构的课程，以及深入理解万物运转规律的课程都是至关重要的。因此，设计师应该具备更宽广的知识储备，不仅仅是只掌握一些绘图的工具，更应该具备一个能够统领全局的角色所需的知识。通过了解事物运行的本质，设计师可以从产品的根本出发，创造出更具人性化、富有创意和思考独到的设计作品。这些调查数据和分析结果体现出设计教育的全面性和多样性，使学生能够在跨学科的环境中获得更丰富的知识和技能。

以下两个问题旨在考察课程的交叉性安排。在调查学校是否有意识地将不同专业背景的学生安排在同一门课程或作业中合作时，选择“是”的比例高达87.4%。此外，在专业课程中，有81.1%的受访者表示曾接受过其他专业背景的教师授课。这一数据表明，绝大多数国际设计类院校或学科都注重课程的交叉性和跨学科合作。无论是促进不同专业背景的学生之间的协同合作，还是在师资队伍中实现跨学科教学，这些调查结果都清晰地展示了这些学校对于跨学科教育方式的关注与实践。

图 7.3.16 学校 / 老师是否有意识地安排不同专业的学生一起上课或做小组作业吗?

图 7.3.17 你们的专业课程中是否有其他专业的老师过来授过课?

### · 理论与实践的关系

以下几个问题主要探讨关于理论与实践课程的设置和安排。当被问及学校对于理论和实践的重视程度时，62.2%的受访者表示学校更重视理论，而37.8%的受访者则认为学校更重视实践。接着，当问题聚焦于理论课程和实践课程对学生的实际益处时，65.4%的学生认为理论课程更为有益，而34.6%的受访者则认为实践课程更为有益。有63.8%的受访者认为学校的理论课程贯穿了整个教学过程，36.2%的受访者则认为理论课程并未贯穿整个教学过程。关于学校理论与实践课程的开设比例，25.2%的受访者反馈开设比例为1:1，28.6%的受访者认为应该更多地开设理论课程，而36.2%的受访者则主张实践课程应有更大比例。当问及关于受访者对学校关于理论课程与实践课程结合的合理程度的看法时，1分代表非常不合理，10 分代表非常合理，调查结果显示平均得分为 7.3。这一结果表明，超过一半的受访者认为学校在将理论课程与实践课程结合方面表现得非常适当。

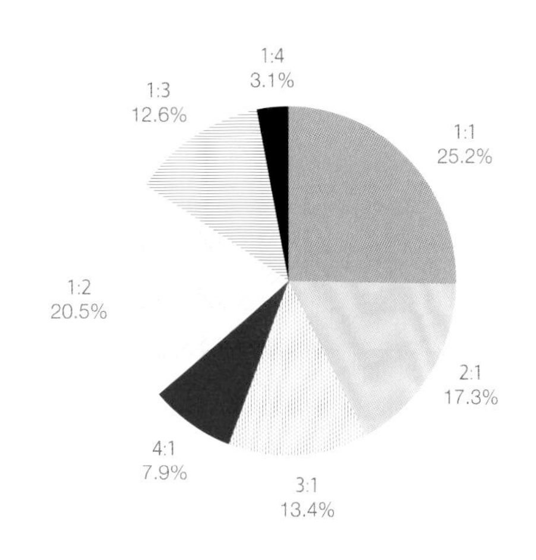


图 7.3.18 请你评估一下自己课程中理论课与实践课的占比分别是多少?

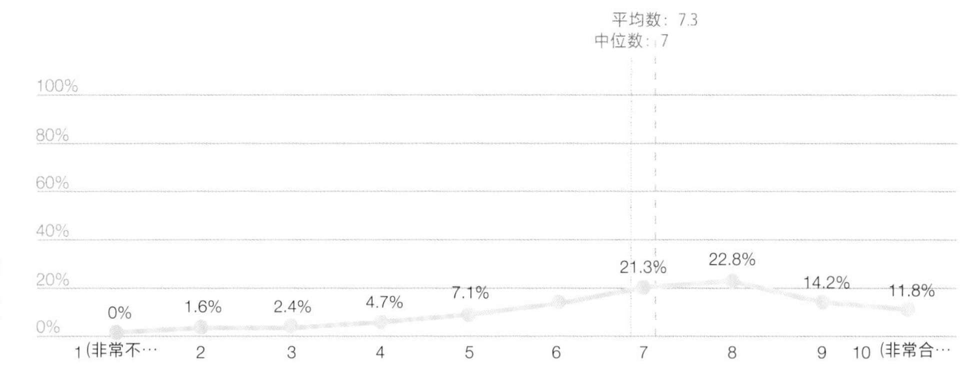


图 7.3.19 你认为你们学校安排的理论课与实践课结合的程度如何?（1—10 分）

综合以上数据，可以推断国际上的设计类院校或设计学科在课程设置中并未过分强调实践，反而更倾向于强调理论的重要性。对于绝大多数受访者而言，理论课程相较实践课程对其产生的影响更大，且理论课程在整个学习过程中有贯穿始终。因此学校对于理论课程与实践课程的交织和编排获得了学生相当高的满意度。基于此，应当超越以对立的视角来看待理论与实践的关系。理论本身根植于实践之中，是其根基所在。因此，学校在对待理论与实践的态度上应该建立起自己的节奏和理解，不宜过于极端，以免失衡。

### · 学术与学术氛围

在了解关于学校的学术与学术氛围方面时，关于学生与同学交流专业问题的时间比例结果显示，69.3% 的受访同学选择了 30% 至 50% 及以上。由此得出结论，留学生所处的学术氛围颇为良好，他们在私下的交流中将相当一部分时间用于讨论学术问题。

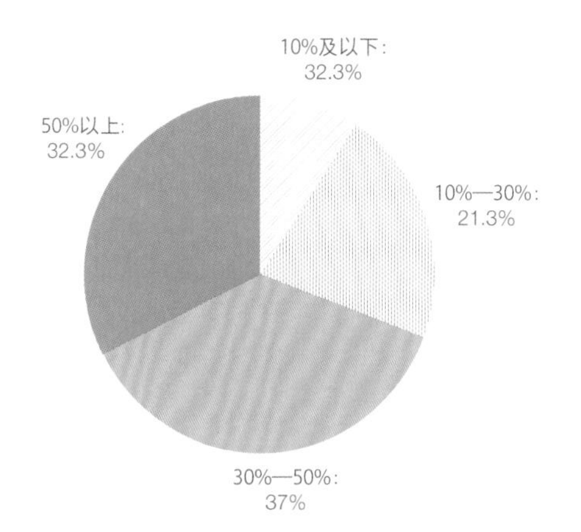


图 7.3.20 你和同学们在一起大概有多少时间是在讨论关于专业的问题的？

同时，在问及学校是否提供学生与教师交流的机会与平台方面时，66.9% 的受访同学选择了“是”。此外，有 74.8% 的受访同学表示学校拥有自己的专业刊物，而 82.7% 的受访同学表示学校建立了鼓励学术发表的机制。进一步分析，有 75.6% 的受访学生表示学校提供了学术发表的渠道，且学校在学术论文提升方面安排了专业的课程，86.6% 的受访者表示学校安排了提升基础学术能力的课程。此外，有 90.6% 的受访学生指出学校经常会邀请外校专家来进行学术讲座。

以上数据表明，国际院校积极致力于促进学术生态的建设和发展。多数院校设立了鼓励学生发表学术论文的机制，提供了学生发表作品的平台，以促进师生间的交流。这一机制还为学生争取社会和专业上的学术资源提供了桥梁。此外，学校还广泛开展了提升基础学术能力的课程，并通过定期邀请校外专家进行学术讲座的方式，为学生提供了丰富的学术创作和研究机会。

**· 软硬件设施**

关于学校软硬件设施的研究方面，当问及“学校的软硬件设施是否可以支撑教学”时，有 84.3% 的同学选择了“是”。此外，88.2% 的受访者表示学校为他们提供了设备齐全的独立创作空间。

在调查学校图书馆馆藏书籍的充足程度时，1 代表非常缺乏，10 代表非常充足，平均分为 7.6。其中，有 59.8% 的受访者给出了 8 分及以上的评价，这表明对于多数留学生而言，其学校图书馆的馆藏书籍相当丰富。当就学校网上购买的学术资源库是否充足进行评估时，平均得分为 7.9，其中有 67% 的受访者给予了 8 分及以上的评价。关于学生获取学术资源的便利程度的平均得分为 7.7，有 79.6% 的受访者打出了 7 分及以上的评价。

从软硬件设施的角度来看，学校提供的资源能够充分满足大多数受访者的学习需求。图书馆馆藏书籍和网上学术资源对学生来说也是相当充足的。并且，大多数受访者认为获取学校学术和专业资源非常便利。

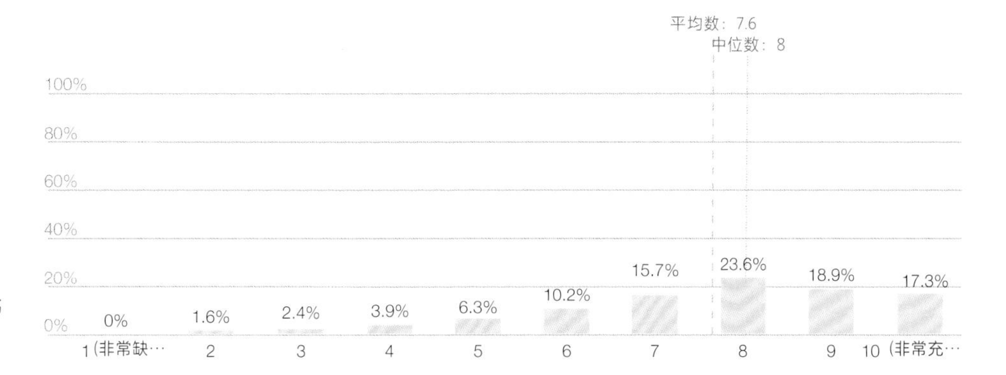


图 7.3.21 学校图书馆的馆藏书籍是否充足？（1—10 分）

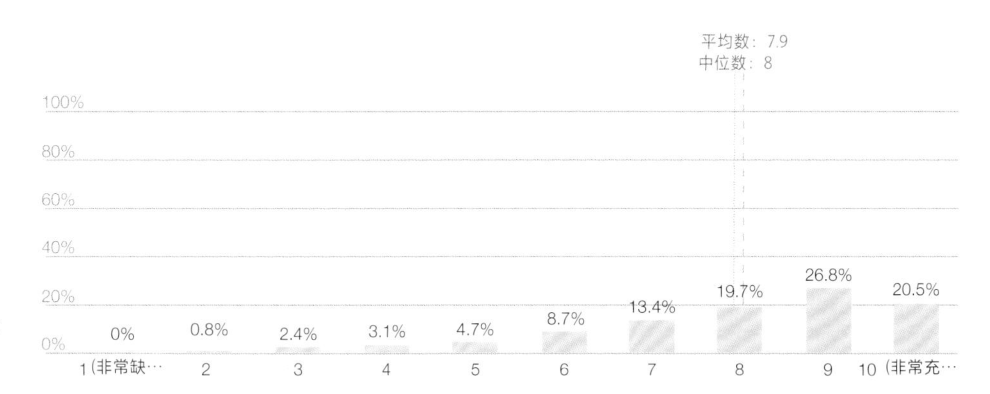


图 7.3.22 学校网上购买的学术资源库是否充足？

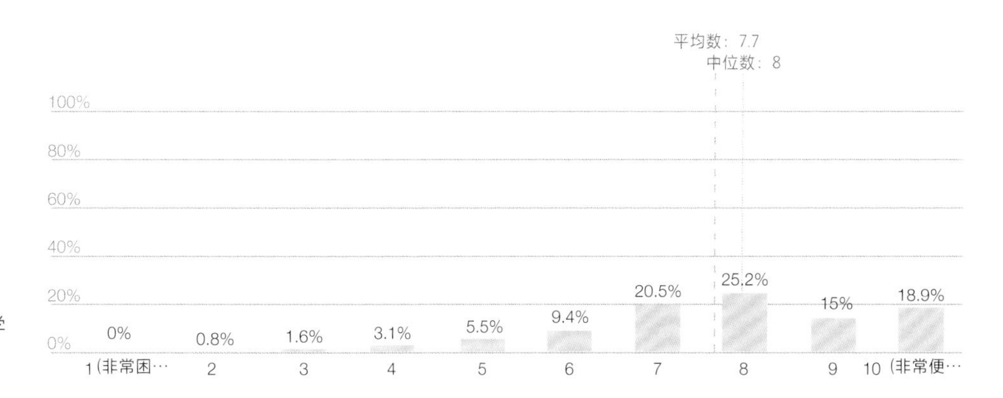


图 7.3.23 你认为从学校获得学术资源是否便利？（1—10 分）

### · 国际化程度

关于学校国际化方面，当询问“你们班级留学生占多少比例”时，28.3% 的受访者选择了 50% 至 80%，24.4% 的受访者选择了 30% 至 50%，21.3% 的受访者选择了 10% 至 30%，而 15% 的受访者则选择了 80% 以上。这表明国际院校设计学科班级中留学生的比例相当高，针对“你们的师资队伍中外籍教师所占的比例大约是多少”这一问题，55.2% 的受访者选择了 50% 至 80% 以及 80% 以上，这说明在国际设计类院校的教职人员中外籍教师所占比例较大。

| 选项 | 人数 | 比例 |
| --- | --- | --- |
| 10%及以下 | 14 | 11% |
| 10%-30% | 27 | 21.3% |
| 30%-50% | 31 | 24.4% |
| 50%-80% | 36 | 28.3% |
| 80%以上 | 19 | 15% |

图 7.3.24 你们班级留学生占多少比例?

| 选项 | 人数 | 比例 |
| --- | --- | --- |
| 10%及以下 | 13 | 10.2% |
| 10%-30% | 21 | 16.5% |
| 30%-50% | 23 | 18.1% |
| 50%-80% | 35 | 27.6% |
| 80%以上 | 35 | 27.6% |

图 7.3.25 你们的师资队伍中外籍教师所占的比例大约是多少?

随后，对学校举办国际性大赛或学术活动的频率进行调查，1 代表几乎不举办，10 代表非常频繁，平均得分为 7.9，74.8% 的受访者给出了 7 分及以上的评价。

在国际院校设计学科的国际化调查中，从上述数据可以得出，学校拥有较高比例的外籍师生。国际化不仅关注问题的前沿，还体现在拥有多元化的学生背景以及接纳不同文化的教学成员。这对学校的学术发展和学生的思维培养都会产生深远影响。此外，多数设计类院校或专业都积极参与和举办国际性大赛，以此促进学校在国际舞台上的积极影响。

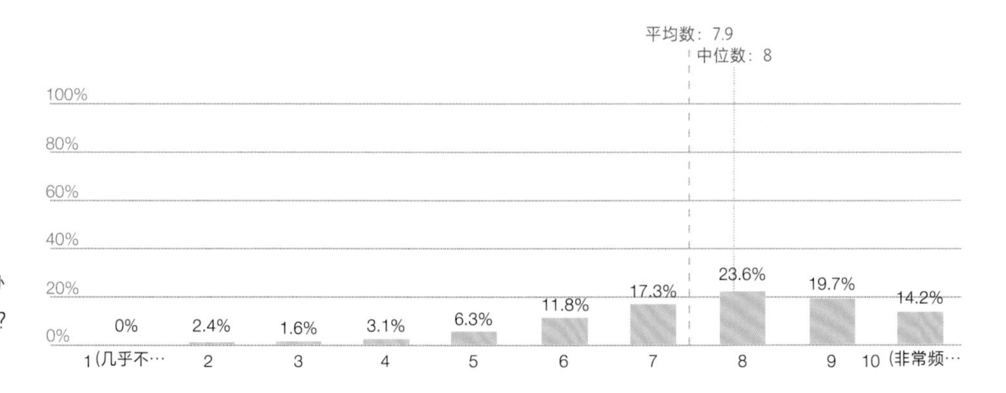

图 7.3.26 你们学校经常会举办国际性的大赛或者学术活动吗?（1—10 分）

### · 职业发展情况

关于职业发展情况方面的调研结果显示，针对问题“你在校期间是否参与过实习”，有 55.1% 的受访者选择了“是”。关于“学校在课程中是否有安排你们去外企实习的机会”的调查，50.4% 的受访者选择了“是”。有 78% 的受访者指出，他们的学校重视职业化培养与指导，并有 70.9% 的受访者曾经在课程中接受过来自企业中任职的导师授课。

因此，调查显示学校重视学生的职业化培养和就业指导，并在多个方面进行了努力，尤其是为学生提供丰富的实习和就业机会方面。调查结果表明，一半的受访者已经有机会参与学校安排的就业实习，这反映了学校对就业指导的关注。然而，学校还应该在就业指导规划方面进行长远的考虑，以便更加巧妙地将企业的就业资源与课程相结合。尽管学校已为学生创造了就业氛围、提供了机会和途径，但最终的就业岗位需要学生自己通过发挥主观能动性来争取。

### · 主观评价

这一部分涉及学生对学校的主观评价。在问题“你在学习过程中的获得感如何”上，1 代表毫无收获，10 代表收获颇丰，68.5% 的受访者给出了 8 分及 8 分以上的评价，平均得分为 7.9。在问题“你是否通过留学达成了你的留学目的”上，有 81.1% 的受访者选择了肯定的答案。在问题“你在留学中有哪些收获”上，各个选项的选择率分布相对均匀。其中，“丰富理论知识”以 62.7% 的比例占据最高，与留学前的留学初衷进行对比我们可以发现，在留学前初衷最高的“开阔视野，提升认知”选项在留学后的选择率是所有选项中最低的。然而，总体而言，每个选项的选择率相对平均。留学前的初衷中，“结交友好人脉”选项的选择率在留学后显著增加。这种数据变化表明，虽然留学的初衷是“开阔视野，提升认知”，但实际收获远超预期。在拓宽视野的同时，留学还带来了结交朋友、扩展人际关系的机会，其专业技能和理论知识也都获得了显著提升。对大多数留学生而言，留学经历在极大程度上改变了他们的生活，改变了他们的世界观和认知，同时在专业上获得了宝贵的帮助和启发。

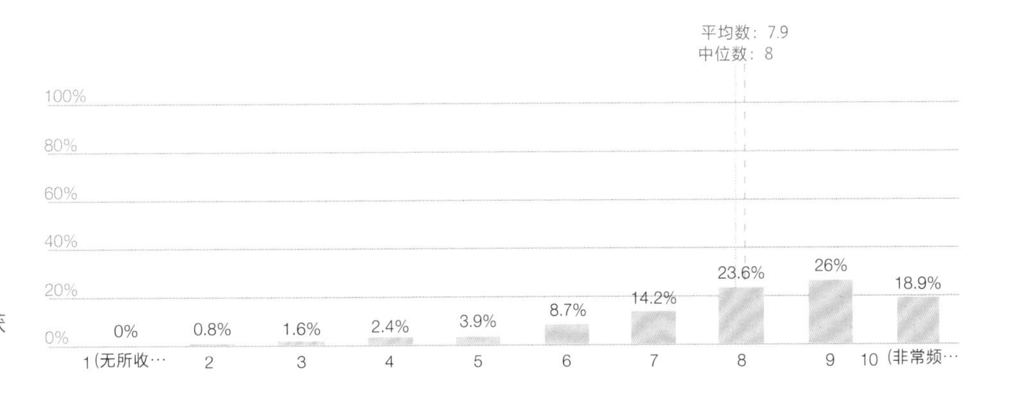


图 7.3.27 你在学习过程中的获得感如何？（1—10 分）

| 选项 | 人数 | 比例 |
| --- | --- | --- |
| 提升专业技能 | 69 | 54.8% |
| 丰富理论知识 | 79 | 62.7% |
| 多元思想见解 | 74 | 58.7% |
| 开阔视野，提升认知 | 71 | 56.3% |
| 结交友好人脉 | 74 | 58.7% |

图 7.3.28 留学让你有哪些收获？

| 选项 | 人数 | 比例 |
| --- | --- | --- |
| 提升专业技能 | 71 | 55.9% |
| 丰富理论知识 | 68 | 53.5% |
| 多元思想见解 | 75 | 59.1% |
| 开阔视野，提升认知 | 83 | 65.4% |
| 结交友好人脉 | 33 | 26% |

图 7.3.29 对比问卷开始“你留学的初衷是什么？”

在问题“你在学校学习时是否有归属感”方面，81.9% 的受访者选择了“是”，而毕业后有 81.9% 的受访者选择了对母校仍然抱有归属感。在对学校的认同感问题中，1 代表非常不认同，10 代表非常认同，平均得分为 7.9。有 60.6% 的受访者给出了 8 分及 8 分以上的评价，表明大多数受访者对自己的学校抱有较高的认同感，而只有 14.2% 的受访者选择了 6 分以下。这些数据也证实了大多数学生在校期间以及在毕业后仍对学校抱有一定程度的归属感和认同感。学生对母校的喜爱和认同感的形成与学校为学生提供的优质生活和教学服务密不可分。学校能够包容、关怀每位学生，培养学生的“主人公”意识，从而培养了学生对母校的情感连接。

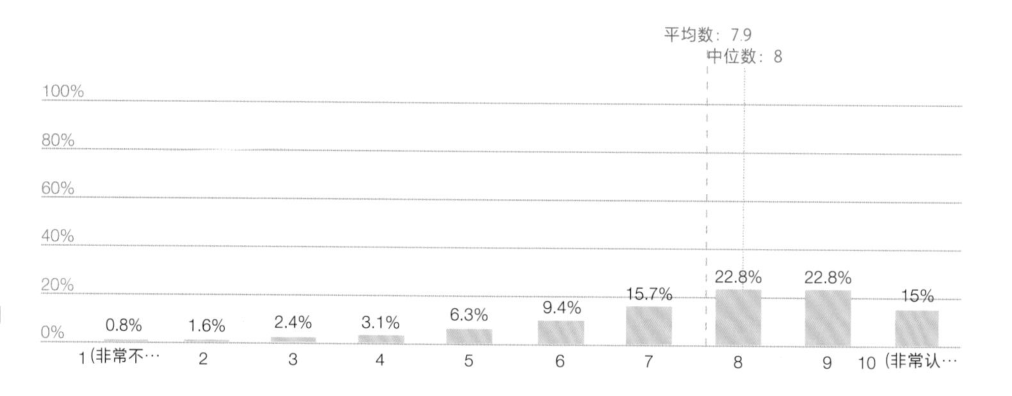


图 7.3.30 你对学校是否有认同感？（1—10 分）

# 二、
# 采访信息分析与总结

在发布调查问卷的同时，为深入探究留学生的经历，我们还进行了一对一的访谈。通过细致入微的访谈，对被访者的留学状态以及学校课程对其所带来的改变等细节问题进行深刻观察和分析，我们选取了 7 位留学生作为访谈对象，这些学生的留学地主要集中在欧美地区。每位受访对象均接受了半小时至 1 个小时的深入访谈。通过对每位受访者的访谈内容进行综合分析，我们获取了有益的信息，这些信息将为我们提供有价值的参考。

**· 留学初衷**

首先，在探讨留学初衷方面，我们发现受访者的回答普遍围绕两个方面展开：首先，他们强调了对个人专业能力的进一步提升，着重于通过训练与积累专业知识，以及对疑问和好奇的思考，从而带着这些问题跨越国界，寻求解答；其次，留学生追求拓展自己的视野，希望深入了解国外教授的设计思维和教学方法，以提升自身对设计领域的理解，进而建立自己独具特色的设计观念。值得一提的是，部分在校教师选择留学的初衷不仅仅是为了个人专业能力的增强，更是希望充当国际院校间合作的桥梁，为所在院校的国际化设计教育资源的引入做出贡献，积极谋求教育国际化的布局与发展。

这一系列访谈不仅帮助我们更加深入地了解了留学生的初衷，还呈现出在不同背景下对于留学初衷的多样性解读。这些研究发现为探讨和构建我们自身的设计学科提供了有价值的线索和参考。

**· 培养目标**

在探讨留学申请院校前对拟留学院校培养目标的了解问题时，每位受访者均肯定地表达了他们对此的认知。每位学生在考虑申请院校时，都会仔细了解专业导师的研究领域，并评估相关课程是否与他们自身的专业方向相契合。此外，他们还积极致力于收集第一手资料和信息，以全面了解目标院校的特点。通过学习的过程，留学生们逐渐确立了自己的定位，并明确了自身的学术目标。

在探究独立院校的培养目标以及思维模式时，绝大多数受访者认为，院校的职责不仅在于培养学生成为独立的设计师，更重要的是，考虑到不同门类的专业强调的方向差异，学校期望学生在整个设计和生产链条中能够明确自身的定位，并具备与他人合作、共创的能力。

**· 设计思维**

在受访者的谈话中，有个核心概念频繁被提及，那就是设计思维 / 设计思辨。受访者之一认为，设计思辨更偏向于一个思考的过程，这一观点凸显了国内外院校在培养方式和教育理念上的显著差异。在国内，学生可能会从一开始就勾勒出设计的最终结果，然后致力于靠近这一“设计标准”。而在国外，老师更加关注整个设计过程，尤其是推导过程和设计思路。因此，参与国外课程的学生会经历从立项到前期调研、中期思考、后期实验，再到最终产出的全过程。这种情况下，学生会意识到在设计过程中，直至最终产出前，设计的实际模样和状态都是不确定的。很多时候，通过实验发现原有的设计路径行不通，但这也进一步明确了正确的方向，而这种决策并不是简单的思考所能解决的。这些差异体现了国内外设计课程和思维培养方面的显著不同。国外教育模式常常会追问“为什么”，甚至在最终展示环节，教授仍会追问“为什么”。整个设计过程不是通过前期调研就能推断出结果的，他们更强调为何会得出这一结果，以及为何会采用特定的表达方式。因此，强调形式与内容的底层逻辑关系是国外设计教育的特点。

国外院校比较重视对思维的培养，如果站在将设计作为一种单一的学科的立场上来看待，其实是具有一定的局限性的，但是当融合了不同学科的思维时，再去反思自己的专业，会有很多启发和想法。并且当下一次再去拓展思维时，真正迭代出来的或者是最终产出的东西一定和最初的单线思维有巨大的差异。因此，学校除了在设计过程中去培养学生的设计逻辑，还会重点考察学生的资料整理与收集，和对数据信息的分析能力，最重要的是强调这种思维能力。设计表达的载体和媒介都是可变和不受限制的，重点是选择表达的形式。而设计一种表达形式其实是很复杂的，相当于重构一个生活方式，突破了传统意义上设计某个工具或者家具的局限，更多地强调的是这个设计背后代表的一种新的生活方式，是对陈旧生活方式的颠覆。因此，设计不能仅仅关注设计画稿这一个小环节，而是需要整合资源从大局出发，要关注到设计问题背后的生活困境，去共情目标人群的需求，这也是前期调研的重要性。而设计过程中每一个试错环节就是在一步一步地否定之前做的判断，每一次纠错过程就是进一步迈向最优选。这种设计流程走下来的作品是能经得起用户考验的。设计师除了需要亲自参与前期调研、中期思考，还要参与整个产品的落地过程，对于材料、材质的把握，很大程度上会影响这个产品的使用感和可实施性。

这种强调设计思维和跨学科的教育模式，引发了对培养学生思维能力的关注，不仅将设计视为一个单一的学科，还强调将不同学科的思维相融合，以更好地反思和发展个人专业。这种综合性的教育方法呼应了设计学科的多元性质，为学生提供了丰富的学术视角和思维启发。

### · 跨学科

在谈论设计思维时，许多受访者已经明确提及了跨学科的概念。跨学科的教育方式和学习方法可以从学校师资配置、学生组合、课程交叉设置等多个方面来展开探讨。

在国外院校中，一种跨学科的师资配置模式是将来自 3 个到 5 个不同专业领域的教师组成一个跨学科的师资团队，共同承担一个课程的教学任务。在这种模式下，每位教师轮流负责教授一些既与本专业相关但又与其他专业相关的课程内容。每周定期安排讨论课，这几位不同专业的教师需要全体到场，协助解答学生在学习过程中遇到的各种疑问。每个学生小组都有机会选择与哪位教授先进行讨论，以此方式轮流听取不同专业的教授对设计作品的建议。由于每位教授的专业背景不同，学生可以先后与不同的教授讨论，涉及设计、工程、物理模块或计算模块等各个角度，从而获取多样化的建议和视角，有助于完善整体设计方案。

在跨学科的学生配置方面，可以分为两种类型：一种是针对特定课程设立小组合作，经过教师精心挑选不同专业的学生组成小组，以便进行跨学科合作。这种设置使得拥有不同专业背景的学生能够共同思考问题，各自独特的思维方式能够为合作带来丰富的创新；另一种类型是各种专业背景的学生参与一门通识课程，这对于不同专业的学生来说，课程的启发作用也能呈现出多样性。例如，有受访者提到曾参与一门关于设计伦理的通识课程，该课程涵盖了人、社会和技术之间的关系。这门课程由一位研究核物理的教授主讲，学生来自不同专业，包括核物理、核工程、制图、工程制图以及游戏设计等。这种情境体现了留学过程中的吸引人之处，即在异质文化环境中，学生可以与不同专业背景的同学共同讨论同一主题，从不同角度出发开展深入探讨。

跨学科教育在设计领域扮演着重要角色，通过将不同专业领域的教师和学生进行跨学科组合，促进了多元思维的交流和碰撞，从而丰富了设计教育的内涵和体验。在设计专业的学习过程中，课程设置的交叉性是一个关键考虑因素，通常取决于课程的整体安排。设计领域的学习不仅涉及与本专业及与其延伸专业相关的课程，还需要涵盖理科和工科领域的课程，以及多种人文类课程。一个受访者分享了他在这方面的经历。他曾参加过一门名为“决策”（Decision Making）的课程，其中涵盖了数学内容。这是因为数学可以通过逻辑来帮助构建思维，而在这门课程中，思维的连贯性和集中注意力对于成功跟进课程非常重要。此外，还有一门产品设计专业课程，该课程不仅包括设计专业的内容，还将工程专业的学生引入其中，使两个截然不同的专业共同参与同一门课程。由于工程专业的学生具备内部结构、物理学、声光电学、电子工程等方面的知识，因此无论项目主题如何，工程专业的学生都能够为设计专业的学生提供支持。在设计专业的学生的配合下，不同专业的学生可以组成一个多学科的设计团队。这种合作模式不仅关乎设计本身，还包括结构、功能实现以及解决方案的具体实施，这些方面都可以由相应专业的学生负责。这种综合性的学校设置为跨学科合作提供了优越的环境，并且这一优势可以得到充分的发挥。

### · 理论与实践

不同学科领域和不同学校的受访者对于理论与实践之间关系的理解各有差异。一些受访者认为，在设计学科中，平衡理论与实践之间的关系至关重要。其中，一方面是将理论付诸实践，另一方面是将实践归纳为理论。这种平衡是国际院校普遍强调的，即使从事实际操作，也需要迅速将其理论化，这需要培养学生的能力；另一方面，理论如何指导实践同样是重要的，即将理论融入实际应用，这也是设计学科学习中的重要方面。将实际操作迅速转化为理论知识，正是当前设计学科教育中的一个缺失之处。设计学科学习中理论与实践是紧密结合的，二者不可分割，采用二元对立的方式来理解设计是不准确的。

还有一些受访者认为，他们所在学院的理论与实践关系更像是一个迭代的过程。学院持续地教授新的理论，然后将其付诸实践，接着再次教授新的理论，继续实践。在这个过程中，还会穿插一些小规模的尝试性项目，这些项目在短时间内完成，通常嵌套在更大的课程项目之下，各个项目之间可能没有直接的关联。实践和理论在不断的交叉和迭代中进行，直到吸收和消化。不同学校和学科背景的受访者对理论与实践关系的理解呈现出多样性。在设计学科的学习中，理论和实践之间的相互关系体现出了不同的教育模式和学科理念。

在设计教育中，学校还重视培养学生的自主学习和探究精神。国外设计教育尤其注重培养学生的学习兴趣和自主性，鼓励他们在课程之外开展独立的学习和研究。一些受访者提到，在课程中，学校注重引导学生提出问题、发现问题，并激发他们主动寻求答案和提出解决方案的能力。学生通常会被要求独立完成一些项目或研究，从而培养他们的自主学习能力和探究精神。此外，国外院校还鼓励学生参与真实的项目和社会实践，通过与实际问题接触，培养学生的实际操作能力和创新能力。这种学习模式使学生能够在实际情境中应用所学知识，更好地为他们日后步入职场做好准备。

在国外设计教育中，教学方法的多样性也是一个值得关注的特点。为了激发学生的学习兴趣和创造力，国外院校通常采用多种教学方法，如小组讨论、项目驱动、案例分析等。在课程中，学生不仅会接受传统的课堂讲授，还会参与到实际的设计项目中去。例如，一些课程会模拟真实的工作场景，让学生扮演设计师的角色，与客户、团队成员合作，共同解决实际问题。这种项目驱动的教学方法不仅培养了学生的实际操作能力，还培养了他们的团队合作和沟通能力。同时，国外设计教育也重视实践技能的培养，例如，一些课程会安排学生学习专业软件的使用，提升他们在实际工作中的技术水平。

# 7-4 结论

本章通过深入的问卷调研和一对一深度采访的信息采集，填补了前文所建立的书面信息和数据知识网络所存在的空白，旨在从国际设计教育的亲历者那里获取经验，通过问卷调查的定量数据和深度采访的质性信息相结合，将这些珍贵的经验转化为可视化的数据加以呈现，并最终以书面形式表现。

通过问卷调研，我们能够从更广泛的受访者中收集信息，了解他们在国际设计教育领域的亲身经历和观点。问卷设计综合考虑了受访者的背景、经历和观点，以确保所获得的数据具有代表性和可比性。这些定量数据不仅丰富了我们对国际设计教育的整体了解，还为后续的分析和讨论提供了有力的支持。

然而，定量数据虽然有其优势，但仍然无法完全捕捉到丰富的情感、细节和体验。因此，我们采取了一对一的深度采访方法，与受访者进行面对面的交流，深入探讨他们的经验、见解和感受。这种质性的信息采集方式能够更好地捕捉受访者的真实想法，从而丰富和补充了问卷调研所获得的定量数据。通过深度采访，我们能够更好地理解受访者在国际设计教育中所遇到的挑战、取得的成就以及对教育方法和体验的深刻反思。

将问卷调研和深度采访相结合，有助于在定量数据和质性信息之间建立起有机的联系。我们将从问卷调研中得到的数据与深度采访的内容进行对比和交叉分析，从而更加全面地理解受访者的观点和经验。这种方法的综合运用使得我们能够以多维度的方式来审视国际设计教育，深入挖掘其内在的规律和特点。

在整个报告中，本章节的信息采集方法丰富了围绕"人"背后的理论建构。通过与亲历者的对话，我们不仅了解了其实际受教育的经验，还能够感知其背后蕴含的情感、价值观和认知方式。这些丰富的信息为我们构建更为全面和深刻的国际设计教育图景提供了重要的线索和支撑。

对比国际设计学科教育和国内设计学科教育，我们不难发现，国内在一些方面仍存在一些相对不足的地方，尤其是在设计思维和跨学科教育方面，可以借鉴国外设计类院校的先进教学方法，并结合本土的实际情况进行改良。设计思维的培养和跨学科教育不仅仅是课程设置和教学方法的问题，更是一种教育理念和文化的融合。我们可以借鉴国外的经验，将设计思维和跨学科融合贯穿于整个教育过程中，从而培养出更具创新力和综合能力的设计人才。

固有思维的破圈问题一直是国内设计教育所面临的共同难题。如何打破传统的思维定式，引导学生跳出固有的框架，是一个需要深入思考和不断探索的问题。国外设计教育在这方面的先进做法为我们提供了借鉴。通过引入跨学科的合作模式和多样化的教学方法，国内设计教育可以打破学科之间的壁垒，促使学生从不同的角度思考和解决问题。这不仅有助于培养学生的创新思维，还能够培养他们的团队合作和沟通能力，使他们在面对复杂多变的挑战时能够游刃有余。

跨学科教育近年来在学界引起了广泛的关注，它强调不同学科之间的交叉和融合，以解决现实世界中的复杂问题。在国际设计学科中，跨学科的教学方法已经得到了广泛的应用。跨学科的教学方法不仅丰富了课程内容，还培养了学生的综合素质，使他们能够在跨领域的合作中取得优异的成果。

在实现跨学科教育的同时，国内的设计教育还需要关注与艺科及其他学科的融合。艺科在设计教育中扮演着重要角色，但如何将艺术与科学、工程等学科进行有机结合，仍然是一个亟待解决的问题，国外的设计教育为我们提供了一个有益的范例。通过将不同领域的知识和方法有机地融合，学生能够在设计中获得更丰富的灵感和创意，从而创造出更具创新性和实用性的作品。

总而言之，在国际设计学科报告的深入调研和分析中，我们从不同维度探讨了国际设计教育的特点和经验。通过问卷调研和深度采访的方法，深入了解亲历者的观点和经验，为我们构建了更全面、更深刻的国际设计教育图景提供了有力支持。同时，通过与国内设计教育的对比，我们也能够发现自身存在的不足之处，并从国外的经验中获得借鉴与启发。在未来的设计教育改革和提升中，我们可以借鉴国外的先进做法，结合本土的实际情况，创新教学方法，培养更具创新力和综合素质的设计人才，为我国的设计教育发展贡献一份力量。

因此，国外设计教育具有强调思维培养、理论与实践有机结合、跨文化和国际视野以及多样化教学方法等特点。这些特点为国内设计教育的发展提供了有益的借鉴和启示。在推动我国设计教育的改革和提升过程中，可以考虑引入更多跨学科的合作模式，加强理论与实践的有机结合，培养学生的跨文化交流和自主学习能力，同时创新教学方法，为培养具有创新思维和实际操作能力的设计人才奠定坚实的基础。只有在不断探索和创新的基础上，我国设计教育才能适应快速变化的社会需求，为社会培养更多优秀的设计专业人才。

# 设计学科热门关键词综述

# Keywords in Design Studies

- 设计教育
  Design Education
- 快时尚
  Fast Fashion
- 参与式设计
  Participatory Design
- 虚构设计
  Design Fiction
- 可持续设计
  Sustainable Design
- 数字制造
  Digital Fabrication
- 人机交互
  Human-Computer Interaction
- 社会语言学
  Sociolinguistics
- 感性工学
  Kansei Engineering
- 参数化设计
  Parametric Design

热门关键词是从爱思唯尔数据库提供的设计子领域的热门趋势词（具体分类见第 1 章第 4 节）中提取的。我们根据其数据库数据模型汇总了 2017—2021 年间“有关中国设计的国际学术产出”“有关设计理论、设计方法等基础领域”“有关视觉传达、平面设计等视觉领域”“有关产品、交通等工业领域”“有关服装、纺织等时尚领域”“有关数字媒体、艺术与科技等创新领域”“有关未来设计的新兴议题”七个设计子领域研究里全球发文量最高的五个研究方向。这五个研究方向是上述七个设计子领域发文热度最高和上升趋势最快的前五个方向，表明这些研究方向在近年受到的科研关注热度有较大提升，也是每个设计研究子领域值得关注的研究议题。另外，我们还根据这五个研究方向近五年期间最具显著度变化度的关键词，结合设计学科的课程设置与中国设计学科发展的热门趋势，联系设计学科现状，挑选了“感性工学”“社会语言学”“快时尚”“参与式设计”“虚构设计”“数字制造”“设计教育”等热门关键词进行探析，通过深入调研关键词的生成与发展变化，展现关键词与设计及其他学科的紧密关联，发掘设计学科跨学科方向的多样性，启发设置不同学科课程的潜在可能性，并试图窥见不同学科交叉的更多可能性和在合作方式上的创新性。

在每个热门关键词的综述中，我们还会对此关键词的定义与背景、文献综述、相关学术机构、相关成果、学科交叉与知识重构、相关专业与课程进行解读。从关键词的起源和发展开始，探索拥有不同专业和学术背景的学者从本专业视角对关键词的研究，并共同架构和开发出设计的多线发展方向，罗列每个研究方向的代表学者、文献以及所持观点。其中，对学术协会的研究有助于了解当前研究此议题全球最领先的学术组织和学者来源，并对关键词进行解析，呈现关键词背后的大学科背景，凸显纵横交织的知识结构，通过对所涉及的知识结构的分解与归纳，使其学科交叉性跃然纸上。并总结关键词的重点内容与热门研究方向，结合国内院校对这些关键词的研究现状，分析其优势与不足，并给出相应的建议。

# 8-1 设计教育

## 一、定义与背景

设计是一个复杂的领域，它既是实践活动也是学术研究。每个设计类别都包含许多专业学科，这些学科的参数是流动的、定义不明确的，并且不断变化的，有许多不同的设计研究者致力于厘清它们。一些院校表示，他们的学科专业设置涵盖了所有的设计。这种误解并不是设计独有的，每个专业学科都有类似的问题。尽管如此，每个专业学科也都有一套自己核心的基本原则，以有别于其他学科。设计也是如此。

为了在复杂的当代社会经济发展中有效地工作，一流的设计专业人士需要一系列的技能和知识。这些包括所有专业人员所需的相同范围的一般技能和背景知识，以及每个专业实践的特定领域技能和技术技能。设计教育同其他所有的教育一样，是基于学习技能、培养人才，掌握为该领域提供信息的概念和理论，并最终获得一种哲学的教育。

当代设计教育有几个起源。如英国皇家艺术学院始建于 1837 年，最初为政府出资的设计学院；格拉斯哥艺术学院是于 1845 年由格拉斯哥当地政府设立的设计学院；瑞典国立工艺美术与设计大学（Konstfack University of Arts, Crafts and Design）始于 1844 年；挪威国立工艺美术学院始于 1818 年，并作为奥斯陆国立艺术学院的设计系留存至今。这些学校和几个欧洲学院多年来开发的大部分课程在今天的设计教育中仍被保留了下来。

一百年前，包豪斯学院的创建是为了调和美术与应用艺术（设计）的教学和实践，并将“基于实验和工艺的新形式词汇的发展”作为这项努力的核心。创始人兼首任校长沃尔特·格罗皮乌斯(Walter Gropius)将包豪斯工作室描述为“工业实验室”，并在 1923 年魏玛国际展览中提出口号：“艺术与技术：新的统一体。”实现这一意图的关键是约翰·伊顿（Johannes Itten）和拉兹洛·莫霍利－纳吉

（László Moholy-Nagy）的教学创新，他们将共同基础的概念引入包豪斯的基础课程，并专注于发展理论设计工作的依据。这种将设计从作为工匠行业到受过教育的学科的转变代表了设计最初的专业化。

包豪斯使设计作为一门学科的教学合法化，并由此形成了学术与实践相结合的共同体。如今，设计被公认为是一门独立于艺术的归属于应用艺术的学科。甚至可以说，现代设计教育是建立在包豪斯这一早期原型的基础上进行迭代与改进的产物。现在是时候让今天的设计教育界追随早期包豪斯的变革精神，优化设计教学，以适应 21 世纪设计的许多不同风格和目标。

# 二、相关文献综述

## 1. 设计教育的时代危机

设计师不仅要在设计方面发挥重要的作用，而且需要深度参与到产业链乃至社会中完成系列创意活动。今天的设计实践涉及先进的多学科知识，这些知识以跨学科合作和设计教育的根本变革为前提。这种知识不仅是更高水平的专业教育和实践，更是一种性质不同的专业实践形式。它的出现是为了响应信息社会的需求以及随之而来的知识经济。2022 年，国务院学位办将设计学纳入交叉学科门类，也正是基于设计教育正在面临来自当下科技革命的新需求，以及更长远的未来的挑战的境况。2010 年，美国设计学者唐纳德 · 诺曼（Donald Norman）在 Core77 上发表文章《为什么设计教育必须改变》，谈了自己对于设计教育的看法和认识，文中指出：①

在工业设计早期，设计工作主要集中在人工制品上。然而时至今日，设计师需要更加关注组织结构和社会问题，致力于交互、服务和体验的设计，许多问题涉及复杂的社会和政治问题。结果，设计师成了应用行为科学家，但不幸的是，他们在完成这项任务所需的受教育程度很低，设计师往往无法理解问题的复杂性和已知知识的深度。他们声称新鲜的眼光可以产生新颖的解决方案，但随后他们会受困于为什么这些解决方案很少被实施，或者如果被实施了，为什么会失败。新鲜的眼光确实可以产生有洞察力的结果，但眼光也必须是受过教育的和知识广博的。而设计师往往缺乏对问题深入且必要的理解，设计学校也不会就这些复杂的问题、与人类和社会行为相互关联的复杂性、行为科学、技术和商业对学生进行专门培训，学生很少或根本没有接受科学、科学方法和实验设计方面的培训。

---

① https://www.core77.com/posts/17993/why-design-education-mustchange-17993.

同时，设计是一门服务于多种需求的跨学科专业，设计师在跨学科团队中工作，其性质和支持者会根据手头的项目而变化。因此，很难界定一个明确的技能范围，甚至是一些特定的知识领域。在教育方面，这些变化取决于项目和课程的位置和重点。最重要的是，设计师必须学习比以往更多的知识才能在一流的设计项目中取得成功。

因此，当世界面临新的挑战，设计师开始不仅在设计方面发挥越来越大的作用，而且在设计工作之外还承担着一些管理工作，甚至决定需要在整个企业乃至产业链中实现设计价值。在 2010—2015 年，唐纳德·诺曼撰写了多篇论文，指出改变设计教育的必要性，特别反思了传统教育中没有涉及的现代设计的日益复杂性。他坦率地指出，设计教育面临跟不上 21 世纪的新需求的尴尬境地，即当前设计教育教授过多的“设计”（技能），而对设计发生的生态、社会、经济和政治环境的了解不够。同时，诺曼认为，传统的设计教育已经很好地服务于我们，不应该被抛弃，但它并不能满足当今设计的所有需求。我们必须认识到，设计与所有领域一样，有许多不同的分支学科，其中一些是相当新的，需要传统课程所不包括的技术、分析和认知技能。对不同专业感兴趣的人需要不同的教育。因此，他的建议是拓宽设计教育的知识面，不同的学校可以根据自身情况选择不同的路径。

## 2. 设计教育的框架性构想

设计作为一门实践性极强的学科，需要学生在实际工作环境中练习良好设计的应用工作，许多设计教育学者都认为可以设计出一种方法以更有效地开展教授过程，而不是仅仅依靠传统师徒关系中的默认知识转移。同时，打开传统工作室教学的封闭大门，更广泛地借鉴其他成熟领域的知识，将这种理解转化为对实践有用的形式，否则设计师将无法应对不断增长的需求。相反，其他学科可以有限地对其进行助益，例如认知科学、计算机、工程或商业等。这些领域虽然可以增加相当大的价值，但对现代设计的几个主要组成部分还是知之甚少：解决根本原因而不是症状；强调人的作用；系统性；利用快速原型制作、测试和迭代的价值。这些领域倾向于关注技术、成本和效率，而没有深入了解社会影响和社区可以发挥的作用。

格兰·罗斯（Göran Roos）曾建立了一个广泛的设计教育框架（见图 8.1.1），设计师必须运用四组技能来应对他们面临的问题和挑战。这四组技能包括四种价值创造方法：科学技术、艺术、设计、诠释学。通过运用这四个领域的技能和知识来应对客户给他们带来的挑战，设计师在他们开发的产品、服务和流程中创造价值。①

肯·弗里德曼（Ken Friedman）认为，当今的设计教育与过去一个世纪的设计教育存在明显差异。现今，设计师们在创作作品时，必须采用贝尔所描述的后

① Roos G. Design-based innovation for manufacturing firm success in highcost operating environments[J]. She Ji: The Journal of Design, Economics, and Innovation, 2016, 2(1): 5—28.

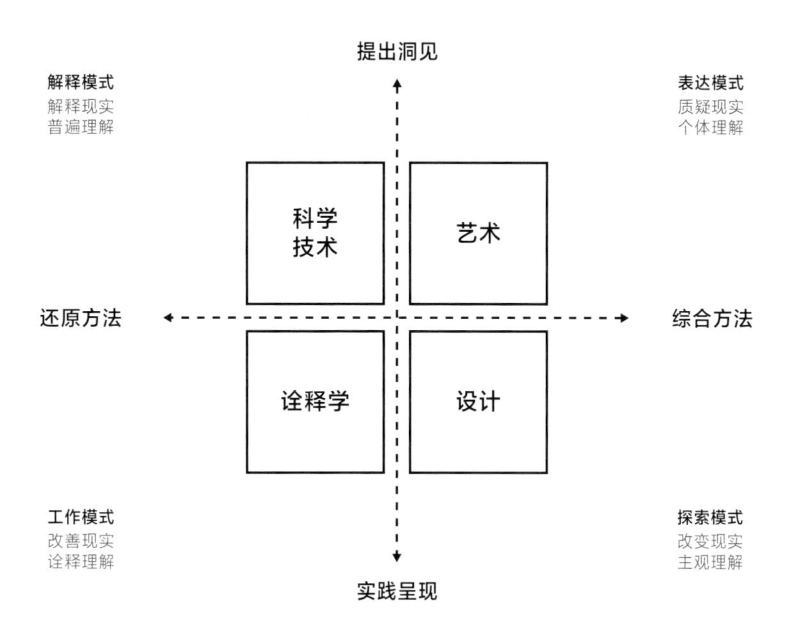


图 8.1.1 格兰·罗斯的设计教育框架

工业进程。也就是要适应从以传统农业和制造业为主导的工业社会，逐渐转向以信息、知识和服务为核心的社会形态的演变过程。在过去，设计依赖于基于常识、反复试验和经验的缓慢演化模式，这源自传统工艺行会遗留下的知识体系。而如今，在后工业时代，我们运用了模型、模拟、决策理论以及系统思维来进行设计。①要成功实现这一点，设计师需要拥有更广泛的研究技能作为基础。这使得设计教育在培养学生时，不仅强调创意和审美，还要注重培养学生分析、解决问题和跨学科合作的能力。这样，设计师们才能更好地应对当今复杂多变的设计挑战。其在《设计模型：展望未来的设计教育》文中提出了设计在当今所面临的 10 大挑战。②后来，面对日益复杂的全球化进程，弗里德曼在此基础上又增加了一个全球化挑战，并将 11 项设计挑战分为四组：性能、系统性、情境性和全球性。这四组是累积的，因为每一个组都依赖于前一个组的技能、知识和要求。因此，系统性建立在性能之上，情境性建立在系统性之上，全球性建立在情境性之上。

**性能挑战：挑战与设计师必须做什么有关，而不是对他们的技能集的挑战**

1. 设计作用于物质世界，作用于无形物的联系世界。
2. 设计解决人的需求和欲望。
3. 设计所创造 的环境（有形和无形）对社会环境的影响。

**系统性挑战：与解决整个系统相关的挑战，而不仅仅是某个部分**

4. 我们生活在一个由人造物、结构、系统和过程之间的模糊边界所标记的世界。
5. 我们工作在一个大规模的社会、经济和工业框架中。
6. 针对需求、要求和约束不断变化的复杂环境进行设计。
7. 我们设计的世界，无形的内容往往超过物质的价值。

---

① Friedman K. Theory construction in design research: criteria: approaches, and methods[J]. Design studies, 2003, 24(6): 507—522.

② Friedman K. Models of design: Envisioning a future design education[J]. Visible language, 2012, 46(1/2): 132.

**情境性挑战：与处理受其环境、当地文化和政治关注强烈影响的复杂系统相关的挑战**

8. 我们设计的项目、产品和服务往往跨越组织、利益相关者、生产者和用户群群体的边界。

9. 这些项目、产品和服务必须满足许多组织、利益相关者、生产者和用户的需求。

10. 这些项目、产品和服务必须满足生产、分配、接收和控制的每个层次的需求。

**全球性挑战：应对复杂社会技术系统的挑战**

11. 我们必须解决世界面临的主要社会问题，包括联合国规定的可持续发展目标。这些目标旨在解决我们面临的全球挑战，包括与贫困、不平等、气候、环境退化、繁荣以及跟和平与正义有关的挑战，目标是到 2030 年实现每个目标和指标。

这四组挑战定义了设计的未来。设计院校应思考如何培养人们在这些组别中的工作能力，同时需要提供一个可供选择的设计课程体系，允许不同的个体选择他们希望解决的问题层次。今天，大多数设计教育针对的是第一组性能挑战，少数学校提供了与系统性和情境性挑战相关的培训，但只有极少数学校涵盖有全球性挑战。而列出这一挑战清单的肯 · 弗里德曼更是从 1992 年就开始酝酿理想中的设计知识分类清单，为设计教育提供了有益的框架性思考。[①]

表 8.1　设计知识分类清单

| 学习与引领 | 人类世界 | 造物 | 环境 |
|---|---|---|---|
| **解决问题** | **人类学** | **产品开发** | **自然环境** |
| **互动方法** | - 人类行为 | - 方法论 | - 生态 |
| **指导** | - 信息语义学 | - 市场研究 | - 进化 |
| **思维导图** | - 知识创造 | - 创新研究 | - 环境 |
| **研究技能** | - 生理学和人体工程学 | - 问题 | - 影响 |
| **分析** | - 心理学 | - 产品生成 | |
| **修辞逻辑** | - 行为经济学 | - 创造新产品 | **建筑环境** |
| **数学** | - 研究和方法论 | - 改造旧产品 | - 城市景观 |
| **语言** | | - 产品再生 | - 经济 |
| **编辑** | | - 纠正问题 | - 社会网络 |
| **写作** | | - 改进产品 | - 基础设施 |
| **演讲技巧** | | - 定位 | - 交通 |
| - 公开演讲 | | - 再生产 | |
| - 小组 | | | |
| - 信息图表 | | | |

① Friedman K.Creating design knowledge: from research into practice[C]//IDATER 2000conference. Loughdorough: Loughborough University, 2000:5—32.

| 学习与引领 | 人类世界 | 造物 | 环境 |
| --- | --- | --- | --- |
| | **公司**<br>- 组织管理和行为<br>- 商业经济学<br>- 公司文化<br>- 领导力<br>- 管理<br>- 未来规划<br>- 流程管理<br>- 变革管理<br>- 流程技能<br>- 公司职能<br>- 治理<br>- 物流<br>- 生产<br>- 营销<br>- 金融<br><br>**社会**<br>- 趋势<br>- 法律问题<br>- 媒体<br>- 社会经济学<br>- 传播<br><br>**世界**<br>- 世界贸易<br>- 欧盟<br>- 美国<br>- 亚洲<br>- 跨文化问题<br>- 政治经济学<br><br>**理论基础**<br>- 文化理论<br>- 知识社会学<br>- 接受理论<br>- 设计史<br>- 品味社会学<br>- 内容分析<br>- 世界历史<br>- 范式分析<br>- 模型 | **设计**<br>- 产品设计<br>- 人体工程学<br>- 产品语义<br>- 产品图形<br>- 功能<br>- 平面设计<br>- 视觉人体工程学<br>- 排版<br>- 企业设计<br>- 行为设计<br>- 信息设计<br>- 知识设计<br>- 流程设计<br><br>**制造**<br>- 技术<br>- 运营<br>- 统计质量控制<br>- 物流<br>- 流程管理<br>- 增材制造<br>- 纳米技术<br>- 生物技术 | **电子媒介**<br>- 机场<br>- 食品配送<br>- 人类生态学<br><br>**建筑**<br>- 信息化建筑<br>- 使用<br>- 作为理念<br>- 建筑作为企业形象<br>- 剖面架构<br><br>**室内**<br>- 家具<br>- 作为企业形象的营造<br>- 心理学<br>- 功能<br>- 社会结构<br>- 工作形态<br>- 游戏形态<br>- 私人生活形态<br><br>**装置**<br>- 空间哲学<br>- 文化理论<br>- 艺术思想<br>- 调研 |

阿兰·芬德利（Alain Findeli）认为设计教育课程的原型模型是建立在包豪斯创始宣言的基础上的，是包含在设计的一般目的中的，是以艺术、科学、技术三个结构的形式进行描述的。这一框架受到系统科学、复杂性理论的启发，在实践哲学影响下采用了一个新的模型：艺术、感知、行为。[①]感知和行为替代了科学和技术，“感知”指的是视觉智能的概念，“行为”表示技术行为始终是道德行为。至于感知和行为之间的反思关系，不是由演绎逻辑支配的，而是由基于美学的逻辑支配的。

理查德·布坎南（Richard Buchanan）则提出了“设计四秩序”的概念，将设计对象分为四个范畴：以文字、图形等为媒介符号；有形的人造物；活动与事件；系统与环境。[②]在这四个范畴里，人们分别发明符号传播信息，构筑实物满足用途，连接行动，实现交互和建构系统整合关系，相对应的则是视觉传播设计、产品设计、服务设计和整合创新设计四个方面。

设计四秩序理论也被布坎南很好地应用在美国卡内基梅隆大学设计学院的教学中，并在传统的设计学科基础上提出了交互设计、服务设计和转型设计等新方向。

国内正在应用设计四秩序教学实践改革的同济大学设计创意学院便发现了作为国际化大都市的上海在设计领域的标杆作用。并在近几年间聘请了以理查德·布坎南教授为代表的一批海外设计学专家，围绕设计四秩序而开展的产学研实践和设计教学获得了不错的成果和国内外影响力。

## 3. 设计教育的案例性思考

### ·设计类专业院校与综合类院校的教学差异

设计是一个综合领域，是创造事物的领域，有些是有形的，有些则不是。创造行为自然而然地跨越了大学现有的许多学科。设计是为了人们、组织和社会的利益而创造的，所以设计师也必须了解这些问题，并对许多主题有广泛的了解。因此，维克多·帕帕奈克认为世界真正的设计需求必须由跨学科团队来实现，并认为本科设计教育应鼓励学生从行为科学领域开始学习，这将为他们日后的研究工作奠定基础。

迈克尔·迈耶（Michael W. Meyer）与唐纳德·诺曼（Donald Norman）针对美国独立设计院校与隶属研究型大学的设计学院这两种完全不同类型的设计教育机构的调研发现：[③]研究型大学专注于学生和教师的研究活动，强调学术原则和研究，以增加学科的一般知识，对实践的重视一般。而在独立设计学院中，教职员工和学生的实践创作工作至关重要，比如海报、创作、展览策划、参加比赛等。简单地说，独立设计院校强调实践，而研究大学强调学术工作、循证原则和理论发展。

---

① Findeli A. Rethinking design education for the 21st century: Theoretical, methodological, and ethical discussion[J]. Design issues, 2001, 17(1): 5—17.

② Buchanan, R., & D. Doordan and V. Margolin. The Designed World: Images, Object, Environments[M]. Oxford Berg Publishing, 2010.

③ Meyer M W, Norman D. Changing design education for the 21st century[J]. She Ji: The Journal of Design, Economics, and Innovation, 2020, 6(1): 13—49.

同时，他们选取带有交叉学科性质的用户体验设计学士学位课程对二者进行了深入分析，结果显示：在以罗德岛、帕森斯为代表的顶尖独立设计院校中，用户体验的 30 多门课程中有别于传统设计专业教育课程的仅有人机交互、感知和认知人为因素、情境研究方法等几门。而研究型大学的学院和院系，尤其是那些顶尖的研究型大学的设计学院，往往能比独立的设计类学院提供更广泛、更丰富的教育体验，他们有广泛的学科领域，可以为所有本科生提供广泛的通识教育。以卡内基梅隆大学为例，其设计学士课程有 65.5% 的设计专业课程，6% 的计算、语言、历史和心理学课程。除此之外，15.5% 的选修课必须来自设计以外的院系，13% 的选修课由学生自行决定。

诺曼认为这就是在当今世界必需的设计内外的平衡教育，他甚至以卡内基梅隆大学为例，建议本科生将大部分时间花在其他学科上，即在他们感兴趣的任何主修设计之外的领域的专业辅修设计。在传统大学提供广泛的通识教育和非设计主题的深入教育基础上再加上辅修设计，可以为设计思维领域培养出比以往更强大、更有洞察力的设计师。

无论是新兴的体验设计还是传统产品、视觉设计等，所有设计专业的共同点都是探索用设计解决问题的方式，也就是“设计思维”，或者说奈杰尔 · 克罗斯（Nigel Cross）所说的设计性的认知方式。设计之所以“以人为本”，正是因为设计同其他工程不同，必须综合考虑人、社会与文化之间的关系。因此，迈克尔 · 迈耶和诺曼建议借鉴计算机科学的课程体系重新开发设计的课程体系。这一体系包括专业化技能和研究性课程。

专业化技能是学生在学习结束阶段集中精力发展的专业能力，旨在提升学生对所学专业的专注度和兴趣。

研究性课程则分为两个层次：

第一层次代表那些对所有专业和方法来说都是基础的课程，适用于所有学生。

第二层次课程更高级，主要是专业人士感兴趣的。每所学校都可以配置最适合学生需求和兴趣的必修课和选修课的组合，同时还应保证适当的学术和实践的严谨性。

其中第二层次课程的议题虽然都包含在第一层次中，但是第二层次更加鼓励学生根据自身兴趣深入二级学科方向的研究，以拓展设计研究的边界。

### · 设计学位教育的思考

国务院学位办对设计学门类的调整，主要对研究生层面的教育影响较大，本科教育则主要受教育部学科专业目录管辖。此次学科目录调整后，设计教育领域出现三类学位：艺术学博硕士（史论方向）、设计学博硕士（交叉学科）以及设计博硕士（专业型）。

从全球范围来看，具有较长的历史传统的艺术学士（BFA）和艺术硕士（MFA）头衔得到了最广泛的使用。而 PhD 作为博士学位的一般性指代，也得到了最广泛的认可。而在美国，以哈佛大学、卡内基梅隆大学为代表的综合性大学已开始使用设计博士（DDes）学位。

DDes和PhD之间的区别并不明确。通过查阅部分学校的招生简章可以发现，同PhD略有不同，DDes更倾向于招收从事设计实践的从业者，但是对其学术要求基本上同PhD是相同的。同时在学位介绍和课程设置上，更加强调设计学科的前沿性、交叉性与跨学科性，以求解决日益复杂的世界中的发展问题。以哈佛大学设计学院为例：

DDes：哈佛大学设计研究生院的设计博士（DDes）课程是一个领先的博士学位课程。主要面向应用研究，从广泛范围内推进各种设计门类的相关知识。各种DDes研究的共同点是相信设计研究对理解、分析和最终改善我们日益复杂的世界环境做出的重要贡献。DDes研究通常是多学科的，涵盖范围广泛的理论、应用和技术主题的组合，这些主题代表了应用设计研究的前沿。论文主题调查单个或组合研究领域内更具体的问题，不一定对应于单个学科。相反，它们通常是跨学科的，涉及哈佛其他研究生院的教师和资源，并有助于扩大设计研究的知识范围。

PhD：主要面向希望进入学术教学和研究事业的个人，更加强调个人的学术研究。毕业后，博士课程的校友通常在设计学院、艺术和建筑系、景观建筑和环境研究系以及城市研究或城市规划系任教。一些校友还在科学、技术和社会领域从事与他们的研究，特别是与政府和政策相关问题的工作。

由此可见，设计博士的教育必须更广泛，结合历史、哲学和伦理学以及经济学、商业和技术。同时，鉴于设计博士的实践性，必须教授证据的作用以及提出合理的主张和论点所需的严谨性。正如诺曼在《为什么设计教育必须改变》一文开篇"吐槽"的：[①]

作为设计期刊和会议提交的审稿人，作为设计竞赛的评委以及作为设计专业学生和教职员工的导师和顾问，我看到过一些对正在尝试解决的问题的复杂性知之甚少的设计师所提出的离谱解决主张，缺乏问题有效解决所需的证据标准，虽然他们有好的想法和物理产品、概念或模拟的精彩实例，但无法自圆其说。

究其原因，正如杰米·迈尔森（Jeremy Myerson）所说的：当前的设计教育很多还是依靠传统师徒关系中的默会知识转移，缺乏科学系统的教学体系。[②]代尔夫特理工大学工业设计工程系的研究生教育被诺曼认为是世界上最好的设计教育项目之一。而它成功的原因之一是它从广泛学科的教职员工开始，特别强调跨学科协同研究的促进作用。

---

① https://www.core77.com/posts/17993/why-design-education-mustchange-17993.

② Myerson, J. 'The Future of Innovation is People Centred' in The Future of Innovation by Stamm B and Trifilova A (eds), Gower,2009.

尤其是在当今信息网络社会中，随着人工智能成为物质世界的一部分，以及可居住世界在许多方向上的极限，从全球变暖到人口转变，再到资源枯竭，设计师需要发挥自己的作用。这一部分不仅仅是为给定的任务提供他们个人的创造力，或者设计一个让个人满意的体验，它涉及协作、共创，连接学科投入，并在必要时深化和加强桥梁作用。所有这些需求解决中所需要的能力不同于目前经常教授的能力。因此，代尔夫特理工大学于 2020 年开发了新的设计教育能力体系，展示了其对新设计师所需要的基本能力的看法。

表 8.2　代尔夫特理工大学于 2020 年开发的新的设计教育能力体系

| 能力的方面 | 阐释 |
| --- | --- |
| 在新兴的未来语境中框定和重构设计挑战 | 通过发现问题背后的问题所在，设计师可以探索面对的真正挑战，并在我们已经可以预见的发展的情况下，获得对未来环境的理解。 |
| 迭代创建和评估，以达到预期的构想 | 复杂的挑战需要反复迭代以及反复发散探索、综合和评估。可能性的空间需要被发现和创造。在开发解决方案时，设计者往往需要并行地追求不同的选项，只有在事后才能找出哪一个最有效。当涉及复杂问题时，大量的解决方案只有在计划进入实施阶段时才会出现。 |
| 将越来越多的相关视角整合成一个工作整体 | 设计由价值观驱动，以人的合意性、技术的可行性、组织的生存能力为原始视角。这些价值越来越明确地包括以人为中心的对关怀和可持续性的关注，以及对设计结果和过程的伦理影响的考虑。包括注意到这些观点的核心变化，这些观点的灵感来自增加的知识或变化的环境。例如，最近在工业（设计思维）和社会中出现的以人为中心的价值观（需要、目的、安全、保障），要求有同情心的设计师能够把自己放在所有受设计影响的人的立场上，并在可能的情况下，用事实、知识和经验验证他们的想法。 |
| 有意义地指导设计和利益相关者的过程 | 这需要一个精心的设计过程，在一定的背景下，涉及并支持关键利益相关方。它需要设计者之间的批判性思维，以及执行和利用来自不同人的批评的能力，从而实现对利益相关者现状的干预的巧妙引入和整合。这意味着在多学科的环境中工作，在与许多其他人管理协作和参与的过程，设计师自己可能拥有或不拥有一些设计技能。 |
| 在不同的、多层次的抽象层次和跨学科的视角下工作和交流 | 设计师需要能够同时在不同的抽象层次上下功夫，流畅地从抽象走向具体，在学科视角之间转换。抽象意味着消除细节，聚焦于某个战略问题。然而，细节是在现实中进行设计工作所必需的。在不同的抽象层次上，需要掌握的分析方式会有所不同。除此之外，所有这些层次的沟通都是关键，涉及一系列技能，从抽象的想法的可视化到讲故事和角色扮演，再到建模和原型，在多学科的环境中和多个利益相关方的环境中想象和排演新的未来。 |

荷兰代尔夫特理工大学工业设计工程学院（IDE）的教授们认为，同其他设计学院相比，IDE 有几个优势，包括：

· 来自学科组合的内部专业知识的临界质量。
· 技能应用的多种情境，而不是与占主导地位的产业方所制定的单一情境。
· 面向客户和用户需求，而不是关注个人表达。
· 有义务教授不同范围的学生，他们具有高于平均水平的科学能力，但不一定是突出的设计能力。
· 将学术研究纳入教育计划。

IDE的这些优势是源自代尔夫特理工大学自20世纪80年代起为此做出的诸多改革努力：

**（1）跨学科选修体系**

代尔夫特理工大学在2007年宣布恢复辅修学位，将以往常规学习的第五学期从必修学位课程改为专攻辅修、选修科目的学期。为了实现这一目标，学生可以从代尔夫特理工大学或国外学校提供的一系列跨学科课程中进行选择，或者在行业实习。当实施这一变化时，这意味着六分之一的学士学位课程由学生个人负责，大学中的每个学院都希望提供对其他学生开放的跨学科辅修课程，同时提供诸如网络课程等更为多样化的学习形式，而不再局限于传统的一对一或一对多的师徒制培训。

**（2）向研究性教育转换**

事实上，IDE向研究学科的转变在其成立之初就开始了。当时大部分教学人员都是根据他们的工业经验和设计实践进行教学，但研究已成为员工专业知识的重要组成部分。过去，工程学院传统上强调解决行业和社会中的问题和构建解决方案，而不是撰写学术论文。但自20世纪80年代以来，出现了越来越多的研究，首先是设计方法，然后是感知、管理和制造以及人为因素等辅助学科。

**（3）重视基础设计建设**

学院大楼从分散走向集中开放式的一体化空间，并预留出中央大厅用作公开演讲、学习与展览之用，营造开放交融的学习研究环境。除了物理基础设施之外，IT服务成为学院发展的重要资产。代尔夫特理工大学大力投资于软件、设备、设施、培训和支持人员，以设计、创建和运行在线课程。通过一系列在线和混合课程的开发，将专业人员与最新的方法和知识联系起来，使得学院可以向世界各地不同层次的学生提供学习资源，有力地扩大了学院的国际声誉，同时也促进了学院在设计方法研究上的进展。

# 三、相关学者与研究

### ·唐纳德·诺曼（Donald Norman）

曾被美国《商业周刊》（*Businessweek*）选为全球最具影响力设计师之一，兼具教授、企业高阶主管与顾问的身份。工程学加心理学的双重背景让他在需要同时应用社会科学、行为科学的新兴设计领域贡献卓著。

诺曼是国际知名的心理学家，是当代认知心理学应用先驱，也是美国国家艺术与科学院院士，美国计算机学会（ACM）、美国心理学会（APA）、认知科学学会会员，并于 2006 年获颁富兰克林奖章（Benjamin Franklin Medal），是加州大学圣地亚哥分校认知科学与心理学荣誉教授，也在哈佛大学、西北大学和南韩的韩国科学技术学院（KAIST）任教过，并曾担任惠普公司、卡汀线上大学（UNEXT 公司）高阶主管，以及苹果公司先进技术中心副总裁。1998 年创立尼尔森诺曼集团（Nielsen Norman Group），从事计算机与人机界面设计的顾问工作，致力于协助发展理性与感性并重的产品及服务。诺曼博士著作等身，尤其是他的“设计心理学”系列之《日常的设计》（The design of Everday Things）已成为设计学研究的经典基础理论著作之一。其个人网页网址为：www.jnd.org。

作为一名在人机交互、用户体验设计和认知科学领域具有重要影响的著名学者和实践者，他的工作深刻地塑造了设计学科的发展，并为设计与人类行为的关系提供了深入的理解。他在设计学科发展中的具体贡献有：

设计心理学与人机交互：诺曼是设计心理学领域的先驱之一，他的著作《日常的设计》强调了将心理学原理应用于设计，使产品更符合用户认知和行为习惯。他提出的“可见性原则”“反馈原则”等设计原则为设计师提供了指导，帮助他们创建更易用和用户友好的产品。

用户体验设计：诺曼对用户体验设计的贡献极为显著。他将“用户体验”这一概念引入设计领域，强调产品或服务的设计应该关注用户的感受和情感反应。他的工作帮助设计师更好地理解用户需求、期望和情感，从而创造出更具吸引力和有意义的用户体验。

认知科学和人类行为：作为认知科学家，诺曼深入研究了人类认知、思维和行为模式，帮助设计师更好地理解用户在使用产品时的认知过程，从而优化界面设计和交互方式，提高用户满意度和效率。

设计伦理和社会责任：诺曼提倡将设计与伦理和社会责任相结合，强调设计师应该关注产品对社会和环境的影响，提倡可持续性和社会可靠性的设计，推动了设计领域对伦理和社会影响的更深层的思考。

唐纳德 · 诺曼的贡献不仅丰富了设计学科的理论体系，也影响了设计实践和教育。他的思想和方法在全球范围内对设计界产生了广泛影响，推动了用户体验设计和人机交互领域的发展，使设计更加注重人类需求、情感和认知，为设计学科的跨学科融合做出了重要贡献。

**· 肯 · 弗里德曼（Ken Friedman）**

现为中国上海同济大学设计创意学院设计创新研究客座教授、外国高端专家，瑞典隆德大学工程学院产品开发客座教授，辛辛那提大学设计、艺术、建筑和规划学院杰出学者。曾任丹麦设计学院设计研究中心主任、澳大利亚斯威本科技大学设计学院院长等职。弗里德曼曾在澳大利亚、爱沙尼亚、拉脱维亚、立陶宛、挪威和威尔士从事国家设计政策工作，并担任澳大利亚公共部门卓越中心（DesignGov）试点项目国际咨询小组的联合主席。弗里德曼在设计、管理和艺术的交叉领域工作，致力于设计的理论构建和研究方法，专注于价值创造和经济创新的战略设计。弗里德曼同时也长期致力于在设计哲学、设计博士教育、知识管理和科学哲学方面的研究，并发表了诸多重要研究成果。

肯·弗里德曼强调不同学科之间的融合与合作，在设计领域促进了艺术、科学、哲学、工程等多个领域的交叉对话，鼓励设计师在创意过程中汲取多样的知识和灵感，推动了设计学科与其他学科的深度合作，其具体贡献有：

设计方法学与实践：弗里德曼在设计方法学领域做出了显著贡献，他提出的“行动研究”方法强调将研究与实践紧密结合，将理论与行动融合，以解决实际问题。呼吁设计师主动参与设计过程，并通过实践中的反思不断改进设计方法。

设计与社会变革：弗里德曼关注设计对社会变革的影响。他在可持续性、社会责任和文化多样性等方面的研究，促使设计师更加关注设计对社会和环境的影响，倡导设计应为社会可持续性做出贡献。

肯·弗里德曼的贡献不仅丰富了设计学科的理论框架，也影响了设计教育和实践。他的跨学科思维和创新方法鼓励设计师在多样性和复杂性中寻求解决方案，为设计学科的发展带来了更加开放和多元的视野。

# 四、相关研究机构

国际艺术、设计和媒体院校联盟（Cumulus）是全球领先的艺术设计教育与研究协会，代表了一个动态的生态系统，用于国际化和全球流动、知识交流以及艺术和设计教学、研究和实践方面的协作。

# 五、总结

在当前社会背景下，设计作为一门独立的学科在全球范围内得到了广泛的认可。同时，设计思维的普及也对设计教育提出了新的挑战和需求。设计院校必须审视并重新定义设计专业教育的内容，以适应日益复杂多变的社会和行业环境。

设计学作为交叉学科，需要在与心理学、人类学、工程学、管理学等其他学科的交叉中寻求发展空间。尽管在跨学科交叉中存在一些难题，但设计可以借鉴其他学科的洞察力，用于解决现实世界中的复杂问题。然而，这些学科的核心理论往往过于专业化，需要建立设计的边界理论和学科交叉的框架，以便有效地连接不同的设计专业。在此背景下，布坎南提出的“设计四秩序”和弗里德曼的“11项挑战”均为设计领域的发展提供了重要的指引。

面对社会环境不断变化带来的挑战，我们需要勇于重新审视和创新传统的教育计划。这意味着我们需要摆脱传统的师徒式经验传递，积极推动跨学科合作，培养跨领域的人才，以应对日益复杂的问题。设计教育的创新也需要更广泛的合作和联系，不仅仅限于设计专业内部，还要涵盖不同类型的设计和各种利益相关者。通过解决实际问题，设计教育可以为学生提供更具实践性的培训，使他们能够更好地适应未来的职业要求。

此外，为了保持设计教育、研究和实践的一致性，需要探索科学方法。这意味着设计类院校要从实践中总结经验，将理论与实践相结合，以便更好地指导学生面对实际挑战时的决策和行动。

中国美术学院也长期致力于设计教育的教学改革与研究，创建“视觉治愈”[①]研究方向，强调多维的策略思考、[②]科学的社会研究、灵活的创意训练、跨界的设计实践，希望在消费社会背景中催生以“幸福设计”为目的的有关怀、有温度、有情感的设计教育新模式，引导学生通过切身的感知去发现和呈现社会问题，把真实的社会引入课堂，在现实问题的磨砺和启发中不断追问设计的根本，即，设计的伦理与善意。[③]

总的来说，当前的社会环境对设计学科提出了更高的要求和更大的挑战。设计教育需要不断创新，结合跨学科合作，培养具有创新思维和实践能力的设计人才，以应对复杂多变的现实问题。通过重新审视教育计划，扩大合作范围，培养跨领

---

① 陈正达 . 视觉治愈 [ M ] . 杭州：中国美术学院出版，2021.

② https://m.thepaper.cn/baijiahao_5661336.

③ https://m.thepaper.cn/baijiahao_17224829.

域的人才，设计教育可以更好地为学生的未来就业和社会发展做好准备。同时，保持设计教育、研究和实践的一致性，也需要不断探索适合的科学方法，以确保设计领域持续地为社会创造价值。

我国的设计教育在新时代全面进入高质量发展新阶段。为支撑知识创新、科技服务和产业升级，国家制定了新一轮的学科专业目录。对艺术学门类下级学科及专业学位类别设置进行了调整，强化了对学术型和应用型两类高层次人才培养的并重和基础支撑。在原有一级学科基础上，设置了艺术学一级学科，包含艺术学理论及相关专门艺术的历史、理论和评论研究，另设置了设计等 6 个博士专业学位类别，增设了 9 个交叉学科，其中包括设计学（可授工学、艺术学学位）。

在学科目录调整的同时，社会上又掀起了关于大兴调查研究的倡导。这看似偶然的背后却有着一定的必然性。那么如何开展全面而深入、科学又高效的调研，让设计教育改革能适应现实的复杂性呢？中国美术学院也积极开展了对这方面调研模式的探索，秉持“以乡土为学院”的理念，组织师生开展社会现场的田野调查，与大数据调研相结合，尝试将基于大数据的调研和基于田野现场的调研相结合，融合全球语境和地方主体性，兼顾学科发展规律和社会现实需求，关照设计人文和设计日常，以此建构设计教育的新范式。

# 8-2 快时尚

## 一、定义与社会背景

### 1. 定义

“快时尚”一词指的是模仿当前奢侈时尚趋势的低成本系列服装。尽管它体现了不可持续性，但依旧以闪电般的速度发展。今天的最新款式迅速超越昨天的款式，而昨天的款式已经被淘汰。快速上架零售货架的设计、大规模生产、高周转率和淘汰快的服装是快时尚的主要特征。[①]因为时尚行业具有不断变化的特性，所以快时尚其实正在影响全球人们思考、生产和消费时尚。

### 2. 社会背景

在 19 世纪之前，时尚是一个费力且耗时的过程，需要采购羊毛、棉花或皮革等材料，手工处理材料，然后将它们编织或加工成功能性服装。然而，工业革命通过引入缝纫机和纺织机等新技术永远地改变了时尚业，成衣大规模地被生产。20 世纪上半叶，尽管制衣厂数量不断增加，缝纫技术不断创新，但大量服装生产仍在家庭或小作坊中完成。因为第二次世界大战所必需的面料种类和功能性多样的服装而导致服装大批量地被标准化生产，所以在习惯了这种标准化之后，中产阶级消费者在战后更能接受购买批量生产的服装。[②]

① Fletcher, K. 2010. “Slow Fashion: An Invitation for Systems Change.” Fashion Practice 2 (2): 259—266.

② Breward, Christopher. Oxford History of Art: Fashion . Oxford: Oxford University Press, 2003.

20 世纪 60 年代的年轻人以穿着这些制作廉价的服装为新潮流，以此来表示拒绝老一辈人的着装传统。很快，时尚品牌不得不想方设法满足这种对平价服装日益增长的需求。这应该是快时尚的萌芽，而这一切在 20 世纪 70 年代开始发生了很大的变化。大型工厂和纺织厂在中国以及亚洲、拉丁美洲等地的其他国家开设，凭借廉价劳动力和材料，他们可以快速地、批量地生产廉价服装。到了 20 世纪 80 年代，一些大型美国零售店开始外包生产，任何一家美国生产服装工厂都无法与之竞争，“他们要么不得不关闭，要么继续进口”。①

自 20 世纪 90 年代末至 21 世纪初，快时尚在美国蓬勃发展，而人们更热衷于消费主义。Zara、H&M、Topshop 等快时尚零售商接管高街时尚品牌②（High Street Fashion）。从最初的欧洲小商店开始，他们能够快速而敏捷地捕捉到时装秀和顶级时装公司的服装设计和设计元素，并快速复制它们，且成本极低，从而在美国市场获得突出地位。快时尚有助于满足工业化世界中青年消费者对时尚根深蒂固的渴望，尽管它体现了不可持续性。潮流以闪电般的速度发展，今天的最新款式迅速超越昨天的款式，而昨天的款式已经被扔进了垃圾桶。③因为规模化生产，使得服装成本变低，消费者有能力购买更多的服装。季节性消费的行为模式已经发展起来，取代了以前对质量和耐用性的关注。由于消费者对新商品的渴望，时装公司已经从季节性（一年四次）发布服装转变为频繁发布的模式，有时甚至每周更新一次样式。

## 3.<br>“快时尚”<br>词语第一次出现

针对哪一个是首个真正意义上的“快时尚”零售商或品牌的答案并不十分明确，因为目前所熟知的行业领先的许多公司，包括 Zara、H&M、Topshop 等快消品牌，都是 20 世纪中叶左右从欧洲的小商店起家的。他们都专注于价格适中的时尚服装，最终在欧洲扩张，并在 20 世纪 90 年代末或 21 世纪初的某个时候渗透到美国市场。Zara 创始人阿曼西奥 · 奥特加（Amancio Ortega）于 1963 年在加利西亚创立了自己的服装公司，除了生产自己独特的设计外，该公司的产品还以价格合理的方式复制流行的高端服装。在 1975 年，奥特加在欧洲开设了第一家零售店，其遵循的原则和今天快时尚原则一脉相承：让速度成为驱动力。这样以便在短期内销售设计师的设计，并尽快整合生产和分销。1990 年初，Zara 来到纽约时，《纽约时报》用“快时尚”一词来形容这家店的使命，宣称 “一件衣服从设计师的大脑到被出售只需要 15 天”。④

---

① CLINE E L. Overdressed: The shockingly high cost of cheap fashion[M]. Penguin, 2013.

②高街品牌最早是指那些英国主要商业街的商店、仿造 T 台时尚秀上所展示的时装，迅速制作为成品销售，成为让人人都能买的品牌。现如今，凡是大批量零售、价格和定位都比较大众化的连锁店品牌，都可以归入高街时尚品牌（High Street Fashion）。

③ JOY A, SHERRY J F, VENKATESH A, 等 . Fast Fashion, Sustainability, and the Ethical Appeal of Luxury Brands[J/OL]. Fashion Theory, 2012, 16(3): 273—295. DOI:10.2752/175174112X13340749707123.

④ Schiro, Anne-Marie. "Two New Stores That Cruise Fashion's Fast Lane". New York Times . December 31, 1989: 46.

# 二、
# 相关文献综述

综合爱思唯尔提供的论文数据以及在全网上收集到的资料，将这些论文与资料总结成“营销策略与消费者心理”“可持续设计和设计理论”“服装设计文化与设计思维、设计教育”三个角度。根据这些论文归纳“快时尚”议题在学术界的研究方向、趋势及其研究现状。

## 1.
## 营销策略与消费者心理

第一个角度主要是关注快时尚发展中的时尚营销和消费者在消费快时尚前后的心理以及购买选择等。这是快时尚议题中重要的研究方向，也是较为热门的一个研究角度，因为需要涉及消费文化、心理学以及市场营销等理论，故这个角度适合引入设计，并进行跨学科的合作。

表 8.3　快时尚：营销策略与消费者心理角度的代表学者

| 代表学者 | 人物介绍及专业方向 | 代表书籍 / 论文 | 主要观点 |
| --- | --- | --- | --- |
| 维提卡 · 巴布瑞安吉（Vertica Bhardwaj） | 任教于得克萨斯大学奥斯汀分校（The University of Texas at Austin）服装与纺织学院。专业方向是：协作消费（通过租赁 / 共享 / 非所有权消费）、时装行业的消费者道德和社会责任、假冒和可持续消费、品牌推广、跨文化消费者行为和零售教育学。 | 《快时尚：应对时尚产业的变化》 | 作者从“一次性”和快时尚供应商和消费者的角度描述了快时尚，认为快时尚是一个将在未来十年继续影响时尚服装行业的概念，并将直接影响消费者的购买方式和对趋势的反应。① |
| 玛格丽特 · 布鲁斯（Margaret Bruce） | 曼彻斯特商学院设计管理和市场营销学教授。她还是时装零售营销方面的专家，研究涵盖设计管理、产品开发、时尚零售和战略营销。出版了 8 本书，并发表了 200 多篇论文。目前，她的研究重点是供应链中的设计和创新管理，以及创新如何影响零售业的竞争力。她是艺术与人文研究委员会、AHRB 和研究生先锋计划 Nesta 的小组成员，并担任香港理工大学的战略顾问。 | 《时尚营销：当代问题》（*Fashion Marketing: Contemporary Issues*）《快时尚的消费者行为》（*Buyer Behavior for Fast Fashion*） | 快时尚的购买和消费者心理是一个很复杂的部分，快时尚一定程度引发了对传统采购和购买方式的质疑。在快时尚中，由于时尚消费者的期望在不断变化中成长，因此必须经常提供新产品。布鲁斯提出目前的学术文献尚未探讨时尚买手的战略角色，人们需要对这一角色加以研究。这为未来对不同零售领域快时尚采购的性质和过程以及零售商管理核心和快速时尚产品组合的方式的重要学术研究提供了机会。② |

①期刊论文《快时尚：应对时尚产业的变化》（Fast Fashion: Response to Changes in the Fashion Industry）有 1002 频次的引用量，是谷歌学术中有关“fast fashion”的最高引用文章。

② BRUCE M, DALY L. Buyer Behaviour for Fast Fashion[J]. Journal of Fashion Marketing and Management: An International Journal, 2006.

## 2.
## 可持续设计和设计伦理

第二个角度是快时尚在设计专业领域内提及最多的话题，主要是关注快时尚引发的资源浪费、可持续设计、绿色时尚、人权和薪资公平，以及设计伦理等问题。这一角度的研究方式主要分为两种：一种是从设计本身出发，从材质环保和生产方式的环保上去研究可持续性设计。很多研究者会从生活方式的转变以及设计师的角度去看待快时尚引起的系列问题，以及提出一种与快时尚对立的态度——慢时尚；另一种是从生产的角度去研究由快时尚所带来的代生产国家低廉的劳工薪酬、恶劣的生产环境所引发的时尚公平问题。这两个问题实际上是设计伦理的两个维度。一般提出的解决途径是通过环保材料和剪裁来增加设计的可持续性，减少资源浪费，另一种是在产业布局和生产过程中尽量减少资源的浪费，同时确保劳工的工作环境和薪资。

表 8.4　快时尚：可持续设计和设计伦理角度的代表学者

| 代表学者 | 人物介绍及专业方向 | 代表书籍 / 论文 | 主要观点 |
|---|---|---|---|
| 安娜玛 · 乔（Annamma Joy） | 哥伦比亚大学管理学院的教授，主要研究方向是艺术、时尚可持续性、艺术化过程、奢侈品牌营销与管理、性别和认知伦理。研究兴趣主要集中在消费者行为和品牌塑造领域，特别关注奢侈品牌、时尚品牌体验、中国的消费者行为和审美消费。先后在香港科技大学、香港理工大学、上海中欧国际工商学院、香港岭南大学、米兰路易吉·博科尼大学、赫尔辛基经济学院、赫尔辛基大学、阿尔托大学做访问学者。在学校负责品牌、文化和营销、消费者行为、营销策略、介绍性营销、品牌管理、消费文化理论等课程。 | 《快时尚、可持续性和奢侈品牌的道德诉求》（*Fast Fashion, Sustainability and the Ethical Appeal of Luxury Brands*） | 由快时尚所引发的可持续性和道德问题在时尚界开始变得重要。很多公司已经意识到，便宜且时尚的服装虽然通常利润很高，但也会引发道德问题。当今的年轻消费者非常关注绿色价值观，探究如何平衡消费者对不断更新的时尚服饰的持续需求与对环境可持续性的责任意识两者之间的关系。① |
| 黑兹尔 · 克拉克（Hazel Clark） | 纽约帕森斯新设计学院艺术与设计历史与理论学院院长，教授时装研究和设计研究，拥有设计史博士学位和美术学士学位，英国皇家艺术学会会员。她的奖学金专注于为欧洲、美国和中国的时尚和设计研究发现新的视角、文化和理论。研究兴趣是时尚理论与历史、设计理论与历史、中国时尚、时尚与日常生活。 | 《慢 + 时尚——矛盾修饰法——还是对未来的承诺……？》（*Slow + Fashion — An Oxymoron — or a Promise for the Future ...?*）<br>《时尚与日常生活：英国与美国》（*Fashion and Everyday Life: Britain and America*） | 快时尚服装的低零售价导致消费者认为此类服装是一次性的。与快时尚相比，慢时尚被定义为具有以下特征：小规模生产，在生产中使用当地材料和市场、传统生产技术（通常是手工制作）或无季节性的设计理念，生产时间较慢，关注质量，生产耐用的产品，反映真实生态和社会成本的价格，以及关注生产和消费的可持续性。② |

① Joy, A., J. F. Sherry Jr, A. Venkatesh, J. Wang, and R. Chan. 2012. "Fast Fashion, Sustainability, and the Ethical Appeal of Luxury Brands". Fashion Theory 16 (3): 273—295.

② Clark, H. 2008. "Slow + Fashion—An Oxymoron—or a Promise for the Future ...?" Fashion Theory 12 (4): 427—446.

| 代表学者 | 人物介绍及专业方向 | 代表书籍 / 论文 | 主要观点 |
| --- | --- | --- | --- |
| 凯特 · 弗莱彻（Kate Fletcher） | 英国伦敦艺术大学可持续时尚中心教授。于 1999 年获得切尔西艺术与设计学院的博士学位。她还是加拿大温哥华艾米丽卡尔艺术与设计大学荣誉博士学位的获得者，丹麦哥本哈根皇家丹麦学院可持续发展与设计研究教授。她将系统思维带入了时尚，如开创性的关键概念、地球逻辑、时尚生态学、“使用工艺”和“后增长”时尚等。 | 《慢时尚：一份体系改变的邀请》（*Slow Fashion: An Invitation for Systems Change*） | 慢时尚可以鼓励减少消费，从而减少浪费。慢时尚不仅是一套与快时尚直接对立的标准，[①]它还具有自身的独特性。对消费者来说，增加对物品及其生产方式的了解，这通常涉及与生产系统的某种体验接触。在这个时尚系统中，慢与快并不是相反的概念，而是两种不同的方法，设计师、买家、零售商和消费者更需要了解两种方式对工人、社区和生态系统的影响。[②] |

## 3. 服装设计文化与设计思维、设计教育

第三个角度是探究快时尚的背后成因以及文化因素。从服装文化的角度去探究快时尚与消费者的关系，以及探究在快时尚趋势下设计师以及设计教育需要如何应对。重点关注不同服装文化背景下的不同消费者的诉求以及设计师设计原则的改变，偏向于对史料与理论的研究，尤其关注有关现代性的理论研究，[③]并关注未来时尚的发展趋势。

表 8.5　快时尚：服装设计文化与设计思维、设计教育角度的代表学者

| 代表学者 | 人物介绍及专业方向 | 代表书籍 / 论文 | 主要观点 |
| --- | --- | --- | --- |
| 西蒙娜 · 玛丽亚 · 塞格雷 · 赖纳赫（Simona Maria Segre Reinach） | 博洛尼亚大学艺术系教授，研究领域是全球的时尚化以及表现形式。专注于时尚理论、服装文化，尤其对中国时尚很感兴趣，并探讨服装与社会以及文化之间的关系。 | 《中国和意大利：快时尚与成衣走向新的时尚文化》（*China and Italy: Fast Fashion Versus Prêt à Porter towards a New Culture of Fashion*） | 从服装文化的角度去阐述中国与意大利的快时尚制造产业之间的关系，高级时装代表中产阶级时尚，这是一个划分为等级和垂直社会阶层的典型社会，而成衣则成为一种时尚象征，阶级的象征比品味更重要。在生活方式和奢侈的概念之外，一种新的时尚文化正在这个时代兴起，人们称之为“后现代”，它是一种即时时尚或快时尚的文化。[④] |

---

① Fletcher, K. 2010. “Slow Fashion: An Invitation for Systems Change”. Fashion Practice 2 (2): 259—266.

② Fletcher, K. 2007. “Slow Fashion”. The Ecologist 37 (5): 61.

③现代性的一个关键特征是加速。随着新技术的出现，这种加速在 20 世纪下半叶得到加强。这种强化也发生在时尚领域，计算机化技术也在该过程中发挥了核心作用。时尚也可以被视为现代性及其不断变化的时间性的典范。快时尚现象就是这方面的典范。“快时尚”，即“尽可能快速有效地使商品分类适应当前和新兴趋势的零售策略”。然而，随着新的快速响应（QR）技术 在 20 世纪 70 年代的美国得以发展，其开始与低成本的远东供应国进行竞争。依靠快速响应的时装公司已成为众所周知的快时尚公司，目标是让制造商能够快速补充零售商的库存的。然而，一旦产品线售出，就不再生产，这使得快时尚商品也变得短暂。事实上，它们不是为了持久而建造的，这也是造成这种短暂性的原因。

④ SIMONA SEGRE R. China and Italy: Fast Fashion versus Prêt à Porter . Towards a New Culture of Fashion[J/OL]. Fashion Theory, 2005, 9(1): 43—56. DOI:10.2752/136270405778051527.《中国和意大利：快时尚与成衣走向新的时尚文化》（*China and Italy: Fast Fashion versus Prêt à Porter. Towards a New Culture of Fashion*）的引用量高达 159 次。

| 代表学者 | 人物介绍及专业方向 | 代表书籍 / 论文 | 主要观点 |
| --- | --- | --- | --- |
| 伊莱恩 · 伊戈（Elaine Igoe） | 皇家艺术学院纺织专业博士，皇家艺术学院客座教授。担任朴次茅斯大学艺术与设计学院的研究负责人，为卓越研究框架战略和准备工作做出了贡献。曾在朴次茅斯大学、皇家艺术学院和切尔西艺术与设计学院担任博士生外部顾问，是纺织协会和设计研究协会的正式成员，是《纺织品设计研究与实践》杂志编辑顾问委员会的成员，并定期为其他领先的学术期刊和国际会议进行同行评审。 | 《纺织品设计的矩阵叙事》（*In Textasis: Matrixial Narratives of Textile Design*） | 在快时尚的快速变化中，人们不得不关注未来时尚以及未来纺织的趋势和走向。在此过程中，设计思维的形成至关重要。快时尚无论是在产品还是在策略方面，都在挑战可持续发展的概念：在新的变化的社会环境中，纺织品设计师应该秉持哪些设计观念，而未来纺织品设计的设计思维该如何形成。纺织品设计与服装版式设计不同的地方在于，纺织品设计的过程受情感、触觉、感官等影响。随着创新合作的激增，纺织品设计正变得“智能”。① |
| 路易丝 · 瓦伦丁（Louise Valentine） | 苏格兰邓迪大学的设计研究员。作为邓迪大学第一个攻读博士学位的博士生，专注于设计实践，先后获得两个兼职博士后职位（2005 年，2010 年），同时担任六个资助研究项目的负责人或联合研究员。自 2007 年起，是《原型：21 世纪的设计与工艺》（2013 年）的编辑，《设计》杂志副主编，以及《过去、现在和未来的工艺实践》（2010 年）的联合编辑。 | 《纺织品设计思维：让它变得有意义》（*Design Thinking for Textiles: Let's Make It Meaningful*） | 呼吁纺织品设计师关注：首先，在纺织品设计制作和消费者与纺织品的互动中，要充分考虑其流程的道德维度，以便做出更谨慎的决策。纺织品设计及其从业者以及纺织品设计教育者都有责任在可持续经济、纺织品从业者的福祉、智能纺织品以及健康和社会关怀中实现干预措施和创新战略；其次，纺织品设计需要继续跨学科、跨地域和跨语言公开分享（想法、知识、技能、资源和经验），思考如何通过设计思维以不同方式处理艺术、科学和技术的融合。“制造”如何支持全球挑战，如何满足还未满足的人类需求，并采取开放和共享的方式来设计未来的纺织品，以实现智能、真实的产品、服务、系统和经济。② |

① Igoe, E. (2013) In Textasis: Matrixial Narratives of Textile Design. Unpublished doctoral thesis, Royal College of Art, London, UK.

② VALENTINE L, BALLIE J, BLETCHER J, 等 . Design Thinking for Textiles: Let'sMake It Meaningful[J/OL]. The Design Journal, 2017, 20(sup1): S964—S976. DOI:10.1080/14606925.2017.1353041.

# 三、
# 相关学术机构

Mistra Future Fashion 是一项跨学科研究计划，由 Mistra 发起并主要资助，从 2011 年到 2019 年，历时 8 年，它由瑞典 RISE 研究所与 15 个研究伙伴合作主办，涉及 50 多个行业伙伴。研究重点是循环经济，以及如何使今天的线性产业转变为循环可持续产业。从系统的角度来看，其特别关注系统中元素之间的相互作用。通过跨学科的方法，该计划试图了解并继续研究时尚系统内需要改变的相关问题。该计划分为四个主题：设计、供应、用户和回收。

其中，与快时尚有关的主题是突破“‘快’与‘慢’时尚的极限——循环设计速度”（Circular Design Speeds）。这个项目是 Mistra Future Fashion 推动时尚系统革新的核心成果，旨在促进伦敦艺术大学设计研究人员与 Filippa K. 的行业洞察力之间的合作。纺织品研究人员丽贝卡 · 厄利（Rebecca Earley）教授和循环设计中心的凯特 · 戈兹沃西（Kate Goldsworthy）博士以及 Filippa K. 的可持续发展总监艾琳 · 拉尔森（Elin Larsson）密切合作并领导该项目。为了解决这一问题，他们在三个城市设计并举办了研讨会，使用第一阶段 LCA 研究的四种类型——涤纶衬衫、户外夹克、T 恤和牛仔裤。在四个月的时间里，与 56 个从业者一起创建了 24 个再设计概念。在材料、商业模式和用户思维定式的框架内进行了探索，以第一阶段的原始研究为基础，对快装和慢装发表了深刻的洞见。

表 8.6 “‘快’与‘慢’时尚的极限——循环设计速度”工作坊

| 地点 | 持续时间 | 参加人数 | 设计概念 | 按名称划分的概念 | 可实行的周期 |
| --- | --- | --- | --- | --- | --- |
| 苏格兰 | 全天 | 14 人 | 4 个“快”再设计概念 | 衬衫 | 1 周 |
| | | | | 夹克 | 1 个月 |
| | | | | T 恤 | 1 天 |
| | | | | 牛仔裤 | 6 个月 |
| | | | 4 个“慢”再设计概念 | 衬衫 | 6 年 |
| | | | | 拼图夹克 | 5 年 |
| | | | | T 恤 | 10 年 |
| | | | | 牛仔裤 | 3 年 |

| 地点 | 持续时间 | 参加人数 | 设计概念 | 按名称划分的概念 | 可实行的周期 |
| --- | --- | --- | --- | --- | --- |
| 纽约 | 半天 | 32 人 | 7 个“快”再设计概念 | 标签牛仔布牛仔裤 | 1 天 |
| | | | | 牛仔裤 | 1 天 |
| | | | | 多用途多气候旅游外套 | 1 个月 |
| | | | | 节日可逆 T 恤 | 1 个月 |
| | | | | 制作服装 | 1 周 |
| | | | | Art T 恤 | 1 周 |
| | | | | 儿童夹克 | 1 年 |
| | | | 7 个“慢”再设计概念 | 巴塔哥尼亚夹克 | 100 年 |
| | | | | 制作服装 | 25 年 |
| | | | | 生物技术 T 恤 | 100 年 |
| | | | | 男士牛仔裤 | 136 年 |
| 瑞典 | 90 分钟 | 10 人 | 1 个“快”再设计概念 | 长衫、长袍 | 1 年 |
| | | | 1 个“慢”再设计概念 | 长衫、长袍 | 10 年 |

Mistra 发布了未来时尚最终方案报告。这一份展望报告源自近些年旨在实现时尚系统性变革的研究，Mistra Future Fashion 研究项目一直以报告、会议文稿、学术出版物和博士论文的书面形式为大家提供研究资料，所有这些都可以在网站上阅读。此外，研究团队还参与并安排了会议、研讨会、展览，参与了各种倡议的专家组和小组讨论。此外，还开发了新材料、工具和原型，并与行业合作伙伴一起实施了新概念。①

① http://mistrafuturefashion.com/.

# 四、相关成果

柏林国家博物馆——欧洲文化博物馆（The Museum Europäischer Kulturen, Staatliche Museen zu Berlin）举办了展览“快时尚——服装行业的阴暗面”（2019年9月27日—2020年8月2日），由汉堡艺术与珠宝博物馆（Museum für Kunst und Gewerbe Hamburg）策划，以批判的眼光审视当今全球服装行业的问题。

图 8.2.1 “快时尚——服装行业的阴暗面”展览现场

图 8.2.2 “快时尚——服装行业的阴暗面”展览现场

该展览探讨了在高度工业化和全球化的体系中生产及工人发生了什么变化，以及对自然环境产生了什么影响。生产一件棉质T恤需要2700多升水。这些T恤均用化学物质染色，这些化学物质最终会破坏河流和湖泊的生态系统。生活在孟加拉国等国家的人们要遭受持续的环境污染和地下水污染。在这些国家，女性大多在服装行业以做女裁缝谋生，现在越来越多的消费者认为女性在工作条件和工资方面受到了不公平对待。展览的快时尚部分解释了全球快时尚产业如何运作，以及生产者和消费者如何相互联系。随着对快时尚行业危害意识的提高，人们越来越关注“公平时尚”这一议题。

# 五、
# 相关议题

由快时尚启发的慢时尚也逐渐受到人们的关注，很多艺术家开始关注到快时尚背后所引发的环境污染和资源浪费等问题。而与之相关聚焦于可持续性与公平的慢时尚开始走进大众视野。如鲁特 · 梅伯格（Rut Meyburg）使用被废弃的沙发上的再生皮革设计出精美的皮包便是此例。

图 8.2.3 设计师鲁特· 梅伯格（Rut Meyburg）利用可回收材质设计的皮包

维雷纳 · 保罗 – 本茨（Verena Paul-Benz） 创建的品牌 Lovjoi 在阿尔卑斯山和葡萄牙北部以公平安全的方式生产服装和内衣。克里斯蒂纳 · 威尔（Christiana Wille）在柏林创立了她的公司 Loveco，她在那里销售环保和纯素时装，不使用任何动物成分的材料和面料。阿尔夫 – 托比亚斯 · 扎恩（Alf-Tobias Zahn）在他的博客 Grossartig 中倡导有意识的时尚消费，越来越多地影响着消费者选择绿色时尚与公平时尚，通过社交媒体渠道发布。珍娜 · 斯坦（Jenna Stein）组织了周期性的柏林换衣活动，在这里人们可以自由地与他人交换衣服。

# 六、学科交叉与知识重构

表 8.7 快时尚相关知识结构构成

| 方向 | 时尚设计知识领域 | 其他设计领域 | 交叉学科（议题） |
| --- | --- | --- | --- |
| 时尚理论与理念 | 快时尚、慢时尚、公平时尚 | | 人权意识、劳工制度、人力剥削 |
| 设计管理 | 设计管理、设计策略 | 品牌设计 | 管理学 |
| 市场与消费 | 时尚消费、时尚品牌 | 有计划废止制度 | 消费心理与行为、市场营销、品牌策划、生产链与供应关系、快速反应 |
| 设计理论与环境保护 | 可持续性时尚 | 绿色设计、环保设计、可持续设计 | 伦理学、环境保护、材料学（有机材料） |

# 七、相关专业与课程

以“有关服装、纺织等时尚领域研究”发文量排名机构第一的伦敦艺术大学为例：

表 8.8 伦敦艺术大学的时尚课程规划

| 专业方向 | 专业课程 | 交叉课程 |
| --- | --- | --- |
| 时尚业务 | 时尚管理、时尚营销战略、时尚创业与创新、全球时尚零售、时尚营销与可持续发展 | 信息学时尚分析与预测、时尚应用心理学、采购与销售 |
| 时尚传播 | 时尚策展与文化规划、时尚文化与历史、时尚传播：时尚形象 | 时尚媒体与传播、时装摄影、时尚电影与新媒体制作、时尚新闻 |
| 时尚设计 | 未来时尚、男装时尚、创新时装制作、时装设计技术（男装与女装）、图案与创新裁剪、时尚纺织品技术 | |
| 纺织品与材料 | 未来材料、纺织设计、再生设计、全球协同设计实践、时尚纺织品技术 | 生物信息化设计 |

# 八、总结

快时尚这一热词近年来在时尚领域的关注度逐渐上升，科技的发展导致生活方式的转变，消费主义下的物欲不断膨胀，而购物的唾手可得导致人们的消费心理和对待时尚的态度也在逐步发生变化。前文分别从“营销策略与消费者心理”“可持续设计和设计伦理”“服装设计文化与设计思维、设计教育”三个角度建立起与快时尚的关系。设计是一种可以改变行为和消费模式的创造性活动，所以在面对快时尚被曝光的不足和缺陷时，设计师有责任去关注和倡导一种健康的设计原则。国外的学者已经着手研究和改善时尚产业中的环境保护问题与底层劳工薪酬问题。而国内对于快时尚的问题还没有进行深入的以及跨学科性的研究，在设计类院校的课程设置中也没有对时尚专业进行有关交叉学科的统筹性安排，建议可参考国外院校的课程专业设置的知识结构交叉特性进行适应性改变。

# 8-3 参与式设计

## 一、定义与历史背景

参与式设计是一种尝试让所有利益相关者（例如员工、合作伙伴、客户、公民、最终用户）共同参与设计过程、共同成为决策者的方法论。这是一种以价值为导向的设计方法，其所具有的民主性和协作式特征更有利于为集体创造更好的未来。①

参与式设计起源于 1970 年斯堪的纳维亚（Scandinavia）的“合作式设计”（Cooperative Design）。早期的参与式设计以基于员工的日常工作为设计视角的方法，赋予员工“共同决策”的权利。当这一方法被引入美国后，由于员工与管理者并未形成直接的合作模式，而是各自形成小组单独参与整个设计过程，因此改为“参与式设计”（Participatory Design）。1990 年，在西雅图召开的第一次参与式设计大会（Participatory Design Conference, PDC）成功地吸引了众多设计界优秀大师与相关从业者参与，以此为基础，大量的参与式设计理论应运而生。而在 2002 年的参与式设计大会中，与会者深入探讨了设计研究的相关疑问，如设计师在设计过程中该怎么开始、什么是目标、应运用怎样的方式和该怎么结束等。后在 2004—2014 年间，每两年召开一次会议，探讨参与式设计在不同社会背景下的发展模式。至今，参与式设计已在教育学、建筑学、社会学、计算机等领域被广泛应用。

① “Participatory design.” Wikipedia, Wikimedia Foundation, 13 August 2023,https://en.wikipedia.org/wiki/Participatory_design.

| 1970年 | 1981—1984年 | 1990年 | 2002年 | 2004—2014年 |
| --- | --- | --- | --- | --- |
| 斯堪的纳维亚工会运动 | 北欧联盟图形研究项目 | 第一次参与式设计大会 | 参与式设计大会 | 每两年举办一次参与式设计大会 |
| 主要问题：新技术的出现与工人的工作权力 | 主要问题：提高技术工作者的民主参与度 | 主要问题：探讨其他领域参与式设计如何运用 | 主要问题：深入探讨参与式设计研究的相关疑问 | 主要问题：探讨参与式设计在不同社会背景下的发展模式 |

图 8.3.1 参与式设计大会发展历程

协同设计（Collaborative Design）与参与式设计方法类似，但它更多地注重在设计研究和创新过程中跨领域与跨学科研究者的贡献，以及对新的设计方式的观察和创造。这一方法通常作为新产品开发和新业务开创的关键因素，有助于降低产品开发成本、开发新技术和新市场。而参与式设计旨在让设计的终端用户参与决策，促进用户对产品的后续可用性和帮助最终结果的改进（这些用户通常是在设计决策过程中容易被忽视的、处于弱势地位的人）。总体来说，参与式设计和协同设计的设计方法的主要特征为：以内容为导向、由不同层级的设计人员协作，并提出一个可迭代的方法。

在传统的设计过程中，研究者通常在用户和设计者之间充当翻译的角色，而在参与式设计和协同设计中，研究者承担着促进者的角色，原来被看作仅仅是受益于设计结果的终端用户也可以成为某一领域的“专家”，并基于自身的经验为设计过程提供想法、概念，这些都有助于创新性想法的产生。所以研究者的重点就变成，如何为不同层级的参与研究的人提供经验、知识、平台等资源，以此促进设计过程更好地进行。

## 二、<br>相关领域与文献综述

目前针对参与式设计的应用主要有两个层面：一种是在合作式设计实践中的参与式方法的使用；另一种是通过这一方法完善对设计领域的研究。面对社会近些年的变化，针对复杂的设计对象的研究策略也在发展，所以这种更广泛的合作式设计过程本身，以及在协同设计中来自不同背景的参与的研究者为研究所带来的创新性也成为设计研究的一部分。

## 1.
## 设计对象与公共领域

参与式设计与协同设计始终强调人与世界的关系。在参与式设计发展早期（20世纪70年代后期），研究人员着重解决劳动关系中的民主性问题，比如如何为工人提供更好的工作环境和条件。在过去十年中，参与式设计作为更好地联系用户和公共议题的一种方式，在整个行业和公共行政部门变得流行起来。互联网和社交媒体的发展促使了“参与式文化”的盛行，[①]生产、消费和用户之间的界限变得模糊，导致了“生产者”（Producer）和“产消者”（Prosumer）等新词的诞生，以及对用户的新叙事方式。“参与”通常是设计研究、服务和产品开发的一个组成部分，目前逐渐形成了将设计思维从参与式设计到协同设计、共同创造和合作设计以跨行业和跨领域的方式被广泛应用。但近些年的关注点逐渐转向利益者之间的伦理问题和与工作之间的关系。2007年，卡罗尔（Carroll）、罗森（Rosson）、迪萨尔沃（Disalvo）、丁德勒（Dindler）和艾弗森（Iversen）在论文中阐述了专业和个人关系的作用，以及强大的社交网络对保障设计流程顺利进行的重要性。2008年，博德克（Bødker）和金（Kyng）发现参与式设计项目的范围逐渐由对“大问题”转向对“小问题”的关注。前期由于参与式设计的范围不断扩大，不断引入新的语境，讨论的问题范围也在扩大，导致对去解决一些具体问题的相关性逐渐减弱。但实际目标人群可能更关心的是与自身密切相关的产品和解决他们生活问题的技术方案等，如建立全球范围内削弱劳动不平等的参与式平台等。这一问题也在《协同设计》（CoDesign）的两期特刊和2018年的参与式设计大会中都被提出来过。目前的项目已经逐渐与更广泛的议题关联起来。但这些学者希望在未来的设计工作中解决一些“小问题”时能够不脱离大的学科历史背景，如可以在工作组织架构、社区机构或气候变化等层面上应对挑战，并且明确设计的愿景。

## 2.
## 核心价值与愿景

大部分参与式设计的相关文献都是将研究者与用户之间的参与形式和情景进行了叙述，这些作者对参与式方法在不同背景下的核心价值进行了反思和批判，并致力于推动当代社会的参与式设计新边界，同时为普通的利益相关者争取更多的民主性和共同创造的机会。在一些学者的观点和实践中，他们会在设定设计愿景时着眼于构建伦理关系，以关怀的视角去解决一些社会问题。设计师如何在设计研究过程中体现道德性以及如何评判，这和与设计师相关联的人群有很大的关系，这一问题也会增加将设计愿景付诸实践的复杂性。也有学者认为在研究过程中选择与谁合作至关重要，他们更倾向于将已经存在并活跃在目标环境里的人群作为重要的参与者。2020年，海布莱希茨（Huybrechts）探讨了参与式设计和协同设计的政治化问题，他认为在最初设定设计愿景时应考虑如何将它政治化，因为两者之间有很强的相关性，而且在如何表达设计，将其具体化或进行设计交流和审议的过程中，研究人员也可以更好地根据设计目标进行定位，更好地与研究领域构建关系，促进变革。

---

① Jenkins, H. 2006. Convergence Culture: Where Old and New Media Collide. New York: New York University Press.

在进行研究的过程中，设计师需要逐渐建立起对事物微观、中观和宏观的观察思维，首先需要考量学科发展与目标问题所处的历史背景之间的关系，其次需要建立一个超越当下情景的关联性。参与式设计的愿景就是通过不断处理复杂的关系、社会问题来进行破坏和重建。①

## 3. 技术应用与创新

参与式设计早在人机交互领域有较为广泛的应用，因为这与软件研发人员所使用的极限编程（Extreme Programming）方法与有很大的相似性。芬 · 肯辛（Finn Kensing）和珍妮特 · 布隆伯格（Jeanette Blomberg）通过对参与式设计和计算机协同工作（CSCW）文献的回顾，总结出参与式设计研究者重点关注的三个问题：设计的政治性、参与的本质和参与的方法、工具和技术。在进行参与式研究的会议研讨过程中，通常需要多方参与者同时加入，如内部研发团队、最终用户等。会议可以在真实的物理空间或虚拟的空间中进行，也可以两者混合。当不同类型的协同设计参与者之间的专业背景和设计专业水平存在差异时，可能会导致沟通障碍和误解，设计者准备设计汇报的时间和成本、设计模型的保真度等问题都是协同设计过程中重要的挑战。目前人机交互和网络技术已经较为广泛地被应用于设计协作的场景中来构建一些新的功能：互操作性、虚拟化、决策制定和知识共享等。一些研究人员通过基于 Web 的协作应用程序来改善设计团队之间的沟通、信息共享、合作和谈判等。例如会用到 X-reality 技术，包括虚拟现实（VR）、增强现实（AR）和空间增强现实（SAR）等，新的功能会有助于克服参与者在创建和进行设计沟通时面临的一些障碍，影响设计表达的效率和成本的关键因素就是保真度（传达细节的程度）和工艺的专业度，虚拟现实相关的技术可以在进行传达时更好地满足预期效果。埃尔－迪拉比（El-Diraby）等人开发的一款用于建筑行业的在线系统Green2.0可以与利益相关者和用户共享设计方案中的观点和信息。约束满意度问题平台（CSP）通过整合产品设计中的供应链约束性问题，可以帮助设计管理者更好地做决策分散，方便项目管理。

自从近些年参与式设计逐渐体系化以来，这一领域的学者们更加坚信设计可以是一种具有实践性、社会性和政治性的学科。他们致力于实现设计过程的民主化、开放性、广泛的可参与性、严格的审议方式，同时提供可迭代的技术和方法，且不局限于现代叙事方式与学术理论的“普适性”的解决方案。

① Huybrechts, L., Teli, M., Zuljevic, M., & Bettega, M. (2020). Visions that change. Articulating the politics of participatory design. CoDesign, 16(1), 3—16.

# 三、相关成果

“参与式设计”一词最早由迈克尔·J. 穆勒（Michael J. Muller）和莎拉·库恩（Sarah Kuhn）于 1993 年提出，“参与式创新”由布尔·雅各布（Buur Jacob）和马修斯·本（Matthews Ben）在 2008 年提出。他们分别为这一领域的实践者和研究者。穆勒曾提出过“通过视频探索实现协作技术界面的方法”(PICTIVE approach)，这是一种增强用户参与度的试验性参与式设计技术，主要是将低技术含量目标（非计算机的系统功能展示）和更高技术含量的视频记录技术相结合，来确保所有参与者都有平等的机会来表达自己的想法。

情景，需要设计师依据情景开发特定的方法和工具。就如西蒙森（Simonsen）所说的：“参与式设计的定义不是严格的公式或规则，而是对参与设计核心理念的承诺。”[①]琼·格林鲍姆（Joan Greenbaum）和达莉亚·雷（Daria Loi）总结出了参与式设计理论自诞生以来的 6 个核心要点，同时也是主要的研究方向：平衡权力关系（Equalising power relations）、基于情景行动（Situation-based actions）、相互学习（Mutual learning）、工具和技术（Tools and technology）、关于技术的不同观点（Alternative visions about technology）和民主实践（Democratic practices）。[②]

琼·格林鲍姆（Joan Greenbaum）在《工作中的设计：计算机系统的协同设计》（Design at Work: Cooperative Design of Computer Systems）中，为计算机系统开发人员在项目初期与用户合作的方面以及技术的方式上提供了新视角和具体建议；苏珊·博德克（Susanne Bødker）的《参与式设计》（Participatory Design）主要面向人机交互（HCI）领域的研究人员和学生，结合历史案例、方法论详细介绍了参与式设计方法在实践过程中的思考与经验；道格拉斯·舒勒（Douglas Schuler）和波冈亚纪（Aki Namioka）共同编写的《参与式设计：原则与实践》（Participatory Design: Principles and Practices）记录了一个由参与式系统设计领域的学者和实践者组成的团队的发展历程，书中融合了最初的欧洲理论和独特的美国方法论以及其他新颖的理论作为实践的基础。另外，彼得·奥（Pelle Ehn）参与编著了《工作导向的计算机产品设计》（Work-Oriented Design of Computer Artifacts）、《设计事物》（Design Things）、《制造未来》（Making futures），苏奇曼（Suchman）出版了《参与式情景行为的探讨》（Discussion of Situated Action of Participation）。

① SIMONSEN J, ROBERTSON T (Eds.), Routledge International Handbook of Participatory Design[M]. New York: Routledge, 2013.

② GREENBAUM J, LOI D. Participation, the Camel and the Elephant of Design: an Introduction[J]. CoDesign, 2012, 8(2—3): 81—85.

# 四、相关学术机构

每两年举办一次的参与式设计大会是于 1990 年在美国西雅图首次创立的，目前是该领域在国际上最有影响力的研究会议，旨在聚焦对技术、空间、工艺产品和服务等研究领域的协同设计、开发、实践和服务模式的探讨。由于参与式设计的广泛性，大会邀请了多个领域的专家学者共同参与，涉及领域包括但不限于人机交互（HCI）、计算机支持的协同工作（CSCW）、计算机支持的协作学习（CSCL）、信息和通信技术促进发展（ICT4D）、科学技术与社会（STS）、社会和社区信息学、发展研究、媒体研究、人类学、社会学、设计、建筑、空间规划和艺术，等等。该组织成立初期，信息通信技术（Information and Communication Technology, ICT）领域就受到了广泛的关注，因为建立一个多重利益相关者见面、交流、学习的平台需要不断地开发新技术和新的互动模式，所以促进终端用户的参与度和对信息通信技术的探索成为参与式设计的核心目标。

其他同类型的会议还有斯堪的纳维亚信息系统研究（IRIS 会议）、由国际信息处理联合会（IFIP）赞助的一系列参与式设计会议等。相关的机构有“对公共空间的项目”（Project for Public Spaces），这是一个位于美国纽约的公益性的国际组织，旨在为城市公共空间的营造者创建一个多方利益相关者参与的协同设计平台。

在这一领域较有影响力的期刊是由泰勒（Taylor）和弗朗西斯（Francis）创办的《协同设计》（CoDesign），现已被剑桥科学文摘、EBSCO 数据库、人体工程学文摘、A&HCI 等数据库收录。主要发表协同设计、参与式设计理论、技术和工具、计算机支持的协同设计（CSCD）系统研究、以计算机为媒介的系统设计沟通和处理设计问题（如可持续性）、设计项目管理等方面的议题。

# 五、
# 相关专业课程

## 1.
## 专业课程

表 8.9　国际院校参与式设计相关专业课程设置

| 课程名称 | 学校名称 | 面向专业 | 课程内容 | 课程要求与目标 |
| --- | --- | --- | --- | --- |
| 参与式规划（Participatory Planning） | 阿尔托大学 | 工程学院建筑环境专业 | 通过引导学生学习参与式方法在面对多学科复杂性问题时的规划重点，系统性地探讨参与式方法是如何促进这些议题发展的。 | 了解参与式规划的重点和面对不同问题的技术以及设计方法。 |
| 协同设计创新（Co-Designing Innovation） | 皇家艺术学院 | 短期课程 | 结合社会研究、手工制作、讲座和游戏训练等形式，通过与设计项目的利益相关者合作，学习如何在团队中组织、协调设计研讨会，培养协作文化与思维。 | 学习利用协作的力量与团队成员、利益相关者和最终用户一起开发设计解决方案，通过不断优化设计以改造自己的团队组织。 |
| 让参与注入设计（Making Parti-cipation Relevant to Design） | 哈佛大学 | 设计研究生学院 | 将技术技能和知识生产与实际社会经验结合起来，通过让不同参与者加入，为社会变革过程赋予新的权利形式。 | 面向城市规划与景观设计的研究生，重在培养学生通过与不同利益相关者的沟通来提高设计工作的质量和标准，并重点结合数字技术创新手段获得潜在信息与创造的可能性。 |
| 参与式技术设计（Participatory Design of Technology） | 德国布伦瑞克工业大学（Braunschweig University of Technology） | 工程与人文社科 | 从经济、生态和社会层面探讨在产品和技术开发中的参与性可持续设计方法。 | 培养学生用参与式方法，以用户导向的思维进行产品创新设计。 |
| 参与式设计（Participatory Design） | 挪威科技大学（Norwegian University of Science and Technology） | 交互设计<br>计算机科学技术 | 参与式设计的政治、社会伦理背景和发展状况；隐性知识、工具视角、用户授权等关键概念；利益相关者分析；协同设计技术（画像、场景、服务蓝图、原型制作等）。 | 要求学生对人机交互相关知识有一定的基础，并在过程中培养学生利用参与式设计的结果进行定性分析。 |
| 包容性与参与式设计（Inclusive and Participatory Design） | 斯威本大学（Swinburne University） | 建筑与城市规划硕士 | 对以用户为中心的设计、参与式设计和协同设计的理论和应用进行批判性的分析；开展包容性的活动，为设计师的技能和用户的需求在特殊条件下相结合提供可能性；探索如何将用户观点纳入设计流程的设计策略。 | 以用户为中心、结合参与式设计和协同设计方法论和创新技术的综合教学，培养学生对通信、环境、产品和服务的设计流程有更全面的了解。 |

## 2. 实验室与工作坊

参与式体系化倡议（Participatory Systems Initiative）是荷兰代尔夫特理工大学工程系统基础专业的教授弗朗西斯·布拉齐尔（Frances Brazier）创立的，目的是鼓励个人、团体和组织能够在不断变化的社会环境中广泛参与并承担责任。基于系统性的视角和跨学科的基础，主要利用以价值导向设计、多主体系统建模与仿真、参与式建模、人工智能、游戏与仿真、情感计算、分布式计算和艺术设计等为研究方法。目前所涉猎的专业领域包括能源系统、供需网络、农业产业链、自然灾害管理、公民参与、健康管理及其他复杂的多参与者系统。其中，一些专业领域也会与代尔夫特理工大学目前所设置的专业课程相结合，如复杂系统设计与工程、参与式系统设计、系统建模、网络系统设计等。

参与式设计与实证研究（Paticipatory Design and Empirical Studies）是米兰理工大学于 2019 年开设的为期一个月的工作坊，主要以以用户为中心的设计理念为基础和评估标准，侧重于结合参与式设计相关的方法和技术，指导学生通过收集利益相关者或相关用户的行为和意愿的数据来评估产品的可用性、有效性和潜力空间。

## 3. 参与式设计的教学设置

参与式设计最近几年也引起了教育领域的关注。贝特西·迪萨尔沃（Betsy DiSalvo）等人的《参与式教学设计》（*Participatory Design for Learning*）一书建议将参与式设计作为一种待开发的资源，通过教育利益相关者介入来改进教学过程中的创新性和实践性等。当参与式设计和协同设计应用在教育情景中，它们通常作为一门课程或是针对课程设置本身进行研究，是由学生和教育工作者合作共创的长期性项目。

针对课程本身的设置主要在一些研究型大学中进行。当前大部分学校的教学方式还是从专家学者到学生的传授式教学，但是这种传统的教学方式可能会导致的结果是学生在离开学校后还是缺乏对所学专业本身的概念性的理解，较难将所学知识与实际项目的运用相结合。目前已经有一些大学做出了变革，如西雅图华盛顿大学艺术与人文学院会每年举办由学校教员组成的夏季研讨会，通过聘请来自不同学科的教师组成研究团队，共同创建一个跨学科的学术框架，并筛选出 20 名选定的本科生撰写个人学术论文或创意作品，学生可以获得相应的学分和奖学金，同时也为不同部门的教师和跨学科的学生提供交流和合作的机会。北卡罗来纳大学教堂小区的研究生顾问计划最开始由两名教职工成立，致力于探讨如何通过变革传统的教学课程来为学生提供学术研究的机会，他们将课程和作业作为一个研究项目，高年级的研究生可以以顾问的形式加入课程，与教师和学生共同探讨、计划和实施研究项目（自 2003 年该计划启动以来，已有超过 2000 名学生在 56 门课程中开展了研究项目）。随着项目的扩展，越来越多的研究生顾问（GRC）也被邀请到其他学科参与项目。这两个项目的共同点都是在多方讨论的基础上进一步探讨提升的方法。这一教学方式的预期在于：鼓励本课程参与学术研究；为教学改革提供新的途径；鼓励教师和研究生相互合作，研究生更多的是被视为同事而不是助手。对于学生来说，他们将有更多的机会去学习和应用一门学科，学会提出问题、调研问题。

# 六、总结

面对当下社会复杂多变的环境，设计学科正在发生根本性的变化，设计研究的对象逐渐从有形的物体到服务，再到一种系统思维。对于设计师来说，与创造力和技术创新相关的技能变得越来越重要，靠单一的学科知识已经不能解决越来越复杂的社会问题。无论是参与式设计还是协同设计，都不局限于某一个具体的领域，它们可能涵盖人机交互（HCI）、科学技术研究（STS）、社会和社区信息学、发展研究、媒体研究、人类学、社会学、设计、建筑、空间规划和艺术等多领域。所以，无论是参与式设计还是协同设计，作为一种设计方法论，都可以广泛地应用在任何领域，根据设计对象的不同与社会背景的差异，对方法论的改进也成为设计研究创新的一部分。通过发现并解决定义不明确的问题来创造新的解决方案、产品或者服务。

综合来说，参与式设计的主要原则是民主和参与，同时也是塑造整个设计流程的重要方法论，这促使了：（1）与最终用户进行真正的接触；（2）创建一个共创空间，在该空间中设计师的观念得以深入表达并在产品或服务中具体化。由此可以推导出参与式设计的设计过程与其结果同样重要。通过促进多方相关者真正地参与，吸收整合参与者的经验、技能、需求和价值观，将设计过程转化为一个可设想的或预期技术可以替代的愿景。在设计过程中，参与者还可以实现其他目标，例如相互学习、反思和技能获取等，尽管这些目标的价值与最终结果没有直接关系，但参与式设计还有一个指导原则，即防止设计过程成为一个用于引导用户产出最终结果的纯粹的工具。参与式设计的"快速抓取需求""提升用户体验"主张使得其在许多商业项目中大获成功，表明参与式设计本身确有在商业环境下增加收益的能力，同时商业环境也有可能作为参与式设计达成改善社会的助力。

# 8-4 虚构设计

## 一、定义与历史背景

### 1. 定义

近些年，虚构设计（Design Fiction）已经成为设计学科中的一个新兴领域，[①]可以被理解为一种设计方法和工具，是基于建立一个即将到来的未来世界来探索当今新兴技术为未来复杂的世界可能产生的影响和可能性。[②]设计师通过创造一个有形的物品引导观众进入预先设定的叙事和虚构场景中进行感知与思考。虚构设计介于科学技术和思辨设计之间，媒介不限，多以小说、漫画、电影等形式表达。目前对设计领域的研究重点不局限于关注对世界万物的诠释，而是更多地关注未来世界的可能性，这一点与工程学领域有很大的共性。与此同时，越来越多的人开始专注于以一些建设性和创造性的技术实验进行更科学的研究。[③]

### 2. 历史背景

"虚构设计"一词由布鲁斯·斯特林（Bruce Sterling）在 2005 年首次提出，其概念与"科幻"（Science Fiction）近似。艺术家与技术专家朱利安·布利克（Julian Bleecker）在他 2009 年发表的论文中进一步确立了这一概念。他认为虚构设计是设计、科学和科幻的结合。斯特林对这一术语的定义是"有目的地使用'叙事原型'（Diegetic Prototype）来呈现对未来变化的设想"（在电影领域，"叙事"[diegetic]

---

① Bleecker, J. (2009). Design Fiction. A short essay on design, science, fact and fiction. Retrieved September 17, 2015.

② Tiberio, A., & Imbesi, L. (2017). : Blackbox: A Design Fiction Research Project. The Design Journal, 20(sup1), S3707—S3712.

③ Knorr Cetina, K. (1999). Epistemic cultures : how the sciences make knowledge. Cambridge, MA : Harvard University Press.

主要被用来描述电影角色和观众都能听到的一种声音）。使用术语叙事原型而不是“原型”的原因是叙事一词解释了受众通过理解虚构情景中的这些设计并与之产生关联。叙事原型主要从日常生活的微弱信号中汲取灵感，对周围事物的用途、规范、道德或价值观等提出质疑和批判。例如用新技术的创新或新的文化趋势，并使用外推法来构建颠覆性的社会愿景。叙事原型能够更好地帮助创作常规原型无法创建的故事。虚构设计是思辨设计（Speculative Design）的一部分，由批判性设计（Critical Design）衍生而出。批判性设计这个词首次出现在安东尼 · 邓恩（Anthony Dunne）的《赫兹故事》（Hertzian Tales）（1999 年）中，并在《黑色设计：电子物品的秘密》（Design Noir: The Secret Life of Electronic Objects）（2001 年）中得到进一步发展。邓恩认为批判性设计主要利用思辨设计的方法来挑战一些狭隘的假设论题和批判已经在人们日常生活中产生先入为主的印象的产品。虚构设计和批判性设计都是面向未来的学科，目的不仅仅是创造一个产品，而更多的是基于未来的可能性展开设想。批判性设计最基本的就是不理所当然地接受任何事物，而是在深入了解的基础上敢于提出质疑。因此，它也是一种社会性的研究方式。

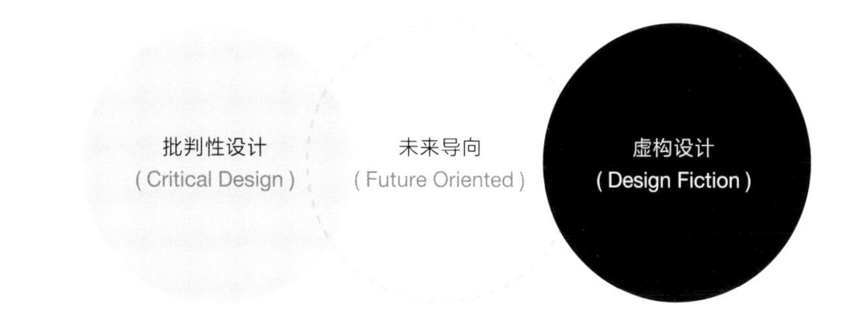


图 8.4.1 阿方索 · 蒂贝里奥和洛伦佐 · 因贝西（2017）：黑盒子：虚构设计研究项目

与批判性设计近似的概念曾以多种形式存在。20 世纪 70 年代意大利的激进设计，即具有高度批判性。在这个全球变革的时代，艺术家和设计师感到世界已经不需要新的建筑和设计，因此产生了像设计工作室（Superstudio）创作的“连续纪念碑”（Continuous Monument）项目：设想一个可以跨越全世界的延续性建筑是如何在地球上建立新的宇宙秩序的。另外，如沃尔特 · 皮克勒（Walter Pichler）于 1967 年设计的“电视头盔”（便携客厅）：通过头戴一个潜艇式的头盔，可以使人沉浸在一个未来主义的环境里。这其实就是 VR 眼镜的前身，甚至早于“虚拟世界”这一概念。因此，虚构设计和批判性设计的主要目的就是通过创造一个“会讲故事的产品”来激发人们的思考和引起讨论。

# 二、相关领域与文献综述

## 1. 人机交互（HCI）

虚构设计近期在人机交互（HCI）和设计研究中受到很多关注。[①]人机交互源自工程、科学和技术，目前是一个多学科的交叉研究领域，并重点关注利用技术创新提升人与机器之间的交互体验。虚构设计是通过设计的层面对人机交互进行表达与解决问题的一种方式。随着人们日常生活中出现越来越多的智能产品，这一现象也开启了设计师和学者对新兴技术影响下的未来生活的推测与思辨的研究，虚构设计的出现也正是对这一现象的回应。巴泽尔（Bardzell）等人指出这种形式不是让未来成果更加商业化，而是利用技术解决可能产生的潜在问题。学者胡德（Houde）和梅尔（Memmel）等人认为虚构设计中的原型是人机交互研究领域中的一个重要工具，它可以使研究人员、设计师和整个团队在项目概念阶段更好地理解，并与之互动。目前很多文献都对虚构设计在人机交互领域的应用进行了阐述。很多人机交互的研究人员把目标转向了面向未来的科幻媒介和信息技术，比如手势交互界面等，以及在提升未来医疗健康领域关于技术和服务的合理性与接受度方面有很大的发挥空间。一些研究人员借用科幻电影来帮助人们更好地接受一些未来可能性的设想。通过在设计的产品或服务中嵌入技术，比如一个糖尿病患者通过在手腕上佩戴一种新型设备，可以检测他的睡眠模式、运动量等健康数据，从而在某种程度上改善受测者的身体状况。同时也可以为身体残疾、痴呆症患者或其他无行为能力的人提供更好的服务。虚构设计可以为人机交互呈现出更多新颖的表现形式，但是相关方法论的研究目前还比较欠缺。另外在教育领域，学者阿蒙·拉普（Amon Rapp）根据在学术教育背景下应用虚构设计方法的多年经验，证明了其在技术设计和人机交互等领域的适用性的同时提出了一系列方法论，可以用于激发学生在研究过程中对作品与设计师角色本身的批判性思维。

## 2. 思辨设计与批判性设计

在邓恩的书《思辨一切：设计、虚构与社会梦想》（Speculative Everything: Design, Fiction and Social Dreaming）中阐述了虚构设计作为思辨设计和批判性设计的延伸领域，通常被用作讨论新产品和新技术对社会影响的催化剂。批判性设计可以被理解为思辨设计的应用，同时采取非常特殊的论证立场。也有学者将其称为“批判性思辨设计（CSD）”，同时与话语性设计（Discursive Design）、探索设计（Design Probes）的设计概念有很多重叠，都是更加强调将设计作为研究的一种方式，只是在具体的研究动机和应用情景上略有差异。但它们的共同点都突破了商业层面的常规设计准则，利用虚构设计的原型呈现核心需求、未来可替代的产品和系统。[②]思辨设计更加强调技术对未来社会影响的想象与可能性推演；

---

① Rapp A., Design fictions for learning: A method for supporting students in reflecting on technology in Human-Computer Interaction courses, Computers & Education (2019) .

② James Auger (2013) Speculative design: crafting the speculation, Digital Creativity, 24:1, 11—35.

批判性设计更强调在设计和研究过程中对社会性影响的反思性思维的建立；话语性设计和探索设计侧重于产品和设计过程中因不同价值观碰撞所引发的讨论、反思。思辨设计中“思辨”一词从词源上看具有很强的逻辑指向性，一些经典的“未来愿景”，如喷气背包和飞行汽车，都是一些以技术为中心的疯狂设想，而不是基于遵循现实生活中逻辑规则的产品，思辨设计则在承认这些事实规则的基础上，通过与一些科学家共同合作，将推测的可能性进一步精细化。皇家艺术学院的詹姆斯·奥格（James Auger）认为思辨设计项目成功的关键因素之一就是对推测对象的谨慎思考，如果与现实偏离太远，受众就会缺少参与性和关联性，所以思辨设计需要在受众对世界的感知与虚构的概念性元素之间架起一座桥梁。[①]

## 3. 服务创新

面对复杂的社会问题，需要从综合性和探索性的角度进行研究，使社会向包容性社会转型。在过去的十年中，虚构设计作为探索未来和处理社会问题的重要方法，显示出巨大的潜力。服务创新现在已经被看作是优化组织机构的关键性技能。目前社会创新、服务设计在概念构建的过程中会使用服务蓝图或用户旅程图等方式，虽然更倾向于分析性和层次性，但这些较为抽象、静态。代尔夫特理工大学的格特·帕斯曼（Gert Pasman）认为虚构设计可以在服务设计的可视化、构建潜在的服务场景上有很多的可能性。由于服务设计固有的叙事结构、现实层面和情境性，虚构设计可以基于新兴技术为服务设计师提供一种可能于未来实现的新型服务。服务设计师可以通过设计虚构的叙事原型创造一个更令人信服的未来场景。作为发起一个建设性的议题和协调利益相关者的重要手段，虚构设计在项目的早期沟通和协作中是至关重要的。通过格特·帕斯曼在教育环境中的尝试，或许证明虚构设计可以成为服务设计师工具包的一个有价值的补充。[②]

---

① Auger, J. (2013). Speculative design: crafting the speculation. Digital Creativity, 24(1), 11—35.

② Pasman, G. (2016, May). Design fiction as a service design approach. In Service Design Geographies. Proceedings of the ServDes. 2016 Conference (No. 125, pp. 511—515).

# 相关成果

表 8.10　虚构设计代表性学者及其研究成果

| 代表学者 | 人物背景 | 代表成果 | 研究领域 |
| --- | --- | --- | --- |
| 布鲁斯 · 斯特林（Bruce Sterling） | 虚构设计的提出者，同时也是一名美国科幻作家，赛博朋克创作者和全能的未来主义者。欧洲研究生院新媒体与科幻专业教授 | 书籍：《塑造事物》（Shaping Things）（斯特林在本书中创造了“虚构设计”一词，指一种专注于世界构建的思辨设计）、《黑天鹅》（The Black Swan）等。项目：“死去的媒介”（The Dead Media Project）（对已逝媒介产品的调研笔记 [http://www.deadmedia.org]）、绿色设计运动（The Viridian Design Movement）（项目致力于高科技、时尚和生态化的绿色设计项目 [http://www.viridiandesign.org]）等。 | 其作品多基于对未来生活的设想，质疑未来将如何塑造我们对自我、时间和空间的概念。 |
| 朱利安 · 布利克（Julian Bleecker） | 工程师、未来产品设计师、学者；未来实验室（Near Future Laboratory）和产品设计公司 OMATA 创始人。博士毕业于加州大学圣克鲁兹意识史学。现任南加州大学电影学院教授 | 文章：《虚构设计：关于设计、科学、事实和小说》（*Design Fiction: A Short Essay on Design, Science, Fact and Fiction*）、《虚构设计手册：探索不久的未来的实用指南》（*The Manual of Design Fiction: A Pra-ctical Guide to Exploring the Near Future*）等。项目：“WiFi.ArtCache”“Pussy Weevil” | 移动计算、普适网络和近场或基于邻近的交互系统的研究与产品设计。 |
| 安东尼 · 邓恩（Anthony Dunne）<br>菲奥娜 · 拉比（Fiona Raby） | 批判设计师、教育家和创新实践者，分别是纽约新学院与帕森斯大学设计与社会研究大学教授，他们共同创办了 Dunne & Raby 工作室，同时也是现实设计工作室（Designed Realities Studio）的主理人 | 书籍：《黑色设计：电子物品的秘密生活》（Design Noir: The Secret Life of Electronic Objects）、《思辨一切：设计、虚构与社会梦想》（Speculative Every-thing: Design, Fiction and Social Dreaming）、《赫兹故事：电子产品、审美体验与批判性设计》（Hertzian Tales: Electronic Products, Aesthetic Experience, and Critical Design）<br>项目：“科技梦系列 1 号：机器人”（Technological Dream Series No.1: Robots） | 通过推测性场景和叙事构建、探索人类社会的不同种生活方式。 |

在虚构设计这一概念被提出之后，朱利安 · 布利克和大卫 · 柯比（David A. Kirby）的叙事原型概念以及研究人员保罗 · 杜里什（Paul Dourish）、吉纳维芙 · 贝尔（Genevieve Bell）撰写的一篇以设计为导向的普适性计算与科幻相结合的论文等相契合。自布利克的论文发表以来，虚构设计在学术研究中出现开始成为一种普遍关注的议题。[①]

① Paul Dourish and Genevieve Bell, Divining a Digital Future: Mess and Mythology in Ubiquitous Computing (MIT Press, 2011, 248 pages).

安东尼·邓恩 和菲奥娜·拉比诸多关于未来虚构的作品已经被多家博物馆收藏，包括纽约的MoMA、伦敦的V&A和维也纳的MAK。他们的一个代表性案例：“科技梦系列1号：机器人”（Technological Dream Series No.1: Robots），将机器人的形象设计与当代家庭景观相协调，打破了传统机器人在人们眼中的固有形象。这个项目为家用机器人的设计提供了新的视角，为机器人植入类似人类的复杂的情绪感知，将机器人设定为“有需求的”和“更顺从的”，从而进一步探讨了人与机器之间的关系。

# 四、相关机构组织及项目

未来实验室（Near Future Laboratory）是该领域较为领先的机构之一。①他们的项目范围从在原型设计中开发有益健康的社交媒体和数据可视化应用程序到帮助围绕新技术激发的辩论。未来实验室的创始人朱利安·布利克、尼克·福斯特（Nick Foster）、法比安·吉拉尔丁（Fabien Girardin）、尼古拉斯·诺瓦（Nicolas Nova）与无媒体工作室（No Media Co）的创始人帕特帕克·里特曼（Patrick Pittman）和克里斯·弗雷（Chris Frey）于2022年合作出版了《设计虚构手册》，旨在为个人或组织提供一种思维方式和工具，来应对未来复杂的环境。作者通过这本书展示了将虚构设计方法引入商业的必要性和紧迫性，以及用户在使用技术时的局限性和潜在特性，让用户更真实地体验、感受和触摸到未来的生活方式，以及探索产品在未来的可能性。

Superflux工作室在思辨与未来设计领域已有十余年的历史，创始人阿纳布·杰恩（Anab Jain）和乔恩·阿德恩（Jon Ardern）是最早在商业领域中开创思辨设计、批判性设计、虚构设计和未来体验式项目的专家，通过分析当下社会的不确定性和总体趋势，构建一个可体验的未来情景。例如工作室开发的“机器之歌”（Song of the Machine）项目通过在光遗传学背景下将基因工程和电子学相结合，建立大脑与光学信息的联系，来增强人类视觉感知的可能性。②

ProtoPolicy是一个由虚构设计工作室、全党议会设计与创新小组（APDIG）和Age UK于2015年合作的联合设计项目，主要围绕老龄化和政治问题的限制进行一系列以可视化（产品、图像、电影）的形式将未来场景具体化。该项目使用

① https://www.nearfuturelaboratory.com/.

② https://superflux.in/index.php/work/song-of-the-machine.

共创式的虚构设计这一创新方法帮助老年人以共同参与的形式来想象与构建老龄化相关的政策举措，为未来社会带来的影响。同时调研结果证明了虚构设计在提升未来医疗健康技术和服务的合理性和接受度方面的潜在价值，值得进一步的探索。例如 Soulaje—— 一种基于自我管理的可穿戴安乐死设备、帮助老年人体验智能化产品和服务的“智能家居治疗师”等。③

“思辨教育”（SpeculativeEdu）（思辨设计——教育资源工具包 [Speculative Design — Educational Resource Toolkit]）是由 ERASMUS+、欧盟教育组织青年培训机构共同资助，旨在通过收集和加强思辨设计领域的实践和思想，探讨面向 21 世纪提升思辨设计教育方式的开放性教育项目。通过举办研讨会、展览、工作坊等召集世界各地的思辨设计从业者共同推进这一领域的发展。

# 五、相关专业与课程

表 8.11　国际院校虚构设计相关课程设置

| 课程名称 | 学校名称 | 面向专业 | 课程内容 | 课程要求与目标 |
| --- | --- | --- | --- | --- |
| 虚构实验室（Laboratory of Science Fiction）（荣誉课程） | 代尔夫特理工大学 | 不限 | 研究生物学的前沿领域，并探索因人类（有生命的和有意识的）和机器（无生命的和无意识的）之间的界限逐渐消失而产生的伦理、社会和文化问题。 | 学习利用想象力和相关理论完成一件艺术作品，如通过图像解释抽象的问题，开创一个未来的技术应用场景。 |
| 批判性设计实践（Critical Design Practices） | 阿尔托大学 | 当代设计、时尚与纺织硕士课程 | 通过一系列讲座、研讨会、阅读讨论、项目实践等学习如何将批判性思考作为一种设计工具。 | 指导学生应用以研究为导向的批判性方法来分析和反思他们在自己的设计实践领域的行为、思维方式、方法和成果。该课程引导学生了解好奇心对社会、政治、文化和生态问题的重要性，并应用批判性思维处理相关社会问题的开创性的设计方法。 |

① https://protopublics.org/project-1/.

| 课程名称 | 学校名称 | 面向专业 | 课程内容 | 课程要求与目标 |
| --- | --- | --- | --- | --- |
| 数字化研究（Digital Direction） | 皇家艺术学院 | 传播学院 | 通过VR、AR等新兴技术对未来叙事的形式进行创新。 | 启发传播从业者批判性地处理当下面临的问题，并学习实验性媒体创作与表达，以及设计实践。 |
| 虚构设计：思辨与批判性设计（Design Fiction: Speculative and Critical Design） | 澳大利亚国立大学（The Australian National University） | 艺术设计 | 对当下产品被设定的狭隘的形式与功能提出质疑，并从设计的角度激发有意识的批判性思维，学习处理社会的“棘手问题”。 | 将设计作为一种对社会有复杂文化影响的实践来应用；设计出体现复杂的批判性思想和价值观的产品；对设计理论、生产和流程进行研究，并将研究结果应用于创意制作；通过研究和理论证实设计结果。 |

由安东尼·邓恩在纽约新学院（The New School）设立的现实设计工作室（Designed Realities Studio），主要专注于与社会研究学院其他专业教师与学生合作，如人类学、社会学、哲学和政治学的硕士生和博士生，共同探索思辨式方法对他们现有研究的影响，同时通过尝试更多的设计形式来引导学生摆脱以解决问题为导向的设计方法。

# 六、总结

虚构设计作为目前火热的新兴领域，在其 20 年的发展历程中越来越具有全球性的影响力。它正在成为帮助艺术家、设计师、公司和组织回顾过去、审视现在和构想未来的强大工具。叙事原型的提出可以使设计师在表达想法时不必被潜在的一些技术细节桎梏。这一工具使虚构的情景足够真实可信，从而激发人的探讨、想象，甚至对一些规则产生影响。虽然叙事原型本身不产出新的可视化或新兴技术，但通过叙事（讲故事）过程中的视觉呈现使新的想象成为可能，同时出现新的见解和思想。至关重要的是，它融合了不同的学科观点，包括设计、计算机科学、营销和未来主义，以促进对新的和某些服务创新背景下的新兴技术的应用。

虚构设计、思辨设计、批判性设计都提供了一种可以使设计师设想未来的方法，这三种方法以略有不同的目标和方式来为未来提供解决方案。虽然虚构设计和思辨设计都围绕某种形式的原型进行创作，但推测设计通常会在定义的未来场景之外创建对象，并且没有叙事的设定。随着技术的发展，全球性社会问题的复杂化，面向人类未来生活的设计将会变得越来越重要。虚构设计和思辨设计作为创造新实践的重点领域，已经与人类学、民族志和可持续发展等紧密相关。但虚构设计本身作为一种设计方法来说，目前仍处于起步阶段，在做具体的探索性实践时往往使用的是其他学科现有的方法，缺乏一个更清晰的指导性操作框架。因此，需要相关研究人员和设计师共同努力，不断对方法论本身进行提升，以此来应对变化中的现实环境的挑战。

# 8-5 可持续设计

## 一、定义与背景

### 1. 社会背景

1987 年，世界环境与发展委员会（WCED）对“可持续发展”这一概念进行了定义，即“满足当代人需求的发展，同时不损害后代人满足其自身需求的能力”。①作为联合国授权机构，WCED 的这个定义得到了最广泛的认同与响应，也是后续有关可持续议题研究的基础。尽管这个定义强调以人为中心的社会发展与正义，但在几十年的环境运动中，可持续性的操作重点主要在环境上。这可能是由于人类社会依赖生态系统服务来满足基本的生物需求和提供经济和技术发展所需的资源。②研究表明，学者对这一概念的理解已经从将可持续性视为静态目标变为动态和移动的目标，以响应我们对社会和生态系统之间相互依存的关系不断加深的理解。由于可持续性受到时间、空间和特定社会背景的制约，人们已经意识到不可能有一个包罗万象的具体目标来锚定可持续发展。③

根据现有研究可知，可持续是一种系统属性，而不是系统单个元素的属性。因此，实现可持续需要一种基于目标愿景的全过程、多尺度和系统的方法来规划和指导，而不是传统指标性的具体优化方法。④随着自然生态系统的快速衰退和生物多样性危机，减缓和适应气候变化所需行动的范围和紧迫性，以及对解决全球和紧迫环境问题不作为的社会经济成本的惊人估计，越来越多的学者认为需要对人类社会的运作方式进行彻底的转型变革。他们这种根本性变化不仅需要技术干预，还需要社会、文化、行为、制度和组织方面的变革。⑤

---

① WCED, 1987. Our Common Future: Report of the World Commission on Environment and Development, United Nations World Commission on Environment and Development.P43.

② Gaziulusoy, A.I., Boyle, C., McDowall, R., 2013. System innovation for sustainability: A systemic double-flow scenario method for companies. J. Clean. Prod. 45, P104—116.

③ Hjorth, P., & Bagheri, A. (2006). Navigating towards sustainable development: A system dynamics approach. Futures, 38(1), 74—92.

④ Bagheri, A., & Hjorth, P. (2007). Planning for sustainable development: A paradigm shift towards a process-based approach. Sustainable Development, 15(2), P83—96.

⑤ Loorbach, D. (2010). Transition management for sustainable development: A prescriptive, complexity-based governance framework. Governance, 23(1), P161—183.

## 2.
## 定义

围绕可持续设计概念的讨论始于对“设计”的界定。设计并非一个满足需求的动机或其解决问题的结果，设计指的是把一种计划、规划、设想、问题解决的方法通过视觉的方式传达出来的活动过程。它的核心内容包括三个方面，即：(1)计划构思的形成；(2)视觉传达方式，即把计划、构思、设想、解决问题的方式利用视觉的方式传达出来；(3)计划通过传达之后的具体运用。①设计并不只是一个“物”的概念，设计是一个决策的过程，信息或想法经由过程转换成结果，最终形成一个有形的产品或是一个无形的服务。世界设计组织(WDO)在2016年对“设计”重新进行了定义：

设计是一个战略性的问题解决过程，它通过创新的产品、系统、服务和体验来推动创新、促成商业成功，并带来更好的生活品质。设计弥合了现实与可能之间的差距。这是一个跨学科的职业，利用创造力来解决问题并共同创造解决方案，旨在使产品、系统、服务、体验或业务变得更好。从本质上讲，设计通过将问题重新定义为机遇提供了一种更乐观的方式来看待未来，它连接创新、技术、研究、业务和客户，在经济、社会和环境领域提供新的价值和竞争优势。

将设计中的环境考虑与减少产品生命周期对环境影响的目标相结合称为“生态设计”“生命周期设计”或“环境设计”，自20世纪90年代末以来一直是研究的热点之一。生态设计是更广泛的产品生命周期管理概念的一部分，它通过设计决策实现潜在的环境收益。生态设计的关键特征包括生命周期思维，即考虑所有生命周期阶段的环境因素和相关影响，和在产品开发的最早阶段解决环境问题的早期集成。②

通过将范围扩大到更多的社会主导方法，生态设计理念得以发展，可持续设计应运而生。可持续设计包含了更激进的产品创新，从而影响到现有的消费模式，有望对可持续发展做出更大的贡献。③在伍珀塔尔研究所设计指南(Wuppertal Institute Design Guide)中，对可持续设计的定义是：设计建立在维持个人生活质量的同时，不限制其他人或子孙后代的潜在福祉。并提出达到此目的的方法路径包括：促进环境空间的可持续利用，提供社会技术解决方案，以推动迈向可持续发展的进程，等等。

---

①王受之. 世界现代设计史[M]. 北京：中国青年出版社, 2002.

② Mylan, J. (2015). Understanding the diffusion of sustainable product-service systems: Insights from the sociology of consumption and practice theory. Journal of Cleaner Production, 97,P13—20.

③ Tukker, A. (2015). Product services for a resource-efficient and circular economy — A review. Journal of Cleaner Production, 97,P76—91.

# 二、
# 相关文献综述

本小节立足于设计学科针对可持续发展问题的响应演变，通过对过去几十年出现的可持续设计研究的梳理，展现可持续设计研究与实践的广阔领域。同时，根据布勒泽（Brezet）提出的“可持续设计创新四层次”，[①]分为四种不同维度的创新进行论述：

**（1）产品设计创新：**侧重于改进现有产品或开发全新产品的设计方法。

**（2）产品服务系统创新：**系统创新指的是超越单个产品，转向产品和服务的集成组合，例如开发新的商业模式。

**（3）社会环境创新：**这里的社会环境是关于人类居住及其社区的社会空间，这种创新强调可以在不同的尺度上解决从社区到城市的问题。

**（4）社会技术系统创新：**这里的设计方法侧重于促进社会需求的满足方式的根本改变，从而支持向新的社会技术系统的过渡。

## 1. 产品设计创新

### ·绿色设计和生态设计

最早关注资源限制和我们的材料生产对环境的影响可以追溯到美国工程师巴克敏斯特·富勒（Buckminster Fuller）对宇航材料的相关研究。[②]然而，被认为将环境因素引入设计师世界的开创性工作的是维克多·帕帕奈克的《为真实的世界而设计》一书。帕帕奈克对设计行业进行了深入的批评，指出其在鼓吹消费方面的负面作用，从而导致生态和社会的退化。他的观点反映了一种面对复杂环境问题的思考，不仅关注了提高设计活动产出的方法，而且促进了设计行业的转型。

然而，随后在设计行业中倡导的“绿色”态度并没有表现出同样强烈的转型变革愿望。绿色设计实践的早期案例主要侧重于通过重新设计单个产品的特性来降低其对环境的影响。这通常是通过遵循“减少—再利用—回收”的废物等级来实现的。例如，减少产品中使用的材料数量，在新产品设计中重复使用零件或整个产品，用回收材料代替原始材料等。即，在设计中考虑环境意味着提高产品和工艺工程的效率。[③]在此基础上，邱（Chiu）和克雷默（Kremer）在研究中提出“X设计”的指南和工具包。其中，“X”代表设计中从回收到可回收性，再到易于拆

---

①可持续设计创新四层次：（1）产品改进，侧重于减少单一环境影响，涉及对市场上已有产品的部分改变和改进。（2）产品再设计，从环境生命周期的角度对产品进行全面再开发。（3）功能创新，不再局限于现有的产品概念；在这种情况下，功能的实现方式发生了变化。关于从产品到服务的普遍转变，产品服务系统的开发就属于这一类。（4）系统创新，将整个社会—技术系统（产品、生产链、基础设施、经济模式、社会文化价值和制度）更换为新系统。Brezet, H., (1997). Dynamics in ecodesign practice. Ind. Environ. 20, P21—24.

② Fuller, R. B. (1969). Operating Manual for Spaceship Earth. Carbondale, IL: Southern Illinois University Press.

③ Fiksel, J. R. (1996). Design for Environment: Creating Eco-efficient Products and Processes. New York: McGraw-Hill.

卸的可修复性的“更优选”态度。[1]尽管在设计专业的词典中引入了“绿色”前缀，并发展和完善了仍然有效的“经验法则”，以提高产品的环境性能，但绿色设计缺乏物质和政治深度。因此，虽然“绿色”态度有促进社会大众的绿色消费意识，但并没有表现出产生环境收益的重要能力。[2]

生态设计在首次引入时与绿色设计同义，但在实践过程中与绿色设计相比又具有显著的差异和优势。最为明显的差异就是，生态设计更加关注产品从原材料提取到最终处置的整个生命周期。美国学者麦克多诺（McAloone）、[3]布劳恩加特（Braungart）、皮戈索（Pigosso）、[4]英国学者蒂施纳（Tischner）等是该领域的代表研究者。[5]这有助于分析产品在所有生命周期阶段的环境影响，确定那些环境影响最大的阶段，从而为设计干预提供战略方向。生态设计的生命周期方法得到了生命周期评估方法的支持。这些有助于量化环境影响，在同一类别的不同产品概念之间作有意义的比较，从而有助于设计决策。[6]生态设计的总体目标是最大限度地减少自然资源和能源的消耗，以及随之而来的对环境的影响，同时为客户带来最大的利益。在生态设计中，环境被赋予与更传统的工业价值相同的地位，例如利润、功能、美学、人体工程学、形象和整体质量。[7]在设计实践方面，不少研究者已经开发出一套相当完整的生态设计原则、指南和工具，如卡洛·韦佐利（Vezzoli）[8]将环境要求整合到产品开发的方法、工具和战略的清晰愿景中，提出了一个全面的框架和实用工具来支持环境可持续的设计过程等。正如皮戈索等人所强调的那样，在过去十多年中，生态设计经历了知识和工具整合的过程，目前的研究重点是将传统的生态设计范围扩展到与生态设计实施相关的更多管理和战略问题上，以及对生态设计决策支持系统的研究等。[9]

尽管生态设计对生命周期的关注比早期的绿色设计实践更有显著优势，但它也有明显的缺点。由于缺乏对问题复杂性的判断，生态设计只关注环境绩效，因此忽视了可持续性的社会维度。这些维度涵盖了资源分配和产品相关的社会影响问题，这些问题无法在生命周期的评估中加以考虑。[10]尽管生态设计在早期的实施上带来了巨大的环境收益，但其一旦从产品中消除了低效和“不良设计”，收益

---

① Chiu, M.-C., & Kremer, G. E. O. (2011). Investigation of the applicability of design for X tools during design concept evolution: A literature review. International Journal of Product Development, 13(2), P132—167.

② Madge, P. (1997). Ecological design: A new critique. Design Issues, 13(2), P44—54.

③ McDonough, W., & Braungart, M. (2002). Cradle to Cradle: Remaking the Way We Make Things (1st ed.). New York: North Point Press.

④ Pigosso, D. C. A., McAloone, T. C., & Rozenfeld, H. (2015). Characterization of the state-of-the-art and identification of main trends for ecodesign tools and methods: Classifying three decades of research and implementation. Journal of the Indian Institute of Science, 95(4), P405—427.

⑤ Tischner, U., & Charter, M. (2001). Sustainable product design. In M. Charter, & U. Tischner (Eds.), Sustainable Solutions: Developing Products and Services for the Future (pp. 118e138). Wiltshire, UK: Greenleaf.

⑥ Millet, D., Bistagnino, L., Lanzavecchia, C., Camous, R., & Poldma, T. (2006). Does the potential of the use of LCA match the design team needs? Journal of Cleaner Production, 15(4), P335—346.

⑦ Binswanger, M. (2001). Technological progress and sustainable development: What about the rebound effect? Ecological Economics, 36(1), P119—132.

⑧ Vezzoli, C., & Manzini, E. (2008). Design for Environmental Sustainability. London, UK: Springer.

⑨ Ceschin, F., Gaziulusoy, I. (2016). Evolution of design for sustainability: From product design to design for system innovations and transitions. Design Studies 47, P118—163.

⑩ Gaziulusoy, A. I. (2015). A critical review of approaches available for design and innovation teams through the perspective of sustainability science and system innovation theories. Journal of Cleaner Production, 107, 366e377.

开始变得微不足道，且成本越来越高，最终导致生态设计成为问题。[①]以产品为基础的效率增益，并没有解决与不断增加的产品消耗相关的影响。此外，虽然生态设计应该关注整个生命周期，但这主要是从技术角度进行的，对同人类相关的其他方面的关注有限，如使用阶段的用户行为等。[②]

### · 情感持久设计

生态设计的研究提出了多种延长产品寿命的设计策略。但是对于某些产品类别来说，使用寿命结束并非由技术问题引起。事实上相当多的废弃产品在被替换或淘汰后仍能正常工作，这是由于当产品因用户感知需求变化或欲望等原因而被丢弃。[③]因此，研究人员开始探索用户与产品的关系，以及设计在加强这种关系以延长产品使用寿命方面的作用。如乔纳森 · 查普曼（Jonathan Chapman）在《情感永续设计：产品体验和移情作用》中提出了一种可持续设计的新流派，即通过增强用户与产品之间的稳定关系来降低消耗和浪费。用户对产品产生依赖需要用户和产品之间存在情感联系，代尔夫特理工大学的教授露丝 · 穆格（Mugge）在其博士论文中分析了作为影响用户产品依恋的决定因素的四种主要的产品含义：自我表达、群体归属、记忆和愉悦（或享受）。[④]相关研究人员提出了旨在通过上述决定因素刺激产品依恋的设计策略。例如，荷兰设计评论家范 · 欣特（Van Hinte）倡议设计“有尊严地变老”的产品，[⑤]以及乔纳森 · 查普曼（Jonathan Chapman）提出的设计让用户能够捕捉记忆的产品。日本设计师长冈贤明则提出“长效设计”，是从生活的角度思考，寻找具有可持续性的物品，将其作为资源进行回收，通过改造，让旧物变得易于循环利用的一种创意。

情感持久设计方法提供的一系列设计策略与可持续设计领域的其他方法相辅相成，但是有一些重要的限制仍需要考虑：首先，对于设计师来说，如何有效地激发产品依恋是及具挑战性的。他们可以应用适当的设计策略，但最终是用户赋予产品特定的意义。乔纳森 · 查普曼同时也认为，文化、社会和个人因素可以产生不同的含义和不同程度的依恋。此外，产品依恋的决定因素与某些产品类别的相关性较低，比如主要出于实用原因购买的家电产品等。此外，对于某些产品类别，将寿命延长到某个点以上可能对环境无益。[⑥]其次，制造商可能不愿意实施产品附加策略，因为这可能会导致销量下降。[⑦]此外，还需要进一步通过测试来研究在不同产品类别中实施这些策略的有效性。最后，文化和用户价值观在发展产品依恋中的作用是另一个需要进一步研究的领域。

---

① Ryan, C. (2013b). Eco-acupuncture: Designing and facilitating pathways for urban transformation, for a resilient low-carbon future. Journal of Cleaner Production, 50, 189—199.

② Bhamra, T., Lilley, D., & Tang, T. (2011). Design for sustainable behaviour: Using products to change consumer behavior. The Design Journal, 14(4), 427—445

③ Cooper, T. (2010). The value of longevity: Product quality and sustainable consumption. In T. Cooper (Ed.), Longer Lasting Products: Alternatives to the Throwaway Society. Farnham, UK: Gower Publishing Limited.

④ Mugge, R. (2007). Product Attachment. PhD Thesis. The Netherlands: Delft University of Technology.

⑤ Van Hinte, E. (1997). Eternally Yours: Visions on Product Endurance. Rotterdam: 010 Publishers.

⑥ Vezzoli, C., & Manzini, E. (2008). Design for Environmental Sustainability. London, UK: Springer.

⑦ Mugge, R., Schoormans, J. P. L., & Schifferstein, H. N. J. (2005). Design strategies to postpone consumers'product replacement: The value of a strong personeproduct relationship. The Design Journal, 8(2), 38—48.

### · 可持续行为设计

生态设计方法可以为设计师提供一套设计策略，以减少产品在整个生命周期中对环境的影响。然而，这种方法并没有过多地关注用户行为对产品整体的影响。消费者与产品互动的方式会对环境产生重大影响。唐（Tang）和巴姆拉（Bhamra）就认为对于在使用中消耗能源的产品，能源消耗主要取决于用户的行为。[①]为此，设计研究人员开始探索设计在影响用户行为方面的作用，韦弗（Wever）等人通过对不同设计策略的对比分析，探索用户与产品的交互方式对产品可能带来的环境影响，[②]并随后开发方法、工具和指南，明确关注可持续行为的设计。这些方法和工具建立在各种行为改变理论之上。正如尼德勒（Niedderer）等人所指出的，行为改变方法有许多不同的设计，因为社会科学中有许多不同的行为改变模型。[③]

尼德勒等人认为，即使缺少统一的行为改变设计模型，也可以在大多数开发的方法和工具中找到四个基本原则：

（1）让人们更容易采取所需的行为。

（2）让人们更难做出不受欢迎的行为。

（3）让人们想要一种期望的行为。

（4）让人们不想要的不受欢迎的行为。

英国拉夫堡大学学者巴姆拉（Bhamra）等人开发的可持续行为设计模型以行为经济学为基础，提出了一套基于告知、授权、提供反馈、奖励和使用的设计干预策略，并从多种不同的维度来理解和影响各个方面的个人行为和背景。[④]可持续行为设计提出了一些重要的挑战和局限性：首先，应该更好地探索和讨论应用可持续设计的伦理含义。事实上，设计师和公司有力推动用户行为的程度令人担忧。[⑤]其次，目前缺乏衡量可持续行为设计策略效果的指标，也缺乏基于证据的示例，同时还需要更好地理解环境权衡。

### · 自然启发设计：
### 从摇篮到摇篮（CTC）的设计和仿生设计（Design Bionics）[⑥]

在可持续设计领域的一些从业者中，一直认为模仿自然的材料和过程是实现生产——消费系统可持续性的唯一途径。代表这种信念的两个突出框架是从摇篮到摇篮（Cradle to Cradle, CTC）的设计和仿生设计（Design Bionics）。

---

① Tang, T., & Bhamra, T. A. (2012). Putting consumers first in design for sustainable behaviour: A case study of reducing environmental impacts of cold appliance use. International Journal of Sustainable Engineering, 5,P1—16.

② Wever, R. (2012). Editorial: Design research for sustainable behaviour. Journal of Design Research, 10(1/2), P1—6.

③ Niedderer, K., Mackrill, J., Clune, S., Lockton, D., Ludden, G., Morris, A., et al. (2014). Creating Sustainable Innovation Through Design for Behaviour Change: Full Report. University of Wolverhampton, Project Partners & AHRC.

④ Bhamra, T., & Lofthouse, T. (2007). Design or Sustainability. A Practical Approach. Aldershot, UK: Gower Publishing, Ltd.

⑤ Brey, P. (2006). Ethical aspects of behavior-steering technology. In P. P. Verbeek, & A. Slob (Eds.), User Behavior and Technology Development: Shaping Sustainable Relations Between Consumers and Technologies (pp. 357e364). The Netherlands: Springer.

⑥ CTC: cradle-to-cradle design.

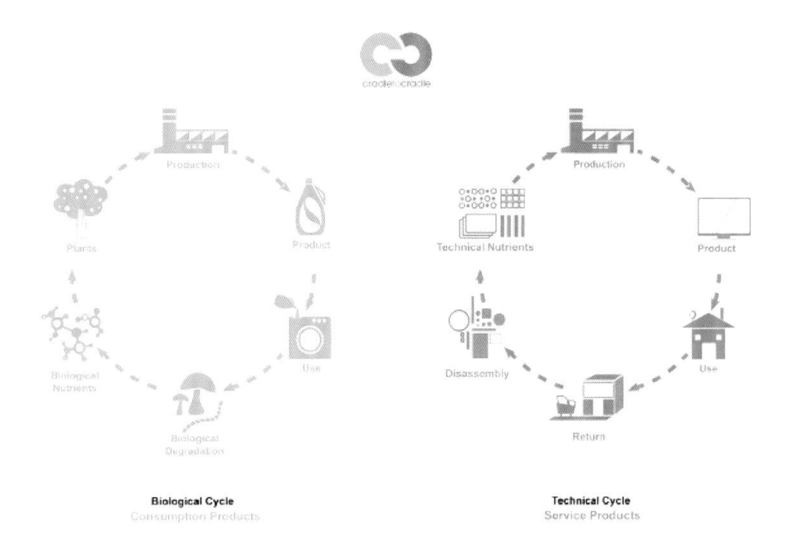


图 8.5.1　从摇篮到摇篮的设计的框架示意图

从摇篮到摇篮的设计由建筑师威廉 · 麦克唐纳（William McDonough）和化学家迈克尔 · 布朗加特（Michael Braungart）基于两个相互关联的概念开创和倡导的：废物等于食物和生态效益。①生态效益强调行业的再生而不是消耗。它通过“废物等于食物”框架实施，该框架定义了两种类型的营养素：生物营养素和技术营养素。从摇篮到摇篮的设计的基本假设是，如果这些营养素用于生物营养素或封闭技术营养素循环，人类社会可以无限期地继续生产、消费和经济增长。从摇篮到摇篮的设计在实现根本性创新和改变企业思维方式以实现可持续发展方面的潜力已被研究者公认。②然而，也有学者认为这些强调仍然停留在修辞层面，尽管从摇篮到摇篮的设计具有鼓舞人心的愿景，但在技术上并不是很合理。③例如，就技术养分而言，即使有可能建立 100% 有效的循环而没有材料质量或数量的损失，这些循环也需要使用新的原始材料来满足承诺的持续增长。④最后，从摇篮到摇篮的设计可能会将设计决策的重点从产品的整个生命周期转移到最大限度地减少或消除有毒材料，因此可能会导致忽视能源消耗的影响。马萨纳（Lorach-Massana）等人就认为对于在使用阶段消耗能源的产品来说，这是一个非常重要的问题。⑤

仿生设计的研究基础是使用自然作为模型和衡量标准的仿生学。仿生设计强调使用自然作为模型，涉及研究自然的模型和过程，并采用这些模型和过程来解决人类问题，并使用生态标准来判断创新的“正确性”。使用自然作为生态标准背后的基本原理是：作为 38 亿年进化的结果，自然已经知道什么是有效的，什么

① McDonough, W., & Braungart, M. (2002). Cradle to Cradle: Remaking the Way We Make Things (1st ed.). New York: North Point Press.

② Bakker, C. A., Wever, R., Teoh, C., & Clercq, S. D. (2010). Design ing cradle-tocradle products: A reality check. International Journal of Sustainable Engineering, 3(1), 2—8.

③ Gaziulusoy, A. I. (2015). A critical review of approaches available for design and innovation teams through the perspective of sustainability science and system innovation theories. Journal of Cleaner Production, 107, 366—377.

④ Bjørn, A., & Hauschild, M. Z. (2013). Absolute versus relative environmental sustainability. Journal of Industrial Ecology, 17(2), 321—332.

⑤ Llorach-Massana, P., Farreny, R., & Oliver-Sol_x0012_a, J. (2015). Are cradle to cradle certified products environmentally preferable? Analysis from an LCA approach. Journal of Cleaner Production, 93, 243—250.

是合适的。以自然为导师是强调向自然学习而不是利用它。贝纽斯（Benyus）提出了仿生设计的三个理论和实践层面：第一是模仿自然形式，第二是模仿自然过程，第三是模仿生态系统。[①]仿生设计与从摇篮到摇篮的设计类似，提倡以废弃物为资源，闭环生产和消费，可以使用一系列的方法和工具将仿生集成到产品设计过程中。例如查克拉巴蒂（Chakrabarti）等人建立的提供仿生设计思想的数据库，[②]以及鲍迈斯特（Baumeister）等人开发的仿生设计方法和工具手册。[③]

虽然模仿自然是一种古老而有效的设计和创新方法，但声称模仿自然产生的创新是可持续的却是有误导性的，[④]因为从自然中分离出一个原则、结构或过程并加以模仿，仅仅是对形式和功能运转过程的模仿，而在整个生态系统层面上还看不到有力的推进和实施。[⑤]

## 2.
## 产品服务系统创新

产品创新层面的设计方法对于降低产品和生产过程对环境的影响至关重要。然而，尽管它们是基本且必要的，但它们本身并不足以获得实现可持续性所需的根本性改进。事实上，即使这些创新能够带来产品环保性能的改善，但这些改善也经常会被消费水平的提高所抵消。[⑥]例如，通过提高汽车效率实现的环境收益已被道路上汽车数量的增加和总距离的增加所抵消。因此，埃伦菲尔德（Ehrenfeld）认为，产品创新方法虽然从表面上看找到了对症解决方案，实际上并没有触及可持续性问题的根源。[⑦]因此，需要从仅关注产品改进转向更广泛方面的方法，重点是在生产和消费系统的组织方式上产生结构性变化。

从这个角度来看，一些研究人员开始将产品服务系统创新视为一种有前途的可持续发展方法。蒙特（Mont）认为成功的产品服务系统设计将需要不同的社会基础设施、人力结构和组织布局，以便以可持续的方式运作。[⑧]产品服务系统设计可以定义为：设计和组合有形产品和无形服务的组合，以便它们能够共同满足最终客户的需求。[⑨]换句话说，产品服务系统创新是一种价值主张，旨在通过提供功能而不是产品来满足用户。例如，从销售供暖系统到提供热舒适服务、从销售汽车到提供移动服务等。因此，产品服务系统需要从基于所有权的消费转变为基于访问和共享的消费。

---

① Benyus, J. M. (1997). Biomimicry: Innovation Inspired by Nature. New York: William Morrow & Co.

② Chakrabarti, A., Sarkar, P., Leelavathamma, B., & Nataraju, B. S. (2005). A functional representation for aiding biomimetic and artificial inspiration of new ideas. Artificial Intelligence for Engineering Design, 19, 113—132.

③ Baumeister, D., Tocke, R., Dwyer, J., Ritter, S., & Benyus, J. (2013). Biomimicry Resource Handbook: A Seed Bank of Best Practices. First Public Print ed. Missoula: Biomimicry 3.8.

④ Volstad, N. L., & Boks, C. (2012). On the use of biomimicry as a useful tool for the industrial designer. Sustainable Development, 20(3), 189—199.

⑤ Reap, J., Baumeister, D., & Bras, B. (2005). Holism, biomimicry and sustainable engineering. In ASME 2005 International Mechanical Engineering Congress and Exposition (IMECE2005) ASME (pp. 423e431).

⑥ Binswanger, M. (2001). Technological progress and sustainable development: What about the rebound effect? Ecological Economics, 36(1), 119—132.

⑦ Ehrenfeld, J. (2008). Sustainability by Design: A Subversive Strategy for Transforming Our Consumer Culture. New Haven: Yale University Press.

⑧ Mont, O. (2002). Clarifying the concept of product-service system. Journal of Cleaner Production, 10(3), 237—245.

⑨ Tukker, A., & Tischner, U. (2006). New Business for Old Europe: Product Services, Sustainability and Competitiveness. Sheffield, UK: Greenleaf Publishing.

设计产品服务系统需要采用不同的方法来设计单个产品。产品服务系统是由产品、服务以及生产、交付和管理系统的参与者组成的复杂网络。[①]设计产品服务系统需要一种同时考虑所有这些元素的系统方法。研究人员最初专注于生态效率的系统设计，着眼于经济和环境维度的可持续性，通常围绕四个主要阶段：分析、创意生成和选择、系统概念设计和系统工程组织，并形成一些具有代表性的设计方法。如卡塔莉丝（Kathalys）提出了可持续产品服务创新方法，布雷泽特（Brezet）等人则构建了生态高效服务设计的方法论，[②]以及范·海伦（Van Halen）等人在此基础上提出了产品服务系统开发方法论。[③]除了环境问题之外，一些学者还着眼于在这一系统的设计中整合可持续性的社会伦理维度，如米兰理工大学的卡罗·韦佐利（Carlo Vezzoli）等人基于社会满意度的方法，评析了可持续性产品服务系统设计的几种主要方法。

尽管产品服务系统设计具有巨大的可持续性潜力，但它们可能难以设计、测试、实施和成为主流。韦佐利等人还探讨了广泛实施和传播可持续产品服务系统设计的挑战，强调了设计研究的以下关键问题：首先，对用户行为进行更深入的研究，以便更好地了解影响用户满意度的因素，以及如何衡量和评估这种满意度；再者，需调查社会文化因素在用户接受度中的作用。这些知识对于被整合到现有的设计方法中是很有价值的；另一个优先事项是更深入地了解可持续产品服务系统设计的引入和传播过程，以及如何对其进行设计、管理和定向；最后，另一个关键领域是探索将设计知识和专有技术从研究中心和大学转移到公司和设计师的最有效策略。[④]

## 3. 社会环境创新

为了实现可持续发展需要通过社会环境创新来补充技术创新，[⑤]关于可持续性设计的文献没有充分认识到这两种方法的互补性。这导致了可持续性设计中两个独立的理论体系：一个侧重于技术创新，另一个侧重于社会创新。在过去的十多年中，关于一般社会创新和专门针对社会创新设计的文献方兴未艾。但相关研究并不成熟，不仅关于什么是社会创新，而且设计在社会创新过程中可以扮演什么角色，也存在不同的解释和观点。

社会创新是在 1973 年由美国管理学家彼得·德鲁克（Peter F. Drucker）在《管理：任务、责任、实践》一书首次真正提出并强调其重要意义的。[⑥]英国国家科学、技术和艺术基金会（NESTA）将社会创新定义为：为了社会和公共利益而进行的创新。它是由满足社会需求的愿望所激发的创新，而传统形式的私人市场供应可

① Dewberry, E., Cook, M., Angus, A., Gottberg, A., & Longhurst, P. (2013). Critical reflections on designing product service systems. The Design Journal, 16(4), 408e430.

② Brezet, H., Bijma, A. S., Ehrenfeld, J., & Silvester, S. (2001). The Design of Ecoefficient Services. Methods, Tools and Review of the Case Study Based "Designing eco-efficient Services" Project. Report for Dutch Ministries of Environment (VROM). The Hague: VROM.

③ Van Halen, C., Vezzoli, C., & Wimmer, R. (Eds.). (2005). Methodology for Product Service System. How to Develop Clean, Clever and Competitive Strategies in Companies. Assen: Van Gorcum.

④ Vezzoli, C., Kohtala, C., Srinivasan, A., Xin, L., Fusakul, M., Sateesh, D., et al. (2014). Product-Service System Design for Sustainability. Sheffield, UK: Greenleaf Publishing.

⑤ Geels, F. W. (2005a). Technological Transitions and System Innovations: A Coevolutionary and Socio-technical Analysis. Cheltenham, UK: Northampton, Mass.: Edward Elgar.

⑥纪光欣，岳琳琳．德鲁克社会创新思想及其价值探析 [J]. 外国经济与管理，2012, 34(9): 1—6

能会忽略这些需求，并且国家组织的服务往往无法提供良好的服务或无法解决这些需求。社会创新可以发生在公共服务内部或外部。它可以通过公共、私营以及第三方部门由用户和社区推进。社会创新的产物可以是新的产品，也可以是新的服务，同样它们也可以是原则、想法、社会运动、干预，或这些可能性的某种组合。这些创新不仅对社会有益，而且还增强了社会的行动能力。社会创新是具有参与性的，在解决问题方面涉及具有既得利益的相关者，并赋予创新受益者更多参与的权力。概括来说，社会创新能够满足社会需求，创造出新的社会关系或合作模式的新想法。

在西方，20 世纪设计理论的兴起主要有两条重要的线索：[①]一条是包豪斯以来的设计美学传统。它重视的是功能性，推翻了康德美学的“审美无功利”之说，通过国际主义的设计风格奠定了新的美学坐标，简单地说，就是功能性与审美性的合一。这是设计理论的一条主线。但与此同时，还有一条“大设计”或是“设计科学”的线索，其代表人物便是赫伯特 · 西蒙（Herbert Simon），他的代表作有《人工科学》。这条线索是一种来自科学家对设计行为、设计哲学的思考。在西蒙的推动下，以“人工科学”为学科名称的广义设计学已经广泛介入艺术、科学等多个学科领域，并在学科建设方面不断积累。其中，“社会创新设计”就是一个新兴的研究领域。这个研究领域横跨艺术设计和工程设计，应该说既是西蒙思想的逻辑发展，也是广义设计学在学科建设方面的最新理论成果之一。

社会创新设计领域的代表学者意大利米兰理工大学的教授埃佐 · 曼奇尼（Ezio Manzini）的理论就是两大设计理论范式融合的一个例子。曼奇尼的理论是一种应用型的理论，需要结合实践来加以评论。作为米兰理工大学设计学院的教授，他不可能脱离包豪斯的体系和传统，但同时他又受西蒙影响至深，他关于社会创新设计的理论总结就是在西蒙《人工科学》的基础上形成的。所以，要想理解曼奇尼的社会创新设计理论，绕不开西蒙的理论。但比西蒙更进一步的是，曼奇尼把广义设计学的理念从科学引入社群。

曼奇尼将社会创新设计定义为“旨在使社会创新更有可能、更有效、更持久和更易于传播的一系列设计举措”，并指出它可以是自上而下的（由专家、决策者和政治活动家驱动）、自下而上的（由当地社区驱动）或混合的（两者的结合）模式。即使社会创新通常是由非专业设计师推动的，专业设计师也可以在促进和支持它们方面发挥重要作用。他们可以通过使它们更可见和有形，如提高人们的意识，使其更有效和更有吸引力，或改善相关人员的体验，以及支持复制和连接来做出贡献。虽然系统性思维以及更传统的设计技能，如可视化和原型制作被认为是实现社会创新的设计方法的优势，但人们对提出肤浅解决方案的设计师和设计服务的高成本提出了批评。[②]这些都是有效的批评，也是关于专业设计文化和设计教育需要变革才能在后工业时代保持社会相关性的更广泛讨论的一部分。后工业时代的一个基本特征是社会和环境危机的加剧。

---

①约翰 · 沃克，朱迪 · 阿特菲尔德 . 设计史与设计的历史 [M]. 周丹丹，易菲译 . 南京：江苏美术出版社，2011 .

② Hillgren, P. A., Seravalli, A., & Emilson, A. (2011). Prototyping and infrastructuring in design for social innovation. CoDesign, 7(3—4), 169—183.

在最初强调收集和分析社会创新案例后，设计研究人员的重点转向探索设计师的角色和社会创新工具包的开发。目前的重点主要是研究设计师如何支持和促进复制和扩大的过程。关于后一点，必须承认，仅旨在为可持续性问题提供技术解决方案的方法往往会产生技术修复需要。这些技术修复孤立地针对问题，忽视了系统干预的机会，并且在看似解决系统中某个点的问题时，只是将该问题转移到另一个点上，即转移负担。[①]另外，仅仅关注社会创新不太可能达到满足社会能源、流动性或住房及基础设施需求的大型社会技术系统所需的变革水平。

## 4. 社会技术系统创新

虽然设计专业处于通过绿色设计和生态设计等框架处理环境，以及后来的社会问题的早期阶段，但在 20 世纪 90 年代出现的对科学和技术的新兴关注研究领域为可持续发展的社会技术系统的转型。其代表性项目是：荷兰国家可持续技术发展部际计划（STD）（1993—2001），以及欧盟资助的可持续家庭战略（Sus House）项目。这两个项目都是关于通过长期方法实现可持续需求的。前者侧重于影响可持续创新的政策制定，后者侧重于开发“面向设计的场景”以影响可持续技术和社会创新。[②]这些项目采用了与激进创新所需的时间段一致的 50 年时间框架，并使用了回溯方法。这两个项目不仅关注技术创新，而且关注社会、制度和组织创新。尽管这些项目侧重于更广泛的社会文化背景下的不同类型的创新，但对这些创新形成的理解却是线性的和单向的，而不是共同进化的，并且整个方法明显以技术为中心。[③]

大约在同一时期，作为理解社会技术系统创新如何发生的一种手段，一组学者在进化创新理论的基础上发展了系统创新的多层次视角。[④]在模型的早期开发之后，英国学者格尔斯（Geels）和肖特（Schot）对社会技术系统创新进行了阐述与定义，并通过模型建构分层描绘了社会技术系统创新的动态特性，该模型分为三个层次：社会技术景观、社会技术制度和利基创新。社会技术系统创新被定义为，从一种社会技术系统到另一种社会技术系统的转变。[⑤]在这些见解的基础上，在过去几年中开发了一些管理理论和方法，目的是影响和指导转型的方向和步伐。STD 和 Sus House 的早期项目，以及关于系统创新和转型的理论，都为交叉学科的设计领域奠定了基础。

早在 20 世纪 90 年代上半叶，一些学者就表示需要针对社会“文化变革”的更系统的方法，而不是仅仅关注生产消费系统中的技术干预。最近十多年间，设

---

① Ehrenfeld, J. (2008). Sustainability by Design: A Subversive Strategy for Transforming Our Consumer Culture. New Haven: Yale University Press.

② Weaver, P., Jansen, L., van Grootveld, G., van Spiegel, E., & Vergragt, P. (2000). Sustainable Technology Development. Sheffield: Greenleaf.

③ Gaziulusoy, A. I., & Boyle, C. (2008). Addressing the problems of linking present and future and measuring sustainability in developing sustainable technologies: A proposal for a risk-based double-flow scenario methodology. In Proceedings of the 7th International Symposium on Tools and Methods of Competitive Engineering, April 21—25, Izmir, Turkey.

④ Kemp, R., Rip, A., & Schot, J. (2001). Constructing transition paths through the management of niches. In R. Garud, & P. Karnøe (Eds.), Path Dependence and Creation (pp. 269-299). Mahwah, N.J.: Lawrence Erlbaum Associates.

⑤ Geels, F. W. (2005a). Technological Transitions and System Innovations: A Coevolutionary and Socio-technical Analysis. Cheltenham, UK: Northampton, Mass.: Edward Elgar.

计研究人员也开始研究如何设计社会技术实验来触发和支持社会技术变革。切申（Ceschin）建议将设计实验分为实验室（Labs）、视窗（Windows）和变革的推动者（Agents of Change）三个阶段。[①]同时，社会创新设计领域的研究人员也提议使用生活实验室来试验、探索和支持、扩大基层社会创新。相关城市研究学者也撰写了关于"协同"或"针灸规划"[②]和"城市生态针灸"[③]的文章，以曼奇尼为代表的米兰理工大学诸多社会创新学者，强调设计多种相互关联和多样化的实验的重要性。贝克（Baek）、梅洛尼（Meroni）和曼奇尼等人也提出并测试了一个用于设计社区韧性的社会技术方法的框架。[④]除此之外，欧文（Irwin）、托金怀斯（Tonkinwise）和科索夫（Kossoff）等学者首次开发了他们称之为"转型设计"的课程。[⑤]该课程并非专门针对系统创新和转型理论，而是针对更广泛的研究系统变革的文献。

系统创新和转型设计侧重于通过技术、社会、组织和制度创新来改造社会技术系统。在这方面，它体现了旨在通过商业模式创新转变"生产—消费系统"的产品服务系统设计和旨在协助社会变革、而不将技术变革视为社会变革的先决条件的社会创新设计。最近，设计研究工作开始关注城市，它们本质上是社会技术系统的系统。这种对城市的关注不同于传统的可持续城市设计和规划，传统的可持续城市设计和规划分别关注城市形态、城市发展、宜居性、步行性、能源减少和场所营造，以及关注单个建筑的可持续建筑。[⑥]将城市构建为复杂的自适应系统需要在设计决策中理解并考虑技术、生态系统、社会和文化实践与城市治理之间的关系。[⑦]为了实现这一目标，系统创新和转型设计整合了可能与城市相关的不同理论领域，并利用多种支持性设计方法，如思辨设计、设计未来和参与式设计。

---

① Ceschin, F. (2015). The role of socio-technical experiments in introducing sustainable product-service system innovations. In R. Agarwal, W. Selen, G. Roos, & R. Green (Eds.), The Handbook of Service Innovation (373—401). London: Springer.

② Jegou, F. (2011). Social innovations and regional acupuncture towards sustainability. Chinese Journal of Design, 214,56—61.

③ Ryan, C. (2013b). Eco-acupuncture: Designing and facilitating pathways for urban transformation, for a resilient low-carbon future. Journal of Cleaner Production, 50, 189—199.

④ Baek, J. S., Meroni, A., & Manzini, E. (2015). A socio-technical approach to design for community resilience: A framework for analysis and design goal forming. Design Studies, 40,60e84.

⑤ Irwin T, Kossoff G, Tonkinwise C. Transition design provocation[J]. Design Philosophy Papers, 2015, 13(1): 3—11.

⑥ Portugali, J. (2012). Complexity theories of cities: Implications to urban planning. In J. Portugali, H. Meyer, E. Stolk, & E. Tan (Eds.), Complexity Theories of Cities Have Come of Age: An Overview With Implications to Urban Planning and Design (pp. 221—244). Springer.

⑦ Marshall, S. (2012). Planning, design and the complexity of cities. In J. Portugali, H. Meyer, E. Stolk, & E. Tan (Eds.), Complexity Theories of Cities Have Come of Age: An Overview With Implications to Urban Planning and Design (pp. 191—205). Springer.

# 三、

# 相关学者与研究

埃佐·曼奇尼是国际可持续设计与创新联盟主席、意大利米兰理工大学教授、江南大学客座教授、教育部海外名师项目专家、江苏友谊奖获得者，是当今社会创新设计领域中当之无愧的旗手。他从事可持续设计领域的教学与科研工作逾 40 年，是该领域国际最权威的学者和理念先驱，被誉为设计界的思想家，以其不断开拓的设计理念和理论引领了可持续设计的发展思潮。他的研究方向也跨越了多个领域，从 20 世纪 80 年代的“设计材料学”到 90 年代的“战略设计”，以及最近 10 年的“服务设计”。近年来，曼奇尼教授尤其关注社会创新，研究它作为可持续发展的主要推动力是如何通过设计来推动的，提出设计在对应新的挑战时也需要完成自身的转变。

曼奇尼持续关注中国的发展，其 2009 年创立的社会创新与可持续设计联盟（DESIS Network）在中国江南大学、清华大学、香港理工大学、湖南大学、同济大学、广州美术学院共六所设计领域高校均有着良好的发展。清华大学美术学院协同创新生态设计中心副主任、国务院发展与研究中心绿色发展部专家组成员钟芳、江南大学副教授及 Cumulus 的执委巩淼森均是曼奇尼的中国博士生。另外，在 Cumulus 新一届 10 席执委中，有 3 席社会创新研究背景的执委均曾受教于曼奇尼。

卡洛·维佐利是米兰理工大学的设计学教授，从事以可持续性设计为重点的研究和教育活动，负责主持米兰理工大学环境可持续性产品设计课程和可持续发展系统设计课程，是可持续发展设计和系统创新（DIS）研究组的负责人、研究实验室协调员。如今，他在国际上被公认为可持续设计领域的主要专家之一，也是可持续发展学习网络（LeNS, www.lensinternational.org）的资助者和协调员。①

①这是一个旨在推动可持续发展学科设计在世界范围内发展传播的国际高等教育开发网络。

# 四、
# 相关研究机构

社会创新和可持续设计联盟是面向可持续发展的一个社会创新设计，是一个全球设计实验室网络，支持面向可持续发展的社会创新，以设计学校和面向大学的设计 DESIS 实验室为基础，积极参与促进和支持社会变革。其主要学术观点是：社会创新可以成为可持续发展的强大驱动力，而设计院校学生的热情和教师在经验方面的所有潜力可以帮助支持和加速这一进程。DESIS 实验室使用设计思维和设计知识与本地、区域和全球合作伙伴共同创建与社会相关的场景、解决方案和交流计划。实验室是产生新愿景、定义和测试新工具以及启动和支持新项目的地方。

社会创新和可持续设计联盟的主要目标是使用设计来触发、实现和扩大社会创新，即：增强其潜力；提高其知名度；促进其可转让性；增加其协同作用；激发新的举措。其希望与本地、区域和全球合作伙伴共同创建与社会创新相关的场景、解决方案和沟通计划，以应对当代社会的巨大挑战。其中国成员有江南大学、同济大学、清华大学、湖南大学、香港理工大学、西安欧亚学院等。

DESIS
NETWORK
Design for
Social Innovation
and Sustainability

图 8.5.2 社会创新与可持续设计联盟标志

# 五、
# 相关专业与课程

目前不少欧洲院校均开设有可持续设计方向的研究生学位，现以 QS 世界大学艺术与设计排名情况进行举例：

表 8.12　QS 世界大学艺术与设计排名榜上部分院校开设的可持续设计方向的研究生学位情况

| 院校 | 项目简介 | 主要学位课程设置 | 学分 |
| --- | --- | --- | --- |
| 伦敦艺术大学 | 社会创新和可持续未来设计硕士<br>( WA Desugn for Socizl Innovation and Sustainable Futures )<br>本课程邀请来自不同创作背景的人们聚集在一起共同解决复杂的全球性问题。学生可以探索设计实践的未来，以及设计实践与人道主义和生态问题的相互依赖关系。在课程中，会培养学生一系列的基本技能，例如设计研究、影响评估、参与式设计、社会企业家精神和批判性分析，为其未来的职业生涯做好准备。 | 创新研究与框架<br>( Researching and Framing for Innovation ) | 20 学分 |
| | | 社会影响与企业<br>( Social Impact and Enterprise ) | 40 学分 |
| | | 协作单位<br>( Collaborative Unit ) | 20 学分 |
| | | 可持续未来的协同设计<br>( Co-design for Sustainable Futures ) | 40 学分 |
| | | 行动设计：重大项目<br>( Design in Action: Major Project ) | 60 学分 |
| 阿尔托大学 | 创意可持续发展硕士<br>( MA Master's Programme in Creative Sustainability )<br>创意可持续发展项目包括课堂课程、小组作业研讨会、实践项目和论文。课程将加深可持续产品和服务设计专业技能的基础。项目的内容从物质创新到增强社会可持续性。为促进不同学科和专业的团队合作，学生可以参与并领导关于设计和可持续性的争论，开展设计研究，支持实践项目。 | 多学科方法<br>( Multidisciplinary Approach )<br>系统方法<br>( Systems Approach )<br>设计思维<br>( Design Thinking )<br>可持续发展管理<br>( Sustainability Management )<br>项目管理<br>( Project Management ) | |
| 金斯顿大学 | 可持续设计硕士<br>( MA Sustainable Design )<br>这门可持续设计硕士课程侧重于设计作为解决发达国家和发展中国家环境中社会和生态问题的工具的价值。通过将设计思想应用于以设计为主导的干预措施，以实现可持续的未来，使学生具备挑战现状的知识、能力和信心，能将设计思维应用于可持续未来设计。 | 社会创新设计<br>( Design for Social Innovation ) | 30 学分 |
| | | 可持续设计原则、观点与实践<br>( Sustainable Design Principles, Perspectives and Practices ) | 30 学分 |
| | | 创意未来<br>( Creative Futures ) | 30 学分 |
| | | 主要项目<br>( The Major Project ) | 60 学分 |

# 六、总结

多年来，可持续设计领域已拓宽了其理论和实践范围，显示出时间顺序的演变。可持续设计的重点也从单一产品逐渐扩展到复杂系统。

面对设计范围的扩大以及设计学科纳入交叉学科的发展态势，可持续设计需要从孤立的设计创新转变为系统的设计创新。事实上，最初的可持续设计方法，尤其是产品级别的大多数方法均属孤立地关注可持续性问题，以及这些问题的解决方案可以由个体参与者（例如公司）开发和实施。产品服务系统创新则要复杂得多，它们的实施可能需要一个包括各种社会经济参与者的利益相关者网络。在这些情况下，参与者的活动需要与该参与者之外的其他流程相联系和整合。社会创新也是如此，这可能需要与各种当地利益相关者结成联盟。社会技术系统层面的变化需要一系列相互交织的创新，涉及各种社会经济参与者，包括用户、政策制定者、地方政府、非政府组织、消费者团体、行业协会、研究中心等。

# 8-6 数字制造

## 一、定义与背景

### 1. 定义

数字制造（Digital Fabrication）是一种通过计算机控制机器进行制造的过程。[①] 数字制造的方式通常包括增材制造和减材制造。最常见的四种数字制造工具是：3D 打印机（增材制造）、CNC 数控机床、激光切割机（减材制造）、机械臂。严格意义上讲，数字制造的概念只包含制造的过程。但在本文中，数字制造的概念包含数字设计、数字建模及数字建造的设计生产过程。

对数字制造的手法，有多位学者进行过总结（如表 8.13 所示），他们的共同点是机器可以通过程序控制完成与数字设计一致的建造。

表 8.13　学者关于数字制造的手法的总结

| 学者 | 院校 | 代表作 | 手法 |
| --- | --- | --- | --- |
| 岩本丽莎（Lisa Iwamoto） | 加州大学伯克利分校 | 《数字制造：建筑与材料技术》（*Digital Fabrications: Architectural and Material Techniques*） | 切片法（Sectioning）、镶嵌法 (Tessellation)、折叠法（Folding）、等高线法（Contouring）和成型加工法（Forming）。 |
| 尼克 · 邓恩（Nick Dunn） | 曼彻斯特大学建筑学院 | 《建筑中的数字制造》（*Digital Fabrication in Architecture*） | |

①丁俊 . 数字建造的研究现状 [J]. 苏州工艺美术职业技术学院学报 ,2014(1):19— 26.

## 2.
## 数字制造的设计背景

数字时代的到来为人类的制造行为指明了新的方向，从技术手段到审美意识都带来了新的改变。从手工业时代到数字化时代，从其关于制造方式和手段的演进均可以看到一条比较清晰的脉络。在数字化时代，人们并不直接操控制造设备，而是通过计算机控制设备实现具有更高精确度和更复杂的制造。

数字制造的概念源于建筑设计领域，加州大学伯克利分校的岩本丽莎教授在其 2009 年出版的《数字制造：建筑与材料技术》中总结了过去 15 年数字制造的发展。[①]近些年来，数字技术的影响力已经深入现代设计和传统工艺的各个方面，在更为广泛的景观设计、时尚设计、产品设计等诸多领域发挥作用，尤其是产品设计和服装面料设计都可借助数字制造技术实现形式和结构的突破。

# 二、
# 相关领域与文献综述

关于数字制造设计实践、理论总结、教学实验的探索在近些年呈现显著上升趋势，有学者提出“数字制造”在设计上的研究有三个方向：（1）在形态生成方面，形式来源的方向往往关注于历史素材和自然界中的生物元素，还有关注生成形式的方法或结合结构研究生成新的形式，比如借鉴折纸做的折叠空间、借鉴编织技艺做的编织装置、借鉴拼贴工艺制造的表皮等；（2）材料上主要探讨数字技术条件下的材料构造和空间表皮；（3）结构上主要通过数字设计软件和数字建造工具探索新结构或结构的创新运用。[②]

综合爱思唯尔提供的论文以及全网收集到的文献资料，将有关数字制造的研究从理论基础、设计方法、技术运用几个层面来归纳该议题现在的研究方向和趋势，会有更好的囊括性。

## 1.
## 数字制造的理论基础和设计哲学

该方向主要是在数字革命背景下，国内外学者对数字制造发展现状的理论总结及思考提出的新概念和关注点，主要表现为以下两个方面：

① Lisa Jwamoto.Digital Fabrications architectural and material techniques[M].New York Prince ton Architectural Press.2009.

②丁俊 . 数字建造的研究现状 [J]. 苏州工艺美术职业技术学院学报 ,2014(1):19— 26.

### ·数字制造对设计过程及设计思维方式产生的影响

一部分学者认为数字制造工具的介入对改进设计过程、优化设计结果有积极的作用，与数字制造相关的设计思维方式成为设计研究的重要课题。剑桥大学的学者露西娅·科西尼（Lucia Corsini）和詹姆斯·莫尔特里（James Moultrie）在《数字化制造工具背景下的制造综述》（A Review of Making in the Context of Digital Fabrication Tools）一文提出数字制造正在挑战传统的生产模式，制造成为设计过程的一个组成部分。[①]数字制造工具的介入可以带来即兴创作的结果，并确定了四种即兴创作策略以实现创意设计。《新数字设计和制造工具对设计过程影响的探索性研究》（*An Exploratory Study into the Impact of New Digital Design and Manufacturing Tools on the Design Process*）一文对12名设计师进行了访谈与研究，[②]通过了解他们在建筑、陶瓷设计、产品设计和珠宝设计中使用数字制造工具的情况，开发了一个集成数字设计工具、数字制造工具和数字制造对象的模型，该模型提供了数字制造革命背景下的设计过程视图。设计过程由以上三个元素的关系定义，这些关系的性质在形式化的方向和程度上有所不同，并且研究者发现了它们影响设计过程中的三个关键因素：（1）出现和控制；（2）创造力；（3）设计技能。由模型指出改进设计过程中元素之间的关系，从而减少信息的丢失以及由此产生的错误。在历史上，设计和制造一直被认为是设计过程中两个离散的线性阶段，然而，数字制造的到来正在从根本上挑战这一主导范式。丹尼尔·席尔瓦（Daniela Silva）《数字制造——从工具到思维方式》（Digital Fabrication — From Tool to a Way of Thinking）一文认为数字制造不只是一种工具，而是协同数字过程中的一种集成策略，可以在设计过程中实现更好的沟通。与数字制造相关的设计思维方法成为数字研究和设计的一个主要技术和设计问题。[③]

与之相反，有学者提出数字制造的工具和工作流程加剧了工业革命以来设计与制造分离的情况，跨学科的知识结构加剧了设计师的学习曲线，为设计带来障碍。如学者克里斯蒂安·韦切尔（Christian Weichel）提出数字模型是在虚拟设计环境中设计的。这将设计师与设计师所建构的世界分离开来，这种分离阻碍了有经验用户的设计过程，并给新手带来了障碍。此外，在虚拟环境中，设计师不能轻易地整合现有的物理对象或在未来的环境中体验正在设计的对象。这种反馈的缺乏阻碍了设计师在虚拟设计环境中的空间理解。为了使虚拟创造成为现实，设计师必须拥有大量的设计和工程知识，这进一步加剧了新手的学习曲线。最后，当设计师从物理上与其创作分离时——直到它被制造出来——它失去了与材料和物体本身的直接接触，影响了其创造力的发挥。[④]

---

① Corsini, Lucia; Moultrie, James. A review of making in the context of digital fabrication tools[J]. Proceedings of International Design Conference, DESIGN, 2018:1021—1030.

② Corsini, Lucia; Moultrie, James. An exploratory study into the impact of new digital design and manufacturing tools on the design process[J]. Proceedings of the International Conference on Engineering Design, ICED, 2017:21—30.

③ Silva, Daniela. Digital Fabrication — From tool to a way of thinking[J]. Intelligent and Informed — Proceedings of the 24th International Conference on Computer-Aided Architectural Design Research in Asia, CAADRIA 2019, 2019:463—470.

④ Weichel, Christian. Mixed Physical and Virtual Design Environments for Digital Fabrication[D]. ProQuest Dissertations and Theses Full-text Search Platform, 2016.

### · 设计师在数字制造革命中的角色转变

工业时代，流水线的生产方式使设计与制作分离，数字化时代设计的分工仍然存在，人们制造产品的媒介由机械工具变成更加智能的数字化控制工具。设计师的角色也随之发生了如下变化：（1）设计个人化，同时催生了创客运动的兴起；（2）设计师成为新设计流程中的主导者；（3）设计师从制造工具的使用者变成制造工具的设计者。这些转变不仅颠覆了自工业革命以来的设计师角色，也扩大了设计师的工作领域和范畴，并引发了数字制造革命下设计师知识结构和培养方式的问题。来自日本的数字制造研究者田中浩也在《FabLife：迎接创客新时代》一书中提出：[①]工具机械的个人化为大工业生产带来巨大冲击，从家庭到工厂的生产过程变得更为流畅，并朝向自律分散的“云端个人制造”演进，即工业的个人化即将开始，“个人制造”时代下设计与制造的关系也将变得更为紧密。而在一定程度上，“个人制造”的风潮催化了创客运动，数字制造技术经常被描述为“民主化”制造的关键工具。[②]

同时，今天的数字制造充分利用数字技术来实现建造目标“全过程”以及“各专业”相互之间具有连续且共享的数字流，新的工作流程将彻底改变工业社会中“设计师、工艺技师、产业工人”的生产组织方式，设计师将完成大部分工作，这种模式被称为“数字工坊”或“数字工厂”，其主宰者正是数字设计师。[③]学者丹妮拉·席尔瓦（Daniela Silva）提出在数字制造工具增长的背景下出现了设计师作为工具制造商（Tool-Maker）的新兴命题。在这种情况下，设计师不再是简单的制造工具的使用者，而是积极参与调整制造工具或开发自己的制造工具。[④]来自加州艺术学院和未来城市实验室的杰森·凯利·约翰逊（Jason Kelly Johnson）探索创新性的数字制造工具，而不单单只是将自己定位为一个数字建造工具的使用者。克里斯蒂安·韦切尔（Christian Weichel）也提出设计师将在数字制造过程中扮演交互设计师和工程师的角色。基于交互概念，设计师将探索如何将物理世界和设计环境更紧密地结合在一起，并解决它们之前因分离造成的问题。作为工程师，设计师将在原型系统中实现每一个概念，并证明它们是可以实现的。[⑤]

## 2. 探讨数字制造的设计方法

### · 从技术角度出发

关于数字制造的方式和手段的总结是基于数字制造工具的现有条件而来的，许多方法的总结也呈现出共性。就软件来说，目前主要可以通过 3ds MAX、Rhino、Maya、Revit 三维软件进行建模，或者采用它们的相关插件 RailClone、Grasshopper、Paneling Tools、Dynamo 等进行参数化数字建模；就硬件而言，根

①田中浩也 . FabLife：迎接创客新时代 [M]. 梁琼月，潘玉芳，张宇，译 . 北京：电子工业出版社，2015.

② Devendorf, Laura Kay.Strange and Unstable Fabrication[D]. ProQuest Dissertations and Theses Full-text Search Platform, 2016.

③徐卫国 . 数字之维 [M]. 上海：同济大学出版社 , 2018:3—16。

④ Silva, Daniela.Digital fabrication — From tool to a way of thinking.[J].Intelligent and Informed — Proceedings of the 24th International Conference on Computer-Aided Architectural Design Research in Asia, CAADRIA 2019,2019:463—470.

⑤ Weichel, Christian.Mixed Physical and Virtual Design Environments for Digital Fabrication[D]. ProQuest Dissertations and Theses Full-text Search Platform, 2016.

据目前数字制造所运用的工具来看，主要是四大常用的数字制造工具：3D 打印机、数控机床、激光切割机、机械臂。但随着新的制造技术的出现，数字制造的方式和手段也在不断地更新，数字制造结合 AR、VR、人机交互等技术协同工作的案例研究屡见不鲜。比如南加州大学的制造工程研究生项目主任贝赫鲁克 · 霍什尼维斯（Behrokh Khoshnevis）教授开发的轮廓工艺（Contour Crafting）技术正在探索制造自动化。

**· 从设计角度出发**

关于数字制造的形态、材料、结构三个方向的探索已经非常广泛。有许多学者研究发现，历史和自然界是数字制造形态分析的重要来源，如伊拉里亚 · 马佐莱尼（Ilaria Mazzoleni）和生物学家肖娜 · 普赖斯（Shauna Price）合作撰写的《建筑追随自然》①（*Architecture Follows Nature*）就分两部分分析了自然界的动物有机体是如何适应环境并建造环境的，以及仿生学新的方法论带来的设计学习自然的灵感。在实践层面，迭戈 · 皮诺切特（Diego Pinochet）探讨了通过形状语法作为设计范式的视角使用数字制造工具的技术以扩展计算制作，包括数字制造工具、手势和材料行为作为设计过程的关键因素。②荷兰设计师艾里斯 · 范 · 荷本（Iris Van Herpen）利用 3D 打印技术成型生产出三维立体的服装形态肌理，③对拓展纺织产品在形态造型设计观念上具有设计思维的转变意义。

对于不同材料的探索是数字制造所涉及的一个热门领域，克里斯托弗 · 贝克雷姆（Christopher Beorkrem）教授在其著作《数字建造中的材料策略》（2013 年）中指出，材料性能是可以带动数字建造过程并决定建造技术的。荷兰代尔夫特理工学院的索菲亚 · 维佐维蒂（Sophia Vyzoviti）是从具有代表性的材料媒介出发进行研究的学者，她借助纸张折叠的方式探索材料与结构的关系，并出版了一系列图书。④对材料的使用媒介和方式的拓宽也是一个发展方向，由马内尔 · 托雷斯（Manel Torres）创造的喷涂织物就是一个典型案例。这种将棉纤维直接喷涂在皮肤上的服装制造实验激发了科学技术从实验室向时装表演的转化，同时为未来纺织产品的形成和使用奠定了基础。目前在许多学校已经发展出了结合一种特定材料按照数字建造的方法进行探索的较为成熟的课程，如得克萨斯州大学奥斯汀分校 UTSOA 材料实验室将传统材料与数字设计进行结合完成的门板设计，表面纹路是用数控机床进行加工产生而成的，充分发挥了木头材质的性能，从而制造出了韵律，体现了有别于手工艺的新的美学特征和精确的工艺性。

---

① Ilarla Mazzolenl, Shauna Price. Aechitecture Follows Nature[M].CRC Press,2013.

② Pinochet, Diego. Discrete heuristics: Digital Design and Fabrication Through Shapes and Material Computation[J].Communications in Computer and Information Science, 2017:306—326.

③ Johnston L. Digital Handmade[M]. Thames & Hudson Publishing, 2015.

④索菲亚 · 维佐维芊结合设计实践以及在荷兰代尔夫特理工大学设计工作室的教学活动出版了一套系列图书，包括 2003 年出版的《折叠建筑：空间的、结构的及组织的架构》（*Folding Architecture: Spatial, Structural and Organizational Diagrams*）、2006 年出版的《超级表皮：折叠作为建筑、产品以及服装形式生成的手段》（*Supersurfaces: Folding as a Method of Generating Forms for Architecture, Products and Fashion*）、2011 年出版的《软壳：透气的、可伸展的建筑》（*Soft Shells: Porous and Deployable Architectural Screens*）。

利用数字制造等设计辅助手段可以实现复杂的结构形态，如在纺织品设计领域中遵循不同结构特点以借鉴方式转化而来的结构设计——折叠结构与插片结构。加州艺术学院的安德鲁·库德利斯（Andrew Kudless）教授也积极从事数字建造设计实践，其作品着力于重新定义数字工艺，并积极探索弹性结构、壳体结构、细胞形态等。

## 3. 探讨数字制造的技术应用

### ·现代设计与数字制造设计方法

数字制造自 20 世纪 80 年代末首次商业应用以来，在促使设计师的想法得以实现方面发挥了关键作用，不仅为设计制造行为提出了新的方向，也促使设计工具、设计方式乃至设计材料都发生了极大的改变。不少学者针对自身所在的设计领域如何运用数字制造技术提出了自己的思考。

表 8.14　不同设计领域的学者对数字制造技术的观点

| 领域 | 学者 | 主要观点 |
| --- | --- | --- |
| 工业设计 | 鲁兹贝·瓦拉曼内什（Roozbeh Valamanesh） | 从方法论的角度研究设计与数字制造的关系，并试图回答如何将数字制造方法集成到工业设计过程中，通过一系列假设设计过程的发展来研究，强调数字制造作为一种构思工具而不是表现工具的作用。更重要的是，该学者提出了设计方法选择标准的建议，希望这些发现以及增材和减材制造领域的进步能帮助工业设计师创造独特的方法来处理实践和设计教育中的复杂需求。 |
| 室内产品设计以 3D 图案镶嵌的设计研究 | 阿什利·丹妮尔（Ashley Danielle） | 以创建陶瓷的 3D 打印形式探索数字制造和传统大规模生产技术的过程。这一探索旨在产生一个可以数字化迭代、制作和复制的设计过程和产品。该设计调查的方法和分析包括深入的数字材料、制造、工艺和生产探索，整合艺术和设计领域，以破译传统产品设计和数字产品设计之间相互影响、进步和促进的创新过程。① |
| 产品设计教学 | 吴彦、王子凡 | 数字建造极大地解决了从形态设计到“制作”的衔接问题：学生可以灵活地改变材料的厚度、尺寸以及形态，制作出以往依靠手工作业难以加工、甚至无法加工的复杂结构体，充分展现了数字设计与建造技术相结合带来的创新潜力。② |
| 纺织品设计 | 阎秀杰 | 数字制造发展影响下的纺织品也开始呈现出从平面走向立体形态的设计趋势，最直观的体现是对立体、切割、数字分割的视觉形式语言的发挥，在纺织品上表现为形态的立体化、材料的活用化、结构的借鉴化。③ |

① Dale, Ashley Danielle. Pattern, Process, Production: A Design Investigation in Interior Product Design, Exploring Pattern, Digital Fabrication, and Ceramic Production[D]. ProQuest Dissertations and Theses Full-text Search Platform, 2014.
②吴彦，王子凡．数字建造——产品形态设计课程教学改革研究 [J]. 大观，2021(2):111—112.
③阎秀杰．数字建造对纺织产品立体形态设计的影响 [J]. 包装工程，2016,37(16):44—47.

| 领域 | 学者 | 主要观点 |
| --- | --- | --- |
| 可持续 | 露西娅·科西尼(Lucia Corsini)[①] 詹姆斯·莫尔特里(James Moultrie)[②] | 提出社会可持续性设计不仅需要帮助，还需要设计方法，3D 打印技术的知识和框架都应建立在以前的案例研究之上。确定了三个案例研究均为低收入国家提供数字制造目标项目，并持续提供实时数据。[③] |
|  | 亚历山大·博登(Alexander Boden) | 提出由于数字制造和互联网开辟了新的视野，创客运动通过支持这一领域的创新促进其使用和宣传其实际应用，在促进可持续生活方面具有巨大潜力，并讨论 EUD 概念如何通过确保更大规模地获取数字制造、支持用户创新和利用跨社区的知识共享来支持制造商社区的可持续性 。[④] |

### ·数字制造与传统文化创新活化的实践探索

数字制造作为一个新兴领域，其相关技术应用的广度和深度越来越大。在过去几年间，数字制造技术对包括艺术和工艺在内的很多新领域的材料(例如陶瓷)和技术产生了影响。在文化遗产保护与活化创新上也发挥了重要作用，主要表现为修复、创新性再现、数字化三种形式。国内外相关的代表人物有麻省理工学院的阿米特·佐兰(Amit Zoran)。[⑤]他专注于数字制造与工艺结合的实践研究，他在 2011 年探究了制造的转变潜力，设计并用 3D 打印了一支包含手工乐器的机械复杂的演奏长笛。[⑥]在 2013 年的《混合重组：工艺、数字制造与工艺品独特性探索》一文中提出将手工陶瓷的损坏转化为创作的机会，利用 3D 打印技术来表达破碎原件的缺失形式，重新组装打碎的物品，通过“混合重组”的创作方法，使用新的工具和工序为传统工艺、现代技术、艺术和设计之间的关系提供新的见解。[⑦]阿米特·佐兰在《混合篮子：将数字实践与当代工艺交织在一起》(Hybrid Basketry: Interweaving Digital Practice within Contemporary Craft)一文中提出将 3D 打印技术与手工编织工艺结合起来。他开发了 Hybrid Basketry —— 一种 3D 打印结构的介质，探索数字实践和工艺之间的协同作用，并完成了“四个混合篮子”的实验，让手工编织的图案生长和发展。3D 打印的塑料元素为数字曲线和流形的美学做出了贡献，手工编织的芦苇、黄麻和帆布纤维为篮子注入了独特的吸引力。[⑧]浙江大

①露西娅·科西尼教授是剑桥大学制造研究院的一名跨学科设计师和研究员，在私营、公共和第三部门的创新项目方面拥有 10 年以上的工作经验。她的研究涉及设计、可持续性、创业和创新管理等交叉领域。

②詹姆斯·莫尔特里教授是剑桥大学制造研究院的创新与设计管理讲师。他的研究旨在提高设计技能的利用率，并提高项目、公司和国家层面的设计与创新能力。具体研究兴趣包括设计管理、设计策略和物理环境在促进创新方面的作用。

③ Corsini, Lucia; Moultrie, James. Design for Social Sustainability: Using Digital Fabrication in the Humanitarian and Development Sector[J]. Sustainability. 2019, Vol.11(No.13): 3562.

④ Alexander Boden; Gabriela Avram; Irene Posch;Volkmar Pipek; Geraldine Fitzpatrick. Workshop on EUD for Supporting Sustainability in Maker Communities[J].International Symposium on End-User Development, 2013.

⑤阿米特·佐兰是一名专注于阐释技术、数字制造和工艺的工程师和设计师。他制造设计的工具和工艺品，不仅能在民族志语境下引发共鸣，也是传统技术和前沿技术融合的体现。

⑥ Zoran, Amit. The 3D Printed Flute: Digital Fabrication and the Design of the Musical Instrument. Journal of New Music Research (JNMR) Vol. 40, No. 4, 2011.

⑦阿米特·佐兰，利娅·比希勒.混合重组：工艺、数字制造与工艺品独特性探索[J].装饰，2018,No.299(03):22—27.DOI:10.16272/j.cnki.cn11—1392/j.2018.03.006.

⑧ Zoran A. Hybrid Basketry: Interweaving Digital Practice within Contemporary Craft. Leonardo, 46(4), 2013,324—331.

学的应放天等人以中国传统剪纸为灵感，提出了一个数字化剪纸制作系统。学者阿里·萨尔马德·汗（A.S.Khan）帮助其生成剪纸图案，并使用数字化设计和交互技术引导教学，降低初学者的制作门槛，促进了剪纸的发展和应用。[①]阿里·萨尔马德·汗通过实验研究激光雷达技术和数字制造技术在建筑装饰性遗产修补方面的作用，并记录实验观测的信息。当传统方法不可行时，保护主义者可以使用这些信息助力保护工作，从而探索“新手工艺人”在数字时代的作用。[②]

# 三、
# 相关学术机构

FabLearn（原名 FabLab@School）[③]由斯坦福大学教育研究生院设立，是一个全球成长型的网络教育数字化实验室，它将设计和工程的尖端技术——例如 3D 打印机、激光切割机和机器臂——融入初高中生的学习中。主要关注教育中数字制造技术的研究，强调从更广泛的角度看待数字技术与儿童福祉、民主化、批判性思维和智力自由的关系。近五年来，FabLearn 进行了 8 项研究实验，以说明数字制造技术和制造应被更广泛地运用。

Fab Academy[④]是由麻省理工学院比特与原子中心的尼尔·格申菲尔德（Neil Gershenfeld）主导的一个数字制造项目，基于麻省理工学院的快速原型课程——MAS 863：如何制造任何东西。它提供长达 5 个月的数字制造项目，可以在任意一个参与的实验室里开展。Fab Academy 是麻省理工学院制造实验室（MIT Fablab）开办的一个虚拟学院，目标是推广数字化、个性化制造理念和技能。2016 年，全球已经有 600+ 个制造实验室（Fablab）。Fab Academy 每年的课程时长为 5 个月。每周通过在线教学学习一个新主题，并到线下实验室完成一些小项目：CAD、机器切割、电路设计和电子元件、3D 扫描和打印、数控机器、嵌入式编程、机器设计、输入/输出设备、模具和铸造、复合材料、网络和通讯、界面和应用编程、发明和商业化等。

① Liu Lijuan; Chen Yang; Wang Pinhao; Liu Yizhou; Zhang Caowei; Li Xuan; Yao Cheng; Ying Fangtian (2018). Extended Abstracts of the 2018 CHI Conference on Human Factors in Computing Systems—CHI '18 —Nwe York: Association For Computing Machinery, 1—6. doi:10.1145/3170427.3188522.

② Khan A.S. The Patching of Built Ornamental Heritage using Digital Fabrication[D]. Delft University of Technology, 2016.

③ https://fablearn.org/.

④ http://fabacademy.org/.

# 四、
# 相关成果

学术会议：制造会议（Fabrlcate Conference）是参数化数字制造类国际学术会议，由伦敦大学巴特莱特建筑学院（UCL Bartlett）主办。每三年举办一次，讨论针对数字制造相关的一系列主题，如新材料性能、虚拟制造与实际制造之间的联系，以及制造的可持续性等。

研讨会：2021年12月16日，广东工业大学艺术设计学院主办了"The Next——新设计·新工科·新前沿主题论坛暨第八届集成创新与可持续设计国际学术研讨会"。清华大学美术学院信息艺术设计系副教授米海鹏做了关于以"Fabrication：新工艺·新科技·新创意"的主题演讲。他谈到技术的发展为数字化制造带来了极大的可能，也为工艺文化的传承与创新带来了新的机会。另外，传承至今的传统工艺也为数字制造时代带来了思考和启发。Fabrication作为国际上新兴的交叉学科方向，结合工艺技法、新材料、信息技术等多学科方法，在个性化制造与工艺创新领域进行着新的探索。清华大学美术学院信息艺术设计系师生团队尝试在新技术的发展与传统工艺的传承及创新之间找到独特的联系，通过将新的交互技术、材料科技与传统工艺文化相结合，探索了一条具有中国特色的"新工艺"创造之路。

**·数字制造技术下的陶瓷手工艺**

在以机器生产替代手工生产的时代背景下，艺术、手工艺等领域反而常常因为突显了"人为痕迹"（Human Touch）而具有价值。设计师夏洛特·诺德穆恩（Charlotte Nordmoen）改造了一个工业机械臂，通过运行机器学习的算法，机械臂可以在陶轮上造出新的陶罐设计。机械臂的工作端是一个翻模的硅胶人手指，这个硅胶手指直接跟陶轮上的陶土接触，代替了本来与陶土接触的人手。

来自比利时安特卫普的设计工作室Unfold在2009年推出了第一台可以3D打印陶土的打印机，开始探索传统陶艺和数字制造技术的交集。Unfold思考了人与材料进行互动产生结果的可能性，继而创造了一个虚拟的陶轮，用户通过观察圆柱体的屏幕，用手的动作来改变容器的形态，再由3D打印机打印出来。同时Unfold探索在3D打印过程中加入不确定因素（比如晃动、模拟人手的随机动作；又如在不规则的底座上打印，使得打印出来的泥土跟着底座形态而变形），并创造出了一些具有"手工质感"的陶罐。

图 8.6.1 机械臂完成制作陶艺[①]

（左）图 8.6.2 3D 打印陶土[②]
（右）图 8.6.3 3D 打印陶土[③]

图 8.6.4 可互动虚拟陶轮[④]

① http://www.cnordmoen.com/humanmade/2016/4/12/humanmade.
② https://unfold.be/.
③同上②
④同上②

# 五、学科交叉与知识重构

表 8.15　数字制造的交叉学科

| 学科交叉情况 | 学科方向 | 专业方向 |
| --- | --- | --- |
| 设计学科内部交叉 | 设计实践 | 建筑设计、工业设计、服装面料设计 、声音设计、交互设计、综合设计、产品设计 |
| | 设计理论 | 文化遗产保护与活化、设计教育 |
| 设计学科外部交叉 | 工程学 | 建筑、规划、工程管理、建筑学、结构设计、材料科学 |
| | 计算机科学 | 人机交互、计算思维、编程、机器人 |
| | 教育学 | 儿童教育、成人教育、女性教育 |
| | 管理学 | 设计管理、社会可持续 |

# 六、相关专业与课程

**· 阿尔托大学**

作为在“有关数字媒体、艺术与科技等创新领域研究”子领域排名第一的学术机构——阿尔托大学艺术、设计和建筑学院（School of Arts, Design and Architecture）有多个数字制造课程专业方向的培养计划。

阿尔托 FabLab 是阿尔托大学的数字制造实验室，它基于经典的麻省理工学院 FabLab 概念，拥有 100K FabLab 规格中列出的所有数字制造工具，设有开放日并定期主办数字化制造展示（Fab Academy, Digital Fabrication Showcase），是阿尔托大学一年一度的展览，展示阿尔托 FabLab、阿尔托 Studios 一起制作项目。

阿尔托媒体实验室和阿尔托 FabLab 合作的数字制造辅修课程基于全球 Fab Academy 计划，教授学生使用数字制造工具和机器进行设想、设计和原型项目。课程优先面向：新媒体专业学生；数字制造辅修学生；信息网络硕士课程学生；新媒体专业交换生；其他艺术类学生；其他阿尔托学生。

表 8.16　阿尔托大学数字制造专业课程

| 院系名称 | 课程周期 | 研究课程 |
| --- | --- | --- |
| 艺术和媒体系 | | 新媒体艺术和文化<br>新媒体设计<br>创意计算<br>物理计算和数字制造 |
| 阿尔托媒体实验室和阿尔托 Fab Lab 合作课程 | 2022—2023 年 | 数字制造 I<br>数字制造 II<br>数字制造 III<br>数字制造工作室 |
| 媒体系 | 2020—2021 年 | 数字制造 I<br>数字制造 II<br>数字制造工作室 |
| 建筑系 | 2017—2018 年 | 结构数字制造设计 |
| | 2021—2022 年 | 数字制造 D |
| 艺术系 | 2017—2018 年 | 数字雕塑 1<br>数字雕塑 2<br>数字雕塑 3 |

# 七、总结

数字制造作为一个新兴领域，相关技术应用的广度和深度越来越大，跨学科的理论研究也日益纷繁复杂，通过文献整理我们可以窥见行业实践、教学实验和理论思考的基本面貌。

数字制造源起于建筑领域，融合了生物学、材料科学、工程学、计算机科学等多学科领域的知识，其工具、技术和创新性的思维方式已渗透到现代设计的各个方面，为设计实践带来了技术、材料的革新，改变了传统意义上的设计思路和流程，为文化遗产、传统工艺保护和活化提供了新路径，催化了社会可持续性创新，也引发了"设计师的再定义"问题。作为全球设计领域发文量排名第一的研究主题，围绕"设计师"的研究热度居高不下，在数字制造革命下，设计师的身份不再局限于某一专业领域，而需要具备多学科交叉性的知识体系，在设计制造流程中兼具多个角色。在此角色转变之下关于设计师的工作领域和范畴的界定、设计师的培养已成为当前亟需思考的话题。

数字制造作为一种构思工具而非表现工具，其囊括的设计思维和制造方法已经延伸到教育领域。西方学界已经形成了具有较强针对性的设计教育理论体系，如针对中小学生教育的 FabLearn Labs、麻省理工学院设立的致力于高校合作的 Fab Academy，以及为帮助女性就业的教育实践。从高校专业课程的分布上也可以看出数字制造专业课程已经出现在建筑、设计、艺术等专业方向的培养计划中了。如阿尔托大学自 2017 年起每学年都会开设 3—4 门数字制造课程，并设有一年一度的展览，主要面向建筑、新媒体及艺术专业学生。而国内尚未针对该领域进行深入的跨学科研究，也未形成理论研究体系及实践机制，因此，我们可参考国外院校知识结构和课程专业设置，将数字设计的思维方式和跨学科设计方法延伸并落实到设计教育中。

# 8-7 人机交互

## 一、定义与社会背景

### 1. 定义

人机交互（Human-Computer Interaction, HCI）是对计算机技术的设计和使用的研究，其重点是人（用户）与计算机之间的界面交互关系。HCI 研究人员观察人类与计算机交互的方式，并设计允许人类以新颖方式进行计算机交互的技术与创新研究，允许人机交互的设备被称为人机界面（HMI）。作为一个研究领域，人机交互处于计算机科学、行为科学、设计、媒体研究和其他几个研究领域的交叉点。该术语旨在表达与其他具有特定和有限用途的工具不同，计算机有许多用途，通常涉及用户与计算机之间的开放式对话。对话的概念将人机交互比作人与人的交互，这种类比对该领域的理论思考至关重要。

### 2. 社会背景

该术语由斯图尔特 · K. 卡德（Stuart K. Card）、艾伦 · 纽厄尔（Allen Newell）和托马斯 · P. 莫兰（Thomas P. Moran）在他们 1983 年出版的《人机交互心理学》一书开始普及。第一个已知的用途是 1975 年由卡莱尔（Carlisle）使用的，“评估办公自动化对高层管理沟通的影响”。[①]人机交互在 20 世纪 80 年代随着个人计算机的出现而出现，像 Apple Macintosh、IBM PC 5150 和 Commodore 64 等机器的出现一样使家庭与工作的模式发生了巨大的改变。

图形用户界面（GUI）的出现第一次将复杂的电子系统供给普通消费者使用，例如文字处理器、游戏机和会计辅助工具。因此，随着计算机不再是专门为专业环境中的专家打造的昂贵的房间大小的工具，而是作为为缺乏经验的用户创建简单高效的人机交互变得越来越重要。在 20 世纪八九十年代，研究人员开始将认知心理学和人因工程学的概念应用于交互系统设计中，这使可用性测试和其他用于评估用户界面的方法得到衍生和发展。在 20 世纪 90 年代末到 21 世纪初，移动和普适计算的出现给研究人员带来了新的挑战并产生了新的评估方法，例如基于定位服务和情景感知的计算。近几年，随着虚拟现实和增强现实、自然语言处理和机器学习等新技术的引入，人机交互也衍生出了更多创新的交互方式与应用场景。

---

① June 7—10, 1976, National Computer Conference and Exposition on - AFIPS '76. Proceedings of the June 7—10, 1976, National Computer Conference and Exposition. pp. 611—616. doi:10.1145/1499799.1499885. S2CID 18471644. 其中“人机交互”的使用出现在参考文献中。

## 3.
## 人机交互的发展与进程

在学科趋势发展中，最初的人机交互的学术归属是计算机科学，其最初的重点是个人生产力应用程序，人机交互研究人员专注于提高台式计算机的可用性（即从业者专注于计算机学习和使用的难易程度）。但该领域不断多样化并超越了所有界限，它迅速扩展到包括可视化、信息系统、协作系统、系统开发过程和许多设计领域。

在人机交互的应用趋势中，随着互联网和智能手机等技术的兴起，计算机的使用将越来越多地从桌面转向移动的世界。此外，约翰·卡罗尔（John M. Carroll）曾在《人机交互百科全书》中指出："人机交互已经发展成为比计算机科学本身更广泛、更大和更多样化的领域。人机交互从最初对个人和一般用户行为的关注扩展到包括社会和组织计算、老年人、认知和身体受损者以及所有人的可访问性，以及尽可能广泛的人类体验和活动。它从桌面办公应用程序扩展到包括游戏、学习和教育、商业、健康和医疗应用程序、应急计划和响应，以及支持协作和社区的系统。它从早期的图形用户界面扩展到包括无数的交互技术和设备、多模式交互、对基于模型的用户界面规范的工具支持。"①

交互模式也从被动输出趋向于主动输出，并从基于命令或动作的触发方式逐步发展成通过智能识别的自适应方式。设计从单模态逐步转向关注多模态交互（视觉、语音、触觉、动作、环境等），并且这一交互方式更符合用户的期待与满意度，它打破了传统 PC 式的键盘输入和智能手机的点触式交互模型。甚至到了现在，计算机科学开始发展到机器学习、自然语音处理、人工智能等领域，例如 ChatGPT 人机对话的出现，它通过实现更自然和直观的交互改善了人机之间的沟通，并理解和生成类似人类响应的能力，使其在聊天机器人、虚拟助手和客户服务等应用程序中非常有用。在个性化方向，ChatGPT 能够通过使用自然语言处理和机器学习算法从以前的交互中学习为个人用户定制个性化交互。并且现在的人机交互也逐步应用在车机系统里，营造智慧出行的生活场景，这种个性化可以带来更好的客户体验和更高的满意度。在效率方面，一些机器人设计可以自动执行重复性任务并响应常见查询，这可以节省时间并减少人的工作量，同时提高各个行业的生产力和效率。

当然，人机交互的发展也带来了新的命题，其一方面让社会开始关注道德和隐私的问题，特别是围绕数据隐私、偏见以及聊天机器人或虚拟助手的潜在滥用等问题。因此，更重要的是要考虑人机交互、自然交互在快速发展前提下对整个社会的潜在影响；另一方面，随着人工智能、人机交互的发展，产品与人的关系呈现从多感知到无感知的发展趋势，如何开发产品的新端口，延续并激发使用者的创造力，也会挖掘出人机交互的新可能性。

① John M. Carroll, 2004.10, The Encyclopedia of Human-Computer Interaction, 2nd edition, chapter 2:Human Computer Interaction-brief intro.

# 二、
# 相关文献综述

本小节综合爱思唯尔提供的人机交互相关论文数据以及在全网上收集到的资料，将论文与资料总结为五个研究板块，并分析了这个议题在产品设计界的研究方向、趋势及现状。

## 1.
## 人机交互设计教育的知识板块与研究领域

产品设计领域人机交互的当前研究状况稳健且发展迅速。世界各地有许多活跃的研究小组和项目，以及大量关于人机交互理论、方法和案例研究的文献。人机交互领域当前的一些研究主题和趋势包括使用人工智能和机器学习来改进用户界面、开发新的交互技术（例如增强现实和虚拟现实），以及考虑伦理在数字化设计中重要性的日益增加。总的来说，产品设计中的人机交互领域是一个令人兴奋和充满活力的研究领域，它正在塑造技术和人类交互的未来。人机交互设计的教育可分为五个部分：

**· 以用户为中心的设计**

以用户为中心的设计（UCD）是一种行之有效的产品设计方法，它将用户的需求和目标置于设计过程的中心。涉及内容有用户研究、创建角色，以及使用迭代设计方法根据用户反馈改进产品。唐纳德·诺曼在《日常事务的设计》（*The Design of Everyday Things*）[①]这本经典书籍中概述了以用户为中心的设计原则及其在日常物品和系统设计中的应用，强调了解用户的心理模型和认知过程以创建有效且可用的界面的重要性。布拉德·迈尔斯（Brad Myers）在《人机交互技术简史》（*A Brief History of Human-Computer Interaction Technology*）[②]一文中简要概述了人机交互的历史及其向以用户为中心的设计原则的演变，讨论了可用性测试和其他用于评估用户界面的方法的出现。由卡雷尔·弗雷登堡（Karel Vredenburg）、斯科特·艾森西（Scott Isensee）和卡罗尔·里吉（Carol Righi）在共同编写的《以用户为中心的设计实践调查》（User-Centered Design Stories）[③]一文中全面概述了以用户为中心的设计原则和方法，包括用户研究、角色开发和可用性测试，讨论了在整个设计过程中设计师、开发人员和用户之间协作的重要性。杰西·詹姆斯·加勒特（Jesse James Garrett）同样在《用户体验的要素：以用户为中心的网页设计》（*The Elements of User Experience: User-Centered Design for the Web*）[④]这本书提供了一个框架，用于理解以用户为中心的设计的组成部

① Donald Norman, November5, 2013, The Design of Everyday Things.

② Brad A. Myers,01march 1998, A brief history of human-computer interaction technology, interactions, volume5, issue2, pp44—54.

③ Karel Vredenburg,Ji-Ye mao,Paulw.Smith, and Tom Carey.Asurvey of user-centered design Practice CHI '02: Proceedings of the SIGCHI Conference on Human Factors in Computing Systems, April 2002 Pages 471–478, https://doi.org/10.1145/503376.503460.

④ Jess James Garrett, 01 2002, The Elements of User Experience: User-Centered Design for the Web.

分，包括用户研究、信息架构和交互设计。它强调了创建易于浏览和理解的用户友好界面的重要性，并且在《可用性工程：基于场景的人机交互开发》（*Usability Engineering: Scenario-Based Development of Human-Computer Interaction*）[①]这本书中，作者玛丽·贝丝·罗森（Mary Beth Rosson）和约翰·M. 卡罗尔（John M. Carroll）详细地概述了可用性工程，这是一种基于以用户为中心的设计原则设计交互系统的方法，它包括案例研究和可用性工程如何应用于现实世界的设计项目的示例。总的来说，关于以用户为中心的人机交互的文献为设计满足用户需求的交互系统提供了丰富的知识和方法。这些方法强调理解用户的目标、偏好和能力的重要性，并使用这些信息来创建有效的、高效的、符合用户能力边界的界面。

**· 体验设计**

体验设计（XD）是人机交互中一个重要的方法领域，它强调用户与产品交互的情感和心理。体验设计包含一系列设计方法，包括用户旅程映射、故事版和服务设计。体检设计旨在创造具有可用性、沉浸式、有意义的用户体验属性：首先是感官的体验，主要给予用户视觉和听觉上的体验，其次是给用户感受到好用与实用的体验感，然后是情感体验，让用户在心理上感受到产品的友好性，更贴切的实际的内心需求。杰西·詹姆斯·加勒特（Jesse James Garrett）撰写的《用户体验的要素：以用户为中心的网页设计》（*The Elements of User Experience: Usre-Centered Design for the Web*）[②]一书中还讨论了创造可用性且具有令人满意的用户体验的重要性。《情感设计：为什么我们会喜欢（讨厌）日常事务》（*Emotional Design: Why We Love (or Hate) Everyday Things*）[③]这本书探讨了设计的情感方面以及它们如何影响用户行为和感知，强调了设计能够唤起用户积极情绪和感受的产品的重要性。亚伦·沃尔特（Aarron Walter）的《情感设计》（*Designing for Emotion*）[④]这本书中提供了有关在数字产品中进行情感设计的实用指南，包括与用户建立情感联系和针对特定情感反应进行设计的技术。由比尔·莫格里奇（Bill Moggridge）撰写的《交互设计》（*Designing Interactions*）[⑤]一书回顾了交互设计的历史，包括创新体验的产品和系统案例研究，内容强调了为人类体验而设计的重要性，其中包括设计情感和参与。在 2016 年第 11 届国际计算机学会（Association for Computing Machinery, ACM）电与电程师协会（Institute of Electrical and Electronics Engineers, IEEE）人机交互（HCI）国际会议中，劳拉·博坎福索（Laura Boccanfuso）等 7 位作者发布的用于检查患有和为患有房间隔缺损（ASD）的儿童的不同游戏模式和情感反应的情感机器人也阐述了情感化机器人的研究和用户体验。

总的来说，关于人机交互体验设计的文献提供了一套丰富的方法、理论和框架，用于创建引人入胜且有意义的用户体验。这些方法可以应用于范围广泛的产品和

① Mary Beth Rosson, John M. Carroll, 10 2001, Usability Engineering: Scenario-Based Development of Human-Computer Interaction.

② Jesse James Garrett, 01 2002, The Elements of User Experience: User-Centered Design for the Web.

③ Don A. Norman, 05 2005, Emotional Design: Why We Love (or Hate) Everyday Things.

④ Aarron Walter, 01 2011, Designing for Emotion.

⑤ Aarron Walter, 10 2007, Designing Interactions (The MIT Press).

系统，从数字界面到物理对象，从功能到情感，进而帮助设计师创造用户真正喜欢的和使用满意度较高的产品。

### · 可访问性

可访问性是人机交互的一个关键方面，其重点是确保产品对具有广泛能力和残疾的人可用且有效。万维网联盟（W3C）制定的“Web 内容可访问性指南（WCAG）旨在使残障人士（包括视觉、听觉、身体、语言、认知和神经障碍）更容易访问 Web 内容。 该指南涵盖了广泛的辅助功能问题，例如非文本内容的文本替代方案、键盘辅助功能和颜色对比度等。

海顿 · 皮克林（Heydon Pickering）在《包容性设计模式》（*Inclusive Design Patterns*）①一书也提供了一系列设计模式和最佳实践，用于创建可访问和包容的用户界面。其中涵盖了一系列主题，例如键盘辅助功能、表单、导航和媒体等。总体而言，这些参考资料为致力于创建可供所有用户（包括残障人士）使用的数字产品和服务的设计人员和开发人员提供了丰富的信息和资源。通过遵循这些参考资料中概述的原则和指南，设计人员可以确保无论使用者的能力如何，产品都可供每个人使用并带来愉快的感受。

### · 机器人交互

机器人交互是人机交互中的一个新兴领域，随着机器人和其他智能机器在日常生活中变得越来越普遍，人们对人机交互领域的兴趣也越来越大。这一研究领域的重点是专注于设计和开发可以在各种环境中与人类交互的机器人，以及如何设计对用户直观有效的机器人。在机器人交互方向中包含了基础的传感器和系统交互设计，例如作者马可 · 多里戈（Marco Dorigo）和马可 · 科隆贝蒂（Marco Colombetti）共同编写的《机器人塑造：行为工程实验》（*Robot Shaping: An Experiment in Benavior Engineering*）②这本书就全面概述了设计机器人行为的原则和技术，包括传感、感知、动作和学习。本 · 罗宾斯（Ben Robins）、保罗 · 迪克森（Paul Dickerson）、佩妮 · 斯特里布林（Penny Stribling）和克斯汀 · 道滕哈恩（Kerstin Dautenhahn）共同编写的《机器人介入的自闭症儿童联合注意力研究：机器人与人类互动的案例》（*Robot-Mediated Joint Attention in Children With Autism: A Case Study in Robot-Human Interaction*）③一书中，概述了用于人机交互的社交机器人的设计和评估，包括情绪识别、社会行为和用户研究等主题。对于机器人交互中关于人机交互的深层次伦理和社会意义得到了社会的广泛关注。例如纳尔巴赫什（Nourbakhsh）在《未来机器》（*Robot Futures*）④书中探讨了机器人技术的社会和伦理影响，包括机器人对工作、教育和人际关系的影响，其

---

① Heydon Pickering, 10 2016, Inclusive Design Patterns.

② Marco Dorigo, Marco Colombetti,11.1997, Robot Shaping: An Experiment in Behavior Engineering.

③ Ben Robins , Paul Dickerson , Penny Stribling and Kerstin Dautenhahn, 01 2004, Robot-mediated joint attention in children with autism: A case study in robot-human interaction.

④ Illah Reza Nourbakhsh, 03 2013, Robot Futures (The MIT Press).

中还讨论了响应人类需求和偏好的机器人系统的设计。这一领域还包含了未来对于人机协同的展望，甚至包含了想象未来机器人交互的相关场景的拓展与运用。例如由作者罗宾·墨菲（Robin R. Murphy）编写的《科幻小说中的机器人：六个经典机器人短篇故事解释人工智能》（*Robotics Through Science Fiction: Artificial Intelligence Explained Through Six Classic Robot Short Stories*）[①]这本书使用科幻故事来探索机器人的设计和开发，包括对与使用机器人相关的伦理和社会考虑。以及作者谭力勤在《奇点艺术》这本书中构想的纳米机器人与艺术家共同创作的场景。这些文献均提供了一系列关于机器人交互的设计和开发的观点以及对未来的设想。通过借鉴人机交互、机器人技术和相关领域的原理和技术，设计人员和开发人员可以创建具有吸引力、高效且能够响应人类需求和偏好的机器人。

**· 数据可视化**

数据可视化是人机交互的一个重点关注领域，涉及创建复杂数据集的可视化表示。这可以帮助用户更好地理解和解释数据，促进分析、理解和决策的制定，并且可以在从金融分析到科学研究的广泛环境中使用。作者爱德华·塔夫特（Edward Tufte）编写的《定量信息的视觉表达》（*The Visual Display of Quantitative Information*）[②]这本书是数据可视化的经典参考，为设计清晰有效的定量数据可视化提供了指导。本书涵盖了图形完整性、数据墨水比和视觉显示中颜色的使用等主题。科林·韦尔（Colin Ware）的《信息可视化：设计感知》（*Information Visualization : Perception for Design*）[③]这本书全面概述了信息可视化的原理和技术，包括感知、认知和交互，涵盖视觉编码、交互设计、信息可视化评价方法等主题。朱莉·斯蒂尔（Julie Steele）和诺亚·伊林斯基（Noah Iliinsky）的《设计数据可视化：信息关系》（*Designing Data Visualizations : Representing Informational Relationships*）[④]提供了有关设计有效数据可视化的实用指南，包括选择正确的可视化类型、组织和标记数据以及创建可视化层次结构。这些参考资料提供了有关人机交互中数据可视化的一系列观点，从设计有效可视化的实用指南到可视化设计的理论基础。设计人员和开发人员在人机交互领域通过数据可视化为一系列用户创建沉浸式、信息丰富且易于理解的可视化效果和视觉模态体验。

## 2. 人机交互当前活跃的研究趋势

人机交互的研究状况非常活跃，并呈现出发展变化的状态。该领域的研究人员不断开发新的技术、工具和理论，以改善人机交互。人机交互当前的研究趋势分为三个部分：人工智能和机器学习、虚拟现实和增强现实、伦理和社会影响。

---

① Robin R. Murphy, 12 2018, Robotics Through Science Fiction: Artificial Intelligence Explained Through Six Classic Robot Short Stories.

② Edward Tufte, 02 2001, The Visual Display of Quantitative Information.

③ Colin Ware, 06 2012, Information Visualization: Perception for Design.

④ Julie Steele, Noah Iliinsky, 10 2011, Designing Data Visualizations: Representing Informational Relationships.

### · 人工智能和机器学习

研究人员正在探索如何使用人工智能和机器学习来改善用户体验并使交互更加智能和直观。这涉及广泛的子领域，例如深度学习、强化学习、自然语言处理、计算机视觉和机器人技术。学者的研究报告正在帮助我们理解人工智能和机器学习如何以有效的、符合道德的且对用户有益的方式集成到交互式计算系统中。

表 8.17　人机交互：人工智能和机器学习的代表学者

| 代表学者 | 专业方向 | 代表书籍论文或主题演讲 | 主要观点 |
| --- | --- | --- | --- |
| 汤姆·迈克尔·米切尔（Tom Michael Mitchell） | 米切尔是美国计算机科学家，卡内基梅隆大学创始人、教授，卡内基梅隆大学机器学习部门的创始人和前主席。米切尔因其对机器学习、人工智能和认知神经科学的发展做出的贡献而闻名。他是教科书《机器学习》的作者。自 2010 年以来，他是美国国家工程院的成员，以及美国艺术与科学学院、美国科学促进会的会员、人工智能促进会的会员和前主席。2018 年 10 月，米切尔被任命为卡内基梅隆大学计算机科学学院临时院长。 | 书籍：<br>1.《机器学习》（*Machine Learning*）<br>2.《重要灵感：致敬艾伦·纽厄尔？》（*Mind Matters: A Tribute to Allen Newell*）<br>3.《机器学习的最新进展》（*Recent Advances in Robot Learning*）<br>4.《机器学习：一种人工智能方法》（*Machine Learning: An Articial Intelligence Approach*） | 米切尔的主要观点是，机器学习算法可以用作自动学习数据中的模式，并根据这些模式做出预测或决策。<br>米切尔的研究重点是开发算法和技术，使计算机能够从大型数据中集中学习，而不需要明确的编程。他研究了广泛的机器学习问题，包括自然语言处理、计算机视觉和语音识别。 |
| 雅各布·沃布罗克（Jacob O. Wobbrock） | 雅各布·沃布罗克是华盛顿大学的信息学教授，领域是人机交互（HCI），侧重于移动和可访问计算。<br>是DUB GROUP和MHCI+D的创始成员。他还指导ACE实验室，并且是CREATE中心的创始主任。具体研究课题包括输入和交互技术、人类绩效测量和建模、人机交互研究和设计方法、移动计算和可访问计算。研究重点是开发利用机器学习和其他人工智能技术的新输入技术和交互技术。 | 演讲：<br>《基于能力的设计：人工智能可以扮演什么角色？》（Ability-Based Design: What Role Might AI Play?）<br>会议论文：<br>《A11Y Board：让盲人和弱视用户可以访问的数字画板》（A11YBoard: Making Digital Artboards Accessible to Blind and Low-Vision Users）<br>《澄清最终用户启发研究的协议计算和分析》（Clarifying Agreement Calculations and Analysis for End-User Elicitation Studies） | 研究旨在科学地了解人们对计算机和信息的体验，并通过发明新的交互技术来改善这些体验，尤其是针对残疾人的体验。其研究强调了将机器学习和人工智能技术融入人机交互设计，以为用户创建更直观、高效和个性化的界面的重要性。 |

### · 虚拟现实（VR）和增强现实（AR）

在虚拟现实和增强现实的背景下，人机交互尤其重要，因为这些技术要求用户以比传统计算机界面更自然和直观的方式与数字环境交互，可能涉及使用手势、语音命令，甚至物理动作来控制数字对象，并在虚拟或增强空间中导航。这包括研究用户行为、开发新的交互技术，并设计界面，考虑到这些沉浸式技术的独特特征。随着虚拟现实和增强现实技术变得更加先进，研究人员正在探索如何使用它们来创造更加身临其境和引人入胜的用户体验。

表 8.18　人机交互：虚拟现实与增强现实的代表学者

| 代表学者 | 专业方向 | 代表书籍论文或主题演讲 | 主要观点 |
| --- | --- | --- | --- |
| 马克 · 比林赫斯特（Mark Billinghurst） | 马克 · 比林赫斯特教授在人机界面技术方面拥有丰富的专业知识，尤其是在增强现实（将三维图像叠加在现实世界上）领域，并发表了 650 多篇关于增强现实、虚拟现实、远程协作、同理心计算等相关主题的论文。 | 《增强现实跟踪、交互和显示趋势：ISMAR 十年回顾》（Trends in Augmented Reality Tracking, Interaction and Display: A Review of Ten Years of ISMAR）<br>《基于视频增强现实会议系统的标记跟踪和 HMD 校准》（Marker Tracking and HMD Calibration for a Video-Based Augmented Reality Conferencing System） | 在 AR / VR 领域中未来发展特别关注跟踪、交互和显示研究，主要研究三个部分的技术及应用：（1）可穿戴计算。小型可穿戴计算机的空间和协作界面。这些接口解决了当人类在身体上合并无处不在的计算和通信时可能发生的事情的想法。（2）共享空间。一个界面，展示了增强现实（将虚拟对象叠加在现实世界上）如何从根本上增强面对面协作和远程协作。（3）多模式输入：结合自然语言和人工智能技术，通过语音、手势、注视和身体动作的直观组合实现人机交互。它为未来的增强现实研究提供了路线图，对这个相对年轻的领域具有重要价值，也有助于其他研究人员在开始自己的领域研究时决定应该探索哪些主题。 |
| 阿利斯泰尔·萨克利夫（Alistair Sutcliffe） | 阿利斯泰尔 · 萨克利夫是英国曼彻斯特大学计算机科学与商学院系统工程终身名誉教授。他最初是一名动物行为学家，曾在 IT 和金融行业、公务员部门以及曼彻斯特城市大学工作过。他的研究涵盖软件工程、人机交互、认知和社会科学。最近对基于场景的设计、需求工程方法、复杂社会技术系统分析和建模、可视化和创造性设计感兴趣。他是安全关键系统中的人为因素、需求工程和多媒体用户界面设计方面的权威，撰写了 6 本书和 200 多篇关于人机交互、需求工程、软件和领域知识重用的出版物。 | 《多媒体和虚拟现实：设计多感官用户界面（第 1 版）》（*Multimedia and Virtual Reality: Designing Multisensory User Interfaces* [*1st ed.*]） | 萨克利夫善于利用心理学理论来改进交互系统的设计过程。主题聚焦在人机交互领域，并与软件工程进行了一些交叉引用。<br>他将诺曼的多媒体和虚拟现实行动模型与 ICS 认知模型联系起来，并应用这些模型来预测交互所必需的设计特征。并且，通过扩展现有的启发式评估和观察性可用性测试，涵盖多感官接口的可用性评估等知名的人机交互方法，以及去交叉验证多媒体设计在人机交互中的应用。 |

· **伦理和社会影响**

随着技术在我们日常生活中的使用越来越多，研究人员正在探索人机交互的伦理和社会影响，例如隐私问题和技术对社会互动的影响。

表 8.19　人机交互：伦理和社会影响的代表学者

| 代表学者 | 专业方向 | 代表书籍论文或主题演讲 | 主要观点 |
| --- | --- | --- | --- |
| 安那 · 乔彬（Anna Jobin） | 安那·乔彬是一名研究人员，具有社会学、经济学和信息管理的多学科背景。目前，是弗里堡大学 Human-IST 研究所的高级研究员和讲师，柏林洪堡互联网与社会研究所（HIIG）的高级研究员，以及瑞士洛桑（EPFL）和奥地利因斯布鲁克（MCI）的讲师。 此外，她是瑞士青年学院的创始成员，不莱梅大学“平台治理、媒体和技术”实验室附属 ZeMKI 的顾问成员，以及洛桑大学科学与技术研究实验室（STSLab）的准成员。之前曾在 EPFL、ETH、康奈尔大学和塔夫茨大学工作。她的研究项目立足于科学、技术和社会的交叉点，特别关注与算法系统的交互研究和公民科学中的（数字）伦理，以及伦理人工智能。<br>作为国际公认的数字技术与社会交叉领域的专家，她的研究和专业知识在大众和专业媒体上都有报道。 | 《人工智能道德准则的全球格局》<br>（*The Global Landscape of AI Ethics Guidelines*）<br>《人工智能道德准则的全球格局: 自然机器智能(2020)》<br>（*Ethical Issues with Using Internet of Things Devices in Citizen Science Research: A Scoping Review* [2020]） | 尽管人们明显同意人工智能应该是“道德的”，但关于是什么构成了“道德的人工智能”，以及实现它需要哪些道德要求、技术标准和最佳实践，都存在争论。为了调查关于这些问题的全球协议是否正在形成，我们绘制并分析了当前关于道德人工智能的原则和指导方针的语料库。我们的研究结果显示，围绕五项道德原则（透明、正义和公平、非恶意、责任和隐私）出现了全球趋同，但在如何解释这些原则、为什么认为它们重要、它们属于什么问题、领域或行动者以及应该如何实施这些原则等方面存在实质性分歧。我们的研究结果强调了将指南制定工作与实质性伦理分析和充分的实施战略相结合的重要性。 |
| 尼克 · 博斯特罗姆（Nick Bostrom） | 尼克·博斯特罗姆是瑞典出生的哲学家，具有理论物理学、计算神经科学、逻辑学和人工智能以及哲学的背景。他是世界上被引用最多的职业哲学家之一。 牛津大学的教授，任人类未来研究所的创始主任。出版约 200 部作品，包括《人类偏见》（2002 年）、《全球灾难性风险》(2008 年)、《人类增强》(2009 年)和《超级智能：路径、危险、策略》(2014 年)。后者是《纽约时报》的畅销书，引发了关于人工智能未来的全球对话。他还发表了一系列有影响力的论文，包括介绍模拟论证（2003 年）和存在风险概念（2002 年）等的论文。 | 《人工智能的伦理》<br>（*The Ethics of Articial Intelligence*）<br>《超级智能意志：先进人工智能中的动机与工具理性》<br>（*The Superintelligent will: Motivation and Instrumental Rationality in Advanced Articial Agents*） | 研究与未来可能创造出的具有远远超过人类一般智力的机器相关的伦理问题，与当前自动化和信息系统中出现的任何伦理问题都截然不同。这种超级智能将不仅仅是另一项技术发展，更是有史以来最重要的发明，并将导致所有科学和技术领域的爆炸性进步，因为超级智能将以超人的效率进行研究。在某种程度上，伦理是一种认知追求，超级智能也可以在道德思维的质量上轻松超越人类。然而，这将由超级智能的设计者来具体说明其最初动机。由于超级智能可能会因为其智力优势和可以开发的技术而变得不可阻挡的强大，因此，为它提供对人类友好的动机是至关重要的。探讨了创造超级智能的一些独特的伦理问题，并讨论了我们应该给予超级智能的动机，介绍了超级智能机器的发展是否应该加快或延缓有关的成本效益的一些考虑。 |

# 三、相关学术机构

美国计算机协会（ACM）人机交互特别兴趣小组（SIGCHI）：人机交互特别兴趣小组是美国计算机协会的一个特殊兴趣小组，通过其会议、出版物和社区建设活动在推动人机交互领域方面发挥了重要作用。该组织帮助将人机交互确立为一个合法的研究和实践领域，并为改善用户体验的新技术和应用程序的开发做出了贡献。其拥有世界各地4000多名成员，包括研究人员、从业者和学生。该组织欢迎来自不同背景的成员，包括计算机科学、心理学、设计和工程等。协会每年举办多场会议，包括人机交互计算系统人为因素会议，这是人机交互领域的首要国际会议。该组织还主办了多个专业会议，包括交互式系统设计会议和计算机支持的协同工作和社会计算会议。并且出版了多种与人机交互相关的期刊和会议论文集，包括旗舰期刊——《美国计算机协会人机交互特别兴趣小组》（*ACM Transactions on Computer-Human Interaction* [*TOCHI*]）。该组织还出版了*Interactions*杂志，为从业者和研究人员提供了一个分享他们的工作和想法的论坛。

尼尔森诺曼集团（Nielsen Norman Group）是一家由雅各布·尼尔森（Jakob Nielsen）和唐纳德·诺曼创立的咨询公司。尼尔森以其在网络可用性方面的工作而闻名，并撰写了多本关于该主题的书籍，而诺曼以其在认知心理学和设计方面的工作而闻名。并且尼尔森诺曼集团提供了一系列与用户体验研究和设计相关的服务，包括可用性测试、用户研究、信息架构和设计策略。该组织还提供培训和咨询服务，帮助企业改善用户体验，出版了一系列与用户体验研究和设计相关的报告、文章和书籍。这些出版物涵盖了可用性测试、移动设计和网页设计最佳实践等主题。并因其在用户体验研究和设计领域的贡献而获得多个奖项。例如，该组织在2021年被Clutch评为全球十大用户体验机构之一。尼尔森诺曼集团与不同行业的众多客户合作，以改善他们的用户体验。一些值得注意的案例研究包括：为美国人口普查局重新设计网站，以改善用户体验并提高参与率；为大都会艺术博物馆进行可用性研究，以确定博物馆在线票务系统的问题并提供改进建议；为波士顿市进行用户研究并制定设计策略，以提高其网站的可访问性和可用性。总体而言，尼尔森诺曼集团通过其服务、出版物和案例研究在推进用户体验研究和设计领域方面发挥了重要作用。该组织还帮助不同行业的企业改善了用户体验，并为该领域最佳实践和标准的制定做出了贡献。

交互设计基金会（IDF）：交互设计基金会是一个非营利组织，提供有关人机交互和用户体验（UX）设计的在线课程和资源。它拥有全球成员社区，并提供有关用户研究、设计思维和交互设计等主题的课程，发布了一系列与交互设计和用户体验设计相关的文章、电子书和其他资源。这些出版物涵盖用户研究、设计模式和可用性测试等主题。因其在交互设计和用户体验设计领域的贡献而获得多个奖项。例如，该组织在2020年被UX Design Awards评为全球十大用户体验设计学院之一。一些值得注意的案例研究包括：与联合国合作重新设计其在线投票平台，使其更易于访问和建立用户友好体验；与红十字会合作开发一款移动应用程序，为受自然灾害影响的人们提供信息和资源；与一家医疗保健初创公司合作设计一款移动应用程序，帮助患者跟踪他们的用药情况，并监测他们的健康状况。该组织帮助个人和组织提高了他们的设计技能并创造了更具用户友好体验的产品和服务。

# 四、相关成果

人机交互已经渗透到我们国家的基建工程、商业和日常生活中，很多设计师开始关注产品发展在精细化领域的应用设计、人机思辨关系、情感化趋势、跨学科融合的人机产物和背后引发的关于未来人机交互的伦理意识和危机意识。

### ·“你好，机器人。人与机器的设计”（Hello, Robot . Design between Human and Machine）

“你好，机器人。人与机器的设计”（Hello, Robot . Design between Human and Machine）展览于 2017 年首次在德国莱茵河畔魏尔的维特拉设计博物馆展出，并在世界各地的其他几个场馆同时展出。该展览由阿梅莉·克莱因（Amelie Klein）和托马斯·盖斯勒（Thomas Geisler）策划，围绕探索人与机器人之间的关系以及设计塑造这种关系的方式展开。该展览具有影响力是因为它展示了机器人技术和自动化的最新发展，展示了设计如何塑造我们与这些技术的关系。它还引发了关于这些发展的社会、伦理和政治影响的辩论和讨论，并有助于提高人们对机器人和自动化在我们社会中的潜在利益和风险的认识。

展览展出了一系列互动装置、原型和产品，展示了机器人和自动化如何改变我们的生活，以及改变我们工作、生活和互动的方式。示例范围从运输无人机和残疾机器人到互联网机器人，包括来自工业和家庭的 200 多件展品，以及电脑游戏、媒体装置和电影和文学作品的例子。它们都说明我们的生活已经被机器人渗透了，即使是在最私密的领域。其中一些主要展品，例如 Pepper 是软银机器人公司设计的人形机器人，可以识别人脸、解读情绪，并与人交谈；E-volo，一种专为个人使用而设计的无人机，可以通过智能手机应用程序进行控制；“社会结构”是波茨坦应用科学大学交互设计实验室的一个项目，旨在探索软机器人技术在创建基于纺织品的交互式界面方面的潜力；“机器人椅”是瑞士设计工作室 ECAL 的一个项目，探索使用机器人为残疾人提供身体支持和帮助的可实施性。

图 8.7.1 “你好，机器人。人与机器的设计”[①]

“你好，机器人。人与机器的设计”展览是一个开创性的活动，它帮助塑造了人机交互领域：首先通过流行文化塑造人们对机器人的理解；其次质疑人类的创造力与工作自动化之间的界限，并启发了世界各地的设计师、技术人员和研究人员探索设计和使用机器人的新方法，以及人们日常生活中的自动化；最后侧重于人与机器人的日益融合，技术同时在塑造人类，在未来技术与机器人环境中具有的潜在风险的预测。

### · AI：超越人类（AI: More than Human）

AI：超越人类（AI: More than Human），于 2019 年 5 月 16 日至 2019 年 8 月 26 日在英国巴比肯中心举办的大型展览探索了人工智能的交互创造性和科学发展，展示了它彻底改变我们生活的潜力，以 DeepMind、麻省理工学院和尼珥 · 奥克斯曼（Neri Oxman）的尖端研究项目的各种交互形式来体验人工智能的能力，并直接与马里奥 · 科里曼（Mario Klingemann）、伊斯 · 戴维琳（Es Devlin）和团队实验室（TeamLab）等艺术家的展品和装置互动，亲身体验人机交互的各种可能性。

① https://www.design-museum.de/en/exhibitions/detailpages/hello-robot.html.

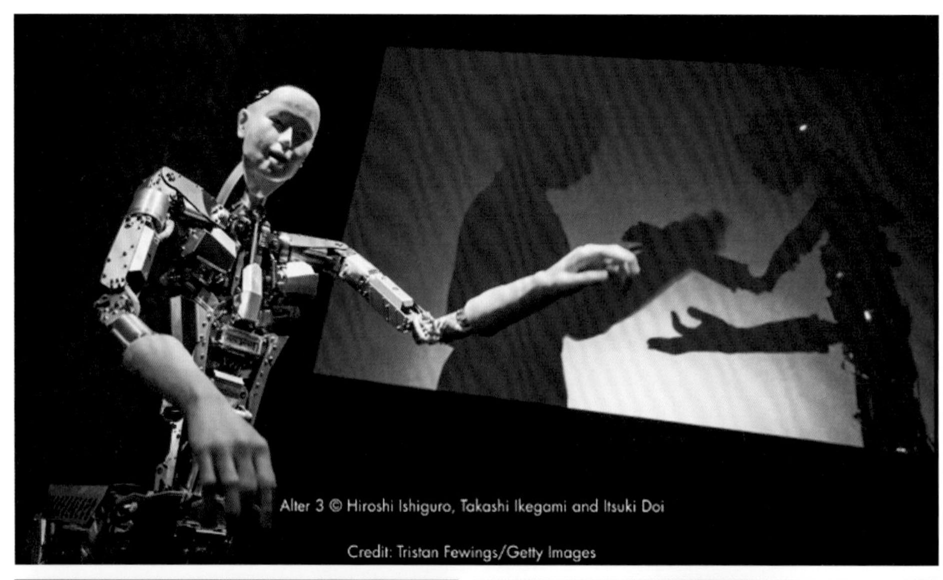


（上图）图 8.7.2 “AI：超越人类”英国巴比肯中心展览现场

（左图）图 8.7.3 “AI：超越人类”英国巴比肯中心展览现场

（右图）图 8.7.4 “AI：超越人类”英国巴比肯中心展览现场

展览的目的是通过观众与人工智能之间的多模态交互（视觉、声音、触觉等）探讨人工智能对人类社会、文化和创造力的影响，并鼓励参观者批判性地思考人工智能的开发和使用，以及未来人机交互的可能性。展览的理念是提供关于人工智能的多学科视角，汇集艺术家、科学家和技术专家，展示人工智能研究的最新发展和交互方式，并探索这些发展的社会、伦理和政治影响。展览展出了一系列互动装置、艺术品和演示文稿，探讨了机器学习、机器人交互技术和神经网络等主题。

该展览的主要影响之一是激发公众对人机交互参与了解人工智能的多方面发展，并提高人们对该技术的潜在利益和风险的认识。该展览还引发了关于人工智能的未来及其对人类社会、文化和创造力的影响的辩论和讨论。“AI：超越人类”展览因其探索人工智能的交互创新和跨学科方法，以及吸引和教育公众了解这一复杂且快速发展的技术的能力，在了解人机交互的同时也引出对未来人机交互的伦理意识和危机意识的思考。

# 五、
# 相关实践（产业转化）

随着人机交互的成熟与发展，人与机器、信息、环境的交互联动构成了四元空间，“数化感知”在新型多维人机互动中拓展了人们感知世界的方式和维度。以下案例通过软件与硬件一体化、实体与虚拟界面结合、多端联动的人机交互智能产品展现人机交互设计在真实场景中的研发与应用。案例场景包括从国家基建维护到商用以及民用，甚至是未来探索机器学习对话的人机交互。其中，产品体现了以用户为中心、视觉可视化、多模态交互方式、机器人交互、可访问性、情感体验等交互设计原则的运用。探索人机交互在精细化领域的设计发展与社会价值。

### · 人机交互国家基建端维护案例

X-Craft 是全球首款 AI+AR+5G 防爆现实增强智能眼镜，也是助力产业升级工业互联的智能化平台。它集成了混合现实显示、人工智能算法和 5G 传输，为工人赋予超强感知力，增强了中石油、国家电网等企业一线工作人员的装备，大大提高了工人的工作效率。可用于电力、石化、燃气、航空、轨交、运输、消防、基建、半导体等行业中的操作培训、远程协助、厂区巡检、维护复杂的制造装备等工作。

图 8.7.5　杭州灵伴科技有限公司主创团队：沈擎阳、杜晖、王文刚、夏凯、胡波[①]

① X-Craft[EB]. 灵伴科技，2021 https://www.di-award.org/collections/detail/955.html?page_size%3D1000%26page%3D1%26year%3D%26award_type%3D%26award_group%3D%26category_id%3D.

### · 人机交互商业化 TOC 端案例

ReX AI scale 基于对商品的机器视觉识别技术，在进行称重的时候直接识别商品，以及同品类不同产地 / 品牌的自助式智能称重秤台，免去门店员工人工检索。用户通过多模态人机交互设计可自助完成散装品称重和付费环节，且通过手势识别直接智能出小票，极大地节省了超商打秤员工培训成本和人力，减少过去因人工操作出错带来的商品损耗。ReX AI scale 系列解决方案包含 5 款硬件（单摄像头版、pad 版、自助打标签、散称销售终端 [Point of Sale，POS] 一体机、多品识别 pos）和自研的整套机器视觉软件，以满足场内打标签、收银集成和多餐品识别等多种散称商品场景。

图 8.7.6 盒马（中国）有限公司——阿里巴巴，团队成员：沈健、刘佳睿、李嘉、冯梦远、张远[1]

① REX S2 新零售全场景智能散称套件 [EB]. REX TECH, 2021 https://www.rextech.cn/terminal.html?code=terminal1649315531960#/.

### · 人机交互商业化 TOB 端案例

人工智能巡店系统通过 AI 技术对店面布置、员工作业、商品阵列、门店卫生等实时检测，自动发现问题并预警推动助力门店经营智能化。且用户可远程与线下实体硬件多端交互操作协同，提升监管效率，随时随地通过 PC 端 / 手机端在线截图、在线检测、在线分析，上传线下巡店结果，推送至相关负责人处并留档备查。并且此系统通过多端联动使经营者可以进行数据可视化分析，辅助经营决策，通过摄像头、传感器等物联网（Internet of Things, IOT）设备感知门店环境、作业过程，生成一线数据，评判工作质量、经营质量，辅助门店的经营决策。

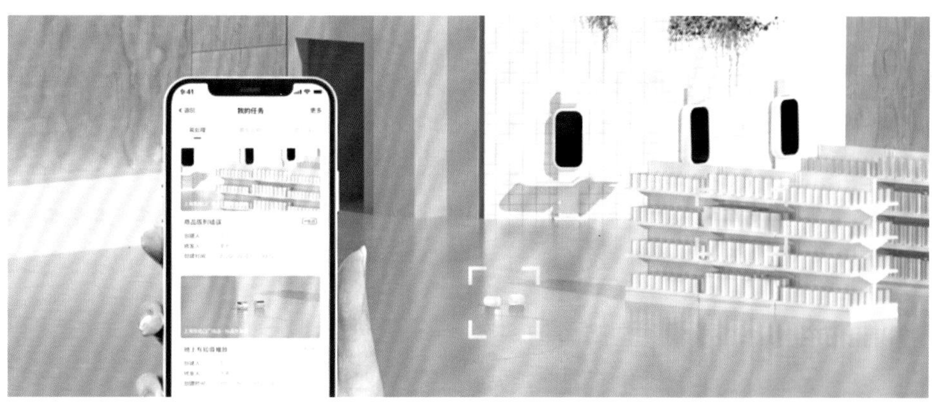

图 8.7.7　盒马（中国）有限公司

### · 人机交互民用案例——人与实体的交互

Ekso Bionics Ekso GT 外骨骼机器人旨在帮助下肢瘫痪的人站立和行走。外骨骼机器人的工作原理是通过传感器检测用户的运动意图，然后提供机动辅助，帮助用户移动双腿。外骨骼设计用于临床和康复环境，经常被脊髓损伤、中风或其他影响行动能力的人使用，外骨骼还可以向用户及其物理治疗师提供实时反馈，这有助于优化他们的康复。Ekso Bionics Ekso GT 外骨骼机器人是机器人和人机交互领域的重大发展，展示了技术帮助残疾人和提高他们生活质量的潜力。

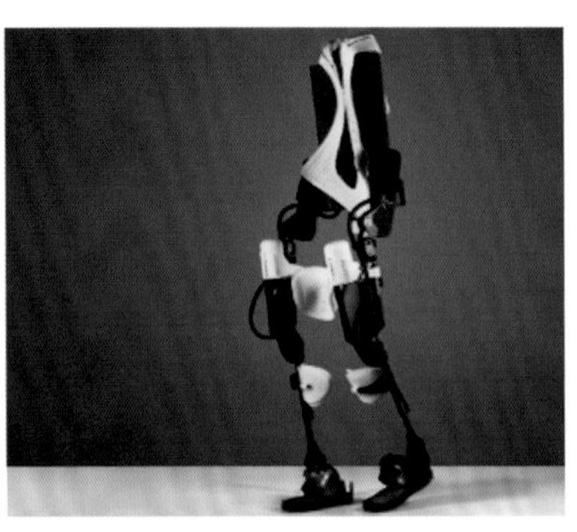

图 8.7.8 Ekso Bionics Ekso GT 外骨骼机器人①

### · 人机交互未来趋势案例

ChatGPT 等自然语言处理和机器学习的产品被认为是一种人机交互形式，因为它涉及人类用户与旨在模拟对话的计算机程序之间的通信。在此交互中，人类用户输入基于文本的问题或提示，计算机程序使用自然语言处理和机器学习算法生成响应。然后用户解释响应并继续对话，从而引发类似于两个人之间的对话的来回交互。随着聊天机器人和虚拟助手的兴起，例如天猫精灵等产品的出现，这种类型的交互变得越来越普遍，它可以在客户服务、医疗保健和教育等领域有很多应用，也可以自动执行重复性任务并响应常见查询，提高各个行业的生产力和效率。然而，值得注意的是，当前聊天机器人技术的能力存在局限性，它可能无法在所有情况下完全取代人与人之间的互动。

（左下）图 8.7.9 ChatGPT 界面
（右下）图 8.7.10 天猫精灵

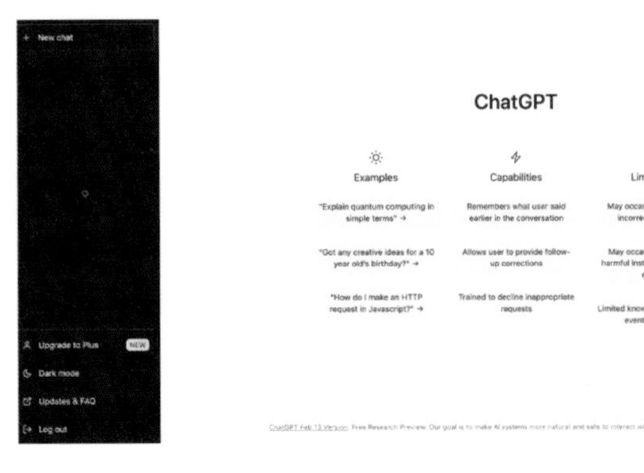

---

① Ekso Bionics Ekso GT 外骨骼机器人 [EB] Ekso Bionics, https://eksobionics.com/.

## 六、

# 学科交叉与知识重构

人机交互设计是立足于科技、社会、人文、设计学科之间的交叉领域。在具体的设计实践和理论研究中，工业设计、人体工程学、认知心理学、人机交互、建筑学、用户体验界面等领域都有很高的重叠。在以上提到的新兴领域中，都有借助数字技术、人机交互来辅助设计概念的实现。例如，在协同设计研讨会议中，就有很多利用空间增鲜显示（SAR）技术来缩小不同背景参与人员之间沟通的壁垒。虚构设计和参与式设计作为设计研究领域的工具和方法，目前更倾向于对人机交互和相关技术创新等方面的探索。

表 8.20　人机交互相关知识结构构成

| 方向 | 交互设计知识领域 | 其他设计领域 | 交叉学科（议题） |
| --- | --- | --- | --- |
| 创新设计工程 | 用户研究、多模态设计、信息体验设计、数据可视化设计 | 视觉设计、色彩设计、机械结构设计、设计思维 | 计算机科学、移动计算、认知科学、仿生原理、机器学习、参数化设计 |
| 设计管理 | 设计管理、设计策略 | 服务设计、系统设计、空间设计 | 管理学、人类学和社会学、商业市场营销、供应链管理 |
| 机器人设计 | 人体工程学、手势识别和语音界面设计、用户体验界面设计 | 结构设计 | 伦理学、材料学、机器学习、可用性测试 |

# 七、
# 相关专业与课程

表 8.21　人机交互相关的专业、课程及交叉学科情况

| 学校 | 相关专业 | 相关课程 | 交叉学科 |
| --- | --- | --- | --- |
| 卡内基梅隆大学 | 计算机科学学院<br>- 人机交互研究所（HCII） | 人机交互心理学、用户界面设计、用户研究 | 认知心理学、计算机科学、人类学和社会学 |
| 佐治亚理工学院 | 交互计算学院<br>- 人机交互专业 | 界面设计、交互设计、用户研究 | 移动计算、社交计算 |
| 加州大学圣地亚哥分校 | 设计实验室<br>- 交互设计 | 用户研究、交互设计、原型评估、以人为本的机器人设计 | 机器人行为、手势识别和语音界面、认知科学 |
| 皇家艺术学院 | 传媒学院<br>- 信息体验设计<br>设计学院<br>- 创新设计工程<br>- 产品设计 | 用户体验设计、数据可视化、交互式安装、设计思维 | 设计实践和理论研究、服务设计、系统设计、可用性测试、工程设计、仿生设计、人体工程学、视觉设计、色彩理论 |
| 阿尔托大学 | 艺术设计和建筑学学院<br>- 人机交互和设计学 | 用户研究、设计原型制作、设计管理课程 | 商业市场营销、创业和项目管理 |

# 八、总结

人机交互已经逐年渗透到工业生产、商业服务及民用日常生活中，围绕以人为本的设计原则，并且融合多模态设计形式、机器学习技术与情感体验，形成软硬件一体、虚拟与实体相结合的多元化表现形式。人机交互的发展更关注学习性、可用性、使用效率、人机协同的产业化和便捷性。设计师越来越关注人与机器、信息、环境的交互联动构成的四元空间，将一切行为与需求数据化的同时，在新型多维人机互动中拓展人们“感知”世界的方式和维度，并通过媒介层、理论层与技术层构建整个体系架构。设计作为一种改变用户行为模式的触点，使机器在多领域中更好地理解并为人所用，而很多国外的展览及论坛已经开始研究未来人机交互的设计伦理与社会性问题，引发人们的危机意识。这就意味着设计师在需要注重交互中的创造力和主观能动性的同时，需要挖掘人机交互的新可能性。例如如何在交互中发挥人类的主观能动性和创造力。另一方面，国外的相关人机交互学校除了注重设计体验本身，还延伸到了认知科学、计算科学当中，甚至是商业项目管理学以及人类学和社会学的跨学科知识融合发展，故国内的学校课程设置可以参考知识结构交叉中的专业设置，进行更深入的探究，以顺应未来趋势，并做合理化转变 。

# 8-8 社会语言学

## 一、定义与背景

### 1. 定义

社会语言学（Sociolinguistics）是 20 世纪 60 年代在美国首先兴起的一门边缘科学，是语言学的一个分支，研究语言和社会间各方面的关系。社会语言学研究的议题包括：从语言识别社会群体、社会对语言的态度、语言的标准和非标准形式、使用国语的形式和需要、语言的社会变体和层面、多语现象的社会基础等。社会语言学的可替换名称是语言社会学（Sociology of language），更注重上述问题的社会学而非语言学解释的含义。

它主要是指运用语言学和社会学等学科的理论和方法，从不同的社会科学的角度去研究语言的社会本质和差异的一门学科。

社会语言学将从以下两个领域进行探索：

一是社会生活的变化将引起语言（诸因素）的变化，其中包括社会语境的变化对语言要素的影响。

二是从语言（诸因素）的变化探究社会（诸因素）的变化。

## 2.
## 社会背景

综合地看，社会语言学的诞生是由三个方面的因素共同促成的：

首先，社会历史的需要激发了语言与社会问题的研究，为社会语言学的建立奠定了社会基础。19 世纪末到 20 世纪 60 年代，社会变革频繁，政治形势多变，社会关系复杂。在当时，新兴国家的建立、人口的迁移、民族的融合和教育的实施等实际问题的解决大多涉及具体的语言政策问题。作为民族构成不可或缺的重要因素之一的语言，因此受到了来自政治、文化、社会、心理等诸多方面的关注，它的社会性、文化性、民族性等以往被忽视的特性得以逐步显现，并越来越受到语言学家的重视。

其次，科学技术的发展使语言研究的物质条件大大改观，社会科学普遍采用的调查法和统计法使人们更易于通过事物总体的数量关系来揭示事物之间的内在联系。美国学者拉波夫（Labov）正是使用了在当时颇为先进的录音设备，同时借助于调查法成功地发现了社会变量和语言变量之间的共变关系（Co-variation），从而开创了对语言变异现象进行科学研究的传统。因此可以说，新的技术手段和研究方法为社会语言学的建立提供了可靠的基础。

最后，语言学自身的发展也呼唤着变革的出现，结构主义和形式主义语言学一统天下的局面终于被社会语言学打破了。众所周知，自从索绪尔（Saussure）提出了语言和言语的对立之后，大部分的语言学家就在他们自己所强调的领域进行着为语言而语言的结构主义研究，内部语言学得到了空前的发展，跟语言主体（指“人”）的社会、心理、实际运用等有关的因素几乎被完全排斥在语言学之外，到了乔姆斯基（Chomsky）时代，语言的使用者和使用环境已经完全被理想化了。这种语言观的局限性随着时间的流逝和人们认识水平的提高逐渐暴露了出来，并且最终导致了一些针对性理论的产生和迅速发展，社会语言学就是其中的突出代表。吕叔湘给社会语言学以高度评价，把它与历史比较语言学和结构主义语言学并列，称之为“语言学的第三次解放”。[①]

## 3.
## “社会语言学”词语第一次出现

索绪尔首先提出了社会语言学的研究方向。他认为语言（Language）分为两个方面：一是语言（Language），即平时人们研究的语言系统或是语言使用的总结，例如语法、句法、词法等；二是言语（Parole），即社会语言学，语言当代的使用偏好与当代社会相关联的研究方向，但并未得到当时学者们的重视。一般认为，社会语言学的确立是以 1964 年在美国召开的第 9 届国际语言学大会为标志的。但同其他科学一样，它的出现也是长期的学术积累和历史发展的结果。[②]

---

①吕叔湘．现代汉语八百词 [M]. 北京：商务印书馆，1980.

②赵蓉晖．社会语言学的历史与现状 [J]. 外语研究，2003(1):13-19+26-80.

# 二、
# 相关文献综述

综合爱思唯尔提供的论文数据以及相关资料，我们将对社会语言学这个议题的研究方向和趋势以及研究现状进行综述。

## 1.
## 设计理论与理念

该方向主要结合传播学、符号学、消费心理学等交叉学科，研究图形记忆和视觉文化对社会语言的影响。这是目前视觉传达专业与社会语言学的综合议题，且涉及设计史、美学、色彩学等理论，因此比较适合进行跨学科合作。

表 8.22 社会语言学：设计理论与理念角度代表学者信息表

| 代表学者 | 人物介绍专业方向 | 代表书籍或论文 | 主要观点 |
| --- | --- | --- | --- |
| 于根 · 斯皮茨穆勒（Jürgen Spitzmüller） | 维也纳大学语言科学研究所应用语言学教授。2004 年在德国弗赖堡大学（University of Freiburg, Germany）取得德语语言学学位，研究兴趣在于（互动的）社会语言学领域，特别是在多模式的交际思想学（元语言学）和论述研究领域。 | 《设计权威：学术传播中印刷体的索引维度》（Designing Authority: The Indexical Dimension of Typography in Academic Communication） | 科学传播中的图形不仅是一种优雅地传达、浓缩或系统化“事实”的手段，作为任何一种交际形式，它们都与以前使用的话语语境相联系或相关联。因此，图形不仅将信息可视化，也将其语境化，在不同的社区和特定领域，充当身份的有效象征。借助于社会语言学的社会定位和认同理论，平面设计将在词语的双重意义上成为一种学科实践。① |
| 罗伯特 · 维森伯格（Robert Wiesenberger） | 罗伯特 · 维森伯格是耶鲁大学艺术学院平面设计史教授，他在 2018 年获得哥伦比亚大学艺术史博士学位。曾在 2014—2016 年获得哈佛艺术博物馆的策展奖学金（即斯蒂芬 · 恩格尔霍恩策展人奖学金计划 [The Stefan Engelhorn Curatorial Fellowship Programme]），负责博物馆的包豪斯收藏。研究兴趣为现代与当代艺术、设计和建筑。 | 《从巴塞尔到波士顿：美国现代主义字体设计路线图》②（Basel to Boston: An Itinerary for Modernist Typography in America） | 从 20 世纪 60 年代开始，麻省理工学院成为所谓的“瑞士风格”，一种独特的、现代主义的平面设计方法在美国流行起来。当时，麻省理工学院在设计方面的先进性受到赞扬，这不仅体现在机构的“有效性”上，还体现在其领导人的远见卓识上：“麻省理工学院的工作已经成为美国标准的先驱，标准的内容是设计如何在提高教育机构的整体有效性方面发挥作用。在大学这样一个庞大的政治结构中，这一愿景反映了大学管理者和设计师的奉献精神和远见。”③ |

① Jürgen Spitzmüller. (De)Signing Authority. The Indexical Dimension of Typography in Academic Communication,Design Issues 2021,37(4):46—58.

② Wiesenberger, Robert & Resnick, Elizabeth. (2018). Basel to Boston: An Itinerary for Modernist Typography in America. Design Issues. 34. 28—41. 10.1162/desi_a_00495.

③ Bill Bonnell, “Objective Visual Design: Recent American Developments,” Graphis 173, no. 4.1973: 44.

| 代表学者 | 人物介绍专业方向 | 代表书籍或论文 | 主要观点 |
| --- | --- | --- | --- |
| 尼可 · 阿内尔（Nicole L. Arnell） | 阿肯色州立大学艺术设计系平面设计副教授，2010 年取得科罗拉多州立大学平面设计硕士，专业领域为社区组织与宣传、平面设计、商业与广告艺术、设计教育等。阿内尔对标志设计、字体设计以及消费者的文化差异领域有浓厚的兴趣。 | 《通过平面设计实践和指导提高有效的全球传播的文化意识》（Increasing Cultural Awareness for Effective Global Communication via Graphic Design Practice and Instruction） | 视觉传达设计师和设计教育者必须参与全球性的设计对话，以区分普遍有效的美学原则和来自主流设计和营销传统的假设真理。在全球传播中，有一种明显的转变，即在没有考虑到适当性或有效性的情况下，将西方文化符号学和结构强加于其他文化的同质化设计风格。通过关注传统印刷与其他媒介的需求，包括对色彩象征的研究、不同字重与语言文字的关系，以及集体主义与个人主义文化和亚文化的视觉暗示，可以为设计师在创建针对除自己以外的文化或亚文化的视觉传达时使用。 |

## 2. 图形、排版与设计策略

从该角度出发的“社会语言学”在视觉传达专业领域提及的话题大多从视觉传达排版、字体设计等设计应用角度出发，结合社会语言学中对语言意识形态、跨文化交际等的研究，在实践层面探讨跨学科研究的可能性。这一角度的论著研究主要分为两种：一种是从字体设计、商标设计的角度出发，探讨科技对设计高效化的帮助；一种是从设计全局出发，与市场营销挂钩，考察信息可视化对品牌建设的影响。

表 8.23 社会语言学：图形、排版与设计策略代表学者信息表

| 代表学者 | 人物介绍专业方向 | 代表书籍或论文 | 主要观点 |
| --- | --- | --- | --- |
| 克里斯汀 · 赫妍 · 陈（Christine Hyeyeon Chun） | 韩国世翰大学设计系视觉传达设计专业助理教授，是 Instacart 的高级产品设计师和内容创作者，在 YouTube 上有 80000 人以上的订阅者，在 Instagram 上有 24000 人以上的追随者。她热衷于通过分享自己在技术领域的知识和经验使设计教育变得可行，希望通过这种方式让其他人充分发挥自己的创造潜力。 | 《启蒙时期韩国报纸广告设计变化分析（1876—1910）》（An Analysis of Change in Korean Newspaper Advertisement Designs in the Time of Enlightenment [1876—1910]）① | 从前现代到现代，启蒙时期（1876—1910）体现着韩国传统视觉文化的现代化进程。通过这一过渡时期的报纸广告，在版式、图像使用、版面设计等方面的特征变化可以观察早期韩国视觉设计原型的诞生和变化过程。结论在报纸广告变化的整个时期，从最初只使用部分韩国传统视觉文化形式开始可以看到逐渐的变化，包括使用早期形式的组合创造新的形式，以及接受日本和西方的方法。这一时期的报纸广告设计实际上是传统与现代的转换与共存，这一过程一直持续到日本殖民时期大多数广告开始采用日本风格为止。 |

① Chun, Christine. (2018). An Analysis of Change in Korean Newspaper Advertisement Designs in the Time of Enlightenment(1876—1910). Archives of Design Research. 31. 211—223. 10.15187/adr.2018.02.31.1.211.

| 代表学者 | 人物介绍专业方向 | 代表书籍或论文 | 主要观点 |
| --- | --- | --- | --- |
| 克拉维罗 · 罗德里戈 · 佩纳 · 卡瓦略（Craveiro Rodrigo Pena Carvalho Dos Anjos） | 葡萄牙平面设计师。作为拥有涂鸦作家和音乐家双重背景的他，对涂鸦和音乐、街头艺术、插图、摄影、书法和字体设计以及其他许多学科均感兴趣。 | 《涂鸦在当代字体设计中的影响》（*The Influence of Graffiti Writing in Contemporary Typography*） | 随着进入后现代时代，尤其是在新的思想和原则推动下，视觉传播范式产生了重大变化。正是在这种环境下，涂鸦（Graffiti Writing）出现了，有争议的、不敬的和创造性的，成为许多平面设计师的参考。图形编辑软件的开发不仅促进了这些具有混合特征的新作品的创作，而且促进了图形设计的实践。因此，字体设计与涂鸦分享其对书写的热情，也成为探索新的形式和变化的专业设计师和爱好者的方向。① |
| 田海龙 | 天津外国语大学博士生导师，其学术研究主要集中在社会语言学及（批评）话语分析领域，特别是从跨学科视角进行话语及翻译的研究工作。田海龙教授和同行发起"当代中国新话语国际学术研讨会"，并主办了首届（2006年·天津南开大学）和第3届（2009年·天津商业大学）会议。第2届在英国兰卡斯特大学举行（2007年），第4届在广东外语外贸大学举行（2011年），第5届在南京师范大学举行（2013年），第6届年在中山大学举行（2015）。该活动推动了批评话语分析在中国的运用与发展。 | 《图像中的意义与媒体的意识形态：多模态语篇分析视角》 | 以克瑞斯（Kress）和范陆文（Van Leeuwen）提出的视觉语法为理论基础，对中英媒体报道奥运会圣火采集仪式时使用图像的情况进行多模态语篇分析，揭示中英媒体在这一事件的报道中体现的不同意识形态。分析表明，通过图像制造者在向量、接触、距离、视角、信息值、显著性和框架等方面的加工，图像已不再具有简单的再现意义、互动意义和构图意义，而是成为媒体表达其意识形态意义的一种方式。② |

① Craveiro, R.P.C.A.. (2017). The Influence of Graffiti Writing in Contemporary Typography. Street Art and Urban Creativity. 3. 65—83.

②田海龙，张向静．图像中的意义与媒体的意识形态：多模态语篇分析视角 [J]. 外语学刊，2013(2):1-6.DOI:10.16263/j.cnki.23-1071/h.2013.02.020.

# 三、
# 相关学术协会

中国语言学会社会语言学分会隶属于中国语言学会，是在中国语言学会、中国社会科学院语言研究所及国内相关高校的支持下，经中国语言学会批准，于2018年10月正式成立的。

中国语言学会社会语言学分会的成立旨在整合国内社会语言学研究各分支学科的学术资源和研究力量，推动中国社会语言学研究的深入发展。目前国内社会语言学界的学者主要集中于汉语学界、外语学界和少数民族语言学界。社会语言学的研究则包括多个分支领域。社会语言学分会希望打通不同分支学科的壁垒，融合不同学界的学者，汇集不同的研究方法，促进不同分支学科和不同学者之间互相切磋、共同进步，推动中国社会语言学研究理论和具体研究的深入发展，加强社会语言学研究的国际交流与合作，不断发展壮大中国社会语言学研究队伍，促进中国社会语言学走向世界。

中国语言学会社会语言学分会的主要工作包括：

1. 开展和促进社会语言学各分支学科的学术研究。
2. 举办两年一次的中国社会语言学国际学术研讨会。
3. 举办一年一次的社会语言学高端国际论坛。
4. 举办一年一次的中国社会语言学高峰论坛。
5. 举办社会语言学研究理论与方法培训班。
6. 编辑出版《中国社会语言学》杂志。

中国语言学会社会语言学分会首任会长为天津外国语大学田海龙教授，副会长有汪磊、梁云、郭龙生、潘海英、赵蓉晖，秘书长为郭龙生。

美国语言学学会（Linguistic Society of America, LSA）成立于1924年，旨在促进语言及其应用的科学研究。美国语言学学会在支持和向专业语言学家和公众传播语言学知识方面发挥着关键作用。自1928年以来，LSA一直赞助语言学研究所，每年1月在北美主要城市举行年会，是语言学学生和专业人士的重要活动。LSA鼓励其成员以及更广泛的语言学界，让公众参与他们的工作。为了进一步实现这一目标，LSA在这一领域开发了各种各样的项目，如“每个人的语言科学”（Language Science for Everyone）、“美国科学与工程节”（USA Science and Engineering Festival）、美国科学促进会家庭科学日（AAAS Family Science Days）等。

# 四、相关成果

近年来美国语言学学会成员及其语言学同行更加积极地让公众参与语言学的学习与推广，以传播其对社会的更广泛价值。语言学家在科学节、博物馆、图书馆以及通过面向公众的数字通信渠道组织和参与公共宣传活动。

美国语言学学会是字幕播客（Subtitle: An LSA Podcast）的主赞助商。字幕播客由帕特里克·考克斯（Patrick Cox）和纪录片及广播制片人卡维塔·皮莱（Kavita Pillay）制作。帕特里克·考克斯是2019年LSA语言学新闻奖的获得者，曾担任播客节目“世界在话”（The World in Words）的主持人。LSA很高兴能够赞助这个杰出的论坛，让公众了解语言和语言学研究。①

在中国，由中国语言学会社会语言学分会主办，四川外国语大学承办，外语教学与研究出版社及《外国语文》《英语研究》《翻译教学与研究》杂志协办的第十三届中国社会语言学国际学术研讨会于 2022 年 12 月 10 日在“云端”开幕。研讨会以“新时代的社会语言学研究”为主题。在为期两天的会议中，主会场邀请了 23 位专家学者做主旨报告，并安排了 21 场专题论坛，涵盖“一带一路”沿线国家语言资源、网络语言文化研究、语言资源与语言服务研究、语言政策与语言规划研究等议题 。②

中央美术学院设计学院自2015年以来，开展了一系列社会设计教学实践，2019年初，正式设立社会设计方向（Social Design），③面向本硕教学。该专业的教学目的是，用专业的艺术设计增加低收入人群的生活福祉。社会设计旨在用跨学科的思维和设计方法，让人们真正关注到社会需求，如：环境污染、贫困差距、就业等社会性问题，并用美学和叙事的设计语言进行传播，从而务实地达到社会改良的目的。社会设计的潜力在于解决大问题和创造文化，而不仅仅是设计新产品。在中央美术学院的社会设计教学中也产生了一系列实践案例，如：北京打工子弟学校调研、塑料杂货铺商业模型构建、南疆墨玉县脱贫研究等。

① Subtitle.(2023-1-25)[EB/OL].https://www.linguisticsociety.org/content/lsaguidetopublicoutreach.

②《中国日报》中文网第十三届中国社会语言学国际学术研讨会云端开幕 .(2023-7-13)[EB/OL].https://qq.com/rain/20221212A08XO400.html.

③社会设计 .（2023-8-31）[EB/OL].http://design.cafa.edu.cn/detail.html?id=5d708687a310563433dcac7e.

图 8.8.1 中央美术学院设计学院社会设计专业教学案例：北京打工学子学校调研

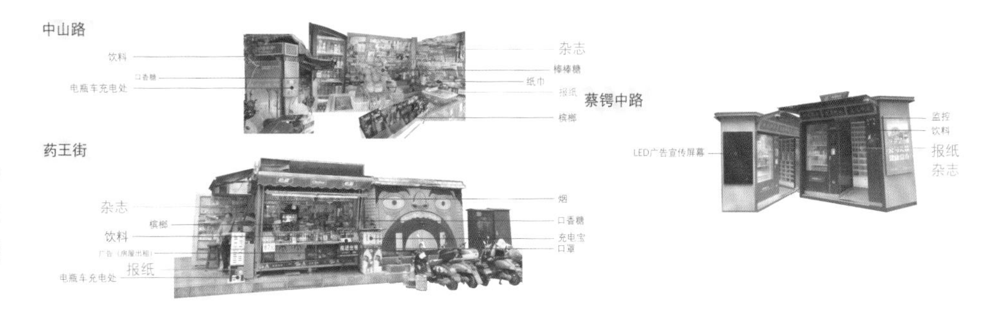



图 8.8.2 中央美术学院设计学院社会设计专业教学案例：社会设计的课程教学——以“报刊亭的新生”为例

# 五、
# 学科交叉与知识重构

表 8.24　社会语言学相关知识结构构成

| 方向 | 视传知识领域 | 其他设计领域 | 交叉学科（议题） |
| --- | --- | --- | --- |
| 设计理论与理念 | 图形记忆、视觉文化 | 设计史、手工艺品、美学、色彩学 | 文化印象、文化材料、传播学、符号学、印刷学、消费心理学 |
| 图形、排版与设计策略 | 字体设计、商标设计、商业标识、信息可视化、瑞士风格 | 品牌设计 | 计算机、人工智能技术、市场营销 |

根据上述文献综述可知，社会语言学与视觉传达相结合后，其研究方向不论从理论的还是实践的角度，都重在展示设计促进社会平等的价值。通过跨学科的思维和设计方法，让越来越多的人真正关注到语言、文字对社会文化的意识形态影响，及其是如何通过设计表达出来的。这也使得与社会语言学相关联的实践大多与字体设计等设计领域相关。

# 六、相关专业与课程

以英国传媒学院（London College of Communication）为例，该院校视觉传达专业设立的社会创新和可持续发展设计课程与中央美术学院的社会设计课程在教学目的上与社会语言学学科均有一定的交叉。

表 8.25　伦敦传媒学院视觉传达课程规划

| 课程名称 | 专业课程 | 交叉课程 |
| --- | --- | --- |
| 为社会创新和可持续未来而设计（Design for Social Innovation and Sustainable Futures） | 可持续未来协同设计 | 生态社会创新及其影响 |
| 图形品牌与形象（Graphic Branding & Identity） | 品牌包装、品牌表达 | 品牌叙事、品牌未来 |
| 平面设计（Graphic Design） | 图像语言、设计系统 | |
| 平面设计传播（Graphic Design Communication） | 平面设计史、设计思维 | 数字模拟技术、社交媒体与网络 |

# 七、总结

社会语言学近年来在视觉传达设计领域的关注在逐渐上升，不仅在于其通过语言学对不同国家文字、方言、文学的研究为商标设计、标志设计等设计方向提供了修辞方式，以及在迎合大众文化心理与民族特征等理论上提供了帮助，更是在于其通过学科交叉使得语言学通过设计实践与商品经济学结合走出了学术深闺，成为能获得直接经济效益的专业门类。社会语言学虽最早产生于国外，但中国在社会语言学方面的研究通过近几十年的发展也已经颇为深入。然而，在针对社会语言学与视觉传达设计专业结合的方面，这二者往往作为“社会设计”“标志设计”“字体设计”教学中的一部分进行，缺少明确的专业知识结构以及交叉网络和统筹性安排。社会语言学在语言文化及民族特征的研究上贡献突出，尤其是对品牌营造方面起到了重要的作用。因此，我们可以参照国内外相关专业方向的课程进行知识结构交叉和课程设置的适应性调整。

# 8-9 感性工学

## 一、定义与背景

### 1. 定义

感性工学（Kansei Engineering, Kansei 来自日语かんせい）是作为一种面向消费者的新产品开发技术而发展起来的。“感性”指的是消费者在购买某物时所想到的形象或心理感受，如实用的、美观的、高档的、精致的，等等。然后以工学的手法，将消费者的各种感性定量化，即“感性量”，再寻找出这个感性量与工学中所使用的各种物理量之间的高元函数关系，并将其转移到设计领域。感性工学也被定义为将产品转化为设计元素的“客户感知技术”。①

日本材料工学研究联络委员会认为感性工学是“经由解析人类的感性，有效结合商品化技术，于商品诸多特性中实现感性要素的一项技术”。② 长町三生认为，感性工学是“将人们的想象及感性等心愿翻译成物理性的产品设计要素，并进行开发设计的技术”。③ 由此可见，感性工学是一种适应消费者需求和设计理念转变趋势的新型设计方法，与工学的结合则使该方法更强大，使用范围更广。三十多年来，关于感性工学的研究和应用日益成熟，已经渗透到整个日本产业界，欧洲各国、美国、韩国以及中国台湾也早已开始学习这一技术。总之，作为衡量设计对消费者情感关注程度的尺度，感性工学在设计界越来越受到重视。该技术在产品设计领域具有十分广阔的应用前景，其研究和应用必将带来良好的经济和社会效益。

---

① Nagamachi, Mitsuo. Kansei engineering: The implication and applications to product development. IEEE International Conference on Systems. 6. vol.6.1999:273－278.

②山田瑛．感性工学 .ESJ Information N72. 日本感性工学委员会．日本东京 .1998: 1—6.

③长町三生．感性工学和方法论——感性工学的构造．日本感性工学委员会 .1997: 93—99.

## 2.
## 社会背景

全球设计在 20 世纪 80 年代以来进入了一个崭新的发展阶段。在经济全球化的背景之下，设计的优劣影响着国家经济在国际市场上的竞争力。众多发达国家将设计的地位提升到国家发展的核心层面，比如美国提出“设计美国”的口号、日本实施“设计立国”的战略、新加坡进行“设计新加坡”的计划等，以及早在工业革命时代英国女王就提出的“设计兴国”，这些都显示出设计越来越受到各国政府的重视。另外，随着信息全球化时代的来临，技术创新日益受到世界各界的密切关注。工业生产逐渐由传统的“以制造为导向的产品输出（Product-out）”理念转变为“以市场带入”（Market-in）为导向的生产理念，新时期的生产开始将消费者的各种需求纳入生产过程的一部分。①人们比以往任何时候都更关注人类自身及其生活质量，更注重产品带来的感觉、体验和个体差异性。因此，当前设计界面临着新的挑战——如何全面掌握消费者的感性需求并使产品的功能和特点符合这种需求，使自己的产品在市场上脱颖而出，以提高企业竞争的优势。近年来，越来越多的企业和设计师投入关注消费者情感需求的各种感性设计方法的研究中，提出了很多著名的感性设计理念，如人性化设计、情感化设计等。随着多种学科交叉结合的趋势，设计开始与多门学科结成密切的关系。设计学、心理学和信息学这三个新兴学术领域的发展促使工程学领域迎来了一个再次发展的时期，通过科技手段获得对人类感性的清晰认识，可以使设计产品不仅具有物质实用性，更包含人性化的情感关怀。在消费社会里，产品使用者不再仅仅关注产品与服务在功能上的表现，而更多的是按照其主观评价和情感需求来决定是否购买。产品外观造型的变化——“创新性”，材料表面的质感和色彩的应用——“非传统性”，以及那些隐约存在于人与物之间的感觉层面上的需求与感受——“感性”，都成为一件产品是否可以得到消费者青睐的重要影响因素。

## 3.
## “感性工学”词语的首次出现

“感性工学”始于日本，在 20 世纪 80 年代后期，日本设计学界开始致力于感性研究，在20世纪90年代后逐渐成为一门设计新学科。作为一个特定的用语，“感性工学”的“感性”是动态的，它随时代、时尚、潮流和个体、个性时时发生变化，似乎难于把握，更难量化，但作为基本的感知过程，通过现代技术是可以测定、量化和分析的，其规律也是可以掌握的。1986 年，日本马自达株式会社的山本健一社长在美国密歇根大学的讲座中介绍了一种结合心理学和统计分析系统化并与感性相关的制造方法。②以此为契机，日本学界和研究机构也逐渐开始了对感性工学的关注和研究。1988 年，第十届国际人机工程会议正式确立了“感性工学”这个词语。③

下表为李立新教授整理的日本感性工学在 1970—1998 年间的大事记。④

---

①赵秋芳 . 感性工学及其在产品设计中的应用研究 [D]. 山东大学硕士学位论文 ,2008.

② Nagasawa, S.“Kansei and business”. Kansei Engineering International, Vol. 3 No. 3, 2002:3—12.

③ Takatera, M. "Introduction to special issue on Kansei Engineering in textiles and clothing", International Journal of Clothing Science and Technology, Vol. 32 No. 1, 2020:1—4.

④李立新 . 设计教育研究 [M]. 南京：江苏美术出版社，2005.

表 8.26　日本感性工学 1970—1998 年大事记

| 年份 | 大事记 | 备注 |
| --- | --- | --- |
| 1970 年 | 广岛大学工学部将感性分析导入工学研究（住宅、汽车）领域，最初称“情绪工学”。<br>长町三生参与研究。 | 也称“诱导工学”“感应工学”等 |
| 1970 年 | 日产、马自达、三菱公司将感性分析应用于汽车开发研究中。 | |
| 1986 年 | 马自达株式会社社长山本健一在美国密歇根大学发表题为《车的文化论》的演讲，建议用“感性工学”替代“情绪工学”。 | |
| 1987 年 | 马自达株式会社横滨汽车研究所成立“感性工学研究室”。日本许多汽车企业随后相继成立类似的研究室。 | |
| 1988 年 | 长町三生在国际人机工程学会发表演讲，将“情绪工学”更名为“感性工学”。<br>第十届国际人机工学会议正式确立“感性工学”名称，其英文表述是 Kansei Engineering。 | |
| 1989 年 | 长町三生发表专著《感性工学》，第一次全面论述“感性工学”。 | |
| 1990 年 | 通产省拨款约 200 亿日元，用于专项研究“人类感觉计测应用技术”。 | |
| 1991 年 | 信州大学白石向文部省提出申请成立“感性工学”学科。 | |
| 1992 年 | 12 月，内阁首相在科学技术会议咨询中同意将“感性工学”列为国家重点科技。 | |
| 1993 年 | 文部省在日本学术会议的材料工学研究联络委员会中成立“感性工学小委员会”，千叶大学铃木迈为委员长。<br>“感性工学”被列入文部省学科分类目录。<br>筑波大学原田昭负责筹组“日本感性工学学会”。 | 长町三生发表专著《感性商品学》 |
| 1994 年 | 千叶大学铃木迈发表《从既存工学体系到感性工学体系宣言》。 | |
| 1995 年 | 4 月，信州大学成立世界上第一个感性工学学科，清水义雄为学科负责人。<br>12 月，日本学术会议主办第一届感性工学研讨会。 | 出版《感性工学特集》 |
| 1996 年 | 文部省委托原田昭调研目前感性工学研究情况，收集 400 多篇相关文章，分列出 16 个研究方向，建立“感性工学研究资料库”。 | |
| 1997 年 | 日本感性工学学会成立。<br>第二届感性工学研讨会召开。<br>原田昭主持文部省“感性评价构造模式之构筑”大型研究项目。 | |
| 1998 年 | 第三届感性工学研讨会召开。 | 出版《感性工学论文集》 |

# 二、文献综述

感性工学的目标是根据消费者的感受和需求来生产新产品的。根据该目标需要解决的问题有以下四点：①

（1）如何从人机工程学和心理学的角度把握消费者对产品的感受。

（2）如何从消费者的感性判断产品的设计特点。

（3）如何将感性工学建设成为一种符合人体工程学的技术。

（4）如何调整产品设计以适应当前的社会变化或人们的偏好趋势。

目前，感性工学的研究与运用因学者或研究者的侧重不同形成了两种趋向：一种是以广岛大学长町三生教授为代表的“技术派”，另一种是以筑波大学原田昭教授为代表的“感觉派”。前者是感性工学第一阶段的产物，后者是近 20 年来对感性工学研究的主流内容，是以心脑科学研究为基础的。

目前对“感性工学”的研究集中主要在以下三个方面：

### · 感觉生理学

主要研究人类感性的源头——脑的构造和机能。从人脑的构筑、机能分布、神经细胞和神经传达、脑的感觉处理，到视觉与感性、听觉与感性、嗅觉与感性、触觉与感性等方面的联系，偏重生理角度的研究，并通过感性的计测检验，运用统计学的方法和实验手段，对人类的感性进行评估。

长町三生在构建其感性工学研究框架时使用的方法有两种：②一种是检测法，即对人的感觉器官进行检测，对照受测者的感受变量和“辨别阈”“刺激阈”的细微变化做生理与心理的快适性评估；第二种是语义差异法（Semantic Differentials, SD），是利用语言表述感受，然后对之进行统计评估的方法，该方法可获得受测者的感受量曲线。

原田昭的研究则集中在以下几个方面：一是感性工学评估用机器人来研究感性工学结构，建立模型，进行相关的模拟实验；二是大脑感性工学研究组从神经蛋白质——神经传导的视角研究解决感性工学的物质基础和机构；三是综合处理组用机器人模拟与人类相同的感性工学行为，制作感性工学反馈机器人；四是感性工学设计造型组以感性工学造型进入感性工学设计阶段和制造阶段，从而支撑起 21 世纪新的工业结构。

---

① Mitsuo Nagamachi. Kansei Engineering: A new ergonomic consumer-oriented technology for product development. , 15(1), 1995:4.

② Mitsuo Nagamachi. Kansei Engineering: A new ergonomic consumer-oriented technology for product development. International Journal of Industrial Ergonomics, 15(1), 1995:4—11.

· **感性信息学**

主要对人类感性心理的各种复杂多样的信息做系统处理，包括收集和处理输入数据，以计算机为基础建立人类感性信息处理系统，对数据进行分类、排序、变换、运算和分析，将其转换为决策者所需的信息，并建立信息输出的完整机制，然后进行感性量和物理量之间的转译，再以适当的形式传输、发布，提供给设计者和制造者。

依据长町三生的研究，其方法有三种：①

（1）顺向性感性工学：感性信息→信息处理系统→设计要素

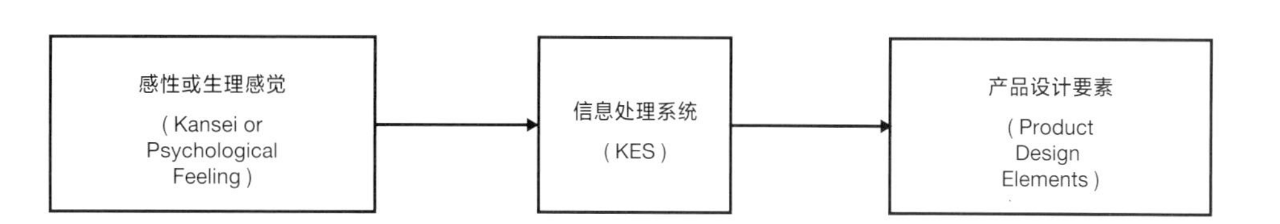


图 8.9.1 感性工学顺向系统
(Kansei Engineering System, KES)

（2）逆向性感性工学：感性诊断←信息处理系统←设计提案

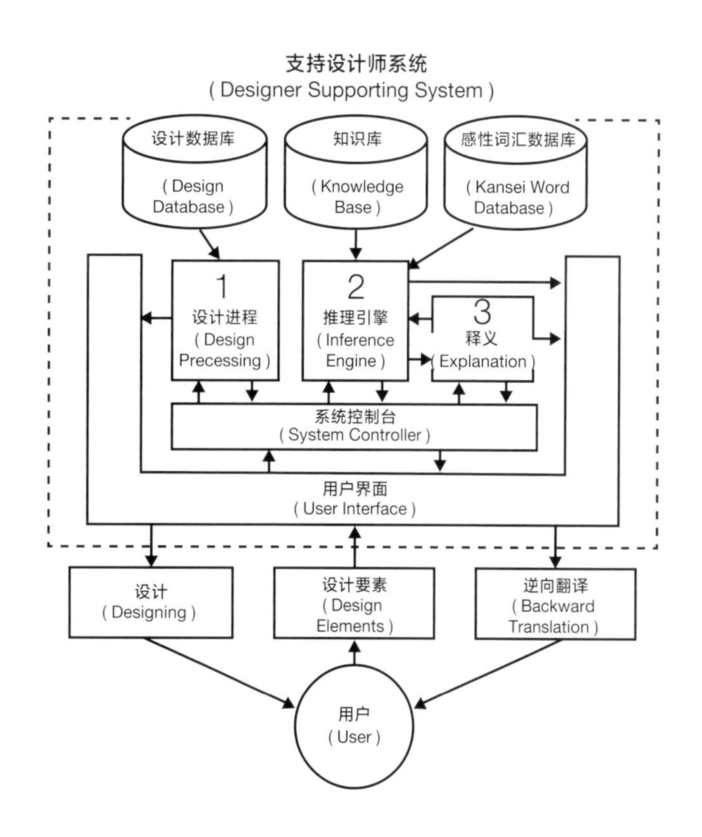


图 8.9.2 感性工学逆向系统

① Mitsuo Nagamachi. Kansei Engineering: A new ergonomic consumer-oriented technology for product development. ,International Journal of Industral Ergonomics, 15(1), 1995:4—11.

（3）双向混成系统：将顺向性与逆向性两种感性工学信息处理进行整合，形成一个可双向转译的混成系统。

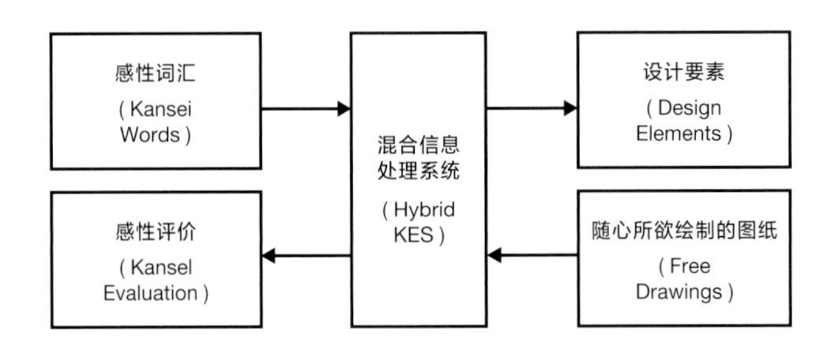

图 8.9.3　感性工学双向混成系统

随着科技的发展，近几年对感性工学的技术探讨更集中在人工智能、虚拟现实等技术增强视觉传达设计对人的影响，提升了设计师的工作效率，构建了具有实际意义的计算机应用技术。

**表 8.27　感性信息学研究代表学者及观点**

| 代表学者 | 人物介绍及专业方向 | 代表论文 | 主要观点 |
|---|---|---|---|
| 长町三生（Mitsuo Nagamachi） | 日本广岛大学教授，1958 年广岛大学心理学专业毕业，1963 年获广岛大学文学博士学位，随后进入工学部研究人间工学和安全工学。曾获得过美国人类工程学学会“优秀外国人奖”和国际安全人类工效学学会“安全人类工效学奖”。1970 年开始研究感性工学，1995 年任广岛大学地域共同研究中心主任。曾指导过马自达、夏普、华歌尔、三洋、尼桑、Milbon 等多家企业导入感性工学技术，研发出 MX-Miata、带有 LCD 的录像机、Good-up 内衣、新型打印机、汽车方向盘，以及 Milbon 护发用品、服装等一系列非常成功的感性产品。撰写过《汽车的感性工学》《感性工学与新产品开发》《感性工学专家系统的构成》《感性工学——一项强大的面向消费者的产品研发技术》《感性工学研究及发展趋势展望》等论文，以及《感性工学》《快适科学》《感性商品学——感性工学的基础和应用》等重要著作。 | 《感性工学：面向消费者的产品开发新技术》[①] | 感性工学是以面向消费者的新产品开发技术而发展起来的，它被定义为“将消费者的感觉和形象转化为产品设计元素的技术”。感性工学技术分为感性工学 I 型、感性工学 II 型和感性工学 III 型。感性工学 I 型是对新产品设计元素的分类。感性工学 II 型是利用现有的计算机技术，如专家系统，神经网络模型和遗传算法。感性工学 III 型是使用数学结构的模型。感性工学已经渗透到日本的各个行业，包括汽车、电器、建筑、服装，等等。 |

① M.Nagamachi.Kansei Engineering: A new Ergonomic Consumer-Oriented Technology for Product Development.

| 代表学者 | 人物介绍及专业方向 | 代表论文 | 主要观点 |
| --- | --- | --- | --- |
| 原田昭（Harada Akira） | 筑波大学教授，设计学博士，札幌市立大学首任校长。曾任日本设计学会会长、北京理工大学设计艺术学院客座教授、清华大学美术学院名誉教授、亚洲国际设计学会会长、日本感性工学学会会长等，现为日本感性工学会参与、日本设计学会名誉会员、亚洲超越设计协会名誉会长等。 | 《感性模型在图像可视化中的影响》① | 感性工学是建立在“理性”基础之上的，深层的逻辑是“以理性的方法去研究感性”，试图找到心理学的生理基础，试图将人的“感觉”量化，这样就可以得到一个“客观”的规律。<br>“21世纪将是一个以感性科学为基础的时代，其设计将与医学、心理学、身心障碍学、体育科学、经营学、信息科学、环境科学、宇宙科学、生命科学等相融合。”原田昭教授认为，感性工学的研究是为联合人文科学、自然科学和前沿研究等各领域所做的准备，要用一种俯瞰全局的视角来观察当今世界。原田昭教授在感性工学领域的研究主要以心脑科学为趋向和基点，他主持的文部省项目“感性评价构造模式之构筑”研究，联合工业设计、机器人工程、控制工程、资讯工程、信息管理、认知科学、美学、艺术等诸多领域的50余位学者组成大型研究团队，用三年时间，分别就“感性评价”“感性工学程序与感性数据库”“机器人系统”等课题进行研究和探索。② |
| 西蒙·舒特（Simon Schuette） | 林雪平大学（Linköping University）管理与工程系副教授。1999年，来自质量学、设计学、心理学、统计数学和机械工程学等领域的专家组成了林雪平大学感性工学研究小组。该小组曾与瑞典BT叉车公司合作，将感性工学用于叉车设计中。西蒙·舒特是该小组的主要成员，除参与BT叉车设计研究外，他还采用感性工学技术进行过香皂、腕表、吸尘器、焊接头盔等产品的设计。③ | 《感性工学的概念、方法和工具》④ | 当今产品开发的趋势表明，由于功能等同，客户会很难对同类产品进行区分。因此，客户将根据更主观的因素做出决定。此外，在未来，产品将组成更高的等级，包括有形的和无形的组合部分。感性工学是一种将顾客的感受转化为具体产品参数的工具，为未来的产品设计提供支持。本文的目的是在感性工学中提出一个有效框架，以促进对不同类型感性工学的理解，并为新工具的集成打开感性工学的大门。新的结构包括产品域的选择，可以从物理和语义的角度描述为在每个产品域中构建向量空间。对于后面提到的空间，使用了语义微分法。在下一步中，合并两个空间并建立预测模型，将语义空间和产品属性空间连接在一起。由此产生的预测模型必须使用不同类型的事后检验进行验证。 |

① A. Harada. Journal Article] The Effect of Kansei Modeling on the Visualization of Imagery. Report of Modeling the evaluation Structure of Kansei 2001(5):419—422.

② 原田昭．感性工学研究策略[A]. 清华大学艺术与科学研究中心，清华国际设计管理论坛专家论文集[C]. 北京:2002: 1—11.

③ Simmon Schuette, Joergen Eklund, Jan R. C. Axelsson, Mitsuo Nagamachi. Concepts, Methods and Tools in Kansei Engineering. Theoretical Issues in Ergonomics Science, Vol.5 No.3, 2004: 214—231.

④ A. Harada. Journal Article] The Effect of Kansei Modeling on the Visualization of Imagery. Report of Modeling the evaluation Structure of Kansei 2001(5):419—422.

### · 感性工学创作

这是为达到符合使用者欲求的产品而做的设计和制造方面的研究。从简便、快适、无公害、个性化、趣味性等方面研究感性与形态、感性与材料、感性与色彩、感性与工艺、感性与设计方法、感性与制造学之间的关系。其中，针对特定产品的使用目的，分别对以不同感性为主的应用工具进行有效性、使用性、运算性与推广性的评估，以实验设计方式满足产品的感性化诉求。近年来针对“情绪设计”也提出了“自动化数字情绪面板”的理念，以辅助用户和设计师进行产品设计。

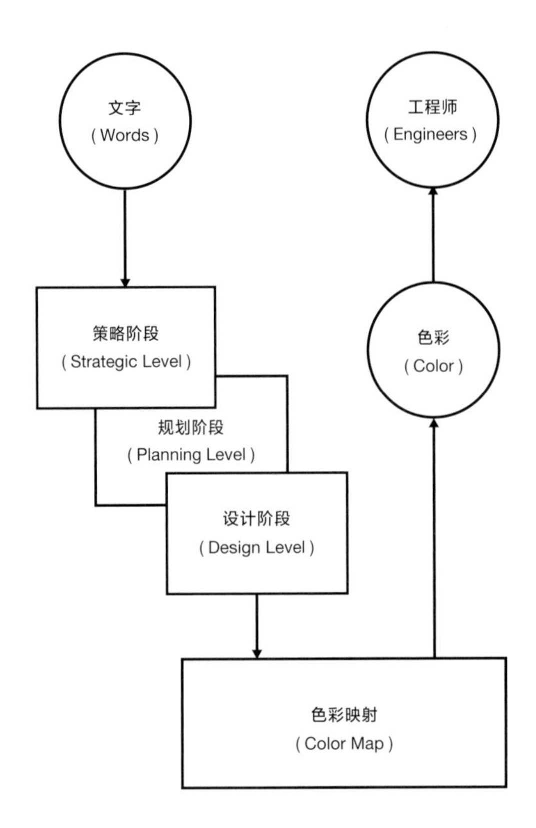


图 8.9.4 感性工学色彩研究系统
（The Color Planning System, CPS）

表 8.28　感性工学创作研究代表学者及观点

| 代表学者 | 人物介绍及专业方向 | 代表论文 | 主要观点 |
| --- | --- | --- | --- |
| 克里斯蒂娜·扎波特（Cristina Nardin Zabotto） | 圣保罗大学综合工程博士后。她于 2017 年在圣卡洛斯联邦大学获得生产工程博士学位，2011 年在圣卡洛斯联邦大学获得科学、技术和社会硕士学位，2007 年在巴西圣卡洛斯联邦大学获得市场管理 MBA 学位，2003 年在圣卡洛斯联邦大学获得统计学学士学位。在 Faber-Castell 的研发部门工作了 14 年，负责消费者研究。有可用性方法、工程感性、矩阵重要性与性能和不同方法统计的经验。 | 《连接用户和感性工程设计师的数字自动情绪板》① | 设计师面临的一个挑战是如何在帮助客户分析产品开发的想法时向他们表达情感。情绪板由一组图像和文字组成，是综合客户感知和指导设计师进行视觉交流的最常用工具之一。这些板子的创建是耗时的，在设计过程结束之前就变成静态的了。探讨了建立一个基于粗糙级概率统计的感性知识工程系统的可能性。该系统能够将从客户处获得的感性知识词与可以在线连续采集的图像连接起来。并在设计过程的所有阶段捕捉用户的意见。在消费类产品的应用中使用了实际数据的子集，证明了这种应用的可行性，提出了一个完整的系统理论模型及程序和算法，使自动情绪板的创建可以帮助设计人员连接到用户的需求。 |
| 李砚祖 | 清华大学美术学院美术学教授，博士研究生导师，景德镇陶瓷学院特聘“井冈学者”，硕士生导师。《艺术与科学》丛刊主编。 | 《设计新理念》② | 感性相对于理性而言，在认识论中有感性认识与理性认识之分。这一新兴的实践证明有效的设计新技术、新观念或新学科、新方向，对中国设计学界而言，首先要了解它，并根据我们的设计实际和要求进行相应的努力。 |
| 苏建宁 | 兰州理工大学设计艺术学院院长、教授、博士、博士生导师，现任兰州理工大学设计艺术学院院长、甘肃省工业设计行业技术中心主任，兼任教育部工业设计教学指导分委员会委员、中国工业设计协会理事、中国机械工程学会工业设计分会常务理事、中国创新设计产业战略联盟副秘书长、甘肃省工业设计创新联盟副理事长，《机械设计》《包装工程》等期刊编委，国家自然科学基金等评审专家，中国优秀工业设计奖、中国大学生工业设计大赛等评审专家。 | 《感性工学及其在产品设计中的应用研究》③《产品意象造型设计关键技术研究进展》④ | 在设计中充分考虑消费者的感性意象需求是工业设计发展的重要趋势。通过对国内外相关文献的综述，论述了感性工学的概念，分析了产品意象造型设计所涉及的感性意象挖掘、造型形态描述、产品造型设计要素辨识、产品感性意象与设计要素关联及产品意象造型智能设计等关键技术和方法，为其研究与应用建立了实用的体系。 |

① C. N. Zabotto, S. S. Luis da, Automatic Digital Mood Boards to Connect Users and Designers With Kansei Engineering, International Journal of Industrial Ergonomics,2019,74(2):102829.

② 李砚祖 . 设计新理念：感性工学 [J]. 新美术 ,2003 (04):20—25.

③ 苏建宁，江平宇，朱斌等 . 感性工学及其在产品设计中的应用研究 [J]. 西安交通大学学报 ,2004(1):60—63.

④ 苏建宁，王鹏，张书涛等 . 产品意象造型设计 关键技术研究进展 [J]. 机械设计 ,2013,30(1):97—100.

# 三、
# 相关学术机构

20 世纪 90 年代，日本的产业界全面导入感性工学技术和理念，住宅、服装、汽车、家电产品、体育用品、女性护理用品、劳保用品，以及陶瓷、漆器、装饰品等领域都将感性工学技术应用于新产品的开发研究。1987 年，马自达汽车公司横滨研究所率先成立了“感性工学研究室”。此后，日本主要的汽车制造和家电企业相继成立了类似的研究机构。1992 年，日本文部省开始研究感性工学发展的可能性，由政府投入财力支持学术界展开调研，将“感性信息加工的信息科学 / 心理学研究”项目作为重点研究。此后，各学术团队也对感性工学进行了大量的学术研究。1993 年，日本科学委员会成立了感性工学小组委员会，审查感性工学的学科框架。1995 年，日本学术会议举行首届“感性工学研讨会”。1998 年 10 月 9 日，“日本感性工学学会（JSKE）”成立，英文学术期刊《感性工学国际》（*Kansei Engineering International*，现改名为《国际情感工学杂志》[*International Journal of Affective Engineering*]）以及日文期刊《日本感性工学学会会报》出版。

自 2007 年以来，JSKE 每年举行一次日本感性工学会春季大会以及日本感性工学会大会，每两年举办一次感性工学与情绪研究会议（KEER）。在札幌和大阪、法国巴黎理工学院、瑞典林雪平大学、英国利兹大学和中国台湾澎湖都举行过会议。其会议及主题见下表。

表 8.29　日本感性工学会 2017—2023 年间举行的大会及主题①

| 大会名称 | 时间 | 地点（方式） |
| --- | --- | --- |
| 第 18 回日本感性工学会春季大会<br>“时尚与科技” | 2023 年 3 月 6—7 日 | 日本信州大学<br>（线上举办） |
| 第 24 回日本感性工学会大会<br>“支持未来的衣食住的感性” | 2022 年 8 月 31—9 月 2 日 | 日本共立女子大学<br>（线上举办） |
| 第 17 回日本感性工学会春季大会<br>“预测与感性” | 2022 年 3 月 25—26 日 | 日本岩手县立大学<br>（线上举办） |
| 第 23 回日本感性工学会大会<br>“感性管理” | 2021 年 9 月 2—4 日 | 日本东京电机大学<br>（线上举办） |
| 第 16 回日本感性工学会春季大会<br>“美好的生活样式与感性” | 2021 年 3 月 7—8 日 | 日本信州大学<br>（线上举办） |

① https://www.jske.org/taikai, 2023/1/16.

| 大会名称 | 时间 | 地点（方式） |
| --- | --- | --- |
| 第 22 回日本感性工学会大会<br>“墨水瓶社会的个体与调和” | 2020 年 9 月 9—11 日 | 日本中央大学<br>（线上举办） |
| 第 15 回日本感性工学会春季大会<br>“AI 和感性” | 2020 年 3 月 5—6 日 | 日本福冈工业大学 |
| 第 21 回日本感性工学会大会<br>“科学感性的知性” | 2019 年 9 月 12—14 日 | 日本芝浦工业大学丰州校区 |
| 第 14 回日本感性工学会春季大会<br>“重新审视感性工学——从心出发向共生的幸福社会迈进” | 2019 年 3 月 7—8 日 | 日本信州大学纺织校学部 |
| 第 20 回日本感性工学会大会<br>“创造的多样性” | 2018 年 9 月 4—6 日 | 日本东京工学部 |
| 第 13 回日本感性工学会春季大会<br>“感性的记忆存储器” | 2018 年 3 月 27—28 日 | 日本名古屋大学工学部 |
| 第 19 回日本感性工学会大会<br>“感性点唱机” | 2017 年 9 月 11—13 日 | 日本筑波大学东京校区 |
| 第 12 回日本感性工学会春季大会<br>“大阪梅田——感性聚集！” | 2017 年 3 月 29— 30 日 | 日本上田安子服饰专门学校 |

自 2007 年以来的感性工学与情绪研究会议（KEER）的主题及举办情况如下表:

表 8.30　感性工学与情绪研究会议（KEER）的主题及举办情况

| 时间 | 主题 | 地点 |
| --- | --- | --- |
| 2022 年 9 月 5—8 日 | 多样性——一次地中海经历<br>（Diversities — A Mediterranean Experience） | 西班牙巴塞罗那 |
| 2020 年 9 月 7—9 日 | 包容社会的和谐价值创造<br>（Harmonious Value Creation in Inclusive Society） | 日本东京 |
| 2018 年 3 月 19—21 日 | 让感情变成绿色<br>（Go Green with Emotion） | 马来西亚古晋沙捞越 |
| 2016 年 8 月 31 日—9 月 2 日 | 感性研究中的多学科交叉<br>（Multidisciplinarity in Kansei Research） | 英国利兹 |
| 2014 年 6 月 11—13 日 | 一个欧洲式的方法<br>（An European Approach） | 瑞典林雪平 |

| 时间 | 主题 | 地点 |
| --- | --- | --- |
| 2012 年 4 月 24—26 日 | 绿色感性——融合的必要性<br>（Green Kansei — A Must Fusion） | 中国台湾澎湖 |
| 2010 年 3 月 2—4 日 | 交叉的地方、交叉的经历、交叉的思想<br>（Crossing Places, Crossing Experiences, Crossing Mind） | 法国巴黎 |
| 2007 年 10 月 10—12 日 | 东方与西方，感性与情感<br>（East and West, Kansei and Emotion） | 日本札幌 |

在其他国家和地区，感性工学研究所、学会也相继成立。除此之外，与感性工学相关的国际会议也以不同主题展开学术研究，如："情感科学与工程国际研讨会"（International Society of Affective Science and Engineering, ISASE）、"生物识别与感性工程国际会议"（International Conference on Biometrics and Kansei Engineering, ICBAKE）和"情感与愉悦设计国际会议"（Applied Human Factors and Ergonomics, AHFE）。

在欧美，英国诺丁汉大学的人体工程学与人为因素特许研究所（Chartered Institute of Ergonomics and Human Factors）是欧洲较早研究感性工学的机构；德国的波尔舍汽车公司和意大利的菲亚特汽车公司都热衷于感性工学的应用研究；美国著名的福特汽车公司也运用感性工学技术研制出新型的家用轿车。

在亚洲，受日本感性工学研究的影响，韩国也一直在关注感性工学的发展，除了于 1998 年创办韩国情感与情感学会（Korean Society for Emotion and Sensibility, KOSES）外，韩国现代汽车和三星电子也已有了相当深入的感性工学的研究。①

而在中国的台湾地区也较早开始了感性工学研究，中国台湾感性研究所（TIK）于 1997 年 9 月创办，以交换成员感性研究的学术理论与相关应用研究成果，以对学术、文化与产业发展的贡献为宗旨。②而中国的台湾成功大学、台湾云林科技大学、台北科技大学和上海交通大学等均进行了将感性工学应用于产品开发的合作研究。近年来，中国大陆的部分大学也展开了感性工学研究。③例如，西安交通大学和北京科技大学发表了相关论文，并展开了中日合作的相关研讨；④兰州理工大学的苏建宁、李鹤岐等进行过对感性意象与造型设计要素关系的研究并

① 李立新 . 感性工学——一门新学科的诞生 [J]. 艺术生活 ,2006(3):73—75.

②学会简介 .（2023—8—31）[EB/OL].http://www.twtik.org/tik/index.php?option=com_content&view=article&id=49&Itemid=77.

③周君瑞，陈鸿源，刘加成等 . 电动刮胡刀产品造型与感性之关联性研究 [J]. 工业设计 .2000（103）:142—147. 廖敏如 . 塑胶材质透明度在产品感知设计应用之探讨 . 大叶大学硕士学位论文 [D].2001:34—49.

④ 邝俊生，江平宇 . 基于感性工学的产品客户化配置设计 . 计算机辅助设计与图形学学报 [J].2007，19（2）: 178—183.

发表过相关论文。[①]近年来，中国美术学院从“幸福设计”[②]的角度也开展了课题研究，强调通过视觉治愈、情感设计等多维方法来构筑幸福社会。但总体来说，中国对“感性工学”的研究还处于发展阶段。

# 四、相关成果

## 1. 理论著作

长町三生：《感性工学》（1989 年）、[③]《感性工学的故事》（1998 年）、[④]《感性工学：一种新的人机学顾客定位的产品开发技术》（1995）。[⑤]

原田昭：《感性工学研究策略》[⑥]《21 世纪科学的分化与融合》[⑦]

筱原昭、清水义雄、坂本博编：《感性工学的邀请——从感性思考生活》[⑧]

---

① 苏建宁，江平宇，李鹤岐等 . 感性工学及其在产品设计中的应用研究 . 西安交通大学学报 [J].2004，38（1）: 60—64. 苏建宁，李鹤岐 . 应用数量化一类理论的感性意象与造型设计要素关系的研究 [J]. 兰州理工大学学报 . 2005，31(2): 36—39. 苏建宁，李鹤岐 . 基于感性意象的产品造型设计方法研究 [J]. 机械工程学报 .2004(4): 64—67.

② https://www.sohu.com/a/531464979_121119379.

③ [ 日 ] 长町三生 . 感性工学 [M]. 东京 : 海文堂出版社 ,1989.

④ [ 日 ] 长町三生 . 感性工学のおはなし [M]. 东京 : 日本规格协会社 ,1995.

⑤ [ 日 ] 长町三生 . 感性工学 : 一种新的人机学顾客定位的产品开发技术 [J]. 国际人机工程周刊 ,1995(15).

⑥ [ 日 ] 原田昭 . 感性工学研究策略 [M]. 清华大学艺术与科学研究中心编 , 清华国际设计管理论坛专家论文集 , 2002.

⑦ [ 日 ] 原田昭 .21 世纪科学的分化与融合 [M]. 艺术与和雪国际学术研讨会论文集 , 武汉 : 湖北美术出版社 , 2002:103.

⑧ [ 日 ] 筱原昭、清水义雄、坂本博编 . 感性工学への招待—感性から暮らしを考える [M]. 东京 : 森北出版社 ,1995.

## 2.
## 产业转化

表 8.31　感性工学产业转化示例

| 作者 | 产品名称 | 年份 |
| --- | --- | --- |
| · 原田昭 | 感性工学研究① | 1997 年 |
| · 原田昭<br>· 油田信一 | 美术作品远程鉴赏机器人② | 1997 年 |

①原田昭，原田昭：在湖南大学的教学围绕“应该为人们设计什么”的产品企划展开 [J]. 设计，33(14)：28—32。

②原田昭，原田昭：在湖南大学的教学围绕“应该为人们设计什么”的产品企划展开 [J]. 设计，33（14）：28—32。

| 作者 | 产品名称 | 年份 |
| --- | --- | --- |
| · 长町三生 | 马自达汽车，型号 MX-5Miata① | 1989 年 |
| · 长町三生 | Milbon DEESSE'S 护发用品② | 1971 年 |

① Mitsuo Nagamachi. Kansei Engineering in Consumer Product Design. The Magazine of Human Factors Applications, vol. 10,2002: 5—9。

② Mitsuo Nagamachi. Kansei Engineering in Consumer Product Design. The Magazine of Human Factors Applications, vol. 10,2002: 5—9。

| 作者 | 产品名称 | 年份 |
|---|---|---|
| · 长町三生 | Good-Up 胸罩①  | 1989 年 |
| · 长町三生 | 夏普相机② | 1980 年 |

① Nagamachi,Mitsuo.(1999).Kansei engineering:The implication and applications to product development.LEEE Internarional Conference on Systems.6.273—278 vol.6.10.1109/LCSMC.1999.816563. Good-Up 胸罩（左）与普通胸罩（右）的对比。

②夏普相机，机型 Liquid Crystal ViewCAM.20 世纪 80 年代设计生产。

# 五、学科交叉与知识重构

表 8.32　感性工学相关知识结构构成

| 方向 | 视传知识领域 | 其他设计领域 | 交叉学科（议题） |
|---|---|---|---|
| 感觉生理学 | 设计心理学 | 工业设计、人体工学 | 心脑机能、神经学、认知科学、人机交互 |
| 感性信息学 | 动态设计 | 多媒体技术、虚拟现实技术、3D 数字技术 | 心理学、人工智能、智能识别、计算机图形学、感性科学 |
| 感性工学创作 | 包装设计、设计管理、设计策略、设计驱动创新 | 产品设计、情感产品、可持续产品开发 | 消费心理与行为、市场营销、品牌策划、计算机编程、人工智能 |

任何设计概念的提出都有其特定的时代和科学背景。20 世纪 80 年代提出的产品语义学就是基于认知心理符号学提出的。现在的“感性工学”（Affective Engineering）是因为情感重新被提到了认知科学的研究范畴。情感是人与生俱来的特质，没有情感的认知是不完全的认知。如果从人本的研究角度出发，感性工学在一定程度上可以说是人机工学的延续。只不过在旧概念下人机工学研究的是人和机器的物理交互，而现在的感性工学研究人机之间的感性的认知交互。而且，随着日本感性工学的发展，近年来其研究范围也在不断扩大，不仅从有形产品的研究领域扩展到人机交互界面、机器人工学的研究，也从工学应用的层面扩展到从人的脑机能、知觉认知等方面研究，使人产生直觉感受（包括快感、感情等）上的生理机能。这样的发展趋势，造就了感性科学和认知科学不可分割的关系。

由此可见，感性工学的研究模式是一个综合性的研究模式，涉及领域广泛，是多学科的交叉整合。它起始于对整体基础上的个别要素的分解，对具体的一个个感性要素做出判断和处理，从不确定的、模糊的感性表现中寻求、归纳出重要的真正符合使用者欲求的感性要素，通过计算机技术使之构成清晰的可操作的东西，并在产品设计制造中应用实施。

# 六、
# 相关专业与课程

在爱思唯尔提供的五个子领域学术领先机构排名中，芬兰阿尔托大学为视觉传达设计专业中的感性工学提供了最多的发文量。该院校作为多学科综合类院校，专注于工程与技术、设计与商学领域的教育与研究，使得该院校中设计、艺术与计算机、工程专业的交叉研究项目较多。例如卓越工业数据研究项目（Industrial Data Excellence, InDEx）旨在研究那些可以被收集、共享的工业数据，并以高性能、可靠和安全的方式用于新的智能服务，以及如何在芬兰制造业的实践中实现这一点。[①] InDEx 对工业环境中的数据产生了一些洞察力，收集数据，在价值链和工厂环境中共享数据，以及利用和操作人工智能数据。该院校的交叉研究发表的最新论文也大多集中于人—计算机交互服务，推动消费者和计算机互动的框架、设计。如《跨学科审查、消费者与具身社会机器人互动的框架：设计、委托、部署》[②]《以关系为中心而不是以人和物为中心：远东文化中的设计翻译》等。[③]

# 七、
# 总结

感性工学起源于日本，在日本及中国台湾地区的研究已经十分成熟，在许多产品设计开发阶段均用此方法指导设计，但在中国大陆地区，关于感性工学的相关研究尚在起步阶段，很多研究仍停留在理论层面。[④]基于感性工学的视觉流程设计，是以科学的、严谨的、系统的方式引导用户高效地、准确地获取信息，以解决信息误读或效率低下的问题，从而提高信息传达的有效性、准确性，为用户与信息发布者之间建立沟通的“桥梁”。本章节通过对目前国内外研究学者对感性工学研究的梳理，也为设计类院校在相关课程的设置上提供了可供实践与深入研究的方法与理论支撑。

① https://www.aalto.fi/en/department-of-design/encore-research, 2023/1/16.

② A transdisciplinary review and framework of consumer interactions with embodied social robots: Design, delegate, deploy, Marah Blaurock, Martina Caic, Mehmet Okan, Alexander P. Henkel 2022 INTERNATIONAL JOURNAL OF CONSUMER STUDIES.

③ Centring Relationships More than Humans and Things: Translating Design through the Culture of the Far East, Namkyu Chun 2022 Artistic Cartography and Design Explorations Towards the Pluriverse.

④ 杜琰．感性工学研究方法在视觉传达设计中之有效度研究 [D]. 西南大学 ,2017: 66.

# 8-10 参数化设计

## 一、定义与背景

### 1. 定义

参数化设计（Parametric Design）是指借助计算机运算技术量化事物之间的参数化设计逻辑，形态的产生、发展、变化、修改都可以通过参数的改变来实现，从而获得自由、动态、复杂、多解的形态，为设计带来了无限的可能性。参数化设计是将工程本身编写为函数与过程，通过修改初始条件并经计算机计算得到工程结果的设计过程，实现了设计过程的自动化。

参数化设计的思路与传统设计不同，不再是先设定一个形态然后进行优化的过程，而是首先依照设计所要满足的重要条件，用参数语言进行描述，然后在计算机的运算下得出满足条件的结果，再根据设计规则、美学判断以及建造可行性等优化得出最终的设计方案。这种自下而上的设计思路为设计创作提供了更多的可能性。

表 8.33 参数化设计的定义

| 词组 | 相关方向 | 相关含义 |
| --- | --- | --- |
| 参数化设计 | 参数化设计思维 | 参数化设计思维在设计过程中要先于计算机辅助设计，将更多的设计因素参与到方案的利弊权衡中，其背后支撑包括数学、几何学、计算机、生物学、物理学、地理学等。 |
| | 计算机辅助参数化设计技术（设计工具） | 在计算机软硬件支撑下，通过对设计对象的描述、造型、系统分析、优化、仿真和图形处理的研究，使计算机辅助设计师完成产品的全部设计过程，最后输出满意的设计结果和产品图形。 |

## 2.
## 社会背景与沿革

参数设计在 20 世纪 90 年代成形，在 21 世纪初以一种不可阻挡的发展态势深刻地影响着城市设计、建筑设计、景观设计、室内设计和产品设计等各个领域。

**形式的参数化**：安东尼 · 高迪（Antonio Gaudi）在设计建筑时使用了以参数化方程为基础的模型，在圣家族大教堂中创建了一套数学模型来完成教堂复杂的拱形天花板和拱门造型，包括参数化悬链线和参数化双曲抛物面。

**理论的参数化**：意大利建筑师莫雷蒂（Moretti）在 1940 年发表的文章中，首次将参数化建筑学定义为“取决于各种参数的多维度之间的关系”。

**计算机的参数化**：1988 年，数学教授（Samuel Geisberg）创建的参数技术公司推出了第一款成功的参数化商业软件 Pro/ENGINEER。到 20 世纪 90 年代初，国外建筑师开始对参数化设计在建筑设计领域的应用进行探索。例如英国建筑联盟学院（AA）、荷兰 FOA 事务所，以及建筑师林恩、盖里、扎哈等。

在过去几十年的探索过程中，涌现了多位建筑师大师的参数化设计作品。人们开始逐渐意识到参数化在设计领域的极大潜力，通过计算机编程技术融入艺术设计的数学演化，运用几何规律、算法逻辑、编程设计等参数化思维方式作为设计的原动力进行数字化的探索，将图像、文本、声音、音频、动画等多种元素或形式融合在一起，形成了以多种学科为载体的一门技术。

# 二、
# 相关文献综述

综合爱思唯尔提供的论文数据以及在全网上收集到的资料将这些论文与资料总结成五个大的方向，并归纳“参数化设计”这个议题在学术界大的研究方向、趋势及其研究现状。

## 1.
## 参数化 + 建筑

计算设计（Computational Desig, nCD) 是对一组关键的计算设计术语，即参数化设计、生成设计和算法设计，提出了一种改进的、合理的分类方法。 为了满足虚拟空间的开发需求，一种新的空间设计方式——参数化主义（Parameterization）正在崛起。

表 8.34 “参数化 + 建筑”代表学者及观点

| 代表学者 | 专业方向 | 代表书籍、论文或论文 | 主要观点 |
| --- | --- | --- | --- |
| 帕特里克 · 舒马赫（Patrik Schumacher） | 哲学博士，德国建筑学学位、英国注册建筑师，英国皇家建筑师学会成员、扎哈 · 哈迪德建筑事务所（ZHA）合伙人兼总裁、英国建筑联盟学院设计研究实验室( DRL）创始导师。曾重新定义“21 世纪的建筑”，凭着一己之力将参数化主义推向建筑学前沿。并带领事务所以“Eleftheria 广场”这一城市规划项目夺得了 2021 年度美国建筑大师奖（Architecture Master Prize）的“年度最佳城市设计奖”殊荣。 | 《参数化：下一个十年》<br>《建筑的未来——自发与虚拟》<br>《数字化——建筑与设计中的“数字化”》<br>“建筑的自创生”（第 1 卷）《建筑新框架》<br>“建筑的自创生”（第 2 卷）《建筑新议程》 | 帕特里克强调当代建筑环境的连接性、连续性与开放性。城市将在数字技术以及参数化主义下形成新的有机身份，促进新型城市设计与城市规划的转变与发展。 |
| 扎哈 · 哈迪德（Zaha Hadid） | 2004 年普利兹克建筑奖获奖者。在黎巴嫩就读过数学系，1972 年进入伦敦的建筑联盟学院学习建筑学，1977 年从建筑联盟学院毕业，获得建筑联盟学院本科学位。先后在哈佛、耶鲁等著名大学任教，设计作品几乎涵盖所有的设计门类，包括门窗、家具、雕塑摆件、灯具、椅子、水杯和餐具等。 |  | 解构是反形式、反等级、反结构的，它反对任何建筑所支持的东西，反对必然性与基本原理的机械运用，但绝不违反基本的建筑规律。解构并非只是消解，也是建构。 |
| 格雷戈 · 林恩（Greg Lynn） | 维也纳应用技术大学建筑系教授、负责人。数字建筑设计的理论奠基人之一。他在 20 世纪 90 年代就成为使用动画软件来创造新的建筑设计可能性的先锋。他的研究实践和理论著述对今天的建筑师产生了重要的影响。在格雷戈 · 林恩手中，建筑成为一种流动的数字媒介，充满着生命的律动。他开拓的建筑设计新视觉技术在当代建筑业的发展中起了关键性的作用。 | 《褶皱，身体和斑点：文集》（*Folds, Bodies & Blobs: Collected Essays*）<br>《建筑实验室》（*Architectural Laboratories*）<br>《胚胎学住宅建筑》（*Architecture for an Embryologic Housing*）<br>《复杂》（*Intricacy*） | 谈到数字技术，大部分人的反应是新技术的问世使我们不得不发明一套理论来支持它。这些理论是由莱布尼兹、牛顿和斯宾诺莎建立起来的，他们在 300 年前就在做这项工作，只不过最近才得以实现。 |
| 阿里 · 拉希姆（Ali Rahim） | 宾夕法尼亚大学设计学院建筑学教授，纽约市当代建筑实践公司的创始董事。从事的建筑实践工作跨越产品设计、建筑设计、城市规划及数字技术等多个领域，主要负责建筑学硕士课程设计的 March II 部分。 | 《催化性结构：建筑学与数字化设计》（*Catalytic Formations: Architecture and Digital Design*）<br>《动荡》（*Turbulence*）<br>《未来机场》（*Future Airports*）<br>《建筑学的当代进程》（*Contemporary Processes in Architecture*）<br>《建筑学的当代技术》（*Contemporary Techniques in Architecture*） | 数字设计技法不仅能生成新的形式，还有可能在更广阔的文化领域产生深远的影响。数字技术将建筑带入了数字技术与其环境的反馈回路中，一方面接受使用者的反馈，另一方面对使用者产生了具体影响。 |

### 2. 参数化 + 视觉设计

渐变图形、干扰图形、随机图形、迭代图形、分形艺术。

参数化图形设计正在走出萌芽，走向成熟，毋庸置疑的是越来越多的参数化图形将会用在更多的领域中。例如，应用在书籍装帧、海报招贴、广告宣传等印刷品的设计中，应用在装饰画、瓷砖图形、壁纸等建筑装饰的设计中，在网页界面、用户体验设计、影视动画等新媒体的设计中都有广泛的应用。尤其是在防伪码图形的设计中，参数化图形更具有发展潜力，因为如果没有原始的逻辑代码和参数，相同的图形是无法再现的。

### 3. 参数化 + 工业设计、产品设计

随着物质生活水平的提高，对于产品，除了要满足基本的功能需求外，人们也希望产品能有更多的含义，如体现个性化、模块化加工、生物科技模拟等。将参数化设计应用于产品设计中，可以使其在富有科技感与美感的同时提升建造工艺与效率，风格多样，可以更好地满足人们对产品多样化的需求。

### 4. 参数化 + 服装设计

参数化设计不仅被运用在建筑上，也同样被在服装上尽情地展现。通过参数化计算模拟的纹样、材料及形态，通过向量之间的相互影响关系体现出一种生命力与动态交互的形式，曲线、曲面、表面的细分将服装看作一个动态渐变的系统。

### 5. 参数化 + 传统工艺

运用参数化方法创造性地转化传统工艺。通过新技术更好地传承和发展传统技艺，通过对传统编织技法、设计特征等方面的梳理，分析编织工艺的参数化设计特征，提出基于参数化设计方法的现代设计策略，总结传统材料肌理的参数化生成逻辑及方法，将参数化技术与传统工艺相结合具有重要的社会价值和创新意义。

## 三、相关学术机构

中国数字建筑设计专业委员会、中国建筑学会数字建造学术委员会。

# 四、
# 相关成果（理论）、作品、展览

对参数化设计的相关研究主题进行网上搜索，显示其相关成果（理论）、作品、展览呈现以下几个特点：

(1) 实践层面的信息较多。参数化设计目前主要应用于建筑设计，同时在产品设计、汽车设计、游戏设计、珠宝设计、装置艺术、行为艺术及 3D 打印等行业也有应用。

(2) 知网文献搜索显示：参数化设计文献 27% 来自计算机软件及应用学科，17% 来自机械工业学科，11% 来自建筑工程学科，2.3% 来自轻工业手工业。

**· 在轻工业手工业学科搜索的相关文献情况如下：**

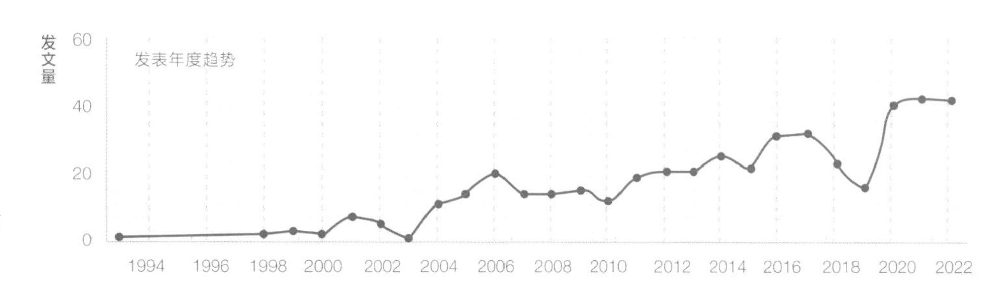


图 8.10.1　参数化设计文献发表年度趋势

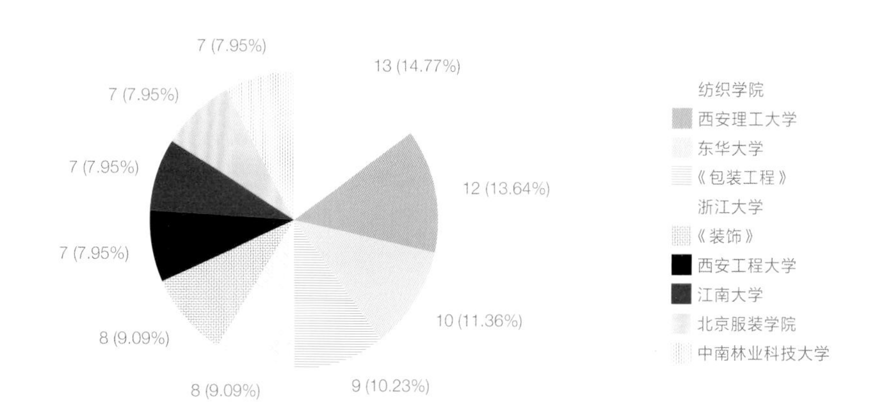


图 8.10.2　参数化设计文献发表机构来源

纺织学院、东华大学、《包装工程》的文献多集中于服装设计、产品设计领域。西安理工大学、西安工程大学的文献属于机械工程领域。

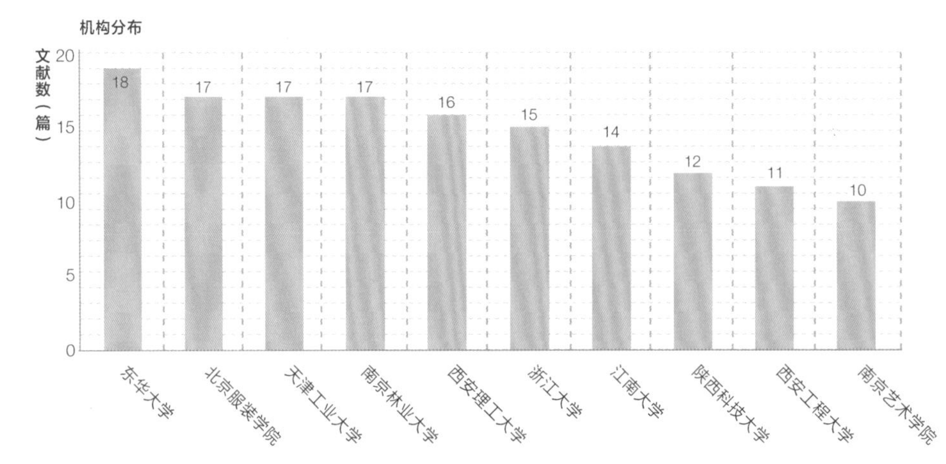


图 8.10.3 参数化设计文献发表机构分布

东华大学、北京服装学院、天津工业大学、浙江大学的文献集中于服装设计领域。天津工业大学、南京林业大学的文献集中于家具设计和传统工艺数字化设计领域。

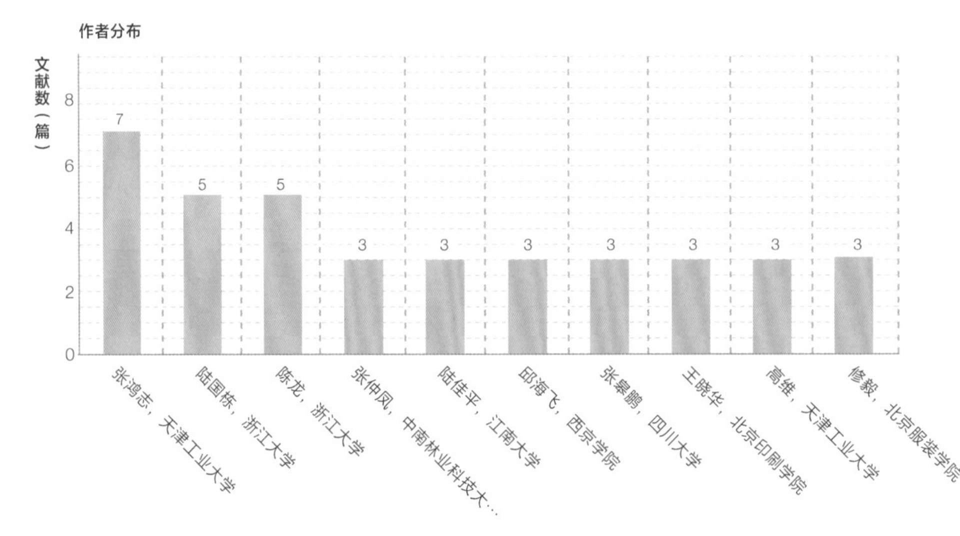


图 8.10.4 参数设计文献发表作者分布

### ·涉及视觉传达、建筑设计、交互设计、展示设计的相关文献情况如下:

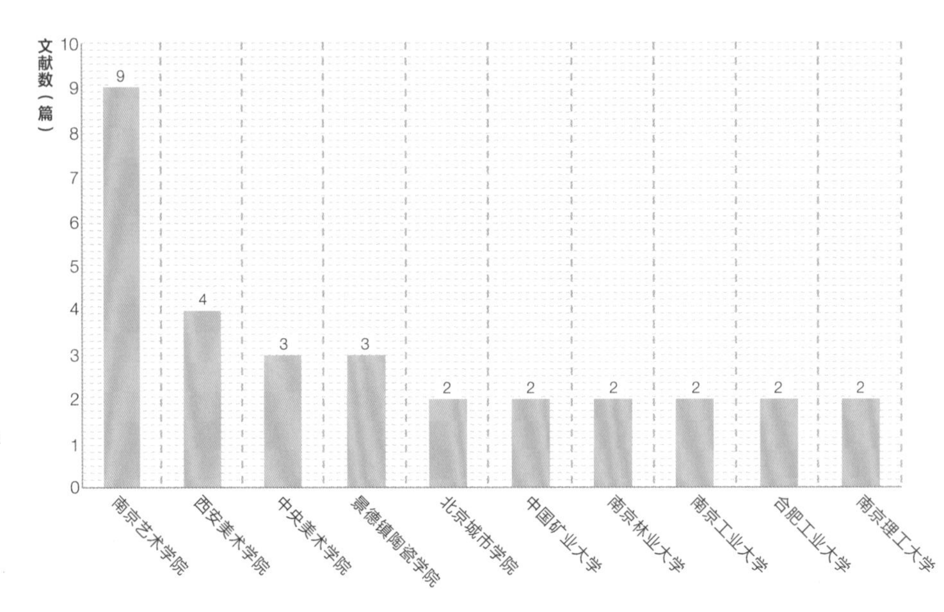


图 8.10.5 参数化设计在设计学科内的应用研究

南京艺术学院的文献呈现多元化：参数化 + 设计教育、参数化 + 字体设计、参数化 + 云雷纹生成研究、参数化 + 平面设计。

西安美术学院的文献：图形设计、环境空间设计。

中央美术学院的文献：平面设计、雕塑创作。

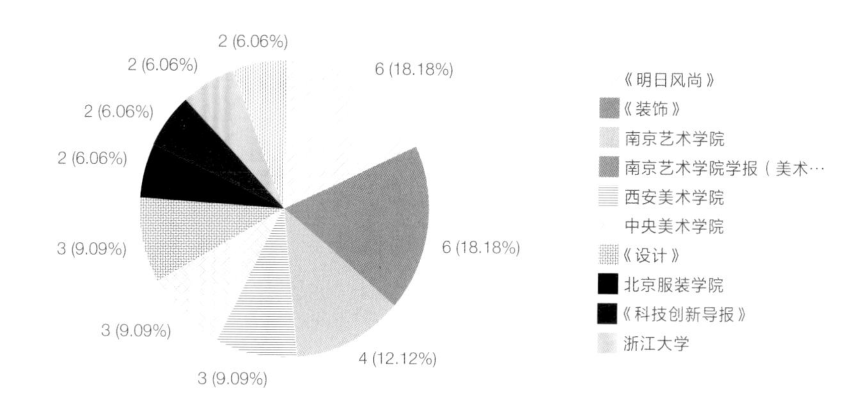


图 8.10.6 参数化设计文献来源

在文献来源中，《装饰》杂志有 3 篇文献被引次数最高：其一，提到“利用参数化和数字化等手段，从关注定性方法实践向聚焦定量过程认知的转型研究将是未来设计思维发展的重要方向”；①其二，研究发现，参数化风格的四种基本感知属性：秩序感、流动感、通透感和起伏感。研究认为，参数化设计从一种设计技术手段逐渐演变成具有独特的“设计思维”和“设计表现形式”的设计风格，对于设计方法论研究具有重要的理论意义；②其三，是对竹编图案做参数化编程，然后通过开发在线网站，完成设计师及用户的定制化交互，并可以通过 3D 打印获得个性化竹编产品的实践研究。

①楚东晓，李锦，蒋佳慧. 从定性方法实践到定量过程认知：设计思维研究的现状与进展 [J]. 装饰，2020(10):88－92.DOI:10.16272/j.cnki.cn11-1392/j.2020.10.017.

②顾方舟，赵江洪，赵丹华. 参数化设计与参数化风格的感知研究 [J]. 装饰，2020(4):16－20.DOI:10.16272/j.cnki.cn11－1392/j.2020.04.006.

# 五、相关实践（产业转化）

图 8.10.7　参数化设计的汽车造型

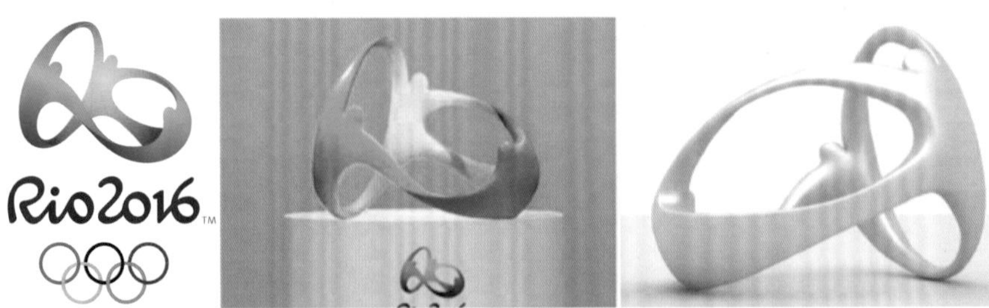


图 8.10.8　参数化设计的会徽

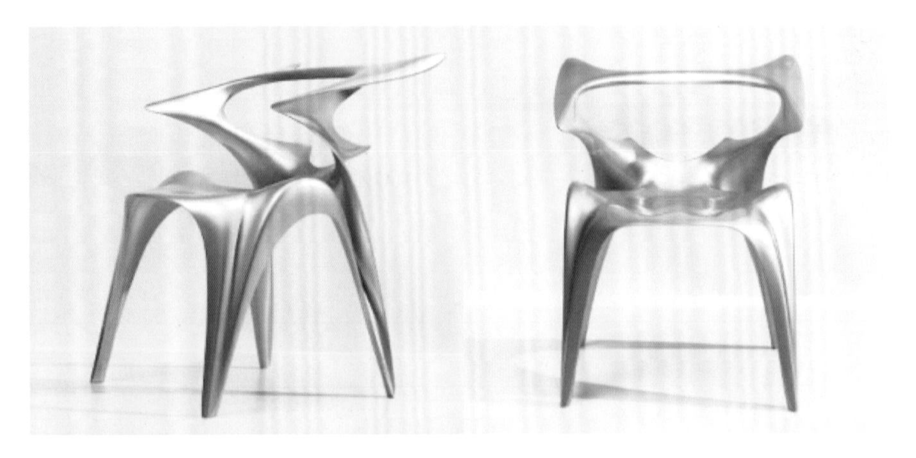

图 8.10.9　参数化设计的椅子

图 8.10.10 参数化设计的服装

# 六、学科交叉与知识重构

表 8.35 参数化设计相关知识结构构成

| 知识领域 | 其他设计领域 | 交叉学科（议题） |
| --- | --- | --- |
| 计算性设计、人工智能、交互性设计 | 人工智能介入、算法设计、交互设计 | 计算机科学 |
| 拓扑学、极小曲面、分形学 | 几何学 | 数学 |
| 数据采集、数据处理、自然科学 | 地理信息系统、图解思维、数据可视化 | 地理学 |
| 数字机器人学习 | 数字建造、虚拟建筑、元宇宙 | 建筑学 |
| 数据模拟 | 仿生算法设计 | 生物学 |
| 物理学基础理论 | 动力学模拟、静力学模拟 | 物理学 |
| 结构力学基础 | 机械动力学模拟、结构力学模拟、模拟优化 | 机械工程 |

# 七、课程专业

1994 年，哥伦比亚大学建筑研究生院成立了“无纸设计工作室”（Paperless Studio），将 3 年制建筑学硕士学位的第 3 年以及一年半制建筑设计科学硕士学位的全部设计课程都纳入工作室，借助各种计算机图形技术对数字建筑设计方法进行了探索，比较有代表性的无纸设计工作室是杰夫里 · 凯普里斯和格雷格 · 林恩工作室（Jeffrey Kipnis & Greg Lynn Studio）、埃文 · 道格拉斯工作室（Evan Douglis Studio）、卡尔 · 朱工作室（Karl Chu Studio）和艾得 · 凯勒工作室（Ed Keller Studio）等。

继哥伦比亚大学之后，英国建筑联盟学院成立了设计研究实验室（Design Research Lab）、美国麻省理工学院成立了计算小组（Computation Group）。此外，美国哈佛大学设计学院、澳大利亚皇家墨尔本理工学院等也开设了相关设计课程或建立研究机构。随着这些院校的教师和毕业生把设计实验带到其他地方和单位，数字建筑设计逐渐在美国和欧洲院校得到普及。如：

**伦敦大学学院——参数化城市设计**

使用视频游戏作为载体，对城市环境进行模拟分析，尝试通过虚拟世界来应对真实的城市问题，再通过人的参与感受这个城市空间设计的新平台。

其他还有，阿尔托大学建筑系和设计系、宾夕法尼亚大学建筑设计学院和代尔夫特理工大学工业设计工程学院。

**同济大学设计创意学院**

一年级开设开源硬件与编程的课程，课程展开对 Autodesk、Fusion360、Rhino 及 Arduino 等参数化编程性设计软件的学习，正式将开源设计融入本科基础教学的设计实践中。在课程中，学生将会了解编程硬件、程序原理、交互方式、机械原理、通信设备、感应器及可穿戴设备等数字时代下的新知识和新技术。开源课程背后又有同济数字创新中心、麻省理工学院科学实验室及阿里云实验室等各个联合机构作为技术支撑。其中，张周捷数字实验室参数化设计课程的四大发展方向为：形态生成、工程优化、智能算法、纹理生成。国内同类的还有中国美术学院创新设计学院技术与造物方向 、清华大学工业设计系、上海大学上海美术学院、上海市公共艺术协同创新中心跨文化设计课程等。

**表 8.36 参数化设计的相关知识结构构成**

| 院校 | 专业课程 | 交叉课程 |
| --- | --- | --- |
| 哥伦比亚大学建筑研究生院无纸设计工作室（Paperless Studio） | 杰夫里 · 凯普里斯（Jeffrey Kipnis）和格雷格 · 林恩工作室（Greg Lynn Studio）、埃文 · 道格拉斯工作室（Evan Douglis Studio）、卡尔 · 朱工作室（Karl Chu Studio）和艾得 · 凯勒工作室（Ed Keller Studio） | Media Lab 研究员交叉合作 |
| 英国建筑联盟学院设计研究实验室（Design Research Lab, DRL） | DRL 分为三组，导师分别是：帕特里克 · 舒马赫（Patrik Schumacher）、沙杰 · 博山（Shajay Bhooshan）和西奥 · 斯皮罗普洛斯（Theo Spyropoulos）<br>帕特里克 · 舒马赫组：基于格式塔定理，结合 Maya 实现动态建筑（Kinetic Architecture）<br>沙杰 · 博山组：主要是做数字制造（Digital Fabrication）<br>西奥 · 斯皮罗普洛斯组：常被称之为“机器人组” | |

| 院校 | 专业课程 | 交叉课程 |
| --- | --- | --- |
| 美国麻省理工学院<br>计算小组<br>( Computation Group ) | | Media Lab 研究员交叉合作 |
| UCL 巴特莱特学院<br>建筑计算 | 计算分析（15 个学分）<br>计算合成（15 个学分）<br>知识驱动型设计（15 个学分）<br>建筑与设计编程导论（15 学分）<br>形态形成编程（15 个学分）<br>建筑环境论文（60 学分） | 数字工作室（15 学分）<br>体现和嵌入式技术：身体作为界面（15 个学分）<br>体现和嵌入技术：城市作为界面（30 学分）<br>数字生态（30 学分） |
| 阿尔托大学建筑系、<br>设计系 | 结构设计工作室 | |
| 宾夕法尼亚大学<br>建筑设计学院 | MSD-AAD // 课程（课程总学分：14)<br>（设计理学硕士［MSD］，高级建筑设计［AAD］）<br>**第 1 学期** / 秋季<br>· MSD-AAD 设计工作室<br>· 1989 年至今的当代理论<br>· 设计创新<br>· 选修 I<br>**第 2 学期** / 春季<br>· MSD-AAD 设计研究工作室 – 指定选修课<br>· 新材料和方法<br>· 视觉素养及其文化<br>· 选修 II<br>**第 3 学期** / 夏季<br>· MSD-AAD 制造工作室 – 指定选修课<br>· 当代美学理论<br>· 机器人制造 | |
| 同济大学设计创意学院 | 拓扑学（Topology）——研究生课程<br>数字化设计——工业设计本科生课程<br>· 计算设计<br>· 人工智能和增强智能<br>· 谈论机器 / 计算机 / 数据 | |
| 同济大学建筑与规划学院 | 袁烽——数字建造 | |
| | 张周捷数字实验室——参数化设计课程 | 同济大学 DIA 课程：形态生成、工程优化、智能算法、纹理生成 |
| 中国美术学院 | 创新设计学院技术与造物方向 | 参数化应用、行为设计、物质催化与繁衍、材料生态与生长、家居感知与策略 |
| 清华大学工业设计系 | 邱松设计形态学方向（硕博）<br>国家课题“设计形态学研究与协同创新设计”<br>徐卫国非线性数字制造（硕博） | 人工智能、“第三自然” |

# 八、
# 总结

参数化设计其实就是参变量化设计，也就是把设计参变量化，即设计是受参变量控制，每个参变量控制及表明设计结果的某种重要性质，改变参变量的值会改变设计结果。参数化设计可用的领域很广，例如城市设计、建筑设计、室内设计、景观设计、工业设计、雕塑公共艺术设计等。

在参数化设计方案中，我们把影响设计的主要因素看成参变量，也就是把设计要求看成参数，并先找到某些重要的设计要求作为参数，然后通过某种或集中规则系统（即算法）作为指令来构筑参数关系，并用计算机语言描述参数关系，形成软件参数模型。当在计算机语言环境中输入参变量数据信息，同时执行算法指令时，就可实现生成目标，得到所需要的设计形态，通过对不同语言及参数的运用对形态进行优化，实现落地性可实施方案。

软件参数模型给设计带来了灵活性，可满足设计过程生命有机特性及动态连续复杂性的要求。当参变量的大小值改变的时候，可以在已有的参数模型上改变输入信息得到新的结果。这种具有迭代性的设计思路不仅可以生成某一单独的形体，也可生成动态形体的某一瞬间性，这样，设计结果变得可控；另一方面，影响建筑设计的因素除了主要的因素外还有其他因素，当通过软件参数模型得到设计的雏形后，可以根据其他因素的影响进一步调整，得到更高程度上满足设计要求的设计结果。

与人工操作的设计过程相比，计算机参数化设计实际上是在编辑一套复杂的形态生成系统公式，它可以让设计过程反反复复，不断反馈，可以输入不同条件得到多个结果，可以对设计结果进行多次修正及优化，这是人工操作做不到的。参数化设计过程中的规则系统及描述规则的语言、软件参数模型、参变量，以及生成的形体都是显形可见的，与传统设计过程相比，它是逻辑化可控的科学设计过程。

拓扑学是数学的一个分支，莱布尼茨在 17 世纪时最早用拓扑学解决地图绘制问题。其直译是“地志学”，最早指研究地形、地貌相类似的有关学科。拓扑学是从几何学与集合论里发展出来的学科，研究空间、维度与变换等概念。发展至今，在计算机图形学、建筑学中占据着非常重要的地位，它具有变化的开集和基本的结构。因此，拓扑概念是数字设计或参数化设计绕不开的命题。拓扑空间结构（拓扑空间的结构，也称空间拓扑），拓扑中包含的特定集合定义空间的结构，而这些特定的集合属于“开集”。其中，涉及莫比乌斯环、极小曲面、分形学等，都是从概念向形态学转化的一个过程。

参数化主义强调基于设计原则的统一性，兼顾形式和功能两方面的全新原则和价值。新设计工具和程序正根本性地处在这场运动的核心地位。现代主义是基于标准化和可复制性，而参数化主义则提供连续的多样性。现代主义和参数化主义在对待设计中最基本单元的态度是不同的：现代主义和历史上的古典主义一样，在矩形、正方形、三角形和圆形等最基本的几何体基础上进行设计。这些形体是固定的和封闭的，不具备复杂适应的能力。相反，参数化主义的基本型是可塑的和可适应的，比如泡状体、nurbs 曲面和其他一些参数化的单元体。澄清参数化设计基本特征的最好方法是从启示法的角度去定义。这种定义明晰了现代主义和参数化主义的不同点。

在数字技法（包含参数化）的帮助下，关系方程式和脚本编辑成为创建、制造、组装优雅的设计项目的重要支撑力量。数字模型的开发日渐盛行，这些数字模型考虑到形态的限制，将材料和成本等因素融入一个无缝的模型。这样一来，设计智慧已经不仅体现在如何有效操作硬件，更体现在如何操控那些高度融合的模型，这些模型能够根据材料弯曲度和木工精细度等因素计算成本。设计作品的预期效果可以通过定制、调整、建造、组装这些部分加以实现。在设计过程中，设计师应充分考虑到建造施工因素，对形态特征进行调整，从而可直接减少大规模定制的成本。

因此，为追求优雅，我们最终要将更多的技术整合在一起，使优雅的美学在建造完成的作品中得到完全的释放。虽然精湛的技法依然重要，因为它是设计和建造优雅的基础，但是最终促成优雅的是一种极为精巧的形态语言，包括那种追求审美享受的驱动力量 。

# * 结论

Summary

# 大 结论

## 一、设计学科总体发展趋势

从全球来看，技术的快速发展、国际关系的剧烈变化和生态环境的压力为设计发展带来了新的挑战。如何解决日益复杂的社会问题，如何实现人的保存和全面发展，都对设计提出了新的要求。设计先后经历了创造风格、关注意义、协调管理、创造体验、驱动创新等各个发展阶段，从之前关注物质世界逐步拓展到非物质的领域，设计的对象也在不断延伸，从装饰、物品和活动到关系、服务和流程，再到系统、环境和机制。本报告从多个角度对国际设计在研究、教育和平台方面的近十年发展进行了调研。调研结果体现出设计发展的以下基本趋势：

**· 设计的格局正在扩大**

设计的探索更加多元，思想性也日益增强。设计各专业围绕研究的对象、技术、环境乃至观念变化呈现出新的研究议题。这一转变所带来的不仅是设计格局的多元化，更重要的是针对设计学科研究逻辑的反思。设计从关注具体的某个对象或事物，转向以全球化的视角关注复杂不确定的社会系统性问题。设计也从以往的解决问题导向融入探索未来、批判反思等更具有思想价值的活动。

**· 设计的交叉性正在提高**

随着设计格局的拓展，不论在实践方面还是在研究方面，设计的交叉发展都成为主要趋势之一。从设计的学术产出、高校教育以及社会平台的综合情况来看，国际上的交叉型设计早已开始试验，并且交叉发展的趋势正在不断加强。除了学科内部、关系紧密专业的近缘交叉，设计还与社会科学以及自然科学进行了广泛的远缘交叉合作。

**· 设计的社会性正在加强**

设计致力于生产提效、生活改良、产品增值等方面，在经济、教育和全球事务中多方位参与。当前社会的可持续发展已经成为设计关切的主要议题。设计师除了承担为生产者服务的传统职能外，还承担着为公众服务等更多的社会责任，积极响应社会问题和公众议题，在新产业形态中发挥着越来越大的作用。

**· 设计与科技的融合正在加速**

在过去的五年中，人机交互、3D 打印等和数字技术有关的议题不仅是设计领域内学术产出量最高的，也是学术产出增长最快的。许多国际院校都对设计学科加大了在智能化、数字化、网络化方面的建设与投入。设计研究受到新技术，尤其是计算机和工程技术发展的深刻影响，与数字智能、信息系统、区块链的交叉研究正在快速升温。

# 二、设计教育

今天，世界面临着新的挑战。设计师开始不仅在设计方面发挥越来越大的作用，而且还深度参与到产业链乃至社会中完成系列创意活动。今天的设计实践涉及先进的多学科知识，这些知识以跨学科合作和设计教育的根本变革为前提。

在教育理念方面，国际设计学界对设计教育的困境基本达成了共识：设计教育面临着跟不上当今社会新需求的尴尬境地。因此，近十年来，设计教育的被重视程度一直在增加，对设计教育改革的呼吁也此起彼伏。在知识共享的时代，设计教育的重点从技能型教学转向设计思维、工作方法的训练，以便未来的设计师掌握通用的思维方式，应对科技快速发展而带来的社会变革。设计教育的目标发生了转变，培养的设计师从为生产者服务的传统角色转变为公众服务，为可持续发展提供具有建设性和可行性的方案。在面对市场需要时，各国的艺术设计院校均注重培养学生的专业实践素质。从学科发展角度来看，这些院校都在致力于针对新兴领域的实践研究，以实现设计格局的多元化，其专业建设也大多紧随全球经济发展形势与前沿科技动态，加强了智能化、数字化、网络化的建设与投入。

在教学方面，根据对设计类院校的采样调研，设计类院校设定的人才培养方案强调培养学生的全球性视野，引导学生积极响应社会问题和公众议题，并进行创新性实践。在课程体系中，则不断加强本土特色专业和区域经济发展的研究，以适应社会发展的要求。不同类型的院校有不同的培养特色，专业院校更重视学生专业实践素质的培养，综合类院校，尤其是研究型大学，往往更关注学科内涵与理论的教学。总体上，这些院校通过采取跨校合作办学，或进行校内跨专业教学，或是特别课程以及专业师资的学科背景多元化，开展了跨学科的专业建设。这种培养方式也是为了能够有利于学生的就业，为学生在不同领域和地域的就业提供可能性。总的来说，国际优秀院校的设计类专业课程与其培养目标咬合紧密，通过地方特色课程以及跨学科专业课程积极响应设计的专业特性和社会市场的需求。

在教育评价方面，全球主要的 18 种排名体系有不同的排名维度，但主要涉及的是五个评判维度：教育教学环境、师生素质、研究创新、就业实习以及国际多元化。

尽管侧重点不同，但是所有排名系统的评判维度都最看重教育机构的研究创新能力，其次为教育教学水平，而师生素质、国际多元化、就业实习则在大多数评判维度中占比很小。出现这种结果的原因不外乎排名系统的调查数据规模。目前国际大学学科排名系统在考察“研究创新”领域时以期刊论文等学术产出为主，并且使用的数据库主要集中在爱思唯尔、科睿唯安和 PATSTAT 专利数据库。这种关于对“研究创新”的评判维度对于偏重实践应用的设计类专业院校并不公平，同样对于非英语国家设计类院校的评估也不全面。但是除去语言问题，英国皇家艺术学院尽管是设计类专业院校，但其在设计领域的“研究创新”方面依然表现突出，甚至超过了大多数综合类院校。因此，是否属于专业类院校，不是专业类院校理论研究或研究创新不足的理由。尤其是研究型专业类院校，必须要能引领本专业领域研究的前沿发展，而不仅仅只是停留在审美实践的层面。面对交叉学科时代，设计教育也必须从传统师徒式的默会知识（审美经验）传授转向“实践—研究”互为驱动的现代科学教育体系。

## 三、
## 设计研究

新兴议题的不断涌现开拓了设计思维的新空间，人们越来越多地用“大设计”来讨论各个层面的问题，关注范畴也从设计本体问题扩展至具有复杂性的人类可持续发展问题。设计研究已经远远超出了传统设计门类的划分，形成了“设计理论、概念和方法的研究”“数字技术催生的相关设计实践研究”和“设计教育相关研究”三大板块。设计领域研究的平均学术影响力略高于全球同类整体科研产出的平均水平，并且在近十年来基本稳定。

近五年，自然科学和社会科学在对设计研究的贡献基本上势均力敌。设计研究在社科领域和非社科领域也分别有各自的聚焦议题。社科领域的设计学研究更为关注情感、文化、创新、价值共创等研究议题，而在非社科领域的设计学研究则更多地关注人体工程学、感性工学、建筑、信息系统和网页设计等研究议题。自然科学和社会科学在设计领域产生交叉的主要议题和人机交互设计、计算机辅助制造、设计教育等有关。从广义的设计来看，设计为在艺术和人文、商业 / 管理和会计、决策科学、经济 / 经济计量学和金融、心理学等社会科学领域方面的研究，同时设计研究受到新技术，尤其是计算机和工程技术发展的深刻影响，设计科学得到了越来越多的关注。

近十年来，全球设计领域学术产出最多的国家分别是美国、中国、英国、澳大利亚以及荷兰，而其中学术影响力最高的国家为荷兰。中国在设计领域的学术影响力虽然仍落后于该领域的全球平均水平，但正在呈上升趋势。可见，设计研究的产出依然以欧美国家为主，中国等亚洲国家也在迅速崛起，但后者的学术成果和学术平台的总体影响力仍有很大的进步空间。其中的一个主要原因是，欧美仍然是设计领域重要学术人才的聚集地：一方面是由于其产业发达吸引了全球的优秀人才，另一方面是其设计教育长期积淀、培养了尖端人才。其中，美国的相关人才数量最多，而荷兰则以相对较少的人才实现了最高的影响力。因此，要我们提高设计学科的研究水平，不仅需要吸引和培养足够的研究人才，还需要最大限度地发挥人才的作用。

近十年来，学科交叉研究呈上升趋势，向新兴交叉学科不断延伸、拓展，呈现出很强的多学科属性，计算机科学、工程、艺术、人文以及社会科学是其主要的交叉来源领域。交叉设计研究在数学、商业 / 管理和会计以及材料科学等学科领域已经形成了一定的研究规模，同时也正在向一些与可持续发展目标相关的交叉性、应用性较强的学科领域拓展，例如环境科学、决策科学以及能源科学等。

尽管各设计专业的交叉发展模式各有特色，但人机交互、可持续设计、协同设计、数字制造、关注情感体验和服务的设计、消费文化以及利用网络资源都成为国际范围内各设计专业共同而广泛关注的议题。在这些细分研究方向中，“参与式设计；人机交互（HCI）；协同设计”是学术影响力最高的研究方向。而将设计作为科学研究对象的设计科学研究，以及其与数字智能、信息系统、区块链的交叉研究具有最大的延伸潜力。

在设计领域学术产出主要贡献国家中，中国发文量排名第二位，这说明中国在设计领域研究的产出日益增长，但学术成果的影响力却低于平均水平。而且在以设计研究为宗旨的各项国际设计研究协会中，中国本土设计学者在中高级别的研究员与名誉院士中几无身影，由此可见，中国设计学研究的国际化进程仍任重道远。

中国学者在国际上发表的相关设计研究，除了关注设计领域普遍关注的研究焦点外，同时也特别关注关于跨文化、美学、中国传统、工艺品等方面的研究，并颇具研究特色，这与新中国成立以来大力发展工艺美术的传统有关。但这类研究并未引起国际上太多的关注，相反，中国设计的“教育”和设计品“消费市场”是最受国际同行关注的两个领域，这说明中国设计在教育和消费的市场前景和体量被国际看好。

上述情况说明：（1）中国目前在国际设计的研究领域属于资源型大国，而不是当代设计文化和理论的强力生产者；（2）中国目前的设计研究对社会发展的关注度和敏感度有待提高，且对设计学科的发展路径需进一步深入思考；（3）设计中传统文化和本土文化的价值需要进一步进行跨文化转译，并需与国际语境接轨，方能建立起具有国际影响力的中国设计文化；（4）当前中国关于新能源汽车、快消品、数字媒体产品等新兴产业的蓬勃发展带有很强的设计附加值，应该将其转化为设计实践、教育及研究的优势资源。

# 四、设计平台

无论是教育组织（各设计类专业院校和综合类院校）还是研究组织，如国际艺术、设计和媒体院校联盟（Cumulus），均同设计教育密不可分，侧重于设计实践的世界设计组织（WDO）与国际设计委员会（ICo-D），以及倡导“以研究为导向”进而推动设计与设计教育发展的“国际设计研究协会（DRS）”等，都在积极响应联合国的相关公约。可持续发展议题已经成为国际设计组织共同关注的核心议题，与此相关的宣言、会议等也都在倡导设计师角色和责任的转变，从传统的为生产者服务转向为社会公众服务，并始终考虑设计对环境、经济、社会等的影响，倡导批判性的思维和设计工作。

**从研究中可以总结出国际设计组织的部分发展趋势：**

第一，作为多边主义的产物，国际设计组织打破了原有的设计体系结构，使其不得不重新调整，以适应全球化所带来的各种挑战；第二，教育全球化所造就的整体环境与参考体系，推动教育日渐成为全球治理的重要手段，而国际设计组织的建立可以更好地发挥公共教育的职能；第三，设计对象的日益复杂迫使差异化的机构间加强合作，国际设计组织通过召开大会、发布宣言等方式将跨文化的组织、个人、平台的理念凝聚在一起，在设计的影响力日益扩大的同时，又促进了全球化的发展。

尽管中国的设计市场、从业者以及科研成果的体量都在快速增长，并拥有世界上最大规模的设计教育，但迄今为止，中国也鲜见牵头组织、创建过具有广泛影响力的国际性设计组织。中国的设计类院校、协会，尤其是企业在国际设计组织中的参与度和话语权相对欧美国家低很多，甚至在亚洲范围内，与设计强国日本，哪怕和同为发展中国家的印度相比，也未见明显优势。这种现象背后的原因比较复杂：一是因为中国整体设计研究的科研质量相对不足；二是中国学者具有本土特色的研究没有充分同国际研究语境接轨；三是活跃在国际舞台的中国学者还处于成长期，缺少国际设计舞台的领军人才；四是因为国际社会对于多边主义的实践仍然有待深入。

早期，设计传播和产品销售的重要舞台是博览会等展会。而当代线上线下结合的广告销售网络已经足够发达，设计展览和设计周等展会也逐渐转变定位。当人类进入后工业化时代，设计展会更加注重对设计的本质进行思辨探索，将设计的责任和道德、价值取向等伦理问题纳入视野，引发学术乃至社会层面的持续讨论。近十年来，随着设计的功能与形式转向非物质性，设计展览成为思想实验的场所和平台。在这个背景下，设计展览在设计概念的重塑、设计边界的扩展、设计媒介的延展、艺科融合的回应、发展危机的思辨等方面，都起到了思想实验和社会传播的双重作用。设计展览和设计研究紧密结合，将焦点从设计本体问题转向具有责任担当和现实意义的人类可持续发展问题。设计周也有同样的发展趋势，无论是以实验性、先锋性著称的荷兰设计周，还是以家居设计闻名于世的米兰设计周共同体，在展示产业发展动向的同时，都在持续关注诸多事关时代发展与人类命运的设计本质命题。

通过对自 2010 年以来的典型设计展览案例的梳理分析可见，自科技革命进入新世纪之后，随着后现代主义的广泛传播，社会性、多元主义、文化身份、媒介的开拓性和综合性在设计策展中的影响力越来越大。设计策展人所面对的问题开始转向，从单一的造物历史叙事朝着更加宽泛而多元的方向发展，责任与道德、批判与思辨、设计的边界与智识，以及技术革命带来的生存发展危机，乃至预测未来等问题都被纳入策展视野。

设计奖项则旨在成为设计文化价值与经济价值层面上信誉卓著的服务提供平台：一方面，设计奖项正在扩大设计文化建构的社会性功能。最近几年的重点议题和获奖作品反映了社会发展需要设计师思考和应对的关键及复杂议题。设计奖项也希望以此倡导设计师在社会中更广泛地应用在设计上所体现的思想、观点和方法，将它们与特定主题的专门知识或活动联系起来，以促进积极的变化，同时也在赋能设计的价值。通过设计奖项的推动，这些前瞻理念也加快了设计交叉学科时代的到来；另一方面，设计作为提高企业利润和品牌声望的一种方式，在商业中的价值已被市场和客户广泛认可。但是，设计奖项的获奖作品不一定会给企业带来直接的经济利润，也就是说，设计奖项所带来的间接收益并没有想象中的那么好。这也因此产生了一个难题：设计师应该继续追求设计奖项设定的设计标准，还是应该更多地考虑为客户创造商业价值？设计奖项所倡导的理想标准与商业市场的现实似乎存在差距。而当设计奖项的获奖数量被纳入教育评价的指标体系时，势必会影响设计教育中本应传授的其他价值。这一问题在设计奖项中比较常见。

当代的展会、奖项等平台已成为设计文化传播的主要渠道，为设计赋予了伦理、社会创新等价值，同时也包括外交价值，增加了相关地区的文化软实力。然而，上述价值和市场价值之间存在着客观矛盾，在设计的教育、展览、奖项等方面的调研中均可发现这种矛盾。这也反映了在当今国际社会中，尤其是发达社会，市场逻辑和社会责任、精英文化与大众文化均有待更加充分地融合，这是新时期设计发展需要正视的问题。

# * 附录

# Appendix

- 附录一　设计文献的来源列表
  List of Sources for Supplementary Design Literatures
- 附录二　子领域文献检索式
  Sub-field Literature Review Indexes
- 附录三　定量指标说明
  Quantitative Indexes
- 附录四　定量分析的数据源
  Duta Sourcesfor Quantitative Analysis
- 附录五　世界大学排名系统类型目录
  The Ranking List
- 附录六　设计展览列表
  Design Exhibition List

# 附录一
# 设计文献的来源列表

表 1　66 所艺术院校名单

| 序号 | 艺术院校 | 院校所属国家 |
| --- | --- | --- |
| 1 | 维也纳美术学院（Academy of Fine Arts Vienna） | 奥地利 |
| 2 | 维也纳大学音乐与表演艺术学院（Universit of Music and Performing Arts Vienna） | 奥地利 |
| 3 | 维也纳应用艺术大学（University of Applied Arts Vienna） | 奥地利 |
| 4 | 卢卡艺术学院（LUCA School of Arts） | 比利时 |
| 5 | 艾米丽卡尔艺术及设计大学（Emily Carr University of Art and Design） | 加拿大 |
| 6 | 诺瓦艺术与设计大学（NSCAD University） | 加拿大 |
| 7 | 安大略艺术与设计学院（Ontario College of Art & Design University） | 加拿大 |
| 8 | 北京电影学院（Beijing Film Academy） | 中国 |
| 9 | 北京服装学院（Beijing Institute of Fashion Technology） | 中国 |
| 10 | 中国美术学院（China Academy of Art） | 中国 |
| 11 | 中央美术学院（Central Academy of Fine Arts） | 中国 |
| 12 | 广州美术学院（Guangzhou Academy of Fine Arts） | 中国 |
| 13 | 湖北美术学院（Hubei Institute of Fine Arts） | 中国 |
| 14 | 江西服装学院（Jiangxi Institute of Fashion Technology） | 中国 |

| 序号 | 艺术院校 | 院校所属国家 |
|---|---|---|
| 15 | 鲁迅美术学院（LuXun Academy of Fine Arts） | 中国 |
| 16 | 山东工艺美术学院（Shandong University of Art & Design） | 中国 |
| 17 | 上海视觉艺术学院（Shanghai Institute of Visual Arts） | 中国 |
| 18 | 四川美术学院（Sichuan Fine Arts Institute） | 中国 |
| 19 | 西安美术学院（Xi'an Academy of Fine Arts) | 中国 |
| 20 | 布拉格美术学院（Academy of Fine Arts in Prague） | 捷克共和国 |
| 21 | 丹麦皇家艺术学院（Royal Danish Academy ） | 丹麦 |
| 22 | 爱沙尼亚艺术学院（Estonian Academy of Arts） | 爱沙尼 |
| 23 | 赫尔辛基艺术大学（University of the Arts Helsinki） | 芬兰 |
| 24 | 巴黎国立高等装饰艺术学院（École Nationale Supérieure des Arts Décoratifs） | 法国 |
| 25 | 巴黎国立高等美术学院（École Nationale Supérieure des Beaux-Arts） | 法国 |
| 26 | 国立高等装饰艺术学院艺术研究实验室<br>（Laboratoire de Recherche en Art et en Design Ecole des Arts Décoratifs） | 法国 |
| 27 | 柏林艺术大学（University of the Arts Berlin） | 德国 |
| 28 | 印度国立设计学院（National Institute of Design, India） | 印度 |
| 29 | 印度国家时装技术学院（National Institute of Fashion Technology, India） | 印度 |
| 30 | 爱尔兰国立艺术与设计学院（National College of Art and Design, Ireland） | 爱尔兰 |
| 31 | 耶路撒冷贝扎勒艺术与设计学院（Bezalel Academy of Art and Design, Jerusalem） | 以色列 |
| 32 | 多莫斯设计学院（Domus Academy） | 意大利 |
| 33 | 武藏野美术大学（Musashino Art University） | 日本 |
| 34 | 宝冢大学（Takarazuka University） | 日本 |
| 35 | 多摩美术大学（Tama Art University） | 日本 |
| 36 | 东京艺术大学（Tokyo University of the Arts） | 日本 |
| 37 | 哈萨克斯坦国立艺术学院（T.K. Zhurgenov Kazakh National Academy of Arts） | 哈萨克斯坦 |
| 38 | 乌德勒支艺术学院（HKU University of the Arts Utrecht） | 荷兰 |
| 39 | 奥斯陆国家艺术学院（Oslo National Academy of the Arts） | 挪威 |
| 40 | 华沙美术学院（Academy of Fine Arts in Warsaw） | 波兰 |

| 序号 | 艺术院校 | 院校所属国家 |
| --- | --- | --- |
| 41 | 克拉科夫美术学院（Akademia Sztuk Pieknychim. Jana Matejki w Krakowie） | 波兰 |
| 42 | 南洋理工大学艺术、设计和媒体学院<br>（School of Art, Design and Media, Nanyang Technological University） | 新加坡 |
| 43 | 韩国国立艺术大学(Korea National University of Arts) | 韩国 |
| 44 | 瑞典国立艺术与设计学院<br>（Konstfack University College of Arts, Crafts and Design, Konstfack Stockholm） | 瑞典 |
| 45 | 苏黎世艺术大学（Zurich University of the Arts） | 瑞士 |
| 46 | 中央圣马丁学院（Central Saint Martins） | 英国 |
| 47 | 法尔茅斯大学（Falmouth University） | 英国 |
| 48 | 格拉斯哥艺术学院（The Glasgow School of Art） | 英国 |
| 49 | 伦敦时装学院（London College of Fashion） | 英国 |
| 50 | 雷文斯本设计与传播学院（Ravensbourne College of Design and Communication） | 英国 |
| 51 | 皇家艺术学院（Royal College of Art） | 英国 |
| 52 | 考陶尔德艺术学院（The Courtauld Institute of Art） | 英国 |
| 53 | 创意艺术大学（University for the Creative Arts） | 英国 |
| 54 | 伦敦艺术大学（University of the Arts London） | 英国 |
| 55 | 艺术中心设计学院（Art Center College of Design） | 美国 |
| 56 | 加州艺术学院（California Institute of the Arts, CalArts） | 美国 |
| 57 | 加州艺术学院（California College of the Arts, CCA） | 美国 |
| 58 | 切尔西艺术与设计学院（Chelsea College of Art and Design） | 美国 |
| 59 | 克兰布鲁克艺术学院（Cranbrook Academy of Art） | 美国 |
| 60 | 纽约时装学院（Fashion Institute of Technology） | 美国 |
| 61 | 马里兰艺术学院（Maryland Institute College of Art） | 美国 |
| 62 | 帕森斯设计学院（Parsons School of Design at the New School） | 美国 |
| 63 | 普瑞特艺术学院（Pratt Institute） | 美国 |
| 64 | 罗德岛设计学院（Rhode Island School of Design） | 美国 |
| 65 | 萨凡纳艺术与设计学院（Savannah College of Art and Design） | 美国 |
| 66 | 芝加哥艺术学院（School of the Art Institute of Chicago） | 美国 |

表 2　22 种重要设计期刊

| 序号 | 期刊名称 | 期刊名称 |
| --- | --- | --- |
| 1 | *Archives of Design Research* | 《设计研究档案》 |
| 2 | *Art, Design and Communication in Higher Education* | 《高等教育中的艺术、设计和传播》 |
| 3 | *Clothing and Textiles Research Journal* | 《服装和纺织品研究期刊》 |
| 4 | *CoDesign* | 《协同设计》 |
| 5 | *Design and Culture* | 《设计与文化》 |
| 6 | *Design Issues* | 《设计问题》 |
| 7 | *Design Journal* | 《设计期刊》 |
| 8 | *Design Science* | 《设计科学》 |
| 9 | *Design Studies* | 《设计研究》 |
| 10 | *Fashion Practice* | 《时尚实践》 |
| 11 | *Fashion Theory: Journal of Dress, Body and Culture* | 《时尚理论：服装、身体与文化期刊》 |
| 12 | *International Journal of Art and Design Education* | 《国际艺术与设计教育期刊》 |
| 13 | *International Journal of Clothing Science and Technology* | 《国际服装科技期刊》 |
| 14 | *International Journal of Design* | 《国际设计期刊》 |
| 15 | *International Journal of Design Education* | 《国际设计教育期刊》 |
| 16 | *International Journal of Fashion Design, Technology and Education* | 《国际时装设计、技术和教育期刊》 |
| 17 | *Journal of Design History* | 《设计史期刊》 |
| 18 | *Journal of Design Research* | 《设计研究期刊》 |
| 19 | *Journal of Interior Design* | 《室内设计期刊》 |
| 20 | *New Design Ideas* | 《新的设计理念》 |
| 21 | *Research Journal of Textile and Apparel* | 《纺织服装研究期刊》 |
| 22 | *She Ji* | 《设计》 |

# 附录二
# 子领域文献检索式

子领域文献定义为设计文献的标题、摘要、作者关键词和索引关键词中含有相关关键词的文章。各子领域文献的检索式如下表所示：

表 3　各子领域文献的检索式

| 序号 | 子领域 | 检索式 |
|---|---|---|
| 1 | 中国 | TITLE-ABS-KEY-AUTH ( "Chinese" or "China" or "Beijing" or "Shanghai" ) |
| 2 | 基础 | TITLE-ABS-KEY-AUTH ( "design education" or "design culture" or "critical design" or "design thinking" or "design theory" or "design method" or "design methodology" ) |
| 3 | 视觉 | TITLE-ABS-KEY-AUTH ( "branding" or "communication design" or "information visualisation design" or "visual culture" or "digital media art" or "visual communication" or "graphic design" or "information visualisation" ) |
| 4 | 工业 | TITLE-ABS-KEY-AUTH ( "industrial design" or "product design" or "transportation design" or "design for living" or "interaction design" or "cultural creative industry" ) |
| 5 | 时尚 | TITLE-ABS-KEY-AUTH ( "fashion design" or "textiles design" or "apparel design" or "accessory design" or "fashion" or "textile" or "textiles" or "apparel" or "accessory" or "accessories" ) |
| 6 | 创新 | TITLE-ABS-KEY-AUTH ( "innovation design " or "design & technology" or "contemporary design" or "digital design" or "design management" or "design policy" ) |
| 7 | 新兴议题 | TITLE-ABS-KEY-AUTH ( "future design" or "design for adaptation" or "codesign" or "design ecology" or "human centered design" or "social innovation" or "sustainable design" ) |

# 附录三
# 定量指标说明

**发文量**：发文量数值统计的被评估主体包含期刊文章、会议文集、综述文章、出版图书等，代表了被评估主体在某一个时间区段的科研产出。

**被引次数**：是指在某一个时间区段内被评估主体所发表文章的所有被引次数，在一定程度上反映了被评估主体发表文章的学术影响力。但是也需要考虑到，发表时间较近的文章相比于年份较久的文章会由于时间区段较短而导致总被引次数相对较少。

**归一化引文影响力（Field-Weighted Citation Impact, FWCI）**：FWCI 在一定程度上反映了被评估主体发表文章的学术影响力，相比于总被引次数，FWCI 从被评估主体发表文章所受到的总被引次数相比于与其同类型发表文章（相同发表年份、相同发表类型和相同学科领域）所受到的平均被引次数的角度出发，能够更好地规避由于不同规模的发表量、不同学科的被引特征、不同发表年份所带来的被引数量的差异。

当 FWCI 值为 1 时，意味着被评估主体的文章被引次数等于整个 Scopus 数据库同类型文章的平均水平。FWCI 的计算公式如下：

$$FWCI = \frac{C_i}{E_i}$$

其中，$C_i$ 表示文章受到的被引次数；$E_i$ 表示所有同类型文章在出版当年和其后 5 年内的平均被引次数。

如果一个文集包含 N 篇文章，那么这个文集的 FWCI 值可通过以下公式计算：

$$\overline{FWCI} = \frac{1}{N}\sum_{i=1}^{N}\frac{C_i}{E_i}$$

其中，N 表示文集中被 Scopus 数据库索引的文章数量。

FWCI 以 5 年为一个时间区段进行被引次数的统计。例如，2012 年出版物的 FWCI 均值是根据 2012 年发表的文献在 2012—2017 年的引文进行计算的。如果一篇文章的发表时间不足 5 年，在计算时使用数据提取日的所有引文。

**年均复合增长率**（Compound Annual Growth Rate, CAGR）：是在特定时期内的年均复合增长率，计算方法为总增长率百分比的 n 次方根，n 等于有关时期内的年数。公式为：年均复合增长率 =（现有数量 / 起始数量）^(1/ 年数）- 1 。

**研究主题**：研究主题是一群具有共同研究兴趣的文章集合，代表了这些文章研究内容的共同焦点。在 Scopus 数据库中，所有的文章通过直接被引的算法归类于约 96,000 个研究主题中。在具体某一个研究主题中的文章之间是强被引关系。弱被引关系的文章将被归于不同的研究主题中，详见图 1 所示的研究主题聚类示意图。

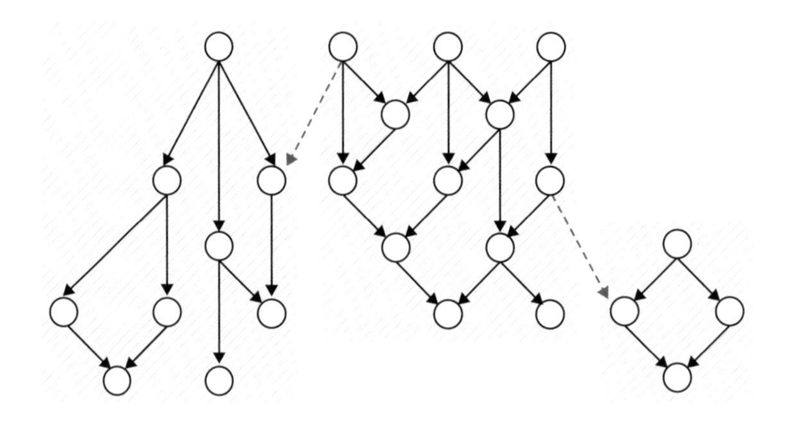

图 1　圆圈表示文章，实线箭头表示强被引关系，虚线箭头表示弱被引关系。存在强被引关系的文章被分在同一个研究主题下，存在弱被引关系的文章则被归于不同的研究主题中。

**研究主题显著度**：该指标采用了研究主题的三个指标进行线性计算：被引次数、在 Scopus 中的被浏览数和平均期刊因子 Cite Score，体现了该研究主题被全球学者的关注度、热门程度和发展势头，并且其显著度与研究资金、补助等呈现正相关关系，通过寻找显著度高的研究主题可以指导科研人员及科研管理人员获得更多的基金资助。

**ASJC 学科分类**：Scopus 主要使用的学科分类为全学科期刊分类（All Science Journal Classification, ASJC)，该分类方法是爱思唯尔内部专家以期刊作为筛选层级对整个 Scopus 库中的科研文章进行分类后共划分的 27 个大类和 334 个子类。27 个大类如下表所示：

表 4　Scopus 学科分类的 27 个 ASJC 学科

| 序号 | ASJC 学科 | 中文对照 |
| --- | --- | --- |
| 1 | General (multidisciplinary journals) | 多学科 |
| 2 | Agricultural and Biological Sciences | 农业和生物科学 |
| 3 | Arts and Humanities | 艺术和人文 |
| 4 | Biochemistry, Genetics and Molecular Biology | 生化，遗传和分子生物学 |
| 5 | Business, Management and Accounting | 商业，管理和会计 |
| 6 | Chemical Engineering | 化学工程 |
| 7 | Chemistry | 化学 |
| 8 | Computer Science | 计算机科学 |
| 9 | Decision Sciences | 决策科学 |
| 10 | Earth and Planetary Sciences | 地球与行星科学 |
| 11 | Economics, Econometrics and Finance | 经济，经济计量学和金融 |
| 12 | Energy | 能源 |
| 13 | Engineering | 工程 |
| 14 | Environmental Science | 环境科学 |
| 15 | Immunology and Microbiology | 免疫和微生物学 |
| 16 | Materials Science | 材料科学 |
| 17 | Mathematics | 数学 |
| 18 | Medicine | 医学 |
| 19 | Neuroscience | 神经科学 |
| 20 | Nursing | 护理学 |
| 21 | Pharmacology, Toxicology and Pharmaceutics | 药理学，毒理学和药剂学 |
| 22 | Physics and Astronomy | 物理学和天文学 |
| 23 | Psychology | 心理学 |
| 24 | Social Sciences | 社会科学 |
| 25 | Veterinary | 兽医学 |
| 26 | Dentistry | 牙医学 |
| 27 | Health Professions | 健康科学 |

# 附录四
# 定量分析的数据源

### · Scopus 数据库

本报告所使用的 Scopus 数据库是爱思唯尔的同行评议文章摘要和引文数据库，涵盖约 105 个国家的 5,000 家出版商在 39,000 多家期刊、丛书和会议记录中发表的 7,730 万篇文章。

Scopus 的覆盖范围是多语种和全球性的，其大约 46% 的出版物的标题是以英语以外的语言发布（或同时以英语和其他语言发布）。此外，超过一半的 Scopus 内容来自北美洲以外的地区，主要来自欧洲、拉丁美洲、非洲和亚太地区的国家。

### · SciVal 分析平台

SciVal 是爱思唯尔开发的科研分析平台，其基于 Scopus 数据库全面的文献数据，可方便快捷地查看全球 220 多个国家的 22,000 多家机构（包括大学、政府机构、医院、企业等），以及 1700 多万学者的科研表现。

# 附录五
# 世界大学排名系统类型目录

## 一、
## 主要排名系统

### 1.
### QS 世界大学排名

QS 公司自 2004 年起与《泰晤士高等教育》增刊合作，两者于 2004—2009 年期间对世界前 500 所大学进行系统性排名，并联合发表“泰晤士高等教育—QS 世界大学排名”。2009 年后，QS 与《泰晤士高等教育》的合作解散，之后成立独立的 QS 世界大学排名。该排名当前的主编是本 · 索特（Ben Sowter），发行方为夸夸雷利 · 西蒙兹（Quacquarelli Symonds），官网是 www.topuniversities.com，出版频率为一年一次。QS 世界大学排名的维度如下图所示：

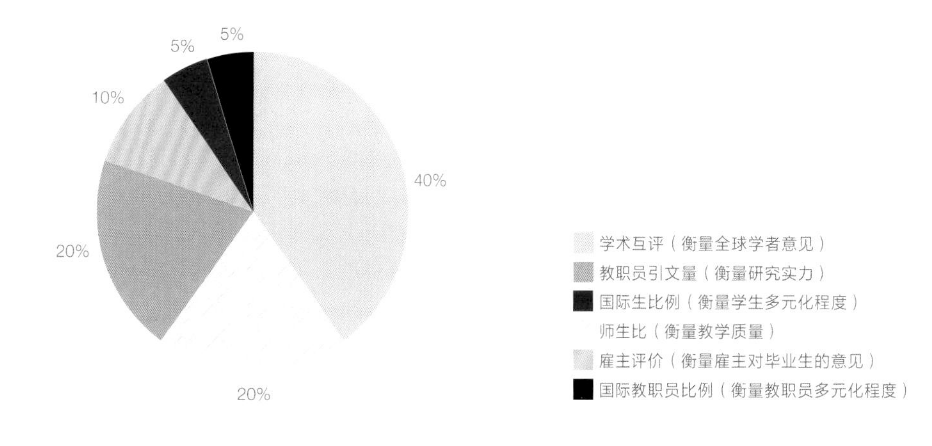


图 2 QS 世界大学排名维度

## 2. 泰晤士高等教育世界大学排名

在 2009 年与 QS 公司合作发布排名解散之后，《泰晤士高等教育》脱离 QS，并与汤森路透公司签署协议，为其在 2010 年后的年度世界大学排名提供数据。汤森路透代表《泰晤士高等教育》收集和分析用于生成排名的数据。第一次排名于 2010 年 9 月发布，该排名主编为菲尔 · 巴蒂（Phil Baty），官网是 www.timeshighereducation.com/world-university-rankings/，出版频率为一年一次。《泰晤士高等教育》与读者、编辑委员会和汤森路透协商后开发了一种新的排名方法，具体排名指标及权重见下表：

表 5 泰晤士高等教育世界大学排名指标及权重

| 综合指标 | 详细指标 | 权重 |
| --- | --- | --- |
| 行业收入——创新 | 来自行业的研究收入（每名学术人员） | 2.5 |
| 国际多元化 | 国际工作人员与国内工作人员的比例 | 3 |
| | 国际学生与国内学生的比例 | 2 |
| 教学——学习环境 | 声誉调查（教学） | 15 |
| | 每位学者 / 博士获奖数量 | 6 |
| | 本科 / 学士录取数量 | 4.5 |
| | 人均收入 | 2.25 |
| | 授予博士学位 / 本科学位数量 | 2.25 |
| 研究——数量、收入和声誉 | 声誉调查（研究） | 19.5 |
| | 研究收入（按比例） | 5.25 |
| | 每个研究人员和学术人员的论文 | 4.5 |
| | 公共研究收入 / 研究总收入 | 0.75 |
| 引用率——研究影响力 | 研究影响力（每篇论文的标准化平均引用数量） | 32.5 |

## 3. 软科世界大学学术排名

软科世界大学学术排名最初由上海交通大学于 2003 年编制并发布，是第一个具有多项指标的全球大学排名，也是全球最具影响力和权威性的大学排名之一。每年定期发布的“中国大学排名”“中国最好学科排名”“世界一流学科排名”等，也凭借其排名指标和方法的客观性得到了海内外政府机构、专家学者、知名高校和权威媒体的引用与认可。该排名的出版频率为一年一次，发行方自 2008 年起由之前的上海交通大学更换为上海软科教育信息咨询有限公司，官网是 www.shanghairanking.com。

表 6　软科世界大学学术排名指标及权重

| 一级指标 | 二级指标 | 简称 | 权重 | 来源 |
| --- | --- | --- | --- | --- |
| 教育质量 | 获诺贝尔奖和菲尔兹奖的校友折合数 | 校友获奖 | 10 | 诺贝尔奖获得者和菲尔兹奖获得者官方网站 |
| 师生素质 | 获诺贝尔奖和菲尔兹奖的教师折合数 | 教师获奖 | 20 | 诺贝尔奖获得者和菲尔兹奖获得者官方网站 |
| | 各学科领域被引用次数最高的学者数量 | 高被引科学家 | 20 | 汤森路透对研究人员的调查 |
| 科研成果 | 在《自然》（*Nature*）和《科学》（*Science*）上发表论文的折合数 * | N&S 论文 | 20 | 引文索引 |
| | 被科学引文索引（SCIE）和社会科学引文索引（SSCI）收录的论文数量 | 国际论文 | 20 | |
| 师资表现 | 上述五项指标得分的师均值 | 师均表现 | 10 | |

* 对纯文科大学，不考虑 N&S 论文指标，其权重按比例分解到其他指标中。

软科中国大学专业排名以教育部《普通高等学校本科专业目录（2021 年版）》中设置的专业为准。在每个专业下，排名的对象是开设了该专业且在 2020 年有本科毕业生的普通高校。中国科学院大学、中国社会科学院大学以及军事类院校等因情况特殊暂未纳入排名。2022 软科中国大学专业排名发布的专业是至少有 4 所大学均开设的专业，符合条件的专业共有 568 个，涉及 92 个专业类、12 个专业门类。每个专业发布位列前 50% 的高校，共有 990 所高校的 30,242 个专业上榜。软科中国大学专业排名于 2021 年首次发布，是迄今为止规模最大的中国大学本科专业排名。排名采用独具特色的学校—学科—专业三层次专业竞争力评价框架，设置学校条件、学科支撑、专业生源、专业就业、专业条件 5 个指标类别和 19 项指标，对 1200 多所高校的 6 万个本科专业点进行动态监测式评价。软科中国大学专业排名旨在为学生和家长选择本科专业时提供参考，也为高校的本科专业建设与分析提供依据。

软科中国大学专业排名计算给出每个专业点的综合评级以及在各个指标类别的评级规则如下：

**综合评级规则：**共分为 6 档，专业综合排名位次为前 2% 或前 2 名的为 A+ 级，2%—10% 的为 A 级，10%—20% 的为 B+ 级，20%—50% 的为 B 级，50%—70% 的为 C 级（不发布），70% 以后的为 D 级（不发布）。

**“学校条件”评级规则：**共分为 6 档，学校条件排名位次为前 2% 或前 2 名的为 A+ 级，2%—10% 的为 A 级，10%—20% 的为 B+ 级，20%—50% 的为 B 级，50%—70% 的为 C 级（不发布），70% 以后的为 D 级（不发布）。

**“学科支撑”评级规则**：共分为 6 档，学科支撑得分是 19—20 分的为 A+ 级，得分是 16—18 分的为 A 级，得分是 13—15 分的为 B+ 级，得分是 9—12 分的为 B 级，得分是 3—8 分的为 C 级（不发布）， 得分不超过 2 分的为 D 级（不发布）。

**“专业生源”评级规则**：共分为 6 档，专业新生高考成绩排名位次为前 2% 或前 2 名的为 A+ 级，2%—10% 的为 A 级，10%—20% 的为 B+ 级，20%—50% 的为 B 级，50%—70% 的为 C 级（不发布），70% 以后的为 D 级（不发布）。

**“专业就业”评级规则**：共分为 6 档，专业毕业生就业率不低于 95% 的为 A+ 级，90%—95% 的为 A 级，85%—90% 的为 B+ 级，80%—85% 的为 B 级，70%—80% 的为 C 级（不发布），低于 70% 的为 D 级（不发布）。

**“专业条件”评级规则**：共分为 6 档，专业条件排名位次为前 2% 或前 2 名的为 A+ 级，2%—10% 的为 A 级，10%—20% 的为 B+ 级，20%—50% 的为 B 级，50%—70% 的为 C 级（不发布），70% 以后的为 D 级（不发布）。

# 二、其他排名系统

目前仍在运营并发布排名的还有以下排名系统：顶尖大学综合排名（Aggregate Ranking of Top Universities）、世界大学排名中心（Center for World University Rankings）、莱顿排名（Leiden Ranking）、世界大学科研论文质量评比（Performance Ranking of Scientific Papers for World Universities）、路透社世界百强创新大学（Reuters World's Top 100 Innovative Universities）、RUR 世界大学排名（Round University Ranking）、SCImago 机构排名（SCImago Institutions Rankings）、U- 多级排名（U-Multirank）、学术表现大学排名（University Ranking by Academic Performance）、《美国新闻与世界报道》最佳全球大学排名（*U.S. News & World Report* Best Global Universities Rankings）、世界大学网络排名（Webometrics Rankings of World Universities）。由于本调研针对的是设计类专业院校，因此上述排名系统中有设计类专业排名的排名系统为 RUR 世界大学排名、《美国新闻与世界报道》最佳全球大学排名和世界大学网络排名。

## 1. 顶尖大学综合排名

该排名系统的标准是 QS 世界大学排名、泰晤士高等教育世界大学排名、软科世界大学学术排名三种排名的综合，由新南威尔士大学悉尼分校制作，自 2019 年起每年发布一次，也提供 2012 — 2018 年的回 顾性排名。如果某大学在 QS 世界大学排名、泰晤士高等教育世界大学排名、软科世界大学学术三种排名任意一种中没有排名，则不会被列入顶尖大学综合排名内。确定一所大学的顶尖大学综合排名的指标是其在三个排名系统中排名成绩的总和。因为其评判标准，顶尖大学综合排名也被认为是更适合描述机构在 QS 世界大学排名、泰晤士高等教育世界大学排名、软科世界大学学术排名中的整体表现的指标。也因为一个机构的顶尖大学综合排名是上述三种排名的综合，使其在任何一项评判机制中不会出现一些异常表现，也因此提供了一个较为客观公正的大学排名。

## 2. 世界大学排名中心

该排名由阿拉伯联合酋长国世界大学排名中心制作，自 2019 年起每年发布一次。该排名主要衡量学生的教育和培训质量，以及教职员工的声望和他们的研究质量。世界大学排名中心学科排名根据顶级期刊上的研究文章数量对 227 个学科类别中的世界领先大学进行排名。数据来自科睿唯安。

## 3. 莱顿排名

莱顿排名是一项仅基于文献计量指标的年度全球大学排名。该排名由荷兰莱顿大学发布，自 2006 年起每年发布一次。排名规则包括每年被 Web of Science 索引的出版物的数量和影响。该排名通过考虑语言、学科和机构规模的差异来比较研究机构。根据各种文献计量标准化和影响指标发布多个排名列表，包括出版物数量、每份出版物的被引用次数和每份出版物的领域平均影响力。莱顿排名具体是通过以下指标对大学进行排名的：

**· 科研影响指标**

P——一所院校的全部出版物总数

PP（前 1%）——与同年同领域的其他出版物相比，大学出版物中被引用次数最多的前 1% 出版物的数量和比例

PP（前 5%）——与同年同领域的其他出版物相比，大学出版物中被引用次数最多的前 5% 出版物的数量和比例

PP（前 10%）——与同年同领域的其他出版物相比，大学出版物中被引用次数最多的前 10% 出版物的数量和比例

TCS 与 MCS——一所大学科研出版物的总被引次数和平均被引次数。

TNCS 与 MNCS——一所大学科研出版物按领域和出版年份标准化后的总被引次数和平均被引次数。例如，MNCS 值为 2 意味着一所大学的出版物被引用的次数比其他领域和出版年份的平均值高出一倍。

**· 合作指标**

P——一所院校的全部出版物总数

PP（合作）——一所大学与一个或多个其他组织合著的出版物的数量和比例。

PP（国际合作）——由两个或两个以上国家之间合作撰写的大学出版物的数量和比例。

PP（产业）——一所大学与一个或多个行业组织合著的出版物的数量和比例。所有私营营利商业企业，包括所有制造业和服务业，均被视为产业组织。这包括完全由营利性商业企业资助或拥有的研究机构和其他企业研发实验室。除此之外，私立教育部门和私立医疗 / 保健部门（包括医院和诊所）的组织不归类为产业组织。

PP（<100 千米）地理协作距离小于 100 千米的大学出版物的数量和比例。出版物的地理协作距离等于出版物地址列表中提到的两个地址之间的最大地理距离。

PP（>5,000 千米）地理协作距离超过 5,000 千米的大学出版物的数量和比例。

PP（UI collab）——与行业合作出版物的比例。一所大学与一个或多个工业合作伙伴合作的出版物的比例。

**· 开放存取指标**

P——一所院校的全部出版物总数。

PP（开放存取）——一所大学开放存取出版物的数量和比例。

PP（金牌开放存取 [Gold Open Access]）——一所大学的金牌开放存取的出版物的数量和比例。金牌开放存取出版物是指在开放存取期刊上发表的出版物。

PP（混合开放式获取 [Hybrid Open Access]）——一所大学混合开放存取的出版物的数量和比例。混合开放存取出版物是指在订阅期刊上发表的出版物，其开放存取许可证允许该出版物被重复使用。

PP（铜牌开放获取 [Bronze Open Access]）——一所大学的铜牌开放存取的出版物的数量和比例。铜牌开放存取出版物是指在订阅期刊上发表的开放存取出版物，没有允许重复使用该出版物的许可证。

PP（绿色开放式获取 [Green Open Access]）——一所大学绿色开放存取的出版物的数量和比例。绿色开放存取出版物是指在订阅期刊上发表的出版物，这些出版物不是在期刊本身而是在资源库中开放存取。

PP（未知开放存取 [OA unknown]）——开放存取状态未知的大学出版物的数量和比例。这些出版物通常在 Web of Science 数据库中没有 DOI。

## 4. 世界大学科研论文质量评比

自 2007 年起由中国台湾高等教育评估与认可委员会（HEEACT，2007—2011）发布，2012 年起改由中国台湾大学（2012 年起）出版发行，该排名每年发布一次。世界大学科研论文质量评比是根据科研论文数量、影响力和绩效输出的排名系统。它使用文献计量方法对科研论文的表现进行分析和排名。除了整体排名，还包括 6 个领域和 14 个学科的顶尖大学名单。2012 年，世界大学科研论文质量评比排名使用以下标准：

表 7　世界大学科研论文质量评比的指标与权重

| 指标 | 指标释义 | 权重 |
| --- | --- | --- |
| 科研产出 | 过去11年内发表论文总数（10%）和当年发表论文总数（10%） | 20 |
| 科研影响力 | 过去 11 年内被引总数 (10%)、近两年被引总数 (10%) 和近 11 年的平均被引用数 (10%) | 30 |
| 科研表现力 | 近两年 H 指数（20%）、近 11 年高被引论文数（15%）和当年高影响力期刊中的论文数（15%） | 50 |

## 5. 路透社世界百强创新大学排名

该排名自 2016 年发布，每年更新一次。它采用 10 种不同指标的排名标准，侧重于学术论文和专利申请情况，反映院校机构进行基础研究和将其商业化的能力和水平。该排名交叉引用了在汤森路透网络科学核心数据库中索引的学术期刊上发表文章最多的 500 个学术和政府组织，对比每个组织同一时期在德温特中提交的专利和专利等同物数量得出世界专利指数和德温特索引 (Derwent Innovation Index) 创新指数。其中 70 所机构是高校，并根据授予其专利申请的频率、提交的专利数量、专利被引用的频率，以及论文被专利引用或与他人合著等标准进行排名。具体排名标准如下：

表 8　路透社世界百强创新大学排名标准及其具体内容和权重

| 标准 | 具体内容 | 权重 | 合计 |
| --- | --- | --- | --- |
| 教学 | 学术教员与学生的师生比 | 8 | 40 |
| | 学术教员与其获得学士学位的学生比例 | 8 | |
| | 学术教员与其获得博士学位的学生比例 | 8 | |
| | 授予博士学位的人数在该院校获得学士学位人数的比例 | 8 | |
| | 世界教学声誉 | 8 | |
| 研究 | 每个学术研究人员的被引次数 | 8 | 40 |
| | 授予博士学位人数占录取攻读博士学位人数的比例 | 8 | |
| | 标准化引用影响因子 | 8 | |
| | 每个学术和研究人员的论文数量 | 8 | |
| | 世界研究声誉 | 8 | |
| 国际多元化 | 国际学术人员的比例 | 2 | 10 |
| | 国际学生比例 | 2 | |
| | 国际水平 | 2 | |
| | 国际合著论文份额 | 2 | |
| | 区域外声誉 | 2 | |
| 财务可持续性 | 每名学术人员的机构收入 | 2 | 10 |
| | 每个学生的机构收入 | 2 | |
| | 每篇论文的研究收入 | 2 | |
| | 每个学术和研究人员的研究收入 | 2 | |
| | 研究收入在机构总收入中的占比 | 2 | |

## 6. RUR 世界大学排名

现任主编为欧雷格 · 索洛维（Oleg Solovyev），发布频率为一年一次。第一期发布于 2013 年，发行方是俄罗斯评级机构（RUR Ranking Agency），官网为 www.roundranking.com。其排名的特点是：样本稳定，用于减少大学排名和分数的波动；维度区域之间的指标分布平均；区域内的权重相等；包容性，即任何机构都有机会参与排名。其具体的排名评判内容如下：

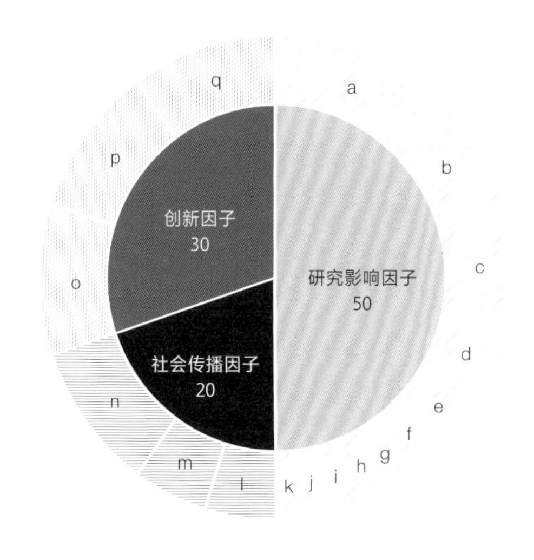


研究影响因子

a. 通常影响力，12
b.（英文原表即为空白），8
c. 作品产量，8
d. 科研领头人，6
e. 在非机构发行期刊上发文情况，3
f. 在本机构发行期刊上发文情况，3
g. 杰出研究，2
h. 高质量出版物，2
i.（英文原表即为空白），2
j. 开放获取情况，2
k. 科研人员池，2

社会传播因子

l. 学术科研产出的社会传播指标，10
m. 网页内在数量，5
n. 网页大小，5

创新因子

o. 创新知识，10
p. 专利数量，10
q. 技术工艺影响力，10

图 3 RUR 世界大学排名指标及权重

## 7. SCImago 机构排名

SCImago 机构排名（SIR）自 2009 年起开始发布其对全球研究机构的国际排名，即 SIR 世界报告。SIR 世界报告是 SCImago 的研究成果，该研究组织成员来自西班牙国家研究委员会（CSIC）、格拉纳达大学、马德里查理三世大学、阿尔卡拉、埃斯特雷马杜拉大学和西班牙的其他教育机构。该排名分为五个部门：政府、卫生、高等教育、私人和其他。对于每一个部门，它衡量的标准包括：研究成果、国际合作、标准化影响和出版率。

## 8.
## U- 多级排名

U- 多级排名通过在大约 30 个不同指标中的每一个等级组的五个绩效组（从“非常好”到“弱”）来衡量不同大学的表现。等级组是指单个机构的指标得分与 U- 多级排名拥有数据的所有机构的平均（或者更确切地说，是中位数）绩效的距离。关于分组程序，存在三种不同类型的指标和等级组计算：常规量化指标、评级指标、学生调查指标。

表 9 U- 多级排名的通常指标目录及释义①

| 通常指标目录 | 释义 |
| --- | --- |
| 学生总数 | 学位课程学生总数 |
| 大一学生总数 | 攻读专业学位的一年级学生人数 |
| 国际学生总数 | 攻读专业学位的国际学生人数 |
| 专业领域内学生总数（主修） | 修读该科目的学生总数（不包括辅修科目的学生） |
| 女生比例 | 该院系女生入学率 |
| 教职工总数（全职） | 该机构全职学术工作人员总数 |
| 学习时长 | 专业学位的规范学习时长（年） |
| 国内学生学费 | 国内学生被收取学费情况 |
| 国际学生学费 | 国际学生被收取学费情况 |
| 女性教职工总数 | 女性教学职工人数占教学职工总数的百分比 |
| 社会包容度 | 传统意义上的弱势群体在所有新入学的本科生、研究生中所占的百分比 |

① https://www.umultirank.org/about/methodology/indicators/.

表 10 U- 多级排名教与学指标目录及释义

| 教与学指标目录 | 释义 |
|---|---|
| 学生与教职员的比率 | 每位（全职）教职工的学生人数比（不包括纯粹的研究员） |
| 拥有博士学位的教职工数量 | 拥有博士学位（或同等学力）的教职工占全体教职工的比例 |
| 沟通与工作环境（学士学位） | 学士学位层面的综合指标包括：(1) 课程包括实习 / 实习阶段或校外项目；(2) 参与实习的学生百分比；(3) 由大学院系以外的从业人员执教；(4) 与业界 / 校外机构合作撰写学位论文的百分比 |
| 沟通与工作环境（硕士学位） | 硕士学位层面的综合指标包括：(1) 课程包括实习 / 实习阶段或校外项目；(2) 参与实习的学生百分比；(3) 由大学院系以外的从业人员执教；(4) 与业界 / 校外机构合作撰写学位论文的百分比 |
| 学士毕业率 | 成功完成学士学位课程的学生百分比 |
| 硕士毕业率 | 成功完成硕士学位课程的学生百分比 |
| 学士毕业率 | 在最长延毕时间范围内毕业的学士学位学生占比 |
| 硕士毕业率 | 在最长延毕时间范围内毕业的硕士学位学生占比 |
| 相对学士毕业生失业率 | 学士学位毕业生毕业 18 个月后的失业率百分比 |
| 相对硕士毕业生失业率 | 硕士学位毕业生毕业 18 个月后失业率的百分比 |
| 实验室设施 | 基于学生满意度调查的对实验室设施质量及对学生开放程度的评估 |
| 信息技术服务 | 基于学生满意度调查的对学生信息技术服务质量的评估 |
| 室内设施 | 基于学生满意度调查的对演讲厅和研讨室的评估 |
| 学士准时毕业率 | 在规定时间内完成学士学位课程的毕业生百分比 |
| 硕士准时毕业率 | 在规定时间内完成硕士学位课程的毕业生百分比 |
| 社区服务学习情况 | 在社区服务学习活动中给予的学分占学分总数的百分比。社区服务学习让学生参与社区服务活动，并将经验应用于个人及学术发展的情况 |
| 性别比平等情况 | 男女学生获得博士学位的可能性指标数。该评分若为 0，意味着男女学生获得博士学位的机会是平等的 |
| 外联项目 | 根据是否存在针对弱势学生群体的各种形式的外联方案制定的评级指标 |
| 教学技能熟练的教职工 | 考察教职工是否具有经认证的教学和教学技能的资格，以及持有经认证的教学和教学技能证书的教职工所占百分比 |
| 数字教育投资 | 数字教育投资占学校总预算的百分比 |
| 教学活动开支占比 | 教学活动支出占学校总支出的百分比 |

| 教与学指标目录 | 释义 |
| --- | --- |
| 整体学习体验 | 基于满意度调查的对整体学习体验质量的评估 |
| 课程 & 学习的质量 | 基于学生满意度调查的教学质量的评估 |
| 专业组织 | 基于学生满意度调查的对专业组织的评估 |
| 与教师们的沟通 | 基于学生满意度调查的对教师的反馈及评价 |
| 工作 / 实习体验 | 基于学生满意度调查的对工作和实习有关的要素进行的工作和实习体验评估 |
| 图书馆设施 | 基于学生满意度调查的对图书馆学生服务质量的评估 |
| 技能实验室 | 基于学生满意度调查的对技能实验室和培训中心的维护、可达性、技术设施和指导进行的评估 |
| 数字教学 | 基于学生满意度调查的对数字化教学质量的评估 |

表 11 U- 多级排名研究指标目录及释义

| 研究指标目录 | 释义 |
| --- | --- |
| 外部研究收入 | 不包括政府核心拨款或基础拨款，仅包括来自国家和国际资助机构、研究委员会、研究基金会、慈善机构和其他非营利组织的研究资助。通过研究收入与全职教职工占比进行表示 |
| 博士产出 | 博士学位的数量相对于全职教职工数量 |
| 研究出版物（绝对数字） | 其研究出版物在 Web of Science 核心收集数据库（Core Collection Database）中至少有一个作者出自该部门所在大学 |
| 引用率 | 在相应的参考期内，该部门的研究出版物在其他研究领域中被引用的平均次数。该数字根据学科领域和出版年份在全球范围内进行调整 |
| 引用次数最多的论文 | 与同一领域和同一年的其他出版物相比，该部门的研究出版物中被引用次数最多的前 10% 的出版物所占的比例 |
| 开放存取刊物 | 开放存取出版物在机构所有出版物中所占比例 |
| 跨学科出版物 | 在跨学科性得分最高的领域前 10% 的出版物中，该部门的研究出版物所占百分比 |
| 教学研究方向 | 根据学生满意度调查，评估教育在多大程度上参考了该领域的（最新）研究成果 |
| 艺术相关产出 | 创意和表演艺术领域的学术成果数量与（全职）教职工的数量占比 |

| 研究指标目录 | 释义 |
| --- | --- |
| 博士后职位 | 博士后职位的数量相对于教职工的数量占比 |
| 专业出版物 | 每个全职教职工的专业出版物数量。专业出版物是指在期刊、书籍和其他媒体上发表的、面向专业读者并可通过书目追踪的所有出版物 |
| 战略研究伙伴关系 | 每个全职学术人员的战略伙伴关系数量 |
| 女性作者 | 在该院校所有专业出版物作者中，女性作者的人数占比情况 |

表 12 U- 多级排名的国际定位指标及释义

| 国际定位指标 | 释义 |
| --- | --- |
| 学士专业的国际定位 | 综合计算方法包括：(1) 设有联合 / 双学位课程；(2) 包括海外学习阶段；(3) 国际（学位和交换）学生的百分比；(4) 国际学术人员的百分比 |
| 硕士专业的国际定位 | 综合计算方法包括：(1) 设有联合 / 双学位课程；(2) 包括海外学习期；(3) 国际（学位及交换）学生的百分比；(4) 国际学术人员的百分比 |
| 出国留学机会 | 基于学生满意度调查的对出国留学机会的评估 |
| 国际博士学位 | 授予国际博士生的博士学位百分比 |
| 国际联合出版物 | 该部门的科研出版物中至少有一位海外合作作者的百分比 |
| 海外科研经费 | 来自海外的科研研究经费在总科研经费中的占比，包括公共和私人资助组织和企业 |
| 外语学士课程 | 以外语授课的学士学位课程所占百分比 |
| 外语硕士课程 | 以外语授课的硕士学位课程所占百分比 |
| 学生流动性 | 包括国际交换生、交换生和国际联合学位课程的学生总数 |
| 外籍教职工 | 拥有外籍的教职工在总教职工人数中的占比 |
| 海外实习 | |

表 13 U- 多级排名的区域参与指标与释义

| （院校所在）区域参与指标 | 释义 |
| --- | --- |
| 该区域学生实习 | 在所有参加过实习的学生中，在该地区的公司或组织机构实习的学生所占的百分比 |
| 区域联合出版物 | 该部门的研究出版物中至少有一位合著者的联系地址位于同一空间区域的百分比（距离大学 50 千米范围内） |
| 区域来源收入 | 除政府或地方当局经常性拨款外，由地区来源（即产业、私人组织、慈善机构）的外部研究收入比例 |
| 本科毕业生在该区域工作 | 本科毕业生毕业后在大学所在区域找到第一份工作所占的百分比 |
| 该地区实习生 | 大学实习生中在与大学位于同一地区的公司或机构实习的学生所占的百分比 |
| 硕士毕业生在该区域工作 | 研究生毕业后在大学所在地找到第一份工作的百分比 |
| 毕业生在该地区就业 | 毕业后在该区域工作时间持续 18 个月的毕业生占比 |
| 与产业合作伙伴的区域出版物 | 与产业合作伙伴共同发表的出版物中，与来自同一地区（距离大学 50 千米以内）的作者共同发表的出版物所占比例 |

表 14 U- 多级排名的知识转化指标及释义

| 知识转化 | 释义 |
| --- | --- |
| 私人来源收入 | 私人来源的外部研究收入（包括非营利组织）所占的百分比，不包括学费 |
| 与产业合作伙伴合作的共同出版物 | 院校科研出版物中列出一个作者附属的地址来自一个营利性企业或私营部门的研发单位（不包括营利性医院和教育机构）的占比 |
| 专利中引用的出版物 | 至少有一项国际专利（包括在 PATSTAT 数据库中）的参考文献中引用了该院校的科研出版物的占比 |
| 地区组织合作的学士学位论文数量 | 与私营机构（企业 / 其他外部机构）合作完成学士学位论文的占比 |
| 地区组织合作的硕士学位论文数量 | 与私营机构（企业 / 其他外部机构）合作完成硕士学位论文的占比 |
| 授予的专利量 | 在相应的参考期内，大学师生（或在大学工作的发明家）获得的专利数量，以每千名学生为单位，用以评估院校的大小规模 |
| 行业共同专利 | 在相应的参考期内，大学师生（或在大学工作的发明家）获得的专利中，至少与一名行业内的申请人合作申请的数量占比 |

| 知识转化 | 释义 |
| --- | --- |
| 附属公司 | 大学创建的附属公司（即大学与企业在正式的知识转让合作基础上建立的企业）的数量（以每千名全职教职工为单位，用以评估院校的大小规模） |
| 持续专业发展的收入 | 持续专业发展课程和培训活动在大学总收入中的占比 |
| 毕业生创建的公司数量 | 每 1000 名毕业生中新成立的公司数量（可考虑大学规模做调整） |
| 国际学术人员 | 具有外国公民身份的学术人员所占的百分比 |
| 海外实习 | |

## 9.
## 学术表现大学排名

该排名发行方为土耳其中东科技大学信息学院（Informatics Institute of Middle East Technical University），第一期发布于 2010 年。学术表现大学排名使用 6 个主要指标来衡量院校排名。这 6 个指标分别是文章数量、引文、文件总数、文章影响力总量、引文影响力总量和国际合作。

排名的 6 个主要指标原始文献计量数据具有高度偏态分布性。为了解决这个问题，排名时使用了指标的中位数。下表显示了截至 2014 年学术表现大学排名全球排名所使用的指标权重情况。

表 15 学术表现大学排名指标及权重

| 指标 | 释义 | 权重 |
| --- | --- | --- |
| 文章数量 | 科学生产力 | 21 |
| 引文 | 研究影响 | 21 |
| （与某政策领域相关的）文件总数 | 科学生产力 | 10 |
| 文章影响力总量 | 研究质量 | 18 |
| 引文影响力总量 | 研究质量 | 15 |
| 国际合作 | 国际认可 | 15 |

## 10.
## 《美国新闻与世界报道》最佳全球大学排名

2016 年，该期刊正式将全球大学排名作为其年度常规发布的一部分，《美国新闻与世界报道》最佳全球大学排名采用 13 项指标，主要基于科睿唯安提供的数据。在方法上与其对美国机构的排名有所不同，该排名评级使用的标准包括研究声誉、学术出版物和高被引论文数量。

表 16 《美国新闻与世界报道》最佳全球大学排名指标及权重

| 排名指标 | 权重 |
|---|---|
| 全球研究声誉 | 12.5 |
| 区域研究声誉 | 12.5 |
| 出版物 | 10 |
| 图书 | 2.5 |
| 会议 | 2.5 |
| 标准化引用影响因子 | 10 |
| 总引用量 | 7.5 |
| 被引用次数前 10% 的出版物数量 | 12.5 |
| 被引用次数最多的 10% 的出版物占总出版物的百分比 | 10 |
| 国际合作——相对于国家之间 | 5 |
| 国际合作 | 5 |
| 在各自领域中被引用次数排在前 1% 的高被引论文数量 | 5 |
| 被引用次数排名前 1% 的论文占总出版物的百分比 | 5 |

## 11.
## 世界大学网络排名

发行方来自西班牙国际研究协会（Spanish National Research Council, CSIC）。自 2004 年以来，世界大学网络排名每年发布两次，涵盖全球 31,000 多所高等教育机构。通过排名激励机构和学者及时在其官方网站上更新其活动及成果。如果一个机构的网络成绩表现低于其学术成就的预期位置，大学应重新考虑其网页内容、开放获取信息提供程度和院校信息透明政策，促使其电子出版物的数量和质量提高。根据官网进行排名是在不断调整的，下表为其 2022 年的排名标准：

表 17　世界大学网络排名指标及权重

| 指标 | 释义 | 方法论 | 来源 | 权重 |
| --- | --- | --- | --- | --- |
| 学术表现 | 知识共享 | （注：原表中标注“停止使用”） | | |
| 关注度（知名度） | 网页内容影响 | 机构网页被其他网站作为外链使用的次数 | 艾瑞夫（Ahrefs）、马杰斯蒂克（Majestic） | 50 |
| 公开度（透明度） | 最高引用研究员们 | 全球最高被引的前 210 名研究作者的论文公开度 | 谷歌学术个人页面（Google Scholar Profiles） | 10 |
| 杰出成果（或科研） | 最高被引论文 | 近五年（2016—2020 年）在 27 个学科专业领域中被引用数量最多的前 10% 的公开数据 | SCImago | 40 |

# 三、<br>具体排名系统

具体排名系统指的是根据特定专业类别或某一具体考察指标对全世界大学进行排名的系统。目前仍在发布排名结果的有以下四种：环球教育（Eduniversal）、人力资源与劳工评价（Human Resources & Labor Review）、《自然》指数（*Nature* Index）、世界大学专业排名（Professional Ranking of World Universities）。

## 1.<br>环球教育

环球教育的发行方是法国咨询公司和评级机构高等教育专门司（French consulting company & Rating agency SMBG specialized in Higher Education），第一期发布于 1994 年。环球教育在全球 150 多个国家和地区与 1,000 所最佳商学院建立了由他们所评选的联系 。此举的目的是为了给学生提供一个客观反映学校在国际层面的状况的参考，从而使他们能够在未来学校的选择上做出正确的决定。此排名仅针对商学院。

环球教育国际科学委员会由 11 名成员（2 名环球教育执行成员和 9 名全球高等教育独立专家）组成，该委员会负有多项使命：

（1）负责评选全球最佳 1,000 所商学院，提供环球教育排名所需的院校列表。

（2）由委员会成员进行投票。这是确定 150 多个国家和地区中最佳商学院年度排名的三个主要步骤之一。

（3）委员会监督环球教育排名的方法，并根据结果进行验证。

（4）委员会提出改进所采用方法的想法、增加所用标准的相关性和发展建议。

委员会的 9 位专家成员中的每一位都在学术界和他们的地理区域内拥有丰富的经验，因此他们可以代表环球教育涵盖的 9 个区域。

## 2. 人力资源与劳工评价

该排名发行方是总部位于伦敦的亚洲第一媒体（Asia First Media，现为“命运媒体”[Destiny Media]，前身是“追逐职业网络”[Chase Career Network] 的一部分）。针对一些教育机构对部分排名的准确性和有效性展现出的担忧，该排名试图基于专业、校友、公司评定、院校（及毕业生）竞争力、人力资源导向等方面的标准进行，以解决这个问题。

## 3. 《自然》指数

《自然》指数试图客观地衡量机构和国家的科学产出，同时考虑到不同产出之间的质量差异。因此，该排名仅统计在 82 种选定的优质期刊上发表的文章情况。这些期刊由一个独立委员会选出。如果来自多个机构或国家的作者参与了一篇科学文章，则假设所有研究人员都平等地参与了该文章，并对成果进行相应地划分。排名由《自然研究》（*Nature Research*）发行，该期刊创刊于 2016 年。

## 4. 世界大学专业排名

与学术排名相比，巴黎国立高等矿业学院于 2007 年建立的世界大学专业排名衡量了每所大学在培养领先的商业专业人士方面的情况。其主要排名指标是《财富》世界 500 强中首席执行官（或同等级别）的人员所毕业的院校和专业相对应的大学排名。

# 附录六
# 设计展览列表

表 18 相关代表性国际设计展览（2011—2022）

| 时间 | 地点 | 主题 | 内容 |
| --- | --- | --- | --- |
| 2011 年 7 月 24 日—11 月 7 日 | 纽约现代艺术博物馆（MoMA），美国 · 纽约 | 与我交谈：人与物之间的设计与交流（Talk to Me: Design and the Communication between People and Objects） | “与我交谈”探讨了人与物之间的交流。所有对象都包含远远超出其直接使用或外观的信息。在某些情况下，诸如手机和计算机之类的对象的存在是为了让我们能够访问复杂的系统和网络，充当网关和解释器。无论是以公开主动的，还是以微妙、潜意识的方式，事物都在与我们对话，设计师帮助我们即兴对话。<br>展览重点关注涉及直接交互的对象，例如界面、信息系统、可视化设计和通信设备，以及与用户建立情感、感官或智力联系的项目。例子从 20 世纪 60 年代后期的几个标志性产品到目前正在开发的几个项目——包括计算机和机器界面、网站、视频游戏、设备和工具、家具和实体产品，并扩展到装置和整个环境。 |
| 2013 年 5 月 1 日—8 月 25 日 | 伦敦设计博物馆，英国 · 伦敦 | 联合微型王国——一种设计虚构（United Micro Kingdoms: A Design Fiction） | 展览呈现了一个虚构的英国的多个视角，正如设计师和教育家安东尼 · 邓恩（Dunne）和菲奥娜 · 拉比（Raby）所策划的那样，展览将英格兰划分为四个独立的县或微型王国，每个国家都可以尝试自由地治理、发展经济和展开自己的生活方式。邓恩和拉比利用工业设计、建筑、政治、科学和社会学的元素来引发围绕权力和潜力的辩论的设计。展览通过对汽车和其他交通系统的重新诠释，挑战了关于如何制造和使用产品和服务的假设。邓恩和拉比探讨了从文学和艺术中借鉴设计方法的潜力，并将其作为思想实验应用于现实世界。他们的设计实践通过设计来探索新兴技术的社会、文化和伦理影响。 |

| 时间 | 地点 | 主题 | 内容 |
| --- | --- | --- | --- |
| 2013年11月6日—2015年5月19日 | 纽约现代艺术博物馆（MoMA），美国·纽约 | 设计与暴力（Design and Violence） | 设计与暴力是一个实验性的在线策展项目，其目的是利用设计对象作为更广泛的问题和反思的提示来探索当代社会中的暴力观念。至少在项目开始时，暴力被定义为表现出改变环境、违背他人意愿并损害他人利益的权力。设计有暴力的历史。它既可能是一种创造性破坏行为，也是一把双刃剑，会以有意或无意的后果让我们感到惊讶。尽管设计师的目标是改善社会，但他们很容易越界、沉迷于诱惑、屈服于道德困境的阴暗面，或者干脆犯错。策展人汇集了范围广泛的设计对象、项目和概念。它们与暴力有着模糊的关系，有的作品试图“掩盖”暴力，有的则是直面暴力进行谴责，甚至也有用“煽动”的形式启发人们如何预防暴力的发生。 |
| 2013年10月16日—2014年7月6日 | 纽约艺术与设计博物馆（MAD），美国·纽约 | 失控：实现后数字化（Out of Hand: Materializing the Postdigital） | 这是纽约第一个致力于探索计算机辅助生产方法对当代艺术、建筑和设计的影响的深入调查。它汇集了来自20个国家和地区的85位艺术家、建筑师和设计师的120多件作品（雕塑、珠宝、时装和家具等），研究新技术如何推动艺术表达和创作的界限。这些作品突出了艺术与技术创新之间的互惠关系。 |
| 2013年4月26日—9月1日 | 空间基金会（Espace Foundation EDF），法国·巴黎 | 活着：新的设计前沿（Alive: New Design Frontiers） | 策展人对展览的主要驱动力是在面对“生命”时重新评估设计的过程和理念。与活体材料和技术一起工作，如何改变我们制造的产品种类、我们依赖的制造类型以及我们未来的日常设计？策展人确定了五个主题，这些主题提供了一个新的框架，使设计和生活技术如何与受到合成生物学等最新科学进展影响的新兴可持续设计话语相联系。从对生物模仿原则的探索，到与生物体的共同设计、黑客生物系统，或整合生物与非生物材料，34位国际设计师的选择突出了建筑、家具设计、时装、珠宝、产品和纺织品等新的出发点。 |
| 2014年7月26日—2015年2月1日 | 维多利亚与阿尔伯特博物馆（V&A），英国·伦敦 | 不服从的对象（Disobedient Objects） | 这是一个关于超越设计权威的展览，超越由市场、鉴赏家和专业人士构成的艺术和设计，本次展览考虑了社会运动文化在从底层重塑我们的世界中的作用。不听话的对象可能是复杂问题的巧妙解决方案，有时是漂亮的解决方案，通常是在资源有限和胁迫下生产的。“不服从的对象”与社会斗争本身一样有着悠久的历史。普通人一直用它们来发挥反作用力，而对于“不服从的对象”的艺术创作长期以来一直是与音乐、表演和视觉艺术并列的社会运动文化的一部分。虽然之前已经探索过这些其他抗议媒介，但本次展览是第一个广泛关注物质文化在激进社会变革中的作用的展览，它将这些物品识别为人类艺术和设计史的一部分。 |

| 时间 | 地点 | 主题 | 内容 |
| --- | --- | --- | --- |
| 2014 年 2 月 15 日—6 月 15 日 | 阿姆斯特丹市立博物馆，荷兰·阿姆斯特丹 | 原始材料——形式幻想工作室的设计（Prima Material Design by Studio Formafantasma） | 你听说过多少次设计更多地是关于过程而不是最终结果的？然而，有多少次最终结果影响了你看待、理解和欣赏它们被曝光的过程的方式？虽然我们可以毫无疑问地肯定设计远不止是物体的物理形式，但是，没有它，设计物体的所有社会、文化、经济、技术和生产影响都无法被展现出来。这正是形式幻想工作室（Studio Formafantasma）的作品如此强大的原因：因为它将思想、想法、评论和概念融合成一种非凡的、有趣的物理形式。 |
| 2014 年 11 月 1 日—12 月 14 日 | 第二届伊斯坦布尔设计双年展，土耳其·伊斯坦布尔 | 未来不是它曾经的样子（The Future Is Not What It Used to Be） | 设计师所从事的工作类型呈指数增长——从建筑、街道、教育、食品和医疗保健的设计到通信、政治和经济系统与网络的设计。纵观历史，宣言一直起到目的陈述的作用，促进思想交流。在当代背景下，策展人将双年展作为提出问题和开展对话的论坛。我们如何重新考虑宣言，利用它的力量来构建相关的想法，同时探索它可能采取的新形式？ |
| 2014年11月22日—2015 年 5 月 25 日 | 纽约现代艺术博物馆（MoMA），美国·纽约<br><br>奥地利应用艺术当代艺术博物馆（MAK），奥地利·维也纳 | 不均衡的增长：扩展中的超级城市的城市策略（Uneven Growth: Tactical Urbanisms for Expanding Megacities） | 到 2030 年，世界人口将达到惊人的 80 亿。其中，三分之二将住在城市，但大多数人会很贫穷。由于资源有限，这种不平衡的增长将成为全球社会面临的最大挑战之一。在接下来的几年里，城市当局、城市规划师和设计师、经济学家和许多其他人将不得不联手避免重大的社会和经济灾难，共同努力确保这些不断扩大的特大城市仍然适合居住。<br>不平衡增长旨在挑战当前关于正式和非正式、自下而上和自上而下的城市发展之间关系的假设，并解决建筑师和城市设计师可能承担的角色的潜在变化，以应对当前城市日益加剧的不平等发展。最终的提案于 2014 年 11 月在 MoMA 上展示，以考虑新兴形式的城市主义如何应对公共空间性质的变化、住房、流动性、空间正义、环境条件和其他相关问题。 |

| 时间 | 地点 | 主题 | 内容 |
| --- | --- | --- | --- |
| 2014年2月15日—2015年1月11日 | 纽约现代艺术博物馆（MoMA），美国 · 纽约 | 想法的收藏（A Collection of Ideas） | 博物馆由它们的藏品定义，每个藏品都有独特的观点，由策展人精心塑造，他们在展望未来发展时始终牢记历史先例。在1929年现代艺术博物馆成立之时，“现代”和“当代”这两个词毫不费力地重合了。从那时起，MoMA的策展人一直试图从不同的环境中提炼出一种永恒的视觉存在和意义的理想，同时修改和重新考虑现代艺术的初始范式。在建筑与设计系，这种集体努力的结果有时是主观的，不仅仅是一个对象的目录，而是一个由对象支持的想法的集合。过去发展的一些想法和主题仍在积极讨论中。<br>这个展览的重点是过去几十年设计的作品。这些作品被博物馆收购，不仅因为它们符合值得我们收藏的审美和功能标准，还因为它们引入了新的调查类别和新的设计形式。画廊以一系列收购为特色，例如解决设计与暴力之间的关系，应对环境和社会破坏的有机设计的新表达方式，以及交互设计的重要性日益增加，正如该系列中的8款电子游戏所展示的那样。 |
| 2015年2月14日—2016年1月18日 | 纽约现代艺术博物馆（MoMA），美国 · 纽约 | 这是为所有人准备的：为了共同利益的设计实验（This Is for Everyone: Design Experiments for the Common Good） | 本次展览的名称取自英国计算机科学家蒂姆·伯纳斯-李（Tim Berners-Lee，万维网的发明者）在2012年伦敦奥运会开幕式上点亮体育场的推特信息。他充满活力的推文强调了互联网——也许是过去25年最激进的社会设计实验——为知识和信息的发现、共享和扩展创造了无限可能的方式。当我们陶醉于这种丰富的可能性时，我们有时会忘记新技术本身并不是民主的。数字时代的设计——通常被简单地认为是为了更大的利益——真的适合所有人吗？从最初的探索性实验到复杂且经常有争议的混合数模状态，一直到“通用”设计，这适合所有人通过纽约现代艺术博物馆收藏的作品探讨了这个问题。这些作品颂扬了当代设计的承诺——以及偶尔的反面。 |
| 2016年4月2日—9月12日 | 第21届米兰三年展特展，意大利·米兰 | 新史前时代：一百个动词（Neo Preistoria: 100 Verbi） | 存在、定向、存储、醉酒、测量、交换、背诵、书写、思考、导航、爱、分享、规则、游戏、沸腾、崇拜、刺穿……策展人安德烈 · 布兰奇（Andrea Branzi）和原研哉（Kenya Hara）选择了一百个动词，与一百个物体相连，让我们穿越人类历史。这些词与物体相关的行动有关。 |

| 时间 | 地点 | 主题 | 内容 |
| --- | --- | --- | --- |
| 2016 年 10 月 22 日—11 月 20 日 | 第三届伊斯坦布尔设计双年展，土耳其 · 伊斯坦布尔 | 何以为人？（Are We Human?） | 第三届伊斯坦布尔设计双年展着力于探索“设计”和“人”的观念之间的亲密关系。设计总是呈现其为人类服务的一面，但是它真正的野心在于重新设计人类。因此，设计史是一个人类观念的进化史。谈论设计，也就是谈论我们物种的状态。人类总是被他们制造的设计彻底地重塑，设计的世界也在不断地扩张。我们生活在一个所有事物都被设计的时代，从我们精心打造的个人外观和线上身份到环绕我们的，由个人设备、新材料、界面、网络、系统、基建、数据、化学物质、有机体和基因密码组成的众多星云。普通的一天涉及到由数千层设计组成的体验，这些设计探及太空，也触及我们身体和头脑的深处。我们简直就是生活在设计之中，就像蜘蛛生活在由它自己的身体产出的网中。但是不同于蜘蛛，我们已然生产出不计其数的错综复杂且相互沟通的网络。甚至这个星球自身也被由设计形成的地质层完全包裹起来。“设计的世界”不再有边界，设计已经变成了世界。<br>设计是关于我们最为人性的事物。正是设计产生了人类。它是社会生活的基础，从最早的人工制品到越来越快的人类能力的扩展。但是设计也制造不平等和新形式的疏漏。前所未有的更多的人在同一时间因战争、法律的丧失、贫穷和气候而被迫迁移，由此人类的基因组和气象都被活跃地再设计。我们无法再以“好设计”的主意使自己安心，设计需要被重新设计。 |
| 2016 年 9 月 23 日—2017 年 4 月 23 日 | 库珀 · 休伊特史密森尼设计博物馆，美国 · 纽约 | 废料：时尚、纺织品和创意再利用（Scraps: Fashion, Textiles and Creative Reuse） | 展览展示了三位设计师如何通过提供创造性的替代方法来应对纺织废料的非凡创意。他们将可持续性置于设计过程的核心，其实践都涉及对纺织材料和资源的创新和复杂再利用，同时致力于保护当地工艺传统。展览通过 40 多件作品探讨了可持续性的关键方面，例如材料和资源的有效利用、当地工艺传统的保护以及新技术在回收过程中的整合。 |
| 2016 年 9 月 30 日—2017 年 9 月 24 日 | 库珀 · 休伊特史密森尼设计博物馆，美国 · 纽约 | 过程实验室：公民设计（Process Lab: Citizen Design） | “公民设计”是博物馆流程实验室的一个装置，邀请参观者参与，感同身受，并帮助设想一个更美好的美国。“公民设计”鼓励地方层面的公民对话，通过一系列问题和选择，参观者可以识别个人重要的问题，并使用设计思维策略创造性地收集那些可能的干预措施。为该装置设计的互动功能使参观者能够探索他们的关注点如何与博物馆其他参观者的关注点保持一致。 |

| 时间 | 地点 | 主题 | 内容 |
| --- | --- | --- | --- |
| 2017 年 9 月 27 日—2018 年 1 月 14 日 | 库珀 · 休伊特史密森尼设计博物馆，美国 · 纽约 | 乔里斯 · 拉尔曼实验室：数字时代的设计（Joris Laarman Lab: Design in the Digital Age） | 这是荷兰设计师乔里斯 · 拉尔曼和他的多学科团队在美国的首次大型展览，拉尔曼以其对数字技术的开创性和优雅应用而闻名。乔里斯 · 拉尔曼实验室在设计、艺术和科学的交汇处工作，正在消除自然与机器制造、装饰性和功能性之间的传统区别，以产生具有完美无瑕的美感和技术独创性的设计。<br>展览探讨了拉尔曼的概念思维，以及他通过实验推动创作的过程。展览围绕实验室研发的每一个重要步骤展开，展示了乔里斯 · 拉尔曼实验室对数字设计的全方位实证研究，从模仿骨骼生长的算法生成的标志性骨椅到使用先进的机器人，3D 打印机在半空中建造人行天桥，21 个过程视频记录了实验室的协作环境和高科技工具——提供了数字技术在行动中的迷人演示，以及对每个对象的进化同样重要的熟练工艺。实验室的科技突破推动设计超越当前的要求，也正在推进我们的设计方式。 |
| 2017 年 9 月 7 日—2018 年 1 月 14 日 | 韦尔科姆医疗博物馆（Wellcome Collection），英国 · 伦敦 | 平面设计可以拯救您的生命吗？（Can Graphic Design Save Your Life?） | 这是第一个探讨平面设计与健康之间关系的大型展览。由大约 200 件物品组成，包括醒目的海报、闪烁的药房标志和标志性的药丸包装，“平面设计能拯救你的生命吗？”考虑平面设计在世界各地构建和传播医疗保健信息中的作用，并展示它是如何继续用于说服、告知和授权的。 |
| 2017 年 12 月 15 日—2018 年 9 月 3 日 | 库珀 · 休伊特史密森尼设计博物馆，美国 · 纽约 | 访问 + 能力（Access+Ability） | 与具有广泛身体、认知和感官能力的人一起进行的设计激增。在研究、技术和制造进步的推动下，功能性、改善生活的产品的激增正在为家庭、学校、工作场所和整个世界创造前所未有的访问途径。展览展示了过去十年开发的 70 多种创新设计，从有助于日常生活的低技术产品到最新技术，展览探索了用户和设计师如何以从前无法想象的方式扩展和调整可访问的产品和解决方案。 |
| 2018 年 9 月 4 日—9 月 23 日 | 第二届伦敦设计双年展，萨默塞特宫，英国 · 伦敦 | 情绪状态（Emotional States） | 从满足到狂喜，从恼怒到愤怒，最近，情绪变得紧迫和极端。在支持表情符号的社交媒体平台的推动下，情绪强度影响着从选举结果到专业人士社会地位的方方面面。在建筑和设计展览中经常被忽视以支持（看似）更客观的解释，情绪在这里也更规律地出现，隐含在策展的体验转向中。展览意在激发世界各地贡献国家的广泛解释，并激发涵盖设计如何影响生活方方面面的广泛工作：无论是日常生活中的个人情感——从悲伤到愤怒，再到喜悦，还是社区的情绪，甚至在全国范围内动荡的情绪。 |

| 时间 | 地点 | 主题 | 内容 |
| --- | --- | --- | --- |
| 2018 年 9 月 22 日—11 月 4 日 | 第四届伊斯坦布尔设计双年展，土耳其 · 伊斯坦布尔 | 学校的学校（A School of Schools） | “学校的学校”是一个多平台双年展，将使用、测试和修改各种教育策略，以反映设计、知识和全球联系在当代伊斯坦布尔及其他地区的作用。<br>从包豪斯到黑山学院，从“全球工具”（Global Tools）到 阿基米亚（Alchimia），另类设计教育计划一直为实验和新知识提供勇敢的空间。这些举措不仅帮助设计发展、质疑自己，并突破自己的界限，而且总体上也促进了教育和学习。不仅与设计有关，这些实验中的许多还测试了生活、工作和相互联系，以及我们自己的替代方式。通过这种基于过程的体验研究，设计的新表现形式、意义和含义已经浮出水面。<br>今天，设计已经成为一种探究、权力和代理的形式。它变得比世界和生活本身更广阔，渗透到日常生活的各个层面。随着设计变得无处不在，该学科不再声称可以为所有事情提供解决方案。事实上，许多全球通用系统的一刀切方法正在显示其裂缝和排斥性。同样，设计教育——该领域及其从业者传统上被审查和完善——现在发现自己在相关性、适应性、可访问性和财务方面面临新的限制和挑战。<br>作为在历史悠久的背景下对设计进行批判性反思的空间，伊斯坦布尔设计双年展提供了质疑设计及其教育的生产和复制的机会。2018 年，第四届伊斯坦布尔设计双年展在前几届的基础上进行了改造，旨在重塑自身，成为一个以生产流程为导向的教育和设计平台，在城市内外进行研究、实验和学习。<br>第四届伊斯坦布尔设计双年展名为“学校的学校”，将延伸传统设计活动的空间和时间体现为一个灵活的为期一年的计划，以应对全球化时代的教育变革。一所学校表现为一套鼓励创造性生产、可持续合作和社会联系的动态学习模式。探索六个主题，学习环境是一个授权、反思、分享和参与的环境，提供对特定情况的反思性反应。<br>双年展能否使用、质疑和重新构建以前久经考验的教育模式——从博物馆作为百科全书到实验室、工作室和学院——来创造一个有意义的对话和设计环境？设计本身能否成为人们分享知识和无知、经验和好奇心的勇敢空间？<br>“学校的学校”吸引了来自土耳其和其他国家的多代跨学科从业者，汇集了新旧知识、学术和业余、专业和个人知识，不仅关注结果，还关注过程。在这个复杂而雄心勃勃的生态系统中，代理人将共同创造新知识，寻找已实施系统的替代方案，并以激进的多样性扩展设计学科的界限。 |

| 时间 | 地点 | 主题 | 内容 |
| --- | --- | --- | --- |
| 2018 年 10 月 5 日—2019 年 2 月 3 日 | 苏黎世设计博物馆，瑞士 · 苏黎世 | 社会设计（Social Design） | 用于创业的织布机、自己动手建造的房屋或用于本地供电的太阳能亭：社会设计是为社会设计并与社会一起设计，并且具有高度的话题性。全球经济增长对人类和环境的影响越来越严重。社会设计面临资源、生产资料和未来机会日益不平衡的问题，并依赖于个人、公民社会、国家和经济之间新的、公平的交换。在此背景下，建筑师、设计师、工匠和工程师都在开发解决方案。该展览展示了相关的国际项目，并讨论了对社会系统以及生活和工作环境的重新设计。 |
| 2018 年 11 月 30 日—2019 年 9 月 29 日 | 德国新设计博物馆，德国 · 慕尼黑 | 设计政治，政治设计（Politics of Design, Design of Politics） | 在与设计博物馆的一系列互动和干预中，策展人揭示了设计在多大程度上需要政治元素。关于“设计的政治”，他指出设计对象总是在政治背景下出现，并且在许多情况下，它们的发展背后都有社会政治意图。凭借“设计性感化”“设计殖民化”和“设计操纵”等理论，他重新审视了可乐广告、索尼随身听和现代主义家具。<br>这种对设计中政治因素的讨论将扩展到政治领域。对对象的关注将与“政治设计”形成对比，后者探索设计塑造和改变政治的可能性，以及设计在一个社会的社会和文化发展中可以发挥什么作用? |
| 2018年12月14日—2019 年 3 月 31 日 | 库珀 · 休伊特史密森尼设计博物馆，美国 · 纽约 | 未来之路：重新构想移动性（The Road Ahead: Reimagining Mobility） | 随着数据和设计创新的快速融合，城市变得更加智能，交通选择也在成倍增加。“未来之路”鼓励游客创造性地思考机器人、无人机等如何让街景更安全、交通更公平、城市更可持续。英国设计公司、麻省理工学院、美国建筑事务所、日本丰田、全球知名（美国）设计咨询公司 IDEO 和 谷歌旗下的自动驾驶公司等前沿研究机构、设计师和制造商的作品和想法都在展览中亮相。 |
| 2018 年 4 月 13 日—10 月 28 日 | 库珀 · 休伊特史密森尼设计博物馆，美国 · 纽约 | 感官：超越视觉的设计（The Senses: Design beyond Vision） | 展览探索旨在激发奇迹和进入我们世界的新方式的实验性作品和实用解决方案。漫步在有香味的暴风雪中，在触觉管弦乐队中演奏毛茸茸的乐器，研究玻璃的声音特性，并体验来自世界上一些最具创造力的思想家的更多感官体验。展览拥有超过 65 个设计项目和 40 多个可以触摸、听到和闻到的物体和装置，是作为包容设计感官丰富性的一种尝试。 |

| 时间 | 地点 | 主题 | 内容 |
| --- | --- | --- | --- |
| 2018 年 5 月 12 日—11 月 4 日 | 维多利亚与阿尔伯特博物馆（V&A），英国 · 伦敦 | 未来从这里开始（The Future Starts Here） | 明天的世界是由今天新兴的设计和技术塑造的。从智能电器到卫星，本次展览汇集了超过 100 件新发布或正在开发中的物品，这些物品都指向了社会的发展方向。虽然有些看起来像是科幻小说，但它们都是真实的，由研究实验室、大学、设计师工作室、政府和公司制作。以道德和投机性问题为指导，展览邀请观众进入四个场景——自我、公共、地球和来世——每一个都会引发越来越大的技术影响。这些物品会如何影响人们的生活、学习甚至爱的方式？<br>这些物体以不可否认的物理现实可能会给人一种未来已经确定的印象。但是新事物包含不可预知的潜力和可能性，甚至连它们的创造者也常常没有预料到。我们——作为个人、公民，甚至作为一个物种——来决定接下来会发生什么。虽然这里的物体暗示了某个未来，但尚未确定。我们得到的未来取决于我们自己，未来从这里开始。 |
| 2018 年 4 月 1 日—10 月 8 日 | 里斯本艺术、建筑与技术博物馆葡萄牙 · 里斯本 | 生态远见者：人类世之后的艺术与建筑（Eco-Visionaries: Art and Architecture after the Anthropocene） | 项目的重点是针对正在扰乱我们星球的环境变化提出批判性和创造性愿景的实践。在人们更加广泛地感受到气候变化的时刻，生态远见者就与人类世相关的大量问题展开了辩论——人类世是人类活动所导致的地质变化和生态系统破坏所特征化的一个时期，也被认为是自地质历史以来最重要的地质时期之一。 |
| 2019 年 5 月 18 日—10 月 20 日 | 维多利亚与阿尔伯特博物馆（V&A），英国 · 伦敦 | 食物：不止于餐盘（Food: Bigger than the Plate） | 本次展览探讨了创新的个人、社区和组织如何从根本上重新发明我们种植、分配和体验食物的方式，带领游客踏上从堆肥到餐桌的整个食物循环的感官之旅的。它提出了关于我们做出的集体选择如何以意想不到的和有趣的方式带来更可持续、公正和美味的食物未来的问题。<br>食物和我们与食物的关系成为全球关注和争论的话题。它包含 70 多个当代项目、新的委托和与厨师、农民、科学家和当地社区合作的艺术家和设计师的创造性合作。这些项目采用新鲜的、实验性的，且具有挑衅性的视角，展示替代食品的未来，从美食实验到农业的创造性干预。画廊空间内有几件实物展品，它们与 V&A 收藏的 30 件物品并排摆放，包括有影响力的早期食品广告、插图和陶瓷，为当代展品提供了历史背景。 |
| 2019 年 6 月 28 日—2020 年 9 月 6 日 | 苏黎世设计博物馆，瑞士 · 苏黎世 | 设计实验室：材料与工艺（Design Labor: Material and Technique） | 陶瓷从 3D 打印机中滴落？靴子用蘑菇代替皮革？机器人制作混凝土柱？听起来像科幻小说的东西已经触手可及。不仅在实验室，而且在设计中，由于数字化和对更大可持续性的渴望，材料问题比以往任何时候都更加重要。为此，设计师越来越多地与生物技术和材料技术领域的研究人员合作。他们一起用有前途的解决方案来测试未来。展览展示了可再生材料和技术材料领域的设计创新项目。 |

| 时间 | 地点 | 主题 | 内容 |
| --- | --- | --- | --- |
| 2019年9月20日—2020年5月25日 | 库珀·休伊特史密森尼设计博物馆，美国·纽约 | 人脸价值：探索人工智能（Face Values: Exploring Artificial Intelligence） | “人脸价值：探索人工智能”是一个身临其境的装置，探索了面部检测技术在当代社会中普遍但往往隐藏的作用。这种高科技、挑衅性的反应将人脸作为政府和企业用来跟踪、衡量和货币化情绪的活生生的数据源进行调查。观众使用自己的脸来控制摄像头和软件，通过有趣的互动体验情感识别技术的力量和局限性促使人们意识到这些通常隐藏的工具。 |
| 2019年5月10日—2020年1月20日 | 库珀·休伊特史密森尼设计博物馆，美国·纽约<br><br>立方（Cube）设计博物馆，荷兰·克尔克拉德 | 自然——库珀·休伊特设计三年展（Nature — Cooper Hewitt Design Triennial） | 受自然属性和资源的启发，设计师正在与自然建立有意义的联系。当人类与地球的复杂性和条件做斗争时，他们的协作过程与自然和跨多个学科的团队合作，是乐观的。迫于紧迫感，设计师将展览项目范围从实验原型到消费品、沉浸式装置和建筑结构，展示了62个国际设计团队的作品，涉及科学家、工程师、社会和环境正义的倡导者、艺术家和哲学家。在对气候变化和生态危机的深刻认识以及科学技术进步的推动下，他们以创新和突破性的方式与自然接触。<br>展览主题探讨了设计师用来与自然合作的七种策略：理解、补救、模拟、挽救、培育、增强和促进。结果是预测性和可实际操作的，并揭示了新材料、创造性方法和创造性技术。当今非凡的设计团队提出的这些挑衅和解决方案鼓励与自然建立持久和更尊重的伙伴关系。 |
| 2019年7月20日—11月24日 | 维特拉设计博馆（Vitra Design Museum），德国·魏尔 | 更好的自然（Better Nature） | 英国艺术家亚历山德拉·黛西·金斯伯格（Alexandra Daisy Ginsberg）研究自然和人工之间的关系，探索这种相互联系如何通过设计和技术的进步而改变。由此产生的艺术作品讲述了令人回味的故事，既具有挑衅性又具有讽刺性。展览追溯了金斯伯格作为艺术家和批判性设计师的历程。她接受过建筑和交互设计方面的培训，对新兴的合成生物学等基于活体物质的设计技术科学特别感兴趣。在这一背景下，金斯伯格对支撑所有设计方法的前提很感兴趣：让事物变得“更好”的愿望。但是“更好”到底是什么意思？对谁来说更好？由谁来决定？这些问题，在技术和科学激进的时代是至关重要的，是“更好的自然”的基础。 |

| 时间 | 地点 | 主题 | 内容 |
|---|---|---|---|
| 2019 年 3 月 1 日—9 月 1 日 | 第 22 届米兰三年展特展，意大利 · 米兰 | 破碎的自然：设计承载人类的生存（Broken Nature: Design Takes on Human Survival） | 展览强调了恢复性设计的概念，并研究了将人类与自然环境联系起来的线程的状态——有些磨损了，有些则完全被切断了。在探索各种尺度和所有材料的建筑和设计对象和概念时，“破碎的自然”庆祝设计能够为我们这个时代的关键问题提供强有力的洞察力，超越虔诚的顺从和不确定的焦虑。通过将注意力转向人类的存在和持久性，第 22 届米兰三年展将提升创造性实践在调查我们物种与世界上复杂系统的联系以及在必要时通过对象、概念和新系统设计补偿方面的重要性。即使对于那些相信人类物种在未来的某个时刻不可避免地会灭绝的人来说，设计也提供了计划一个更优雅的结局的手段。它可以确保下一个占主导地位的物种会以一点点的尊重记住我们：作为有尊严和关怀的人，即使不是聪明的人。 |
| 2019年11月19日—2020 年 3 月 29 日 | 森美术馆，日本 · 东京 | 未来与艺术：人工智能、机器人、城市、生活——人类在明天将如何生活（Future and the Arts: AI, Robotics, Cities, Life—How Humanity Will Live Tomorrow） | 本展览由五个部分组成，即“城市的新可能性”“迈向新代谢建筑”“生活方式和设计创新”“人类增强及其伦理问题”和“转型中的社会与人类”。展示了 100 多个项目 / 作品。展览旨在鼓励我们通过人工智能、生物技术、机器人技术等科学技术的前沿发展，思考城市、环境问题、人类生活方式以及人类和人类社会的可能状态，所有这些都在即将到来的未来和 AR（增强现实）以及受所有这些影响的艺术、设计和建筑中。 |
| 2019 年 10 月 22 日—2020 年 3 月 8 日 | 费城艺术博物馆，美国 · 费城 | 为不同的未来而设计（Designs for Different Futures） | 从大胆的想象力到已经上市的产品，展出的作品通过设计、艺术、科学和技术的相互作用，探索地球及其居民的未来。同时通过种种“设计景观（奇观）”以令人惊讶的、巧妙的和偶尔令人不安的方式回应未知未来。 |
| 2020年1月17日—2021 年 4 月 30 日 | 旧金山木工工坊美术馆（Carpenters Workshop），美国 · 旧金山 | 漂移：关于自然、技术和人类（DRIFT: About Nature, Technology, and Humankind） | 展览探讨了自然与技术的交汇点及其对现代生活的跨学科影响。展览寻求识别和学习自然世界的潜在机制，以努力将人类与其所居住的环境重新联系起来。在一个环境问题成为头等大事的时代，作为 2020 年的首场展览，本次展览汇集了——用历史学家威廉 · 迈耶斯（William Meyers）的话来说——“努力理解和实现自然本质”的艺术家。 |

| 时间 | 地点 | 主题 | 内容 |
| --- | --- | --- | --- |
| 2020 年 5 月 14 日—10 月 18 日 | 纽约现代艺术博物馆（MoMA），美国 · 纽约 | 内里 · 奥克斯曼材料生态学（Neri Oxman Material Ecology） | 作为麻省理工学院媒体实验室中介物质小组的设计师、建筑师和创始主任，奥克斯曼不仅开发了思考材料、物体、建筑和施工方法的新方法，还开发了跨学科甚至跨物种的新框架——合作。她称之为“材料生态学”的开创性方法，将材料科学、数字制造技术和有机设计结合在一起，为未来创造新的可能性。虽然这些作品单独是美丽的和革命性的，但它们共同提出了一种新的设计理念，创造，甚至取消我们周围的世界。 |
| 2020 年 2 月 20 日—8 月 14 日 | 古根海姆美术馆（Solomon R. Guggenheim Museum），美国 · 纽约 | 乡村，未来（Countryside, the Future） | 展览试图通过建筑师和城市规划师的视角来解决紧迫的环境、政治和社会经济问题。古根海姆博物馆的独特展览——“乡村，未来”——探索了农村、偏远和荒野地区的根本变化。这些地区被统称为“乡村”，即地球表面 98% 未被城市占据的地区，以原始研究为前提的完整圆形大厅装置。该项目展示了 OMA 库哈斯与哈佛设计研究生院、北京中央美术学院、荷兰瓦赫宁根大学和内罗毕大学的学生进行的调查。展览审视了现代休闲概念、政治力量的大规模规划、气候变化、移民、人类和非人类生态系统、市场驱动的保护、人工和有机共存，以及正在改变世界各地景观的其他形式的激进实验。 |
| 2020 年 9 月 26 日—11 月 8 日 | 第五届伊斯坦布尔设计双年展，土耳其 · 伊斯坦布尔 | 重新审视移情作用：为多人设计（Empathy Revisited: Design for More than One） | 本次双年展致力于开拓一个责任空间，并培养一种对超越人类的依恋文化，探索针对多种身体、维度和视角的设计。展出的项目鼓励我们在这个关键时刻重新思考关怀和文明的做法，并共同建立新的系统和结构以重新连接。面对紧迫的气候和经济危机、普遍的社会剥夺状态和疲惫的全球工业模式，双年展提供了关键工具和替代途径。“为多人的设计”不仅要考虑到他们的直接用户或客户，而且也要兼顾到设计过程固有的组成部分和复杂的纠缠问题。 |
| 2021 年 10 月 19 日—11 月 14 日 | 德国新设计博物馆，德国 · 慕尼黑 | 干预：民主设计的各个方面（Interventions: Facts of Democratic Design） | 将民主理解为一种价值体系，它对我们所有人的共同生活产生重大影响：设计可以想象未来的愿景和创新的解决方案，采取明确的立场，并改善我们社会的形态和我们的共同生活。设计能够启动转型过程和社会变革。设计的巨大创新潜力也体现在设计的物品上，例如，展品体现了平等、可及、参与、包容等民主价值观，但也始终受到各自的限制。 |

| 时间 | 地点 | 主题 | 内容 |
| --- | --- | --- | --- |
| 2022年9月10日—2023年7月16日 | 纽约现代艺术博物馆（MoMA），美国·纽约 | 从不孤单：视频游戏和其他交互设计（Never Alone: Video Games and Other Interactive Design） | 正如我们的设备提醒我们的那样，我们在数字世界中度过了大部分生活。我们用来访问它们的界面——从Zoom到FaceTime，从WhatsApp到Discord，从Roblox到Fortnite——是代码的视觉和触觉表现，它们既连接又分离我们，塑造了我们的行为方式和感知他人的方式。然而，与其他无处不在的工具一样，界面很少被视为设计。本次展览汇集了交互设计的著名示例，该领域考虑了对象（无论是机器、应用程序还是整个基础设施）与人之间的接触点。<br>该展览取材于纽约现代艺术博物馆收藏中的作品，范围从标志性和通用的@标志（可追溯到中世纪的符号）到允许患有ALS的涂鸦艺术家从床上标记城墙的临时设备。游戏范围从“俄罗斯方块”和“吃豆人”等全球主要游戏，到“花”等对自然世界的沉浸式探索，或“永不孤单”等土著传统和文化记录，再到“一切都会好起来”等荒谬的尝试。这些作品提醒我们，虽然数字领域有不同且通常未经检验的参与规则，但交互设计可以改变我们的行为——从我们体验和移动身体的方式到我们对空间、时间和关系的构想方式。 |
| 2022年5月24日—2024年12月5日 | 苏黎世设计博物馆，瑞士·苏黎世 | 纪律皇后——女设计师的海报（Queens of Their Discipline—Posters by Women Designers） | 海报是平面设计中的最高准则：它的大尺寸和它在公共空间的存在保证了它的广泛公众。本次展览讲述了海报的故事，选取了国际女性设计师的作品集中展示。其中包括当代荷兰设计团体如伊玛布（Irma Boom）、瑞士女性平面设计师罗拉·拉姆（Lora Lamm）等知名人物，以及仍在等待被发现的无名女性设计师群体。 |

责任编辑：邓秀丽
装帧设计：义先文化
责任校对：杨轩飞
责任印制：张荣胜

**图书在版编目（CIP）数据**

设计再出发 ：设计学科国际发展通报 / 陈正达，张春艳，徐捷编著. -- 杭州 ：中国美术学院出版社，2023.10
ISBN 978-7-5503-2340-7

Ⅰ. ①设… Ⅱ. ①陈… ②张… ③徐… Ⅲ. ①设计学—学科发展 Ⅳ. ①TB21

中国国家版本馆CIP数据核字(2023)第121768号

**设计再出发**
**——设计学科**
**国际发展通报**

**陈正达 张春艳 徐捷 编著**

出 品 人：祝平凡
出版发行：中国美术学院出版社
地　　址：中国 · 杭州南山路218号
　　　　　邮政编码：310002
网　　址：http://www.caapress.com
经　　销：全国新华书店
印　　刷：浙江省邮电印刷股份有限公司
版　　次：2023年10月第1版
印　　次：2023年10月第1次印刷
印　　张：31.5
开　　本：889mm × 1194mm 1/16
字　　数：1200千
书　　号：ISBN 978-7-5503-2340-7
定　　价：238.00元

**编辑助理**
王亚琦：第4章、第5章、第6章、第8章
周美汀：第2章、第3章、第8章
郑　颖：综述、第7章、第8章
周泉池：第8章
杨颖仪：第8章
刘佳睿：第8章
舒　怀：第8章
陈　希：综述